电子信息前沿技术丛书

ALGORITHM AND OPTIMIZATION FOR

ARRAY SIGNAL

PARAMETER ESTIMATION

阵列信号
参数估计算法与优化

刘福来　杜瑞燕　编著

清華大學出版社
北　京

内 容 简 介

阵列信号参数估计算法与优化是阵列信号处理中的一个重要研究方向，在通信、雷达、导航、声呐、地质勘查、射电天文和生物医学工程等众多领域有着极为广泛的应用。本书深入、系统地论述了阵列信号参数估计的理论、算法及优化方法，总结了作者多年来的研究成果以及国际上的研究进展。全书由7章组成，主要内容有阵列信号参数估计的发展与现状、阵列信号模型及理论基础、信号源数目估计、DOA估计算法、多参数联合估计算法、MUSIC算法优化与并行设计以及JAFE算法优化与并行设计等。

本书是关于阵列信号参数估计算法与优化的一部专著，可供相关领域的广大技术人员学习与参考，也可作为高等院校和科研院所信号与信息处理、信息与通信系统等专业的研究生教材或参考书。

图书在版编目(CIP)数据

阵列信号参数估计算法与优化/刘福来，杜瑞燕编著. —北京：清华大学出版社，2021.6
(电子信息前沿技术丛书)
ISBN 978-7-302-57608-2

Ⅰ. ①阵… Ⅱ. ①刘… ②杜… Ⅲ. ①信号处理 Ⅳ. ①TN911.7

中国版本图书馆CIP数据核字(2021)第033707号

责任编辑：文 怡 李 晔
封面设计：王昭红
责任校对：李建庄
责任印制：刘海龙

出版发行：清华大学出版社
网 址：http://www.tup.com.cn，http://www.wqbook.com
地 址：北京清华大学学研大厦A座 **邮 编**：100084
社 总 机：010-62770175 **邮 购**：010-83470235
投稿与读者服务：010-62776969，c-service@tup.tsinghua.edu.cn
质量反馈：010-62772015，zhiliang@tup.tsinghua.edu.cn
课件下载：http://www.tup.com.cn，010-83470236
印 装 者：三河市铭诚印务有限公司
经 销：全国新华书店
开 本：185mm×260mm **印 张**：18.75 **字 数**：455千字
版 次：2021年7月第1版 **印 次**：2021年7月第1次印刷
印 数：1～1500
定 价：89.00元

产品编号：074269-01

前言

FOREWORD

随着阵列信号处理在通信、雷达、导航、声呐、地质勘查、射电天文和生物医学工程等众多领域中的广泛应用，阵列信号参数估计技术获得了长足的发展，对目标定位的精确性要求也随之提高。对阵列参数估计技术的研究，近年来在信息、控制和通信等学科逐渐成为一个极其活跃、发展迅速的课题。

最近几年，在国家自然科学基金项目(61971117)、河北自然科学基金项目(F2020501007，F2016501139)、教育部新世纪优秀人才支持计划项目 NCET-13-0105 以及中央高校基本科研业务费专项资金资助项目(N142302001)等的支持下，我们围绕阵列信号参数估计算法与优化问题，进行了系统深入的研究并取得了一定的科研成果。作为研究工作的阶段总结，我们将这些成果汇集起来，构成本书的主要内容，期望为从事通信和信号处理的同行从理论分析方法上提供一些有益的帮助。

本书共 7 章。第 1 章详细介绍了阵列信号参数估计的发展与现状，包括远场信源参数估计的发展与现状、近场信源参数估计的发展与现状以及混合近远场信号源参数估计研究现状；第 2 章介绍了阵列信号模型及理论基础，包括远场、近场阵列信号模型和阵列信号处理的统计模型，介绍了在后续章节中将要用到的矩阵理论和压缩感知理论，为后续对阵列信号参数估计算法与优化奠定理论研究基础；第 3 章详细讨论了基于特征值和基于特征向量的信号源数目估计方法；第 4 章针对 DOA 估计问题，给出了空间差分方法、TPULA-DOA 算法、DOA 矩阵方法、时空 DOA 矩阵方法、基于压缩感知的 DOA 估计算法、LP-W-L_∞-SVD 算法以及基于阵列结构优化的 DOA 估计算法；第 5 章针对多维空间谱估计问题，给出了 DOA 和时延联合估计算法、DOA 和频率联合估计算法、DOA 和距离联合估计算法以及基于二阶统计量和四阶累积量的距离、角度、频率的联合估计算法；第 6 章主要研究了空间谱估计中 C-MUSIC 和 Unitary-MUSIC 算法的优化与并行设计(快速实现)问题；第 7 章结合实数运算为主的 Unitary-JAFE 算法，给出了 C-JAFE 算法在估计性能方面的仿真比较和分析，实现了 Unitary-JAFE 算法联合估计的并行设计。

本书由刘福来教授和杜瑞燕副教授组织编写，博士研究生史慧扬，硕士研究生陈晓丹、李丹、秦东宝、张丽杰和李天桂等参与了本书部分内容的编写。在本书的撰写过程中，参阅和引用了大量国内外文献资料，得到了东北大学工程优化与智能天线研究所的大力支持和帮助。在此，向有关作者和单位一并表示感谢！感谢曾经与编者一同参与课题研究的同行专家、学者，长期的研究交流使编者受益匪浅。

由于阵列信号处理发展极为迅速，实际应用领域甚广，加上编者水平有限，对于阵列信号参数估计的研究还有大量工作要做。因此，书中难免存在不妥与不足之处，恳请诸位专家、同仁和热心的读者批评指正。

编　者

2021 年 5 月

目录

CONTENTS

第1章

绪　论

1.1　引言

阵列信号处理(Array Signal Processing,ASP)是现代信号处理理论与应用中的一个重要分支,近年来得到了迅速发展,其应用范围涉及雷达、通信、声呐定位、地质勘查、射电天文、医学图像和生物医学工程等众多军事及国民经济领域。ASP 主要利用信号的空域特性来增强信号并抑制噪声,故又称为空域信号处理。

阵列信号处理主要是利用放置在空间不同位置上的传感器组成的传感器阵列对空间信号进行接收与处理,以达到分离空间混合信息的空域参数信息的目的。因为阵列信号处理采用多传感器,传感器的放置具有某一特定的空间特性,因此与传统的单传感器处理方法相比,它可以利用阵列的这一特定的空间特性对接收到的信号进行增强,对不感兴趣的信号进行抑制,并提取有用的信号特征以及信号所包含的空间信息,在处理上具有更大的灵活性。

阵列信号处理的主要研究方向包括波束形成、空间谱估计、信号源分离、信号目估计、阵型设计和阵列校准等。多维空间谱估计目前是其最重要的研究方向之一,它也称为阵列信号多维参数估计,是利用阵列的空域特性、阵列信号的统计特性以及阵列输出信号的空间相关特性的一种超分辨谱估计方法。它侧重于研究空间多传感器构成的阵列对空间目标信号的多种参数进行准确估计的能力,主要涉及波达方向估计(Direction Of Arrival,DOA)与多普勒频率的联合估计、DOA 与目标极化参数的联合估计和 DOA 与时间延迟的联合估计等,这恰恰是雷达、通信、声呐等许多领域的重要任务。信号源数目的精确确定是许多超分辨阵列信号处理实现的基础,是阵列信号参数估计中的首要关键问题。因为在实际应用场合中,入射信号的数目通常都是未知的,对信号源数目的精确估计本身就是雷达、声呐等领域中的基本任务之一。此外,准确的信号源数目信息还是目标信号其他参数进行高分辨估计的前提条件,因为用于阵列信号参数估计的诸多算法均需要知道信号源数目这一先验信息。如果信号源数目估计错误,势必会导致后续相关算法的性能恶化,甚至造成估计失败的严重后果。因此,开展对信号源数目估计算法的研究具有重要的意义。

鉴于 ASP 在众多领域都有着极其广泛的应用背景,开展阵列信号参数估计与优化的研究，改进或提出一些高效、稳健和快速的参数估计算法并进行优化，不仅是 ASP 技术深入发展的客观要求，也是当前相关领域的实际需求，具有十分重要的理论意义和应用价值。

1.2 阵列信号参数估计的发展与现状

ASP 技术起源于 20 世纪 40 年代 Van Atta 提出的使用锁相环进行天线跟踪的自适应天线阵列技术[1]。经过几十年的研究，ASP 技术有了长足的发展，主要集中在自适应波束形成、信号源数目估计、DOA 估计以及阵列信号多维参数估计等关键技术上。ASP 技术的大发展大致可以分为 4 个阶段：

(1) 20 世纪 60 年代的主要成果是线性预测类算法[2]的提出，与常规波束形成算法相比，该类算法提高了分辨率，高分辨测向这一术语便由此提出；

(2) 20 世纪 70 年代的主要成果是子空间分解类算法[3]的提出，该类算法实现了向现代超分辨测向技术的跨越，开创了特征子空间分解类算法的新领域；

(3) 20 世纪 80 年代的主要成果是子空间拟合类方法[4]的提出，该类方法是一种典型而优秀的估计方法，实现了参数估计方法中的最优估计；

(4) 21 世纪以来，ASP 技术的发展主要体现在与现代信号处理理论、先进的信息处理技术的结合上，主要特点是空域处理与时域处理相结合，信号处理到信息直接提取的转化等。

1.2.1 远场信源参数估计的发展与现状

在经典的空间谱估计理论中，研究者常采用远场假设。研究者在抽象建模的过程中，常常将远场信源假设成点信源，对应于单个信源与阵列之间仅存在单一视线传播路径的情形，此时某一信源发散的大多数功率沿单一路径入射到天线阵列上。这一假设为 DOA 估计理论的研究提供了巨大的便利。

时至今日，研究者们对远场多信源的阵列信号处理技术进行了大量而深入的探索，取得了丰硕的成果。主要有最大似然法（Maximum Likelihood，ML）[5-8]、线性预测法（Linear Prediction，LP）[9-11]、多重信号分类法（Multiple Signal Classification，MUSIC）[12-15]、旋转不变性的信号参数估计（Estimating Signal Parameters via Rotational Invariance Techniques，ESPRIT）[16-17]等。下面对远场源参数估计方法进行介绍。

1979 年，R. O. Schmidt 提出的 MUSIC[12]算法是 DOA 估计技术的一次巨大变革[13]。MUSIC 算法的本质是通过特征向量间的正交特性，将接收信号的协方差矩阵分割成正交的信号子空间和噪声子空间，然后通过子空间的正交性构造谱峰的极值点，通过搜索谱峰极值就可实现信源的空间方位估计。其缺点是要进行循环搜索，当搜索间隔较小时，所消耗的计算量非常庞大；但当搜索间隔增大时，其估计精度也随之降低。针对此问题，Barabell 提出了一维 Root-MUSIC[18-19]方法，其基本思想是通过 Pisarenko 分解，避免了谱峰搜索带来的庞大计算量。在此基础上，发展出改进的 MUSIC 算法、快速算法[20-21]等，一定程度上降低了 MUSIC 算法的计算量。

1984 年，M. Wax、T. J. Shan 和 T. Kailath 将一维 MUSIC 算法引入二维空间，提出了经典的 2D-MUSIC[22]算法，它是在一维谱峰搜索基础上，延伸出的二维角度渐进无偏的估计算法,其缺点是二维谱峰搜索带来的巨大计算量,针对此问题,采取级联、降维等方法,能够降低复杂度,减小计算量。随后,2D-MUSIC[23]算法因其在距离分辨率和角度分辨率上实现超分辨率检测的特点,广泛应用在军事和民用领域,例如侦察、自动驾驶、医疗诊断等。

1986 年,Roy 博士提出了旋转不变子空间 ESPRIT[16]算法。该算法利用信号子空间的旋转不变性获得信源参数估计,避免了谱峰搜索所造成的巨大计算量,具有更强的实时性。随后,2D-ESPRIT 算法[24]的提出标志着应用 ESPRIT 算法估计二维到达角问题得以解决。MUSIC 和 ESPRIT 算法都是子空间算法,它们都具有对空间信源参数估计的高分辨力,现有 DOA 估计算法大多都是以它们为基础发展起来的,具有代表性的包括类 MUSIC[25]算法、基于四阶累积量的 ESPRIT[26]法、双谱域算法[27]、扩展虚拟孔径法[28]、扩展虚拟 ESPRIT[29]算法等。

近些年,R. A. Harsman 提出的平行因子(Parallel Factor,PARAFAC)模型[30]在阵列信号处理中得到了广泛应用,PARAFAC 技术以低秩三线性分解的唯一性为基础,无需信号统计特性,与其他经典子空间算法如 MUSIC、ESPRIT 相比有自身的优点,即它不需要在交叉谱矩阵中进行特征值分解,也不需要对接收到的信号奇异值分解。关于 PARAFAC 技术,国内外已经展开了大量的研究,目前 PARAFAC 技术已成为探索阵列信号处理领域的新工具,其具有以下优点:利用内在张量结构、参数自动配对、无需谱峰搜索和适用于任意阵列等。

崔伟等使用的压缩感知(Compressed Sensing,CS)[31]理论是基于矩阵分析、几何拓扑、概率论与统计和运筹学等技术的一种新理论框架。其目的是在低速率信号采样与处理的同时尽可能保证信息的完整性,这一技术将使数据存储空间、传输代价和数据处理计算量大大减少。另一方面,这种数据压缩的思想也为高维数据分析指出了一个新的方向。因此信息论、医疗成像、无线通信、模式识别、神经网络、雷达探测等领域都对 CS 理论给予了很高的关注。

1.2.2 近场信源参数估计的发展与现状

传统的空间谱估计算法通常假设信号源位于阵列的远场,即信源到阵列的距离足够远,以致信号辐射的球面波前在接收阵处可近似为平面波前。然而,当信源距离阵列较近时,波阵面在孔径渡越时的曲率不能忽略。此时,近场源的位置需要通过 DOA 和距离参数联合进行描述。因此,基于远场假设的高分辨率测向算法无法直接应用于近场的情况。

近场源的参数估计问题也已成为阵列信号处理领域近年来的研究热点。关于近场源的定位问题,近年来人们提出了许多方法[32-34]。大部分研究方法采用的都是参数化估计模型,首先对空间信源到达各个阵元所引起的传播时延差进行二阶泰勒级数展开,其次利用 Fresnel 近似(即忽略二次以上的高次项)处理,得到均匀线阵中阵元之间的时延差是阵元位置的二次非线性函数,这种相位延迟的非线性导致传统 DOA 估计方法不再适用。

(1) 基于最大输出功率的可控波束形成的定位方法。

最大熵法(Maximum Entropy Method)[33]和 Capon 法(Minimum Variance Distortionless Response Method,也称最小方差无畸变响应法)[34]是基于阵列窄带信号的近场源定位方法,这两种方法仅仅是对常规的波束形成法进行修正,通过增加对已有信息的利用程度来提高对目标的分辨力,但是波束形成方法分辨率受限于传统的瑞利限[35]。

(2) 基于工程上广泛应用的二阶统计量的近场源定位方法。

Swindlehurst 和 Kailath 首先提出了一种最大似然估计方法[36]，通过期望/最大值迭代算法来解决非线性最优化问题，从而获得近场源参数的最大似然估计，该方法具有最优的估计性能，但需要多维搜索，因而计算量非常大。为降低二维搜索带来的计算复杂度，Starer 与 Neherai 等[37]利用路径跟踪(Path-Following)算法将二维搜索问题转化为两个一维搜索问题，降低了算法的计算负担。这些方法均是对传统一维 MUSIC 算法的推广，使得搜索在距离和空间域进行，但估计精度取决于搜索步长，并且二维搜索的运算量很大，虽然基于路径跟踪的搜索将二维搜索问题转换成两个一维搜索问题，从一定程度上降低了计算复杂度，但运算量仍相当于两个一维搜索。Grosicki[38]提出了基于加权线性预测方法的近场源定位方法，通过最优权矩阵的选取，获得了更好的参数估计性能。王波[39]等提出了一种仅需利用二阶统计量和相应的配对程序就能直接估计出参数的新方法。该方法无需谱峰搜索，同时避免应用四阶累积量。在王波等人研究的基础上，梁军利[40]等提出一种基于二阶统计量的近场窄带信源频率、距离及到达角三维参数联合估计算法，该算法首先基于特定序号阵元输出计算的二阶统计量构造 3 个矩阵，接着结合这些矩阵的结构特点构造 2 个新的矩阵，然后利用其特征值和特征向量估计信源参数。与现有基于二阶统计量的算法相比，该算法节省 1 个阵元，且仅需计算 3 个二阶统计量矩阵，此外参数自动配对。上述方法需要解多个约束最优化方程或者烦琐的参数配对运算，且算法只适合白噪声环境。以 MUSIC 为代表的基于二阶统计量的高分辨 DOA 估计方法都假定背景噪声是统计独立的白高斯噪声，所以当环境噪声为色噪声时，由于对阵列协方差矩阵进行特征分解得不到信号子空间和噪声子空间，所以算法不能有效工作。对于高斯信号，二阶统计量已完全能够表征其统计特性，而对于应用广泛的非高斯信号，二阶统计量所能表征的信息有限，因此二阶统计量在很多方面(例如最小相位系统)不再适用。

(3) 基于高阶累积量的近场源定位方法。

高阶累积量方法是对传统的基于二阶统计量的定位方法的扩展和完善。高阶累积量能够抑制高斯噪声，扩展阵列孔径，并且能够同时提供信号的幅度和相位信息。但同时因为需要构造高维累积量矩阵，以及需要进行多维参数匹配，造成了较大的计算量。由于高阶累积量具有很多优越的特性，例如高斯白/色噪声的高阶(大于二阶)累积量为零等，因此可以解决二阶统计量不能解决或解决不好的问题。作为基于二阶统计量的参数估计方法的拓展与补充，基于高阶累积量的阵列信号参数估计方法及其应用成了一个新的研究热点。20 世纪 90 年代以来，高阶累积量[41]在信号处理领域得到推广和应用，Gao F[42]等提出了一种基于频谱搜索的波达方向估计方法，将传统 ESPRIT DOA 估计器的思想扩展到比传统 ESPRIT 技术所假设的更一般的阵列几何类。为了提升定位参数的估计精度，稀疏重构技术和稀疏阵列被引入近场信源定位研究中。Zhong L J 和 Wang Y 等提出基于稀疏重构的近场源定位算法[43]，构建两个高阶累积量矩阵，并分别使用两次稀疏重构算法得到近场信号的距离估计与 DOA 估计。因为使用稀疏重构算法，有着比传统高阶累积量算法更高的估计精度与参数分辨率，但也具有更高的计算复杂度，并且需要参数匹配。Li S 和 Xie D F 提出基于压缩对称嵌套阵的近场源定位算法[44]。Li X L 和 Wu S 等提出基于扩展对称嵌套阵列的快速定位算法[45]。这两个基于嵌套阵列的定位算法，因利用高阶累积量和对称嵌套阵列的性质，得到的虚拟差分阵列的阵列孔径大于均匀线阵的阵列孔径，从而提升定位参数估计精度，但也因此增大了算法计算复杂度和对快拍数的要求。

国内近年来对近场源定位的研究也取得了一定的进展，清华大学的张贤达[46-48]教授、西安电子科技大学的廖桂生[49-50]教授、西安理工大学的梁军利[51-54]教授均取得了具有国际水平的研究成果。

1.2.3 混合近远场信源参数估计的发展与现状

此前的方法都是针对单一的近场信源或远场信源，但是在一些实际应用中，接收信号的阵元可能处于近场和远场的混合场中，例如，利用麦克风阵列确定说话者位置时，由于说话者的位置在改变，所以他有可能处于接收阵列的近场或远场。如果利用上述针对单一近场信源或远场信源的方法，有可能会出现估计失败的问题，所以在近场和远场混合信源进行DOA估计算法及其应用成为近几年来新兴的研究热点。

梁军利[55]基于高阶累积量提出了一种二阶MUSIC算法，用于解决混合信源定位的问题。这种方法虽然能解决该问题，但是由于它需要构造两个四阶累积量矩阵，并且对这两个矩阵分别进行一次特征值分解，此外，还需要进行一次一维谱峰搜索，所以这种方法的计算量比较大。为了降低运算量，上海交通大学的何晶等[56]基于二阶统计量对MUSIC算法进行了有效应用。该方法把斜投影技术[57]应用在阵列的观测值中，从而能够实现信号的分类，还可以避免参数估计失败的问题。但是这种方法在估计近场信源时的效果并不好，并且在进行谱峰搜索时存在伪峰。与上述方法相比，天津大学的蒋佳佳等[58]利用ESPRIT-Like算法和求根MUSIC算法可减小计算量，得到了更好的估计效果。在何晶等人[56]的基础之上，为了更好地对近场和远场信源进行分类和定位，吉林大学的刘国红等[59]基于MUSIC算法提出了一种二阶差分方法。这种方法不仅能够提高估计精度，还能够更合理地对混合信源进行分类。空-时矩阵在混合信源定位中也得到了应用[60]。通过定义空-时矩阵来获得相对应的特征对，从而实现对信源的DOA和距离的二维联合估计，同时还能避免参数配对。吉林大学的王博等[61]研究了信号的稀疏重构在混合信源中的应用。此方法首先把阵列的时域信息转化为累积量域信息来估计信源的DOA。然后，通过构造混合过完备基以得到阵列距离估计的稀疏表示。这种方法能够解决信源之间距离很接近的问题，并且还具有较高的估计准确性。针对混合信源利用阵列的稀疏对称性，王博等[62]提出了一种混合阶的MUSIC算法。该方法通过深入研究特殊的阵列结构并构造累积量矩阵来估计信源DOA和距离参数。程磊等[63]首先借助MUSIC算法来估计所有远场信源的DOA和功率，然后利用斜投影方法消除远场信源，这样就可以通过均匀线性阵列对称的性质来估计近场源DOA和距离。Zuo W等[64]利用斜投影技术得到一个只含近场信号的协方差矩阵，然后利用其反对角线元素估计近场信号的DOA，从而估计并区分两种信号的参数。此外，为了克服近场信号估计时，由差分和斜投影造成的"饱和问题"，还提出了交替迭代方法，但算法的计算量也因此而增大。针对使用斜投影引入额外误差的缺点，姜佳佳等[65]提出了相应的不用斜投影技术的改进算法。该算法因没有使用斜投影技术，改善了近场源DOA估计精度，但仍然需要谱峰搜索。Tay等[66]利用ML算法提出了一种基于数据支持优化的定位算法。该方法利用二阶估计技术来获得数据支持的网格点。黄箐华[67]利用球函数与球面阵列之间的递推关系来估计混合信源的DOA。这种方法能够避免构造高阶统计量矩阵和参数配对，但是它不能够将近场信源和远场信源进行分类。左伟亮等[68]针对近场和远场混合信号源问题，提出了一种基于斜投影技术和二阶统计量的方法。该算法既不需要进行多维谱峰搜索，也不需要构造高阶统计量和进行特征值分解，而且不需要额外步骤即可对混合信源进行分类。与上述方法不同的是，蒋佳佳[69]基于 ESPRIT 和 MUSIC 算法，采用十字阵列对混合信源的仰角、方位角和距离进行三维估计。由于该方法基于二阶统计量并且只需要进行一次一维谱峰搜索，所以它具有较低的计算复杂度，并且还能够避免参数配对。在上述方法中，均假定信源的频率已知，若信源的频率未知，上述方法则受到限制，为此，梁军利等[70]基于二阶统计量提出了一种多参数联合估计方法，可对信源的频率、DOA 和距离实现三维联合估计。虽然，此算法是针对近场阵列结构提出的，但是在近场和远场混合信源中仍然适用。算法利用输出矩阵二阶统计量的特征值和特征向量进行参数估计，这样能实现参数的自动配对，而且算法无需谱峰搜索，还可降低阵列孔径的损失。

针对信号源数目错误估计导致的性能下降的缺点，谢剑等[71]提出了一种混合近远场源定位算法，与传统的混合源定位算法相比，该算法因无须估计源数，改善了 DOA 估计精度，性能有所提升。田野等将嵌套阵与高阶累积量结合[72]进行远近场混合源参数估计，利用不同的嵌套阵组合，构造出不同自由度阵列，但采用了高阶累积量与压缩感知理论，计算复杂度较高。

1.3 本书主要内容及章节安排

本书共 7 章，各章的安排如下：

第 1 章简要阐述阵列信号参数估计的发展与现状，包括远场、近场和混合近远场信源参数估计研究现状，使读者能了解其整体概况。

第 2 章介绍全书工作开展所需了解的阵列信号模型及理论基础，并详细介绍了有关矩阵论中的矩阵分解理论、矩阵变换理论和一些特殊矩阵以及压缩感知理论。它是后续章节的基础。

第 3 章介绍基于特征值和基于特征向量的信号源数目估计方法。在基于特征值的方法中，信息论方法和平滑秩方法都需要得到矩阵或者修正后矩阵的特征值，然后再利用特征值来估计信号源数目；盖氏圆(Gerschgorin Disk Estimation，GDE)方法利用盖氏圆盘定理，在不需要知道具体的特征值数值情况下估计出信号源；正则相关技术可以在有色噪声情况下对信号源数目进行有效估计。在基于特征向量的方法中，讨论了一种基于空间平滑的矩阵分解技术和基于旋转不变的技术，并对估计性能进行了详细讨论。

第 4 章介绍阵列信号处理的 DOA 估计算法，包括空间差分方法、TPULA-DOA 方法、DOA 矩阵方法、时空 DOA 矩阵方法、基于压缩感知的 DOA 估计算法、LP-W-L_∞-SVD 算法和基于阵列结构优化的 DOA 估计算法。上述方法分别适用于不同环境和阵列结构下，最后通过仿真实验分析上述方法的性能。

第 5 章介绍 DOA 和时延或者频率以及距离等同时估计的算法，详细阐述 DOA 和时延联合估计算法，DOA 和频率联合估计算法，DOA 和距离联合估计算法以及距离、角度和频率联合估计算法。上述算法具有计算复杂性较低、估计精度高和鲁棒性较优越等良好性能。

第 6 章介绍空间谱估计中 MUSIC 算法的优化与并行设计，给出了基于 UCA、ULA 以及 URA 测向阵列的实数域 MUSIC 算法的实现方法和基于实数运算的 Unitary-MUSIC 算法,仿真验证了其估计精度和分辨力以及多信号处理性能;对 C-MUSIC 和 Unitary-MUSIC 算法进行了并行化设计,给出了厄尔米特矩阵的特征值分解以及谱计算和谱峰搜索的并行处理方案设计,并提供了谱计算和搜索的并行设计。在 Lyrtech 模型机上的实现为今后的空间谱估计、时空二维谱估计的谱计算和谱峰搜索的实现奠定了理论和实践基础。

第 7 章介绍 JAFE 算法的优化与并行设计,给出了基于实数运算的 Unitary-JAFE 算法,并和 C-JAFE 算法在估计性能方面进行了仿真比较和分析;对 Unitary-JAFE 算法涉及的矩阵运算进行了分析,并实现了联合估计算法的并行设计;讨论了 Unitary-JAFE 算法在 Lyrtech 模型机上的并行实现问题,并对 Lyrtech 模型机中 DSP 处理性能、网络结构、软件设计等进行了评价。

参考文献

[1] 张小飞,汪飞,陈伟华.阵列信号处理理论与应用[M].2 版.北京:国防工业出版社,2013.

[2] Hansen R C. Special issue on active and adaptive antennas[J]. IEEE Trans. on Antennas and Propagation,1964,12(2):140-141.

[3] Gabriel W. Special issue on adaptive antennas[J]. IEEE Trans. on Antennas and Propagation,1976,24(5):573-574.

[4] Gabriel W F. Special issue on adaptive processing antenna systems[J]. IEEE Trans. on Antennas and Propagation,1986,34(3):273-275.

[5] Prokopenko I,Prokopenko K,Omelchuk I,et al. Robust estimation of a signal source coordinates[J]. 18th International Radar Symposium(IRS),2017,1-8.

[6] Tsakalides P,Nikias C L. Maximum likelihood localization of sources in noise modeled as a stable process[J]. IEEE Transactions on Signal Processing,1995,43(11):2700-2713.

[7] Ye H,Degroat R D. Maximum likelihood DOA estimation and asymptotic Cramer-Rao bounds for additive unknown colored noise[J]. IEEE Transactions on Signal Processing,1995,43(4):938-949.

[8] Pesavento M,Gershman A B. Maximum-likelihood direction-of-arrival estimation in the presence of unknown nonuniform noise[J]. IEEE Transactions on Signal Processing,2001,49(7):1310-1324.

[9] Zhang Z G,Chan S C,Tsui K M. A recursive frequency estimator using linear prediction and a kalman-filter-based iterative algorithm[J]. IEEE Transactions on Circuits and Systems Ⅱ:Express Briefs,2008,55(6):576-580.

[10] Xin J,Sano A. MSE-based regularization approach to direction estimation of coherent narrowband signals using linear prediction[J]. IEEE Transactions on Signal Processing,2001,49(11):2481-2497.

[11] De Cola T,Mongelli M. Adaptive time window linear regression for outage prediction in Q/V band satellite systems[J]. IEEE Wireless Communications Letters,2018,7(5):808-811.

[12] Schmidt R O. Multiple emitter location and signal parameter estimation[J]. IEEE Transactions on Antennas & Propagation,1986,34(3):276-280.

[13] Lu Z,Zhang L,Zhang J,et al. Parallel optimization of broadband underwater acoustic signal MUSIC algorithm on GPU platform[C]. 4th International Conference on Systems and Informatics(ICSAI),2017,704-708.

[14] He W G,Zhang F,Li Z L,et al. Study of improved multiple signal classification algorithm based on coherent signal sources[J]. World Automation Congress(WAC),Rio Grande,2016,1-4.

[15] Liu J,Shao Y,Qin X,et al. Inter-harmonics parameter detection based on interpolation FFT and

multiple signal classification algorithm[C]. Chinese Control and Decision Conference(CCDC),2019,4691-4696.

[16] Roy R,Kailath T. ESPRIT-estimation of signal parameters via rotational invariance techniques[J]. IEEE Transactions on Acoustics Speech & Signal Processing,1989,37(7): 984-995.

[17] Swindlehurst A L,Ottersten B,Roy R. Multiple invariance ESPRIT[J]. IEEE Transactions on Signal Processing,1992,40(4): 867-881.

[18] Rao B D,Hari K V S. Performance analysis of root-MUSIC[J]. IEEE Transactions on Acoustics Speech & Signal Processing,1990,37(12): 1939-1949.

[19] Barabell A. Improving the resolution performance of eigenstructure-based direction-finding algorithms[J]. IEEE International Conference on Acoustics, Speech, and Signal Processing, 1983: 336-339.

[20] 游鸿,黄建国,金勇. 基于加权信号子空间投影的 MUSIC 改进算法[J]. 系统工程与电子技术,2008,30(5): 792-794.

[21] 何子述,黄振兴. 修正 MUSIC 算法对相关信号源的 DOA 估计性能[J]. 通信学报,2000,21(10): 14-17.

[22] Wax M,Shan T J,Kailath T. Spatio-temporal spectral analysis by eigenstructure methods[J]. IEEE Transactions on Acoustics Speech & Signal Processing,1984,32(4): 817-827.

[23] Zhang F,Zhao E,Gao B,et al. Photonics-based super-resolution phased array radar detection applying two-dimensional multiple signal classification(2D-MUSIC)[C]. International Topical Meeting on Microwave Photonics(MWP),2019,1-4.

[24] Mathews C P,Zoltowski M D. Eigenstructure techniques for 2-D angle estimation with uniform circular array[J]. IEEE Transactions on Signal Processing,1994,42(9): 2395-2407.

[25] Tenneti S V,Vaidyanathan P P. iMUSIC: A family of MUSIC-Like algorithms for integer period estimation[J]. IEEE Transactions on Signal Processing,2019,67(2): 367-382.

[26] Wang K,Wang L,Shang J,et al. Mixed near-field and far-field source localization based on uniform linear array partition[J]. IEEE Sensors Journal,2016,16(22): 8083-8090.

[27] Xue W,Liu W,Liang S. Noise robust direction of arrival estimation for speech source with weighted bispectrum spatial correlation matrix[J]. IEEE Journal of Selected Topics in Signal Processing,2015,9(5): 837-851.

[28] Mahmud T H A,Ye Z,Shabir K,et al. Off-Grid DOA estimation aiding virtual extension of coprime arrays exploiting fourth order difference co-array with interpolation[J]. IEEE Access, 2018, 6: 46097-46109.

[29] Wang Q,Wang X,Chen H. DOA estimation algorithm for strictly noncircular sources with unknown mutual coupling[J]. IEEE Communications Letters,2019,23(12): 2215-2218.

[30] Harshman R A. Foundations of the PARAFAC procedure: models and conditions for an"explanatory" multimodal factor analysis[J]. Ucla Working Papers in,1969,16: 1-84.

[31] Cui W,Shen Q,Liu W,et al. Low complexity DOA estimation for wideband off-grid sources based on re-focused compressive sensing with dynamic dictionary[J]. IEEE Journal of Selected Topics in Signal Processing,2019,13(5): 918-930.

[32] Shi Y,Huang Z Q, Wang S X. An algorithm for 4-D parameters jointly estimating of near-field sources[C]. Wireless Communication,Networking and Mobile Computing,Wicom2007,International Conference on,2007,1012-1015.

[33] Burg J P. Maximum-entropy spectral analysis[C]. Proceeding of 37th meeting of society of exploration geophysicists,1967.

[34] Capon J. High-resolution frequency-wavenumber spectrum analysis[J]. Proceedings of the IEEE,

2005,57(8):1408-1418.

[35] Krim H,Viberg M. Two decades of array signal processing research: the parametric approach[J]. IEEE Signal Process,Mag,1996,13(4):67-94.

[36] Swindelehurst A L, Kailath T. Passive direction-of-arrival and range estimation for near-field sources[J]. Fourth Annual ASSP Workshop on Spectrum Estimation and Modeling,1988,123-128.

[37] Starer D, Nehorai A. Passive localization of near-field sources by path following[J]. IEEE Transaction Signal Processing,1994,42(3):677-680.

[38] Grosicki E,Meraim K A. A weighted linear prediction method for near-field source localization[J]. IEEE Trans. Signal Processing,2005,53(10):3651-3660.

[39] 王波,王树勋.一种基于二阶统计量的近场源三维参数估计方法[J].电子与信息学报,2006,028(001):45-49.

[40] 梁军利,杨树元,王诗俊,等.一种新的基于二阶统计量的近场源定位算法[J].电子与信息学报,2008,30(003):596-599.

[41] 谢坚.近场复杂源高分辨参数估计算法研究[D].陕西:西安电子科技大学,2015.

[42] Gao F,Gershman A B. A generalized ESPRIT approach to direction-of-arrival estimation[J]. IEEE Signal Processing,2005,12(3):254-257.

[43] Zhong L J,Wang Y,Gang W. Signal reconstruction for near-field source localization[J]. IET Signal Processing,2015,9(3):201-205.

[44] Li S,Xie D. Compressed symmetric nested arrays and their application for direction-of-arrival estimation of near-field sources[J]. Sensors,2016,16(11):1939.

[45] Li X,Wu S,Han J. Fast location algorithm based on an extended symmetry nested sensor model in an intelligent transportation system[J]. IEEE Access,2018,6:21032-21047.

[46] 张贤达.现代信号处理[M].北京:清华大学出版社,2002.

[47] 陈建峰,张贤达,吴云韬.近场源距离、频率及到达角联合估计算法[J].电子学报,2004,32(5):803-806.

[48] 陈建峰,张贤达.一种新的近场源三维参数联合估计算法[J].电路与系统学报,2003,8(5):1-4.

[49] Wang H Y,Liao G S,Li Z F. Joint frequency,direction of arrival and range estimation for near-field sources[J]. Proc,ICSP'04,2004,1:475-478.

[50] 王洪洋,廖桂生,等.近场源频率、波达方向和距离的联合估计方法[J].电波科学学报,2004,19(6):717-721.

[51] 梁军利,王诗俊,高丽.一种无需参数配对的近场源定位新算法[J].电子学报,2007,35(6):1123-1127.

[52] Liang J,Liu D. Passive localization of near-field sources using cumulant[J]. IEEE Sensors Journal,2009,9(8):953-960.

[53] Liang J,Zeng X. A computational efficient algorithm for joint range-DOA-frequency estimation of near-field sources[J]. Digital Signal Processing,2009,19(4):596-611.

[54] Liang J,Liu D,Zeng X. Joint azimuth-elevation/(-range) estimation of mixed near-field and far-field sources using two-stage separated steering vector-based algorithm[J]. Progress in Electromagnetics Research,2011,113(1):17-46.

[55] Liang J L,Liu D. Passive localization of mixed near-field and far-field sources using two-stage MUSIC algorithm[J]. IEEE Transactions on Signal Processing,2010,58(1):108-120.

[56] He J,Swamy M N S,Ahmad M O. Efficient application of MUSIC algorithm under the coexistence of far-field and near-field sources[J]. IEEE Transactions on Signal Processing,2012,60(4):2066-2070.

[57] Boyer R,Bouleuc G. Oblique projections for direction-of-arrival estimation with prior knowledge[J]. IEEE Transactions on Signal Processing,2008,56(4):1374-1387.

［58］ Jiang J J, Duan F J, Chen J. Mixed near-field and far-field sources localization using the uniform linear sensor array[J]. IEEE Sensors Journal, 2012, 13(8): 3136-3143.

［59］ Liu G H, Sun X Y. Two-stage matrix differencing algorithm for mixed far-field and near-field sources classification and localization[J]. IEEE Sensors Journal, 2014, 14(6): 1957-1965.

［60］ Liu F L, Du R Y, Wang J K. Space-time matrix method for mixed near-field and far-field sources localization[J]. Progress in Electromagnetics Research, 2014, 36: 131-137.

［61］ Wang B, Liu J, Sun X Y. Mixed sources localization based on sparse signal reconstruction[J]. IEEE Signal Processing Letters, 2012, 19(8): 487-490.

［62］ Wang B, Zhao Y P, Liu J J. Mixed-order MUSIC algorithm for localization of far-field and near-field sources[J]. IEEE Signal Processing Letters, 2013, 20(4): 311-314.

［63］ Chen L, Yan X Z, Liu G H. An improved method for passive localization of coexistent far-field and near-field sources[C]. 6th International Congress on Image and Signal Processing, 2013, 3: 1417-1421.

［64］ Zuo W, Xin J, Wang J, et al. A computationally efficient source localization method for a mixture of near-field and far-field narrowband signals[J]. IEEE International Conference on Acoustics, 2014: 2257-2261.

［65］ Jiang J J, Duan F J, Wang X Q. An efficient classification method of mixed sources[J]. IEEE Sensors Journal, 2016, 16(10): 3731-3734.

［66］ Wen F X, Tay W P. Localization for mixed near-field and far-field sources using data supported optimization[J]. 15th International Conference on Information Fusion, 2012: 402-407.

［67］ Huang Q H, Song T. DOA estimation of mixed near-field and far-field sources using spherical array[J]. IEEE 11th International Conference on Signal Processing, 2012, 1: 382-385.

［68］ Zuo W L, Xin J M, Wang J S, et al. A computationally efficient source localization method for a mixture of near-field and far-field narrowband signals [J]. IEEE International Conference on Acoustics, Speech and Signal Processing, 2014: 2257-2261.

［69］ Jiang J J, Duan F J, Chen J. Three-dimensional localization algorithm for mixed near-field and far-field sources based on ESPRIT and MUSIC method[J]. Progress In Electromagnetics Research, 2013, 136: 435-456.

［70］ Liang J L, Zeng X J, Ji B J, et al. A computationally efficient algorithm for joint range-DOA-frequency estimation of near-field sources[J]. Digital Signal Processing, 2009, 19(4): 596-611.

［71］ Xie J, Tao H, Rao X, et al. Passive localization of mixed far-field and near-field sources without estimating the number of sources[J]. Sensors, 2015, 15(2): 3834-3853.

［72］ Tian Y, Lian Q, Xu H. Mixed near-field and far-field source localization utilizing symmetric nested array[J]. IET Digtial Signal Processing, 2017, 73: 16-23.

第2章

阵列信号模型及理论基础

2.1 阵列信号模型

2.1.1 远场阵列信号模型

在如图2.1所示的阵列信号处理模型中，通常采用如下假设条件：

(1) 每一个待测信号源互不相关。总的来说，考虑信号源是窄带源，各个信号源中心频率 ω_0 相同。测量信号源数目为 D。

(2) 由 $M(M>D)$ 个阵元构成一个等间距直线阵列，而且各阵元特性相同，各个阵列方向同性，阵元间距是 d，阵元间距要小于或等于信号频率半波长。

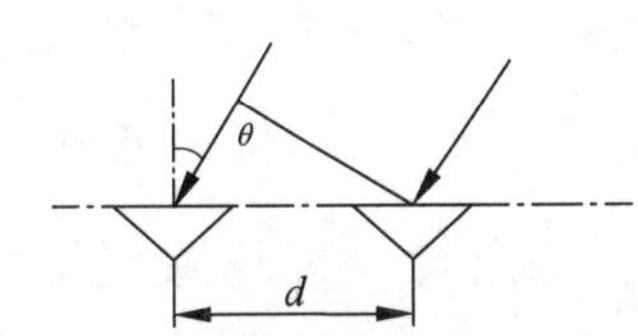

图2.1 远场信号阵列结构

成雅剑. 基于稀疏阵列的DOA估计算法研究[D]. 沈阳：东北大学，2016

(3) 天线阵列接收的信号源是远场信号源，都为平面波信号。

(4) 每个阵元上的噪声是均值为零、方差为 σ^2 的高斯白噪声，而且彼此互不相关，另外与待测信号也不相关。

在天线阵列中，接收第 $k(k=1,2,\cdots,D)$ 个信号源发射的波前信号可以表示为 $S_k(t)$，前面已假定 $S_k(t)$ 是一个窄带信号，则 $S_k(t)$ 表示形式如下

$$S_k(t)=s_k(t)\exp(\mathrm{j}\omega_k t) \tag{2.1}$$

其中，$s_k(t)$ 是窄带信号 $S_k(t)$ 的复包络；ω_k 是 $S_k(t)$ 的角频率。前面已经假设 D 个信号的中心频率是一致的，所以有

$$\omega_k=\omega_0=\frac{2\pi c}{\lambda} \tag{2.2}$$

这里，c 是电信号速度；λ 是信号波长。

假定信号经过天线阵列所需要的时间为 t_1，那么依据窄带假设有如下近似

$$S_k(t-t_1)\approx S_k(t) \tag{2.3}$$

延迟后的波前信号表示如下

$$\widetilde{S}_k(t-t_1)=S_k(t-t_1)\exp[\mathrm{j}\omega_0(t-t_1)]\approx S_k(t)\exp[\mathrm{j}\omega_0(t-t_1)] \tag{2.4}$$

因此，假定在阵列中选取全部阵元中的第一个阵元作为参考点，从而在等间距的直线阵中 t 时刻第 $m(m=1,2,\cdots,M)$ 个阵元对第 k 个信号源的感应信号可以表示为

$$a_k S_k(t)\exp\left[-\mathrm{j}(m-1)\frac{2\pi d\sin\theta_k}{\lambda}\right] \tag{2.5}$$

其中，a_k 表示第 m 个线性阵元对第 k 个信号源的干扰，在前面已经假设阵元方向是任意的，所以这里取 $a_k=1$。角度 θ_k 是与第 k 个信号源对应的，相位差 $(m-1)\frac{d\sin\theta_k}{c}$ 表示由第 m 个阵元与第 1 个阵元的波程差引起。

通过噪声测量和对所有信号源来波方向进行估计，第 m 个阵元输出为

$$x_m(t)=\sum_{k=1}^{D}S_k(t)\exp\left[-\mathrm{j}(m-1)\frac{2\pi d\sin\theta_k}{\lambda}\right]+n_m(t) \tag{2.6}$$

其中，$n_m(t)$ 是测量噪声，m 表示第 m 个阵元，k 表示第 k 个信号源。这里假设

$$a_m(\theta_k)=\exp\left[-\mathrm{j}(m-1)\frac{2\pi d\sin\theta_k}{\lambda}\right] \tag{2.7}$$

$a_m(\theta_k)$ 代表第 m 个阵元对第 k 个信号源的响应函数。第 m 个阵元输出如下

$$x_m(t)=\sum_{k=1}^{D}a_m(\theta_k)S_k(t)+n_m(t) \tag{2.8}$$

第 k 个信号源的信号强度是 $S_k(t)$。根据矩阵定义，得到更简单的模型为

$$\boldsymbol{X}=\boldsymbol{AS}+\boldsymbol{N} \tag{2.9}$$

其中，$\boldsymbol{X}=[x_1(t),x_2(t),\cdots,x_M(t)]^{\mathrm{T}}$、$\boldsymbol{S}=[S_1(t),S_2(t),\cdots,S_D(t)]^{\mathrm{T}}$ 和 $\boldsymbol{N}=[n_1(t),n_2(t),\cdots,n_M(t)]^{\mathrm{T}}$ 分别表示阵列接收信号向量、信号源向量和噪声向量，$\boldsymbol{A}=[\boldsymbol{a}(\theta_1),\boldsymbol{a}(\theta_2),\cdots,\boldsymbol{a}(\theta_D)]^{\mathrm{T}}$ 表示阵列流形矩阵，$\boldsymbol{a}(\theta_k)=[1,\mathrm{e}^{-\mathrm{j}2\pi d/\lambda\sin\theta_k},\mathrm{e}^{-\mathrm{j}4\pi d/\lambda\sin\theta_k}\cdots,\mathrm{e}^{-\mathrm{j}(M-1)2\pi d/\lambda\sin\theta_k}]$ 表示矩阵各列指向向量。

2.1.2 近场阵列信号模型

阵列模型如图 2.2 所示，假设 N 个位置为 (θ_i,r_i)，$1\leqslant i\leqslant N$ 近场窄带信号入射到具有 $2M$ 个阵元且阵元间距为 d 的均匀线列接收阵上，在此假设阵列为理想阵列，不存在通道不一致性以及阵元耦合等问题。N 个近场信号都具有相同的中心归一化频率 ω。以 0 号阵元为参考阵元，$\boldsymbol{s}_i(t)$，$i\leqslant N$ 为 0 号阵元接收到的近场窄带信号，则第 m 个阵元的阵元输出为

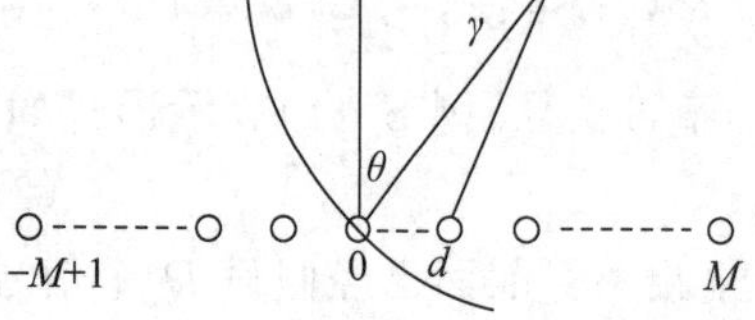

图 2.2 近场阵列模型示意图

$$\boldsymbol{x}_m=\sum_{i=1}^{N}\boldsymbol{s}_i(t)\mathrm{e}^{\mathrm{j}\tau_{mi}}+\boldsymbol{n}_m(t),\quad -M+1<m<M \tag{2.10}$$

式中，$\boldsymbol{s}_i(t)$ 为第 i 个近场窄带信号源；τ_{mi} 为第 i 个近场窄带信号源到达第 m 个阵元相对于参考阵元的时延；$\boldsymbol{n}_m(t)$ 为加性高斯噪声。由近场源球面波前近似，可以求得阵列延迟

$$\tau_{mi}=\frac{2\pi r_i}{\lambda}\left(\sqrt{1+\frac{m^2d^2}{r_i^2}-\frac{2md\sin\theta_i}{r_i}}-1\right) \tag{2.11}$$

对其进行二次泰勒级数展开，然后再进行菲涅耳截短可获得其菲涅耳近似为

$$\tau_{mi}=\gamma m+\phi m^2 \tag{2.12}$$

其中

$$\gamma_i=-2\pi\frac{d\sin\theta_i}{\lambda},\quad \phi_i=\pi\frac{d^2\cos^2\theta_i}{\lambda r_i} \tag{2.13}$$

综合考虑各个阵元的阵元输出和阵列模型通式，将式(2.10)改写成矩阵形式

$$\boldsymbol{X}=\boldsymbol{AS}+\boldsymbol{N}_n \tag{2.14}$$

式中

$$\boldsymbol{A}=[\boldsymbol{a}_1,\boldsymbol{a}_2,\cdots,\boldsymbol{a}_N],\quad \boldsymbol{a}_i=[\mathrm{e}^{\mathrm{j}(\gamma_i+\phi_i)},\mathrm{e}^{\mathrm{j}(2\gamma_i+4\phi_i)},\cdots,\mathrm{e}^{\mathrm{j}(\gamma_i m+\phi_i m^2)}]^{\mathrm{T}}$$

$$\boldsymbol{S}=[s_1(t),s_2(t),\cdots,s_N(t)]^{\mathrm{T}} \tag{2.15}$$

$\boldsymbol{N}_n$ 为加性高斯噪声矩阵。为不失一般性，算法中作如下假设：

(1) 近场信源 $s_1(t),s_2(t),\cdots,s_N(t)$ 为零均值、非高斯、具有非零峰度、统计独立的平稳随机过程；

(2) 噪声 $\boldsymbol{n}_m(t)$ 为零均值、加性高斯噪声，与信号相互统计独立；

(3) 各近场窄带信源的空域参数需满足使菲涅耳近似后的非线性项不等，即 $\phi_i\neq\phi_j$，$i\neq j$；

(4) 为了避免阵列模糊，阵元间距应满足：$d\leqslant\frac{\lambda}{4}$，且信号源数目要小于阵元数，即 $M>N$。

2.1.3 阵列信号处理的统计模型

以平面空间的等距线阵为例，设阵元数为 M，阵元间距为 d，共有 P 个信源，其中 $M>P$。设波达方向为 $\vartheta_1,\vartheta_2,\cdots,\vartheta_P$，并以阵列的第一个阵元作为基准，各信号源在基准点的复包络分别为 $s_1(t),s_2(t),\cdots,s_P(t)$，则在第 m 个阵元上第 k 次快拍的采样值为

$$x_m(k)=\sum_{i=1}^{P}s_i(k)\mathrm{e}^{-\mathrm{j}\frac{2\pi}{\lambda}(m-1)d\sin\vartheta_i}+n_m(k) \tag{2.16}$$

式中，$n_m(k)$ 表示第 m 个阵元上的噪声。

将各阵元上第 k 次快拍的采样写成向量形式

$$\boldsymbol{x}(k)=\boldsymbol{As}(k)+\boldsymbol{n}(k)$$

式中矩阵和向量具有下面的形式

$$\boldsymbol{A}=[\boldsymbol{a}(\vartheta_1),\boldsymbol{a}(\vartheta_2),\cdots,\boldsymbol{a}(\vartheta_P)]$$

$$\boldsymbol{a}(\vartheta_i)=[1,a_k,a_k^2,\cdots,a_k^{M-1}]^{\mathrm{T}}$$

$$\boldsymbol{s}(k)=[s_1(k),s_2(k),\cdots,s_P(k)]^{\mathrm{T}}$$

$$\boldsymbol{n}(k)=[n_1(k),n_2(k),\cdots,n_M(k)]^{\mathrm{T}}$$

其中，元素 $a_k=\exp\left\{-\mathrm{j}\frac{2\pi}{\lambda}\sin\vartheta_i\right\}$。

阵列可以获取许多次快拍的观测数据，为了充分利用这些数据以提高检测可靠性和参数估计的精度，可采用积累的办法，但用数据直接积累是不行的，因为 $\boldsymbol{s}(k)$ 随 k 变化，且其

初相通常为均匀分布,一阶统计量(均值)的二阶统计量由于可消去 $\boldsymbol{s}(k)$ 的随机初相,所以可反映信号向量的特征。

阵列向量的二阶统计量用其外积的统计平均值表示,称为阵列协方差矩阵,定义为

$$\boldsymbol{R}=E\{\boldsymbol{x}(k)\boldsymbol{x}^{\mathrm{H}}(k)\}$$

将式(2.16)代入上式,考虑到 $\boldsymbol{s}(k)$ 与 $\boldsymbol{n}(k)$ 是统计独立的,于是可得

$$\boldsymbol{R}=\boldsymbol{A}E\{\boldsymbol{s}(k)\boldsymbol{s}^{\mathrm{H}}(k)\}\boldsymbol{A}^{\mathrm{H}}+E\{\boldsymbol{n}(k)\boldsymbol{n}^{\mathrm{H}}(k)\}=\boldsymbol{APA}^{\mathrm{H}}+\sigma^2\boldsymbol{I} \tag{2.17}$$

式中,$\boldsymbol{P}=E\{\boldsymbol{s}(k)\boldsymbol{s}^{\mathrm{H}}(k)\}$ 是信源部分的协方差矩阵;由于各阵元的噪声不相关,且强度相等,故其协方差矩阵为 $E\{\boldsymbol{n}(k)\boldsymbol{n}^{\mathrm{H}}(k)\}=\sigma^2\boldsymbol{I}$。

容易验证,阵列协方差矩阵满足 $\boldsymbol{R}^{\mathrm{H}}=\boldsymbol{R}$。这说明,阵列协方差矩阵属于 Hermitian 矩阵,它的特征值为正值。令特征值为 $\lambda_1\geqslant\lambda_2\geqslant\cdots\geqslant\lambda_M>0$。协方差矩阵的特征分解可写成

$$\boldsymbol{R}=\boldsymbol{U\Sigma U}^{\mathrm{H}}=\sum_{i=1}^{M}\lambda_i\boldsymbol{u}_i\boldsymbol{u}_i^{\mathrm{H}} \tag{2.18}$$

式中,$\boldsymbol{U}=[\boldsymbol{u}_1,\boldsymbol{u}_2,\cdots,\boldsymbol{u}_M]$ 为由特征向量组成的酉矩阵;$\boldsymbol{\Sigma}=\mathrm{diag}[\lambda_1,\lambda_2,\cdots,\lambda_M]$ 为特征值构成的对角矩阵。

比较式(2.17)和式(2.18)可知,若将 $\boldsymbol{R}$ 的 M 个特征值按大小依次排列,则前 P 个与信号有关,其数值大于 σ^2,即 $\lambda_1\geqslant\lambda_2\geqslant\cdots\geqslant\lambda_P>\sigma^2$,而从第 $P+1$ 开始的特征值完全决定于噪声,其数值等于 σ^2,即 $\lambda_{P+1}=\lambda_{P+2}=\cdots=\lambda_M=\sigma^2$。因此,可将 $\boldsymbol{R}$ 的 M 个特征向量分成两部分:一部分是与 $\lambda_1,\lambda_2,\cdots,\lambda_P$ 对应的特征向量,它们张成的空间称为信号子空间;另一部分是与小特征值 σ^2 对应的特征向量,它们张成的空间称为噪声子空间,即有

$$\boldsymbol{R}=\boldsymbol{U}_s\boldsymbol{\Sigma}_s\boldsymbol{U}_s^{\mathrm{H}}+\boldsymbol{U}_n\boldsymbol{\Sigma}_n\boldsymbol{U}_n^{\mathrm{H}}=\sum_{i=1}^{P}\lambda_i\boldsymbol{u}_i\boldsymbol{u}_i^{\mathrm{H}}+\sigma^2\sum_{i=P+1}^{M}\boldsymbol{u}_i\boldsymbol{u}_i^{\mathrm{H}}$$

可知各方向向量(方向矩阵的各列)均位于信号子空间里,它们与噪声子空间正交。

如上所述,由于 $\boldsymbol{R}$ 的空间可以分成相互正交的两部分,即信号子空间和噪声子空间,它们正交,所以信号子空间上的投影算子 $\boldsymbol{\Pi}_s$ 和噪声子空间上的投影算子 $\boldsymbol{\Pi}_n$ 正交,即 $\boldsymbol{\Pi}_s+\boldsymbol{\Pi}_n=\boldsymbol{I}$,其中 $\boldsymbol{\Pi}_s$ 和 $\boldsymbol{\Pi}_n$ 可以用方向矩阵 $\boldsymbol{A}$ 分别定义为

$$\boldsymbol{\Pi}_s=\boldsymbol{U}_s\boldsymbol{U}_s^{\mathrm{H}}=\boldsymbol{A}(\boldsymbol{A}^{\mathrm{H}}\boldsymbol{A})^{-1}\boldsymbol{A}^{\mathrm{H}}$$

$$\boldsymbol{\Pi}_n=\boldsymbol{U}_n\boldsymbol{U}_n^{\mathrm{H}}=\boldsymbol{I}-\boldsymbol{A}(\boldsymbol{A}^{\mathrm{H}}\boldsymbol{A})^{-1}\boldsymbol{A}^{\mathrm{H}}$$

这里假定逆矩阵 $(\boldsymbol{A}^{\mathrm{H}}\boldsymbol{A})^{-1}$ 存在。

在上面的讨论中,假定式(2.17)中的信源协方差矩阵 $\boldsymbol{P}=E\{\boldsymbol{s}(k)\boldsymbol{s}^{\mathrm{H}}(k)\}$ 非奇异。一般情况下,是满足这一条件的,但如果信号群中存在相干信号,就会发生问题。若有波达方向不同的两个信号,它们是相干的,则两者在基准阵元上的信号除相差一复常数因子外完全相同。举个例子,如第 p 和第 $p+1$ 个信号相干,则 $s_{p+1}(k)=cs_p(k)$(c 为复常数)。在这种情况下,信源协方差矩阵 $\boldsymbol{P}$ 显然会发生秩亏缺,其结果是阵列信号协方差矩阵的大特征值数目小于信号源数目,而不能正确构成信号子空间。

可以看出,两信号相干,其相关系数等于 1;两信号独立,其相关系数等于 0。相关系数在 0 和 1 之间的两个信号称为相干信号,相干信号不造成秩亏缺,但相关系数接近 1 时,会使其中一个特征值接近于零,即信源协方差矩阵接近奇异。

2.2 矩阵论

2.2.1 矩阵分解理论

定义 2.1(特征值与特征向量) 设 $\boldsymbol{A}\in\mathbf{C}^{n\times n}$,$\boldsymbol{u}\in\mathbf{C}^{n}$,若有数 λ 和非零列向量 $\boldsymbol{u}$,满足等式

$$\boldsymbol{Au}=\lambda\boldsymbol{u} \tag{2.19}$$

则称 λ 为矩阵 $\boldsymbol{A}$ 的特征值(Eigenvalue),$\boldsymbol{u}$ 为 $\boldsymbol{A}$ 的对应于特征值 λ 的特征向量(Eigenvector)。

定义 2.2(广义特征值与广义特征向量) 设 $\boldsymbol{A}$、$\boldsymbol{B}\in\mathbf{C}^{n\times n}$,$\boldsymbol{u}\in\mathbf{C}^{n}$,若有数 λ 和非零列向量 $\boldsymbol{u}$,满足等式

$$\boldsymbol{Au}=\lambda\boldsymbol{Bu} \tag{2.20}$$

则称 λ 为矩阵 $\boldsymbol{A}$ 相对于矩阵 $\boldsymbol{B}$ 的广义特征值,$\boldsymbol{u}$ 是 $\boldsymbol{A}$ 与 λ 对应的广义特征向量。如果矩阵 $\boldsymbol{B}$ 非满秩,那么 λ 就有可能为任意值。当矩阵 $\boldsymbol{B}$ 为单位矩阵时,式(2.20)就成为了普通的特征值问题,因此式(2.20)可以看作是对普通特征值问题的推广。

1. 矩阵的满秩分解

将任一非(行或列)满秩的非零矩阵表示为一列满秩矩阵和一行满秩矩阵的乘积的分解,称为矩阵的满秩分解。设 $\mathbf{C}_r^{n\times n}$ 表示数域 $\mathbf{C}$ 上秩为 r 的 $m\times n$ 矩阵。

定理 2.1 设 $\boldsymbol{A}\in\mathbf{C}_r^{m\times n}$,则存在矩阵 $\boldsymbol{B}\in\mathbf{C}_r^{m\times r}$,$\boldsymbol{C}\in\mathbf{C}_r^{r\times n}$,满足

$$\boldsymbol{A}=\boldsymbol{BC} \tag{2.21}$$

2. 矩阵的奇异值分解

设复矩阵 $\boldsymbol{A}\in\mathbf{C}_r^{m\times n}$,$\boldsymbol{A}^{\mathrm{H}}\boldsymbol{A}$ 的 n 个特征值 $\lambda_1\geqslant\lambda_2\geqslant\cdots\geqslant\lambda_r>\lambda_{r+1}=\cdots=\lambda_n=0$ 的算术根 $\sigma_i=\sqrt{\lambda_i}\,(i=1,2,\cdots,n)$ 为 $\boldsymbol{A}$ 的奇异值,其中上标 H 表示矩阵的共轭转置。若记 $\boldsymbol{\Sigma}=\mathrm{diag}(\sigma_1,\sigma_2,\cdots,\sigma_r)$,则称 $m\times n$ 矩阵

$$\boldsymbol{S}=\begin{bmatrix}\boldsymbol{\Sigma} & \boldsymbol{0}\\ \boldsymbol{0} & \boldsymbol{0}\end{bmatrix}=\begin{bmatrix}\sigma_1 & & & & & \\ & \ddots & & & & \\ & & \sigma_r & & & \\ & & & 0 & & \\ & & & & \ddots & \\ & & & & & 0\end{bmatrix} \tag{2.22}$$

为 $\boldsymbol{A}$ 的奇异值矩阵。

定理 2.2 奇异值分解定理 设 $\boldsymbol{A}\in\mathbf{C}_r^{m\times n}\,(r>0)$,则存在 $m\times m$ 维酉矩阵 $\boldsymbol{U}$ 和 $n\times n$ 维酉矩阵 $\boldsymbol{V}$,使得

$$\boldsymbol{A}=\boldsymbol{U}\begin{bmatrix}\boldsymbol{\Sigma} & \boldsymbol{0}\\ \boldsymbol{0} & \boldsymbol{0}\end{bmatrix}\boldsymbol{V}^{\mathrm{H}} \tag{2.23}$$

式(2.23)是矩阵 $\boldsymbol{A}$ 的奇异值分解。

3. 矩阵的三角分解

将一个方阵 $\boldsymbol{A}$ 分解成一个下三角阵 $\boldsymbol{L}$ 与一个上三角阵 $\boldsymbol{R}$ 的乘积,即 $\boldsymbol{A}=\boldsymbol{LR}$,这种分解称为矩阵的三角分解,又称 LR 分解。因为这样的 $\boldsymbol{L}$ 和 $\boldsymbol{R}$ 比较简单,所以 LR 分解可以使矩

阵运算得到简化。

对角线元素均为1的上(或下)三角阵称为单位上(或下)三角阵。

定理 2.3 存在单位下三角阵 $\boldsymbol{L}$ 和可逆上三角阵 $\boldsymbol{R}$,使方阵 $\boldsymbol{A}$ 分解为 $\boldsymbol{A}=\boldsymbol{LR}$ 的充要条件是 $\boldsymbol{A}$ 的各阶顺序主子阵 $\boldsymbol{A}_k$ 可逆。

4. 矩阵的谱分解

设 λ 是 n 阶方阵 $\boldsymbol{A}$ 的特征值,α 是 $\boldsymbol{A}$ 的属于特征值 λ 的特征向量。由于 $|\lambda\boldsymbol{E}-\boldsymbol{A}|=|\lambda\boldsymbol{E}-\boldsymbol{A}^{\mathrm{T}}|$,因此 λ 也是 $\boldsymbol{A}^{\mathrm{T}}$ 的特征值。这样存在 $\beta\neq 0$,使 $\boldsymbol{A}^{\mathrm{T}}\beta=\lambda\beta$。若矩阵 $\boldsymbol{A}$ 可对角化,即存在可逆阵 $\boldsymbol{P}$,使得 $\boldsymbol{P}^{-1}\boldsymbol{AP}=\mathrm{diag}\{\lambda_1,\lambda_2,\cdots,\lambda_n\}$,其中 $\lambda_1,\lambda_2,\cdots,\lambda_n$ 是 $\boldsymbol{A}$ 的特征值,这时有 $\boldsymbol{P}^{\mathrm{T}}\boldsymbol{A}^{\mathrm{T}}(\boldsymbol{P}^{\mathrm{T}})^{-1}=\mathrm{diag}\{\lambda_1,\lambda_2,\cdots,\lambda_n\}$。

设 $\boldsymbol{P}=[\alpha_1,\alpha_2,\cdots,\alpha_n]$,$(\boldsymbol{P}^{\mathrm{T}})^{-1}=[\boldsymbol{\beta}_1,\boldsymbol{\beta}_2,\cdots,\boldsymbol{\beta}_n]$,则 $\alpha_1,\alpha_2,\cdots,\alpha_n$ 线性无关,$\boldsymbol{\beta}_1,\boldsymbol{\beta}_2,\cdots,\boldsymbol{\beta}_n$ 也线性无关,且 $\boldsymbol{A}\alpha_i=\lambda_i\alpha_i$,$\boldsymbol{A}^{\mathrm{T}}\boldsymbol{\beta}_i=\lambda_i\boldsymbol{\beta}_i\,(1\leqslant i\leqslant n)$,这样

$$
\begin{aligned}
\boldsymbol{A}&=\boldsymbol{P}\begin{bmatrix}\lambda_1 & & & \\ & \lambda_2 & & \\ & & \ddots & \\ & & & \lambda_n\end{bmatrix}\boldsymbol{P}^{-1}\\
&=[\alpha_1,\alpha_2,\cdots,\alpha_n]\begin{bmatrix}\lambda_1 & & & \\ & \lambda_2 & & \\ & & \ddots & \\ & & & \lambda_n\end{bmatrix}\begin{bmatrix}\boldsymbol{\beta}_1^{\mathrm{T}}\\ \boldsymbol{\beta}_2^{\mathrm{T}}\\ \vdots\\ \boldsymbol{\beta}_n^{\mathrm{T}}\end{bmatrix}\\
&=\sum_{i=1}^{n}\lambda_i\alpha_i\boldsymbol{\beta}_i^{\mathrm{T}}
\end{aligned}
\tag{2.24}
$$

称式(2.24)为矩阵 $\boldsymbol{A}$ 的谱分解。特征值 $\{\lambda_1,\lambda_2,\cdots,\lambda_n\}$ 也称为矩阵 $\boldsymbol{A}$ 的谱。

由于实对称矩阵可对角化,因此实对称矩阵的谱分解存在。但要注意,不可对角化的方阵 $\boldsymbol{A}$ 没有谱分解。

2.2.2 矩阵变换理论

1. Householder 变换与 Householder 矩阵

考虑将向量 $\boldsymbol{x}$ 分解为两个正交的分向量。如图 2.3 所示,假定除了向量 $\boldsymbol{x}$ 外,还有另一已知向量 $\boldsymbol{v}$。现在,先将 $\boldsymbol{x}$ 投影到 $\boldsymbol{v}$,产生投影 $\boldsymbol{P}_{\boldsymbol{v}}^{\perp}\boldsymbol{x}$。投影 $\boldsymbol{P}_{\boldsymbol{v}}^{\perp}\boldsymbol{x}$ 称为向量 $\boldsymbol{x}$ 到向量 $\boldsymbol{v}$ 的正交投影。于是,这两个投影就构成了以 $\boldsymbol{x}$ 为对角线的矩形的两个边。

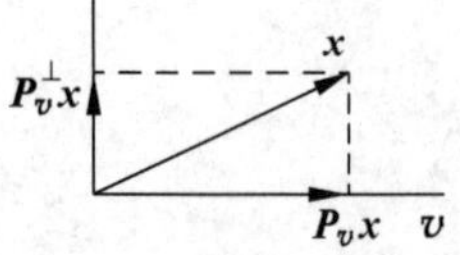

图 2.3 向量的正交分解

根据向量加法的规则,$\boldsymbol{x}$ 可以表示为这两个投影的向量之和(合成向量),即

$$\boldsymbol{x}=\boldsymbol{P}_{\boldsymbol{v}}\boldsymbol{x}+\boldsymbol{P}_{\boldsymbol{v}}^{\perp}\boldsymbol{x} \tag{2.25}$$

向量 $\boldsymbol{x}$ 的这一分解形式称为正交分解。

在上述二维的例子中,$\boldsymbol{v}^{\perp}$ 是直线,而 $\boldsymbol{P}_{\boldsymbol{v}}^{\perp}\boldsymbol{x}$ 为向量。在更高维的情况下,$\boldsymbol{v}^{\perp}$ 变成一个多维目标(超平面),而 $\boldsymbol{P}_{\boldsymbol{v}}^{\perp}\boldsymbol{x}$ 仍然为包含在 $\boldsymbol{v}^{\perp}$ 内部的一个向量。

正交分解式(2.25)中的矩阵

$$\boldsymbol{P}_{v}=\boldsymbol{v}\langle\boldsymbol{v},\boldsymbol{v}\rangle^{-1}\boldsymbol{v}^{\mathrm{H}} \tag{2.26}$$

和

$$\boldsymbol{P}_{v}^{\perp}=\boldsymbol{I}-\boldsymbol{v}\langle\boldsymbol{v},\boldsymbol{v}\rangle^{-1}\boldsymbol{v}^{\mathrm{H}} \tag{2.27}$$

分别称为向量$\boldsymbol{v}$的投影矩阵和正交投影矩阵。

如果不是像图2.3那样构造两个投影$\boldsymbol{P}_{v}\boldsymbol{x}$与$\boldsymbol{P}_{v}^{\perp}\boldsymbol{x}$之和，而是构造二者之差就会得到一个新向量$\boldsymbol{H}_{v}\boldsymbol{x}$，如图2.4所示。图中，$\boldsymbol{x}=[2,4]$，$\boldsymbol{v}=[2,1]$，因此$-\boldsymbol{P}_{v}\boldsymbol{x}=\left[-\frac{18}{5},-\frac{8}{5}\right]$，$\boldsymbol{P}_{v}^{\perp}\boldsymbol{x}=\left[-\frac{6}{5},\frac{12}{5}\right]$，于是，$\boldsymbol{H}_{v}\boldsymbol{x}=\boldsymbol{P}_{v}^{\perp}\boldsymbol{x}-\boldsymbol{P}_{v}\boldsymbol{x}=\left[-\frac{22}{5},\frac{4}{5}\right]$。

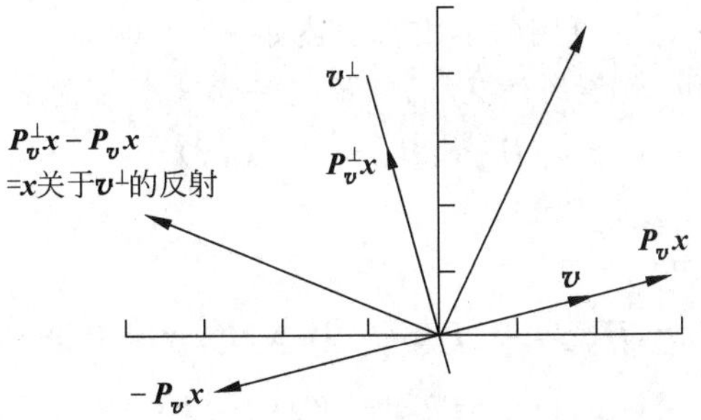

图2.4　向量的Householder变换

矩阵

$$\boldsymbol{H}_{v}=\boldsymbol{P}_{v}^{\perp}-\boldsymbol{P}_{v} \tag{2.28}$$

称为向量$\boldsymbol{v}$的Householder(变换)矩阵，而向量

$$\boldsymbol{H}_{v}\boldsymbol{x}=(\boldsymbol{P}_{v}^{\perp}-\boldsymbol{P}_{v})\boldsymbol{x}=\boldsymbol{P}_{v}^{\perp}\boldsymbol{x}-\boldsymbol{P}_{v}\boldsymbol{x} \tag{2.29}$$

叫作向量$\boldsymbol{x}$相对于向量$\boldsymbol{v}$的Householder变换。

Householder变换也称初等反射(Elementary Reflection)，是Turnbull与Aitken[1]于1932年作为一种规范矩阵提出的。这种变换成为数值线性代数的一种标准工具归功于Householder在1958年发表的一篇关于非对称矩阵的对角化论文[2]。

将投影矩阵的定义式(2.26)和正交投影矩阵的定义式(2.27)代入式(2.28)，即可得到Householder矩阵和Householder变换的具体表达式分别为

$$\boldsymbol{H}_{v}=\boldsymbol{I}-2\boldsymbol{P}_{v}=\boldsymbol{I}-2\boldsymbol{v}\boldsymbol{v}^{\mathrm{H}}/(\boldsymbol{v}^{\mathrm{H}}\boldsymbol{v}) \tag{2.30}$$

$$\boldsymbol{H}_{v}\boldsymbol{x}=\boldsymbol{x}-2\boldsymbol{v}\langle\boldsymbol{v},\boldsymbol{x}/(\boldsymbol{v}^{\mathrm{H}}\boldsymbol{v})\rangle \tag{2.31}$$

由于Householder矩阵$\boldsymbol{H}_{v}$是由向量$\boldsymbol{v}$生成的，所以向量$\boldsymbol{v}$习惯称为Householder向量。容易验证

$$\boldsymbol{H}_{v}^{\mathrm{H}}=(\boldsymbol{P}_{v}^{\perp}-\boldsymbol{P}_{v})^{\mathrm{H}}=\boldsymbol{P}_{v}^{\perp}-\boldsymbol{P}_{v}=\boldsymbol{H}_{v}$$

并且

$$\boldsymbol{H}_{v}^{\mathrm{H}}\boldsymbol{H}_{v}=(\boldsymbol{P}_{v}^{\perp}-\boldsymbol{P}_{v})^{\mathrm{H}}(\boldsymbol{P}_{v}^{\perp}-\boldsymbol{P}_{v})=\boldsymbol{P}_{v}^{\perp}+\boldsymbol{P}_{v}=\boldsymbol{I}$$

就是说，Householder矩阵具有以下重要性质：

(1) Householder矩阵是复共轭对称即Hermitian矩阵；

(2) Householder矩阵为酉矩阵。

Householder 变换的几何意义如下。如图 2.4 所示，$\boldsymbol{H}_v\boldsymbol{x}$ 与 $\boldsymbol{x}$ 的差别仅表现在它们在向量 $\boldsymbol{v}$ 上的投影的方向不同而已。我们还可以看到，$\boldsymbol{H}_v\boldsymbol{x}$ 是向量 $\boldsymbol{x}$ 关于与 $\boldsymbol{v}$ 垂直的超平面 $\boldsymbol{v}^{\perp}$ 的一个反射(镜像)。因此，Householder 变换又叫镜像变换。

2. Householder 变换的保范性

值得强调的是，Householder 变换是对某个向量进行反射的保范数算子或保长度算子。为了从几何角度看出这一点，不妨把图 2.4 中的向量 $\boldsymbol{x}$ 想象成从原点指向到标有"F"点的一有向线段。如果将此向量相对于超平面 $\boldsymbol{v}^{\perp}$ 作反射，那么目标"F"就有一个镜像，即反"F"。

若两个向量 $\boldsymbol{x}$ 和 $\boldsymbol{y}$ 经过同一线性变换 T 后，它们的线性变换向量 $T\boldsymbol{x}$，$T\boldsymbol{y}$ 的内积 $\langle T\boldsymbol{x},T\boldsymbol{y}\rangle$ 与原来两个向量的内积 $\langle \boldsymbol{x},\boldsymbol{y}\rangle$ 相等，则称线性变换 T 具有保范(数)性。更严格地，Householder 变换的保范性可用数学语言表述如下。

定理 2.4(Householder 变换的保范性) 给定任意 3 个向量 $\boldsymbol{x}$，$\boldsymbol{y}$ 和 $\boldsymbol{v}$，则关系式

$$\langle \boldsymbol{H}_v\boldsymbol{x},\boldsymbol{H}_v\boldsymbol{y}\rangle=\langle \boldsymbol{x},\boldsymbol{y}\rangle \tag{2.32}$$

总是成立。

证明：由式(2.29)易知

$$\begin{aligned}\langle \boldsymbol{H}_v\boldsymbol{x},\boldsymbol{H}_v\boldsymbol{y}\rangle&=\langle \boldsymbol{P}_v^{\perp}\boldsymbol{x}-\boldsymbol{P}_v\boldsymbol{x},\boldsymbol{P}_v^{\perp}\boldsymbol{y}-\boldsymbol{P}_v\boldsymbol{y}\rangle\\&=(\boldsymbol{P}_v^{\perp}\boldsymbol{x}-\boldsymbol{P}_v\boldsymbol{x})^{\mathrm{H}}(\boldsymbol{P}_v^{\perp}\boldsymbol{y}-\boldsymbol{P}_v\boldsymbol{y})\end{aligned}$$

利用投影矩阵和正交投影矩阵的等幂性、复共轭对称性和正交性，上式可简化为

$$\langle \boldsymbol{H}_v\boldsymbol{x},\boldsymbol{H}_v\boldsymbol{y}\rangle=\boldsymbol{x}^{\mathrm{H}}\boldsymbol{P}_v^{\perp}\boldsymbol{y}-\boldsymbol{x}^{\mathrm{H}}\boldsymbol{P}_v\boldsymbol{y}=\boldsymbol{x}^{\mathrm{H}}(\boldsymbol{I}-\boldsymbol{P}_v)\boldsymbol{y}+\boldsymbol{x}^{\mathrm{H}}\boldsymbol{P}_v\boldsymbol{y}=\langle \boldsymbol{x},\boldsymbol{y}\rangle$$

这即是式(2.32)。

考查随机向量 $\boldsymbol{x}(\xi)$ 和 $\boldsymbol{y}(\xi)$，令它们都具有零均值向量。于是，这两个随机向量的互相关函数相等，即

$$C_{xy}(\tau)=E\{\boldsymbol{x}^{\mathrm{H}}(\xi)\boldsymbol{y}(\xi-\tau)\}=\langle \boldsymbol{x}(\xi),\boldsymbol{y}(\xi-\tau)\rangle$$

现在，利用 Householder 变换，将随机向量 $\boldsymbol{x}(\xi)$ 和 $\boldsymbol{y}(\xi)$ 分别变成新随机向量 $\tilde{\boldsymbol{x}}(\xi)=\boldsymbol{H}_v\boldsymbol{x}(\xi)$ 和 $\tilde{\boldsymbol{y}}(\xi)=\boldsymbol{H}_v\boldsymbol{y}(\xi)$。由定理 2.4 知

$$\begin{aligned}R_{\tilde{x}\tilde{y}}(\tau)&=E\{\tilde{\boldsymbol{x}}^{\mathrm{H}}(\xi)\tilde{\boldsymbol{y}}(\xi-\tau)\}=\langle \boldsymbol{H}_v\boldsymbol{x}(\xi),\boldsymbol{H}_v\boldsymbol{y}(\xi-\tau)\rangle\\&=\langle \boldsymbol{x}(\xi),\boldsymbol{y}(\xi-\tau)\rangle=E\{\boldsymbol{x}^{\mathrm{H}}(\xi)\boldsymbol{y}(\xi-\tau)\}\\&=R_{xy}(\tau)\end{aligned}$$

由于具有零均值向量的随机向量经过线性变换后，仍然具有零均值向量，所以上式意味着 $C_{\tilde{x}\tilde{y}}(\tau)=C_{xy}(\tau)$，即经过 Householder 变换得到的新随机向量 $\tilde{\boldsymbol{x}}(\xi)=\boldsymbol{H}_v\boldsymbol{x}(\xi)$ 和 $\tilde{\boldsymbol{y}}(\xi)=\boldsymbol{H}_v\boldsymbol{y}(\xi)$ 的协方差函数与原随机向量 $\boldsymbol{x}(\xi)$ 和 $\boldsymbol{y}(\xi)$ 之间的协方差相等。

综上所述，Householder 变换不仅适用于常数向量，而且也适用于所有 Householder 变换应用的关键。

令 $\boldsymbol{\Phi}=\mathrm{diag}(\Phi_1,\Phi_2,\cdots,\Phi_n)$，则加权形式的向量内积(范数)为

$$\langle \boldsymbol{x},\boldsymbol{y}\rangle\boldsymbol{\Phi}=\boldsymbol{x}^{\mathrm{T}}\boldsymbol{\Phi}\boldsymbol{y}=\sum_{i=1}^{n}x_i\boldsymbol{\Phi}y_i \tag{2.33}$$

最简单的加权为均值加权，即加权系数取作 $\Phi_i=1$。在信号处理和模式识别中，更多地采用以下的非均匀加权。

1）逐点指数加权

内积加权函数取

$$\Phi_i \equiv \lambda^{n-i} \tag{2.34}$$

其中，$0<\lambda<1$。显然，在现时刻 n，$\lambda^0=1$，即现时刻的数据 $\boldsymbol{x}_n$ 以权系数1起作用，而最早的数据 $\boldsymbol{x}_1$ 则被一个最小的数 λ^{n-1} 加权。因此，λ 常常被称为遗忘因子。

2）分块指数加权

此时，加权系数取

$$\Phi_i = \begin{cases} \lambda, & i \leqslant n_0 \\ 1, & i > n_0 \end{cases} \tag{2.35}$$

就是说，数据现在是以"块"的形式被遗忘，而不是逐点被遗忘放入。当要求针对几个数据而不是单个数据进行更新时，常采用这种加权形式。

3）双曲线加权

假定需要从协方差矩阵中精确地删除旧的数据。此时，如果采用加权系数

$$\Phi_i = \begin{cases} 0, & i \leqslant n_0 \\ 1, & i > n_0 \end{cases} \tag{2.36}$$

则将数据块 $x_{n_0+1}, x_{n_0+2}, \cdots, x_n$ 复制到向量 $\boldsymbol{x}$ 的最后 $n-n_0$ 个元素中，并从协方差矩阵中删除 $x_1, x_2, \cdots, x_{n_0}$。针对所有的 x_i，可以只删除那些不想要的数据。当 $x_1, x_2, \cdots, x_{n_0}$ 要被它们的稀疏对应部分取代时，式(2.36)的权系数形式是有用的。

有必要指出，在现在数学物理的相对论中，就用到四维空间的 Householder 变换的双曲线形式，此时 $n_0=n-1$。不过，这一变换被物理学家称为 Lorentz 变换[3]。

图2.5画出了使用不同加权系数的 Householder 反射轨迹。由图可知，对于均匀加权，Householder 反射轨迹为圆；对于指数加权，反射轨迹为椭圆；而双曲线加权的反射轨迹为双曲线。

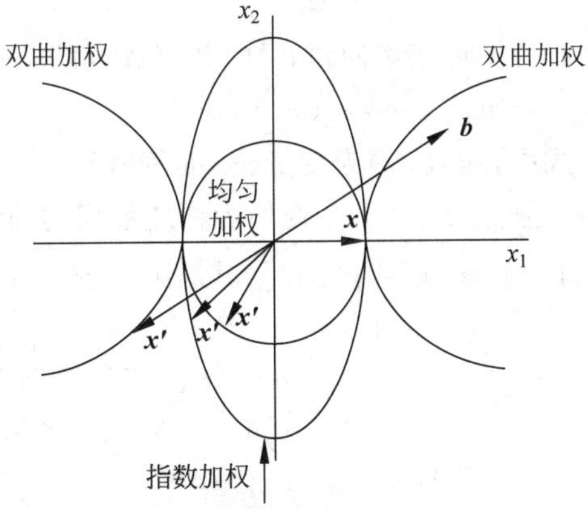

图2.5 使用不同加权系数时向量 $\boldsymbol{x}$ 的 Householder 反射轨迹

3. Householder 变换算法

Householder 变换最典型的应用是在数值算法中构造正交基，使得数值问题变成一种容易求解的形式。从计算观点看，这类变换的作用是使向量或者矩阵中被选择出来的一些

元素变成零。

Householder 矩阵既能使一个向量的某些元素变为零，又能保持该向量的长度或范数不变。作为一个典型的例子，考虑利用 Householder 变换将非零向量 $\boldsymbol{x}=[x_1,x_2,\cdots,x_n]^{\mathrm{T}}$ 变成基本向量(也称标准向量)$\boldsymbol{e}_1=[1,0,\cdots,0]^{\mathrm{T}}$ 的某个常数倍。为此，令实 Householder 矩阵

$$\boldsymbol{H}=\boldsymbol{I}-2\boldsymbol{v}\boldsymbol{v}^{\mathrm{T}}/(\boldsymbol{v}^{\mathrm{T}}\boldsymbol{v}) \tag{2.37}$$

由前面的分析知，Householder 矩阵 $\boldsymbol{H}$ 对称和正交。

构造 Householder 向量

$$\boldsymbol{v}=\boldsymbol{x}+\alpha\boldsymbol{e}_1 \tag{2.38}$$

从而得到

$$\boldsymbol{v}^{\mathrm{T}}\boldsymbol{x}=\boldsymbol{x}^{\mathrm{T}}\boldsymbol{x}+\alpha x_1 \tag{2.39}$$

和

$$\boldsymbol{v}^{\mathrm{T}}=\boldsymbol{x}^{\mathrm{T}}\boldsymbol{x}+2\alpha x_1+\alpha^2 \tag{2.40}$$

式中，x_1 是向量 $\boldsymbol{x}$ 的第 1 个元素。

将式(2.39)和式(2.40)代入式(2.37)，则有

$$\boldsymbol{H}\boldsymbol{x}=\left(1-2\,\frac{\boldsymbol{x}^{\mathrm{T}}\boldsymbol{x}+\alpha x_1}{\boldsymbol{x}^{\mathrm{T}}\boldsymbol{x}+2\alpha x_1+\alpha^2}\right)\boldsymbol{x}-2\alpha\,\frac{\boldsymbol{v}^{\mathrm{T}}\boldsymbol{x}}{\boldsymbol{v}^{\mathrm{T}}\boldsymbol{v}}\boldsymbol{e}_1$$

为了使 Householder 变换结果与向量 $\boldsymbol{x}$ 无关，令

$$2\,\frac{\boldsymbol{x}^{\mathrm{T}}\boldsymbol{x}+\alpha x_1}{\boldsymbol{x}^{\mathrm{T}}\boldsymbol{x}+2\alpha x_1+\alpha^2}=1$$

解之，得 $\alpha=\pm\|\boldsymbol{x}\|_2$，其中 $\|\boldsymbol{x}\|_2^2=\boldsymbol{x}^{\mathrm{T}}\boldsymbol{x}$。

将 $\alpha=\pm\|\boldsymbol{x}\|_2$ 代入式(2.38)，得 Householder 向量

$$\boldsymbol{v}=\boldsymbol{x}+\|\boldsymbol{x}\|_2\boldsymbol{e}_1$$

故

$$\boldsymbol{H}\boldsymbol{x}=\left(1-2\,\frac{\boldsymbol{v}\boldsymbol{v}^{\mathrm{T}}}{\boldsymbol{v}^{\mathrm{T}}\boldsymbol{v}}\right)\boldsymbol{x}=\mp\|\boldsymbol{x}\|_2\boldsymbol{e}_1$$

因此，为了使非零向量 $\boldsymbol{x}$ 变换成基本向量 $\boldsymbol{e}_1$ 的某倍数，可以利用

$$\boldsymbol{v}=\boldsymbol{x}+\mathrm{sgn}(x_1)\|\boldsymbol{x}\|_2\boldsymbol{e}_1 \tag{2.41}$$

计算 Householder 向量 $\boldsymbol{v}$。式中，$\mathrm{sgn}(x_1)$为变量 x_1 的符号函数。

考虑使用 Householder 变换将 $\boldsymbol{x}=[3,4]$变换为稀疏数据的向量$-\|\boldsymbol{x}\|\boldsymbol{e}_1=-[5,0]$。此时，$\boldsymbol{v}=[8,4]$，$\boldsymbol{P}_v^{\perp}\boldsymbol{x}=[-1,2]$，$\boldsymbol{H}_v\boldsymbol{x}=-[5,0]$，其结果如图 2.6 所示。

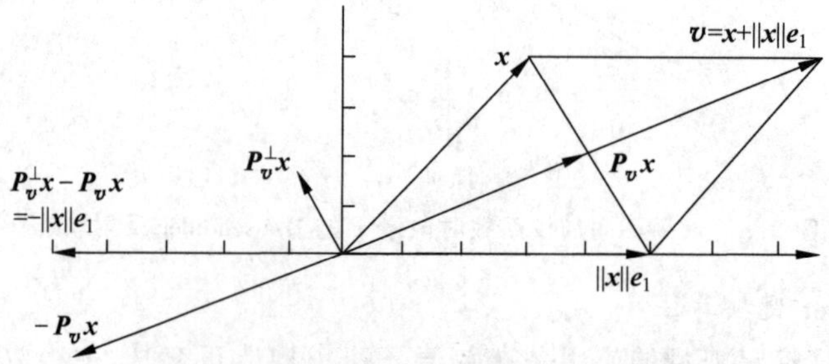

图 2.6 产生稀疏数据的 Householder 变换

下面讨论更一般的情况：希望将 $n\times 1$ 向量 $\boldsymbol{x}$ 变换为一个新的(稀疏)向量 $\|\boldsymbol{x}\|\boldsymbol{e}_k$，其中，$\boldsymbol{e}_k$ 仅有第 k 个元素为 1，而其他元素皆为 0。令实现这一变换的 Householder 矩阵为 $\boldsymbol{H}_k$，则有

$$\boldsymbol{H}_k\boldsymbol{x}=\beta\boldsymbol{e}_k,\quad |\beta|=\|\boldsymbol{x}\|,\quad \boldsymbol{x}\in\mathbf{C}^{n\times 1} \tag{2.42}$$

变换矩阵具有表达式

$$\boldsymbol{H}_k=\boldsymbol{I}-\frac{1}{\bar{\beta}(\beta-x_k)}(\boldsymbol{x}-\beta\boldsymbol{e}_k)(\boldsymbol{x}-\beta\boldsymbol{e}_k)^{\mathrm{H}} \tag{2.43}$$

式中，$\bar{\beta}$ 是一个中间变量，定义为

$$\bar{\beta}x_k=\pm|x_k|\,\|\boldsymbol{x}\| \tag{2.44}$$

考虑到式(2.43)的稳定性，一般的做法是在式(2.44)中取负号。虽然早在 1971 年，Parlett[4]通过分析就曾经指出过，若适当使用$(\beta-x_k)$的值，则其他的选择并非一定不稳定，但是由于缺乏具体的算法，这一工作并未引起人们的重视。直到 2000 年，Dubrulle[5]才提出了具体的实现方法。下面介绍 Dubrulle 这一工作。

Householder 矩阵取

$$\boldsymbol{H}_k=\boldsymbol{I}-\boldsymbol{u}\boldsymbol{u}^{\mathrm{H}},\quad \boldsymbol{u}=\frac{\boldsymbol{x}-\beta\boldsymbol{e}_k}{\sqrt{\bar{\beta}(\beta-x_k)}} \tag{2.45}$$

式中，$\boldsymbol{u}$ 是一个长度为 2 的向量，即 $\|\boldsymbol{u}\|=\sqrt{2}$，并且

$$\bar{\beta}=-|x_k|\,\|\boldsymbol{x}\| \tag{2.46}$$

由式(2.44)知 $\bar{\beta}x_k$ 必须是实数，故取

$$\beta=\pm\frac{x_k}{|x_k|}\|\boldsymbol{x}\|,\quad x_k\neq 0 \tag{2.47}$$

当 $x_k=0$ 时，直接取 $\beta=\|\boldsymbol{x}\|$。由上式引出了两种类型的 Householder 变换。

1) 1 型 Householder 变换

取 $\beta=-\frac{x_k}{|x_k|}\|\boldsymbol{x}\|$，与之对应的 Householder 矩阵为

$$\boldsymbol{H}_k^{(1)}=\boldsymbol{I}-\frac{1}{\|\boldsymbol{x}\|(\|\boldsymbol{x}\|+|x_k|)}(\boldsymbol{x}-\beta\boldsymbol{e}_k)(\boldsymbol{x}-\beta\boldsymbol{e}_k)^{\mathrm{H}} \tag{2.48}$$

这是通常采用的一种类型。Householder 向量 $\boldsymbol{u}$ 直接由式(2.45)计算，或者通过计算其元素得到，即

$$u_k^{(1)}=\frac{x_k}{|x_k|}\left(1+\frac{|x_k|}{\|\boldsymbol{x}\|}\right)^{1/2} \tag{2.49}$$

$$u_i^{(1)}=\frac{x_i}{|x_k|}\left(1+\frac{|x_k|}{\|\boldsymbol{x}\|}\right)^{-1/2},\quad i\neq k \tag{2.50}$$

2) 2 型 Householder 变换

取 $\beta=\frac{x_k}{|x_k|}\|\boldsymbol{x}\|$，Householder 矩阵为

$$H_k^{(2)} = I - \frac{1 + \frac{|x_k|}{\|x\|}}{\|x - x_k e_k\|^2}(x - \beta e_k)(x - \beta e_k)^H \tag{2.51}$$

此时，Householder 向量 u 由式(2.45)计算，或者其元素直接取为

$$u_k^{(2)} = -\frac{x_k}{|x_k|}\frac{\|x - x_k e_k\|}{\|x\|}\left(1 + \frac{|x_k|}{\|x\|}\right)^{-1/2} \tag{2.52}$$

$$u_i^{(2)} = \frac{x_i}{\|x - x_k e_k\|}\left(1 + \frac{|x_k|}{\|x\|}\right)^{1/2}, \quad i \neq k \tag{2.53}$$

可以看出，虽然 2 型 Householder 变换需要稍多的算术运算，但在比较大规模的计算中，这一增加的运算量可以忽略不计。一个被激励的向量 x 经过 Householder 变换后，变成新向量

$$y = H_k x = x - (u^H x)u \tag{2.54}$$

当然希望 y 应该保留原激励向量 x 所携带的信息。

通过选择

$$v = x + \|x\| e_k \tag{2.55}$$

即可实现给出该稀疏数据的 Householder 变换。其证明如下：由于 v 是两个相同长度的向量 x 和 $\|x\| e_k$ 的合成向量，因此，该合成向量是菱形(即等边平行四边形)的一条对角线，而另一条对角线连接 x 的端点和 $\|x\| e_k$ 的端点。由于菱形的对角线总是互相垂直的，故它们在中点相交，即有

$$P_v x = v/2 \rightarrow P_v^{\perp} x = x - v/2 \rightarrow H_v x = -\|x\| e_k$$

这就证明了：向量 x 关于向量 $v = v + \|x\| e_k$(菱形对角线)的反射 $\|x\| e_k$ 就是 x 关于 v 的 Householder 变换 $H_v x$。

Householder 变换对于形成协方差不变的稀疏数据非常有用。

总结以上讨论，若选择

$$H_k = I - 2\frac{v_k v_k^T}{v_k^T v_k} \tag{2.56}$$

式中，Householder 变换向量 v_k 具有如下形式

$$v_k = [0, \cdots, 0, 1, v_k(k+1), v_k(k+2), \cdots, v_k(n)]^T \tag{2.57}$$

则 $H_k x = \|x\| e_k$。

如果对矩阵 $A = [a_1, a_2, \cdots, a_n]$ 的 $r(\leqslant n)$ 个列向量分别使用 Householder 变换，得到变换结果 $H_k a_k = \|a_k\| e_k$，则最后的变换结果为

$$HA = H_r H_{r-1} \cdots H_1 A \tag{2.58}$$

在此变换过程中，一般并不关心总的 Householder 矩阵 $H = H_r H_{r-1} \cdots H_1$，而是对 H 作为矩阵 A 的最后结果 HA 感兴趣。不妨令 $A_k = H_k A_{k-1}$，则

$$A_k = H_k A_{k-1} = \left(I - 2\frac{v_k v_k^T}{v_k^T v_k}\right)A_{k-1} = A_{k-1} v_k w_k^T \tag{2.59}$$

$$w_k^T = \beta A_k^T v_k, \quad \beta = -2/v_k^T v_k \tag{2.60}$$

于是，最后的 Householder 变换结果即是 $HA = H_r A_{r-1}$。

2.2.3 特殊矩阵

1. Toeplitz 矩阵

定义 2.3 具有 $2n-1$ 个元素的 n 阶矩阵

$$\boldsymbol{A}=\begin{bmatrix} a_0 & a_{-1} & a_{-2} & \cdots & a_{-n+1} \\ a_1 & a_0 & a_{-1} & \cdots & a_{-n+2} \\ a_2 & a_1 & a_0 & \cdots & a_{-n+3} \\ \vdots & \vdots & \vdots & \ddots & \vdots \\ a_{n-1} & a_{n-2} & a_{n-3} & \cdots & a_0 \end{bmatrix} \tag{2.61}$$

称为 Toeplitz 矩阵，简称 $\boldsymbol{T}$ 矩阵。

$\boldsymbol{T}$ 矩阵也可简记为 $\boldsymbol{A}=[a_{i-j}]_{i,j=0}^{n-1}$。$\boldsymbol{T}$ 矩阵完全由第 1 行和第 1 列的 $2n-1$ 个元素确定。

可见，Toeplitz 中位于任意一条平行于主对角线的直线上的元素全都是相等的，且关于副对角线对称。

Toeplitz 矩阵具有如下性质：

(1) Toeplitz 矩阵的线性组合仍然为 Toeplitz 矩阵；

(2) 若 Toeplitz 矩阵 $\boldsymbol{A}$ 的元素 $a_{ij}=a_{|i-j|}$，则 $\boldsymbol{A}$ 为 Toeplitz 矩阵；

(3) Toeplitz 矩阵 $\boldsymbol{A}$ 的转置 $\boldsymbol{A}^{\mathrm{T}}$ 仍然为对称 Toeplitz 矩阵；

(4) Toeplitz 矩阵的元素相对于交叉对角线对称。

2. Hankel 矩阵

定义 2.4 具有以下形式的 $n+1$ 阶矩阵

$$\boldsymbol{H}=\begin{bmatrix} a_0 & a_1 & a_2 & \cdots & a_n \\ a_1 & a_2 & a_3 & \cdots & a_{n+1} \\ a_2 & a_3 & a_4 & \cdots & a_{n+2} \\ \vdots & \vdots & \vdots & \ddots & \vdots \\ a_n & a_{n+1} & a_{n+2} & \cdots & a_{2n} \end{bmatrix} \tag{2.62}$$

称为 Hankel 矩阵或正交对称矩阵。

可见 Hankel 矩阵完全由其第 1 行和第 n 列的 $2n+1$ 个元素确定。其中沿着所有垂直于主对角线的直线上有相同的元素。

3. Vandermonde 矩阵

定义 2.5 具有以下形式的 $m\times n$ 阶矩阵

$$\boldsymbol{V}=\begin{bmatrix} 1 & 1 & 1 & \cdots & 1 \\ a_1 & a_2 & a_3 & \cdots & a_{n+1} \\ a_1^2 & a_2^2 & a_3^2 & \cdots & a_n^2 \\ \vdots & \vdots & \vdots & \ddots & \vdots \\ a_1^{m-1} & a_2^{m-1} & a_3^{m-1} & \cdots & a_n^{m-1} \end{bmatrix} \tag{2.63}$$

称为 Vandermonde(范德蒙)矩阵。Vandermonde 矩阵的转置也称为 Vandermonde 矩阵。

如果 $a_i \neq a_j$，则 $\boldsymbol{V}$ 非奇异。如果 $m \neq n$，则称式(2.63)为拟 Vandermonde 矩阵。如果 $m=n$，则称式(2.63)为广义 Vandermonde 矩阵。相应的行列式分别称为 Vandermonde 行列式和广义 Vandermonde 行列式。

4. Hermitian 矩阵

定义 2.6 如果复矩阵 $\boldsymbol{A}_{n\times n}$ 满足 $\boldsymbol{A}=\boldsymbol{A}^{\mathrm{H}}$，则称 $\boldsymbol{A}$ 为 Hermitian 矩阵。

根据定义可知，Hermitian 矩阵是一种复共轭对称矩阵。对于一个实值矩阵，Hermitian 矩阵与对称矩阵等价。

Hermitian 矩阵具有如下主要性质：

(1) 如果 $\boldsymbol{A}$ 是 Hermitian 矩阵，则对正整数 k，$\boldsymbol{A}^k$ 也是 Hermitian 矩阵；

(2) 如果 $\boldsymbol{A}$ 是可逆 Hermitian 矩阵，则 $\boldsymbol{A}^{-1}$ 也是 Hermitian 矩阵；

(3) 如果 $\boldsymbol{A}$ 和 $\boldsymbol{B}$ 都是 Hermitian 矩阵，则对实数 k,p，$k\boldsymbol{A}+p\boldsymbol{B}$ 也是 Hermitian 矩阵；

(4) 如果 $\boldsymbol{A}$ 和 $\boldsymbol{B}$ 都是 Hermitian 矩阵，则 $\boldsymbol{AB}$ 是 Hermitian 矩阵的充分必要条件是 $\boldsymbol{AB}=\boldsymbol{BA}$；

(5) $\boldsymbol{A}$ 是 Hermitian 矩阵的充分必要条件是对任意方阵 $\boldsymbol{S}$，$\boldsymbol{SA}^{\mathrm{H}}\boldsymbol{S}$ 是 Hermitian 矩阵。

定理 2.5 设 $\boldsymbol{A}\in\mathbf{C}^{n\times n}$，则 $\boldsymbol{A}$ 是 Hermitian 矩阵的充分必要条件是对任意向量 $\boldsymbol{x}\in\mathbf{C}^n$，$\boldsymbol{x}^{\mathrm{H}}\boldsymbol{Ax}$ 是实数。

定理 2.6 设 $\boldsymbol{A}$ 是 n 阶 Hermitian 矩阵，则

(1) $\boldsymbol{A}$ 的所有特征值全是实数；

(2) $\boldsymbol{A}$ 的不同特征值所对应的特征向量互相正交。

定理 2.7 设 $\boldsymbol{A}\in\mathbf{C}^{n\times n}$，则 $\boldsymbol{A}$ 是 Hermitian 矩阵的充分必要条件是存在酉矩阵 $\boldsymbol{U}$，使得

$$\boldsymbol{U}^{\mathrm{H}}\boldsymbol{AU}=\boldsymbol{\Lambda}=\mathrm{diag}\{\lambda_1,\lambda_2,\cdots,\lambda_n\}$$

其中，$\lambda_1,\lambda_2,\cdots,\lambda_n$ 均为实数。

定理 2.8 设 $\boldsymbol{A}\in\mathbf{R}^{n\times n}$，则 $\boldsymbol{A}$ 是实对称矩阵的充分必要条件是存在正交矩阵 $\boldsymbol{Q}$，使得

$$\boldsymbol{Q}^{\mathrm{T}}\boldsymbol{AA}=\boldsymbol{\Lambda}=\mathrm{diag}\{\lambda_1,\lambda_2,\cdots,\lambda_n\}$$

其中，$\lambda_1,\lambda_2,\cdots,\lambda_n$ 均为实数。

5. 广义逆矩阵

对于要研究的矩阵 $\boldsymbol{A}$，如果存在一个矩阵 $\boldsymbol{N}$，满足

$$\boldsymbol{ANA}=\boldsymbol{A} \tag{2.64}$$

则矩阵 $\boldsymbol{N}$ 称为 $\boldsymbol{A}$ 的广义逆矩阵，记作 $\boldsymbol{N}=\boldsymbol{A}^{-}$。如果矩阵 $\boldsymbol{A}$ 是一个 $n\times m$ 的长方形矩阵，则矩阵 $\boldsymbol{N}$ 为 $m\times n$ 阶矩阵。满足这一条件的广义逆矩阵有无穷多个。

定义下面的范数最小化指标为

$$\min_{\boldsymbol{M}}\|\boldsymbol{AM}-\boldsymbol{I}\| \tag{2.65}$$

则可以证明，对于给定的矩阵 $\boldsymbol{A}$，存在一个唯一的矩阵 $\boldsymbol{M}$，使得下面的 3 个条件同时成立：

(1) $\boldsymbol{AMA}=\boldsymbol{A}$；

(2) $\boldsymbol{MAM}=\boldsymbol{M}$；

(3) $\boldsymbol{AM}$ 与 $\boldsymbol{MA}$ 均为 Hermitian 对称矩阵。

这样的矩阵 $\boldsymbol{M}$ 称为矩阵 $\boldsymbol{A}$ 的 Moor-Penrose 广义逆矩阵，或伪逆，记作 $\boldsymbol{M}=\boldsymbol{A}^{\dagger}$。从上面的 3 个条件可以看出，第一个条件和一般广义逆的定义是一样的，不同的是，它还要求满

足第二个和第三个条件，这样就会得出唯一的广义逆矩阵 $\boldsymbol{M}$。

2.2.4 Kronecker 积

Kronecker 积是表示矩阵特殊乘积的一种数学符号。一个 $m\times n$ 矩阵 $\boldsymbol{A}$ 和一个 $p\times q$ 矩阵 $\boldsymbol{B}$ 的 Kronecker 积记作 $\boldsymbol{A}\otimes\boldsymbol{B}$，它是一个 $mp\times nq$ 矩阵。

定义 2.7(右 Kronecker 积)[6]　$m\times n$ 矩阵 $\boldsymbol{A}$ 和 $p\times q$ 矩阵 $\boldsymbol{B}$ 右 Kronecker 积 $\boldsymbol{A}\otimes\boldsymbol{B}$ 定义为

$$\boldsymbol{A}\otimes\boldsymbol{B}=(a_{ij}\boldsymbol{B})=\begin{bmatrix} a_{11}\boldsymbol{B} & a_{12}\boldsymbol{B} & \cdots & a_{1n}\boldsymbol{B}\\ a_{21}\boldsymbol{B} & a_{22}\boldsymbol{B} & \cdots & a_{2n}\boldsymbol{B}\\ \vdots & \vdots & \ddots & \vdots\\ a_{m1}\boldsymbol{B} & a_{m2}\boldsymbol{B} & \cdots & a_{mn}\boldsymbol{B}\end{bmatrix}$$

定义 2.8(左 Kronecker 积)[7]　$m\times n$ 矩阵 $\boldsymbol{A}$ 和 $p\times q$ 矩阵 $\boldsymbol{B}$ 的左 Kronecker 积 $\boldsymbol{A}\otimes\boldsymbol{B}$ 定义为

$$(\boldsymbol{A}\otimes\boldsymbol{B})_{\text{left}}=(\boldsymbol{A}b_{ij})=\begin{bmatrix} \boldsymbol{A}b_{11} & \boldsymbol{A}b_{12} & \cdots & \boldsymbol{A}b_{1q}\\ \boldsymbol{A}b_{21} & \boldsymbol{A}b_{22} & \cdots & \boldsymbol{A}b_{2q}\\ \vdots & \vdots & \ddots & \vdots\\ \boldsymbol{A}b_{p1} & \boldsymbol{A}b_{p2} & \cdots & \boldsymbol{A}b_{pq}\end{bmatrix}$$

容易看出，如果用右 Kronecker 积的形式书写，则左 Kronecker 积可写成 $(\boldsymbol{A}\otimes\boldsymbol{B})_{\text{left}}=\boldsymbol{B}\otimes\boldsymbol{A}$。由于这一原因，为了避免混淆，本书今后将对 Kronecker 积采用右 Kronecker 积的定义，除非另有说明。

Kronecker 积 $\boldsymbol{A}_{m\times n}=\boldsymbol{a}\boldsymbol{b}^{\mathrm{T}}$，则

$$\operatorname{vec}(\boldsymbol{a}\boldsymbol{b}^{\mathrm{T}})=\boldsymbol{b}\otimes\boldsymbol{a} \tag{2.66}$$

如下面的定理所述，向量化算子的这一性质公式可以推广为矩阵乘积的向量化公式。

定理 2.9[8]　令 $\boldsymbol{A}_{m\times p},\boldsymbol{B}_{p\times q},\boldsymbol{C}_{q\times n}$，则

$$\operatorname{vec}(\boldsymbol{ABC})=(\boldsymbol{C}^{\mathrm{T}}\otimes\boldsymbol{A})\operatorname{vec}(\boldsymbol{B})$$

证明：令 $\boldsymbol{B}=(\boldsymbol{b}_1,\boldsymbol{b}_2,\cdots,\boldsymbol{b}_q)$，并且 $\boldsymbol{e}_1,\boldsymbol{e}_2,\cdots,\boldsymbol{e}_q$ 是 $p\times 1$ 基本向量，即

$$\boldsymbol{B}=\sum_{i=1}^{q}\boldsymbol{b}_i\boldsymbol{e}_i^{\mathrm{T}}$$

于是，由式(2.66)易知

$$\begin{aligned}\operatorname{vec}(\boldsymbol{ABC})&=\operatorname{vec}\left(\sum_{i=1}^{q}\boldsymbol{A}\boldsymbol{b}_i\boldsymbol{e}_i^{\mathrm{T}}\boldsymbol{C}\right)=\sum_{i=1}^{q}\operatorname{vec}((\boldsymbol{A}\boldsymbol{b}_i)(\boldsymbol{C}^{\mathrm{T}}\boldsymbol{e}_i)^{\mathrm{T}})\\&=\sum_{i=1}^{q}(\boldsymbol{C}^{\mathrm{T}}\boldsymbol{e}_i\otimes\boldsymbol{A}\boldsymbol{b}_i)=(\boldsymbol{C}^{\mathrm{T}}\otimes\boldsymbol{A})\sum_{i=1}^{q}(\boldsymbol{e}_i\otimes\boldsymbol{b}_i)\\&=(\boldsymbol{C}^{\mathrm{T}}\otimes\boldsymbol{A})\sum_{i=1}^{q}\operatorname{vec}(\boldsymbol{b}_i\boldsymbol{e}_i^{\mathrm{T}})=(\boldsymbol{C}^{\mathrm{T}}\otimes\boldsymbol{A})\operatorname{vec}(\boldsymbol{B})\end{aligned}$$

定理得证。

下面给出该定理的两个特例。

(1) 若 $\boldsymbol{A}$ 为单位矩阵 $\boldsymbol{I}_m$，而 $\boldsymbol{B}\in\mathbf{R}^{m\times q}$，$\boldsymbol{C}\in\mathbf{R}^{q\times n}$，则

$$\mathrm{vec}(\boldsymbol{BC})=(\boldsymbol{C}^{\mathrm{T}}\otimes\boldsymbol{I}_m)\mathrm{vec}(\boldsymbol{B})=(\boldsymbol{C}^{\mathrm{T}}\otimes\boldsymbol{B})\mathrm{vec}(\boldsymbol{I}_q)=(\boldsymbol{I}_n\otimes\boldsymbol{B})\mathrm{vec}(\boldsymbol{C})$$

(2) 若 $\boldsymbol{C}=\boldsymbol{d}$ 为 q 维向量，则

$$\boldsymbol{ABd}=\mathrm{vec}(\boldsymbol{ABd})=(\boldsymbol{d}^{\mathrm{T}}\otimes\boldsymbol{A})\mathrm{vec}(\boldsymbol{B})=(\boldsymbol{A}\otimes\boldsymbol{d}^{\mathrm{T}})\mathrm{vec}(\boldsymbol{B}^{\mathrm{T}})$$

Kronecker 积具有以下性质：

(1) 对于矩阵 $\boldsymbol{A}_{m\times n}$ 和 $\boldsymbol{B}_{p\times q}$，一般有 $\boldsymbol{A}\otimes\boldsymbol{B}\neq\boldsymbol{B}\otimes\boldsymbol{A}$。

(2) 任意矩阵与零矩阵的 Kronecker 积等于零矩阵，即 $\boldsymbol{A}\otimes\boldsymbol{0}=\boldsymbol{0}\otimes\boldsymbol{A}=\boldsymbol{0}$。

(3) 若 α 和 β 为常数，则

$$\alpha\boldsymbol{A}\otimes\beta\boldsymbol{B}=\alpha\beta(\boldsymbol{A}\otimes\boldsymbol{B})$$

(4) 对于矩阵 $\boldsymbol{A}_{m\times n}$，$\boldsymbol{B}_{n\times k}$，$\boldsymbol{C}_{l\times p}$，$\boldsymbol{D}_{p\times q}$，有

$$\boldsymbol{AB}\otimes\boldsymbol{CD}=(\boldsymbol{A}\otimes\boldsymbol{C})(\boldsymbol{B}\otimes\boldsymbol{D})$$

(5) 对于矩阵 $\boldsymbol{A}_{m\times n}$，$\boldsymbol{B}_{p\times q}$，$\boldsymbol{C}_{p\times q}$，有

$$\boldsymbol{A}\oplus(\boldsymbol{B}\pm\boldsymbol{C})=\boldsymbol{A}\oplus\boldsymbol{B}\pm\boldsymbol{A}\oplus\boldsymbol{C}$$

$$(\boldsymbol{B}\pm\boldsymbol{C})\otimes\boldsymbol{A}=\boldsymbol{B}\otimes\boldsymbol{A}\pm\boldsymbol{C}\otimes\boldsymbol{A}$$

(6) 若矩阵 $\boldsymbol{A}$ 和 $\boldsymbol{B}$ 分别有广义逆矩阵 $\boldsymbol{A}^{\dagger}$ 和 $\boldsymbol{B}^{\dagger}$，则

$$(\boldsymbol{A}\otimes\boldsymbol{B})^{\dagger}=\boldsymbol{A}^{\dagger}\otimes\boldsymbol{B}^{\dagger}$$

特别地，若 $\boldsymbol{A}$ 和 $\boldsymbol{B}$ 是可逆的正方矩阵，则

$$(\boldsymbol{A}\otimes\boldsymbol{B})^{-1}=\boldsymbol{A}^{-1}\otimes\boldsymbol{B}^{-1}$$

(7) 对于矩阵 $\boldsymbol{A}_{m\times n}$，$\boldsymbol{B}_{p\times q}$，有

$$(\boldsymbol{A}\otimes\boldsymbol{B})^{\mathrm{T}}=\boldsymbol{A}^{\mathrm{T}}\otimes\boldsymbol{B}^{\mathrm{T}}$$

$$(\boldsymbol{A}\otimes\boldsymbol{B})^{\mathrm{H}}=\boldsymbol{A}^{\mathrm{H}}\otimes\boldsymbol{B}^{\mathrm{H}}$$

(8) 对于矩阵 $\boldsymbol{A}_{m\times n}$，$\boldsymbol{B}_{p\times q}$，有

$$\mathrm{rank}(\boldsymbol{A}\otimes\boldsymbol{B})=\mathrm{rank}(\boldsymbol{A})\mathrm{rank}(\boldsymbol{B})$$

(9) 若 $\boldsymbol{A}$ 是 $m\times m$ 矩阵，$\boldsymbol{B}$ 是 $n\times n$ 矩阵，则

$$\det(\boldsymbol{A}\otimes\boldsymbol{B})=(\det(\boldsymbol{A}))^n(\det(\boldsymbol{B}))^m$$

(10) 若 $\boldsymbol{A}$ 是 $m\times m$ 矩阵，$\boldsymbol{B}$ 是 $n\times n$ 矩阵，则

$$\mathrm{tr}(\boldsymbol{A}\otimes\boldsymbol{B})=\mathrm{tr}(\boldsymbol{A})\mathrm{tr}(\boldsymbol{B})$$

(11) 对于矩阵 $\boldsymbol{A}_{m\times n}$，$\boldsymbol{B}_{m\times n}$，$\boldsymbol{C}_{p\times q}$，$\boldsymbol{D}_{p\times q}$，有

$$(\boldsymbol{A}+\boldsymbol{B})\otimes(\boldsymbol{C}+\boldsymbol{D})=\boldsymbol{A}\otimes\boldsymbol{C}+\boldsymbol{A}\otimes\boldsymbol{D}+\boldsymbol{B}\otimes\boldsymbol{C}+\boldsymbol{B}\otimes\boldsymbol{D}$$

更一般地，有

$$\left[\sum_{i=1}^{M}\boldsymbol{A}(i)\right]\otimes\left[\sum_{j=1}^{N}\boldsymbol{B}(j)\right]=\sum_{i=1}^{M}\sum_{j=1}^{N}[\boldsymbol{A}(i)\otimes\boldsymbol{B}(j)]$$

(12) 对于矩阵 $\boldsymbol{A}_{m\times n}$，$\boldsymbol{B}_{k\times l}$，$\boldsymbol{C}_{p\times q}$，$\boldsymbol{D}_{r\times s}$，有

$$(\boldsymbol{A}\otimes\boldsymbol{B})\otimes(\boldsymbol{C}\otimes\boldsymbol{D})=\boldsymbol{A}\otimes\boldsymbol{B}\otimes\boldsymbol{C}\otimes\boldsymbol{D}$$

(13) 若 $\boldsymbol{\alpha}_i$ 是矩阵 $\boldsymbol{A}$ 与特征值 λ_i 对应的特征向量，$\boldsymbol{\beta}_i$ 是矩阵 $\boldsymbol{B}$ 与 μ_i 对应的特征向量，则 $\boldsymbol{\alpha}_i\otimes\boldsymbol{\beta}_i$ 是矩阵 $\boldsymbol{A}\otimes\boldsymbol{B}$ 与特征值 $\lambda_i\mu_i$ 对应的特征向量，也是与特征值 $\lambda_i+\mu_i$ 对应的特征向量。

(14) 对于矩阵 $\boldsymbol{A}_{m\times n}$，$\boldsymbol{B}_{p\times q}$，$\boldsymbol{C}_{k\times l}$，有

$$(\boldsymbol{A}\otimes\boldsymbol{B})\otimes\boldsymbol{C}=\boldsymbol{A}\otimes(\boldsymbol{B}\otimes\boldsymbol{C})$$

即 $\boldsymbol{A}\otimes\boldsymbol{B}\otimes\boldsymbol{C}$ 的结果是无模糊的(Unambiguous)。

(15) 对于矩阵 $\boldsymbol{A}_{m\times n}, \boldsymbol{B}_{p\times q}, \boldsymbol{C}_{n\times r}, \boldsymbol{D}_{q\times s}$，有

$$(\boldsymbol{A}\otimes\boldsymbol{B})(\boldsymbol{C}\otimes\boldsymbol{D})=\boldsymbol{AC}\otimes\boldsymbol{BD} \tag{2.67}$$

更一般地，有

$$\prod_{i=1}^{N}[\boldsymbol{A}(i)\otimes\boldsymbol{B}(j)]=\otimes\left[\prod_{i=1}^{N}\boldsymbol{A}(i)\right]\left[\prod_{i=1}^{N}\boldsymbol{B}(j)\right]$$

和

$$\left[\bigotimes_{i=1}^{N}\boldsymbol{A}(i)\right]\left[\bigotimes_{i=1}^{N}\boldsymbol{B}(i)\right]=\bigotimes_{i=1}^{N}\boldsymbol{A}(i)\boldsymbol{B}(i)$$

(16) 对于 $\boldsymbol{A}_{m\times n}, \boldsymbol{B}_{p\times q}$，有

$$\exp(\boldsymbol{A}\otimes\boldsymbol{B})=\exp(\boldsymbol{A})\otimes\exp(\boldsymbol{B})$$

(17) 作为式(2.67)的特例，若 $\boldsymbol{B}=\boldsymbol{I}_p$ 和 $\boldsymbol{C}=\boldsymbol{I}_q$，则

$$\boldsymbol{A}\otimes\boldsymbol{D}=(\boldsymbol{AI}_p)\otimes(\boldsymbol{I}_q\boldsymbol{D})=(\boldsymbol{A}\otimes\boldsymbol{I}_q)(\boldsymbol{I}_p\otimes\boldsymbol{D})$$

式中，$\boldsymbol{I}_p\otimes\boldsymbol{D}$ 为块对角矩阵(对右 Kronecker 积)或稀疏矩阵(对左 Kronecker 积)，而 $\boldsymbol{A}\otimes\boldsymbol{I}_q$ 为稀疏矩阵(对右 Kronecker 积)或块对角矩阵(对左 Kronecker 积)。

2.2.5 Hadamard 积

考虑两个矩阵之间的直接乘积。

定义 2.9 $m\times n$ 矩阵 $\boldsymbol{A}=[a_{ij}]$ 与 $m\times n$ 矩阵 $\boldsymbol{B}=[b_{ij}]$ 的 Hadamard 积记作 $\boldsymbol{A}\odot\boldsymbol{B}$，它仍然是一个 $m\times n$ 矩阵，定义为

$$\boldsymbol{A}\odot\boldsymbol{B}=[a_{ij}b_{ij}]$$

Hadamard 积也称 Schur 积或者对应元素乘积(Elementwise Product)。矩阵 Hadamard 积的一个主要结果是下面的 Hadamard 积定理[9]。

定理 2.10 若 $m\times m$ 矩阵 $\boldsymbol{A}$ 和 $\boldsymbol{B}$ 是正定(或者半正定)的，则它们的 Hadamard 积 $\boldsymbol{A}\odot\boldsymbol{B}$ 也是正定(或者半正定)的。

证明：令矩阵 $\boldsymbol{A}$ 和 $\boldsymbol{B}$ 的特征值分解为 $\boldsymbol{A}=\sum_{i=1}^{m}\lambda_{A,i}\boldsymbol{u}_{A,i}\boldsymbol{u}_{A,i}^{\mathrm{H}}$ 和 $\boldsymbol{B}=\sum_{i=1}^{m}\lambda_{B,i}\boldsymbol{u}_{B,i}\boldsymbol{u}_{B,i}^{\mathrm{H}}$。当矩阵 $\boldsymbol{A}$ 和 $\boldsymbol{B}$ 都是半正定的，并且 $\mathrm{rank}(\boldsymbol{A})=p$ 和 $\mathrm{rank}(\boldsymbol{B})=q$ 时，由于 $\lambda_{\boldsymbol{A},i}=0, i=p+1, p+2,\cdots,m$ 和 $\lambda_{\boldsymbol{B},i}=0, i=q+1,q+2,\cdots,m$，故 $\boldsymbol{A}$ 和 $\boldsymbol{B}$ 可以分别写成

$$\boldsymbol{A}=\boldsymbol{v}_1\boldsymbol{v}_1^{\mathrm{H}}+\boldsymbol{v}_2\boldsymbol{v}_2^{\mathrm{H}}+\cdots+\boldsymbol{v}_p\boldsymbol{v}_p^{\mathrm{H}}$$

$$\boldsymbol{B}=\boldsymbol{w}_1\boldsymbol{w}_1^{\mathrm{H}}+\boldsymbol{w}_2\boldsymbol{w}_2^{\mathrm{H}}+\cdots+\boldsymbol{w}_q\boldsymbol{w}_q^{\mathrm{H}}$$

式中，$\boldsymbol{v}_i=\lambda_{A,i}^{1/2}\boldsymbol{u}_{A,i}, \boldsymbol{w}_i=\lambda_{B,i}^{1/2}\boldsymbol{u}_{B,i}$。于是

$$\boldsymbol{A}\odot\boldsymbol{B}=\sum_{i=1}^{p}\sum_{j=1}^{q}(\boldsymbol{v}_i\boldsymbol{v}_i^{\mathrm{H}})\odot(\boldsymbol{w}_j\boldsymbol{w}_j^{\mathrm{H}})=\sum_{i=1}^{p}\cdot\sum_{j=1}^{q}(\boldsymbol{v}_i\odot\boldsymbol{w}_j)(\boldsymbol{v}_i\odot\boldsymbol{w}_j)^{\mathrm{H}}=\sum_{i=1}^{p}\cdot\sum_{j=1}^{q}\boldsymbol{u}_{ij}\boldsymbol{u}_{ij}^{\mathrm{H}}$$

这里，$\boldsymbol{u}_{ij}=\boldsymbol{v}_i\odot\boldsymbol{w}_j$。上式表明，$\boldsymbol{A}\odot\boldsymbol{B}$ 是秩为 1 的半正定矩阵 $\boldsymbol{u}_{ij}\boldsymbol{u}_{ij}^{\mathrm{H}}$ 之和，所以 $\boldsymbol{A}\odot\boldsymbol{B}$ 也是半正定的。

下面证明当 $\boldsymbol{A}$ 和 $\boldsymbol{B}$ 都是正定矩阵时，Hadamard 积 $\boldsymbol{A}\odot\boldsymbol{B}$ 也是正定的。此时，$p=q=m$，向量组 $\boldsymbol{v}_i(i=1,2,\cdots,p)$ 和 $\boldsymbol{w}_i(i=1,2,\cdots,q)$ 都是复空间 $\mathbf{C}^m$ 的正交基向量。使用反证法，假设 $\boldsymbol{A}\odot\boldsymbol{B}$ 为奇异矩阵。于是存在某个非零向量 $\boldsymbol{x}$ 使得 $(\boldsymbol{A}\odot\boldsymbol{B})\boldsymbol{x}=\boldsymbol{0}$。前式两边同时

左乘向量 $\boldsymbol{x}^{\mathrm{H}}$,即得

$$\boldsymbol{x}^{\mathrm{H}}(\boldsymbol{A}\odot\boldsymbol{B})\boldsymbol{x}=\sum_{i=1}^{m}\sum_{j=1}^{m}\boldsymbol{x}^{\mathrm{H}}(\boldsymbol{u}_{ij}\boldsymbol{u}_{ij}^{\mathrm{H}})\boldsymbol{x}=\sum_{i=1}^{m}\sum_{j=1}^{m}|\boldsymbol{x}^{\mathrm{H}}\boldsymbol{u}_{ij}|^{2}=\boldsymbol{0}$$

易知每一项都必须等于零,即

$$|\boldsymbol{x}^{\mathrm{H}}\boldsymbol{u}_{ij}|^{2}=|\boldsymbol{x}^{\mathrm{H}}(\boldsymbol{v}_{i}\odot\boldsymbol{w}_{j})|^{2}=|\boldsymbol{x}^{\mathrm{H}}(\boldsymbol{x}\odot\boldsymbol{v}_{i}^{*})^{\mathrm{H}}\boldsymbol{w}_{j}|^{2}=0,\quad\forall i,j$$

由于向量 Hadamard 积 $\boldsymbol{x}\odot\boldsymbol{v}_i^*$ 与所有正交基向量 $\boldsymbol{w}_1,\boldsymbol{w}_2,\cdots,\boldsymbol{w}_m$ 的内积的模都等于零,故 $\boldsymbol{x}\odot\boldsymbol{v}_i=\boldsymbol{0},i=1,2,\cdots,m$。注意到 Hadamard 积 $\boldsymbol{x}\odot\boldsymbol{v}_i^*$ 是两个向量的对应元素之积,所以 $\boldsymbol{x}\odot\boldsymbol{v}_i=\boldsymbol{0},i=1,2,\cdots,m$ 意味着向量 $\boldsymbol{x}$ 的所有元素必定为零,即向量 $\boldsymbol{x}=\boldsymbol{0}$。这与假设相矛盾,由此知 Hadamard 积 $\boldsymbol{A}\odot\boldsymbol{B}$ 一定是非奇异矩阵,即正定矩阵。

推论 2.1(Fejer 定理[9]) 令 $\boldsymbol{A}$ 是一个 $m\times m$ 矩阵,则 $\boldsymbol{A}$ 是半正定矩阵,当且仅当

$$\sum_{i=1}^{m}\sum_{j=1}^{m}a_{ij}b_{ij}\geqslant 0$$

对所有 $m\times m$ 半正定矩阵 $\boldsymbol{B}$ 成立。

定理 2.11 令 $\boldsymbol{A},\boldsymbol{B},\boldsymbol{C}$ 为 $m\times n$ 矩阵,并且 $\boldsymbol{1}=(1,1,\cdots,1)^{\mathrm{T}}$ 为 $n\times 1$ 求和向量,$\boldsymbol{D}=\mathrm{diag}\{d_1,d_2,\cdots,d_m\}$,其中 $d_i=\sum_{j=1}^{n}a_{ij}$,则

$$\mathrm{tr}(\boldsymbol{A}^{\mathrm{T}}(\boldsymbol{B}\odot\boldsymbol{C}))=\mathrm{tr}((\boldsymbol{A}^{\mathrm{T}}\odot\boldsymbol{B}^{\mathrm{T}})\boldsymbol{C})\tag{2.68}$$

和

$$\boldsymbol{1}^{\mathrm{T}}\boldsymbol{A}^{\mathrm{T}}(\boldsymbol{B}\odot\boldsymbol{C})\boldsymbol{1}=\mathrm{tr}(\boldsymbol{B}^{\mathrm{T}}\boldsymbol{D}\boldsymbol{C})\tag{2.69}$$

证明:注意到 $\boldsymbol{A}^{\mathrm{T}}(\boldsymbol{B}\odot\boldsymbol{C})$ 和 $(\boldsymbol{A}^{\mathrm{T}}\odot\boldsymbol{B}^{\mathrm{T}})\boldsymbol{C}$ 具有相同的对角元素,即

$$[\boldsymbol{A}^{\mathrm{T}}(\boldsymbol{B}\odot\boldsymbol{C})]_{ii}=\sum_{k=1}^{n}a_{ki}b_{ki}c_{ki}=[(\boldsymbol{A}^{\mathrm{T}}\odot\boldsymbol{B}^{\mathrm{T}})\boldsymbol{C}]_{ii}$$

这就证明了式(2.68)。由于

$$\boldsymbol{1}^{\mathrm{T}}\boldsymbol{A}^{\mathrm{T}}(\boldsymbol{B}\odot\boldsymbol{C})\boldsymbol{1}=\sum_{i=1}^{n}\sum_{j=1}^{n}\sum_{k=1}^{m}a_{ki}b_{ki}c_{ki}=\sum_{i=1}^{n}\sum_{k=1}^{m}d_{k}b_{ki}c_{ki}=\mathrm{tr}(\boldsymbol{B}^{\mathrm{T}}\boldsymbol{D}\boldsymbol{C})$$

即式(2.69)得证。

定理 2.12 令 $\boldsymbol{A},\boldsymbol{B}$ 为 $n\times n$ 正方矩阵,并且 $\boldsymbol{1}=(1,1,\cdots,1)^{\mathrm{T}}$ 为 $n\times 1$ 求和向量。假定 $\boldsymbol{M}$ 是一个 $n\times n$ 对角矩阵 $\boldsymbol{M}=\mathrm{diag}\{\mu_1,\mu_2,\cdots,\mu_n\}$,而 $\boldsymbol{m}=\boldsymbol{M1}$ 为 $n\times 1$ 向量,则有

$$\mathrm{tr}(\boldsymbol{AMB}^{\mathrm{T}}\boldsymbol{M})=\boldsymbol{m}^{\mathrm{T}}\boldsymbol{A}\odot\boldsymbol{B}\boldsymbol{m}\tag{2.70}$$

$$\mathrm{tr}(\boldsymbol{AB}^{\mathrm{T}})=\boldsymbol{1}^{\mathrm{T}}\boldsymbol{A}\odot\boldsymbol{B}\boldsymbol{1}\tag{2.71}$$

$$\boldsymbol{MA}\odot\boldsymbol{B}^{\mathrm{T}}\boldsymbol{M}=\boldsymbol{M}(\boldsymbol{A}\odot\boldsymbol{B}^{\mathrm{T}})\boldsymbol{M}\tag{2.72}$$

证明:根据迹的定义,有

$$\mathrm{tr}(\boldsymbol{AMB}^{\mathrm{T}}\boldsymbol{M})=\sum_{i=1}^{n}[\boldsymbol{AMB}^{\mathrm{T}}\boldsymbol{M}]_{ii}=\sum_{i=1}^{n}\sum_{j=1}^{n}\mu_i\mu_j a_{ij}b_{ij}=\boldsymbol{m}^{\mathrm{T}}\boldsymbol{A}\odot\boldsymbol{B}\boldsymbol{m}$$

此即式(2.70)。式(2.71)是式(2.70)中取 $\boldsymbol{M}=\boldsymbol{I}$ 的特例。直接计算给出

$$\begin{aligned}[\boldsymbol{MA}\odot\boldsymbol{B}^{\mathrm{T}}\boldsymbol{M}]_{ij}&=[\boldsymbol{MA}]_{ij}[\boldsymbol{B}^{\mathrm{T}}\boldsymbol{M}]_{ij}=(\mu_i a_{ij})(\mu_j b_{ji})\\&=\mu_i\mu_j[\boldsymbol{A}\odot\boldsymbol{B}^{\mathrm{T}}]_{ij}=[\boldsymbol{M}(\boldsymbol{A}\odot\boldsymbol{B}^{\mathrm{T}})\boldsymbol{M}]_{ij}\end{aligned}$$

式(2.72)得证。

下面汇总了 Hadamard 积的性质[8]：

(1) 若矩阵 $\boldsymbol{A},\boldsymbol{B}$ 均为 $m\times n$ 矩阵，则

$$\boldsymbol{A}\odot\boldsymbol{B}=\boldsymbol{B}\odot\boldsymbol{A}$$
$$(\boldsymbol{A}\odot\boldsymbol{B})^{\mathrm{T}}=\boldsymbol{A}^{\mathrm{T}}\odot\boldsymbol{B}^{\mathrm{T}}$$
$$(\boldsymbol{A}\odot\boldsymbol{B})^{\mathrm{H}}=\boldsymbol{A}^{\mathrm{H}}\odot\boldsymbol{B}^{\mathrm{H}}$$
$$(\boldsymbol{A}\odot\boldsymbol{B})^{*}=\boldsymbol{A}^{*}\odot\boldsymbol{B}^{*}$$

(2) 任何一个 $m\times n$ 矩阵 $\boldsymbol{A}$ 与 $m\times n$ 零矩阵 $\boldsymbol{0}_{m\times n}$ 的 Hadamard 积等于 $m\times n$ 零矩阵，即 $\boldsymbol{A}\odot\boldsymbol{0}_{m\times n}=\boldsymbol{0}_{m\times n}\odot\boldsymbol{A}=\boldsymbol{0}_{m\times n}$。

(3) 若 c 为常数，则

$$c(\boldsymbol{A}\odot\boldsymbol{B})=(c\boldsymbol{A})\odot\boldsymbol{B}=\boldsymbol{A}\odot(c\boldsymbol{B})$$

(4) 矩阵 $\boldsymbol{A}_{m\times m}=[a_{ij}]$与单位矩阵 $\boldsymbol{I}_m$ 的 Hadamard 积为 $m\times m$ 对角矩阵，即

$$\boldsymbol{A}\odot\boldsymbol{I}_m=\boldsymbol{I}_m\odot\boldsymbol{A}=\mathrm{diag}\{\boldsymbol{A}\}=\mathrm{diag}\{a_{11},a_{22},\cdots,a_{mm}\}$$

(5) 若 $\boldsymbol{A},\boldsymbol{B},\boldsymbol{C},\boldsymbol{D}$ 均为 $m\times n$ 矩阵，则

$$\boldsymbol{A}\odot(\boldsymbol{B}\odot\boldsymbol{C})=(\boldsymbol{A}\odot\boldsymbol{B})\odot\boldsymbol{C}=\boldsymbol{A}\odot\boldsymbol{B}\odot\boldsymbol{C}$$
$$(\boldsymbol{A}\pm\boldsymbol{B})\odot\boldsymbol{C}=\boldsymbol{A}\odot\boldsymbol{C}\pm\boldsymbol{A}\odot\boldsymbol{B}$$
$$(\boldsymbol{A}+\boldsymbol{B})\odot(\boldsymbol{C}+\boldsymbol{D})=\boldsymbol{A}\odot\boldsymbol{C}+\boldsymbol{A}\odot\boldsymbol{D}+\boldsymbol{B}\odot\boldsymbol{C}+\boldsymbol{B}\odot\boldsymbol{D}$$

(6) 若 $\boldsymbol{A},\boldsymbol{C}$ 为 $m\times m$ 矩阵，并且 $\boldsymbol{B},\boldsymbol{D}$ 为 $n\times n$ 矩阵，则

$$(\boldsymbol{A}\oplus\boldsymbol{B})\odot(\boldsymbol{C}\oplus\boldsymbol{D})=(\boldsymbol{A}\odot\boldsymbol{C})\oplus(\boldsymbol{B}\odot\boldsymbol{D})$$

(7) 若 $\boldsymbol{A},\boldsymbol{B},\boldsymbol{C}$ 为 $m\times n$ 矩阵，则

$$\mathrm{tr}(\boldsymbol{A}^{\mathrm{T}}(\boldsymbol{B}\odot\boldsymbol{C}))=\mathrm{tr}((\boldsymbol{A}^{\mathrm{T}}\odot\boldsymbol{B}^{\mathrm{T}})\boldsymbol{C})$$

(8) 若 $\boldsymbol{A},\boldsymbol{B},\boldsymbol{D}$ 为 $m\times m$ 矩阵，则

$$\boldsymbol{D}\text{ 为对角矩阵}\Rightarrow(\boldsymbol{DA})\odot(\boldsymbol{BD})=\boldsymbol{D}(\boldsymbol{A}\odot\boldsymbol{B})\boldsymbol{D}$$

(9) 若 $m\times m$ 矩阵 $\boldsymbol{A},\boldsymbol{B}$ 是正定(或半正定)的，则它们的 Hadamard 积 $\boldsymbol{A}\odot\boldsymbol{B}$ 也是正定(或半正定)的。

2.3 压缩感知理论

在过去的半个多世纪里，奈奎斯特采样定理几乎支配着所有的信号、图像等的获取、处理、存储以及传输。它指出：无失真地从离散信号中恢复出原始信号，其采样率必须大于或等于信号最高频率的两倍。然而，随着人们对信息需求量的增加，携带信息的信号的带宽也越来越宽，频率也越来越高，以此为基础的信号处理框架要求的采样速率和处理速度也越来越高。经典的 DOA 估计算法都是基于传统的奈奎斯特采样定理进行的，奈奎斯特采样频率过高，导致数据量巨大，给后续的存储、传输及处理带来了巨大的压力，对硬件设备也提出了更高的要求。实际上，奈奎斯特采样定理只是信号精确恢复的充分条件，而非必要条件，奈奎斯特采样理论并不一定是唯一、最优的采样理论。因此，如何突破奈奎斯特采样理论支撑下的传统的信号获取和处理方式是推动信息科学进一步发展亟待解决的问题。

近几年来，应用数学界新兴的压缩感知理论为数据采集技术开创了革命性的突破。压缩感知[10-14]理论由美国科学院院士 Donoho、美国斯坦福大学的 Candès 以及美国华裔科学界 Tao 等于 2006 年正式提出的一项新理论。压缩感知理论在获取信号的同时就对数据进

行了适当的压缩,它通过开发信号的稀疏性,在远小于奈奎斯特采样率的条件下,采用随机采样获取信号的离散样本,然后通过非线性重建算法能够几乎完美地重建原信号。压缩感知将传统的数据采集与数据压缩合二为一,无需复杂的数据编码算法,大大减少了数据的获取时间和存储空间。

压缩感知作为一个新的采样理论,已经在许多领域体现出了其独特的优势。该方法突破了传统的奈奎斯特采样理论的限制。利用压缩感知理论,可以有效地降低计算复杂度,并且极大地减小处理信号的开销等。

2.3.1 基本原理

传统的信号处理和获取过程主要包括采样、量化变换、压缩编码和信号重构 4 部分,如图 2.7 所示。首先利用奈奎斯特采样定理对信号进行采样,再对得到的采样样本进行变换,并对其中重要系数的幅度和位置进行编码,最后将得到的编码值进行存储或传输,并在需要信号信息的时候,对信号进行重构。采用这种传统的信号处理方法,由于信号的采样速率不得低于信号最高频率的两倍,使得硬件系统和数据存储系统面临很大的采样压力。另外,在压缩编码过程中,由于大量变换得到的小系数被丢弃,也会造成数据计算和内存资源的严重浪费。

图 2.7 传统的信号采样压缩过程

压缩感知是一种利用信号的稀疏性或可压缩性对信号进行重构的技术。该理论仅仅考虑信号的稀疏性或可压缩性,并不考虑信号的频率、带宽及内部参数等信息。而对于所有的信号而言,只要进行适当的变换或找到特定的基,它们就是可压缩的。压缩感知的核心思想是使这些信号在采样的同时就能够在前端被压缩,从而在很大程度上降低了采样率,提高了信息的采集和处理效率,节约了信号处理系统的存储和传输资源,使得超高分辨率信号获取成为可能,其基本过程如图 2.8 所示。

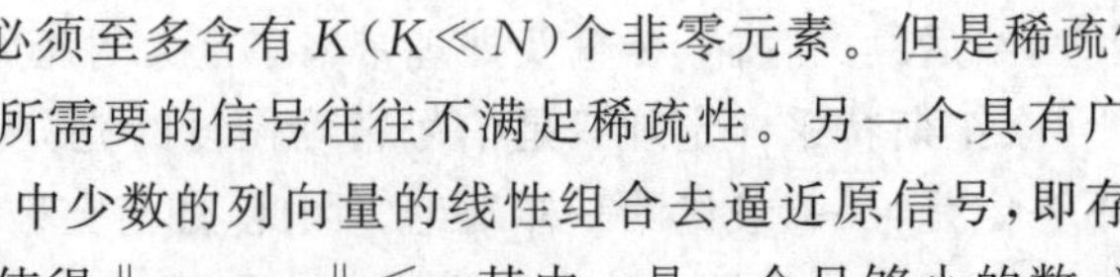

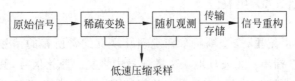

图 2.8 压缩感知理论基本过程

一个信号 $\boldsymbol{x}\in\mathbf{R}^{N\times 1}$ 具有稀疏性,是指存在一个表示矩阵 $\boldsymbol{\Psi}$ 及相应的 N 维表示系数 $\boldsymbol{\alpha}$,使得 $\boldsymbol{x}=\boldsymbol{\Psi\alpha}$,其中 $\boldsymbol{\alpha}$ 必须至多含有 $K(K\ll N)$ 个非零元素。但是稀疏性是一个理想的数学模型,在实际应用中,所需要的信号往往不满足稀疏性。另一个具有广泛适用性的模型是:可以利用表示矩阵 $\boldsymbol{\Psi}$ 中少数的列向量的线性组合去逼近原信号,即存在一个只有 K 个非零项的系数向量 $\boldsymbol{\alpha}_K$,使得 $\|\boldsymbol{\alpha}_K-\boldsymbol{\alpha}\|\leqslant\varepsilon$,其中 ε 是一个足够小的数,这种信号称为可压缩的。只要选择合适的 $\boldsymbol{\Psi}$,几乎所有的信号都能够满足可压缩性。

考虑一个实值的有限长离散时间信号 $\boldsymbol{x}\in\mathbf{R}^{N\times 1}$,根据调和分析理论可知,$\boldsymbol{x}$ 可以表示为一组标准正交基的线性组合

$$\boldsymbol{x}=\sum_{n=1}^{N}\alpha_n\psi_n=\boldsymbol{\Psi\alpha} \tag{2.73}$$

式中，$\boldsymbol{\Psi}=[\psi_1,\psi_2,\cdots,\psi_N]$是 $N\times N$ 的正交基矩阵，$\boldsymbol{\alpha}=[\alpha_1,\alpha_2,\cdots,\alpha_N]^{\mathrm{T}}$ 是信号 $\boldsymbol{x}$ 在正交基矩阵 $\boldsymbol{\Psi}$ 下的表示系数。显然，$\boldsymbol{x}$ 和 $\boldsymbol{\alpha}$ 是对相同信号的等价表示，$\boldsymbol{x}$ 是信号在时域的表示，$\boldsymbol{\alpha}$ 是信号的 $\boldsymbol{\Psi}$ 域表示。当信号 $\boldsymbol{x}$ 在基矩阵 $\boldsymbol{\Psi}$ 上至多有 $K(K\ll N)$个非零系数 α_K 且其余系数均为零时，则称信号 $\boldsymbol{x}$ 在 $\boldsymbol{\Psi}$ 域上是 K-稀疏的，$\boldsymbol{\Psi}$ 称为信号 $\boldsymbol{x}$ 的稀疏基，此时式(2.73)就是信号 $\boldsymbol{x}$ 的稀疏表示。当 $\boldsymbol{\alpha}$ 中仅有少数的 K 个大系数和 $N-K$ 个小系数时，信号 $\boldsymbol{x}$ 为可压缩的。

下面针对不同形式的稀疏信号，对压缩感知的重构原理分别进行介绍[15]。

如果信号 $\boldsymbol{x}$ 在时空域本来就具有稀疏性或可压缩性，即上述的基矩阵 $\boldsymbol{\Psi}$ 为 Dirac 函数，则就可以直接对信号 $\boldsymbol{x}$ 进行压缩。如图 2.9 所示，对于一个给定的投影测量矩阵 $\boldsymbol{\Phi}\in\mathbf{R}^{M\times N}(M\ll N)$，则信号 $\boldsymbol{x}$ 在该测量矩阵 $\boldsymbol{\Phi}$ 下的测量值为

$$\boldsymbol{y}=\boldsymbol{\Phi x} \tag{2.74}$$

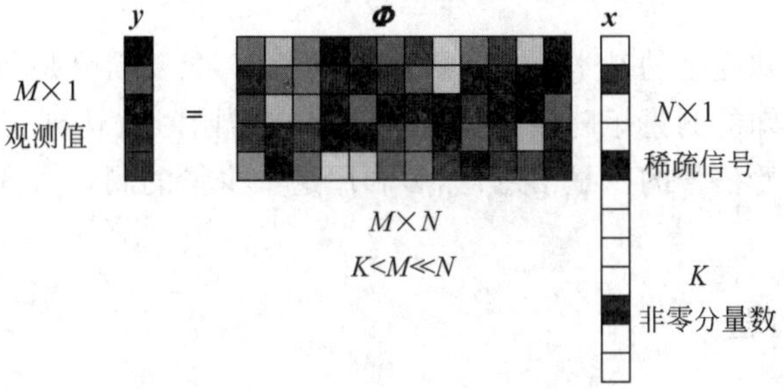

图 2.9　空时域稀疏信号的测量过程

由式(2.74)得到信号 $\boldsymbol{x}$ 的测量值 $\boldsymbol{y}$ 之后，就可以利用测量值 $\boldsymbol{y}$ 重构出信号 $\boldsymbol{x}$。由于测量值 $\boldsymbol{y}$ 的维数 M 远小于信号 $\boldsymbol{x}$ 的维数 N，方程(2.74)为欠定方程，有无穷多组解，因此直接求解欠定方程无法恢复原始信号。然而，压缩感知理论[16]表明：如果原信号 $\boldsymbol{x}$ 在时空域是 K 稀疏的或者可压缩的，并且测量值 $\boldsymbol{y}$ 与测量矩阵 $\boldsymbol{\Phi}$ 满足一定的条件，则信号 $\boldsymbol{x}$ 可以由测量值 $\boldsymbol{y}$ 通过求解以下最小化 L_0 范数问题以极高的概率得到原始信号 $\boldsymbol{x}$ 的精确重构

$$\hat{\boldsymbol{x}}=\operatorname{argmin}\|\boldsymbol{x}\|_0\quad \text{s. t.}\quad \boldsymbol{\Phi x}=\boldsymbol{y} \tag{2.75}$$

式中，$\|\boldsymbol{x}\|_0$ 表示向量 $\boldsymbol{x}$ 的 L_0 范数，即向量 $\boldsymbol{x}$ 中非零元素的个数。Candès 等指出，当测量数 M 满足 $M=O(K\log(N/K))$，且测量矩阵 $\boldsymbol{\Phi}$ 符合约束等距性质[16-17]（Restricted Isometry Property，RIP）时，就能够几乎完美地恢复稀疏信号 $\boldsymbol{x}$。

然而，一般的自然信号在时空域内都不能满足稀疏性，所以上述的信号恢复方法不能直接应用到稀疏信号的恢复。从傅里叶变换到小波变换，再到后来的多尺度几何分析，为解决上述问题提供了一定的思路，即寻找某种变换基，使得待处理的信号在该变换基域下具有更稀疏的表示。

设信号 $\boldsymbol{x}$ 在变换基 $\boldsymbol{\Psi}$ 下具有可压缩性或稀疏性，即 $\boldsymbol{x}=\boldsymbol{\Psi\alpha}$，其中 $\boldsymbol{\alpha}$ 为信号 $\boldsymbol{x}$ 在变换基 $\boldsymbol{\Psi}$ 下的 K 稀疏变换系数。如图 2.10 所示的信号 $\boldsymbol{x}$ 在测量矩阵 $\boldsymbol{\Phi}$ 下的测量过程可以表示为

$$\boldsymbol{y}=\boldsymbol{\Phi x}=\boldsymbol{\Phi\Psi\alpha}=\boldsymbol{\Theta\alpha} \tag{2.76}$$

式中，$\boldsymbol{\Theta}=\boldsymbol{\Phi\Psi}$ 为 $M\times N$ 维矩阵，表示推广之后的测量矩阵，这里叫作感知矩阵。那么，$\boldsymbol{y}$ 可

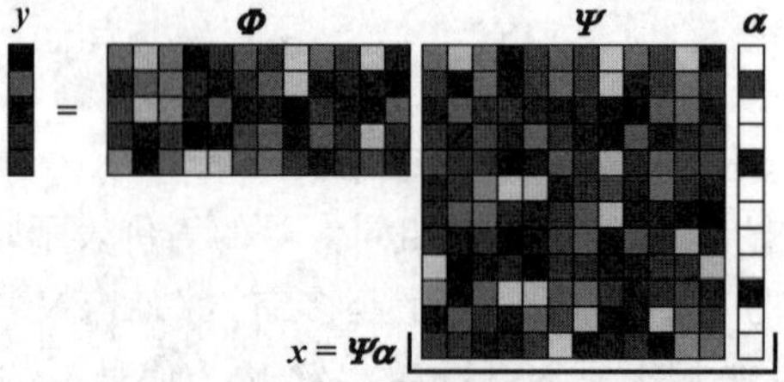

图 2.10　变换域下稀疏信号的测量过程

以看作是稀疏信号$\boldsymbol{\alpha}$关于感知矩阵$\boldsymbol{\Theta}$的线性测量。因此，如果感知矩阵$\boldsymbol{\Theta}$满足 RIP 等稀疏重构条件，则可以通过求解如下的 L_0 范数最小化问题以极高的概率重构出稀疏信号$\boldsymbol{\alpha}$

$$\hat{\boldsymbol{\alpha}} = \operatorname{argmin} \| \boldsymbol{\alpha} \|_0 \quad \text{s. t.} \quad \boldsymbol{\Theta\alpha} = \boldsymbol{y} \tag{2.77}$$

由于变换基$\boldsymbol{\Psi}$是不变的，所以要使$\boldsymbol{\Theta} = \boldsymbol{\Phi\Psi}$满足 RIP 条件，测量矩阵$\boldsymbol{\Phi}$就必须满足一定的条件，关于这一点，将在 2.3.2.2 节详细介绍。在得到信号$\boldsymbol{x}$的稀疏表示系数$\boldsymbol{\alpha}$之后，就可以通过变换基矩阵$\boldsymbol{\Psi}$求出原始信号$\boldsymbol{x}$

$$\hat{\boldsymbol{x}} = \boldsymbol{\Psi}\hat{\boldsymbol{\alpha}} \tag{2.78}$$

以上就是压缩感知理论的基本原理。因此不难发现，只要信号是稀疏的或可压缩的，那么就可以利用压缩感知的测量矩阵在对信号进行采样的同时就达到压缩的目的。这时，每个测量值都包含了原始信号的少量信息，然后利用这些少量的测量值进行解优化，进而重构原始信号。

2.3.2　核心问题

压缩感知理论主要包括以下 3 方面的内容：

(1) 信号的稀疏表示。对于信号$\boldsymbol{x} \in \mathbf{R}^{N \times 1}$，找出一个合适的稀疏基矩阵$\boldsymbol{\Psi}$，使得该信号在稀疏基上具有稀疏性或可压缩性。

(2) 信号的压缩测量。设计测量矩阵$\boldsymbol{\Phi}$，使其与基矩阵不相关，并且满足一定的条件。

(3) 信号重构算法。设计一个快速高效的恢复算法，用来精确地恢复出原始信号$\boldsymbol{x}$。其具体的理论框图如图 2.11 所示。

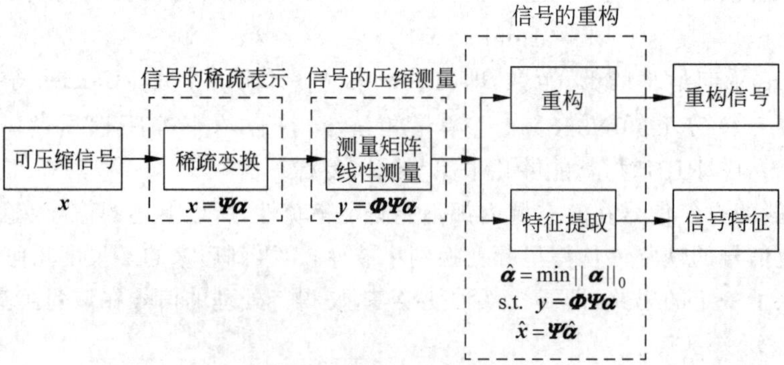

图 2.11　压缩感知理论框图

2.3.2.1　信号的稀疏表示

为了更加准确地描述信号稀疏表示的问题，首先给出向量$\boldsymbol{x} = [x_1, x_2, \cdots, x_N]^{\mathrm{T}}$的 L_p

范数定义

$$\| \boldsymbol{x} \|_p = \left(\sum_{i=1}^{N} | x_i |^p\right)^{1/p} \tag{2.79}$$

如前面所述：对于信号 $\boldsymbol{x} \in \mathbf{R}^{N\times 1}$，在其稀疏基矩阵 $\boldsymbol{\Psi}$ 下的稀疏表示系数向量为

$$\boldsymbol{\alpha} = \boldsymbol{\Psi}^{\mathrm{T}} \boldsymbol{x} \tag{2.80}$$

根据 L_p 范数的定义，若 $\boldsymbol{\alpha}$ 满足

$$\| \boldsymbol{\alpha} \|_p \leqslant K \tag{2.81}$$

对于实数 $0<p<2$ 和 $K>0$ 同时满足，则称 $\boldsymbol{x}$ 在变换域 $\boldsymbol{\Psi}$ 下具有稀疏性。当 $p=0$ 时，称 $\boldsymbol{x}$ 在变换域 $\boldsymbol{\Psi}$ 下是 K-稀疏的。

在一般情况下，时空域内的信号基本上都不具有稀疏性，但是在某些变换域 $\boldsymbol{\Psi}$ 上是稀疏的。例如，对于一幅原始的图片，从表面上看几乎所有表示像素的值都是非零的，但是如果将其进行小波变换，大部分的小波系数绝对值都非常接近零，并且只需要少数的大系数就可以表示原图像的大部分信息。

如何对给定的信号进行稀疏表示是压缩感知应用的前提和基础。只有选取合适的变换基 $\boldsymbol{\Psi}$ 才能更好地开发信号的稀疏性，才能保证信号的重构精度。文献[18]指出，振荡信号的 Gabor 变换系数，具有边界约束的变分信号的总变分范数以及平滑信号的傅里叶变换系数和小波变换系数等都有充分的稀疏性。另外，在对信号进行稀疏表示时，也可以利用变换系数的衰减速度去表征变换基的稀疏表示能力。Candès 和 Tao 的研究表明，具有幂次速度衰减的信号，仍是具有稀疏性的，可以利用压缩感知的恢复理论。

目前，已有多种信号的稀疏表示方法。最早的是基于非冗余正交基函数的变换，例如小波变换、傅里叶变换和离散余弦变换等。近年来，在小波变换的基础上，学者们提出了多尺度几何分析的方法，如脊波、曲波、带波和轮廓波等变换。另外，现在较热门的是基于完备字典稀疏分解[19]的信号表示方法。其思想是利用完备字典中的冗余基代替传统的正交变换基，而选择的冗余字典应该最大可能地含有被表示信号所包含的所有信息，信号的稀疏分解就是从完备字典中选取具有最佳的线性组合的若干个原子去表示信号，这种新的表示方法称为完备原子分解。完备字典是利用多种标准变换（脊波变换、曲波变换、离散余弦变换）相互结合产生的。基于冗余字典的信号稀疏表示的研究工作主要集中在如下两个方面：

(1) 如何去构造满足某一类稀疏信号的冗余字典；

(2) 如何去寻找有效而且快速的稀疏分解算法。

2.3.2.2　信号的压缩测量

在压缩感知中，首先通过稀疏变换得到原始信号 $\boldsymbol{x}$ 的稀疏变换系数 $\boldsymbol{\alpha}$，而并非直接对原始信号 $\boldsymbol{x}$ 进行测量。然后将这组系数向量投影到与变换基矩阵 $\boldsymbol{\Psi}$ 不相关的测量基矩阵 $\boldsymbol{\Phi}$ 上，得到原始信号 $\boldsymbol{x}$ 的测量值 $\boldsymbol{y}$，即

$$\boldsymbol{y} = \boldsymbol{\Phi x} \tag{2.82}$$

将式(2.73)代入式(2.82)得到

$$\boldsymbol{y} = \boldsymbol{\Phi x} = \boldsymbol{\Phi \Psi \alpha} = \boldsymbol{\Theta \alpha} \tag{2.83}$$

式中，$\boldsymbol{y}$ 是 $M\times 1$ 的测量向量；$\boldsymbol{\Phi}$ 是 $M\times N$ 的测量矩阵；$\boldsymbol{\Psi}$ 是 $N\times N$ 的稀疏基矩阵；$\boldsymbol{\alpha}$ 是 $N\times 1$ 的稀疏系数向量；$\boldsymbol{\Theta}$ 是 $M\times N$ 的感知矩阵。由于测量向量的维数 M 远远小于信号

的维数N,式(2.83)是一个欠定方程,无法求解,即无法从$\boldsymbol{y}$的M个测量值中解出信号$\boldsymbol{x}$或者变换系数$\boldsymbol{\alpha}$。但是由于$\boldsymbol{\alpha}$是K-稀疏的,且$K<M\ll N$,因此可以通过压缩感知理论中的稀疏分解算法求解式(2.83)得到稀疏系数$\boldsymbol{\alpha}$,再通过式(2.78)得到重构的信号$\boldsymbol{x}$。

为了保证少量的测量值包含精确重构信号的足够信息和恢复算法的收敛性,在观测矩阵的具体设计中,需要考虑以下两方面的关系:

(1) 测量矩阵$\boldsymbol{\Phi}$和稀疏基矩阵$\boldsymbol{\Psi}$的关系;

(2) 感知矩阵$\boldsymbol{\Theta}=\boldsymbol{\Phi\Psi}$和$K$-稀疏系数$\alpha$的关系。

下面对这两个方面进行论述。

首先,测量矩阵$\boldsymbol{\Phi}$和稀疏基矩阵$\boldsymbol{\Psi}$要具有不相干性。它们之间的相干度定义为[17]

$$\mu(\boldsymbol{\Phi},\boldsymbol{\Psi})=\sqrt{N}\cdot\max_{\substack{1\leqslant k\leqslant M\\1\leqslant j\leqslant N}}|\langle\boldsymbol{\phi}_k,\psi_j\rangle| \tag{2.84}$$

相干度μ给出了$\boldsymbol{\Phi}$和$\boldsymbol{\Psi}$的任意两个向量之间的最大相干性。当$\boldsymbol{\Phi}$和$\boldsymbol{\Psi}$包含相干向量时,相干度μ较大。由前面的讨论可知,对信号进行压缩采样,要尽可能地使每个观测值包含原始信号的不同信息,这就要求$\boldsymbol{\Phi}$和$\boldsymbol{\Psi}$的向量尽可能正交,即相干度μ要尽可能小,这是测量矩阵和稀疏基矩阵之间必须具有不相干性的原因。

其次,感知矩阵$\boldsymbol{\Theta}=\boldsymbol{\Phi\Psi}$和$K$-稀疏系数$\alpha$的关系与约束等距性质有关。对于任意的$K=1,2,\cdots$,定义感知矩阵$\boldsymbol{\Theta}$的约束等距常量$\delta_K$为符合下式的最小值,其中$\boldsymbol{\alpha}$为任意$K$-稀疏系数向量

$$(1-\delta_K)\|\boldsymbol{\alpha}\|_2^2\leqslant\|\boldsymbol{\Theta\alpha}\|_2^2\leqslant(1+\delta_K)\|\boldsymbol{\alpha}\|_2^2 \tag{2.85}$$

若$\delta_K<1$,则称感知矩阵$\boldsymbol{\Theta}$满足K阶RIP,此时感知矩阵$\boldsymbol{\Theta}$能够近似地保证K-稀疏系数$\boldsymbol{\alpha}$的欧几里得距离不变,这意味着$\boldsymbol{\alpha}$不可能在$\boldsymbol{\Theta}$的零空间中(否则$\boldsymbol{\alpha}$将会有无穷多个解)。更精确的无失真恢复原信号的条件如下[20]:

假设$\boldsymbol{\alpha}$是K-稀疏系数向量,对于式(2.85)中的$\boldsymbol{\Theta}$,若$\delta_{2K}+\delta_{3K}<1$成立,则能实现信号的无失真恢复。

由于稀疏基矩阵$\boldsymbol{\Psi}$是固定的,所以要使得感知矩阵$\boldsymbol{\Theta}=\boldsymbol{\Phi\Psi}$满足RIP条件,可以通过设计合适的测量矩阵$\boldsymbol{\Phi}$达到这一目的。然而,单纯利用不相干性和上述的无失真恢复条件去设计测量矩阵是一个NP难问题,在实际中基本不可行。幸运的是,Candès等[21]已经证明当测量矩阵$\boldsymbol{\Phi}$是高斯随机矩阵时,感知矩阵$\boldsymbol{\Theta}$能以较大的概率满足RIP条件。因此可以通过选择一个大小为$M\times N$的高斯分布的测量矩阵得到$\boldsymbol{\Phi}$,其中每一个值都满足$N(0,1/N)$的独立正态分布。满足高斯分布的测量矩阵几乎与任意稀疏基矩阵都不相关,因此需要的测量数最小。但是需要很大的存储空间保存矩阵元素,并且由于其本质是非结构化的,会导致其具有较高的计算复杂度。

其他常见的能够使感知矩阵$\boldsymbol{\Theta}$满足RIP条件的测量矩阵还包括局部哈达玛测量矩阵、局部傅里叶矩阵、二值随机矩阵、一致球测量矩阵以及托普利兹矩阵等[18]。局部哈达玛测量矩阵是从N维哈达玛矩阵中随机选择M行得到的,当$M\leqslant K\sqrt{N/B}(\ln N)^2$(其中$B$是块的维数)时,置乱块哈达玛矩阵能够以很高的概率准确恢复原始信号。局部傅里叶矩阵可以首先从傅里叶矩阵中随机选择M行,然后再对每一列向量进行单位归一化得到。由于傅里叶矩阵能够利用快速傅里叶变换快速得到,因此在很大程度上降低了对硬件采样系统的要求,但是由于其一般情况下只与时域的稀疏信号不相关,导致其应用范围受到了很大的限

制。二值随机矩阵是指矩阵中的每个值都服从对称伯努利分布 $P(\boldsymbol{\Phi}_{ij}=\pm 1/\sqrt{M})=1/2$，已有研究表明当 $K\leqslant C\times M/\ln(N/M)$ 时，能够以很高的概率准确重构原始信号，并且重构的速度很快。一致球测量矩阵是指矩阵的列在球 S^{n-1} 上是独立同分布随机一致的，而且当测量次数 $M=O(K\ln(N))$ 时，能够以很高的概率准确地重构信号。Tsaig 对局部哈达玛测量矩阵、局部傅里叶矩阵、二值随机矩阵以及一致球测量矩阵的性能进行了比较，发现将这几类矩阵作为测量矩阵时重构信号的误差都比较小，而且测量误差会随着测量数目的增加进一步地减小。Sebert 等提出将块托普利兹矩阵应用到压缩感知理论，并进行了大量的实验，结果发现应用这种测量矩阵不仅有很好的重构效果，而且可以明显提高运算速度和减少存储空间。后来有学者提出了形式固定的托普利兹矩阵以及循环矩阵，发现当 $K\leqslant C\times M^3/\ln(N/M)$ 时，这两种矩阵能够使感知矩阵 $\boldsymbol{\Theta}$ 以很高的概率满足 RIP 性质，并且可以直接利用快速傅里叶变换得到信号的重构算法，能够明显减少高维问题的存储和计算复杂度，因而特别适合解决高维问题。

此外，Dohono 等提出了结构化的随机矩阵，该矩阵具有与其他所有的正交矩阵不相关的优点，可以分解为定点并且结构化的分块对角矩阵与伯努利向量或随机置换向量点积的形式。该类矩阵可以看成是随机高斯矩阵、伯努利矩阵和部分傅里叶变换矩阵的组合模型，并且保持了各自的优点。

2.3.2.3　信号重构算法

信号重构算法是压缩感知的核心部分，是指从由 M 个测量值构成的向量 $\boldsymbol{y}$ 中恢复出长度为 $N(N\gg M)$ 的原始信号 $\boldsymbol{x}$ 的过程。由于 $M\ll N$，式(2.82)是一个欠定方程，无法直接解出原始信号。但是压缩感知理论指出：由于信号具有可压缩性或者稀疏性，如果感知矩阵 $\boldsymbol{\Theta}$ 满足 RIP 等稀疏恢复条件，则能够以很高的概率重构出原始信号。Candès 等证明，信号的重构问题能够通过求解如下的最小 L_0 范数问题得到

$$\hat{\boldsymbol{\alpha}}=\operatorname{argmin}\|\boldsymbol{\alpha}\|_0 \quad \text{s.t.} \quad \boldsymbol{\Theta\alpha}=\boldsymbol{y} \tag{2.86}$$

在得到稀疏表示系数向量 $\hat{\boldsymbol{\alpha}}$ 之后，利用式(2.78)就可以得到所需要恢复的信号。求解上述问题，需要列出 $\boldsymbol{\alpha}$ 中所有非零项位置的 C_N^K 种可能的线性组合，才能得到最优解，并且 L_0 范数对噪声特别敏感。因此，求解式(2.86)的数值计算极不稳定而且是 NP 难问题，无法直接求解。鉴于此，学者们提出了一系列求得次最优解的方法，主要包括最小 L_1 范数法、贪婪迭代匹配追踪系列算法、迭代阈值法以及专门处理二维图像问题的最小全变分法等。

1. 最小 L_1 范数法

Chen、Donoho 和 Saunders 等[22]指出在感知矩阵 $\boldsymbol{\Theta}$ 满足一定条件时，L_1 范数的优化问题与 L_0 范数的优化问题具有相同的解。于是式(2.86)的优化问题可以转化为如下的 L_1 范数优化问题

$$\hat{\boldsymbol{\alpha}}=\operatorname{argmin}\|\boldsymbol{\alpha}\|_1 \quad \text{s.t.} \quad \boldsymbol{\Theta\alpha}=\boldsymbol{y} \tag{2.87}$$

这一微小变化使得非凸优化问题转化成凸优化问题，同时信号的重构问题也就转化成一个基于线性规划的凸优化求解问题，这种方法也称为基追踪算法[22](Basis Pursuit，BP)，另外，此优化问题的解具有唯一性和稳定性。如果考虑噪声存在的情况，式(2.87)的问题可以转化成如下的最小 L_1 范数约束问题

$$\hat{\boldsymbol{\alpha}}=\arg\min\|\boldsymbol{\alpha}\|_1 \quad \text{s.t.}\ \|\boldsymbol{y}-\boldsymbol{\Theta\alpha}\|_2\leqslant\varepsilon \tag{2.88}$$

式中，ε 代表噪声一个可能的标准差。式(2.88)可以利用二阶锥规划软件求解。

问题(2.87)也可以利用内点法[23]、同伦算法[24]以及梯度投影法[25]求解。相比较而言，内点法的求解速度慢，但是所求得的结果会非常精确，同伦算法对小尺度问题比较适用，而梯度投影法则具有较好的运算速度。此外，为了进一步降低测量噪声对恢复算法的影响，Candès 等还提出了加权的 L_1 范数约束的重构算法[26]，这种算法通过对待恢复的稀疏向量进行加权约束来提高待恢复稀疏向量的稀疏性。

2. 贪婪迭代匹配追踪系列算法

该系列的基于迭代贪婪的稀疏重建算法解决的是 L_0 范数最小问题。一般是将式(2.86)转化为一个考虑误差的简单形式求解

$$\hat{\boldsymbol{\alpha}}=\arg\min\|\boldsymbol{\alpha}\|_0 \quad \text{s.t.}\ \|\boldsymbol{y}-\boldsymbol{\Theta\alpha}\|_2\leqslant\varepsilon \tag{2.89}$$

式中，ε 是一个非常小的常量。

最早的有匹配追踪算法[27]（Matching Pursuit，MP）和正交匹配追踪算法[28]（Orthogonal Matching Pursuit，OMP）。匹配追踪的思想是在每次迭代过程中，从完备原子库(即感知矩阵 $\boldsymbol{\Theta}$)中提取与原信号的匹配度最高的原子来进行稀疏逼近，并求出表示信号之后的残差，然后从完备原子库中重新选择与信号的残差最匹配的原子，迭代一定次数之后，原信号能够由一些原子线性表示。然而由于信号在已选定原子(即感知矩阵的列向量)构成的集合上的投影是非正交的，将会导致每次迭代的结果可能不是最优的，因此为了达到算法的收敛可能需要较多次数的迭代。OMP 算法能够有效地克服这个问题，该算法的原子选取准则和匹配追踪算法一样，即在重构时通过每次的迭代得到 $\hat{\boldsymbol{\alpha}}$ 的支撑集 F 的某一个原子。OMP 算法与 MP 算法的主要区别是，OMP 算法是通过对已选择的原子集合进行正交化以保证每次迭代达到最优的效果，从而能够有效地减少迭代次数。仿真实验表明，对于固定的 K 稀疏度的 N 维离散时间信号 $\boldsymbol{\alpha}$，当使用高斯分布的测量矩阵时，只要 $M=O(K\ln N)$，OMP 算法能够以极大的概率精确重建原信号，同时其重构速度比最小 L_1 范数算法更快。但是，OMP 算法在理论上的重构精度比最小 L_1 范数法低，而且不是对所有的稀疏信号都能够准确地重构，而且 OMP 算法对测量矩阵的要求比约束等距性质更加严格。

Needell 等在 OMP 算法的基础上提出正则正交匹配追踪算法[29]（Regularized Orthogonal Matching Pursuit，ROMP），这种算法对所有满足约束等距性质的矩阵和几乎所有稀疏信号都能够精确重构。Donoho 等提出阶段正交匹配追踪算法[30]（Stagewise Orthogonal Matching Pursuit，STOMP），它将迭代的过程分成不同的阶段进行。ROMP 算法和 STOMP 算法在每次迭代时得到支撑集 F 的一组原子，因此收敛速度比正交匹配追踪算法快。这类重构算法的计算复杂度近似等于 $O(KMN)$，远低于基追踪算法。但它们的重构性能较差，只有当 M 较大时才可以得到较好的重构效果。后来 Needell 等又提出了加入回溯思想的压缩采样匹配追踪算法[31]（Compressive Sampling Matching Pursuit，CoSaMP），该算法也能够较好地重构信号，其理论比 OMP 和 ROMP 更全面，并且在采样过程中能够对噪声具有很好的鲁棒性。另外，子空间追踪算法[32]（Subspace Pursuit，SP）也引入了回溯的思想，该算法在得到 $\hat{\boldsymbol{\alpha}}$ 的支撑集 F 之前首先构造一个候选集 C，之后再从候选集 C 中去掉不需要的原子，最终形成 F，在理论上，它们的重建质量与基追踪算法相当，而且计算复杂度较低，但是这些算法都需要稀疏度 K 是已知的。

然而在实际应用中，稀疏度 K 一般是未知的，因此有人提出了对稀疏度 K 的稀疏自适应匹配追踪算法[33]（Sparsity Adaptive Matching Pursuit，SAMP），它首先通过固定步长 s 进行逐步逼近达到重构的目的，该算法能够在稀疏度 K 未知的情况下得到较好的重构效果，其恢复速度也远快于正交匹配追踪算法。

综合考虑，匹配追踪系列算法对于低维数的信号问题具有很快的运算速度，但是对于大尺度信号且存在噪声的问题，其重构结果并不是很精确，也不具有鲁棒性。

3. 最小全变分法

由于最小 L_1 范数法只适用于一维信号的重构，因此在实际应用中存在诸多限制。从大量图像的离散梯度都具有稀疏性的角度出发，Candès 等提出了适合二维图像重构的最小全变分法。其数学模型如下

$$\min \mathrm{TV}(\boldsymbol{x}) \quad \text{s.t.}\ \boldsymbol{y}=\boldsymbol{\Phi x} \tag{2.90}$$

式中，目标函数 $\mathrm{TV}(\boldsymbol{x})$ 为图像离散梯度之和，即

$$\mathrm{TV}(\boldsymbol{x})=\sum_{ij}\sqrt{(x_{i+1,j}-x_{i,j})^2+(x_{i,j+1}-x_{i,j})^2} \tag{2.91}$$

以上的问题可以转换为二阶锥规划问题进行求解。该模型能够有效地解决图像的压缩重构问题，其重构结果非常精确且具有很好的鲁棒性，但是运算速度较慢[34]。

4. 迭代阈值法

最小 L_1 范数法以及匹配追踪系列等算法能够有效地解决稀疏信号的重构问题，但是这些算法都没有直接对 L_0 范数问题(2.75)进行求解。基于此，Kingsbury 等提出了对 L_0 范数问题(2.75)进行直接求解的迭代阈值算法[35]，但是由于 L_0 范数约束问题具有非凸的特性，这类算法只能够保证得到局部的最优解，另外这些解也有可能是非稀疏的，因而迭代阈值算法对初值的设定非常敏感，难以直接应用到信号的重构。如果能够利用一定的方法找到一个合适的初始值，那么此类迭代算法可以找到 L_0 范数约束问题的全局最优解。因此可以将该算法与其他算法相结合，得到最优解。实验证明，这种组合方式可以取得比单独利用匹配追踪算法更好的效果[36]。

2.4 本章小结

本章系统地阐述了本书工作开展所需了解的阵列信号模型及理论基础，包括远场阵列信号模型和近场阵列信号模型以及阵列信号处理的统计模型，详细地介绍了奇异值分解、谱分解等矩阵分解理论；Householder 变换等矩阵变换理论；Toeplitz 矩阵、Vandermonde 矩阵等特殊矩阵以及 Kronecker 积、Hadamard 积等矩阵运算和压缩感知理论，为后续章节工作的开展奠定了理论基础。

参考文献

[1] Turnbull H, Aitken A. An introduction to the theory of canonical matrices[J]. Nature, 1932, 130(3293): 867-867.

[2] Householder A S. Unitary triangularization of a non-symmetric matrix[J]. J Assoc Comput Maxh,

1958,5：339-342.
[3] Pauli W. The theory of relativity[M]. New York：McMillan,1958.
[4] Parlett B N. Analysis of algorithms for reflections in bisectors[J]. SIAM Review,1971,13：197-208.
[5] Dubrulle A A. Householder transformations revisited[J]. SIAM J Matrix Anal Appl,2000,22(1)：33-40.
[6] Bellman R. Introduction to matrix analysis[M]. 2nd ed. New York：McGraw-Hill,1970.
[7] Graybill F A. Matrices with applications in statistics[M]. Balmont CA：Wadsworth International Group,1983.
[8] Magnus J R,Neudecker H. Matrix differential calculus with applications in statistics and econometrics[M]. Revised ed. Chichester：Wiley 1999.
[9] Horn R A,Johnson C R. Matrix analysis[M]. Cambridge：Cambridge University Press,1985.
[10] Donoho D L. Compressed sensing[J]. IEEE Transactions on Information Theory,2006,52(4)：1289-1306.
[11] Candès E J,Wakin M B. An introduction to compressive sampling[J]. IEEE Signal Processing Magazine,2008,25(2)：21-30.
[12] Baraniuk R. A lecture on compressive sensing[J]. IEEE Signal Processing Magazine,2007,24(4)：118-121.
[13] Candès E J. Compressive sampling[J]. In：Proceedings of International Congress of Mathematicians,Madrid,Spain：European Mathematical Society Publishing House,2006：1433-1452.
[14] Donoho D L,Tsaig Y. Extensions of compressed sensing[J]. Signal Processing,2006,86(3)：533-548.
[15] 胡斌.基于压缩感知的DOA估计[D].黑龙江：哈尔滨工业大学,2015.
[16] Jun L,Qiu Hua L,Chun Yu K,et al. DOA estimation for underwater wideband weak targets based on coherent signal subspace and compressed sensing[J]. Sensors,2018,18(3)：902.
[17] Hu Y,Yu X. Research on the application of compressive sensing theory in DOA estimation[J]. IEEE International Conference on Signal Processing. IEEE,2017：1-5.
[18] Candès E J,Tao T. Near optimal signal recovery from random projections：Universal encoding strategies[J]. IEEE Transactions on Information Theory,2006,52(12)：5406-5425.
[19] 尹忠科,邵君.利用FFT实现基于MP的信号稀疏分解[J].电子与信息学报,2006,28(4)：614-618.
[20] Tibshirani R. Regression shrinkage and selection via the Lasso[J]. Journal of the Royal Statistical Society,Series B,1996,58(1)：267-288.
[21] Candès E J,Romberg J,Tao T. Stable signal recovery from incomplete and inaccurate measurements[J]. Communications on Pure and Applied Mathematics,2006,59(8)：1207-1223.
[22] Chen S S,Donoho D L,Saunders M A. Atomic decomposition by basis pursuit[J]. SIAM Review,2001,43(1)：129-159.
[23] Liu D,Tran-Dinh Q. An inexact interior-point lagrangian decomposition algorithm with inexact oracles[J]. Journal of Optimization Theory and Applications,2020,185.
[24] Donoho D L,Tsaig Y. Fast solution of L_1-norm minimization problems when the solution may be sparse[C]. Technical Report,Department of Statistics,Stanford University,USA,2008.
[25] Abubakar A B,Kumam P,Mohammad H,et al. A Barzilai-Borwein gradient projection method for sparse signal and blurred image restoration[J]. Journal of the Franklin Institute,2020.
[26] Candès E J,Wakin M B,Boyd S P. Enhancing sparsity by reweighted L1 minimization[J]. Journal of Fourier Analysis and Applications,2008,14(5)：877-905.
[27] Lee J,Choi J W,Shim B. Sparse signal recovery via tree search matching pursuit[J]. Journal of Communications & Networks,2016,18(5)：699-712.

[28] Zhao J,Bai X. An improved orthogonal matching pursuit based on randomly enhanced adaptive subspace pursuit[J]. Asia-pacific Signal & Information Processing Association Summit & Conference. IEEE,2017.

[29] Needell D,Vershynin R. Uniform uncertainty principle and signal recovery via regularized orthogonal matching pursuit[J]. Foundations of Computational Mathematics,2009,9(3): 317-334.

[30] Donoho D L,Tsaig Y,Drori I,Starck J L. Sparse solution of underdetermined linear equations by stagewise orthogonal matching pursuit[J]. IEEE Transactions on Information Theory,2012,58(2): 1094-1121.

[31] Needell D,Tropp J A. CoSaMP: Iterative signal recovery from incomplete and inaccurate samples [J]. Communications of the ACM,2010,53(12): 93-100.

[32] Dai W,Milenkovic O. Subspace pursuit for compressive sensing signal reconstruction[J]. IEEE Transactions on Information Theory,2009,55(5): 2230-2249.

[33] Do T T,Gan L,Nguyen N,Tran T D. Sparsity adaptive matching pursuit algorithm for practical compressed sensing[J]. Asilomar Conference on Signals,Systems and Computers,2008,581-587.

[34] 高睿.基于压缩传感的匹配追踪重建算法研究[D].北京:北京交通大学,2009.

[35] Kingsbury N G. Complex wavelets for shift invariant analysis and filtering of complex wavelets for shift invariant analysis and filtering of signals[J]. Journal of Applied and Computational Harmonic Analysis,2001,10(3): 234-253.

[36] Blumensath T,Davies M E. Iterative thresholding for sparse approximations[J]. Journal of Fourier Analysis and Applications,2007,14(5): 629-654.

第3章

信号源数目估计

在空间谱估计技术中，估计信号源数目是一个关键问题。空间谱估计中的大部分算法都需要知道入射信号源数目 N。在实际应用场合，信号源数目往往是一个未知数，这就需要先估计或假设已知信号源数目，然后再估计信号源的方向。但当估计的信号源数目与真实的信号源数目不一致时，空间谱曲线中的峰值个数与实际源数不相同，往往会对真实信号的估计产生严重的影响(如偏离真实信号方向等)。为什么信号源数目的不同会对空间谱曲线带来如此大的影响？这主要是因为大多数空间谱估计算法都是基于特征子空间的算法，也就是充分利用了信号子空间与噪声子空间的正交性，而当信号源估计不准时，信号子空间、噪声子空间估计不准，即两者之间不完全正交，就会造成估计信号源时的漏警或虚警，也就会造成在估计信号方向时的偏差。

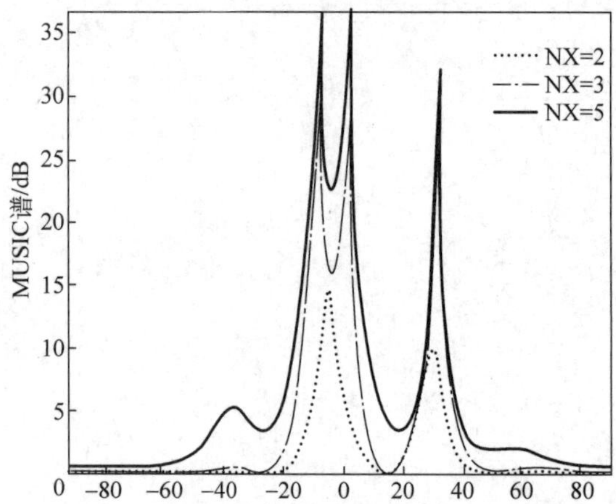

图 3.1　估计信号源数目不同时的 MUSIC 算法

图 3.1 是考查估计信号源数目不同时的 MUSIC 算法的谱，实验中采用 8 阵元的均匀线阵，3 个不相干入射信号，方向分别为−10°、0°及 30°，快拍数为 100，信噪比为 5dB。仿真结果见图 3.1。图 3.1 中的 NX 是估计信号源数目，可以看出，当 NX<N 时，图中只有 NX 个谱峰(漏警)，而当 NX>N 时，图中的谱峰个数比 N 多(虚警)。从这个仿真例子可以知道，只有正确地估计信号源数目才能有效地获取信号源方向。

根据空间谱估计基础知识关于特征子空间的分析可知，在一定的条件下，数据协方差矩阵的大特征值数对应于信号源数目，而其他的小特征值是相等的(等于噪声功率)。这就说明可以直接根据数据协方差矩阵的大特征值来判断信号源数目，但在实际应用场合(包括数据仿真)，由于快拍数、信噪比等方面的限制，对实际得到的数据协方差矩阵进行特征分解后，不可能得到明显的大小特征值。如何才能从不明显的特征值中进行判断？一种经典的方法就是通过似然比来确定门限，但这种方法有一个明显的缺点就是门限的判断带有明显的主观性。

针对上述方法的缺点，很多学者提出了在信号源数目估计方面较为有效的方法，包括信息论方法[1-2]、平滑秩法[3-4]、矩阵分解法[4-5]、盖氏圆法[6-7]以及正则相关[8-9]等方法。下面具体介绍这几种常用的信号源数目估计的方法，并对相应算法的性能进行综合测试。

3.1 基于特征值的方法

3.1.1 信息论方法

信息论的方法是 Wax M. 和 Kailath T. 在文献[1,10]中提出的，这些方法都是在 Anderson T. W.[11]和 Rissanen J.[12]提出的理论基础上的进一步发展，如 Akaike 信息论(Akaike Information Criterion, AIC)准则[13]、最小描述长度准则(Minimum Description Length, MDL)[12,14]及有效检验准则(Efficient Detection Criterion, EDC)[15-17]等方法。

信息论的方法有一个统一的表达形式：

$$J(k)=L(k)+p(k) \tag{3.1}$$

式中，$L(k)$是对数似然函数；$p(k)$是罚函数。通过对$L(k)$和$p(k)$的不同选择就可以得到不同的准则。下面介绍 MDL 信息论准则[15-17]，有

$$\mathrm{EDC}(n)=L(M-n)\ln\Lambda(n)+n(2M-n)C(L) \tag{3.2}$$

式中，n为待估计的信号源数目(自由度)；L为采样数；其中$\Lambda(n)$为似然函数，且

$$\Lambda(n)=\frac{\dfrac{1}{M-n}\sum\limits_{i=n+1}^{M}\lambda_i}{\prod\limits_{i=n+1}^{M}\lambda_i} \tag{3.3}$$

式(3.2)中的$C(L)$需满足如下条件：

$$\lim_{L\to\infty}(C(L)/L)=0 \tag{3.4a}$$

$$\lim_{L\to\infty}(C(L)/\ln\ln L)=\infty \tag{3.4b}$$

当$C(L)$满足上述条件时，准则 EDC 具有估计一致性[15-18]。

在式(3.2)中选择$C(L)$分别为 1，$(\ln L)/2$及$(\ln\ln L)/2$时，就可以得到 AIC、MDL 及 HQ 等准则，即

$$\mathrm{AIC}(n)=2L(M-n)\ln\Lambda(n)+2n(2M-n) \tag{3.5a}$$

$$\mathrm{MDL}(n)=L(M-n)\ln(n)+\frac{1}{2}n(2M-n)\ln L \tag{3.5b}$$

$$\mathrm{HQ}(n)=L(M-n)\ln\Lambda(n)+\frac{1}{2}n(2M-n)\ln\ln L \tag{3.5c}$$

除了上述准则外，还有一些修正的准则，如文献[19]是针对似然函数的改进；文献[10]给出针对相干信号源的两个修正的 MDL 准则，当然这些准则的基本理论都和 AIC、MDL 准则相同；文献[20]针对 AIC、MDL 两个准则从理论上分析了它们的错误概率；文献[19]则从仿真实验中分析 AIC、MDL 准则的性能。

下面通过仿真来比较 AIC 准则、MDL 准则及汉南-奎因准则(Hannan-Quinn Criterion,

HQ)的估计性能。实验针对 3 个独立信号源,线性均匀阵列的阵元数为 8,快拍数为 200,信号入射方向为 5°、30°和 50°,阵元间距为半波长,独立实验 100 次。仿真结果见图 3.2。

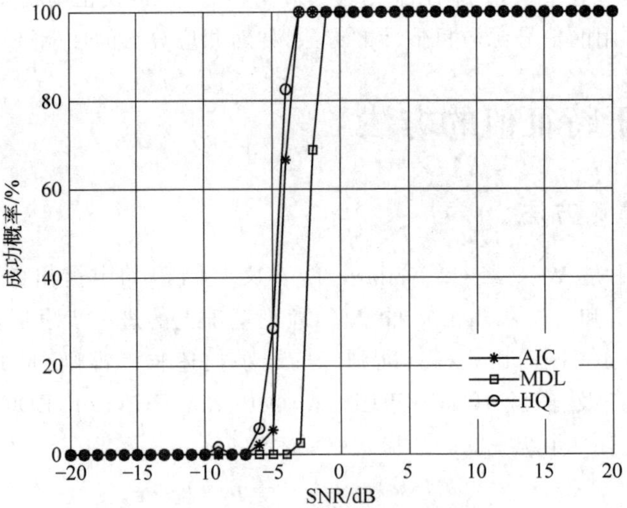

图 3.2 信息论准则性能与信噪比关系

结合文献[20],从上述仿真结果可以得出如下的结论。

(1) AIC 准则不是一致性估计(显然 $C(L)=1$ 时不满足式(3.4b)的条件),即在大快拍的场合,它仍然有较大的误差概率[20-21];而 MDL 准则相对较好;HQ 准则居于两者之间,准则中的罚函数项是主要影响因素。

(2) MDL 准则是一致性估计,也就是在高信噪比情况下该准则有较好的性能,但在小信噪比情况下该准则相比 AIC 有较高的误差概率。另由文献[21]可知,在大信噪比情况下其误差概率比 AIC 准则小。

(3) MDL 准则中 $C(L)$ 取下式时:

$$C(L)=\ln L^{1/2}=\frac{1}{2}\ln L=1 \tag{3.6}$$

EDC 准则就是 MDL 准则,所以 MDL 准则是 EDC 准则的一种特例。

(4) EDC 准则中 $C(L)$ 取下式时:

$$C(L)=\frac{1}{2}\ln\ln L \tag{3.7}$$

EDC 准则就是 HQ 准则,所以说 HQ 准则也是 EDC 准则的一种特例。从低信噪比角度而言,这 3 种准则 HQ 准则最优,其次是 AIC。

3.1.2 平滑秩方法

用信息论准则来估计信号源数目时,只能对独立信号源的总数作出估计,当信号源相干时,则无法正确估计信号源数目,而且对信号源的类别和结构不能作出判断,如其中有几组独立信号源,且每组信号源中有多个相干信号源的情况。

我们知道,阵列对信号分辨力与阵元数 M、信号的相关性及算法有关。对于独立信号的分辨力,阵元数 M 应大于独立源数目,即 $M\geqslant K+1$;对于前向(或后向)空间平滑法，应满足 $M \geqslant K + J_1$，式中 K 是总信号源数目，J_1 是相关源数目；对于双向平滑法，应满足

$$M \geqslant K + \frac{1}{2}J_1 \tag{3.8}$$

有关相干信号源估计能力的知识将在后续章节中的相干源估计问题中详细描述。这里的目的是要估计总信号源数目，同时估计信号源的相关结构。下面讨论源相关结构检测的方法——平滑秩序列法。

设 $\boldsymbol{R}_0$ 是 $M \times M$ 维矩阵，k 是正整数，定义一个 $(M-k) \times M$ 维矩阵 $\boldsymbol{I}_{M-k,j}$

$$\boldsymbol{I}_{M-k,j} = [\boldsymbol{0} \quad \cdots \quad \boldsymbol{0} \quad \boldsymbol{I} \quad \boldsymbol{0} \quad \cdots \quad \boldsymbol{0}] \tag{3.9}$$

它的前 j 列和后 $k-j$ 列为 $\boldsymbol{0}$ 向量，$\boldsymbol{I}$ 为单位矩阵。将 $\boldsymbol{R}_0$ 分成交叉重叠矩阵 $\{\boldsymbol{R}_0^{(i)}\}_{i=1}^{M-1}$，即

$$\boldsymbol{R}_0^k = \frac{1}{k+1}\sum_{i=0}^{k}\boldsymbol{I}_{M-k,i}\boldsymbol{R}_0\boldsymbol{I}_{M-k,i}^{\mathrm{T}} \quad k=1,2,\cdots,M-1 \tag{3.10}$$

上式中的交叉重叠矩阵序列实质上是前向空间平滑矩阵。假设信号源由 L 组相关源的群组成，分别表示为 $g_i(i=1,2,\cdots,L)$，如 $i=1$ 表明该群是单个独立号；$i=3$ 说明该群有 3 个相干源，L 是最大的相关系数。若 $g_2=3$，则说明有 3 个相关群，每群有两个相干源，则相关群的数目为

$$Q = \sum_{i=1}^{L} g_i \tag{3.11}$$

总的信号源数目为

$$K = \sum_{q=1}^{Q} f_q \tag{3.12}$$

式中，f_q 表示第 q 组相关群的信号源数目。

如果从有限次快拍的数据中获得数据协方差矩阵，此时

$$\hat{\boldsymbol{R}}^{(k)} = \hat{\boldsymbol{R}}_0^{(K)} + \sigma^2\boldsymbol{I} \tag{3.13}$$

而 $\hat{\boldsymbol{R}}^{(k)}$ 的信号子空间维数就是 $\hat{\boldsymbol{R}}_0^{(k)}$ 的秩，故平滑秩序列为

$$\hat{\boldsymbol{R}}^{(k)} = \dim\{\hat{\boldsymbol{R}}_0^{(k)}\} = \begin{cases} \sum\limits_{i=1}^{L} g_i, & k=0 \\ \min\left[M-k, \sum\limits_{i=1}^{k} i g_i + (k+1)\sum\limits_{i=k+1}^{L} g_i\right], & 1 \leqslant k \leqslant M-1 \end{cases} \tag{3.14}$$

同时，根据 MDL 准则可得

$$\dim\{\hat{\boldsymbol{R}}^{(k)}\} = \min_{k=0,1,\cdots,M-1} \mathrm{MDL}(k) \tag{3.15}$$

根据式(3.14)和式(3.15)可以求得信号源的相关结构及信号源数目，有关平滑秩序列的证明见文献[4,12]。显然上述的平滑秩算法很容易推广到双向平滑秩算法，这时平滑秩序列只需作如下修正：

$$
\dim\{\hat{\boldsymbol{R}}_0^{(k)}\}=\begin{cases}\sum_{i=1}^{L} g_i, & k=0\\ \min\left[M-\dfrac{k}{2},\sum_{i=1}^{k} i g_i+(k+1)\sum_{i=k+1}^{L} g_i\right], & k\geqslant 1\end{cases} \tag{3.16}
$$

经上述分析,对平滑秩算法进行总结,见算法 3.1。

算法 3.1 平滑秩算法。

1. $k=0$;
2. 利用式(3.15)求 $\hat{\boldsymbol{R}}_0^{(k)}$ 的维数;
3. $k=k+1$;
4. 判断结束条件,是则执行步骤 5,否则转到步骤 2;
5. 根据得到的平滑秩序列判断信号源数目及结构。

对于算法 3.1 再作几点说明。

(1) 算法中当 $k=0$ 时,其实就是求原协方差矩阵的维数。随着 k 的增加,也就是对原协方差矩阵求 k 次前向或后向平滑后,在对修正的协方差矩阵求维数。

(2) 如果上述算法改为双向平滑,即每次 k 对协方差矩阵进行双向平滑,再求修正矩阵的维数,得到的就是双向平滑秩算法。

(3) 信号源数目及相关结构是根据平滑秩序列来判断的,一般情况下,$k=0$ 时的矩阵维数为独立组数,平滑秩中最大的数即为信号源数目。

通过上面的分析,可以清楚地看出平滑秩算法是基于解相干基础的信号源数目估计问题,所以其他的解相干处理算法同样可以实现信号源数目的估计问题,如矩阵分解方法等。有关矩阵分解方法解相干的 DOA 估计问题将在 3.2.1 节详细描述,此处不再赘述。不过,矩阵分解算法估计信号源数目的处理过程与上述的平滑秩算法基本相同,即都是对不同维数的解相干矩阵估计信号源数目并组成一个序列。不同之处在于解相干的过程,平滑秩是采用平滑之后的矩阵解相干,而矩阵分解方法是采用矩阵重构的方法解相干。感兴趣的读者可以参考文献[4-5]。

这类基于解相干基础的信号源数目估计方法与信息论方法相比有如下优点:当信噪比大较大、快拍数较大时,平滑秩序列法比 AIC 及 HQ 算法性能要好;当入射信号包括几个相干源时,平滑秩算法不但可以估计出信号源总数,还可以估计出信号源结构,信息论方法只能估计信号源数目,无法对其结构进行估计。

3.1.3 盖氏圆法

前面介绍的信号源估计方法,包括信息论方法、平滑秩及矩阵分解等方法都需要得到矩阵或修正后矩阵的特征值,然后在利用特征值来估计信号源数目。这里介绍一种不需要具体知道特征值数值的信号源数目估计方法——盖氏圆法[6-7],即利用盖氏圆盘定理,就可以估计出各特征值的位置,进而估计出信号源。这里先介绍盖氏圆盘定理。

定理 3.1 设有一个 $M\times M$ 维矩阵 $\boldsymbol{R}$，其中第 i 行第 j 列的元素为 r_{ij}，令第 i 行元素(除第 j 列元素)绝对值之和为

$$r_i=\sum_{j=1,i\neq j}^{M}|r_{ij}|\quad i=1,2,\cdots,M \tag{3.17}$$

定义第 i 个圆盘 O_i 上的点在复平面上的集合用下式表示：

$$|Z-r_{ii}|<r_i \tag{3.18}$$

这个圆盘称为盖氏圆盘。文献[6-7]已证明，矩阵 $\boldsymbol{R}$ 的特征值包含在圆盘 O_i 的并区间内，圆盘的中心位于 r_{ii} 处，半径为 r_i(称为盖氏半径)。

在利用盖氏圆盘估计信号源数目时，通常需要对数据协方差矩阵进行酉变换。当然这个变换的目的是使信号和噪声的圆盘分开，因为信号的圆盘半径较大，它包含有 N 个信号源对应的特征值；而噪声的圆盘半径较小，它包含有 $M-N$ 个与噪声对应的特征值。对数据协方差矩阵进行分块：

$$\hat{\boldsymbol{R}}=\begin{bmatrix}\hat{\boldsymbol{R}}' & \hat{\boldsymbol{r}}\\ \hat{\boldsymbol{r}}^{\mathrm{H}} & \hat{r}_{MM}\end{bmatrix} \tag{3.19}$$

为了简单起见，通常取 $M-1$ 维方阵 $\hat{\boldsymbol{R}}'$ 的特征空间$\left(\text{即特征矩阵 } \hat{\boldsymbol{U}}\text{，满足 } \hat{\boldsymbol{U}}\hat{\boldsymbol{U}}^{\mathrm{H}}=\boldsymbol{I}\text{，且 } \hat{\boldsymbol{R}}'=\hat{\boldsymbol{U}}\boldsymbol{\Sigma}\hat{\boldsymbol{U}}^{\mathrm{H}}\right)$构成一个酉变换矩阵 $\boldsymbol{T}$：

$$\boldsymbol{T}=\begin{bmatrix}\hat{\boldsymbol{U}} & \boldsymbol{0}\\ \boldsymbol{0}^{\mathrm{T}} & \boldsymbol{1}\end{bmatrix} \tag{3.20}$$

这样酉变换之后的矩阵为

$$\hat{\boldsymbol{R}}_T=\boldsymbol{T}^{\mathrm{H}}RT=\begin{bmatrix}\boldsymbol{\Sigma} & \hat{\boldsymbol{U}}^{\mathrm{H}}\hat{\boldsymbol{r}}\\ \hat{\boldsymbol{r}}^{\mathrm{H}} & \hat{r}_{MM}\end{bmatrix}=\begin{bmatrix}\hat{\lambda}_1 & 0 & \cdots & 0 & \rho_1\\ 0 & \hat{\lambda}_1 & \cdots & 0 & \rho_2\\ \vdots & \vdots & \ddots & \vdots & \vdots\\ 0 & 0 & \cdots & \lambda_1 & \rho_{M-1}\\ \rho_1^* & \rho_2^* & \cdots & \rho_{M-1}^* & \hat{r}_{MM}\end{bmatrix} \tag{3.21}$$

显然，式(3.21)中有

$$\rho_i=\hat{\boldsymbol{e}}_i^{\mathrm{H}}\hat{\boldsymbol{r}}=\hat{\boldsymbol{e}}_i^{\mathrm{H}}\boldsymbol{A}\hat{\boldsymbol{R}}_S\boldsymbol{b}_M^*\quad i=1,2,\cdots,M-1 \tag{3.22}$$

式(3.22)中 $\boldsymbol{A}$ 为前 $M-1$ 个阵元阵列流形，$\hat{\boldsymbol{R}}_S$ 为信号的协方差矩阵，且有

$$\boldsymbol{b}_M=\begin{bmatrix}\mathrm{e}^{\mathrm{j}(i-1)\beta_1}\\ \mathrm{e}^{\mathrm{j}(i-1)\beta_2}\\ \vdots\\ \mathrm{e}^{\mathrm{j}(i-1)\beta_N}\end{bmatrix} \tag{3.23}$$

所以，盖氏圆的半径满足不等式

$$r_i=|\rho_i|=|\hat{\boldsymbol{e}}_i^{\mathrm{H}}\boldsymbol{A}\hat{\boldsymbol{R}}_S\boldsymbol{b}_M^*|\leqslant|\hat{\boldsymbol{e}}_i^{\mathrm{H}}\boldsymbol{A}||\hat{\boldsymbol{R}}_S\boldsymbol{b}_M^*|=k|\hat{\boldsymbol{e}}_i^{\mathrm{H}}\boldsymbol{A}| \tag{3.24}$$

其中，$k=|\hat{\boldsymbol{R}}_S\boldsymbol{b}_M^*|$ 与 i 无关。这就说明盖氏圆半径只取决于 $|\hat{\boldsymbol{e}}_i^{\mathrm{H}}\boldsymbol{A}|$，若式(3.24)中的特征向量对应噪声的特征向量(理想情况下其与阵列流形正交)，则盖氏圆半径将很小；若式(3.24)中特征向量对应信号特征向量，显然其半径值将比零大，这样就可以确定判断信号源数目的准则：

$$\mathrm{GDE}(k)=r_k-\frac{D(L)}{M-1}\sum_{i=1}^{M-1}r_i>0 \tag{3.25}$$

式中，$D(L)$是一个与快拍数有关的调整因子，其值为 0～1，当快拍数趋于无穷时其取 0；k 的取值范围为 $1\sim(M-2)$，当 k 从小到大时，假设 $\mathrm{GDE}(k)$第一次出现负数时的数为 k_0，则信号源数目为 $N=k_0-1$。

从上面的分析过程可以看出，盖氏圆法的估计精度由特征向量 $\hat{\boldsymbol{e}}_i$ 及第 i 个阵元与第 M 个阵元相关函数来决定。为了提高估计精度，向量 $\hat{\boldsymbol{r}}$ 可以由任意两阵元的相关函数来代替，这样就可以得到 M 个不同的酉变换矩阵 $\boldsymbol{T}$。假设存在交换矩阵

$$\boldsymbol{E}=\begin{bmatrix}0&1&0&0&\cdots&0\\0&0&1&0&\cdots&0\\0&0&0&1&\cdots&0\\\vdots&\vdots&\vdots&\vdots&\ddots&\vdots\\0&0&0&0&\cdots&1\\1&0&0&0&\cdots&0\end{bmatrix} \tag{3.26}$$

可以得到 M 个修正的酉矩阵

$$\boldsymbol{T}^{(n+1)}=\boldsymbol{E}\boldsymbol{T}^{(n)},\quad n=0,1,\cdots,M-1 \tag{3.27}$$

式中，$\boldsymbol{T}^{(0)}$ 为式(3.20)所示的 $\boldsymbol{T}$。因此，判断信号源数目准则可作如下修正：

$$\mathrm{GED}^{(n)}(k)=r_k^{(n)}-\frac{D(L)}{M-1}\sum_{i=1}^{M-1}r_i^{(n)}>0 \tag{3.28}$$

然后对 M 次计算的结果进行平均，可得修正的盖氏圆法的信号源数目

$$N=\frac{1}{M}\sum_{n=0}^{M-1}(k_0^{(n)}-1) \tag{3.29}$$

下面总结盖氏圆估计信号源数目的方法，见算法 3.2。

算法 3.2 盖氏圆法。

1. $n=0$；
2. 利用式(3.20)构造酉变换矩阵 $\boldsymbol{T}$，当 n 不等于 0 时，利用式(3.27)修正；
3. 利用式(3.21)并求绝对值得到各盖氏圆半径；
4. 利用式(3.25)准则，得到一系列数；
5. $n=n+1$，直至结束；
6. 将 M 次迭代过程中一系列数进行平均，然后估计信号源数目。

说明：上述算法中，如果只计算 $n=0$，就是常规的盖氏圆算法，称为 GDE 算法；当 $n>0$ 时，就是修正的盖氏圆算法，称为 MGDE 算法。另外，算法中的第 6 步判断信号源数目，就是将式(3.28)这个系列中第一个小于零的位置减 1 得到信号源数目。

下面通过仿真比较平滑秩算法(SS)、矩阵分解算法(MD)、盖氏圆法(GDE)和修正的盖氏圆法(MGDE)算法的性能。实验针对 3 个独立信号源,线性均匀阵列的阵元数为 8,快拍数为 200,信号入射方向分别为 5°、30°和 50°,阵元间距为半波长,独立实验 100 次。仿真结果见图 3.3。

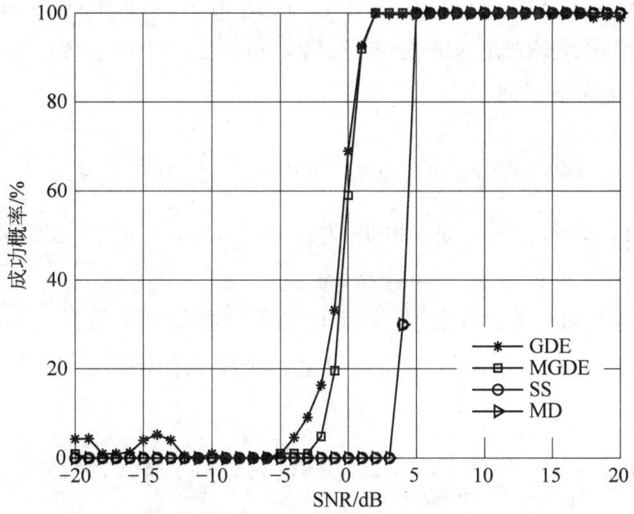

图 3.3 SS、MD、GDE 及 MGDE 算法性能与信噪比关系

从图 3.3 可以看出,在低信噪比情况下,盖氏圆法的性能优于平滑秩算法和矩阵分解算法,但在高信噪比情况下,平滑秩算法和矩阵分解算法的稳定性明显优于盖氏圆法。

3.1.4 正则相关技术

前面介绍的信号源数目的估计方法都是针对高斯白噪声背景下对入射信号源数目进行估计。当噪声中有色成分加大时,这些算法性能下降会很快。针对这种情形,下面介绍针对色噪声环境下的信号源数目估计方法——正则相关技术(CCT)。

假设 k 个独立窄带信号源从不同方向入射到两个空间分离的阵列,每个阵列分别有 p 和 q 个阵元,则阵列接收数据

$$\boldsymbol{x}(n)=\boldsymbol{A}_x\boldsymbol{S}_x+\boldsymbol{v}_x \tag{3.30a}$$

$$\boldsymbol{y}(n)=\boldsymbol{A}_x\boldsymbol{S}_x+\boldsymbol{v}_y \tag{3.30b}$$

式中,$\boldsymbol{v}_x$ 和 $\boldsymbol{v}_y$ 是两个不同阵列接收的色噪声,相互之间独立,假设

$$\boldsymbol{z}(n)=\begin{bmatrix}\boldsymbol{x}(n)\\ \boldsymbol{y}(n)\end{bmatrix} \tag{3.31}$$

则整个阵列的数据协方差矩阵为

$$\boldsymbol{R}(n)=\frac{1}{L}\sum_{n=1}^{L}\boldsymbol{z}(n)\boldsymbol{z}^{\mathrm{H}}(n)=\begin{bmatrix}\boldsymbol{R}_{11} & \boldsymbol{R}_{12}\\ \boldsymbol{R}_{21} & \boldsymbol{R}_{22}\end{bmatrix} \tag{3.32}$$

下面定义一个矩阵并对其进行奇异值分解,有

$$\widetilde{\boldsymbol{R}}=\boldsymbol{R}_{11}^{-1/2}\boldsymbol{R}_{12}(\boldsymbol{R}_{22}^{-1/2})^{\mathrm{H}}=\boldsymbol{U}\boldsymbol{\Gamma}\boldsymbol{V} \tag{3.33}$$

式中，$\boldsymbol{U}$ 和 $\boldsymbol{V}$ 分别为左右奇异矩阵；$\boldsymbol{\Gamma}$ 为奇异值组成的对角阵，则显然有

$$\boldsymbol{\Gamma}=\operatorname{diag}\{\sigma_1 \quad \sigma_2 \quad \cdots \quad \sigma_p\} \tag{3.34}$$

且奇异值满足如下关系：

$$1 \geqslant \sigma_1 \geqslant \sigma_2 \geqslant \cdots \geqslant \sigma_p \geqslant 0 \tag{3.35}$$

式(3.35)中的奇异值也称为正则相关因子，正则相关因子在特定条件下满足如下的Bartlett's 近似：当接收数据满足高斯分布，且满足条件 $\sigma_1 \neq 0, \sigma_2 \neq 0, \cdots, \sigma_n \neq 0, \sigma_{n+1}=\cdots=\sigma_p=0(n<p)$ 时，定义如下系列：

$$c(n)=-[2L-(p+q+1)]\sum_{i=n+1}^{p}\ln(1-\sigma_i^2) \tag{3.36}$$

则系列 $\{c(n), n=1,2,\cdots,p-1\}$ 是自由度为 $2(p-n)(q-n)$ 的近似 χ^2 分布(证明见文献[8-9])。

显然，利用上述正则相关因子特性，就可以用来判断信号源数目。不过由式(3.36)定义的系列是一个近似 χ^2 分布，所以另外需要确定一个判决门限 T_n，当然这个判决门限是通过虚警概率得到的

$$P_f=\int_{T_n}^{\infty}\frac{1}{2^{m/2}\Gamma(1/2)}y^{\frac{m-2}{2}}\mathrm{e}^{-y/2}\mathrm{d}y, \quad n=1,2,\cdots,p-1 \tag{3.37}$$

显然，通过虚警概率 P_f 可以预先得到判决门限 $\{T_n, n=1,2,\cdots,p-1\}$。下面归纳一下 CCT 算法，见算法 3.3。

算法 3.3 正则相关算法(CCT)。

1. 分别得到空间两阵列的自相关与到相关矩阵；
2. 构造式(3.33)的矩阵，并得到相应的正则相关因子；
3. 根据一定的虚报概率，计算判决门限 T_n；
4. 利用式(3.36)计算系列 $\{c(n), n=1,2,\cdots,p-1\}$；
5. 利用判决门限判决信号源数目。

说明：上述 CCT 算法的第 5 步是将式(3.36)所示的系列与对应的各门限比较，则第一个小于门限的位置数减 1 即为信号源数目，其中门限的计算是关键，门限由虚警概率和 χ^2 分布这两个已知条件很容易得出。

下面通过仿真比较正则相关算法(CCT)、AIC、MDL 及盖氏圆法(GDE)的性能。实验针对 3 个独立信号源，线性均匀阵列的阵元数为 8，快拍数为 200，信号入射角方向分别为 5°、30°和 50°，阵元间距为半波长，独立实验 100 次，其中 CCT 算法的虚警概率为 0.01。仿真结果见图 3.4，其中图 3.4(a)是针对白噪声背景下各种算法的性能，图 3.4(b)针对色噪声背景下各种算法的性能。

从图 3.4 可以清楚地看出，在色噪声的背景下 CCT 算法和盖氏圆法均能较好地估计信号源数目，而信息论准则则无法准确估计信号源数目；在白噪声背景下，CCT 算法性能与 AIC 准则接近。

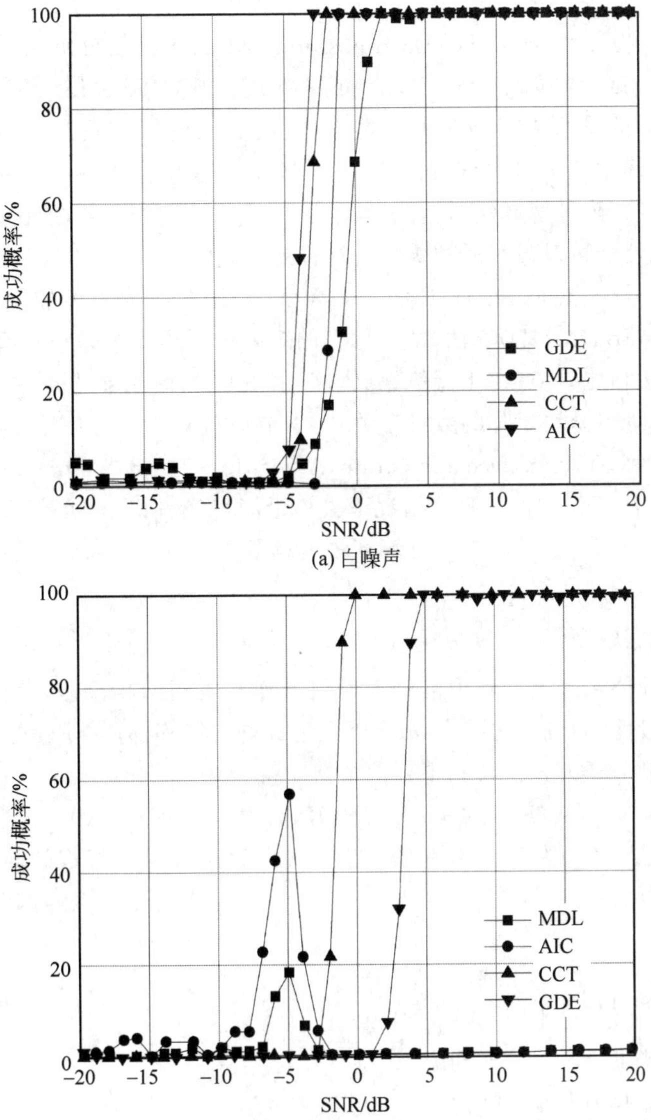

图 3.4 不同噪声背景算法性能与信噪比的关系

3.2 基于特征向量的方法

3.2.1 基于矩阵分解的方法

空间谱估计是阵列信号处理发展的一个重要方向，到目前为止，已提出了一系列性能良好的算法，如 MEM、MVM、MUSIC、MNM、WS 和 ML 等[22]。在相干信号源的处理过程中，相干信号会导致子空间算法的分辨性能严重下降，以致完全不能分辨目标。然而相干问题在实际中经常遇到，如雷达、声呐、通信中的多径问题。针对相干信号源的估计问题，已提出了许多解决的途径，如空间平滑法[23] (Spatial Smoothing，SS)、修正的空间平滑法[24,31]

(Modified Spatial Smoothing,MSS)、空间平滑差分法[25](Spatial Smoothing Difference,SSD)等,矩阵分解法[26-27](Matrix Decomposition,MD),奇异值分解法[28](Singular Value Decomposition,SVD),空域滤波法[29],Toplitz[30]法。其中 SS、MSS、SSD、MD、SVD 方法都是通过减少矩阵的维数来换取解相关能力,这类算法的特点是产生一个低维的向量空间 Ω,然后在此空间中找出 d 个线性无关向量,从而构造 Ω 空间的信号子空间或噪声子空间。这里主要研究矩阵分解算法,矩阵分解的思想是 A. Di[26]提出的,其基本思想是对协方差矩阵进行分块,然后再对分块后的矩阵进行排列得到修正的矩阵,再从修正的矩阵中找出噪声子空间或信号子空间。J. H. Cozzens 等[27]提出了一类修正的矩阵分解(Modified Matrix Decomposition,MMD)算法,即在修正的矩阵中再添加分块阵的反向平滑阵。这类方法与空间平滑法相比,优点在于低信噪比情况下去相干能力强、估计精度高,但缺点在于运算量大(其运算量与分块矩阵的数目有关)。本节通过对矩阵分解算法的研究,讨论了一种修正的矩阵分解(Matrix Decomposition Algorithm based Spatial Smoothing,简写为 SSMD)算法,该算法不仅在低信噪比情况下去相干能力强、估计精度高,而且其运算量与修正空间平滑法相差不大(相对原矩阵分解算法运算量要小得多)。最后通过计算机仿真实验来说明此算法的性能。

3.2.1.1 数据模型

超分辨谱估计的原理就是利用信源入射到各阵元之间的相位差,获得信源的 DOA 估计信息。不失一般性,假设空间阵由 m 个阵元组成均匀线阵,有 n 个信号源,信号以平面波形式入射到阵列上。则第 k 次快拍得到的数据向量为

$$\boldsymbol{X}(k)=\boldsymbol{AS}(k)+\boldsymbol{N}(K),\quad k=1,2,\cdots,K \tag{3.38}$$

其中,K 为快拍数;$\boldsymbol{X}(k)$为 m 个阵元的输出;$\boldsymbol{S}(k)$为 m 个信号组成的向量;$\boldsymbol{N}(k)$为 m 个阵元接收的噪声向量;$\boldsymbol{A}=[a(\theta_1),a(\theta_2),\cdots,a(\theta_n)]$为阵列流形矩阵,其中 $\boldsymbol{a}(\theta)$是信号方向为 θ 的导向向量。

$$\boldsymbol{a}(\theta)=\left\{1,\exp\left[-\mathrm{j}\frac{2\pi d}{\lambda}\sin(\theta)\right],\cdots,\exp\left[-\mathrm{j}\frac{2\pi d(m-1)}{\lambda}\sin(\theta)\right]\right\}^{\mathrm{T}} \tag{3.39}$$

其中,λ 为信号的波长;d 为阵元间距。

对应数据向量的协方差矩阵为

$$\boldsymbol{R}_X=E[\boldsymbol{X}(k)\boldsymbol{X}^{\mathrm{H}}(k)]=\boldsymbol{AR}_s\boldsymbol{A}^{\mathrm{H}}+\boldsymbol{R}_n \tag{3.40}$$

其中,$\boldsymbol{R}_s$ 为信号协方差矩阵;$\boldsymbol{R}_n$ 为噪声协方差矩阵。在白噪声环境中,对上式协方差矩阵进行特征分解,可得 $\lambda_1>\lambda_2>\cdots>\lambda_n>\lambda_{n+1}=\lambda_{n+2}=\cdots=\lambda_m$,则由对应大特征值组成的特征向量为信号子空间 $\boldsymbol{E}_s\in\mathbf{C}^{m\times n}$,而对应小特征值的为噪声子空间 $\boldsymbol{E}_N\in\mathbf{C}^{m\times(m-n)}$。

3.2.1.2 算法描述

假设一个均匀线阵有 m 维阵元数,分成 $P(P=m-q+1)$个子阵,每个子阵具有 q 个阵元。另设有 n 个信号源入射,信号协方差矩阵为 $\boldsymbol{R}_s$,信号协方差矩阵为 $\boldsymbol{R}_n=\sigma^2\boldsymbol{I}$,这里考虑信号全相干,则 $\mathrm{rank}(\boldsymbol{R}_s)=1$,故 $\boldsymbol{R}_s$ 可以用一个向量来表示:

$$\boldsymbol{R}_s=\boldsymbol{aa}^{\mathrm{H}},\quad \boldsymbol{a}=[a_1,a_2,\cdots,a_n]^{\mathrm{T}} \tag{3.41}$$

另假设整个阵列接收的数据协方差矩阵为 $\boldsymbol{R}$,则第 k 个子阵的数据协方差矩阵为 $\boldsymbol{R}_k=\boldsymbol{R}(k:k+q-1)$,即子阵 $\boldsymbol{R}_k$ 为原协方差矩阵的从 k 行(列)到 $k-q+1$ 行(列)的一个矩阵

块。则前向平滑 P 次的数据协方差阵

$$\boldsymbol{R}_f=\frac{1}{P}\sum_{k=1}^{P}\boldsymbol{R}_k \tag{3.42}$$

而后向平滑 P 次的数据协方差矩阵

$$\boldsymbol{R}_b=\frac{1}{P}\sum_{k=1}^{P}\boldsymbol{J}\boldsymbol{R}_k^*\boldsymbol{J} \tag{3.43}$$

其中，$\boldsymbol{J}$ 为置换矩阵。将数据协方差矩阵 $\boldsymbol{R}_{\mathrm{SSMD}}$ 作如下改进：

$$\boldsymbol{R}_{\mathrm{SSMD}}=[\boldsymbol{R}_f,\boldsymbol{R}_b] \tag{3.44}$$

对上述修正的矩阵进行奇异值分解就可得到修正后的信号子空间与噪声子空间，从而得出信号源的方向，这就是本节讨论的修正的协方差矩阵分解法(SSMD)。

下面证明当 $2P\geqslant n$ 时，$\mathrm{rank}\{\boldsymbol{R}_{\mathrm{SSMD}}\}=n$。

由式(3.41)、式(3.42)可得

$$\boldsymbol{R}_f=\boldsymbol{A}_q(\theta)\boldsymbol{R}_s^f\boldsymbol{A}_q^{\mathrm{H}}(\theta)+\sigma_n^2\boldsymbol{I}_q \tag{3.45}$$

$$\boldsymbol{R}_b=\boldsymbol{A}_q(\theta)\boldsymbol{R}_s^b\boldsymbol{A}_q^{\mathrm{H}}(\theta)+\sigma_n^2\boldsymbol{I}_q \tag{3.46}$$

式中，$\boldsymbol{I}_q$ 是 $q\times q$ 维单位矩阵；$\boldsymbol{R}_s^f$ 为前向平滑信号协方差矩阵；$\boldsymbol{R}_s^b$ 为后向平滑信号协方差矩阵；$\boldsymbol{A}_q$ 是子阵的阵列流形，这里是一个 $q\times n$ 维范德蒙矩阵。

$$\boldsymbol{A}_q(\theta)=[\boldsymbol{a}_q(\theta_1),\quad \boldsymbol{a}_q(\theta_2),\quad \cdots,\quad \boldsymbol{a}_q(\theta_n)] \tag{3.47}$$

$$\boldsymbol{a}_q(\theta_k)=[1,\quad \mathrm{e}^{\mathrm{j}\beta_k},\quad \cdots,\quad \mathrm{e}^{\mathrm{j}(q-1)\beta_k}]^{\mathrm{T}} \tag{3.48}$$

$$\begin{aligned}\boldsymbol{R}_s^{\mathrm{f}}&=\frac{1}{P}\sum_{k=1}^{P}\boldsymbol{D}^{(k-1)}\boldsymbol{R}_s\boldsymbol{D}^{-(k-1)}=\frac{1}{P}\sum_{k=1}^{P}\boldsymbol{D}^{(k-1)}\boldsymbol{\alpha}\boldsymbol{\alpha}^{\mathrm{H}}\boldsymbol{D}^{-(k-1)}\\&=\frac{1}{P}\sum_{k=1}^{P}(\boldsymbol{D}^{(k-1)}\boldsymbol{\alpha})(\boldsymbol{D}^{-(k-1)}\boldsymbol{\alpha})^{\mathrm{H}}=\frac{1}{P}\boldsymbol{C}\boldsymbol{C}^{\mathrm{H}}\end{aligned} \tag{3.49}$$

$$\begin{aligned}\boldsymbol{R}_s^{\mathrm{b}}&=\frac{1}{P}\sum_{k=P}^{1}\boldsymbol{D}^{-(k+q-2)}\boldsymbol{R}_s^*\boldsymbol{D}^{-(k+q-2)}\\&=\frac{1}{P}\sum_{k=P}^{1}\boldsymbol{D}^{-(k+q-2)}\boldsymbol{\alpha}^*\boldsymbol{\alpha}^{\mathrm{T}}\boldsymbol{D}^{(k+q-2)}\\&=\frac{1}{P}\sum_{k=P}^{1}(\boldsymbol{D}^{-(k+q-2)}\boldsymbol{\alpha}^*)(\boldsymbol{D}^{-(k+q-2)}\boldsymbol{\alpha}^*)^{\mathrm{H}}=\frac{1}{P}\boldsymbol{E}\boldsymbol{E}^{\mathrm{H}}\end{aligned} \tag{3.50}$$

其中，$\boldsymbol{D}=\mathrm{diag}\{\mathrm{e}^{\mathrm{j}\beta_1},\mathrm{e}^{\mathrm{j}\beta_2},\cdots,\mathrm{e}^{\mathrm{j}\beta_n}\}$；$\beta_j=\dfrac{2\pi d}{\lambda}\sin(\theta_j),j=1,2,\cdots,n$；$d$ 为阵元间距；λ 为到达波的中心波长。

$$\begin{aligned}\boldsymbol{C}&=[\boldsymbol{\alpha},\boldsymbol{D}\boldsymbol{\alpha},\cdots,\boldsymbol{D}^{(P-1)}\boldsymbol{\alpha}]\\\boldsymbol{E}&=[\boldsymbol{D}^{-(P+q-2)}\boldsymbol{\alpha}^*,\boldsymbol{D}^{-(P+q-3)}\boldsymbol{\alpha}^*,\cdots,\boldsymbol{D}^{-(q-1)}\boldsymbol{\alpha}^*]\\&=[\boldsymbol{\delta},\boldsymbol{D}\boldsymbol{\delta},\cdots,\boldsymbol{D}^{P-1}\boldsymbol{\delta}]\\\boldsymbol{\delta}&=\boldsymbol{D}^{-(P+q-2)}\boldsymbol{\alpha}^*=[\delta_1,\delta_2,\cdots,\delta_n]\end{aligned}$$

在式(3.50)的简化过程中应用了关系式 $\boldsymbol{J}\boldsymbol{A}_q^*(\theta)=\boldsymbol{A}_q(\theta)\boldsymbol{D}^{-(q-1)}$。

由上述推理可知，要证明 $\mathrm{rank}\{\boldsymbol{R}_{\mathrm{SSMD}}\}=n$，即当 $q\geqslant n$ 时，证明 $\boldsymbol{R}_{\mathrm{fb}}=\dfrac{1}{P}[\boldsymbol{C}\boldsymbol{C}^{\mathrm{H}},\boldsymbol{E}\boldsymbol{E}^{\mathrm{H}}]$。

而 $\boldsymbol{R}_{\mathrm{fb}}$ 可简化为

$$\begin{aligned}\boldsymbol{R}_{\mathrm{fb}} &= \frac{1}{P}[\boldsymbol{\Delta}_1\boldsymbol{A}_P^{\mathrm{T}}\boldsymbol{A}_P^{*}\boldsymbol{\Delta}_1^{\mathrm{H}},\boldsymbol{\Delta}_2\boldsymbol{A}_P^{\mathrm{T}}\boldsymbol{A}_P^{*}\boldsymbol{\Delta}_2^{\mathrm{H}}] \\ &= \frac{1}{P}\boldsymbol{\Delta}_1[\boldsymbol{A}_P^{\mathrm{T}}\boldsymbol{A}_P^{*},\boldsymbol{\eta}\boldsymbol{A}_P^{\mathrm{T}}\boldsymbol{A}_P^{*}\boldsymbol{\eta}^{\mathrm{H}}]\boldsymbol{\Delta}_1^{\mathrm{H}} = \frac{1}{P}\boldsymbol{\Delta}_1\boldsymbol{G}_1\boldsymbol{G}_2\boldsymbol{\Delta}_1^{\mathrm{H}}\end{aligned} \tag{3.51}$$

其中,$\boldsymbol{A}_P$ 为 $P\times n$ 的范德蒙矩阵(阵列流形),$\boldsymbol{G}_1=[\boldsymbol{A}_P^{\mathrm{T}},\boldsymbol{\eta}\boldsymbol{A}_P^{\mathrm{T}}]$ 是 $n\times 2P$ 的矩阵,$\boldsymbol{G}_2=\begin{bmatrix}\boldsymbol{A}_P^{*} & 0\\ 0 & \boldsymbol{A}_P^{*}\boldsymbol{\eta}^{\mathrm{H}}\end{bmatrix}$是 $2P\times 2n$ 的矩阵,$\boldsymbol{\Delta}_1=\mathrm{diag}\{\alpha_1,\alpha_2,\cdots,\alpha_n\}$,$\boldsymbol{\Delta}_2=\mathrm{diag}\{\delta_1,\delta_2,\cdots,\delta_n\}$,$\boldsymbol{\eta}=\mathrm{diag}\{\delta_1/\alpha_1,\delta_2/\alpha_2,\cdots,\delta_n/\alpha_n\}$。

当 $\delta_i/\alpha_i\neq\delta_j/\alpha_j$,$i=1,2,\cdots,n$,$j=n+1,n+2,\cdots,m$ 时,$\boldsymbol{G}_1$、$\boldsymbol{G}_2$、$\boldsymbol{\Delta}_1$ 都是满秩矩阵,所以 $\mathrm{rank}\{\boldsymbol{R}_{\mathrm{fb}}\}=\min\{n,2P\}$,即 $\mathrm{rank}\{\boldsymbol{R}_{\mathrm{SSMD}}\}=\min\{n,2P\}$。

这里顺便介绍一下文献[26-27]中的矩阵分解算法。矩阵分解算法的原理如下,取数据协方差矩阵 $\boldsymbol{R}$ 的第 $l+1$ 行至 $l+p$ 行构成一个新矩阵:

$$\boldsymbol{R}^{(l)}=\begin{bmatrix} r_{l+1,1} & r_{l+1,2} & \cdots & r_{l+1,m}\\ r_{l+2,1} & r_{l+2,2} & \cdots & r_{l+2,m}\\ \vdots & \vdots & \ddots & \vdots\\ r_{l+p,1} & r_{l+p,2} & \cdots & r_{l+p,m}\end{bmatrix}\quad l=0,1,\cdots,m-p \tag{3.52}$$

将得到如下修正矩阵

$$\boldsymbol{R}_{\mathrm{MD}}=[\boldsymbol{R}^{(0)},\boldsymbol{R}^{(1)},\cdots,\boldsymbol{R}^{(m-p)}] \tag{3.53}$$

则矩阵的维数为 $P\times[(m-p+1)\times m]$,所以只要满足一定的条件,$\boldsymbol{R}'$的秩就等于信号源数目 n,对 $\boldsymbol{R}'$进行奇异值分解,就可求出相应的信号子空间、噪声子空间 $\boldsymbol{E}_N$ 及奇异值,即可求得信号源的方位,这就是文献[26]提出的矩阵分解算法(MD)。

如将 $\boldsymbol{R}'$作如下改进:

$$\boldsymbol{R}_{\mathrm{MMD}}=[\boldsymbol{R}^{(0)},\boldsymbol{J}\boldsymbol{R}^{(0)}\boldsymbol{J}_1,\cdots,\boldsymbol{R}^{(m-p)},\boldsymbol{J}\boldsymbol{R}^{(m-p)}\boldsymbol{J}_1] \tag{3.54}$$

$\boldsymbol{J}$ 和 $\boldsymbol{J}_1$ 都是置换矩阵,区别是矩阵的维数不一样,这就是文献[27]提出的修正矩阵分解算法(MMD)。

从上面的分析可知,SSMD 算法与以往的 MD 算法相比,最大的优点在于计算量小。在修正次数 p 相同的情况下,$\boldsymbol{R}_{\mathrm{MD}}$ 是$(m-p+1)\times(p\times m)$的矩阵,$\boldsymbol{R}_{\mathrm{MMD}}$ 是$(m-p+1)\times(2p\times m)$的矩阵,而 $\boldsymbol{R}_{\mathrm{SSMMD}}$ 是$(m-p+1)\times 2(m-p+1)$的矩阵,所以在相干源数目多的情况下,SSMD 算法的 SVD 分解比 MD 及 MMD 要小得多。

3.2.1.3 仿真实验及分析

在前面介绍的各种算法的基础上,我们进行了大量的蒙特卡洛实验。本节通过实验来直观地分析各种算法性能。实验中采用 8 阵元均匀线阵,2 个相干信号源,信号方位分别为 0°、10°,数据快拍数为 200,图中修正次数 $P=2$。实验中采用的算法为空间平滑(SS)、双向空间平滑(MSS)、矩阵分解法(MD)、修正的矩阵分解(MMD)及本节讨论的算法 SSMD。图中的成功概率及方差都是 200 次统计平均。图 3.5 为无误差的统计结果,图 3.6 为通道幅相误差为 5%时的统计结果。

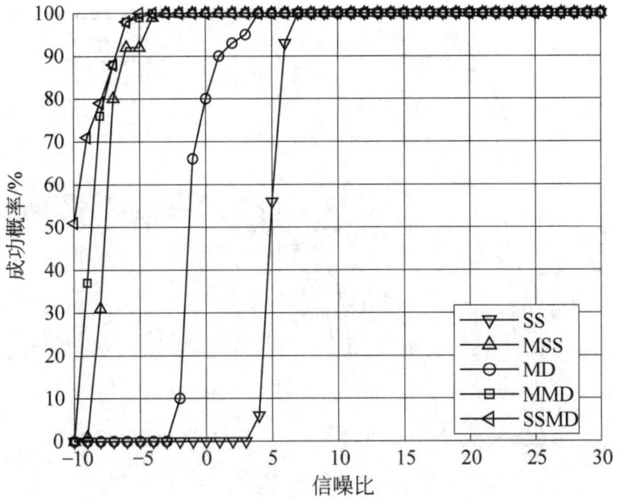

(a) 成功概率图

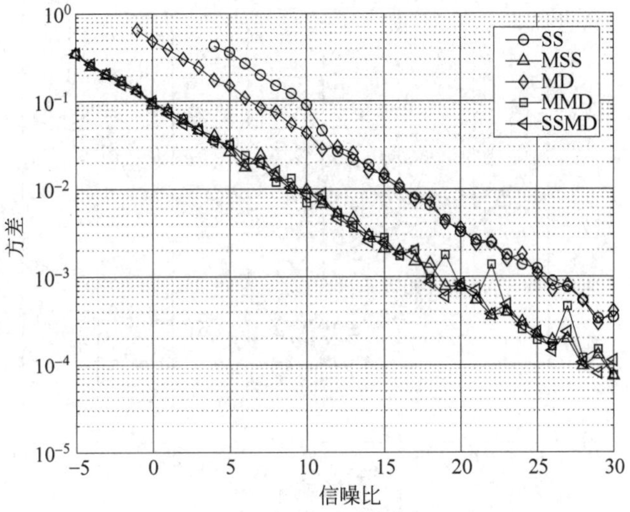

(b) 估计方差

图 3.5 无幅相误差

由上面分析及仿真实验可得出如下的结论：

(1) 上述解相干算法对通道的误差比较敏感，特别是 SS 算法及 MD 算法，相对而言 MSS、MMD 算法对通道误差有一定的自适应性，其中 SSMD 算法的性能相对最优。

(2) 矩阵分解算法相对空间平滑算法更适用于低信噪比情况，尤其是 SSMD 在信噪比为－10dB 时也有 50％以上的成功概率。

(3) 修正的矩阵分解法与修正的空间平滑性能相当，从 5％的幅相误差图中可知 SSMD 的估计虽有一定的起伏，但其克服误差的能力最高。

(4) MSS 算法估计性能稳定，计算量小。MMD 算法的计算量明显比 MSS 大，而且采用 SVD 分解，所以其估计时起伏较大，但算法在低信噪比情况下估计信号的能力明显强于 MSS。

SSMD 算法融合了空间平滑技术与矩阵分解技术，所以兼有 MSS 算法及 MMD 算法的

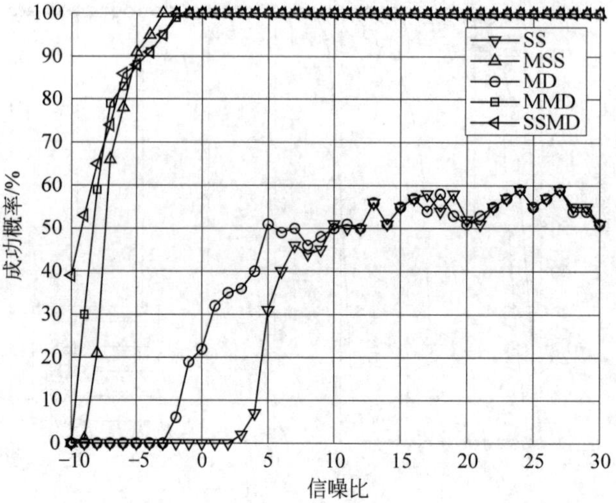

(a) 成功概率图

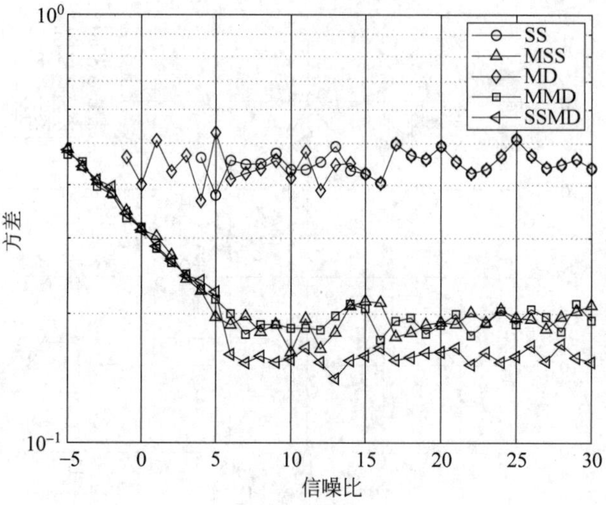

(b) 估计方差

图 3.6　幅相误差 5%

优点及缺点。在低信噪比情况下，算法的估计能力虽比 MMD 算法要弱，但比 MSS 算法要强。

3.2.2　基于旋转不变技术的方法

电子侦察技术是现代战争中必不可少的一种作战手段，也是正确实施电子干扰的基础。电子侦察的任务是运用各种电子侦察设备获取敌方电子设备所发射的电磁信息，以判断敌方的军事部署、动向、企图及电子装备的现有技术水平和发展趋势。测定所截取的无线电信号的频率、来波方向等参数是电子侦察的重要组成部分。自 1986 年 Roy 等在 ESPRIT 算法[32]中利用旋转不变技术估计无线电信号波达方向以来，旋转不变技术受到了广泛的关注，而且已经广泛地应用到各种无线电信号参数估计中[32-40]，主要分为以下几类：

(1) DOA 估计，Roy 等[32-34]中利用旋转不变技术估计信号的波达方向和 2-D DOA[35]（即仰角和方位角)。

(2) DOA和频率联合估计,Lemma等[36]针对波达方向和频率联合估计使用旋转不变技术进行了研究;Strobach等[37]利用旋转不变技术联合估计2-D DOA和频率。

(3) 时延估计,Sun M.等[38]针对信号的传播时延高分辨估计问题,使用旋转不变技术提出了自适应改进的空间平滑技术来估计时延的ESPRIT算法。

(4) DOA和时延联合估计,Qian B.等[39]利用旋转不变技术联合估计多径信号的DOA和传播时延。

(5) 信号源数目估计,Hassen等[40]总结了各种信号源数目估计方法,并且利用旋转不变技术对信号源数目估计问题进行了研究。

在阵列信号处理过程中往往首先需要确定信号源数目,其中讨论较多的是基于信息论准则的AIC和MDL法,以及GDE(盖氏圆法)等[41]。与AIC和MDL相比,GDE方法具有较好的实用性,但是在低信噪比环境下或存在模型偏差时,GDE方法正确检测信号源数目概率大大降低。针对上述问题,本节将提出一种利用旋转不变技术快速估计信号源数目的方法,并对估计性能进行详细讨论。

3.2.2.1 数据模型

假设具有d个位于远场的窄带信号$[s_1(t),s_2(t),\cdots,s_d(t)]$,波长都为$\lambda$,分别以波达方向$[\vartheta_1,\vartheta_2,\cdots,\vartheta_d]$入射到一个具有$M=2k+1$个阵元的均匀直线阵(Uniform Linear Array,ULA)上,以阵元中心为参考点,则对波达方向ϑ_k的阵列响应为

$$\boldsymbol{a}_M(\mu_k)=\left[\exp\left\{-\mathrm{j}\left(\frac{M-1}{2}\right)\mu_k\right\},\cdots,\exp\{-\mathrm{j}\mu_k\},1,\exp\{\mathrm{j}\mu_k\},\cdots,\exp\left\{\mathrm{j}\left(\frac{M-1}{2}\right)\mu_k\right\}\right]^{\mathrm{T}} \tag{3.55}$$

其中,$\mu_k=\dfrac{2\pi}{\lambda}\Delta\sin\vartheta_k$,$\Delta$为阵元间距。

阵列接收数据写成向量形式为

$$\boldsymbol{x}(t)=\boldsymbol{A}\boldsymbol{s}(t)+\boldsymbol{n}(t) \tag{3.56}$$

式(3.56)中的矩阵和向量具有下面的形式

$$\boldsymbol{x}(t)=[x_1(t),x_2(t),\cdots,x_M(t)]^{\mathrm{T}}$$

$$\boldsymbol{s}(t)=[s_1(t),s_2(t),\cdots,s_d(t)]^{\mathrm{T}}$$

$$\boldsymbol{n}(t)=[n_1(t),x_2(t),\cdots,n_M(t)]^{\mathrm{T}}$$

$$\boldsymbol{A}=[\boldsymbol{a}_M(\mu_1),\boldsymbol{a}_M(\mu_2),\cdots,\boldsymbol{a}_M(\mu_d)]^{\mathrm{T}}$$

其中,$(\cdot)^{\mathrm{T}}$表示矩阵或向量的转置。

3.2.2.2 算法描述

这里提出一种利用旋转不变技术的信号源数目检测方法,该方法基于实数运算实现,因此具有较低的计算复杂度。

当m为奇数时,定义酉矩阵$\boldsymbol{Q}_m$如下:

$$\boldsymbol{Q}_m=\boldsymbol{Q}_{2k+1}=\frac{1}{\sqrt{2}}\begin{bmatrix}\boldsymbol{I}_k & \boldsymbol{0} & \mathrm{j}\boldsymbol{I}_k\\ \boldsymbol{0}^{\mathrm{T}} & \sqrt{2} & \boldsymbol{0}^{\mathrm{T}}\\ \boldsymbol{\Pi}_k & \boldsymbol{0} & -\mathrm{j}\boldsymbol{\Pi}_k\end{bmatrix} \tag{3.57}$$

其中，$\boldsymbol{I}_k$ 为 k 阶单位矩阵，$\mathbf{II}_k=\begin{bmatrix} & & 1 \\ & \iddots & \\ 1 & & \\ 1 & & \end{bmatrix}\in\mathbf{R}^{k\times k}$。

用 $\boldsymbol{Q}_M^{\mathrm{H}}$ 左乘式(3.55)两端，可以把式(3.55)转换为实向量，即

$$\begin{aligned}\boldsymbol{d}_M(\mu_k)&=\boldsymbol{Q}_M^{\mathrm{H}}\boldsymbol{a}_M(\mu_k)\\&=\sqrt{2}\times\left[\cos\left(\frac{M-1}{2}\mu_k\right),\cdots,\cos\mu_k,\frac{1}{\sqrt{2}},-\sin\left(\frac{M-1}{2}\mu_k\right),\cdots,-\sin\mu_k\right]^{\mathrm{T}}\end{aligned} \tag{3.58}$$

令选择矩阵 $\boldsymbol{J}_1=[\boldsymbol{I}_{M-1}\quad \boldsymbol{0}]$，$\boldsymbol{J}_2=[\boldsymbol{0}\quad \boldsymbol{I}_{M-1}]$，则两个选择矩阵选择出的阵列流形之间存在下面的关系

$$\mathrm{e}^{\mathrm{j}\mu_k}\boldsymbol{J}_1\boldsymbol{a}_M(\mu_k)=\boldsymbol{J}_2\boldsymbol{a}_M(\mu_k) \tag{3.59}$$

根据式(3.59)和 $\boldsymbol{Q}_M$ 的酉性，有

$$\mathrm{e}^{\mathrm{j}\mu_k}\boldsymbol{J}_1\boldsymbol{Q}_M\boldsymbol{Q}_M^{\mathrm{H}}\boldsymbol{a}_M(\mu_k)=\boldsymbol{J}_2\boldsymbol{Q}_M\boldsymbol{Q}_M^{\mathrm{H}}\boldsymbol{a}_M(\mu_k)=\mathrm{e}^{\mathrm{j}\mu_k}\boldsymbol{J}_1\boldsymbol{Q}_M\boldsymbol{d}_M(\mu_k)=\boldsymbol{J}_2\boldsymbol{Q}_M\boldsymbol{d}_M(\mu_k) \tag{3.60}$$

用 $\boldsymbol{Q}_{M-1}^{\mathrm{H}}$ 左乘式(3.60)两端，有

$$\mathrm{e}^{\mathrm{j}\mu_k}\boldsymbol{Q}_{M-1}^{\mathrm{H}}\boldsymbol{J}_1\boldsymbol{Q}_M\boldsymbol{d}_M(\mu_k)=\boldsymbol{Q}_{M-1}^{\mathrm{H}}\boldsymbol{J}_2\boldsymbol{Q}_M\boldsymbol{d}_M(\mu_k) \tag{3.61}$$

容易知道，选择矩阵 $\boldsymbol{J}_1$ 和 $\boldsymbol{J}_2$ 存在下面的关系：

$$\mathbf{II}_{M-1}\boldsymbol{J}_2\mathbf{II}_M=\boldsymbol{J}_1 \tag{3.62}$$

综合式(3.61)和式(3.62)，有

$$\boldsymbol{Q}_{M-1}^{\mathrm{H}}\boldsymbol{J}_2\boldsymbol{Q}_M=\boldsymbol{Q}_{M-1}^{\mathrm{H}}\mathbf{II}_{M-1}\mathbf{II}_{M-1}\boldsymbol{J}_2\mathbf{II}_M\mathbf{II}_M\boldsymbol{Q}_M=\boldsymbol{Q}_{M-1}^{\mathrm{T}}\boldsymbol{J}_1\boldsymbol{Q}_M^{*}=(\boldsymbol{Q}_{M-1}^{\mathrm{H}}\boldsymbol{J}_1\boldsymbol{Q}_M)^{*} \tag{3.63}$$

其中，$(\cdot)^*$ 表示共轭。

令

$$\boldsymbol{K}_1=\mathrm{Re}\{\boldsymbol{Q}_{M-1}^{\mathrm{H}}\boldsymbol{J}_2\boldsymbol{Q}_M\} \tag{3.64}$$

$$\boldsymbol{K}_2=\mathrm{Im}\{\boldsymbol{Q}_{M-1}^{\mathrm{H}}\boldsymbol{J}_2\boldsymbol{Q}_M\} \tag{3.65}$$

则式(3.61)可以表示为

$$\mathrm{e}^{\frac{\mathrm{j}\mu_k}{2}}(\boldsymbol{K}_1-\mathrm{j}\boldsymbol{K}_2)\boldsymbol{d}_M(\mu_k)=\mathrm{e}^{-\frac{\mathrm{j}\mu_k}{2}}(\boldsymbol{K}_1+\mathrm{j}\boldsymbol{K}_2)\boldsymbol{d}_M(\mu_k) \tag{3.66}$$

整理式(3.66)有

$$(\mathrm{e}^{\frac{\mathrm{j}\mu_k}{2}}-\mathrm{e}^{-\frac{\mathrm{j}\mu_k}{2}})\boldsymbol{K}_1\boldsymbol{d}_M(\mu_k)=\mathrm{j}(\mathrm{e}^{\frac{\mathrm{j}\mu_k}{2}}+\mathrm{e}^{-\frac{\mathrm{j}\mu_k}{2}})\boldsymbol{K}_2\boldsymbol{d}_M(\mu_k) \tag{3.67}$$

$$\tan\left(\frac{\mu_k}{2}\right)\boldsymbol{K}_1\boldsymbol{d}_M(\mu_k)=\boldsymbol{K}_2\boldsymbol{d}_M(\mu_k) \tag{3.68}$$

假设信号源数目 $d<M$，定义 $\boldsymbol{D}=[\boldsymbol{d}_M(\mu_1),\boldsymbol{d}_M(\mu_2),\cdots,\boldsymbol{d}_M(\mu_d)]$，利用式(3.68)有

$$\boldsymbol{K}_1\boldsymbol{D}\boldsymbol{\Omega}_\mu=\boldsymbol{K}_2\boldsymbol{D} \tag{3.69}$$

其中，$\boldsymbol{\Omega}_\mu=\mathrm{diag}\left\{\tan\left(\frac{\mu_1}{2}\right),\tan\left(\frac{\mu_2}{2}\right),\cdots,\tan\left(\frac{\mu_d}{2}\right)\right\}$。

令 $\boldsymbol{X}$ 为 $M\times N_s$ 矩阵表示阵列接收数据的 N_s 次快拍，令 $\boldsymbol{R}=[\mathrm{Re}\{\boldsymbol{Y}\},\mathrm{Im}\{\boldsymbol{Y}\}]$，其中 $\boldsymbol{Y}=\boldsymbol{Q}_N^{\mathrm{H}}\boldsymbol{X}$，计算 $\boldsymbol{R}$ 的左奇异向量 $\boldsymbol{U}=[\boldsymbol{u}_1,\boldsymbol{u}_2,\cdots,\boldsymbol{u}_d,\cdots,\boldsymbol{u}_M]$。则 $\boldsymbol{U}_s=[\boldsymbol{u}_1,\boldsymbol{u}_2,\cdots,\boldsymbol{u}_d]$张成

信号子空间，$\boldsymbol{U}_n=[\boldsymbol{u}_{d+1},\boldsymbol{u}_{d+2},\cdots,\boldsymbol{u}_M]$张成噪声子空间。易知，存在唯一可逆矩阵 $\boldsymbol{T}$，满足下面的关系：

$$\boldsymbol{U}_s=\boldsymbol{DT} \tag{3.70}$$

即将 $\boldsymbol{D}=\boldsymbol{U}_s\boldsymbol{T}^{-1}$ 代入式(3.69)，有

$$\boldsymbol{K}_1\boldsymbol{U}_s\boldsymbol{\Phi}=\boldsymbol{K}_2\boldsymbol{U}_s,\quad \boldsymbol{\Phi}=\boldsymbol{T}^{-1}\boldsymbol{\Omega}_\mu\boldsymbol{T} \tag{3.71}$$

令

$$\boldsymbol{E}_1=\boldsymbol{K}_1\boldsymbol{U}=[\boldsymbol{K}_1\boldsymbol{U}_s\quad \boldsymbol{K}_1\boldsymbol{U}_n] \tag{3.72}$$

$$\boldsymbol{E}_2=\boldsymbol{K}_2\boldsymbol{U}=[\boldsymbol{K}_2\boldsymbol{U}_s\quad \boldsymbol{K}_2\boldsymbol{U}_n] \tag{3.73}$$

综合式(3.71)～式(3.73)，有下面的关系式：

$$\boldsymbol{E}_2=[\boldsymbol{K}_2\boldsymbol{U}_s\quad \boldsymbol{K}_2\boldsymbol{U}_n]=[\boldsymbol{K}_1\boldsymbol{U}_s\quad \boldsymbol{K}_1\boldsymbol{U}_n]\begin{bmatrix}\boldsymbol{\Phi} & \boldsymbol{\Gamma}_1\\ \boldsymbol{0} & \boldsymbol{\Gamma}_2\end{bmatrix}=\boldsymbol{E}_1\boldsymbol{\Psi} \tag{3.74}$$

其中，$\boldsymbol{\Gamma}_1\in R^{d\times(M-d)}$，$\boldsymbol{\Gamma}_2\in R^{(M-d-1)\times(M-d)}$，$\boldsymbol{\Psi}=\begin{bmatrix}\boldsymbol{\Phi} & \boldsymbol{\Gamma}_1\\ \boldsymbol{0} & \boldsymbol{\Gamma}_2\end{bmatrix}$。

定义$\boldsymbol{\Delta}_k$ 矩阵如下：

$$\boldsymbol{\Delta}_k=\begin{bmatrix}\psi_{k+1,1} & \psi_{k+1,2} & \cdots & \psi_{k+1,k}\\ \psi_{k+2,1} & \psi_{k+2,2} & \cdots & \psi_{k+2,k}\\ \vdots & \vdots & \ddots & \vdots\\ \psi_{M-1,1} & \psi_{M-1,2} & \cdots & \psi_{M-1,k}\end{bmatrix} \tag{3.75}$$

当 $k=Q$ 时，$\boldsymbol{\Delta}_k=\boldsymbol{0}$；当 $k\neq Q$ 时，$\boldsymbol{\Delta}_k$ 中含有非零元素。

因此，可以利用下面的准则来判断信号源数目：

$$\hat{d}=\min_k\rho(k)=\frac{\|\boldsymbol{\Delta}_k\|^2}{(M-k-1)k}\quad (k=1,2,\cdots,M-2) \tag{3.76}$$

其中，$\|\cdot\|$是 Frobenius 范数。

上述估计过程都是基于实数运算实现的，我们把这种方法称为 VTRS 方法。

VTRS 方法的求解步骤总结如下：

步骤 1，计算实相关矩阵 $\boldsymbol{R}$；

步骤 2，计算 $\boldsymbol{R}$ 的信号特征向量 $\boldsymbol{U}$；

步骤 3，通过等式 $\boldsymbol{E}_2=\boldsymbol{E}_1\boldsymbol{\Psi}$，使用 LS 或者 TLS 估计 $\boldsymbol{\Psi}$；

步骤 4，利用式(3.76)中的准则判别信号源数目。

3.2.2.3　模拟仿真

取各向同性的 7 个阵元组成一个均匀线阵，快拍数目为 500。分别对 2 个和 3 个不相关信号源以(−20°,0°)和(−20°,0°,20°)入射到 ULA 的情况和阵列流形存在不同扰动情况进行仿真。图 3.7 是分别使用盖氏圆法(GDE)和利用旋转不变技术方法(VTRS)重复进行 100 次独立实验得到正确检测概率，其中信噪比在−20～20dB 范围变化，间隔为 5dB 步进。图 3.7 中的实线和虚线分别给出了利用 GDE 和 VTRS 方法对上述 2 个信源和 3 个信源的估计情况。从仿真结果中可以看到，VTRS 方法估计的正确率比 GDE 方法高，特别是在低信噪比的情况下，VTRS 方法比 GDE 方法更加可靠，当信噪比大于或等于 0dB 时两种方法

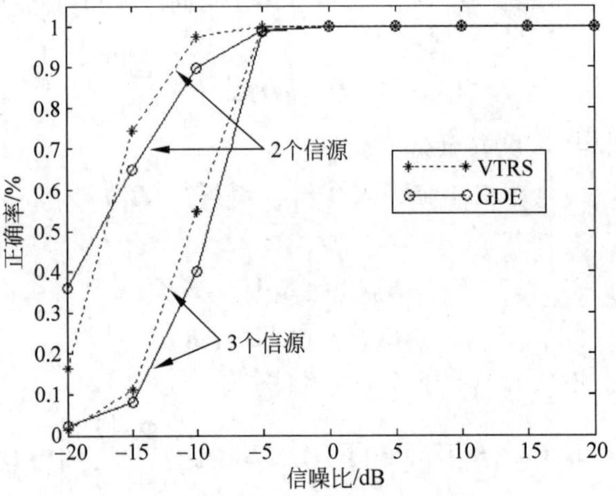

图 3.7　信号源数目估计正确率与信噪比的关系

估计的正确率一致。

表 3.1 给出的是信噪比等于 10dB 时，使用 VTRS 方法在不同的阵列流形偏差下对不同信号源数目的估计情况，从表中可以看到，当 $\max\{\mathrm{abs}(\Delta\boldsymbol{A})\}\leqslant 0.5$ 时，VTRS 方法能够保证对信号源数目给出正确的估计。

表 3.1　VTRS 方法在不同阵列流形偏差下的估计情况

扰动 / 信号源数目	0.1750	0.3500	0.500	0.700
2	100%	100%	100%	10%
3	100%	100%	100%	27%
4	100%	100%	100%	7%

3.3　本章小结

空间谱估计技术中的大部分算法都需要知道入射信号源数目，因此信号源数目估计在空间谱估计技术中是一个关键问题，研究信号源数目估计方法具有重要意义。本章详细介绍了基于特征值和基于特征向量的信号源数目估计方法。

在基于特征值的方法中，信息论方法和平滑秩方法都需要得到矩阵或者修正后矩阵的特征值，然后再利用特征值来估计信号源数目；盖氏圆法利用盖氏圆盘定理，在不需要知道具体的特征值数值情况下估计出信号源；正则相关技术可以在有色噪声情况下对信号源数目有效估计。

在基于特征向量的方法中，详细讨论了一种基于空间平滑的矩阵分解技术和基于旋转不变的技术。其中，讨论了修正矩阵分解算法(SSMD)，并在此基础上对空间平滑算法、矩阵分解算法和该算法进行了仿真分析和性能比较，在克服误差和低信噪比情况下性能较好。利用旋转不变技术快速估计信号源数目，并对估计性能进行详细讨论，在信噪比和阵列流形响应矩阵扰动方面都具有较好的鲁棒性。

参考文献

[1] Wax M, Kailath T. Detection of signal by information theoretic criteria[J]. IEEE Trans. on ASSP, 1985, 33(2): 387-392.

[2] Zhang Q, Wong K M. Statistical analysis of the performance of information theoretic criteria in the detection of the number of signals in array processing[J]. IEEE Trans. on ASSP, 1989, 37(10): 1577-1567.

[3] Shan T J, Paulray A, Kailath T. On smoothed rand profile tests in eigen structure methods for directions-of-arrival estimation[J]. IEEE Trans. on ASSP, 1987, 35(10): 1377-1385.

[4] Cozzens J H, Sousa M J. Source enumeration in a correlate signed environment[J]. IEEE Trans. on SP, 1994, 42(2): 304-317.

[5] Di A. Multiple sources location—a matrix decomposition approach[J]. IEEE Trans. on ASSP, 1985, 35(4): 1086-1091.

[6] Luoshengbin W, Zhenhai X, Xinghua L, et al. Estimation of unresolved targets number based on Gerschgorin disks[J]. IEEE International Conference on Signal Processing. IEEE, 2017: 1-5.

[7] Jin C, Chun-Sheng L, Ming-Jian C, et al. Gerschgorin disks based on total least squares for source number estimation[J]. Journal of Signal Processing, 2017.

[8] Chen W, Reilly J P. Detection of the number of signals in noise with banded covariance matrices[J]. IEEE Trans. on SP, 1992, 42(5): 377-380.

[9] Wong K M, Wu Q, Stoica P. Generalized correlation decomposition applied to array processing in unknown noise environments[J]. In Advances in spectrum analysis and array processing, Ⅲ, S, Haykin, Ed, Prentice Hall, 1995.

[10] Wax M, Ziskind I. Detection of the number of coherent signals by the MDL principle[J]. IEEE Trans. On ASSP, 1989, 37(8): 1190-1196.

[11] Anderson T W. Asymptotic theory for principal component analysis[J]. Ann, J, Math, Stat, 1963, 34: 122-148.

[12] Rissanen J. Modeling by shortest data description[J]. Automatica, 1978, 14: 465-471.

[13] Stéphanie P. A primer on model selection using the Akaike Information Criterion[J]. Infectious Disease Modelling, 2020, 5: 111-128.

[14] Merhav N. Minimum description length as an objective function for non-negative matrix factorization[J]. IEEE Transactions on Information Theory, 2019, 39(6): 1962-1967.

[15] Zhao L C, Krishnaiah P R, Bai Z D. On detection of numbers of signals in presence of white noise[J]. J, Multivariate Anal, 1986, 20: 1-25.

[16] 陈军，石玉虎，王倪传，等. 基于有效检测准则的 fMRI 源信号源数目的估计方法[J]. 安徽大学学报(自然科学版)，2016，40(001)：64-72.

[17] Zhao L C, Krishnaiah P R, Bai Z D. Remarks on certain criteria for detection of numbers of signals [J]. IEEE Trans. on ASSP, 1987, 35(1): 129-132.

[18] Yin Y, Krishnaiah P. On some nonparametric methods for detection of the number of signals[J]. IEEE Trans. on ASSP, 1987, 35(11): 1533-1538.

[19] Wong K M, Zhang Q, Reilly J P. On information theoretic criteria for determining the number of signals in high resolution array processing[J]. IEEE Trans. on ASSP, 1990, 38(11): 1959-1971.

[20] Zhang Q, Wong K M. Statistical analysis of the performance of the performance of information theoretic criteria in the detection of the number of signals in array processing[J]. IEEE Trans. on ASSP, 1989, 37(10): 1557-1567.

[21] Wang H, Kaveh M. On the performance of signal-subspace processing--Part Ⅰ: narrowband systems[J]. IEEE Trans. on ASSP, 2003, 34(5): 1201-1209.

[22] Krim B H, Viberg M. Two decades of array signal processing research[J]. IEEE Signal Porcessing magazine, 1996(7): 67-94.

[23] 王洪雁,房云飞,裴炳南.利用空间平滑的协方差秩最小化DOA估计方法[J].西安电子科技大学学报(自然科学版),2018,45(05):134-141.

[24] Dai J, Ye Z. Spatial smoothing for direction of arrival estimation of coherent signals in the presence of unknown mutual coupling[J]. Signal Processing Iet, 2011, 5(4): 418-425.

[25] 余莉.利用空间平滑差分算法进行DOA估计[J].现代雷达,2008,30(8):87-90.

[26] Di A. Mulitple sources location—A matrix decomposition approach[J]. IEEE Trans on ASSP, 1985 ASSP-33(4): 1086-1091.

[27] Cozzens J H, Sousa M J. Source enumeration in a correlated signed environment[J]. IEEE Trans on SP, 1992, SP-42(2): 304-317.

[28] Zheng Y J, Hui C, Jia J Z. Improved SVD algorithm for DOA estimation of coherent signal sources [D].第36届中国控制会议论文集. IEEE, 2017.

[29] Moghaddamjoo A, Chang T C. Analysis of the spatial filtering approach to the decorrelation of coherent sources. IEEE Transactions on Signal Processing, 1992, 40(3): 692-694.

[30] 陈绍炜,魏盈盈,冯晓毅.基于SVD和Toeplitz的高效DOA估计算法[J].西北工业大学学报,2010,28(006):883-886.

[31] Pillai S U, Kwon B H. Forward/backward spatial smoothing techniques for coherent signal identification[J]. IEEE Trans. Acoust. Speech Signal Processing, 1989, 37(1): 8-15.

[32] Roy R H, Paularaj A, Kailath T. ESPRIT—A subspace rotation approach to estimation of parameter of cisoids in noise[J]. IEEE Trans. Acoust, Speech, Signal Processing, 1986, 34, 1340-1342.

[33] Roy R H, Paularaj A, Kailath T. ESPRIT—Estimation of signal parameters via rotational invariance techniques[J]. IEEE Transactions on acoustics speech, and signal processing, 1989, 37(7): 984-995.

[34] Roy R H. ESPRIT—Estimation of signal parameters via rotational invariance technique [D]. Stanford: Stanford University, 1987.

[35] Hua Y B, Saikar T K, Weiner D D. An L-shaped array for estimating 2-D directions of wave arrival [J]. IEEE Trans on Antenna Propagation, 1991, 39(2): 143-146.

[36] Lemma A N, Alle-Jan van der Veen. Analysis of joint angle-frequency estimation using ESPRIT[J]. IEEE Transactions on Signal Processing, 2003, 51(5): 1264-1283.

[37] Strobach P. Total least squares phased averaging and 3-D ESPRIT for joint azimuth-elevation-carrier estimation[J]. IEEE Transaction on Signal Processing, 2001, 49(1): 54-62.

[38] Sun M, Cédric Le Bastard, Wang Y, et al. Time-Delay Estimation Using ESPRIT With Extended Improved Spatial Smoothing Techniques for Radar Signals[J]. IEEE Geoscience and Remote Sensing Letters, 2015.

[39] Qian B, Yang W L, Wan Q. An improved 2-D ESPRIT Method for joint DOA-delay estimation[J]. International Conference on Communications, Circuits and Systems, Kokura, 2007, 129-132.

[40] Hassen S B, Samet A. An efficient central DOA tracking algorithm for multiple incoherently distributed sources[J]. EURASIP Journal on Advances in Signal Processing, 2015, 2015(1): 1-19.

[41] 周围,王新青,闫霄翔,等.空间平滑和盖氏半径变换的宽带相干信号源数目估计[J].重庆邮电大学学报(自然科学版),2014,26(3):346-351.

第4章

DOA估计算法

4.1 空间差分方法

波达方向估计是阵列信号处理中的一个重要问题。本节针对均匀线阵中远场非相关和相干窄带信号共存的问题,提出了一种有效的空间差分波达方向估计算法。该方法首先利用传统的子空间方法估计非相关源的波达方向,然后利用空间差分技术消除非相关源,从而使空间差分矩阵中只保留相干分量。最后利用空间差分矩阵对剩余相干信号进行波达方向估计。与以往的工作相比,该方法可以提高波达方向估计的精度,同时增加可检测信号的最大数量。理论分析和仿真结果验证了该方法的有效性。

在阵列信号处理中,近年来许多学者对窄带平面波信号的波达方向估计进行了深入的研究。针对不相关信号,许多高分辨率算法被提出,例如,利用多信号分类算法(MUSIC)[1]和旋转不变子空间算法(ESPRIT)[2]进行信号参数估计。但是在由反射引起的多径传播的环境中,或存在智能干扰器的军事场景中,往往存在高度相关或相干的信号源,导致上述高分辨率算法失效。因为其本质上要求信号源不相关或低相关。

目前出现了很多可以有效估计相干信号波达方向的方法,其中空间平滑技术尤为引人注目。该技术基于一种预处理方案,将总数组划分为重叠子数组,然后对子数组输出的协方差矩阵进行平均,形成空间平滑的协方差矩阵[3-4]。Pillai 和 Kwon 等[5]提出了一种称为前向/后向空间平滑(Forward/Backward Spatial Smoothing,FBSS)的算法,它是对空间平滑算法的改进,可以进一步减少阵元的数量,并且利用 FBSS 技术和 MUSIC 算法估计波达方向,这种方法称为 FBSS-MUSIC。然而,FBSS 技术要求信号源数目不能超过阵元数。基于数据的空间样本,Sarkar 和 Yilmazer 等[6-7]采用了矩阵束(Matrix Pencil,MP)思想。与传统的协方差矩阵技术不同,在相干信号存在的情况下,MP 算法不需要额外的空间平滑处理就可以很容易地估计出波达方向。然而,这种算法所需的信噪比过高,很难应用于实际。Ye 等[8]提出了一种利用倾斜投影特性的方法,可以有效地处理更多的信号。Zhang 等[9]提出了一种通过较少阵元估计波达方向的算法,该算法首先通过多特征分解构造波达方向矩阵,然后通过波达方向矩阵的特征分解进行波达方向估计。因此,这种算法的计算量较大。Ye 等[10]给出了另一种有效的方法，该方法首先对不相关信号的波达方向和功率进行估计，然后从信号子空间中剔除不相关信号的信息，得到只包含相干信号信息的 $\boldsymbol{C}$ 矩阵。最后，利用 $\boldsymbol{C}$ 矩阵构造的新矩阵对相干信号的波达方向进行估计。Xu 等[11]提出了一种收缩方法，它可以处理的相干信号源数目少于阵元数的一半。Ye 等[12]利用均匀线阵的对称性构造了一个非托普利兹矩阵来处理更多信号。其中提出的方法称为利用对称结构法(Exploiting the Symmetric Configuration，ESC)，当利用全部构造矩阵时，ESC 方法的计算成本很高，而仅利用一个构造矩阵时，性能下降。文献[13-16]介绍了一种差分方法，对非相关源和相干源的波达方向分别进行了估计。Rajagopal 和 Thompson 等[13,14]首先引入了差分技术，它们虽利用了不相关源的协方差矩阵是关于均匀线阵的托普利兹矩阵的性质，但每组只能估计两个相干信号源(相干信号是由远场源的多径产生的)。Ye 等[15]提出了一种空间平滑差分方法，该方法利用前向平滑矩阵和后向平滑矩阵来消除不相关信号源的影响，可以处理更多信源。然而，消除不相关信号源的影响后，当相干源个数为奇数时，差分矩阵不满秩。因此，需要进行额外的处理来恢复秩，这一过程只进行了仿真，缺乏理论证明。文献[16]中需要构造不相关源的协方差矩阵，导致该文献中的算法可能难以实现。Gonon 和 Yuen 等[17-18]提出了一些基于高阶累积量的方法可处理更多的信号，不同组的相干信号可以单独估计。然而当信噪比较低时，Yuen 等[18]的算法估计出的波达方向会与其他波达方向混合。此外，基于高阶累积量的方法需要大量的快拍数和计算量。

本节提出了一种基于空间差分的波达方向估计算法。当不相关和相干信号共存时，该算法可以处理的信号源数目多于阵元数。该算法首先对不相关信号进行波达方向估计，已定义的差分矩阵的秩等于相干信号源数目，该矩阵中只保留相干信号，因此可以对相干信号进行估计，进而消除两种信号共存的影响。

4.1.1 数据模型

假设均匀线阵中有 M 个各向同性阵元，且间距为 d。令 θ 为窄带远场信号波达方向，以均匀线阵中第一个阵元为参考相位，导向向量可表示为

$$\boldsymbol{a}(\theta)=[1,v,\cdots,v^{M-1}]^{\mathrm{T}}\quad v=\mathrm{e}^{-\mathrm{j}2\pi d/\lambda\sin\theta}\tag{4.1}$$

其中，λ 表示信号载波波长；$(\cdot)^{\mathrm{T}}$ 表示转置。

假设有 K 个窄带信号以不同的角度入射到阵列上。不失一般性，假设前 Q 个信号不相关，第 k 个信号的波达方向为 θ_k，对应于功率为 σ_k^2 的远场信号源 $s_k(t)$，$k=1,2,\cdots,Q$。其余信号为 P 个相干信号(其中，$P=K-Q$)，波达方向为 θ_{kl}，共分为 L 组，分别对应于 L 个功率为 σ_k^2 的统计独立的远场源 $s_k(t)$，每个信号源产生的多径信号为 p_k，$k=Q+1$，$Q+2,\cdots,Q+L$。波达方向为 θ_{kl} 的相干信号对应于信号源 $s_k(t)$ 的第 l 路多径信号，其中 $k=Q+1,Q+2,\cdots,Q+L$，$l=1,2,\cdots,p_k$。

t 时刻的阵列输出向量为

$$\begin{aligned}\boldsymbol{x}(t)&=[x_1(t),x_2(t),\cdots,x_M(t)]^{\mathrm{T}}\\&=\sum_{i=1}^{Q}\boldsymbol{a}(\theta_i)\boldsymbol{s}_i(t)+\sum_{i=Q+1}^{Q+L}\sum_{l=1}^{p_i}\boldsymbol{a}(\theta_{il})\rho_{il}\boldsymbol{s}_i(t)+\boldsymbol{n}(t)\\&=\boldsymbol{A}_u\boldsymbol{s}_u(t)+\boldsymbol{A}_c\boldsymbol{s}_c(t)+\boldsymbol{n}(t)\\&=\boldsymbol{A}\boldsymbol{s}(t)+\boldsymbol{n}(t)\end{aligned}\tag{4.2}$$

其中，$\boldsymbol{a}(\theta_i)=[1,\mathrm{e}^{-\mathrm{j}2\pi d/\lambda\sin(\theta_k)},\mathrm{e}^{-\mathrm{j}4\pi d/\lambda\sin(\theta_k)},\cdots,\mathrm{e}^{-\mathrm{j}2\pi(M-1)d/\lambda\sin(\theta_k)}]^{\mathrm{T}}$ 为导向向量。ρ_{il} 是第 i 个信号源的第 l 路传播的下降系数。$\boldsymbol{\rho}_i=[\rho_{i1},\rho_{i2},\cdots,\rho_{ip_i}]^{\mathrm{T}}$，$\boldsymbol{A}_c=[\boldsymbol{A}_1\rho_1,\boldsymbol{A}_2\rho_2,\cdots,\boldsymbol{A}_L\rho_L]$，$\boldsymbol{A}_i=[\boldsymbol{a}(\theta_{i1}),\boldsymbol{a}(\theta_{i2}),\cdots,\boldsymbol{a}(\theta_{ip_i})]$。$\boldsymbol{A}_u=[\boldsymbol{a}(\theta_1),\boldsymbol{a}(\theta_2),\cdots,\boldsymbol{a}(\theta_Q)]$，$\boldsymbol{A}=[\boldsymbol{A}_u\boldsymbol{A}_c]$，$\boldsymbol{s}(t)=[\boldsymbol{s}_u^{\mathrm{T}}(t)\boldsymbol{s}_c^{\mathrm{T}}(t)]^{\mathrm{T}}$，这里 $\boldsymbol{s}_u(t)=[s_1(t),s_2(t),\cdots,s_Q(t)]^{\mathrm{T}}$，$\boldsymbol{s}_c(t)=[s_{Q+1}(t),s_{Q+2}(t),\cdots,s_{Q+L}(t)]^{\mathrm{T}}$。$\boldsymbol{n}(t)=[n_1(t),n_2(t),\cdots,n_M(t)]^{\mathrm{T}}$，$n_i(t)$表示第 i 个阵元的噪声。

通常做如下假设：

(1) 所有的信号源 $s_1,s_2,\cdots,s_Q,s_{Q+1},\cdots,S_{Q+L}$ 互不相关。另外，$Q+L<M$。

(2) $n_i(t)(i=1,2,\cdots,M)$是高斯白噪声，均值为零，方差为 σ_n^2，且与信源 $s_i(t)(i=1,2,\cdots,Q,Q+1,\cdots,Q+L)$不相关。

基于以上假设，可以得到阵列协方差矩阵

$$\begin{aligned}\boldsymbol{R}&=E\{\boldsymbol{x}(t)\boldsymbol{x}^{\mathrm{H}}(t)\}=\boldsymbol{A}\boldsymbol{R}_s\boldsymbol{A}^{\mathrm{H}}+\sigma_n^2\boldsymbol{I}_M\\&=\boldsymbol{R}_N+\boldsymbol{R}_{\mathrm{NT}}+\sigma_n^2\boldsymbol{I}_M\\&=\boldsymbol{A}_u\boldsymbol{R}_u\boldsymbol{A}_u^{\mathrm{H}}+\boldsymbol{A}_c\boldsymbol{R}_c\boldsymbol{A}_c^{\mathrm{H}}+\sigma_n^2\boldsymbol{I}_M\end{aligned}\tag{4.3}$$

其中 $E\{\cdot\}$和$(\cdot)^{\mathrm{H}}$ 分别表示均值和共轭转置。$\boldsymbol{R}_N=\boldsymbol{A}_u\boldsymbol{R}_u\boldsymbol{A}_u^{\mathrm{H}}$，$\boldsymbol{R}_u=\mathrm{diag}\{\sigma_1^2,\sigma_2^2,\cdots,\sigma_Q^2\}$是 $\boldsymbol{s}_u(t)$的协方差矩阵。$\boldsymbol{R}_{\mathrm{NT}}=\boldsymbol{A}_c\boldsymbol{R}_c\boldsymbol{A}_c^{\mathrm{H}}$，$\boldsymbol{R}_c=\mathrm{diag}\{\sigma_{Q+1}^2,\sigma_{Q+2}^2,\cdots,\sigma_{Q+L}^2\}$是 $\boldsymbol{s}_u(t)$的协方差矩阵。$\boldsymbol{A}=[\boldsymbol{A}_u\boldsymbol{A}_c]$，$\boldsymbol{R}_s=\mathrm{blkdiag}\{\boldsymbol{R}_u,\boldsymbol{R}_c\}$表示块对角阵。$\boldsymbol{I}_M$ 表示 $M\times M$ 单位矩阵。

4.1.2 算法描述

本节将详细介绍不相关和相干信号源的波达方向估计过程。

4.1.2.1 不相关源的估计

首先对不相关源进行波达方向估计。在式(4.3)中，一组相干源被看作等效的虚拟信号源。$\boldsymbol{R}$ 特征分解为

$$\boldsymbol{R}=\boldsymbol{U}\boldsymbol{\Sigma}\boldsymbol{U}^{\mathrm{H}}=\boldsymbol{U}_s\boldsymbol{\Sigma}_s\boldsymbol{U}_s^{\mathrm{H}}+\boldsymbol{U}_n\boldsymbol{\Sigma}_n\boldsymbol{U}_n^{\mathrm{H}}\tag{4.4}$$

其中，$\boldsymbol{\Sigma}=\mathrm{diag}\{\lambda_1,\lambda_2,\cdots,\lambda_M\}$，$\lambda_1\geqslant\lambda_2\geqslant\cdots\geqslant\lambda_{Q+L}\geqslant\lambda_{Q+L+1}=\cdots=\lambda_M=\sigma_n^2$。$\boldsymbol{U}=[\boldsymbol{u}_1,\boldsymbol{u}_2,\cdots,\boldsymbol{u}_M]$，$\boldsymbol{U}_s=[\boldsymbol{u}_1,\boldsymbol{u}_2,\cdots,\boldsymbol{u}_{Q+L}]$，$\boldsymbol{\Sigma}_s=\mathrm{diag}\{\lambda_1,\lambda_2,\cdots,\lambda_{Q+L}\}$，$\boldsymbol{U}_n=[\boldsymbol{u}_{Q+L+1},\boldsymbol{u}_{Q+L+2},\cdots,\boldsymbol{u}_M]$，$\boldsymbol{\Sigma}_n=\mathrm{diag}\{\lambda_{Q+L+1},\lambda_{Q+L+2},\cdots,\lambda_M\}$。

$\boldsymbol{U}_s$ 的列向量张成信号子空间，它由 $\boldsymbol{A}_u$ 和 $\boldsymbol{A}_c$ 的列向量共同张成。$\boldsymbol{U}_n$ 的列向量张成噪声子空间，信号子空间与噪声子空间正交。因此

$$|(\boldsymbol{A}_i\boldsymbol{\rho}_i)^{\mathrm{H}}\boldsymbol{U}_n|^2=0,\quad i=1,2,\cdots,L\tag{4.5}$$

$$g(\theta)=|\boldsymbol{a}^{\mathrm{H}}(\theta)\boldsymbol{U}_n|^2=0,\quad \theta=\theta_i;i=1,2,\cdots,Q\tag{4.6}$$

由于 $\boldsymbol{A}_i\boldsymbol{\rho}_i$ 是范德蒙矩阵列向量的线性组合，所以相干信号不具有式(4.6)中不相关信号源的特性。即每组相干信号的作用不能等同于与不相关信号混淆的虚拟信号源。

4.1.2.2 相干信号的估计

为了估计相干信号的波达方向，对 $\boldsymbol{R}$ 进行空间平滑。这些子阵等价于某些重叠子阵的协方差矩阵，接下来可以用等价子阵来描述平滑，假设子阵的个数是 p，第 m 个子阵协方差

矩阵为

$$\boldsymbol{R}_m=\boldsymbol{K}_m\boldsymbol{R}\boldsymbol{K}_m^{\mathrm{H}} \tag{4.7}$$

其中,选择矩阵 $\boldsymbol{K}_m\in\mathbf{C}^{(M-p+1)\times M}$,定义如下:

$$\boldsymbol{K}_m=[\boldsymbol{0}_{(M-p+1)\times(m-1)}\ \boldsymbol{I}_{(M-p+1)}\ \boldsymbol{0}_{(M-p+1)\times(p-m)}] \tag{4.8}$$

式中,$\boldsymbol{I}_k$ 表示 $k\times k$ 单位矩阵。

定义 4.1 对于一个 $M\times M$ 的矩阵 $\boldsymbol{R}$,p 阶空间差分矩阵 $\boldsymbol{D}_p$ 定义如下:

$$\boldsymbol{D}_p=\frac{1}{p}\sum_{k=1}^{p}\{\boldsymbol{R}_1-\boldsymbol{J}_{M-p+1}\boldsymbol{R}_k^{*}\boldsymbol{J}_{M-p+1}\} \tag{4.9}$$

其中 $\boldsymbol{R}_k=\boldsymbol{K}_k\boldsymbol{R}\boldsymbol{K}_k^{\mathrm{H}}(k=1,2,\cdots,p)$,$\boldsymbol{K}_k$ 定义于式(4.8)中。$\boldsymbol{J}_m$ 定义为交换矩阵,其反对角线上的元素为 1,其他位置为 0,$(\cdot)^{*}$ 表示共轭。

基于以上定义,可以证明 p 阶空间差分矩阵 $\boldsymbol{D}_p$ 具有以下重要性质。

定理 4.1 假设 ULA 由 M 个各向同性阵元组成,有 k 个波达方向各不相同的窄带信号。不失一般性,假设前 Q 个信号不相关,第 k 个信号的波达方向为 θ_k,对应于功率为 σ_k^2 的远场信号源 $s_k(t)$,$k=1,2,\cdots,Q$。其余信号为 P 个相干信号($P=K-Q$),波达方向为 θ_{kl},分为 L 组,分别对应于 L 个功率为 σ_k^2 的统计独立的远场源 $\boldsymbol{s}_k(t)$,每个信号源产生的多径信号为 p_k,$k=Q+1,Q+2,\cdots,Q+L$。如果式(4.9)中定义的 $\boldsymbol{D}_p$ 是协方差矩阵 $\boldsymbol{R}$ 的空间差分矩阵,那么 $\boldsymbol{D}_p$ 中只存在相干成分。

证明:在上述假设下,协方差矩阵 $\boldsymbol{R}$ 为

$$\begin{aligned}\boldsymbol{R}&=\boldsymbol{R}_N+\boldsymbol{R}_{\mathrm{NT}}+\sigma_n^2\boldsymbol{I}_M\\&=\boldsymbol{A}_u\boldsymbol{R}_u\boldsymbol{A}_u^{\mathrm{H}}+\boldsymbol{A}_c\boldsymbol{R}_c\boldsymbol{A}_c^{\mathrm{H}}+\sigma_n^2\boldsymbol{I}_M\end{aligned} \tag{4.10}$$

式中,$\boldsymbol{R}_N=\boldsymbol{A}_u\boldsymbol{R}_u\boldsymbol{A}_u^{\mathrm{H}}$,$\boldsymbol{R}_{\mathrm{NT}}=\boldsymbol{A}_c\boldsymbol{R}_c\boldsymbol{A}_c^{\mathrm{H}}$,$\boldsymbol{A}_u=[\boldsymbol{a}(\theta_1),\boldsymbol{a}(\theta_2),\cdots,\boldsymbol{a}(\theta_Q)]$,$\boldsymbol{a}(\theta_k)$表示不相关信号 $\boldsymbol{s}_k(t)$(波达方向为 θ_k)的导向向量。$\boldsymbol{A}_c=[\boldsymbol{A}_1\boldsymbol{\rho}_1,\boldsymbol{A}_2\boldsymbol{\rho}_2,\cdots,\boldsymbol{A}_L\boldsymbol{\rho}_L]=\boldsymbol{G}\boldsymbol{B}$,其中 $\boldsymbol{G}=[\boldsymbol{A}_1,\boldsymbol{A}_2,\cdots,\boldsymbol{A}_L]$,$\boldsymbol{A}_i=[\boldsymbol{a}(\theta_{i1}),\boldsymbol{a}(\theta_{i2}),\cdots,\boldsymbol{a}(\theta_{ip_i})]$,$\boldsymbol{a}(\theta_{ip_i})$表示波达方向为 θ_{il} 的相干信号的导向向量(第 i 个信号源 $\boldsymbol{s}_i(t)$的第 l 路多径传播信号),$\boldsymbol{B}=\mathrm{blkdiag}\{\boldsymbol{\rho}_1,\boldsymbol{\rho}_2,\cdots,\boldsymbol{\rho}_L\}$,$\boldsymbol{\rho}_i=[\rho_{i1},\rho_{i2},\cdots,\rho_{ip_i}]^{\mathrm{T}}$,$\rho_{il}$ 是对应于第 i 个信号源 $\boldsymbol{s}_i(t)$的第 l 路传播的复衰减系数。$\boldsymbol{R}_u=E\{\boldsymbol{s}_u(t)\boldsymbol{s}_u^{\mathrm{H}}(t)\}$,$\boldsymbol{s}_u(t)=[s_1(t),s_2(t),\cdots,s_Q(t)]^{\mathrm{T}}$。$\boldsymbol{R}_c=E\{\boldsymbol{s}_c(t)\boldsymbol{s}_c^{\mathrm{H}}(t)\}$,$\boldsymbol{s}_c(t)=[s_{Q+1}(t),s_{Q+2}(t),\cdots,s_{Q+L}(t)]^{\mathrm{T}}$。

根据定理 4.1 和式(4.10),阵列协方差矩阵 $\boldsymbol{R}$ 的空间差分矩阵 $\boldsymbol{D}_p$ 可以重写为

$$\begin{aligned}\boldsymbol{D}_p&=\frac{1}{p}\sum_{k=1}^{p}\{\boldsymbol{R}_1-\boldsymbol{J}_{M-p+1}\boldsymbol{R}_k^{*}\boldsymbol{J}_{M-p+1}\}\\&=\frac{1}{p}\sum_{k=1}^{p}\{\boldsymbol{W}_k+\boldsymbol{F}_k\}\end{aligned} \tag{4.11}$$

其中,$\boldsymbol{W}_k=(\boldsymbol{R}_{N1}-\boldsymbol{J}_{M-p+1}\boldsymbol{R}_{Nk}^{*}\boldsymbol{J}_{M-p+1})$,$\boldsymbol{R}_{N1}=\boldsymbol{K}_1\boldsymbol{R}_N\boldsymbol{K}_1=\boldsymbol{A}_{u1}\boldsymbol{R}_u\boldsymbol{A}_{u1}^{\mathrm{H}}$,$\boldsymbol{A}_{u1}=\boldsymbol{K}_1\boldsymbol{A}_u$ 是由 $\boldsymbol{A}_u$ 的前 $M-p+1$ 行构成的子矩阵。$\boldsymbol{R}_{Nk}=\boldsymbol{K}_k\boldsymbol{R}_{\mathrm{NT}}\boldsymbol{K}_k=\boldsymbol{A}_{u1}\boldsymbol{\Theta}^{k-1}\boldsymbol{R}_u(\boldsymbol{\Theta}^{k-1})^{\mathrm{H}}\boldsymbol{A}_{u1}^{\mathrm{H}}$,$\boldsymbol{\Theta}=\mathrm{diag}\{\mathrm{e}^{-\mathrm{j}2\pi d/\lambda\sin(\theta_1)},\mathrm{e}^{-\mathrm{j}4\pi d/\lambda\sin(\theta_2)},\cdots,\mathrm{e}^{-\mathrm{j}2\pi(M-1)d/\lambda\sin(\theta_Q)}\}$。$\boldsymbol{F}_k=(\boldsymbol{R}_{\mathrm{NT}1}-\boldsymbol{J}_{M-p+1}\boldsymbol{R}_{\mathrm{NT}k}^{*}\boldsymbol{J}_{M-p+1})$,$\boldsymbol{R}_{\mathrm{NT}1}=\boldsymbol{K}_1\boldsymbol{R}_{\mathrm{NT}}\boldsymbol{K}_1=\boldsymbol{G}_1\boldsymbol{B}\boldsymbol{R}_c\boldsymbol{B}^{\mathrm{H}}\boldsymbol{G}_1^{\mathrm{H}}$,$\boldsymbol{G}_1=\boldsymbol{K}_1\boldsymbol{G}$ 是由 $\boldsymbol{G}$ 的前 $M-p+1$ 行构成的子矩阵。$\boldsymbol{R}_{\mathrm{NT}k}=\boldsymbol{K}_k\boldsymbol{R}_{\mathrm{NT}}\boldsymbol{K}_k=\boldsymbol{G}_1\boldsymbol{\Phi}^{k-1}\boldsymbol{B}\boldsymbol{R}_c\boldsymbol{B}^{\mathrm{H}}(\boldsymbol{\Phi}^{k-1})^{\mathrm{H}}\boldsymbol{G}_1^{\mathrm{H}}$,这里 $\boldsymbol{\Phi}=\mathrm{blkdiag}\{\boldsymbol{\Phi}_1,\boldsymbol{\Phi}_2,\cdots,\boldsymbol{\Phi}_L\}$,$\boldsymbol{\Phi}_k=$

$\mathrm{diag}\{\mathrm{e}^{-\mathrm{j}2\pi d/\lambda\sin\theta_{k1}},\mathrm{e}^{-\mathrm{j}4\pi d/\lambda\sin\theta_{k2}},\cdots,\mathrm{e}^{-\mathrm{j}2\pi(M-1)d/\lambda\sin\theta_{kp_k}}\}$。

由于导向矩阵 $\boldsymbol{A}_{u1}$ 是范德蒙矩阵，易知 $\boldsymbol{J}_{M-p+1}\boldsymbol{A}_{u1}^{*}=\boldsymbol{A}_{u1}\boldsymbol{\Phi}^{M-p+1}$。通过上述分析，可得

$$\begin{aligned}\boldsymbol{W}_k&=(\boldsymbol{R}_{N1}-\boldsymbol{J}_{M-p+1}\boldsymbol{R}_{Nk}^{*}\boldsymbol{J}_{M-p+1})\\&=\boldsymbol{A}_{u1}\boldsymbol{R}_u\boldsymbol{A}_{u1}^{\mathrm{H}}-\boldsymbol{J}_{M-p+1}(\boldsymbol{A}_{u1}\boldsymbol{\Theta}^{k-1}\boldsymbol{R}_u(\boldsymbol{\Theta}^{k-1})^{\mathrm{H}}\boldsymbol{A}_{u1}^{\mathrm{H}})^{*}\boldsymbol{J}_{M-p+1}\\&=\boldsymbol{A}_{u1}\boldsymbol{R}_u\boldsymbol{A}_{u1}^{\mathrm{H}}-\boldsymbol{A}_{u1}\boldsymbol{\Theta}^{M-p+1}(\boldsymbol{\Theta}^{k-1}\boldsymbol{R}_u(\boldsymbol{\Theta}^{k-1})^{\mathrm{H}})^{*}(\boldsymbol{\Theta}^{M-p+1})^{\mathrm{H}}\boldsymbol{A}_{u1}^{\mathrm{H}}\\&=\boldsymbol{A}_{u1}\boldsymbol{R}_u\boldsymbol{A}_{u1}^{\mathrm{H}}-\boldsymbol{A}_{u1}\boldsymbol{\Theta}^{M-p+1}(\boldsymbol{\Theta}^{M-p+1})^{\mathrm{H}}(\boldsymbol{\Theta}^{k-1}(\boldsymbol{\Theta}^{k-1})^{\mathrm{H}}\boldsymbol{R}_u)^{*}\boldsymbol{A}_{u1}^{\mathrm{H}}\\&=\boldsymbol{A}_{u1}\boldsymbol{R}_u\boldsymbol{A}_{u1}^{\mathrm{H}}-\boldsymbol{A}_{u1}\boldsymbol{R}_u^{*}\boldsymbol{A}_{u1}^{\mathrm{H}}\\&=0\end{aligned}$$

因此，空间差分矩阵 $\boldsymbol{D}_p$ 可以表述为

$$\boldsymbol{D}_p=\frac{1}{p}\sum_{k=1}^{p}\boldsymbol{F}_k \tag{4.12}$$

等式(4.12)说明空间差分矩阵 $\boldsymbol{D}_p$ 中只剩下相干成分。

定理 4.2 假设 ULA 由 M 个各向同性阵元组成，有 k 个不同波达方向的窄带信号。不失一般性，假设前 Q 个信号 $s_k(t)(k=1,2,\cdots,Q)$ 不相关，其余信号 $(s_{Q+1}(t),s_{Q+2}(t),\cdots,s_K(t))$ 为 $P(P=K-Q)$ 个相干信号，共有 L 组，其来自于 L 个统计独立的功率为 σ_k^2 的远场信源 $s_k(t)(k=1,2,\cdots,L)$，每个信源有 p_k 个多径信号。如式(4.9)中定义，矩阵 $\boldsymbol{D}_p$ 是阵列协方差矩阵 $\boldsymbol{R}$ 的空间差分矩阵。如果 $p\geqslant\max_k p_k(k\in\{1,2,\cdots,L\})$，$M-p+1>P=\sum_{k=1}^{L}p_k$，那么矩阵 $\boldsymbol{D}_p$ 的秩等于相干信号源数目，即 $\mathrm{rank}(\boldsymbol{D}_p)=P$。

证明：由定理 4.1 可知，空间差分矩阵 $\boldsymbol{D}_p$ 可以重写为

$$\begin{aligned}\boldsymbol{D}_p&=\frac{1}{p}\sum_{k=1}^{p}\boldsymbol{F}_k\\&=\frac{1}{p}\sum_{k=1}^{p}(\boldsymbol{R}_{\mathrm{NT}1}-\boldsymbol{J}_{M-p+1}\boldsymbol{R}_{\mathrm{NT}k}^{*}\boldsymbol{J}_{M-p+1})\\&=\frac{1}{p}\sum_{k=1}^{p}(\boldsymbol{G}_1\boldsymbol{B}\boldsymbol{R}_c\boldsymbol{B}^{\mathrm{H}}\boldsymbol{G}_1^{\mathrm{H}}-\boldsymbol{J}_{M-p+1}(\boldsymbol{G}_1\boldsymbol{\Phi}^{k-1}\boldsymbol{B}\boldsymbol{R}_c\boldsymbol{B}^{\mathrm{H}}(\boldsymbol{\Phi}^{k-1})^{\mathrm{H}}\boldsymbol{G}_1^{\mathrm{H}})^{*}\boldsymbol{J}_{M-p+1})\end{aligned} \tag{4.13}$$

这里，$\boldsymbol{J}_{M-p+1}\boldsymbol{G}_1^{*}=\boldsymbol{G}_1\boldsymbol{\Phi}^{M-p+1}$，所以式(4.13)可以写为

$$\begin{aligned}\boldsymbol{D}_p&=\frac{1}{p}\sum_{k=1}^{p}(\boldsymbol{G}_1\boldsymbol{B}\boldsymbol{R}_c\boldsymbol{B}^{\mathrm{H}}\boldsymbol{G}_1^{\mathrm{H}}-\boldsymbol{G}_1\boldsymbol{\Phi}^{M+2-p-k}\boldsymbol{B}^{*}\boldsymbol{R}_c\boldsymbol{B}^{*\mathrm{H}}(\boldsymbol{\Phi}^{M+2-p-k})^{\mathrm{H}}\boldsymbol{G}_1^{\mathrm{H}})\\&=\boldsymbol{G}_1\boldsymbol{R}_s\boldsymbol{G}_1^{\mathrm{H}}\end{aligned} \tag{4.14}$$

其中，$\boldsymbol{G}_1=\boldsymbol{K}_1[\boldsymbol{A}_1,\boldsymbol{A}_2,\cdots,\boldsymbol{A}_L]\in\mathbf{C}^{(M-p+1)\times P}$，因为 $M-p+1>P$，所以它是列满秩矩阵。$\boldsymbol{R}_s=(1/p)\sum_{k=1}^{p}(\boldsymbol{B}\boldsymbol{R}_c\boldsymbol{B}^{\mathrm{H}}-\boldsymbol{\Phi}^{M+2-p-k}\boldsymbol{B}^{*}\boldsymbol{R}_c\boldsymbol{B}^{*\mathrm{H}}(\boldsymbol{\Phi}^{M+2-p-k})^{\mathrm{H}})$。

很明显，$\boldsymbol{D}_p$ 与 $\boldsymbol{R}_s$ 的秩相等。所以只需证明 $\boldsymbol{R}_s$ 的秩等于 P，即 $\mathrm{rank}(\boldsymbol{R}_s)=P$。令 $\boldsymbol{B}=\mathrm{blkdiag}\{\boldsymbol{\rho}_1,\boldsymbol{\rho}_2,\cdots,\boldsymbol{\rho}_L\}$，$\boldsymbol{R}_c=\mathrm{diag}(\sigma_{Q+1}^2,\sigma_{Q+2}^2,\cdots,\sigma_{Q+L}^2)$，$\boldsymbol{\Phi}=\mathrm{blkdiag}\{\boldsymbol{\Phi}_1,\boldsymbol{\Phi}_2,\cdots,\boldsymbol{\Phi}_L\}$，故

$\boldsymbol{R}_s$ 可写为

$$\boldsymbol{R}_s=\text{blkdiag}\{\boldsymbol{R}_1,\boldsymbol{R}_2,\cdots,\boldsymbol{R}_L\} \tag{4.15}$$

其中，$\boldsymbol{R}_m=\sigma_{Q+m}^2 1/p\sum_{k=1}^{p}(\boldsymbol{\rho}_m\boldsymbol{\rho}_m^{\text{H}}-\boldsymbol{\Phi}_m^{M+2-p-k}(\boldsymbol{\rho}_m\boldsymbol{\rho}_m^{\text{H}})^*(\boldsymbol{\Phi}_m^{M+2-p-k})^{\text{H}})\in\mathbf{C}^{p_m\times p_m}$，$\sum_{k=1}^{L}p_m=P$。

式(4.15)说明 $\text{rank}(\boldsymbol{R}_s)=P$，当且仅当 $\text{rank}(\boldsymbol{R}_m)=p_m\ \forall m\in(1,2,\cdots,L)$。所以只需证当 $p\geqslant\max_k p_k k\in(1,2,\cdots,L)$ 时，$\text{rank}(\boldsymbol{R}_m)=p_m$。

$\boldsymbol{R}_m$ 的矩阵形式为

$$\boldsymbol{R}_m=\boldsymbol{F}_m\boldsymbol{V}_m\boldsymbol{F}_m^{\text{H}} \tag{4.16}$$

其中，

$$\boldsymbol{F}_m=[\boldsymbol{\rho}_m,\boldsymbol{\Phi}_m^{M+2-p-1}\boldsymbol{\rho}_m^*,\cdots,\boldsymbol{\rho}_m,\boldsymbol{\Phi}_m^{M+2-2p}\boldsymbol{\rho}_m^*]\in\mathbf{C}^{p_m\times 2p}$$

$$\boldsymbol{V}_m=\text{diag}\{\sigma_{Q+m}^2/p,-\sigma_{Q+m}^2/p,\cdots,\sigma_{Q+m}^2/p,-\sigma_{Q+m}^2/p\}\in\mathbf{C}^{2p\times 2p}$$

根据式(4.16)不难证明 $\text{rank}(\boldsymbol{R}_m)=\text{rank}(\boldsymbol{F}_m)$。因为矩阵列变换不改变矩阵的秩，易证明

$$\begin{aligned}\text{rank}(\boldsymbol{F}_m)&=\text{rank}[\boldsymbol{\Phi}_m^{M+2-p-1}\boldsymbol{\rho}_m^*,\cdots,\boldsymbol{\Phi}_m^{M+2-2p}\boldsymbol{\rho}_m^*]\\&=\text{rank}[\boldsymbol{\rho}_m^*,\boldsymbol{\Phi}_m\boldsymbol{\rho}_m^*,\cdots,\boldsymbol{\Phi}_m^{p-1}\boldsymbol{\rho}_m^*]\\&=\text{rank}(\boldsymbol{\Omega}_m\boldsymbol{\Gamma}_m)\end{aligned} \tag{4.17}$$

其中，$\boldsymbol{\Omega}_m=\text{diag}\{\boldsymbol{\rho}_m^*\}$，$\boldsymbol{\Gamma}_m=[\boldsymbol{b}_1^{\text{T}},\boldsymbol{b}_2^{\text{T}},\cdots,\boldsymbol{b}_{p_m}^{\text{T}}]^{\text{T}}$ 是范德蒙矩阵，$\boldsymbol{b}_k=[1,\text{e}^{-\text{j}2\pi d/\lambda\sin(\theta_{mk})},\text{e}^{-\text{j}4\pi d/\lambda\sin(\theta_{mk})},\cdots,\text{e}^{-\text{j}(p-1)2\pi d/\lambda\sin(\theta_{mk})}]$，$k=1,2,\cdots,p_m$。

为了说明矩阵 $\boldsymbol{F}_m$ 的秩等于 p_m，即它是行满秩的，需证明 $\boldsymbol{\rho}_m$ 的每个元素非零和 $\boldsymbol{\Gamma}_m$ 是行满秩的。已知第 k 个信号的能量不为零，$\forall k\in(1,2,\cdots,p_m)$。$\boldsymbol{\Gamma}_m$ 是一个 $p_m\times p$ 的范德蒙矩阵，其中 $\text{e}^{-\text{j}2\pi d/\lambda\sin(\theta_{mk})}\neq\text{e}^{-\text{j}2\pi d/\lambda\sin(\theta_{ml})}$，$\forall k\neq l,k,l\in(1,2,\cdots,p_m)$，可得 $\text{rank}(\boldsymbol{\Gamma}_m)=\min(p_m,p)$，$p\geqslant\max_k p_k(k=1,2,\cdots,L)$。由此可得，如果 $p\geqslant\max_k p_k$，那么差分矩阵 $\boldsymbol{D}_p$ 的秩等于 P。

定理得证。

基于定理4.1和定理4.2，$\boldsymbol{D}_p$ 的特征分解可表示为

$$\begin{aligned}\boldsymbol{D}_p&=\boldsymbol{G}_1\boldsymbol{R}_s\boldsymbol{G}_1^{\text{H}}\\&=\boldsymbol{U}_p\boldsymbol{\Sigma}_p\boldsymbol{U}_p^{\text{H}}\\&=\boldsymbol{U}_{ps}\boldsymbol{\Sigma}_{ps}\boldsymbol{U}_{ps}^{\text{H}}+\boldsymbol{U}_{pn}\boldsymbol{\Sigma}_{pn}\boldsymbol{U}_{pn}^{\text{H}}\end{aligned} \tag{4.18}$$

其中 $\boldsymbol{\Sigma}_p=\text{diag}\{\lambda_1,\lambda_2,\cdots,\lambda_{M-p+1}\}$，$|\lambda_1|>|\lambda_2|>\cdots>|\lambda_P|>|\lambda_{P+1}|=\cdots=|\lambda_{M-p+1}|=0$。$\boldsymbol{U}_p=[\boldsymbol{u}_1,\boldsymbol{u}_2,\cdots,\boldsymbol{u}_{M-p+1}]$是酉矩阵，$U_{ps}=[\boldsymbol{u}_1,\boldsymbol{u}_2,\cdots,\boldsymbol{u}_p]$，$\boldsymbol{\Sigma}_{ps}=\text{diag}\{\lambda_1,\lambda_2,\cdots,\lambda_P\}$，$\boldsymbol{U}_{pn}=[\boldsymbol{u}_{p+1},\boldsymbol{u}_{p+2},\cdots,\boldsymbol{u}_{M-p+1}]$，$\boldsymbol{\Sigma}_{pn}=\text{diag}\{\lambda_{P+1},\lambda_{P+2},\cdots,\lambda_{M-p+1}\}$。

矩阵 $\boldsymbol{U}_{ps}$ 的列向量张成信号子空间，它可由 $\boldsymbol{G}_1$ 的列向量张成。$\boldsymbol{U}_{pn}$ 的列向量张成噪声子空间，信号子空间与噪声子空间垂直。因此

$$f(\theta)\triangleq|\boldsymbol{a}^{\text{H}}(\theta)\boldsymbol{U}_{pn}|^2=0 \tag{4.19}$$

其中，$\theta=\theta_{kl}$，$\forall k\in(1,2,\cdots,L)$，$\forall l\in(1,2,\cdots,p_k)$。

4.1.2.3 相干信号的估计

本节对所提的差分方法进行了总结，并讨论了波达方向估计中可检测信号源数目。

由于接收信号的协方差矩阵 $\boldsymbol{R}$ 通常不易获得，所以本节将使用样本均值对协方差矩阵进行估计，写为

$$\hat{\boldsymbol{R}} = \frac{1}{N}\sum_{k=1}^{N}\{\boldsymbol{x}(t)\boldsymbol{x}^{\mathrm{H}}(t)\} \tag{4.20}$$

其中，N 是快拍数。

在不相关信号和相干信号共存时，波达方向估计的空间差分算法总结如下。

(1) 采集数据，估计协方差矩阵 $\hat{\boldsymbol{R}}$；

(2) 如果 K 未知，则根据 AIC[19] 准则对 $\hat{\boldsymbol{R}}$ 进行特征分解，用 $\hat{\boldsymbol{R}}$ 的最大特征值个数估计信号源数目 K；

(3) 利用式(4.6)中的 $g(\theta)$ 估计不相关信号的波达方向；

(4) 利用式(4.9)计算空间差分矩阵 $\boldsymbol{D}_p$；

(5) 根据 AIC 准则对 $\boldsymbol{D}_p$ 进行特征分解，估计相干信号源数目 P；

(6) 利用式(4.19)中的 $f(\theta)$ 来估计相干信号的波达方向。

4.1.2.4 可辨识性

为求可辨识信号的最大个数，给出了如下两个辨识条件：

条件 1，要正确估计不相关信号的波达方向，必须满足 $Q+L<M$，其中，Q 表示不相关信号源数目，L 表示相干信号的组数，M 表示阵元数。

条件 2，为了利用空间差分矩阵 $\boldsymbol{D}_p$ 来正确估计出 L 组相干信号的波达方向，定理 4.2 表明必须满足可辨识性准则 $p \geqslant \max_k p_k$ 和 $P=\sum_{k=1}^{L} p_k < M-p+1$，这里 p 表示空间差分矩阵 $\boldsymbol{D}_p$ 的阶数，p_k 表示第 k 组相干信号源数目。

由条件 1 和条件 2，可得如下定理

定理 4.3 *若条件 1 和条件 2 成立，则该方法可估计的最大入射信号源数目为 $\lfloor 3M/2 \rfloor -2$，其中 $\lfloor \cdot \rfloor$ 表示向下取整。*

证明：由条件 2 可知，当 $p=\max_k p_k=2$ 时，由所提出方法找到的最大入射相干信号源数目为 $P=M-2$，这意味着 $L=\lfloor (M-2)/2 \rfloor = \lfloor M/2 \rfloor -1$。由条件 1 可知，不相关信号的最大个数为 $Q=M-L-1=M-(\lfloor M/2 \rfloor -1)-1=\lceil M/2 \rceil$，其中 $\lceil \cdot \rceil$ 表示向上取整。

因此，我们能估计 $\lceil M/2 \rceil$ 个不相关信号和 $2\times(\lfloor M/2 \rfloor -1)$ 个相干信号，二者之和 $\lceil M/2 \rceil + 2\times(\lfloor M/2 \rfloor -1) = \lfloor 3M/2 \rfloor -2$ 即是估计出的最大信号源数目。

定理得证。

由定理 4.3 可知，当 $M \geqslant 6$ 时，可以估计的信号源数目多于阵元数。

4.1.2.5 计算复杂度

本节简要地研究了所提算法的计算复杂度。该算法的计算复杂度主要包括：

(1) $M\times M$ 维自协方差矩阵 $\boldsymbol{R}$ 和 $(M-p+1)\times(M-p+1)$ 维空间差分矩阵 $\boldsymbol{D}_p$ 的特征分解(Eigen Value Decomposition, EVD)，复杂度分别为 $O(M^3)$ 和 $O((M-p+1)^3)$；

(2) 沿波达方向对不相关信号和相干信号进行一维谱峰搜索,复杂度分别为 $O(M^2 g_u)$ 和 $O((M-p+1)^2 g_c)$,其中 g_u 和 g_c 分别为沿波达方向搜索不相关信号和相干信号的次数。

表 4.1 给出了该算法以及文献[9]和[12]中算法的复杂度。为了便于比较,文献[9]和[12]以及所提算法分别表示为 ZYM、ZYM2 和 SDM。在表 4.1 中,带有 ps 的 $M_{\text{ps}} = M-\text{ps}+1$ 表示空间差分矩阵 $\boldsymbol{D}_p$ 的阶数,带有 pz 的 $O(M_{\text{pz}}^3)=M-\text{pz}$ 表示子阵的个数。

表 4.1 所提算法与其他算法复杂度的比较

算　法	EVD	广义逆矩阵	峰值搜索
SDM	1 次 $O(M^3)$ 1 次 $O(M_{\text{ps}}^3)$	无	2 次
ZYM	3 次 $O((M-1)^3)$ 1 次 $O(M_{\text{pz}}^3)$	$O((M-1)^3)$	1 次
ZYM2	2 次 $O(M^3)$	无	2 次

4.1.2.6 几种相关算法的比较

空间差分方法不同于传统的 MUSIC 和 FBSS-MUSIC[5] 等算法。

为了分析该方法的特点,首先分析使用传统协方差矩阵[1] 的 MUSIC 算法。要求如下:

(1) 阵元数大于信号源数目;

(2) 各信号源并不完全相关,即信源的协方差矩阵 $\boldsymbol{R}_s = E\{\boldsymbol{s}(t)\boldsymbol{s}^{\text{H}}(t)\}$满秩;

(3) 阵列流形矩阵 $\boldsymbol{A}(\theta)$列满秩,即所有信号源具有不同的波达方向。

则阵列输出向量 $\boldsymbol{x}(t)$的协方差矩阵为

$$\boldsymbol{R} = E\{\boldsymbol{x}(t)\boldsymbol{x}^{\text{H}}(t)\} = \boldsymbol{A}(\theta)\boldsymbol{R}_s\boldsymbol{A}^{\text{H}}(\theta) + \sigma_n^2\boldsymbol{I}$$

如果上述条件(1)～(3)同时成立,则 MUSIC 算法可以通过对传统协方差矩阵 $\boldsymbol{R}$ 进行特征值分解来估计信号子空间和噪声子空间,从而提供更好的波达方向估计性能。然而,在实际环境中,上述假设条件不一定成立。例如,多径传播将导致接收到的信号强相关或相干。在多径传播环境中,信号源的协方差矩阵变得秩亏,所以无论是 MUSIC 算法还是 ESPRIT 等使用传统协方差矩阵的算法都会失效。

针对多路径信号,文献[4]提出了空间平滑技术,文献[5]提出了改进的平滑方案(简称 FBSS 技术)。FBSS 技术构造了修正协方差矩阵 $\boldsymbol{R}_{\text{fb}}$,表达式如下:

$$\boldsymbol{R}_{\text{fb}} = \frac{(\boldsymbol{R}_f + \boldsymbol{R}_b)}{2} = \boldsymbol{A}(\theta)\bar{\boldsymbol{R}}_s\boldsymbol{A}(\theta)^{\text{H}} + \sigma_n^2\boldsymbol{I}$$

其中,$\boldsymbol{R}_f$ 和 $\boldsymbol{R}_b$ 分别表示前向和后向空间平滑协方差矩阵; $\bar{\boldsymbol{R}}_s$ 表示 FBSS 技术给出的修正的信源协方差矩阵。实际上,$\bar{\boldsymbol{R}}_s$ 将阵列分割成多个重叠的子阵,然后利用子阵协方差矩阵的平均值来恢复信源协方差矩阵 $\boldsymbol{R}_s$ 的秩。因此,利用修正的协方差矩阵 $\boldsymbol{R}_{\text{fb}}$,可以将 MUSIC 算法应用于多径传播环境中(称为 FBSS-MUSIC[5])。注意,矩阵 $\boldsymbol{R}_{\text{fb}}$ 中包含了不相关信号、相干信号和噪声的信息,FBSS-MUSIC 仅利用矩阵 $\boldsymbol{R}_{\text{fb}}$ 来估计所有入射信号(不相关信号、相干信号)的波达方向。它要求下列条件(1)～(3)同时成立。

(1) 每个子阵中阵元数大于信号源数目;

(2) 子阵个数大于或等于信号源数目；

(3) 阵列流形矩阵 $\boldsymbol{A}(\theta)$列满秩。

本节所提算法的关键思想是利用空间差分技术将不相关信号和相干信号分离，从而有效地抑制不相关信号和噪声的影响。该方法在两个不同的阶段对不相关源和相干源的波达方向进行估计。如 4.1.2.1 节所示，基于传统协方差矩阵，相干信号无法在 MUSIC 频谱中形成峰值，只能得到不相关信号的波达方向。因此，首先可以利用传统的协方差矩阵估计不相关信号的波达方向。然后利用空间差分技术将这些不相关的信号和加性噪声完全消除，即空间差分矩阵 $\boldsymbol{D}_p$ 中只剩下相干成分(见定理 4.1)。如 4.1.2.2 节所示，利用空间差分矩阵 $\boldsymbol{D}_p$ 可以估计所有相干信号的波达方向。

通过与上述方法比较，可以总结出所提方法的如下优点。

(1) 因为非相关源和相干源的估计是在两个不同的阶段进行的，所以该方法可以应用于较为复杂的电磁环境中。例如，当不相关源与相干源来自同一方向时，本节提出的方法仍然能够区分两种信号。然而，因为传统 MUSIC 算法和 FBSS-MUSIC 算法要求所有的入射信号都具有不同的波达方向(例如，阵列流形 $\boldsymbol{A}(\theta)$必须是列满秩的)，所以这两种算法在这种电磁环境下会失效。

(2) 本节所提算法可估计的信号源数目的最大值等于$\lfloor 3M/2 \rfloor-2$(见定理 4.3)。这意味着，当 $M \geqslant 6$ 时，该算法可处理的信号源数目大于阵元数，然而，在 FBSS-MUSIC 算法中，无论信号源是否相干，信号的数量都会受限于每个子阵的阵元数量，因为它需用一个修正协方差矩阵 $\boldsymbol{R}_{\mathrm{fb}}$ 同时解出不相关和相干的信号。

(3) 利用所提的空间差分技术对不相关信号和相干信号进行精确分离(见定理 4.1)，可以独立地获得不相关和相干信号的波达方向。需要注意的是，空间差分技术可以完全消除不相关信号和噪声。即空间差分矩阵 $\boldsymbol{D}_p$ 中只保留有相干信号。这意味着所提的空间差分技术可以抑制不相关信号和加性噪声的影响，从而获得更好的波达方向估计性能。

(4) 所提算法有着较低的计算复杂度(见 4.1.2.5 节)。

(5) 所提算法对波达方向估计的性能优于 FBSS-MUSIC 算法(见定理 4.4 和定理 4.5)。

定理 4.4 在上述假设下，对于不相关信号的波达方向($\theta_1,\theta_2,\cdots,\theta_Q$)，下式成立：

$$\operatorname{Var}_p(\theta_k) < \operatorname{Var}_{\mathrm{FM}}(\theta_k), \quad k=1,2,\cdots,Q$$

其中，θ_k 表示不相关信号 $s_k(k=1,2,\cdots,Q)$的波达方向；$\operatorname{Var}_p(\theta_k)$和 $\operatorname{Var}_{\mathrm{FM}}(\theta_k)$分别表示所提算法和 FBSS-MUSIC 算法的波达方向估计均方误差(Mean Square Error，MSE)。

证明：要证明定理 4.4，必须证明以下两个结论：

(1) 假设 m 是所提方法使用的所有阵元的数量。如果 m 等于 FBSS-MUSIC 方法所使用的每个子阵中阵元的数量，那么 $T_m(\hat{\theta}_k) \leqslant F_m(\tilde{\theta}_k)(k=1,2,\cdots,Q)$，这里 $T_m(\hat{\theta}_k)$和 $F_m(\hat{\theta}_k)$分别表示所提算法和 FBSS-MUSIC 算法的第 k 个不相关信号估计的均方误差。

(2) $T_{m+1}(\hat{\theta}_k) \leqslant T_m(\hat{\theta}_k)$，$F_{m+1}(\hat{\theta}_k) \leqslant F_m(\hat{\theta}_k)$，$k=1,2,\cdots,Q$。

结论(1)的证明：当采样数 N 较大时，对于不相关信号的 DOA，可以由所提算法进行估计：

$$\begin{aligned} T_m(\hat{\theta}_k) &= E\{(\theta_k-\hat{\theta}_k)^2\} \\ &= \frac{1}{2N \times \mathrm{SNR}_k} \frac{f_m(\theta_k)}{d_m(\theta_k)}, \quad k=1,2,\cdots,Q \end{aligned}$$

其中，$f_m(\theta_k)=1+[(\boldsymbol{A}_m^{\mathrm{H}}\boldsymbol{A}_m)^{-1}]_{kk}/\mathrm{SNR}_k$，这里 $\boldsymbol{A}_m=[\boldsymbol{A}_u,\boldsymbol{GB}]$，$[(\boldsymbol{A}_m^{\mathrm{H}}\boldsymbol{A}_m)^{-1}]_{kk}$ 表示矩阵 $(\boldsymbol{A}_m^{\mathrm{H}}\boldsymbol{A}_m)^{-1}$ 的第(k,k)个元素，$\mathrm{SNR}_k=\sigma_k^2/\sigma_n^2$，$d_m(\theta_k)=\boldsymbol{d}_m^{\mathrm{H}}(\theta_k)(\boldsymbol{I}_m-\boldsymbol{A}_m(\boldsymbol{A}_m^{\mathrm{H}}\boldsymbol{A}_m)^{-1}\boldsymbol{A}_m^{\mathrm{H}})$ $\boldsymbol{d}_m(\theta_k)$，$\boldsymbol{d}_m(\theta_k)=\mathrm{d}\boldsymbol{a}_m(\theta_k)/\mathrm{d}\theta_k$。

类似地，如果 m 等于 FBSS-MUSIC 算法中每个子阵的数量，那么由 FBSS-MUSIC 算法估计的不相关信号的均方误差是

$$F_m(\hat{\theta}_k)=E\{(\theta_k-\hat{\theta}_k)^2\}$$
$$=\frac{1}{2N\times\mathrm{SNR}_k}\frac{g_m(\theta_k)}{z_m(\theta_k)},\quad k=1,2,\cdots,Q$$

式中，$g_m(\theta_k)=1+[(\boldsymbol{C}_m^{\mathrm{H}}\boldsymbol{C}_m)^{-1}]_{kz}/\mathrm{SNR}_k$，$\boldsymbol{C}_m=[\boldsymbol{A}_u,\boldsymbol{G}]$，$[(\boldsymbol{C}_m^{\mathrm{H}}\boldsymbol{C}_m)^{-1}]_{kk}$ 表示矩阵 $(\boldsymbol{C}_m^{\mathrm{H}}\boldsymbol{C}_m)^{-1}$ 的第(k,k)个元素；$\mathrm{SNR}_k=\sigma_k^2/\sigma_n^2$；$z_m(\theta_k)=\boldsymbol{d}_m^{\mathrm{H}}(\theta_k)(\boldsymbol{I}_m-\boldsymbol{C}_m(\boldsymbol{C}_m^{\mathrm{H}}\boldsymbol{C}_m)^{-1}\boldsymbol{C}_m^{\mathrm{H}})$ $\boldsymbol{d}_m(\theta_k)$，$d_m(\theta_k)=\mathrm{d}\boldsymbol{a}_m(\theta_i)/\mathrm{d}\theta_k$。

要想证明 $T_m(\hat{\theta}_k)\leqslant F_m(\hat{\theta}_k)$，首先要证明 $f_m(\theta_k)\leqslant g_m(\theta_k)$，易知 $f_m(\theta_k)\leqslant g_m(\theta_k)\Leftrightarrow$ $[(\boldsymbol{A}_m^{\mathrm{H}}\boldsymbol{A}_m)^{-1}]_{kk}\leqslant[(\boldsymbol{C}_m^{\mathrm{H}}\boldsymbol{C}_m)^{-1}]_{kk}(k=1,2,\cdots,Q)$。因此只需要证明$[(\boldsymbol{A}_m^{\mathrm{H}}\boldsymbol{A}_m)^{-1}]_{kk}\leqslant$ $[(\boldsymbol{C}_m^{\mathrm{H}}\boldsymbol{C}_m)^{-1}]_{kk}(k=1,2,\cdots,Q)$。

因为 $\boldsymbol{A}_m^{\mathrm{H}}\boldsymbol{A}_m=\begin{bmatrix}\boldsymbol{A}_u^{\mathrm{H}}\boldsymbol{A}_u & \boldsymbol{A}_u^{\mathrm{H}}\boldsymbol{GB}\\ \boldsymbol{B}^{\mathrm{H}}\boldsymbol{G}^{\mathrm{H}}\boldsymbol{A}_u & \boldsymbol{B}^{\mathrm{H}}\boldsymbol{G}^{\mathrm{H}}\boldsymbol{GB}\end{bmatrix}$，这里矩阵 $\boldsymbol{A}_u^{\mathrm{H}}\boldsymbol{A}_u$ 和 $\boldsymbol{B}^{\mathrm{H}}\boldsymbol{G}^{\mathrm{H}}\boldsymbol{GB}$ 是非奇异的，由此可以得出$(\boldsymbol{A}_m^{\mathrm{H}}\boldsymbol{A}_m)^{-1}=\begin{bmatrix}\boldsymbol{W} & \#\\ \# & \#\end{bmatrix}$，其中

$$\begin{aligned}\boldsymbol{W}&=(\boldsymbol{A}_u^{\mathrm{H}}\boldsymbol{A}_u-\boldsymbol{A}_u\boldsymbol{GB}(\boldsymbol{B}^{\mathrm{H}}\boldsymbol{G}^{\mathrm{H}}\boldsymbol{GB})^{-1}\boldsymbol{B}^{\mathrm{H}}\boldsymbol{G}^{\mathrm{H}}\boldsymbol{A}_u)^{-1}\\&=(\boldsymbol{A}_u^{\mathrm{H}}\boldsymbol{A}_u)^{-1}+(\boldsymbol{A}_u^{\mathrm{H}}\boldsymbol{A}_u)^{-1}\boldsymbol{A}_u^{\mathrm{H}}(\boldsymbol{I}-\boldsymbol{GB}(\boldsymbol{B}^{\mathrm{H}}\boldsymbol{G}^{\mathrm{H}}\boldsymbol{GB})^{-1}\boldsymbol{B}^{\mathrm{H}}\boldsymbol{G}^{\mathrm{H}}\boldsymbol{A}_u(\boldsymbol{A}_u^{\mathrm{H}}\boldsymbol{A}_u)^{-1}\boldsymbol{A}_u^{\mathrm{H}})^{-1}\\&\quad\boldsymbol{GB}(\boldsymbol{B}^{\mathrm{H}}\boldsymbol{G}^{\mathrm{H}}\boldsymbol{GB})^{-1}\boldsymbol{B}^{\mathrm{H}}\boldsymbol{G}^{\mathrm{H}}\boldsymbol{A}_u(\boldsymbol{A}_u^{\mathrm{H}}\boldsymbol{A}_u)^{-1}\end{aligned}$$

类似地，$(\boldsymbol{C}_m^{\mathrm{H}}\boldsymbol{C}_m)^{-1}=\begin{bmatrix}\boldsymbol{W}_f & \#\\ \# & \#\end{bmatrix}$，其中

$$\begin{aligned}\boldsymbol{W}_f=&(\boldsymbol{A}_u^{\mathrm{H}}\boldsymbol{A}_u)^{-1}+(\boldsymbol{A}_u^{\mathrm{H}}\boldsymbol{A}_u)^{-1}\boldsymbol{A}_u^{\mathrm{H}}(\boldsymbol{I}-\boldsymbol{G}(\boldsymbol{G}^{\mathrm{H}}\boldsymbol{G})^{-1}\boldsymbol{G}^{\mathrm{H}}\boldsymbol{A}_a(\boldsymbol{A}_u^{\mathrm{H}}\boldsymbol{A}_u)^{-1}\boldsymbol{A}_u^{\mathrm{H}})^{-1}\\&\boldsymbol{G}(\boldsymbol{G}^{\mathrm{H}}\boldsymbol{G})^{-1}\boldsymbol{G}^{\mathrm{H}}\boldsymbol{A}_u(\boldsymbol{A}_n^{\mathrm{H}}\boldsymbol{A}_u)^{-1}\end{aligned}$$

因为 $\boldsymbol{W}_f-\boldsymbol{W}=(\boldsymbol{A}_u^{\mathrm{H}}\boldsymbol{A}_u)^{-1}\boldsymbol{A}_u^{\mathrm{H}}(\boldsymbol{I}-\boldsymbol{G}(\boldsymbol{G}^{\mathrm{H}}\boldsymbol{G})^{-1}\boldsymbol{G}^{\mathrm{H}}\boldsymbol{A}_u(\boldsymbol{A}_u^{\mathrm{H}}\boldsymbol{A}_u)^{-1}\boldsymbol{A}_u^{\mathrm{H}})^{-1}\boldsymbol{G}(\boldsymbol{G}^{\mathrm{H}}\boldsymbol{G})^{-1}\boldsymbol{G}^{\mathrm{H}}-$ $(\boldsymbol{I}-\boldsymbol{GB}(\boldsymbol{B}^{\mathrm{H}}\boldsymbol{G}^{\mathrm{H}}\boldsymbol{GB})^{-1}\boldsymbol{B}^{\mathrm{H}}\boldsymbol{G}^{\mathrm{H}}\boldsymbol{A}_u(\boldsymbol{A}_u^{\mathrm{H}}\boldsymbol{A}_u)^{-1}\boldsymbol{A}_u^{\mathrm{H}})^{-1}\boldsymbol{GB}(\boldsymbol{B}^{\mathrm{H}}\boldsymbol{G}^{\mathrm{H}}\boldsymbol{GB})^{-1}\boldsymbol{B}^{\mathrm{H}}\boldsymbol{G}^{\mathrm{H}})\boldsymbol{A}_u(\boldsymbol{A}_u^{\mathrm{H}}\boldsymbol{A}_u)^{-1}$ 是半正定矩阵，由此可以得出$[\boldsymbol{W}_f]_{kk}\geqslant[\boldsymbol{W}]_{kk}(k=1,2,\cdots,Q)$。所以$[(\boldsymbol{A}_m^{\mathrm{H}}\boldsymbol{A}_m)^{-1}]_{kk}\leqslant$ $[(\boldsymbol{C}_m^{\mathrm{H}}\boldsymbol{C}_m)^{-1}]_{kk}(k=1,2,\cdots,Q)$。

其次，要证明 $d_m(\theta_k)\geqslant z_m(\theta_k)$。

因为 $\boldsymbol{M}=(\boldsymbol{I}_m-\boldsymbol{A}_m(\boldsymbol{A}_m^{\mathrm{H}}\boldsymbol{A}_m)^{-1}\boldsymbol{A}_m^{\mathrm{H}})-(\boldsymbol{I}_m-\boldsymbol{C}_m(\boldsymbol{C}_m^{\mathrm{H}}\boldsymbol{C}_m)^{-1}\boldsymbol{C}_m^{\mathrm{H}})=\boldsymbol{C}_m(\boldsymbol{C}_m^{\mathrm{H}}\boldsymbol{C}_m)^{-1}\boldsymbol{C}_m^{\mathrm{H}}-$ $\boldsymbol{A}_m(\boldsymbol{A}_m^{\mathrm{H}}\boldsymbol{A}_m)^{-1}\boldsymbol{A}_m^{\mathrm{H}}$ 是半正定矩阵，因此可以确保 $\boldsymbol{d}_m^{\mathrm{H}}(\theta_k)\boldsymbol{M}\boldsymbol{d}_m\geqslant 0$，意味着 $d_m(\theta_k)\geqslant$ $z_m(\theta_k)$。

最后，根据 $f_m(\theta_k)\leqslant g_m(\theta_k)$和 $d_m(\theta_k)\geqslant z_m(\theta_k)$，可得 $T_m(\theta_k)\leqslant F_m(\theta_k)$。

结论(1)得证。

结论(2)的证明：$T_{m+1}(\hat{\theta}_k)$可以由下式给出，即

$$T_{m+1}(\hat{\theta}_k)=E\{(\theta_k-\hat{\theta}_k)^2\}$$
$$=\frac{1}{2N\times \mathrm{SNR}_k}\frac{f_{m+1}(\theta_k)}{d_{m+1}(\theta_k)}(k=1,2,\cdots,Q)$$

式中，$f_{m+1}(\theta_k)=1+[(\boldsymbol{A}_{m+1}^{\mathrm{H}}\boldsymbol{A}_{m+1})^{-1}]_{kk}/\mathrm{SNR}_k$，$[(\boldsymbol{A}_{m+1}^{\mathrm{H}}\boldsymbol{A}_{m+1})^{-1}]_{kk}$ 表示矩阵 $(\boldsymbol{A}_{m+1}^{\mathrm{H}}\boldsymbol{A}_{m+1})^{-1}$ 的第(k,k)个元素；$\mathrm{SNR}_k=\sigma_k^2/\sigma_n^2$；$d_{m+1}(\theta_k)=\boldsymbol{d}_{m+1}^{\mathrm{H}}(\theta_k)(\boldsymbol{I}_{m+1}-\boldsymbol{A}_{m+1}(\boldsymbol{A}_{m+1}^{\mathrm{H}}\boldsymbol{A}_{m+1})^{-1}\boldsymbol{A}_{m+1}^{\mathrm{H}})\boldsymbol{d}_{m+1}(\theta_k)$，这里 $\boldsymbol{d}_{m+1}(\theta_k)=\mathrm{d}\boldsymbol{a}_{m+1}(\theta_k)/\mathrm{d}\theta_k$。

要想证明 $T_{m+1}(\theta_k)<T_m(\theta_k)$，首先要证明 $f_{m+1}(\theta_k)<f_m(\theta_k)$。

式 $f_{m+1}(\theta_k)=1+[(\boldsymbol{A}_{m+1}^{\mathrm{H}}\boldsymbol{A}_{m+1})^{-1}]_{kk}/\mathrm{SNR}_k$，意味着 $T_{m+1}(\hat{\theta}_k)<T_m(\hat{\theta}_k)$成立，当且仅当$[(\boldsymbol{A}_{m+1}^{\mathrm{H}}\boldsymbol{A}_{m+1})^{-1}]_{kk}<[(\boldsymbol{A}_m^{\mathrm{H}}\boldsymbol{A}_m)^{-1}]_{kk}$ 时。因此，必须证明$[(\boldsymbol{A}_{m+1}^{\mathrm{H}}\boldsymbol{A}_{m+1})^{-1}]_{kk}<[(\boldsymbol{A}_m^{\mathrm{H}}\boldsymbol{A}_m)^{-1}]_{kk}$。

接下来引入以下符号：

$$\boldsymbol{H}=(\boldsymbol{A}_m^{\mathrm{H}}\boldsymbol{A}_m)^{-1},\quad \boldsymbol{G}=\boldsymbol{A}_m^{\mathrm{H}}\boldsymbol{d}_m(\theta_k)$$

$\boldsymbol{u}^{\mathrm{H}}=A_{m+1}$ 最后一行

$v^*=\boldsymbol{d}_{m+1}(\theta_k)$ 最后一个元素

利用 $\boldsymbol{A}_{m+1}$ 和 $\boldsymbol{d}_{m+1}$ 的嵌套结构，有 $\boldsymbol{A}_{m+1}=\begin{bmatrix}\boldsymbol{A}_m\\ \boldsymbol{u}^{\mathrm{H}}\end{bmatrix}$，$\boldsymbol{d}_{m+1}(\theta_k)=\begin{bmatrix}\boldsymbol{d}_m(\theta_k)\\ v^*\end{bmatrix}$。

利用 Sherman-Morrison 公式

$$(\boldsymbol{A}+\boldsymbol{x}\boldsymbol{y}^{\mathrm{H}})^{-1}=\boldsymbol{A}^{-1}-\frac{\boldsymbol{A}^{-1}\boldsymbol{x}\boldsymbol{y}^{\mathrm{H}}\boldsymbol{A}^{-1}}{1+\boldsymbol{y}^{\mathrm{H}}\boldsymbol{A}^{-1}\boldsymbol{x}}$$

可以得到

$$(\boldsymbol{A}_{m+1}^{\mathrm{H}}\boldsymbol{A}_{m+1})^{-1}=(\boldsymbol{A}_m^{\mathrm{H}}\boldsymbol{A}_m+\boldsymbol{u}\boldsymbol{u}^{\mathrm{H}})^{-1}$$
$$=\boldsymbol{H}-\frac{\boldsymbol{H}\boldsymbol{u}\boldsymbol{u}^{\mathrm{H}}\boldsymbol{H}}{1+\boldsymbol{u}^{\mathrm{H}}\boldsymbol{H}\boldsymbol{u}}=(\boldsymbol{A}_m^{\mathrm{H}}\boldsymbol{A}_m)^{-1}-a$$

式中的 $a=\boldsymbol{H}\boldsymbol{u}\boldsymbol{u}^{\mathrm{H}}\boldsymbol{H}/1+\boldsymbol{u}^{\mathrm{H}}\boldsymbol{H}\boldsymbol{u}>0$，意味着$[(\boldsymbol{A}_{m+1}^{\mathrm{H}}\boldsymbol{A}_{m+1})^{-1}]_{kk}<[(\boldsymbol{A}_m^{\mathrm{H}}\boldsymbol{A}_m)^{-1}]_{kk}$。因此有 $f_{m+1}(\theta_k)<f_m(\theta_k)$。

其次，要证明 $d_{m+1}(\theta_k)\geqslant d_m(\theta_k)$。

$$d_{m+1}(\theta_k)=\boldsymbol{d}_{m+1}^{\mathrm{H}}(\theta_k)(\boldsymbol{I}_{m+1}-\boldsymbol{A}_{m+1}(\boldsymbol{A}_{m+1}^{\mathrm{H}}\boldsymbol{A}_{m+1})^{-1}\boldsymbol{A}_{m+1}^{\mathrm{H}})\boldsymbol{d}_{m+1}(\theta_k)$$
$$=\boldsymbol{d}_{m+1}^{\mathrm{H}}(\theta_k)\boldsymbol{d}_{m+1}(\theta_k)-\boldsymbol{d}_{m+1}^{\mathrm{H}}(\boldsymbol{A}_{m+1}(\boldsymbol{A}_{m+1}^{\mathrm{H}}\boldsymbol{A})_{m+1}^{-1}\boldsymbol{A}_{m+1}^{\mathrm{H}})\boldsymbol{d}_{m+1}(\theta_k)$$
$$=\boldsymbol{d}_m^{\mathrm{H}}(\theta_k)(\boldsymbol{I}_m-\boldsymbol{A}_m(\boldsymbol{A}_m^{\mathrm{H}}\boldsymbol{A})_m^{-1}\boldsymbol{A}_m^{\mathrm{H}})\boldsymbol{d}_m(\theta_k)+r$$
$$=d_m(\theta_k)+r$$

其中，$r=(v-\boldsymbol{G}^{\mathrm{H}}\boldsymbol{H}\boldsymbol{u})(v-\boldsymbol{G}^{\mathrm{H}}\boldsymbol{H}\boldsymbol{u})^{\mathrm{H}}/(1+\boldsymbol{u}^{\mathrm{H}}\boldsymbol{H}\boldsymbol{u})$。因为 $r\geqslant 0$，所以有 $d_{m+1}(\theta_k)\geqslant d_m(\theta_k)$。

最后，根据 $f_{m+1}(\theta_k)<f_m(\theta_k)$ 和 $d_{m+1}(\theta_k)\geqslant d_m(\theta_k)$，可以得到 $T_{m+1}(\bar{\theta}_k)<T_m(\bar{\theta}_k)$，类似地，可以得到 $F_{m+1}(\bar{\theta}_k)<F_m(\bar{\theta}_k)$。

结论(2)得证。

根据结论(1)和结论(2)，易知 $\mathrm{Var}_P(\theta_k)<\mathrm{Var}_{\mathrm{FM}}(\theta_k)$，$(k=1,2,\cdots,Q)$。

定理得证。

定理 4.5 基于上述假设，对于相干信号的波达方向($\theta_{Q+1},\theta_{Q+2},\cdots,\theta_K$)，下列不等式成立：

$$\mathrm{Var}_P(\theta_k) < \mathrm{Var}_{\mathrm{FM}}(\theta_k), \quad k=Q+1,Q+2,\cdots,K$$

其中，θ_k 表示相干信号 $s_k(k=Q+1,Q+2,\cdots,K)$的波达方向。$\mathrm{Var}_P(\theta_k)$和 $\mathrm{Var}_{\mathrm{FM}}(\theta_k)$分别表示所提算法和 FBSS-MUSIC 算法的波达方向 θ_k 的估计均方误差。

证明：对于 $K-Q$ 个相干信号的均方误差(通过所提出的方法估计)由下式给出：

$$T_m(\tilde{\theta}_k)=E\{(\theta_k-\hat{\theta}_k)^2\}=\frac{1}{2N\times \mathrm{SNR}_k}\frac{f_m(\theta_k)}{d_m(\theta_k)}, \quad k=1,2,\cdots,K-Q$$

式中，$f_m(\theta_k)=1+[(\boldsymbol{G}_m^{\mathrm{H}}\boldsymbol{G}_m)^{-1}]_{kk}/\mathrm{SNR}_k$，$[(\boldsymbol{G}_m^{\mathrm{H}}\boldsymbol{G}_m)^{-1}]_{kk}$ 表示矩阵$(\boldsymbol{G}_m^{\mathrm{H}}\boldsymbol{G}_m)^{-1}$ 的第(k,k)个元素；$\mathrm{SNR}_k=\sigma_k^2/\sigma_n^2$；$d_m(\theta_k)=\boldsymbol{d}_m^{\mathrm{H}}(\theta_k)(\boldsymbol{I}_m-\boldsymbol{G}_m(\boldsymbol{G}_m^{\mathrm{H}}\boldsymbol{G}_m)^{-1}\boldsymbol{G}_m^{\mathrm{H}})\boldsymbol{d}_m(\theta_k)$，这里 $\boldsymbol{d}_m(\theta_k)=\mathrm{d}\boldsymbol{a}_m(\theta_k)/\mathrm{d}\theta_k$。

类似地，当每个子阵的阵元数量等于 m 时，由 FBSS-MUSIC 方法估计出的 $K-Q$ 个相干信号的均方误差是

$$\begin{aligned}F_m(\hat{\theta}_k)&=E\{(\theta_k-\hat{\theta}_k)^2\}\\&=\frac{1}{2N\times \mathrm{SNR}_k}\frac{g_m(\theta_k)}{z_m(\theta_k)}, \quad k=Q+1,Q+2,\cdots,K\end{aligned}$$

其中，$g_m(\theta_k)=1+[(\boldsymbol{C}_m^{\mathrm{H}}\boldsymbol{C}_m)^{-1}]_{kk}/\mathrm{SNR}_k$，$\boldsymbol{C}_m=[\boldsymbol{A}_u,\boldsymbol{G}_m]$，$[(\boldsymbol{C}_m^{\mathrm{H}}\boldsymbol{C}_m)^{-1}]_{kk}$ 表示矩阵$(\boldsymbol{C}_m^{\mathrm{H}}\boldsymbol{C}_m)^{-1}$ 的第(k,k)个元素；$\mathrm{SNR}_k=\sigma_k^2/\sigma_n^2$；$z_m(\theta_k)=\boldsymbol{d}_m^{\mathrm{H}}(\theta_k)(\boldsymbol{I}_m-\boldsymbol{C}_m(\boldsymbol{C}_m^{\mathrm{H}}\boldsymbol{C}_m)^{-1}\boldsymbol{C}_m^{\mathrm{H}})\boldsymbol{d}_m(\theta_k)$，$\boldsymbol{d}_m(\theta_k)=\mathrm{d}\boldsymbol{a}_m(\theta_k)/\mathrm{d}\theta_k$。

因为 $(\boldsymbol{C}_m^{\mathrm{H}}\boldsymbol{C}_m)^{-1}=\begin{bmatrix}\boldsymbol{A}_u^{\mathrm{H}}\boldsymbol{A}_u & \boldsymbol{A}_u\boldsymbol{G}_m\\ \boldsymbol{G}_m\boldsymbol{A}_u & \boldsymbol{G}_m^{\mathrm{H}}\boldsymbol{G}_m\end{bmatrix}^{-1}=\begin{bmatrix}\# & \#\\ \# & \boldsymbol{Z}\end{bmatrix}$，式中的 $\boldsymbol{Z}=(\boldsymbol{G}_m^{\mathrm{H}}\boldsymbol{G}_m)^{-1}+(\boldsymbol{G}_m^{\mathrm{H}}\boldsymbol{G}_m)^{-1}\boldsymbol{G}_m^{\mathrm{H}}\boldsymbol{A}_u(\boldsymbol{A}_u^{\mathrm{H}}\boldsymbol{A}_u-\boldsymbol{A}_u^{\mathrm{H}}\boldsymbol{G}_m\boldsymbol{G}_m^{\mathrm{H}}\boldsymbol{A}_u)^{-1}\boldsymbol{A}_u^{\mathrm{H}}\boldsymbol{G}_m(\boldsymbol{G}_m^{\mathrm{H}}\boldsymbol{G}_m)^{-1}$，由此可以得到 $[(\boldsymbol{C}_m^{\mathrm{H}}\boldsymbol{C}_m)^{-1}]_{kk,(k=Q+1,Q+2,\cdots,K)}=[\boldsymbol{Z}]_{kk_1}(k=1,2,\cdots,K-Q)$和

$$\begin{aligned}r_k&=[\boldsymbol{Z}]_{kk}-[(\boldsymbol{G}_m^{\mathrm{H}}\boldsymbol{G}_m)^{-1}]_{kk}\\&=[(\boldsymbol{G}_m^{\mathrm{H}}\boldsymbol{G}_m)^{-1}\boldsymbol{G}_m^{\mathrm{H}}\boldsymbol{A}_u(\boldsymbol{A}_u^{\mathrm{H}}\boldsymbol{A}_u-\boldsymbol{A}_u^{\mathrm{H}}\boldsymbol{G}_m\boldsymbol{G}_m^{\mathrm{H}}\boldsymbol{A}_u)^{-1}\boldsymbol{A}_u^{\mathrm{H}}\boldsymbol{G}_m(\boldsymbol{G}_m^{\mathrm{H}}\boldsymbol{G}_m)^{-1}]_{kk}\end{aligned}$$

利用条件 $r_k>0$，可以得到 $f_m(\theta_k)<g_m(\theta_k)$。

类似地，有

$$(\boldsymbol{I}_m-\boldsymbol{G}_m(\boldsymbol{G}_m^{\mathrm{H}}\boldsymbol{G}_m)^{-1}\boldsymbol{G}_m^{\mathrm{H}})-(\boldsymbol{I}_m-\boldsymbol{C}_m(\boldsymbol{C}_m^{\mathrm{H}}\boldsymbol{C}_m)^{-1}\boldsymbol{C}_m^{\mathrm{H}})=\boldsymbol{C}_m(\boldsymbol{C}_m^{\mathrm{H}}\boldsymbol{C}_m)^{-1}\boldsymbol{C}'^{\mathrm{H}}_m-\boldsymbol{G}_m(\boldsymbol{G}_m^{\mathrm{H}}\boldsymbol{G}_m)^{-1}\boldsymbol{G}'^{\mathrm{H}}_m$$

这是半正定矩阵，由此可以得到 $d_m(\theta_k)\geqslant z_m(\theta_k)$。

根据 $f_m(\theta_k)<g_m(\theta_k)$和 $d_m(\theta_k)\geqslant z_m(\theta_k)$，可以得到 $T_m(\hat{\theta}_{k,k=1,2,\cdots,K-Q})<F_m(\hat{\theta}_{k,k=Q+1,Q+2,\cdots,K})$，即 $\mathrm{Var}_p(\theta_k)<\mathrm{Var}_{\mathrm{FM}}(\theta_k)$，$(k=Q+1,Q+2,\cdots,K)$。

定理得证。

4.1.2.7 实际的天线阵列

在实际的天线阵列系统中，以下任一因素都可能导致导向向量的不确定性：

(1) 阵元的增益/相位误差；

(2) 阵元位置误差；

(3) 阵元增益/相位及阵元位置误差；

(4) 阵元之间的相互耦合等。

这意味着在阵列系统的实际实现中，已知的导向向量只是理想条件下的，而不是真实的。因此，为了应用该算法，首先必须准确估计出导向向量，然后才能成功地实现该方法。

对于一个实际的天线阵列，实际导向向量 $\tilde{a}(\theta)$ 会偏离理想的导向向量 $\boldsymbol{a}(\theta)$。我们选择的阵元几乎与接收天线阵列具有相同的发射模式。在这种接收阵列中，阵列可近似建模为

$$\tilde{\boldsymbol{a}}(\theta)=\boldsymbol{Q}\boldsymbol{a}(\theta)h(\theta)$$

其中，$\boldsymbol{Q}$ 为校准方阵，可以将其建模为矩阵乘积，即 $\boldsymbol{Q}=\boldsymbol{Q}_c\boldsymbol{Q}_{\mathrm{GP}}$。矩阵 $\boldsymbol{Q}_c$ 表示阵元间的相互耦合，通常被描述为严格对角占优矩阵。矩阵 $\boldsymbol{Q}_{\mathrm{GP}}$ 表示不同阵元间的增益和不匹配相位，它是一个复对角矩阵。$h(\theta)$反映幅值变化且 θ 为方向角的函数。阵列输出向量 $\boldsymbol{x}(t)$ 和协方差矩阵 $\boldsymbol{R}$ 表示为

$$\begin{cases}\boldsymbol{x}(t)=\boldsymbol{Q}\boldsymbol{A}\boldsymbol{H}(\theta)\boldsymbol{s}(t)+\boldsymbol{n}(t)\\ \boldsymbol{R}=E\{\boldsymbol{x}(t)\boldsymbol{x}^{\mathrm{H}}(t)\}=\boldsymbol{Q}\boldsymbol{A}\boldsymbol{H}(\theta)\boldsymbol{R}_s\boldsymbol{H}^{\mathrm{H}}(\theta)\boldsymbol{A}^{\mathrm{H}}\boldsymbol{Q}^{\mathrm{H}}+\sigma_n^2\boldsymbol{I}\end{cases}$$

其中，$\boldsymbol{H}(\theta)=\mathrm{diag}\{h(\theta_1),h(\theta_2),\cdots,h(\theta_K)\}$。由于 $\boldsymbol{H}(\theta)$ 只影响接收信号功率(见输出向量 $\boldsymbol{x}(t)$)，不失一般性，设 $\boldsymbol{H}(\theta)=\boldsymbol{I}$。

近年来，出现了许多阵列校准算法[20-23]。通过校正获得所需信息的方法是进行一些测量，即在已知位置使用几个校准源来校准信息，这是目前最常用的方法。在估计校准矩阵 $\boldsymbol{Q}$ 后，可以得到下式

$$\boldsymbol{R}_Q=\boldsymbol{Q}^{-1}\boldsymbol{R}\boldsymbol{Q}^{-\mathrm{H}}=\boldsymbol{A}\boldsymbol{R}_s\boldsymbol{A}^{\mathrm{H}}+\boldsymbol{R}_{nQ}$$

其中，$\boldsymbol{R}_{nQ}=\sigma_n^2\boldsymbol{Q}^{-1}\boldsymbol{Q}^{-\mathrm{H}}$ 是有色噪声协方差矩阵。设 $\boldsymbol{L}$ 为 $\boldsymbol{R}_{nQ}$ 的 Cholesky 因子，即 $\boldsymbol{L}\boldsymbol{L}^{\mathrm{H}}=\boldsymbol{R}_{nQ}$。易知 $\boldsymbol{W}=\boldsymbol{L}^{-1}$ 可以进行预白噪声化，即

$$\boldsymbol{R}_w=\boldsymbol{W}\boldsymbol{R}_Q\boldsymbol{W}^{\mathrm{H}}=\boldsymbol{W}\boldsymbol{A}\boldsymbol{R}_s\boldsymbol{A}^{\mathrm{H}}\boldsymbol{W}^{\mathrm{H}}+\boldsymbol{I} \tag{4.21}$$

其中，$\boldsymbol{A}=[\boldsymbol{A}_u\boldsymbol{A}_c]$，$\boldsymbol{R}_s=\mathrm{blkdiag}\{\boldsymbol{R}_u\boldsymbol{R}_c\}$。对 $\boldsymbol{R}_w$ 进行特征分解，并将得到的特征值 $\lambda_1,\lambda_2,\cdots,\lambda_M$ 进行降序排列，与得到的对应的特征向量 $\boldsymbol{u}_1,\boldsymbol{u}_2,\cdots,\boldsymbol{u}_M$。$\boldsymbol{u}_1,\boldsymbol{u}_2,\cdots,\boldsymbol{u}_{Q+L}$ 张成信号子空间，也可由 $\boldsymbol{W}\boldsymbol{A}_u$ 和 $\boldsymbol{W}\boldsymbol{A}_c$ 的列向量联合张成，矩阵 $\boldsymbol{U}_n=[\boldsymbol{u}_{Q+L+1},\boldsymbol{u}_{Q+L+2},\cdots,\boldsymbol{u}_M]$的列张成噪声子空间，利用信号子空间正交于噪声子空间性质，可以得到

$$|(\boldsymbol{A}_i\rho_i)^{\mathrm{H}}\boldsymbol{W}^{\mathrm{H}}\boldsymbol{U}_n|^2=0,\quad i=1,2,\cdots,L \tag{4.22}$$

$$|\boldsymbol{a}^{\mathrm{H}}(\theta)\boldsymbol{W}^{\mathrm{H}}\boldsymbol{U}_n|^2=0,\quad 当\ \theta=\theta_i,i=1,2,\cdots,Q \tag{4.23}$$

由式(4.22)和式(4.23)可知，可以估计出不相关信号源的波达方向。

令

$$\boldsymbol{R}_o=\boldsymbol{R}_Q-\boldsymbol{R}_{nQ}=\boldsymbol{A}\boldsymbol{R}_s\boldsymbol{A}^{\mathrm{H}} \tag{4.24}$$

假设矩阵 $\boldsymbol{D}_{po}$ 是 $\boldsymbol{R}_o$ 的第 p 阶空间差分矩阵。易知对于空间差分矩阵 $\boldsymbol{R}_o$，定理 4.1 和定理 4.2 仍然成立。也就是说，即使实际天线阵列中存在互耦合现象，相干信号的波达方向仍然可以利用式(4.19)来估计。

4.1.3 仿真实验及分析

为了验证所提算法的有效性，本节通过仿真实验给出了所提算法的波达方向估计性能。对于所有的仿真实验，ULA 阵元数为 8，阵元间距 $d=\lambda/2$。使用式(4.6)和式(4.19)分别估计不相关源和相干源的波达方向时，搜索范围为(−90°,90°)，步长为 0.1。

实验 1：在不相关和相干信号共存的情况下，对 5 种算法进行了比较，包括 FBSS-MUSIC[5]、FBSS-ESPRIT[2],[5]、ESC 算法[12]、文献[24-25]中提出的总最小二乘 MP 法(例如 TLS-MP)以及所提的空间差分方法。第 k 个信号源的输入信噪比定义为 $10\log_{10}(\sigma_k^2/\sigma_n^2)$。假设所有信号源的功率相等，快拍数 $N=300$，对结果进行 100 次蒙特卡洛实验。波达方向估计的均方根误差(Root Mean Square Error，RMSE)定义为

$$\text{RMSE}=\sqrt{\frac{1}{100K}\sum_{k=1}^{100}\sum_{k=1}^{K}(\hat{\theta}_k(n)-\theta_i)^2} \tag{4.25}$$

其中，$\hat{\theta}_k(n)$是第 n 次蒙特卡洛实验中对 θ_k 的估计值，K 是入射信号源数目。假设有两个波达方向为[−20°,10°]的不相关信号源，两组波达方向为[0°,20°]和[−40°,30°]的相干信号，其衰落系数分别为[0.9,0.8]和[0.85,0.7]，相位分别为[135°,70°]和[98°,231°]。图 4.1 和图 4.2 给出了随 SNR 变化的波达方向均方根误差曲线。图中还给出了式(4.2)中信号模型的 Cramer&Rao 界(Cramer-Rao Bound，CRB)[9]曲线。

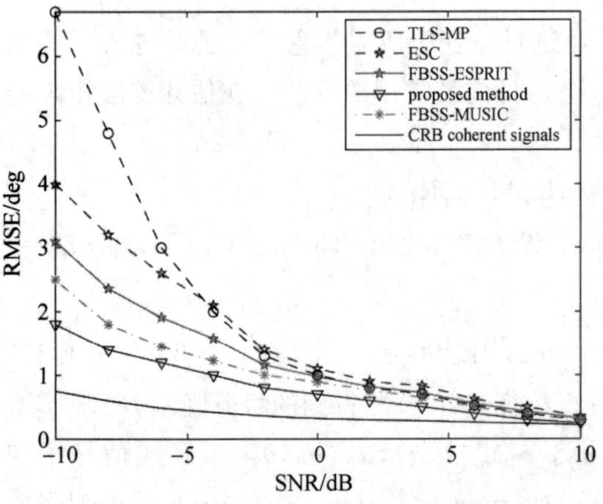

图 4.1 相干信号随 SNR 变化的波达方向均方根误差曲线

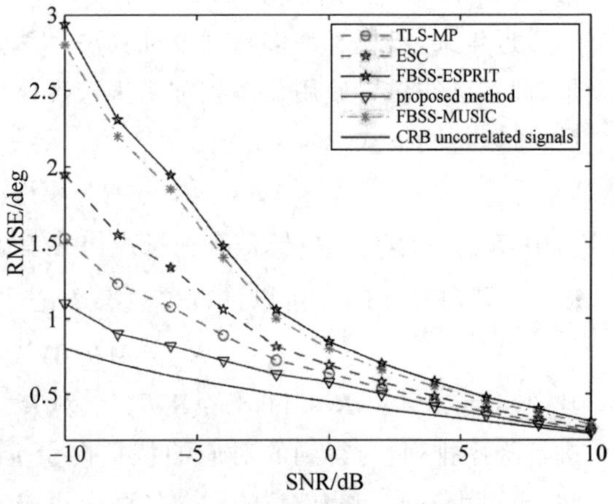

图 4.2 非相干信号随 SNR 变化的波达方向均方误差曲线

可以看出，所提方法的性能优于 FBSS-MUSIC 方法、FBSS-ESPRIT 方法、ESC 方法和 TLS-MP 方法(TLS-MP 方法的快拍数为 300，组合方法与文献[25]中的快拍数情况相同，阵元数为 14)。这是因为所提算法先用整个协方差矩阵估计不相关源，然后在不受不相关源干扰的情况下，用只包含相干信号的空间差分矩阵估计相干信号的波达方向。

实验 2：研究了入射信号源数目超过阵元数的情况。考虑有 $Q=4$ 个不相关信号源，波达方向设定为[−40°,−20°,−10°,0°]，有 $L=3$ 组的 6 个相干信号，波达方向设定为[−30°,−10°,0°,20°,40°,60°]。相干信号的衰减系数和相位分别为[1,0.9,1,0.7,0.8,1]

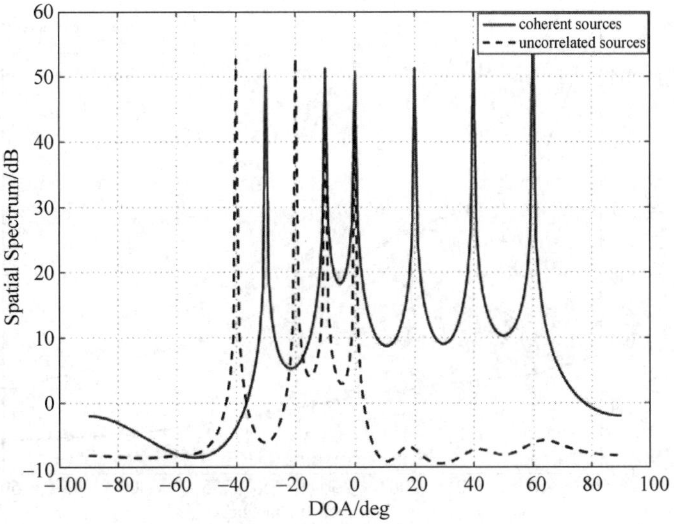

图 4.3 信号源数目超过传统限制时的阵列模式

和[122°,237.2°,78°,112.5°,66°,126°]。每个信号源的信噪比为 15dB,快拍数是 1024。定理 4.3 表明,当 ULA 中有 8 个阵元时,所提算法可以估计的最大入射信号源数目为 10 个,且全部入射信号的波达方向都可以被所提算法准确估计。注意,因为 FBSS-MUSIC 方法和 ESC 算法估计的信号源数目不能超过 $M-L+1+\lfloor 2M/3 \rfloor=9$,所以在这种情况下它们会失效。

图 4.4 给出了随输入 SNR 变化的波达方向估计的均方根误差曲线。可以看出,所提方法具有良好的估计性能。考虑只有快拍数不同的场景,图 4.5 给出了当输入信噪比为 0dB 时,波达方向估计随快拍数变化的均方根误差曲线,这说明随着快拍数的增加,所提方法的波达方向估计将更加准确。

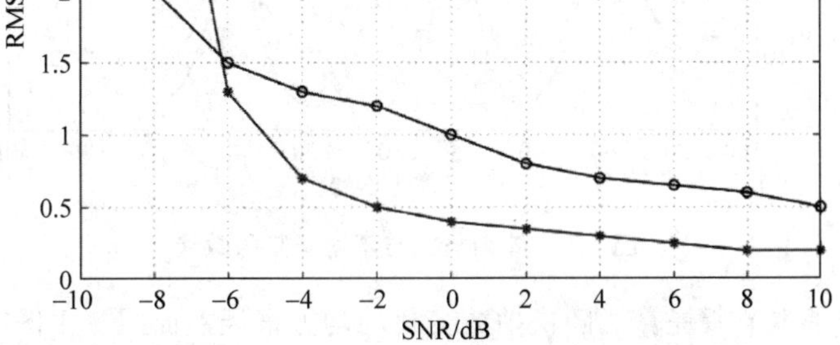

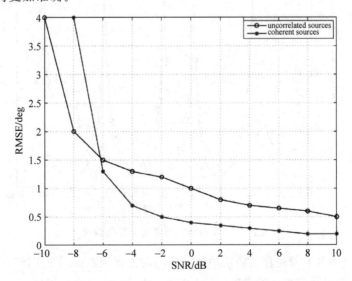

图 4.4 非相关和相干源的 DOA 估计与输入信噪比的 RMSE 曲线(快拍数为 300)

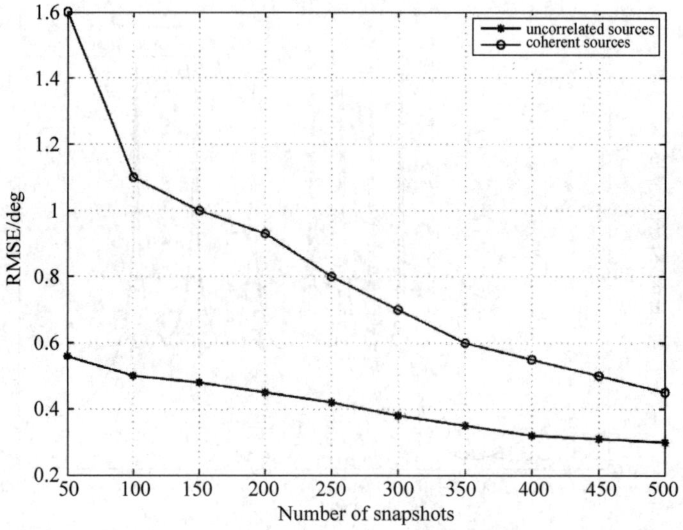

图 4.5　非相关和相干源在不同快拍数下 DOA 估计的 RMSE 曲线

实验 3：研究子阵数量 p 对波达方向的影响。假设有两组波达方向分别为[0°,20°]和[−40°,30°]的相干信号源，其衰减系数分别为[0.9,0.8]和[0.85,0.7]，相位分别为[135°,70°]和[98°,231°]。信噪比和快拍数分别为 0dB 和 500。在这种情况下，子阵数量为 2～4 的阵列模式如图 4.6 所示。由图 4.6 可以看出，即使使用较少($p=2$)的子阵，所提方法仍具有更好的波达方向估计性能。当 $p=2$ 时，图 4.7 给出了所提算法随输入 SNR 变化的均方根误差曲线。

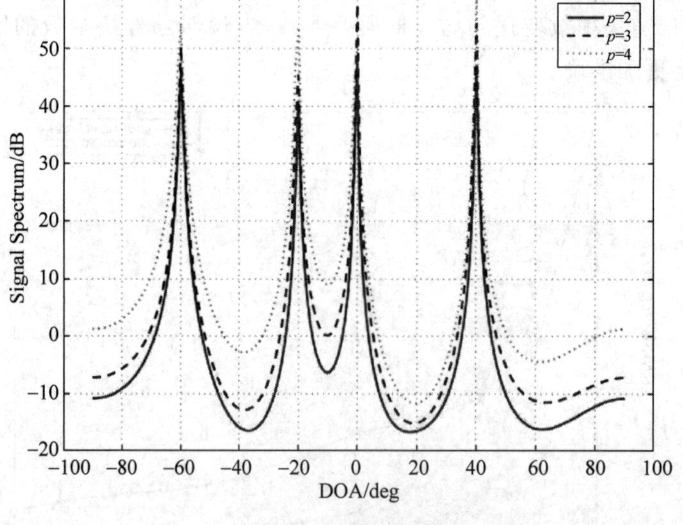

图 4.6　阵列模式与不同子阵的数量

图 4.8 给出了本节所提算法随快拍数变化的均方根误差曲线。由图 4.7 和图 4.8 可以看出，随着快拍数以及信噪比的增加，所提算法的估计结果会更加准确。

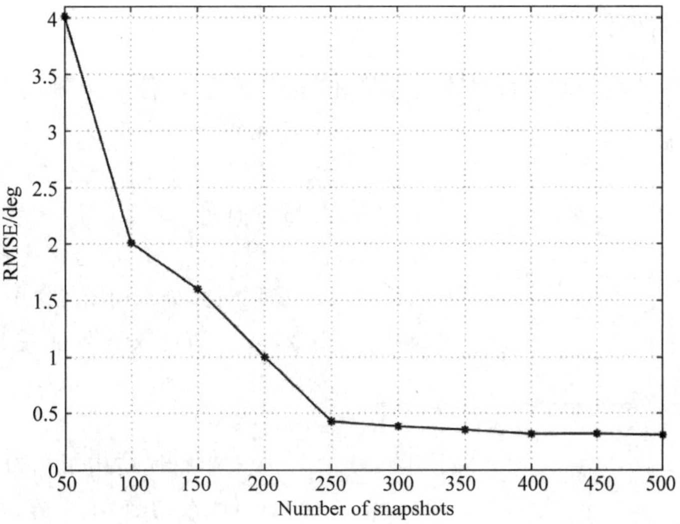

图 4.7 在不同快拍数下 DOA 估计的 RMSE 曲线(子阵 $p=2$ 和 SNR=5dB)

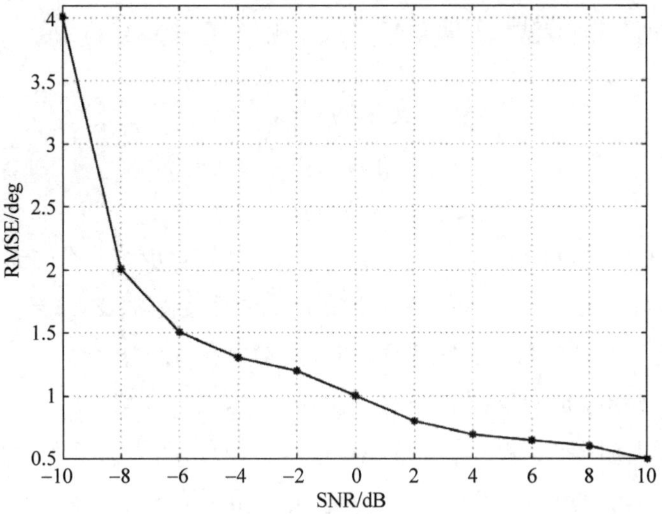

图 4.8 在不同 SNR 下 DOA 估计的 RMSE 曲线(子阵 $p=2$ 和快拍数 400)

4.2 TPULA-DOA 算法

本节利用双平行线的天线阵列结构,讨论一种计算复杂性较低并且具有高性能的TPULA-DOA(Two Parallel Uniform Linear Array,TPULA)估计算法[26-28]。和以往的工作相比,本节提出的算法在求解参数估计的过程中只需要对较小维数的数据矩阵进行特征值分解,并且能够较好地解决参数配对的问题,同时也能够适用于入射角度接近的波束问题,只要描述一个波束入射方向的两个角度不同时接近另一个波束的两个入射角度,此算法就适用。

4.2.1 数据模型

考虑如图 4.9 所示的双平行线阵列结构，阵元间距为 d，位于 x 轴的 ULA 由$(M+1)$个阵元组成，第二个 ULA 由 M 个阵元组成。假设具有相同波长的 Q 个窄带信号从二维方向角$\{(\gamma_k,\varphi_k),k=1,2,\cdots,Q\}$入射到阵列，其中，$\gamma_k$ 和 φ_k 分别代表方位角和仰角。为处理方便，分别用图 4.9 中所示的 α_k,β_k 代替 γ_k,φ_k，通过数学推导，它们之间存在着这样的关系：$\cos\alpha_k=\sin\gamma_k\cdot\cos\varphi_k$，$\cos\beta_k=\sin\gamma_k\cdot\sin\varphi_k$。

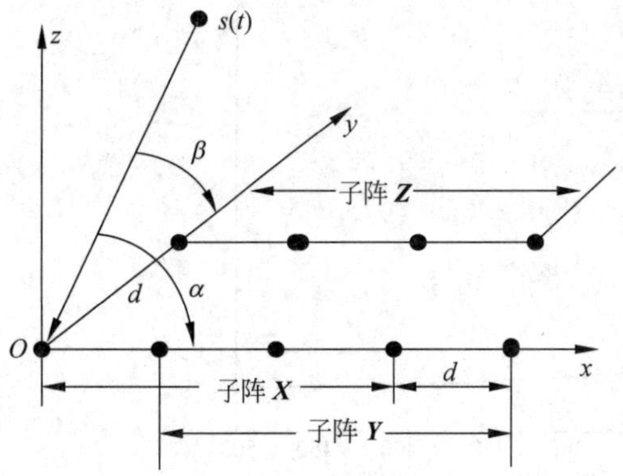

图 4.9 阵列结构

从双平行线结构中构造 3 个子阵，其中第一个 ULA 的前 M 个阵元和后 M 个阵元分别组成子阵 X 和 Y，第二个 ULA 构成第三个子阵 $\boldsymbol{Z}$，假设信号源数目 $Q<M$，阵列输出的噪声 $\boldsymbol{n}_x(t)$、$\boldsymbol{n}_y(t)$和 $\boldsymbol{n}_z(t)$为零均值的方差为 σ^2 统计独立的高斯白噪声，且与信号不相关，则在子阵 $\boldsymbol{X}$、$\boldsymbol{Y}$ 和 $\boldsymbol{Z}$ 上的观测信号写成矩阵形式分别为

$$\begin{cases}\boldsymbol{X}(t)=\boldsymbol{A}\boldsymbol{s}(t)+\boldsymbol{n}_x(t)\\ \boldsymbol{Y}(t)=\boldsymbol{A}\boldsymbol{\Theta}\boldsymbol{s}(t)+\boldsymbol{n}_y(t)\\ \boldsymbol{Z}(t)=\boldsymbol{A}\boldsymbol{\Phi}\boldsymbol{s}(t)+\boldsymbol{n}_z(t)\end{cases} \tag{4.26}$$

其中，$\boldsymbol{X}(t)=[x_1(t),x_2(t),\cdots,x_M(t)]^{\mathrm{T}}$，$x_i(t)$是子阵 $\boldsymbol{X}$ 中第 i 个阵元的输出；$\boldsymbol{Y}(t)=[y_1(t),y_2(t),\cdots,y_M(t)]^{\mathrm{T}}$，$y_i(t)$为子阵$\boldsymbol{Y}$ 中第 i 个阵元的输出；$\boldsymbol{Z}(t)=[z_1(t),z_2(t),\cdots,z_M(t)]^{\mathrm{T}}$，$z_i(t)$是子阵 $\boldsymbol{Z}$ 中第 i 个阵元的输出；$\boldsymbol{s}(t)=[s_1(t),s_2(t),\cdots,s_Q(t)]^{\mathrm{T}}$，$s_i(t)$是第 i 个窄带信号复包络；$\boldsymbol{n}_k(t)=[n_{k,1}(t),n_{k,2}(t),\cdots,n_{k,M}(t)]^{\mathrm{T}}$，$k=x,y,z$，$n_{k,i}(t)$为 k 子阵中第 i 个阵元上的噪声；$\boldsymbol{A}=[\boldsymbol{a}(\alpha_1),\boldsymbol{a}(\alpha_2),\cdots,\boldsymbol{a}(\alpha_Q)]^{\mathrm{T}}$ 为阵列响应矩阵，$\boldsymbol{a}(\alpha_k)=[1,\vartheta_k,\cdots,\vartheta_k^{M-1}]^{\mathrm{T}}$，$\vartheta_k=\exp\{-\mathrm{j}2\pi(d/\lambda)\cos\alpha_k\}$；对角矩阵$\boldsymbol{\Theta}=\mathrm{diag}\{\vartheta_1,\vartheta_2,\cdots,\vartheta_Q\}$，$\vartheta_k=\exp\{-\mathrm{j}2\pi(d/\lambda)\cos\alpha_k\}$；对角矩阵 $\boldsymbol{\Phi}=\mathrm{diag}\{\phi_1,\phi_2,\cdots,\phi_Q\}$，$\phi_k=\exp\{-\mathrm{j}2\pi(d/\lambda)\cos\beta_k\}$；$(\cdot)^{\mathrm{T}}$ 表示矩阵转置。

在给定观测值 $\boldsymbol{X}(t)$，$\boldsymbol{Y}(t)$，$\boldsymbol{Z}(t)$的情况下，本节的目的是估计二维波达方向(α_k,β_k)，$k=1,2,\cdots,Q$。在我们的阵元结构的观测中，二维波达方向的估计可以通过估计两个对角矩阵$\boldsymbol{\Theta}$ 和$\boldsymbol{\Phi}$ 来实现。

4.2.2 算法描述

1. Q 个独立信号源的情况

通过观测式(4.26)，可以得到下面的等式：

$$\boldsymbol{R}_{XX}=E\{\boldsymbol{X}(t)\boldsymbol{X}^{\mathrm{H}}(t)\}=\boldsymbol{A}\boldsymbol{R}_s\boldsymbol{A}^{\mathrm{H}}+\sigma^2\boldsymbol{I}_M$$

$$\boldsymbol{R}_{XY}=E\{\boldsymbol{X}(t)\boldsymbol{Y}^{\mathrm{H}}(t)\}=\boldsymbol{A}\boldsymbol{R}_s\boldsymbol{\Theta}^{\mathrm{H}}\boldsymbol{A}^{\mathrm{H}}+\sigma^2\boldsymbol{J}$$

$$\boldsymbol{R}_{XZ}=E\{\boldsymbol{X}(t)\boldsymbol{Z}^{\mathrm{H}}(t)\}=\boldsymbol{A}\boldsymbol{R}_s\boldsymbol{\Phi}^{\mathrm{H}}\boldsymbol{A}^{\mathrm{H}}$$

$$\boldsymbol{R}_{YY}=E\{\boldsymbol{Y}(t)\boldsymbol{Y}^{\mathrm{H}}(t)\}=\boldsymbol{A}\boldsymbol{\Theta}\boldsymbol{R}_s\boldsymbol{\Theta}^{\mathrm{H}}\boldsymbol{A}^{\mathrm{H}}+\sigma^2\boldsymbol{I}_M$$

$$\boldsymbol{R}_{YZ}=E\{\boldsymbol{Y}(t)\boldsymbol{Z}^{\mathrm{H}}(t)\}=\boldsymbol{A}\boldsymbol{\Theta}\boldsymbol{R}_s\boldsymbol{\Phi}^{\mathrm{H}}\boldsymbol{A}^{\mathrm{H}}$$

$$\boldsymbol{R}_{ZZ}=E\{\boldsymbol{Z}(t)\boldsymbol{Z}^{\mathrm{H}}(t)\}=\boldsymbol{A}\boldsymbol{\Phi}\boldsymbol{R}_s\boldsymbol{\Phi}^{\mathrm{H}}\boldsymbol{A}^{\mathrm{H}}+\sigma^2\boldsymbol{I}_M$$

其中，$\boldsymbol{R}_s=E\{\boldsymbol{s}(t)\boldsymbol{s}^{\mathrm{H}}(t)\}$是信源部分的协方差矩阵；$\boldsymbol{I}_M$ 是 M 阶单位矩阵；$\boldsymbol{J}=\begin{bmatrix}\boldsymbol{0} & 0\\ \boldsymbol{I}_{M-1} & \boldsymbol{0}^{\mathrm{T}}\end{bmatrix}$，$\boldsymbol{0}$ 是 $M-1$ 维零行向量。

令

$$\boldsymbol{C}_1=\boldsymbol{R}_{XX}-\sigma^2\boldsymbol{I}_M=\boldsymbol{A}\boldsymbol{R}_s\boldsymbol{A}^{\mathrm{H}} \tag{4.27}$$

$$\boldsymbol{C}_2=\boldsymbol{R}_{XY}-\sigma^2\boldsymbol{J}=\boldsymbol{A}\boldsymbol{R}_s\boldsymbol{\Theta}^{\mathrm{H}}\boldsymbol{A}^{\mathrm{H}} \tag{4.28}$$

$$\boldsymbol{C}_3=\boldsymbol{R}_{XZ}=\boldsymbol{A}\boldsymbol{R}_s\boldsymbol{\Phi}^{\mathrm{H}}\boldsymbol{A}^{\mathrm{H}} \tag{4.29}$$

$$\boldsymbol{C}_4=\boldsymbol{R}_{YY}-\sigma^2\boldsymbol{I}_M=\boldsymbol{A}\boldsymbol{\Theta}\boldsymbol{R}_s\boldsymbol{\Theta}^{\mathrm{H}}\boldsymbol{A}^{\mathrm{H}} \tag{4.30}$$

$$\boldsymbol{C}_5=\boldsymbol{R}_{YZ}=\boldsymbol{A}\boldsymbol{\Theta}\boldsymbol{R}_s\boldsymbol{\Phi}^{\mathrm{H}}\boldsymbol{A}^{\mathrm{H}} \tag{4.31}$$

$$\boldsymbol{C}_6=\boldsymbol{R}_{ZZ}-\sigma^2\boldsymbol{I}_M=\boldsymbol{A}\boldsymbol{\Phi}\boldsymbol{R}_s\boldsymbol{\Phi}^{\mathrm{H}}\boldsymbol{A}^{\mathrm{H}} \tag{4.32}$$

利用式(4.27)～式(4.32)，构造一个矩阵如下：

$$\boldsymbol{C}=\begin{bmatrix}\boldsymbol{C}_1 & \boldsymbol{C}_2 & \boldsymbol{C}_3\\ \boldsymbol{C}_2^{\mathrm{H}} & \boldsymbol{C}_4 & \boldsymbol{C}_5\\ \boldsymbol{C}_3^{\mathrm{H}} & \boldsymbol{C}_5^{\mathrm{H}} & \boldsymbol{C}_6\end{bmatrix}=\begin{bmatrix}\boldsymbol{A}\\ \boldsymbol{A}\boldsymbol{\Theta}\\ \boldsymbol{A}\boldsymbol{\Phi}\end{bmatrix}\boldsymbol{R}_s[\boldsymbol{A}\quad \boldsymbol{\Theta}^{\mathrm{H}}\boldsymbol{A}^{\mathrm{H}}\quad \boldsymbol{\Phi}^{\mathrm{H}}\boldsymbol{A}^{\mathrm{H}}]$$

如果 Q 个信号源在波达方向 α,β 不同时接近，那么可以推出 $\mathrm{rank}(\bar{\boldsymbol{A}})=Q$，这里 $\bar{\boldsymbol{A}}=[\boldsymbol{A}^{\mathrm{T}}(\boldsymbol{A}\boldsymbol{\Theta})^{\mathrm{T}}(\boldsymbol{A}\boldsymbol{\Phi})^{\mathrm{T}}]^{\mathrm{T}}$。根据文献[2]，可以对矩阵 $\boldsymbol{C}$ 进行特征值分解得到信号子空间 $\boldsymbol{E}_s$，并且存在唯一的一个可逆矩阵 $\boldsymbol{T}$，满足下列关系：

$$\boldsymbol{E}_s=\begin{bmatrix}\boldsymbol{E}_1\\ \boldsymbol{E}_2\\ \boldsymbol{E}_3\end{bmatrix}=\begin{bmatrix}\boldsymbol{A}\\ \boldsymbol{A}\boldsymbol{\Theta}\\ \boldsymbol{A}\boldsymbol{\Phi}\end{bmatrix}\boldsymbol{T}=\bar{\boldsymbol{A}}\boldsymbol{T} \tag{4.33}$$

这里 $\boldsymbol{E}_1$、$\boldsymbol{E}_2$、$\boldsymbol{E}_3$ 的维数分别等于矩阵 $\boldsymbol{A}$、$\boldsymbol{A}\boldsymbol{\Theta}$、$\boldsymbol{A}\boldsymbol{\Phi}$ 的维数。

利用式(4.33)，可以得到

$$\boldsymbol{E}_1=\boldsymbol{A}\boldsymbol{T} \tag{4.34}$$

$$\boldsymbol{E}_2=\boldsymbol{A}\boldsymbol{\Theta}\boldsymbol{T} \tag{4.35}$$

$$\boldsymbol{E}_3=\boldsymbol{A}\boldsymbol{\Phi}\boldsymbol{T} \tag{4.36}$$

利用矩阵 $\boldsymbol{\Phi}$、$\boldsymbol{\Theta}$ 和 $\boldsymbol{T}$，定义两个矩阵如下：

$$\boldsymbol{\Psi}_1=\boldsymbol{T}^{-1}\boldsymbol{\Theta}\boldsymbol{T} \tag{4.37}$$

$$\boldsymbol{\Psi}_2=\boldsymbol{T}^{-1}\boldsymbol{\Phi}\boldsymbol{T} \tag{4.38}$$

通过式(4.34)～式(4.38)，$\boldsymbol{E}_2$ 和 $\boldsymbol{E}_3$ 可以整理为

$$\boldsymbol{E}_2=\boldsymbol{A}\boldsymbol{T}\boldsymbol{T}^{-1}\boldsymbol{\Theta}\boldsymbol{T}=\boldsymbol{E}_1\boldsymbol{\Psi}_1\Rightarrow\boldsymbol{\Psi}_1=\boldsymbol{E}_1^{-}\boldsymbol{E}_2 \tag{4.39}$$

$$\boldsymbol{E}_3=\boldsymbol{A}\boldsymbol{T}\boldsymbol{T}^{-1}\boldsymbol{\Phi}\boldsymbol{T}=\boldsymbol{E}_1\boldsymbol{\Psi}_2\Rightarrow\boldsymbol{\Psi}_2=\boldsymbol{E}_1^{-}\boldsymbol{E}_3 \tag{4.40}$$

这里$(\cdot)^{-}$表示矩阵的广义逆，$\boldsymbol{E}_1^{-}=(\boldsymbol{E}_1^{\mathrm{H}}\boldsymbol{E}_1)^{-1}\boldsymbol{E}_1^{\mathrm{H}}$。由式(4.39)和式(4.40)可知矩阵$\boldsymbol{\Psi}_1$和$\boldsymbol{\Psi}_2$的特征值分别等于对角矩阵$\boldsymbol{\Theta}$和$\boldsymbol{\Phi}$的特征值，并且矩阵$\boldsymbol{T}$的列向量是矩阵$\boldsymbol{\Psi}_1$和$\boldsymbol{\Psi}_2$的特征向量，这就意味着对角矩阵$\boldsymbol{\Theta}$和$\boldsymbol{\Phi}$的特征值可以通过对$\boldsymbol{E}_1^{-}\boldsymbol{E}_2$和$\boldsymbol{E}_1^{-}\boldsymbol{E}_3$特征值分解得到。对$\boldsymbol{E}_1^{-}\boldsymbol{E}_2$和$\boldsymbol{E}_1^{-}\boldsymbol{E}_3$进行特征值分解可以得到

$$\begin{cases}\boldsymbol{E}_1^{-}\boldsymbol{E}_2=\boldsymbol{T}_1\boldsymbol{\Theta}\boldsymbol{T}_1^{-1}\\ \boldsymbol{E}_1^{-}\boldsymbol{E}_3=\boldsymbol{T}_2\boldsymbol{\Phi}\boldsymbol{T}_2^{-1}\end{cases}$$

这里$\boldsymbol{T}_1$和$\boldsymbol{T}_2$是由矩阵$\boldsymbol{T}$的列组成的。通过比较特征向量矩阵$\boldsymbol{T}_1$和$\boldsymbol{T}_2$的列向量可以解决二维波达方向(α_k,β_k)的配对问题。

基于上述分析，可以对TPULA-DOA估计算法进行总结，见算法4.1a。

算法4.1a TPULA-DOA估计算法。

1. 计算数据矩阵$\hat{\boldsymbol{R}}_{XX}$、$\hat{\boldsymbol{R}}_{XY}$、$\hat{\boldsymbol{R}}_{XZ}$、$\hat{\boldsymbol{R}}_{YY}$、$\hat{\boldsymbol{R}}_{YZ}$、$\hat{\boldsymbol{R}}_{ZZ}$；
2. 计算$\hat{\boldsymbol{R}}_{XX}$的特征值分解，估计噪声功率$\sigma^2$，记为$\hat{\sigma}^2$；
3. 按照式(4.27)～式(4.32)计算数据矩阵$\hat{\boldsymbol{C}}_1\hat{\boldsymbol{C}}_2\cdots\hat{\boldsymbol{C}}_6$；
4. 利用$\hat{\boldsymbol{C}}_1\hat{\boldsymbol{C}}_2\cdots\hat{\boldsymbol{C}}_6$形成矩阵$\hat{\boldsymbol{C}}$，计算$\hat{\boldsymbol{C}}$的特征值分解，估计信号子空间$\hat{\boldsymbol{E}}_s$；
5. 通过式(4.37)和式(4.38)，计算$\hat{\boldsymbol{\Psi}}_1$和$\hat{\boldsymbol{\Psi}}_2$；
6. 计算$\hat{\boldsymbol{\Psi}}_1$和$\hat{\boldsymbol{\Psi}}_2$的特征值分解估计$\hat{\boldsymbol{\Theta}}$、$\hat{\boldsymbol{T}}_1$和$\hat{\boldsymbol{\Phi}}$、$\hat{\boldsymbol{T}}_2$；
7. 比较$\hat{\boldsymbol{T}}_1$和$\hat{\boldsymbol{T}}_2$的列向量，完成矩阵$\hat{\boldsymbol{\Theta}}$和$\hat{\boldsymbol{\Phi}}$对角元素的配对，即完成二维波达方向的配对。

2. 多径环境下相干信号源的情况

1) 空间平滑

在多径环境下，信源部分的协方差矩阵$\boldsymbol{R}_s=E\{\boldsymbol{s}(t)\boldsymbol{s}^{\mathrm{H}}(t)\}$发生秩亏缺，此时直接应用算法4.1a不能正确估计信号的子空间。为此需要去相干处理，相应的去相干或相干的讨论详见4.2.2节。

这里采用空间平滑方法解决矩阵$\boldsymbol{R}_s$秩亏缺问题。

分别把直线阵$\boldsymbol{X}$、$\boldsymbol{Y}$和$\boldsymbol{Z}$划分为L个相互重叠的子阵，阵元$\{1,2,\cdots,P\}(P>Q)$为第一个子阵，阵元$\{2,3,\cdots,P+1\}$为第二个子阵，以此类推。向量$\boldsymbol{x}_{xk}(t)$、$\boldsymbol{x}_{yk}(t)$和$\boldsymbol{x}_{zk}(t)$分别表示直线阵$\boldsymbol{X}$、$\boldsymbol{Y}$和$\boldsymbol{Z}$中的第k个子阵的接收信号向量。

直线阵$\boldsymbol{X}$、$\boldsymbol{Y}$和$\boldsymbol{Z}$中第k个子阵接收信号的向量$\boldsymbol{x}_{xk}(t)$、$\boldsymbol{x}_{yk}(t)$和$\boldsymbol{x}_{zk}(t)$可以表示为

$$\begin{cases}\boldsymbol{x}_{xk}(t)=\boldsymbol{A}\boldsymbol{\Theta}^{(k-1)}\boldsymbol{s}(t)+\boldsymbol{n}_{xk}(t)\\ \boldsymbol{x}_{yk}(t)=\boldsymbol{A}\boldsymbol{\Theta}^{k}\boldsymbol{s}(t)+\boldsymbol{n}_{yk}(t)\\ \boldsymbol{x}_{zk}(t)=\boldsymbol{A}\boldsymbol{\Phi}\boldsymbol{\Theta}^{k-1}\boldsymbol{s}(t)+\boldsymbol{n}_{zk}(t)\end{cases}\tag{4.41}$$

式中，$\boldsymbol{n}_{xk}(t)$、$\boldsymbol{n}_{yk}(t)$和$\boldsymbol{n}_{zk}(t)$分别表示直线阵$\boldsymbol{X}$、$\boldsymbol{Y}$和$\boldsymbol{Z}$中的第k个子阵的噪声向量。

利用式(4.41)，可以得到下面的数据：

$$\boldsymbol{R}_{xx}(k,k)=E\{\boldsymbol{x}_{xk}(t)\boldsymbol{x}_{xk}^{\mathrm{H}}(t)\}=\boldsymbol{A}\boldsymbol{\Theta}^{(k-1)}\boldsymbol{R}_s\boldsymbol{\Theta}^{\mathrm{H}(k-1)}\boldsymbol{A}^{\mathrm{H}}+\sigma^2\boldsymbol{I} \tag{4.42}$$

$$\boldsymbol{R}_{xy}(k,k)=E\{\boldsymbol{x}_{xk}(t)\boldsymbol{x}_{yk}^{\mathrm{H}}(t)\}=\boldsymbol{A}\boldsymbol{\Theta}^{(k-1)}\boldsymbol{R}_s\boldsymbol{\Theta}^{\mathrm{H}k}\boldsymbol{A}^{\mathrm{H}}+\sigma^2\boldsymbol{J} \tag{4.43}$$

$$\boldsymbol{R}_{xz}(k,k)=E\{\boldsymbol{x}_{xk}(t)\boldsymbol{x}_{zk}^{\mathrm{H}}(t)\}=\boldsymbol{A}\boldsymbol{\Theta}^{(k-1)}\boldsymbol{R}_s\boldsymbol{\Theta}^{\mathrm{H}(k-1)}\boldsymbol{\Phi}^{\mathrm{H}}\boldsymbol{A}^{\mathrm{H}} \tag{4.44}$$

$$\boldsymbol{R}_{yy}(k,k)=E\{\boldsymbol{x}_{yk}(t)\boldsymbol{x}_{yk}^{\mathrm{H}}(t)\}=\boldsymbol{A}\boldsymbol{\Theta}^{k}\boldsymbol{R}_s\boldsymbol{\Theta}^{\mathrm{H}k}\boldsymbol{A}^{\mathrm{H}}+\sigma^2\boldsymbol{I} \tag{4.45}$$

$$\boldsymbol{R}_{yz}(k,k)=E\{\boldsymbol{x}_{yk}(t)\boldsymbol{x}_{zk}^{\mathrm{H}}(t)\}=\boldsymbol{A}\boldsymbol{\Theta}^{k}\boldsymbol{R}_s\boldsymbol{\Theta}^{\mathrm{H}(k-1)}\boldsymbol{\Phi}^{\mathrm{H}}\boldsymbol{A}^{\mathrm{H}} \tag{4.46}$$

$$\boldsymbol{R}_{zz}(k,k)=E\{\boldsymbol{x}_{zk}(t)\boldsymbol{x}_{zk}^{\mathrm{H}}(t)\}=\boldsymbol{A}\boldsymbol{\Phi}\boldsymbol{\Theta}^{k-1}\boldsymbol{R}_s\boldsymbol{\Theta}^{\mathrm{H}(k-1)}\boldsymbol{\Phi}^{\mathrm{H}}\boldsymbol{A}^{\mathrm{H}}+\sigma^2\boldsymbol{I} \tag{4.47}$$

式中，$\boldsymbol{R}_s=E\{\boldsymbol{s}(t)\boldsymbol{s}(t)^{\mathrm{H}}\}$，$\boldsymbol{J}=\begin{bmatrix}\boldsymbol{0} & 0\\ \boldsymbol{I}_{M-1} & \boldsymbol{0}^{\mathrm{T}}\end{bmatrix}$。

相应地，式(4.42)～式(4.47)中的空间平滑矩阵可以表示为

$$\widetilde{\boldsymbol{R}}_{xx}=\frac{1}{L}\sum_{k=1}^{L}\boldsymbol{R}_{xx}(k,k)=\boldsymbol{A}\widetilde{\boldsymbol{R}}_s\boldsymbol{A}^{\mathrm{H}}+\sigma^2\boldsymbol{I} \tag{4.48}$$

$$\widetilde{\boldsymbol{R}}_{xy}=\frac{1}{L}\sum_{k=1}^{L}\boldsymbol{R}_{xy}(k,k)=\boldsymbol{A}\widetilde{\boldsymbol{R}}_s\boldsymbol{\Theta}^{\mathrm{H}}\boldsymbol{A}^{\mathrm{H}}+\sigma^2\boldsymbol{J} \tag{4.49}$$

$$\widetilde{\boldsymbol{R}}_{xz}=\frac{1}{L}\sum_{k=1}^{L}\boldsymbol{R}_{xz}(k,k)=\boldsymbol{A}\widetilde{\boldsymbol{R}}_s\boldsymbol{\Phi}^{\mathrm{H}}\boldsymbol{A}^{\mathrm{H}} \tag{4.50}$$

$$\widetilde{\boldsymbol{R}}_{yy}=\frac{1}{L}\sum_{k=1}^{L}\boldsymbol{R}_{yy}(k,k)=\boldsymbol{A}\boldsymbol{\Theta}\widetilde{\boldsymbol{R}}_s\boldsymbol{\Theta}^{\mathrm{H}}\boldsymbol{A}^{\mathrm{H}}+\sigma^2\boldsymbol{I} \tag{4.51}$$

$$\widetilde{\boldsymbol{R}}_{yz}=\frac{1}{L}\sum_{k=1}^{L}\boldsymbol{R}_{yz}(k,k)=\boldsymbol{A}\boldsymbol{\Theta}\widetilde{\boldsymbol{R}}_s\boldsymbol{\Phi}^{\mathrm{H}}\boldsymbol{A}^{\mathrm{H}} \tag{4.52}$$

$$\widetilde{\boldsymbol{R}}_{zz}=\frac{1}{L}\sum_{k=1}^{L}\boldsymbol{R}_{zz}(k,k)=\boldsymbol{A}\boldsymbol{\Phi}\widetilde{\boldsymbol{R}}_s\boldsymbol{\Phi}^{\mathrm{H}}\boldsymbol{A}^{\mathrm{H}}+\sigma^2\boldsymbol{I} \tag{4.53}$$

其中，$\widetilde{\boldsymbol{R}}_s=\frac{1}{L}\sum_{k=1}^{L}(\boldsymbol{\Theta}^{(k-1)}\boldsymbol{R}_s\boldsymbol{\Theta}^{\mathrm{H}(k-1)})$。

令

$$\boldsymbol{C}_1=\hat{\boldsymbol{R}}_{xx}-\sigma^2\boldsymbol{I}=\boldsymbol{A}\widetilde{\boldsymbol{R}}_s\boldsymbol{A}^{\mathrm{H}} \tag{4.54}$$

$$\boldsymbol{C}_2=\widetilde{\boldsymbol{R}}_{xy}-\sigma^2\boldsymbol{J}=\boldsymbol{A}\widetilde{\boldsymbol{R}}_s\boldsymbol{\Theta}^{\mathrm{H}}\boldsymbol{A}^{\mathrm{H}} \tag{4.55}$$

$$\boldsymbol{C}_3=\widetilde{\boldsymbol{R}}_{xz}=\boldsymbol{A}\widetilde{\boldsymbol{R}}_s\boldsymbol{\Phi}^{\mathrm{H}}\boldsymbol{A}^{\mathrm{H}} \tag{4.56}$$

$$\boldsymbol{C}_4=\widetilde{\boldsymbol{R}}_{yy}-\sigma^2\boldsymbol{I}=\boldsymbol{A}\boldsymbol{\Theta}\widetilde{\boldsymbol{R}}_s\boldsymbol{\Theta}^{\mathrm{H}}\boldsymbol{A}^{\mathrm{H}} \tag{4.57}$$

$$\boldsymbol{C}_5=\widetilde{\boldsymbol{R}}_{yz}=\boldsymbol{A}\boldsymbol{\Theta}\widetilde{\boldsymbol{R}}_s\boldsymbol{\Phi}^{\mathrm{H}}\boldsymbol{A}^{\mathrm{H}} \tag{4.58}$$

$$\boldsymbol{C}_6=\widetilde{\boldsymbol{R}}_{zz}-\sigma^2\boldsymbol{I}=\boldsymbol{A}\boldsymbol{\Phi}\hat{\boldsymbol{R}}_s\boldsymbol{\Phi}^{\mathrm{H}}\boldsymbol{A}^{\mathrm{H}} \tag{4.59}$$

利用式(4.54)～式(4.59)构造数据矩阵如下：

$$\boldsymbol{C}=\begin{bmatrix}\boldsymbol{C}_1 & \boldsymbol{C}_2 & \boldsymbol{C}_3\\ \boldsymbol{C}_2^{\mathrm{H}} & \boldsymbol{C}_4 & \boldsymbol{C}_5\\ \boldsymbol{C}_3^{\mathrm{H}} & \boldsymbol{C}_5^{\mathrm{H}} & \boldsymbol{C}_6\end{bmatrix}=\begin{bmatrix}\boldsymbol{A}\\ \boldsymbol{A}\boldsymbol{\Theta}\\ \boldsymbol{A}\boldsymbol{\Phi}\end{bmatrix}\widetilde{\boldsymbol{R}}_s[\boldsymbol{A}\quad \boldsymbol{\Theta}^{\mathrm{H}}\boldsymbol{A}^{\mathrm{H}}\quad \boldsymbol{\Phi}^{\mathrm{H}}\boldsymbol{A}^{\mathrm{H}}]$$

然后，对数据矩阵 $\boldsymbol{C}$ 进行类似算法 4.1a 中的讨论可获得 2-D DOA 估计。

2）信号源数目估计

信号源数目估计是高精度波达方向估计算法中关键问题之一。基于 Akaike 的信息准则 AIC 和 Rissanen 的最短描述长度准则 MDL 的信号源数目估计方法的判断依据[29]是阵列自相关矩阵特征值的性质。在被估计的信号呈现部分相关或者完全相关的情况下，阵列的自相关矩阵降秩，上述判定方法则不适用。本节针对这种情况，给出了一种简单的方法。因为式(4.48)定义的空间平滑矩阵 $\widetilde{\boldsymbol{R}}_{xx}$ 包含着波达方向个数的准确信息，所以根据平滑矩阵 $\widetilde{\boldsymbol{R}}_{xx}$ 的 P 个特征值，可确定信号源数目。首先对平滑矩阵进行特征值分解，确定其特征值；其次将它们按照从大到小的顺序排列；最后，根据 Godara 的论文中相应的估计准则[30]计算信号的确切数目。估计准则如下所示：

$$\min_{K} N(P-K)\log\left(\frac{f_1(K)}{f_2(K)}\right)+f_3(K,N) \tag{4.60}$$

其中

$$f_1(K)=\frac{1}{P-K}\sum_{i=K+1}^{M}\lambda_i$$

$$f_2(K)=\left(\prod_{i=K+1}^{P}\lambda_i\right)^{\frac{1}{P-K}}$$

且评价函数

$$f_3(K,N)=\begin{cases}K(2P-K), & \text{AIC}\\ \dfrac{1}{2}K(2P-K)\log N, & \text{MDL}\end{cases}$$

式中，K 为信号源的模数；λ_i 为自相关矩阵的 P 个特征值；P 为子阵中阵元的个数；N 为数据采样次数。

3）算法 4.1b

总结以上讨论，把空间平滑应用于算法 4.1a 可得到算法 4.1b。

算法 4.1b 修正的 TPULA-DOA 估计算法。

1. 根据式(4.48)～式(4.53)计算空间平滑矩阵 $\widetilde{\boldsymbol{R}}_{xx}$、$\widetilde{\boldsymbol{R}}_{xy}$、$\widetilde{\boldsymbol{R}}_{xz}$、$\widetilde{\boldsymbol{R}}_{yy}$、$\widetilde{\boldsymbol{R}}_{yz}$、$\widetilde{\boldsymbol{R}}_{zz}$；
2. 根据 $\widetilde{\boldsymbol{R}}_{xx}$ 确定主特征值和相应的特征向量，估计噪声功率 σ^2，记为 $\hat{\sigma}^2$，并根据式(4.60)确定信号源数目 Q；
3. 按照式(4.54)～式(4.59)计算数据矩阵 $\hat{\boldsymbol{C}}_1\hat{\boldsymbol{C}}_2\cdots\hat{\boldsymbol{C}}_6$；
4. 利用 $\hat{\boldsymbol{C}}_1\hat{\boldsymbol{C}}_2\cdots\hat{\boldsymbol{C}}_6$ 形成矩阵 $\hat{\boldsymbol{C}}$，计算 $\hat{\boldsymbol{C}}$ 的特征值分解，估计信号子空间 $\hat{\boldsymbol{E}}_s$；
5. 通过式(4.37)和式(4.38)，计算 $\hat{\boldsymbol{\Psi}}_1$ 和 $\hat{\boldsymbol{\Psi}}_2$；
6. 计算 $\hat{\boldsymbol{\Psi}}_1$ 和 $\hat{\boldsymbol{\Psi}}_2$ 的特征值分解估计 $\hat{\boldsymbol{\Theta}}$、$\hat{\boldsymbol{T}}_1$ 和 $\hat{\boldsymbol{\Phi}}$、$\hat{\boldsymbol{T}}_2$；
7. 比较 $\hat{\boldsymbol{T}}_1$ 和 $\hat{\boldsymbol{T}}_2$ 的列向量，完成矩阵 $\hat{\boldsymbol{\Theta}}$ 和 $\hat{\boldsymbol{\Phi}}$ 对角元素的配对，即完成二维波达方向配对。

4.2.3 仿真实验及分析

表 4.2 中比较了提出的算法和以前一些算法的计算复杂性。其中，M 在文献[31]中是

位于 u 轴的阵元数，在文献[32]中是位于 $\boldsymbol{Z}$ 子阵的阵元数，在文献[26]中是位于 y 轴的阵元数。Q 是信号源数目，N 是采样快拍数目。为了便于比较，把文献[26]、文献[31]和文献[32]中的算法分别命名为 CMED 算法、MAT 算法和 PM 算法。

表 4.2 几种算法的计算复杂性比较

算　法	计算复杂性	算　法	计算复杂性
MAT	$O(M^6)$	CMED	$O((4M)^3)$
PM	$O(3MNQ)$	所提算法	$O((3M)^3)$

采用如图 4.9 所示的天线阵列，假设具有相同波长的 2 个窄带信号分别以(10°,30°)和(15°,20°)入射到具有 17 个阵元的天线阵列，阵元间距 $d=0.5\lambda$，实验中波长归一化为 1，噪声取为高斯白噪声，快拍数 $N=300$。

这里均方根误差定义为

$$\sqrt{E\{(\hat{\gamma}_k-\gamma_k)^2+(\hat{\varphi}_k-\varphi_k)^2\}},\quad k=1,2,\cdots$$

当两个信号源彼此独立时，分别应用文献[26]提出的算法和算法 4.1a，通过 500 次独立实验，得到如图 4.10 和图 4.11 所示的仿真结果。

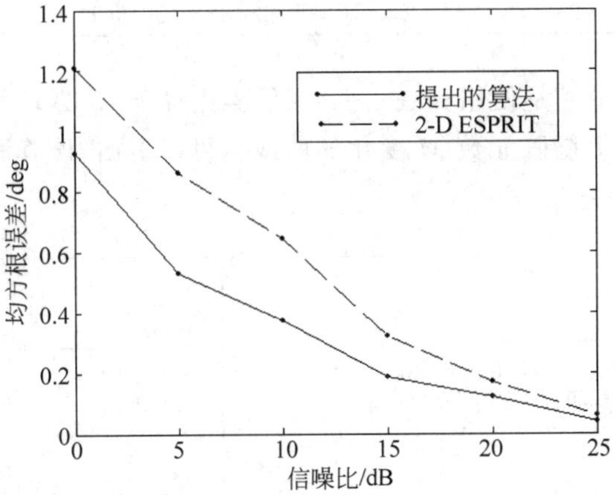

图 4.10 2-DESPRIT 和提出的算法 4.1a 估计第一个信号二维波达方向的均方根误差曲线

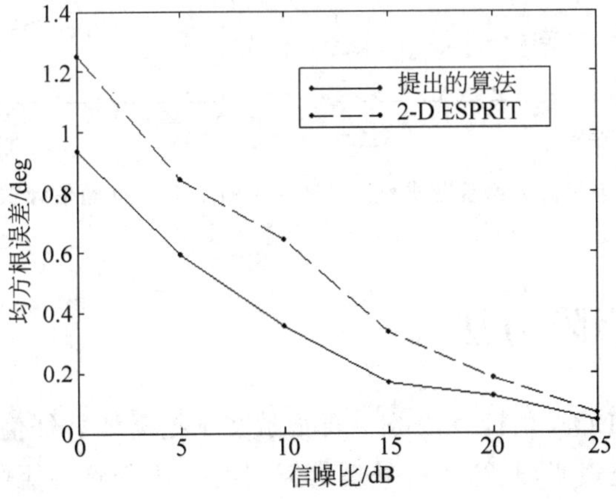

图 4.11 2-DESPRIT 和提出的算法估计第二个信号二维波达方向的均方根误差曲线

图 4.10 中虚线是 2-D ESPRIT 算法[26]估计第一个信号源的 2-D DOA 估计均方根误差随信噪比变化(在 0～25dB 范围内)曲线；实线是算法估计第一个信号源的 2-D DOA 估计的均方根误差曲线，从仿真结果中可以看到，算法 4.1 比文献[26]提出的算法具有更高的估计精度。

图 4.11 中的虚线是 2-D ESPRIT 算法[26]在信噪比在 0～25dB 变化范围内估计第二个信号源的 2-D 波达方向估计曲线；实线是算法 4.1a 第二个信号源估计的情况。可以看出，算法 4.1a 具有较小的估计误差。

假设上述两个信号为同一个信号经过两条不同路径入射到天线阵列而产生的相干信号源的情况，入射角度为(10°,30°)和(15°,20°)。分别应用算法 4.1a、算法 4.1b 以及 2-D ESPRIT 在信噪比为 10dB 的环境下进行模拟仿真，其中采样数取 4096。由表 4.3 可知，此时 2-D ESPRIT 算法和算法 4.1a 已经无法分辨相干信号，但是算法 4.1b 具有较好的估计性能。

表 4.3 相干信号源波达方向比较

真实入射角度	2-D ESPRIT 估计值	算法 4.1a 估计值	算法 4.1b 估计值
(10°,30°)	(48.4318°,35.1254°)	(17.549°,24.733°)	(9.735°,30.3122°)
(15°,20°)	(23.788°,−18.632°)	(20.168°,30.9812°)	(15.663°,19.826°)

图 4.12 和图 4.13 分别是使用算法 4.1b 在信噪比等于 15dB 环境下估计两个信源的方位角和仰角的均方根误差随阵元数 M 变化的曲线。可以看出，该算法的估计精度随着阵元数的增加而提高。

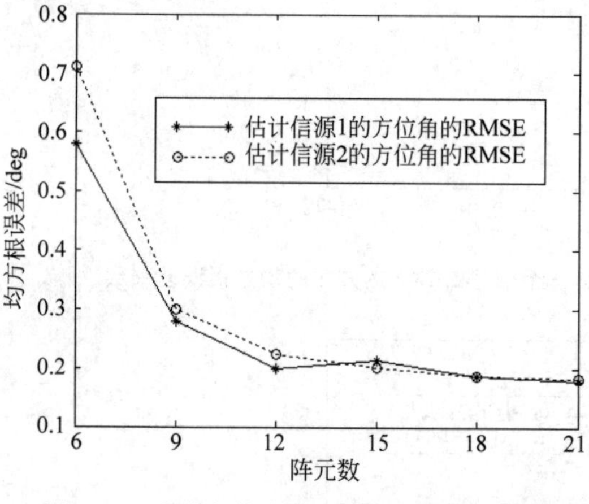

图 4.12 方位角估计误差随阵元数变化曲线

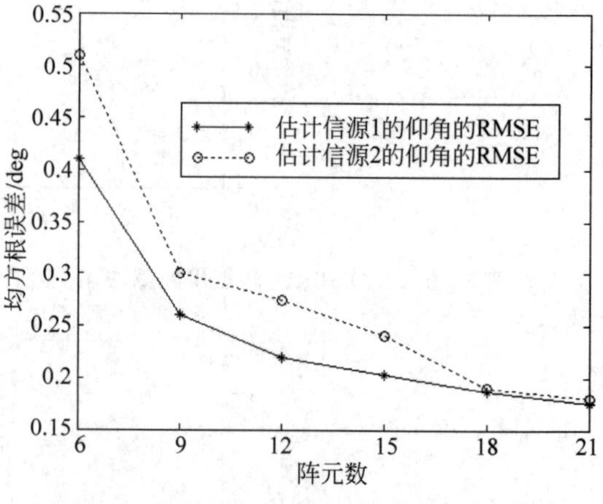

图 4.13 仰角估计误差随阵元数变化曲线

4.3 DOA 矩阵方法

4.2 节提出的 2-D DOA 估计算法的主要贡献在于把需要特征值分解的矩阵维数降低到 $3M$，但是最近的研究表明，此算法所处理的需要特征值分解的矩阵维数并不是最低的，而且这个算法需要对两个 $3M$ 维矩阵进行特征值分解来确定 2-D DOA，通过比较特征向量的对应情况才能够实现参数的配对；本节提出一种适用于多径相干信号源环境中计算复杂性更低的 2-D DOA 估计算法，此算法使用特征值和相应的特征向量估计 2-D DOA，因此通过特征值和特征向量的对应关系可以自动实现参数配对。

4.3.1 数据模型

考虑如图 4.14 所示的天线阵列结构，阵元间距为 d，第一个均匀直线阵(ULA)由 $M-1$ 个阵元组成，第二个 ULA 由 M 个阵元组成，第三个 ULA 由 $M-2$ 个阵元组成。假设一个窄带信号通过 Q 条路径分别以二维波达方向$\{(\gamma_k,\varphi_k),k=1,2,\cdots,Q\}$入射到阵列，其中，$\gamma_k$ 和 φ_k 分别代表方位角和仰角，为了讨论方便，分别用图 4.14 中所示的 α_k 和 β_k 代替，易知 $\cos\alpha_k=\sin\gamma_k\cdot\cos\varphi_k$，$\cos\beta_k=\sin\gamma_k\cdot\sin\varphi_k$。

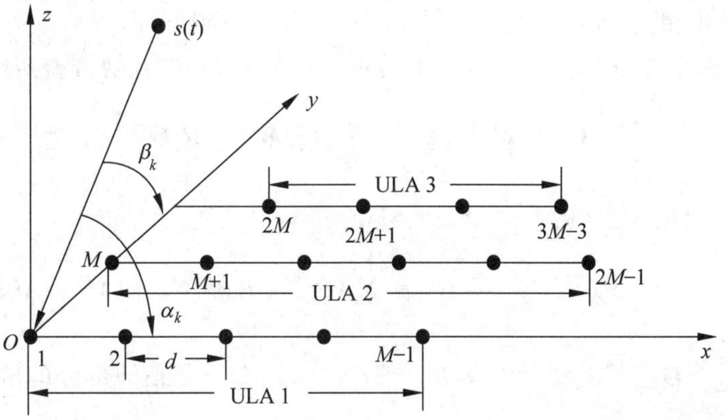

图 4.14 阵列结构

根据平面天线阵列图 4.14 中的 ULA1 和 ULA2，构造 L 个相互重叠的子阵，阵元$\{k,k+1,\cdots,P+k-2,M+k-1\}(P>Q)$组成第 k 个子阵，阵元坐标为$((k-1)d,0)$，$(kd,0)$，$\cdots((p+k-3)d,0)$，$((k-1)d,d)$，我们不妨称这 L 个相互重叠的子阵为 $\boldsymbol{X}$ 子阵组；利用 ULA2 和 ULA3 构造 $\boldsymbol{Y}$ 子阵组，相应地也分成 L 个相互重叠的子阵，阵元$\{M+k,M+k+1,\cdots,M+P+k-2,2M+k-1\}$组成第 k 个子阵，阵元坐标为(kd,d)，$\cdots$，$((p+k-2)d,d)$，$(kd,2d)$；向量 $\boldsymbol{x}_k(t)$和 $\boldsymbol{y}_k(t)$分别表示 $\boldsymbol{X}$ 子阵组和 $\boldsymbol{Y}$ 子阵组中第 k 个子阵的接收信号向量，可以写为

$$\begin{cases}\boldsymbol{x}_k(t)=\boldsymbol{A}\boldsymbol{\Theta}^{(k-1)}\boldsymbol{s}(t)+\boldsymbol{n}_{xk}(t)\\ \boldsymbol{y}_k(t)=\boldsymbol{A}\boldsymbol{\Theta}^{(k-1)}\boldsymbol{C}\boldsymbol{s}(t)+\boldsymbol{n}_{yk}(t)\end{cases}\tag{4.61}$$

式中的矩阵和向量具有下面的形式

$$\boldsymbol{x}_k(t)=[x_k(t),x_{k+1}(t),\cdots,x_{P+k-2}(t),x_{M+k-1}(t)]^{\mathrm{T}}$$

$$\boldsymbol{y}_k(t)=[x_{M+k}(t),x_{M+k+1}(t),\cdots,x_{M+P+k-2}(t),x_{2M+k-1}(t)]^{\mathrm{T}}$$

$$\boldsymbol{s}(t)=[s_1(t),s_2(t),\cdots,s_Q(t)]^{\mathrm{T}}$$

$$\boldsymbol{n}_{xk}(t)=[n_k(t),n_{k+1}(t),\cdots,n_{P+k-2}(t),n_{M+k-1}(t)]^{\mathrm{T}}$$

$$\boldsymbol{n}_y(t)=[n_{M+k}(t),n_{M+k+1}(t),\cdots,n_{M+P+k-2}(t),n_{2M+k-1}(t)]^{\mathrm{T}}$$

$$A=[\boldsymbol{a}(\alpha_1),\boldsymbol{a}(\alpha_2),\cdots,\boldsymbol{a}(\alpha_Q)]^{\mathrm{T}}$$

$$\boldsymbol{a}(\alpha_k)=[1,a_k,\cdots,a_k^{P-2},b_k]^{\mathrm{T}}$$

$$a_k=\exp\{-\mathrm{j}2\pi(d/\lambda)\cos\alpha_k\}$$

$$b_k=\exp\{-\mathrm{j}2\pi(d/\lambda)\cos\beta_k\}$$

$$\boldsymbol{\Theta}=\mathrm{diag}\{\alpha_1,\alpha_2,\cdots,\alpha_Q\}$$

$$\boldsymbol{C}=\mathrm{diag}\{a_1\cdot b_1,a_2\cdot b_2,\cdots,a_Q\cdot b_Q\}$$

其中,$x_i(t)$和$n_i(t)$分别表示第i个阵元的输出和噪声。

4.3.2 算法描述

假设每个阵元上的噪声$n_i(t)$为空间和时间上独立的,它们都具有相同的零均值和方差σ^2,且与信号不相关,通过观测数据式(4.61),可以得到下面的X子阵组上的观测数据$\boldsymbol{x}_k(t)$的自协方差矩阵以及和Y子阵组上的观测数据$\boldsymbol{y}_k(t)$的互协方差矩阵:

$$\begin{aligned}\hat{\boldsymbol{R}}_{xx}&=\frac{1}{L}\sum_{k=1}^{L}E\{\boldsymbol{x}_k(t)\boldsymbol{x}_k^{\mathrm{H}}(t)\}=\boldsymbol{A}\frac{1}{L}\sum_{k=1}^{L}(\boldsymbol{\Theta}^{(k-1)}\boldsymbol{R}_s\boldsymbol{\Theta}^{\mathrm{H}(k-1)})\boldsymbol{A}^{\mathrm{H}}+\sigma^2\boldsymbol{I}_M\\&=\boldsymbol{A}\widetilde{\boldsymbol{R}}_s\boldsymbol{A}^{\mathrm{H}}+\sigma^2\boldsymbol{I}_M=\boldsymbol{R}_0+\sigma^2\boldsymbol{I}_M\end{aligned}\tag{4.62}$$

$$\widetilde{\boldsymbol{R}}_{yx}=E\{\boldsymbol{y}_k(t)\boldsymbol{x}_k^{\mathrm{H}}(t)\}=\boldsymbol{AC}\frac{1}{L}\sum_{k=1}^{L}(\boldsymbol{\Theta}^{(k-1)}\boldsymbol{R}_s\boldsymbol{\Theta}^{\mathrm{H}(k-1)})\boldsymbol{A}^{\mathrm{H}}=\boldsymbol{AC}\widetilde{\boldsymbol{R}}_s\boldsymbol{A}^{\mathrm{H}}\tag{4.63}$$

其中,$\widetilde{\boldsymbol{R}}_s=\frac{1}{L}\sum_{k=1}^{L}(\boldsymbol{\Theta}^{(k-1)}\boldsymbol{R}_s\boldsymbol{\Theta}^{\mathrm{H}(k-1)})$,$\boldsymbol{R}_s=E\{\boldsymbol{s}(t)\boldsymbol{s}^{\mathrm{H}}(t)\}$是信源部分的协方差矩阵;$\boldsymbol{R}_0=\boldsymbol{A}\widetilde{\boldsymbol{R}}_s\boldsymbol{A}^{\mathrm{H}}$;$\boldsymbol{I}_M$是$M$阶单位矩阵。根据文献[33],易知当$L\geqslant Q$时$\widetilde{\boldsymbol{R}}_s$是满秩的。

利用式(4.62)和式(4.63),定义一个DOA矩阵$\boldsymbol{R}$如下:

$$\boldsymbol{R}=\widetilde{\boldsymbol{R}}_{yx}\boldsymbol{R}_0^{-}\tag{4.64}$$

这里$(\cdot)^{-}$表示矩阵的广义逆。综合上面的讨论,给出一个定理。

定理4.6 假设$\widetilde{\boldsymbol{R}}_s$满秩,矩阵$\boldsymbol{C}$无相同的对角元素,则DOA矩阵$\boldsymbol{R}$的$Q$个非零特征值等于矩阵$\boldsymbol{C}$的对角元素,而这些特征值对应的特征向量等于相应的方向矩阵$\boldsymbol{A}$的列向量,即$\boldsymbol{RA}=\boldsymbol{AC}$。

证明:因为矩阵$\boldsymbol{C}$无相同的对角元素和矩阵$\widetilde{\boldsymbol{R}}_s$满秩,所以容易证明$\mathrm{rank}(\boldsymbol{A})=Q$和$\mathrm{rank}(\boldsymbol{R}_0)=Q$。因此有下面的关系式

$$\boldsymbol{R}_0^{-}=\boldsymbol{A}\boldsymbol{R}_s^{\mathrm{H}}(\boldsymbol{R}_s\boldsymbol{A}^{\mathrm{H}}\boldsymbol{A}\boldsymbol{R}_s^{\mathrm{H}})^{-1}(\boldsymbol{A}^{\mathrm{H}}\boldsymbol{A})^{-1}\boldsymbol{A}^{\mathrm{H}}\tag{4.65}$$

综合式(4.63)~式(4.65),有

$$\boldsymbol{RA}=\widetilde{\boldsymbol{R}}_{yx}\boldsymbol{R}_0^{-}\boldsymbol{A}=\boldsymbol{AC}\widetilde{\boldsymbol{R}}_s\boldsymbol{A}^{\mathrm{H}}\boldsymbol{A}\widetilde{\boldsymbol{R}}_s^{\mathrm{H}}(\widetilde{\boldsymbol{R}}_s\boldsymbol{A}^{\mathrm{H}}\boldsymbol{A}\widetilde{\boldsymbol{R}}_s^{\mathrm{H}})^{-1}(\boldsymbol{A}^{\mathrm{H}}\boldsymbol{A})^{-1}\boldsymbol{A}^{\mathrm{H}}\boldsymbol{A}=\boldsymbol{AC}$$

定理得证。

从定理4.6中可以看到,方向矩阵$\boldsymbol{A}$和对角矩阵$\boldsymbol{C}$可通过计算DOA矩阵$\boldsymbol{R}$的特征值分解得到;方向角α_k和β_k分别可以通过DOA矩阵$\boldsymbol{R}$的第k个特征向量的前$P-1$个元素和第P个元素得到估计,或者利用DOA矩阵$\boldsymbol{R}$的第k个特征向量的前$P-1$个元素估计方向角α_k,利用第k个特征值估计β_k,从而通过特征值和特征向量的对应关系实现参数的自动配对。

算法 4.2　DOA 矩阵方法。

1. 利用观测数据(4.61)估计 $\widetilde{\boldsymbol{R}}_{xx}$ 和 $\widetilde{\boldsymbol{R}}_{yx}$；
2. 计算 $\widetilde{\boldsymbol{R}}_{xx}$ 的特征值分解估计 $\boldsymbol{R}_0$，如果信号源数目未知，利用 $\widetilde{\boldsymbol{R}}_{xx}$ 的最大特征值估计信号源数目 Q，参见式(4.61)；
3. 计算矩阵 $\boldsymbol{R}_0^-$ 和 DOA 矩阵 $\boldsymbol{R}$；
4. 计算 $\boldsymbol{R}$ 的特征值分解；
5. 利用 $\boldsymbol{R}$ 的第 k 个非零特征向量的前 $P-1$ 个元素估计角度 α_k，使用第 P 个元素或者第 k 个非零特征值估计角度 β_k。

4.3.3　仿真实验及分析

首先讨论 DOA 矩阵的特征向量的估计偏差对 2-D DOA 估计的影响，分别给出 α 方向角和 β 方向角的均方根误差；其次对算法的计算复杂性进行分析；最后对算法的分辨率等问题进行详细讨论。

1. 方向角 α 的估计误差

算法 4.2 从 DOA 矩阵 $\boldsymbol{R}$ 的特征值分解开始，$\boldsymbol{R}$ 可以表示为

$$\boldsymbol{R}=\boldsymbol{E}\boldsymbol{\Lambda}\boldsymbol{E}^{\mathrm{H}}$$

其中，$\boldsymbol{E}=[\boldsymbol{S}_1,\boldsymbol{S}_2,\cdots,\boldsymbol{S}_Q]$由 DOA 矩阵 $\boldsymbol{R}$ 的正交特征向量组成；$\boldsymbol{\Lambda}=\mathrm{diag}\{\lambda_1,\lambda_2,\cdots,\lambda_Q\}$ 中的对角元素是 DOA 矩阵 $\boldsymbol{R}$ 的特征值。讨论使用估计的 DOA 矩阵 $\hat{\boldsymbol{R}}$ 对角度估计误差的影响，对 $\hat{\boldsymbol{R}}$ 特征值分解后，可以表示为

$$\hat{\boldsymbol{R}}=\hat{\boldsymbol{E}}\hat{\boldsymbol{\Lambda}}\hat{\boldsymbol{E}}^{\mathrm{H}}$$

其中，$\hat{\boldsymbol{E}}=[\hat{\boldsymbol{S}}_1,\hat{\boldsymbol{S}}_2,\cdots,\hat{\boldsymbol{S}}_Q]$，$\hat{\boldsymbol{S}}_i$ 是特征向量 $\boldsymbol{S}_i$ 的估计值；$\hat{\boldsymbol{\Lambda}}=\mathrm{diag}\{\hat{\lambda}_1,\hat{\lambda}_2,\cdots,\hat{\lambda}_Q\}$，$\hat{\lambda}_i$ 是特征值 λ_i 的估计值。

令 $\hat{\boldsymbol{S}}_i=\boldsymbol{S}_i+\Delta\hat{\boldsymbol{S}}_i$，这里 $\Delta\hat{\boldsymbol{S}}_i$ 表示特征向量 $\boldsymbol{S}_i$ 的估计误差，利用 $\Delta\hat{\boldsymbol{S}}_i$ 的渐进特性来分析估计误差。

参考文献[34,35]，具有下面的关系式

$$E\{\Delta\boldsymbol{S}_k\boldsymbol{S}_j^{\mathrm{H}}\}=\frac{\lambda_k}{N}\sum_{l=1,l\neq k}^{Q}\frac{\lambda_l}{(\lambda_k-\lambda_l)^2}\boldsymbol{S}_l\boldsymbol{S}_l^{\mathrm{H}}\delta_{kj}+O(N^{-1}),\quad 1\leqslant k,j\leqslant Q \tag{4.66}$$

$$E\{\Delta\boldsymbol{S}_k\boldsymbol{S}_j^{\mathrm{T}}\}=-\frac{\lambda_k\lambda_j}{N(\lambda_k-\lambda_j)^2}\boldsymbol{S}_j\boldsymbol{S}_k^{\mathrm{T}}(1-\delta_{kj})+O(N^{-1}),\quad 1\leqslant k,j\leqslant Q \tag{4.67}$$

估计误差 Δa_k 可以通过 $\boldsymbol{S}_k$ 表示为 $\Delta a_k=\boldsymbol{e}_2\Delta\boldsymbol{S}_k$，其中 $\boldsymbol{e}_2=[0,1,0,\cdots,0]$为 P 阶单位向量。利用式(4.66)和式(4.67)，有

$$E\{|\Delta a_k|^2\}=E\{(\boldsymbol{e}_2\Delta\boldsymbol{S}_k)(\boldsymbol{e}_2\Delta\boldsymbol{S}_k)^{\mathrm{H}}\}=\frac{\lambda_k}{N}\sum_{l=1,l\neq k}^{Q}\frac{\lambda_l}{(\lambda_k-\lambda_l)^2}\boldsymbol{e}_2\boldsymbol{S}_l\boldsymbol{S}_l^{\mathrm{H}}\boldsymbol{e}_2^{\mathrm{T}}$$

因为 $a_k=\exp[-\mathrm{j}2\pi(d/\lambda)\cos\alpha_k]$，我们关心的参数是 α_k，通过文献[35]可以知道有下面的关系式

$$\overline{|\Delta\alpha_k|^2}=\left(\frac{\lambda}{2\pi d\cos\alpha_k}\right)^2\frac{\overline{|\Delta a_k|^2}-\mathrm{Re}\{(a_k^*)^2\overline{|\Delta a_k|^2}\}}{2}$$

其中，λ 为发射信号的波长；d 是阵元间距。为了给出方向角 α 的误差表达式，还需要给出 $(a_k^*)^2\overline{|\Delta\phi_k|^2}$ 的表达式

$$(a_k^*)^2\overline{|\Delta a_k|^2}=\frac{\lambda_k}{N_t}\sum_{l=1,l\neq k}^{Q}\frac{\lambda_l\boldsymbol{e}_2[(\boldsymbol{S}_k^*\boldsymbol{S}_k^{\mathrm{H}})\odot(\boldsymbol{S}_l\boldsymbol{S}_l^{\mathrm{H}})]\boldsymbol{e}_2^{\mathrm{T}}}{(\lambda_k-\lambda_l)^2}$$

2. 方向角 β 的估计误差

类似上面对方向角 α 的讨论，可以得到方向角 β 估计误差的表达式

$$\overline{|\Delta\beta_k|^2}=\left(\frac{\lambda}{2\pi d\cos\beta_k}\right)^2\frac{\overline{|\Delta b_k|^2}-\mathrm{Re}\{(b_k^*)^2\overline{|\Delta b_k|^2}\}}{2}$$

式中，$E\{|\Delta b_k|^2\}=E\{(\boldsymbol{e}_P\Delta\boldsymbol{S}_k)(\boldsymbol{e}_P\Delta\boldsymbol{S}_k)^{\mathrm{H}}\}=\frac{\lambda_k}{N}\sum_{l=1,l\neq k}^{Q}\frac{\lambda_l}{(\lambda_k-\lambda_l)^2}\boldsymbol{e}_P\boldsymbol{S}_l\boldsymbol{S}_l^{\mathrm{H}}\boldsymbol{e}_P^{\mathrm{T}}$，$\boldsymbol{e}_p=[0,0,\cdots,0,1]$，$(b_k^*)^2\overline{|\Delta b_k|^2}=\frac{\lambda_k}{N}\sum_{l=1,l\neq k}^{Q}\frac{\lambda_l\boldsymbol{e}_M[(\boldsymbol{S}_k^*\boldsymbol{S}_k^{\mathrm{H}})\odot(\boldsymbol{S}_l\boldsymbol{S}_l^{\mathrm{H}})]\boldsymbol{e}_M^{\mathrm{T}}}{(\lambda_k-\lambda_l)^2}$。

3. 计算复杂性

这里对算法的计算复杂性进行分析。从算法的第 2 步和第 4 步可以看到特征值分解所处理的是 P 维数据矩阵，和以往的算法相比，它所处理的矩阵维数较小，有较小的计算复杂性，其计算复杂度为 $O(P^3)(Q<P\leqslant M-1)$。表 4.4 给出了以往的几个 2-D DOA 估计算法复杂度，其中 M 在文献[36]中是位于 u 轴的阵元数，在文献[37]中是位于 Z 子阵的阵元数，在文献[26](CMED 算法)中是位于 y 轴的阵元数。Q 是信号源数目，N 是采样快拍数目。为了便于比较，把文献[36]和文献[37]中的算法分别命名为 TAAPM 算法和 EAPR 算法。

表 4.4 几种算法的计算复杂性

算　法	计算复杂性	算　法	计算复杂性
TAAPM	$O(M^6)$	CMED	$O((4M)^3)$
EAPR	$O(3MNQ)$	所提算法	$O(P^3)$

4. 模拟仿真

假设 3 个具有相同波长的窄带信号分别以二维方向(10°,30°)、(30°,15°)和(15°,20°)入射到具有 24 个阵元的天线阵列上，如图 4.14 所示，阵元间距 $d=0.5$(波长归一化为 1)，快拍数 $N=300$，噪声为高斯白噪声。

当信源独立时，分别利用文献[26]中的 2-D ESPRIT、文献[38]中的时空 DOA 矩阵方法和提出的算法 4.2 进行模拟仿真。在信噪比等于 10dB 的环境下分别进行了 200 次独立实验，得到了下面的仿真结果。图 4.15～图 4.17 分别是利用 2-D ESPRIT 算法、时空 DOA 矩阵方法和算法 4.2 估计信号 2-D DOA 的分布图。从仿真结果中可以看到，使用算法 4.2 估计的 2-D DOA 密集在期望方向的周围，估计得更加准确。

假设上述 3 个信号为一个窄带信号通过 3 条路径传输形成的相干多径信源，入射方向分别为(10°,30°)、(10°,20°)和(30°,20°)，注意入射角中有相同的 α 和 β，其他条件采用 3 个

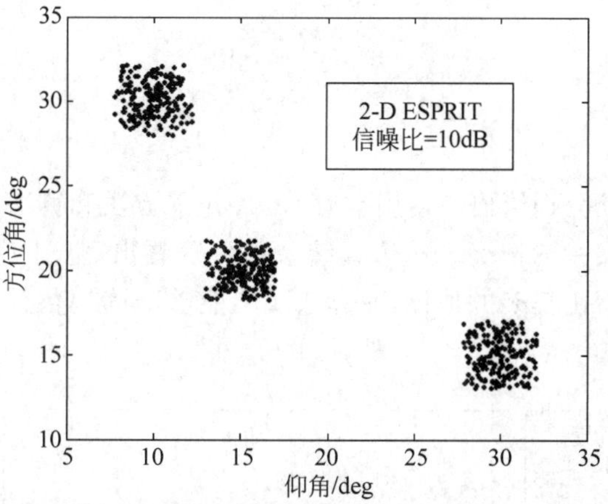

图 4.15　2-D ESPRIT 算法估计信号源的二维波达方向分布图

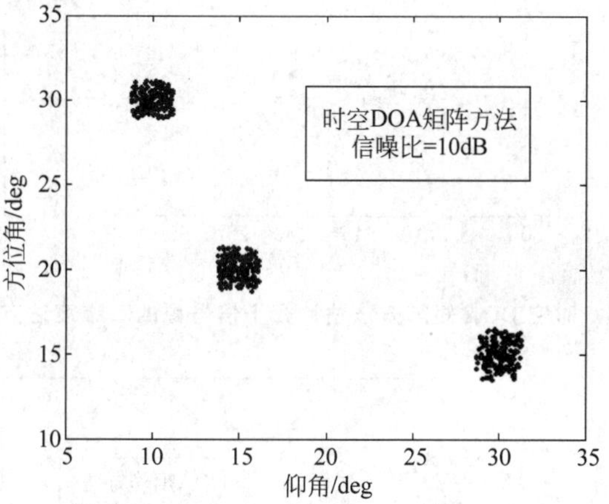

图 4.16　时空 DOA 矩阵方法估计信号源的二维波达方向分布图

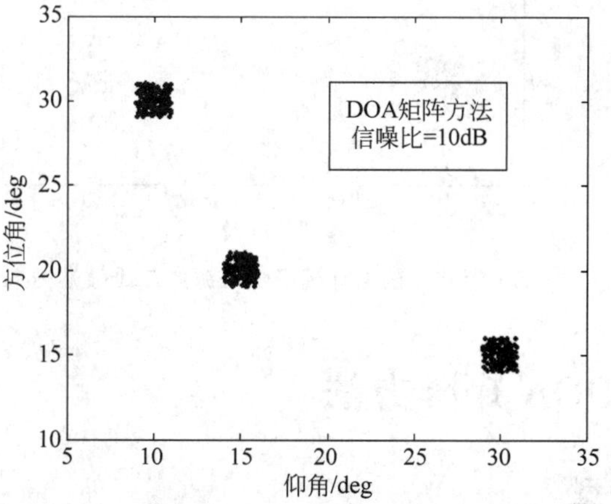

图 4.17　所提算法估计信号源的二维波达方向分布图

独立信源讨论中的假设；实验中相关矩阵为

$$\begin{bmatrix} 1 & e^{-j0.8} & e^{-j1.2} \\ e^{j0.8} & 1 & e^{-j1} \\ e^{j1.2} & e^{j1} & 1 \end{bmatrix}$$

图 4.18 和图 4.19 分别给出了使用空时 DOA 矩阵方法和算法 4.2 在信噪比等于 10dB 的环境下进行 100 次实验的情况。从仿真结果中可以看出，空时 DOA 矩阵方法对相干信号源的波达方向无法得出正确的估计，而算法 4.2 能够准确地估计具有角度兼并问题的相干信源的波达方向。

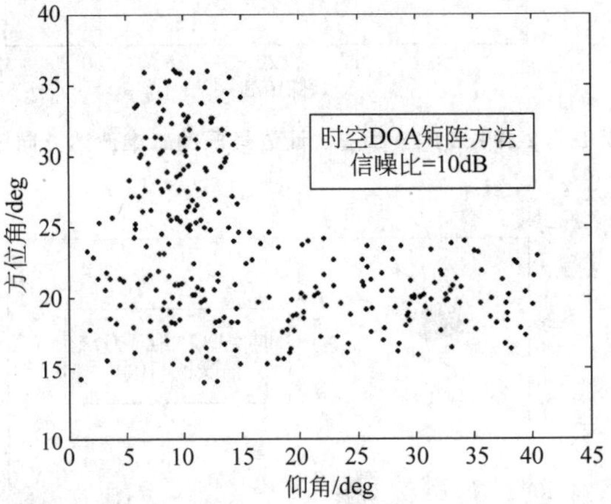

图 4.18 时空 DOA 矩阵方法估计相干信号源的二维波达方向分布图

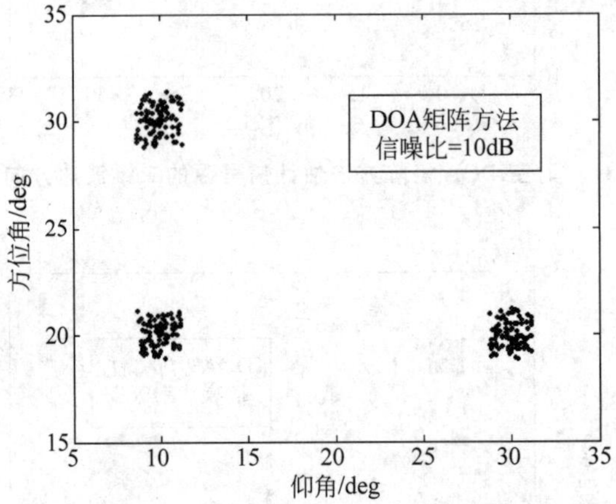

图 4.19 DOA 矩阵方法估计相干信号源的二维波达方向分布图

4.4 时空 DOA 矩阵方法

4.4.1 数据模型

考虑一个由 $2M$ 个各向同性的阵元组成的接收系统，这 $2M$ 个阵元位置如图 4.20 所示，两相邻阵元沿着 x 轴或 y 轴方向上的间距均为 d。依据这 $2M$ 个阵元的位置，可以构造两

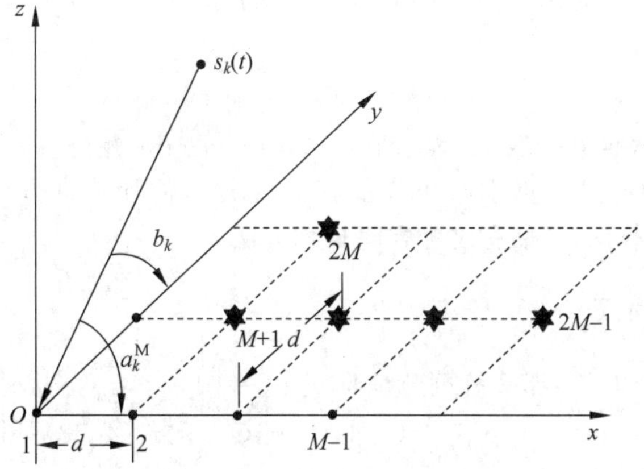

图 4.20 阵列结构

个 L-型的子阵 $\boldsymbol{X}$ 和 $\boldsymbol{Y}$,每个子阵有 M 个阵元。子阵 $\boldsymbol{X}$ 的各阵元对应的坐标为(0,0)(d,0),(2d,0),…,(($M-2$)d,0)),(0,d),子阵 $\boldsymbol{X}$ 各阵元对应的坐标为(d,d),(2d,d),…,(($M-1$)d,d),(d,2d)。假设有 Q 个具有相同波长 λ 的窄带信号源 $s_i(t)(i=1,2,\cdots,Q)$,记第 k 个信号源的仰角为 γ_k,方位角为 ψ_k。接下来讨论第 k 个信号源的 2-D DOA(α_k,β_k),其中 α_k 和 β_k 分别表示第 k 个入射信号与 x 轴和 y 轴之间的角度。容易知道,$\cos\alpha_k=\sin\gamma_k\cdot\cos\psi_k$,$\cos\beta_k=\sin\gamma_k\cdot\sin\psi_k$。在子阵 $\boldsymbol{X}$ 和 $\boldsymbol{Y}$ 接收到的基带信号分别为

$$
\begin{aligned}
&\boldsymbol{x}(t)=\boldsymbol{A}\boldsymbol{s}(t)+\boldsymbol{n}_x(t)\\
&\boldsymbol{y}(t)=\boldsymbol{A}\boldsymbol{C}\boldsymbol{s}(t)+\boldsymbol{n}_y(t) \quad (t=1,2,\cdots,N)
\end{aligned}
\tag{4.68}
$$

其中,N 表示每一个阵元接收到的快拍数,式(4.68)中各矩阵和向量形式如下:

$$
\begin{aligned}
&\boldsymbol{x}(t)=[x_1(t),x_2(t),\cdots,x_M(t)]^{\mathrm{T}}\\
&\boldsymbol{y}(t)=[x_{M+1}(t),x_{M+2}(t),\cdots,x_{2M}(t)]^{\mathrm{T}}\\
&\boldsymbol{s}(t)=[s_1(t),s_2(t),\cdots,s_Q(t)]^{\mathrm{T}}\\
&\boldsymbol{n}_x(t)=[n_1(t),n_2(t),\cdots,n_M(t)]^{\mathrm{T}}\\
&\boldsymbol{n}_y(t)=[n_{M+1}(t),n_{M+2}(t),\cdots,n_{2M}(t)]^{\mathrm{T}}\\
&\boldsymbol{A}=[\boldsymbol{a}_1,\boldsymbol{a}_2,\cdots,\boldsymbol{a}_Q]\\
&\boldsymbol{a}_k=[1,a_k,a_k^2,\cdots,a_k^{M-2},b_k]^{\mathrm{T}}\\
&a_k=\exp\{-\mathrm{j}2\pi(d/\lambda)\cos\alpha_k\}\\
&b_k=\exp\{-\mathrm{j}2\pi(d/\lambda)\cos\beta_k\}\\
&\boldsymbol{C}=\mathrm{diag}\{a_1\cdot b_1,a_2\cdot b_2,\cdots,a_Q\cdot b_Q\}
\end{aligned}
\tag{4.69}
$$

这里,$x_i(t)$ 和 $n_i(t)(i=1,2,\cdots,2M)$ 分别表示第 i 个阵元的输出信号和加性白噪声;$(\cdot)^{\mathrm{T}}$ 表示转置。对于上述各参数假设如下:

(A1):$Q<M$,所有信号源是不完全相关的;

(A2):$n_i(t)(i=1,2,\cdots,2M)$ 是均值为 0,方差为 σ_n^2(等方差)的复高斯随机过程,$n_i(t)$ 和 $s_i(t)(i=1,2,\cdots,Q)$ 不相关。

由以上假设,可以推出

$$E\{\boldsymbol{n}_x(t)\boldsymbol{n}_x^{\mathrm{H}}(t)\}=E\{\boldsymbol{n}_y(t)\boldsymbol{n}_y^{\mathrm{H}}(t)\}=\sigma_n^2\boldsymbol{I}$$

及

$$E\{\boldsymbol{n}_x(t)\boldsymbol{n}_y^{\mathrm{H}}(t)\}=0 \tag{4.70}$$

其中，$E\{\cdot\}$表示数学期望；$(\cdot)^{\mathrm{H}}$ 表示厄尔米特(Hermite)矩阵。

接下来讨论一种通过计算空时矩阵的特征值分解估计二维方向角(α_k,β_k)，$(k=1,2,\cdots,Q)$的低复杂度算法，不妨称之为空时矩阵方法。

4.4.2 算法描述

假设 d 等于半个波长，那么阵列响应向量 $\boldsymbol{a}_k=[1,a_k,a_k^2,\cdots,a_k^{M-2},b_k]^{\mathrm{T}}$，其中 $a_k=\exp\{-\mathrm{j}\pi\cos\alpha_k\}$，$b_k=\exp\{-\mathrm{j}\pi\cos\beta_k\}$，$k=1,2,\cdots,Q$。由式(4.68)可得

$$\boldsymbol{R}_{xx}=E\{\boldsymbol{x}(t)\boldsymbol{x}^{\mathrm{H}}(t)\}=\boldsymbol{A}\boldsymbol{R}_s\boldsymbol{A}^{\mathrm{H}}+\sigma^2\boldsymbol{I}=\boldsymbol{R}_0+\sigma^2\boldsymbol{I} \tag{4.71}$$

$$\boldsymbol{R}_{yx}=E\{\boldsymbol{y}(t)\boldsymbol{x}^{\mathrm{H}}(t)\}=\boldsymbol{A}\boldsymbol{C}\boldsymbol{R}_s\boldsymbol{A}^{\mathrm{H}} \tag{4.72}$$

其中，$\boldsymbol{R}_s=E\{\boldsymbol{s}(t)\boldsymbol{s}^{\mathrm{H}}(t)\}$。

利用式(4.71)和式(4.72)，定义空时矩阵[39]如下：

$$\boldsymbol{R}=:\boldsymbol{R}_{yx}\boldsymbol{R}_0^{-} \tag{4.73}$$

其中，$(\cdot)^{-}$表示矩阵广义逆。关于空时矩阵 $\boldsymbol{R}$ 有如下定理。

定理 4.7 假设 $\boldsymbol{R}_s$ 是满秩矩阵，且矩阵 $\boldsymbol{C}$ 的对角线上元素两两互不相等，那么，矩阵 $\boldsymbol{R}$ 的 Q 个非零特征值等于矩阵 $\boldsymbol{C}$ 的对角线上的 Q 个元素，且 $\boldsymbol{R}$ 的 Q 个非零特征值对应的特征向量恰好等于矩阵 $\boldsymbol{A}$ 的列向量，即 $\boldsymbol{R}\boldsymbol{A}=\boldsymbol{A}\boldsymbol{C}$。

证明：因为矩阵 $\boldsymbol{C}$ 的对角线上元素两两互不相等，且矩阵 $\boldsymbol{R}_s$ 是满秩的，所以有 $\mathrm{rank}(\boldsymbol{A})=Q$，$\mathrm{rank}(\boldsymbol{R}_0)=Q$。从而

$$\boldsymbol{R}_0^{-}=\boldsymbol{A}\boldsymbol{R}_s^{\mathrm{H}}(\boldsymbol{R}_s\boldsymbol{A}^{\mathrm{H}}\boldsymbol{A}\boldsymbol{R}_s^{\mathrm{H}})(\boldsymbol{A}^{\mathrm{H}}\boldsymbol{A})^{-1}\boldsymbol{A}^{\mathrm{H}} \tag{4.74}$$

其中，$(\cdot)^{-1}$ 表示逆矩阵。

由式(4.72)～式(4.74)，得

$$\boldsymbol{R}\boldsymbol{A}=\boldsymbol{R}_{yx}\boldsymbol{R}_0^{-}\boldsymbol{A}=\boldsymbol{A}\boldsymbol{C}\boldsymbol{R}_s\boldsymbol{A}^{\mathrm{H}}\boldsymbol{A}\boldsymbol{R}_s^{\mathrm{H}}(\boldsymbol{R}_s\boldsymbol{A}^{\mathrm{H}}\boldsymbol{A}\boldsymbol{R}_s^{\mathrm{H}})^{-1}(\boldsymbol{A}^{\mathrm{H}}\boldsymbol{A})^{-1}\boldsymbol{A}^{\mathrm{H}}\boldsymbol{A}=\boldsymbol{A}\boldsymbol{C} \tag{4.75}$$

分析：

(1) 由定理 4.7 可知，阵列响应矩阵 $\boldsymbol{A}$ 和旋转矩阵 $\boldsymbol{C}$ 可以通过计算空时矩阵 $\boldsymbol{R}$ 的特征值分解得到，那么角度 α_k 可以利用矩阵 $\boldsymbol{A}$ 的第 k 个响应向量的第二个分量获得，角度 β_k 可以利用矩阵 $\boldsymbol{A}$ 的第 k 个响应向量的第 M 个分量估计获得(也可由矩阵 $\boldsymbol{C}$ 的第 k 个特征值 $\boldsymbol{C}(k,k)=a_k\cdot b_k$ 估计)。从而可以自动地成对估计二维 DOA。

(2) 如果 Q 个信号源的入射角 α 和 β 不相近，那么 $\mathrm{rank}(\boldsymbol{A})=Q$。此时，定理 4.7 仍然成立，也就是信号源的某个入射角 α 或 β 比较接近的情况。

综上所述，空时矩阵方法总结如下：

算法 4.3 空时矩阵方法。

1. 从式(4.68)中可以分别得到 $\boldsymbol{R}_{xx}$ 和 $\boldsymbol{R}_{yx}$ 的估计值 $\hat{\boldsymbol{R}}_{xx}$ 和 $\hat{\boldsymbol{R}}_{yx}$；
2. 计算 $\hat{\boldsymbol{R}}_{xx}$ 的特征值分解 $\boldsymbol{R}_0$。如果信号源数目 Q 未知，可根据 AIC[19]，利用 $\hat{\boldsymbol{R}}_{xx}$ 的最大特征值估计信号源数目 Q；

3. 计算 $\hat{\boldsymbol{R}}_0^-$ 和空时矩阵 $\hat{\boldsymbol{R}}$；

4. 对 $\hat{\boldsymbol{R}}$ 进行特征值分解；

5. 利用矩阵 $\hat{\boldsymbol{R}}$ 的第 k 个特征向量的第二个分量估计方向角 α_k；同时利用相同的特征向量的第 M 个分量或者第 k 个特征值估计方向角 β_k。

4.4.3 性能分析

下面分析基于空时矩阵的 2-D DOA 估计算法的性能。我们讨论了 DOA 估计的均方误差，也分析了所提算法的计算复杂度。

4.4.3.1 2-D DOA 估计的均方误差

1. 方向角 α 的均方误差

该算法利用空时矩阵 $\boldsymbol{R}$ 的特征值分解

$$\boldsymbol{R}=\boldsymbol{E\Lambda E}^{\mathrm{H}} \tag{4.76}$$

其中，$\boldsymbol{E}=[\boldsymbol{S}_1,\boldsymbol{S}_2,\cdots,\boldsymbol{S}_Q]$，$\boldsymbol{S}_k$ 是矩阵 $\boldsymbol{R}$ 的正交特征向量；$\boldsymbol{\Lambda}=\mathrm{diag}\{\lambda_1,\lambda_2,\cdots,\lambda_Q\}$，$\lambda_i$ 是空时矩阵 $\boldsymbol{R}$ 的特征值。本节分析估计空时矩阵 $\hat{\boldsymbol{R}}$ 对系统性能带来的影响

$$\hat{\boldsymbol{R}}=\hat{\boldsymbol{E}}\hat{\boldsymbol{\Lambda}}\hat{\boldsymbol{E}}^{\mathrm{H}} \tag{4.77}$$

其中，$\hat{\boldsymbol{E}}=[\hat{\boldsymbol{S}}_1,\hat{\boldsymbol{S}}_2,\cdots,\hat{\boldsymbol{S}}_Q]$，$\hat{\boldsymbol{\Lambda}}=\mathrm{diag}\{\hat{\lambda}_1,\hat{\lambda}_2,\cdots,\hat{\lambda}_Q\}$。

令 $\hat{\boldsymbol{S}}_k=\boldsymbol{S}_k+\Delta\boldsymbol{S}_k$，$\hat{\lambda}_k=\lambda_k+\Delta\lambda_k$。该分析充分利用了误差 $\Delta\boldsymbol{S}_k$ 的渐进性。在文献[34]和[35]中，对于特征向量

$$E\{\Delta\boldsymbol{S}_k\Delta\boldsymbol{S}_j^{\mathrm{H}}\}=\frac{\lambda_k}{N}\sum_{l=1,l\neq k}^{Q}\frac{\lambda_l}{(\lambda_k-\lambda_l)^2}\boldsymbol{S}_l\boldsymbol{S}_l^{\mathrm{T}}\delta_{kj}+O(N^{-1}),\quad 1\leqslant k,j\leqslant Q \tag{4.78}$$

$$E\{\Delta\boldsymbol{S}_k\Delta\boldsymbol{S}_j^{\mathrm{T}}\}=-\frac{\lambda_k\lambda_j}{N(\lambda_k-\lambda_j)^2}\boldsymbol{S}_j\boldsymbol{S}_k^{\mathrm{T}}(1-\delta_{kj})+O(N^{-1}),\quad 1\leqslant k,j\leqslant Q \tag{4.79}$$

这里，δ_{kj} 是 Kroneckerδ。

矩阵 $\boldsymbol{R}$ 的特征向量 $\boldsymbol{S}_k$ 中存在的误差 Δa_k 可写为 $\Delta a_k=\boldsymbol{e}_2\Delta\boldsymbol{S}_k$，其中 $\boldsymbol{e}_2=[0,1,0,\cdots,0]$。

均方误差 MSE 由下式给出

$$\begin{aligned}E\{|\Delta a_k|^2\}&=E\{(\boldsymbol{e}_2\Delta\boldsymbol{S}_k)(\boldsymbol{e}_2\Delta\boldsymbol{S}_k)^{\mathrm{H}}\}\\&=\frac{\lambda_k}{N}\sum_{l=1,l\neq k}^{Q}\frac{\lambda_l}{(\lambda_k-\lambda_l)^2}\boldsymbol{e}_2\boldsymbol{S}_l\boldsymbol{S}_l^{\mathrm{H}}\boldsymbol{e}_2^{\mathrm{T}}\end{aligned}$$

令利益量为 α_k，角度估计 α_k 的误差与下式中 a_k 的误差表达式相关[35]

$$E\{|\Delta\alpha_k|^2\}=\left(\frac{\lambda}{2\pi d\cos\alpha_k}\right)^2\times\frac{E\{|\Delta a_k|^2\}-\mathrm{Re}\{(a_k^*)^2E\{|\Delta a_k|^2\}\}}{2} \tag{4.80}$$

其中，λ 是发送信号的波长；d 是阵元间距。

为了获得 α 角度估计的均方误差，$(a_k^*)^2E\{|\Delta a_k|^2\}$的表达式如下所示：

$$(a_k^*)^2E\{|\Delta a_k|^2\}=\frac{\lambda_k}{N}\sum_{l=1,l\neq k}^{Q}\frac{\lambda_l\boldsymbol{e}_2[(\boldsymbol{S}_k^*\boldsymbol{S}_k^{\mathrm{H}})\odot(\boldsymbol{S}_l\boldsymbol{S}_l^{\mathrm{H}})]\boldsymbol{e}_2^{\mathrm{T}}}{(\lambda_k-\lambda_l)^2}$$

其中，$\boldsymbol{A}\odot\boldsymbol{B}$ 表示 $\boldsymbol{A}$ 和 $\boldsymbol{B}$ 的 Hadamard 积。

2. 仰角 β 的均方误差

根据 α 角度估计均方误差的讨论，容易获得 β 角度估计

$$E\{|\Delta\beta_k|^2\}=\left(\frac{\lambda}{2\pi d\cos\beta_k}\right)^2\times\frac{E\{|\Delta b_k|^2\}-\mathrm{Re}\{(b_k^*)^2E\{|\Delta b_k|^2\}\}}{2} \tag{4.81}$$

其中，

$$\begin{aligned}E\{|\Delta b_k|^2\}&=E\{(\boldsymbol{e}_M\Delta\boldsymbol{S}_k)(\boldsymbol{e}_M\Delta\boldsymbol{S}_k)^{\mathrm{H}}\}\\&=\frac{\lambda_k}{N}\sum_{l=1,l\neq k}^{Q}\frac{\lambda_l}{(\lambda_k-\lambda_l)^2}\boldsymbol{e}_M\boldsymbol{S}_l\boldsymbol{S}_l^{\mathrm{H}}\boldsymbol{e}_M^{\mathrm{T}}\end{aligned}$$

$$\boldsymbol{e}_M=[0,\cdots,0,1]$$

$$(b_k^*)^2E\{|\Delta b_k|^2\}=\frac{\lambda_k}{N}\sum_{l=1,l\neq k}^{Q}\frac{\lambda_1\boldsymbol{e}_M[(\boldsymbol{S}_k^*\boldsymbol{S}_k^{\mathrm{H}})\odot(\boldsymbol{S}_l\boldsymbol{S}_l^{\mathrm{H}})]\boldsymbol{e}_M^{\mathrm{T}}}{(\lambda_k-\lambda_l)^2}$$

4.4.3.2 计算复杂度

时空矩阵法的一个优点是它不需要参数搜索。该方法的主要计算复杂度包括 $O(M^3)$ 阶 $\hat{\boldsymbol{R}}_{xx}$ 和 $\hat{\boldsymbol{R}}$ 的特征分解，这里的 M 是子阵 $\boldsymbol{X}$ 和 $\boldsymbol{Y}$ 中的阵列数量。从而得出时空矩阵的计算复杂度为 $O(M^3)$ 的结论。

4.4.4 仿真实验及分析

本节中构造几个仿真来评价所提算法。考虑 3 个带有加性高斯白噪声的相同能量的非相干信号源($Q=3$)，入射角度分别为(10°,30°)、(10°,20°)和(30°,20°)。每个阵元上的快拍数为 $N=50$。提供的所有结果基于 100 次独立运行。每个子阵由 $M=6$ 个阵元组成，共对应 12 个阵元。

图 4.21 和图 4.22 分别展示了由二维酉 ESPRIT 算法[40]和所提算法估计的 2-D DOA 散点图，并且在信噪比为 3dB 的假设下进行了 100 次独立实验。从这些图中，可以观察到时空矩阵方法提供了比二维酉 ESPRIT 算法更精确的 2-D DOA 估计。

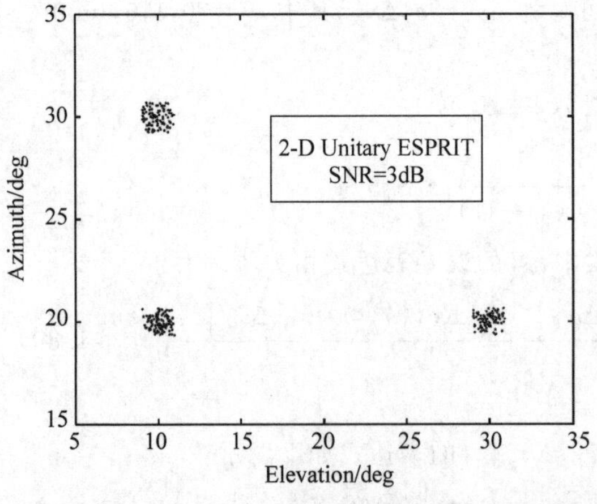

图 4.21 基于二维酉 ESPRIT 算法的估计散点图

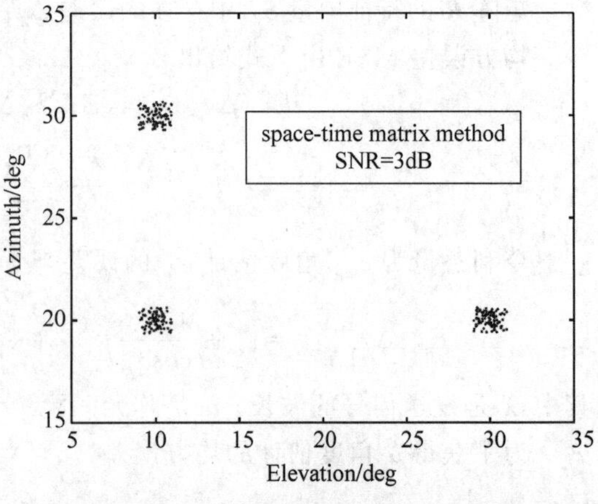

图 4.22 基于时空矩阵法的估计散点图

图 4.23 和图 4.24 分别给出了上述算法对信源 1 的仰角和方位角估计的均方根误差曲线，SNR 从 0～25dB 变化。在这些图中，也同样给出了克拉美罗下界[41]和理论曲线（根据式(4.80)和式(4.81)来计算）。从图中可以看出，所提算法可以提供更低的 2-D DOA 估计误差和优越的抗噪声等性能。

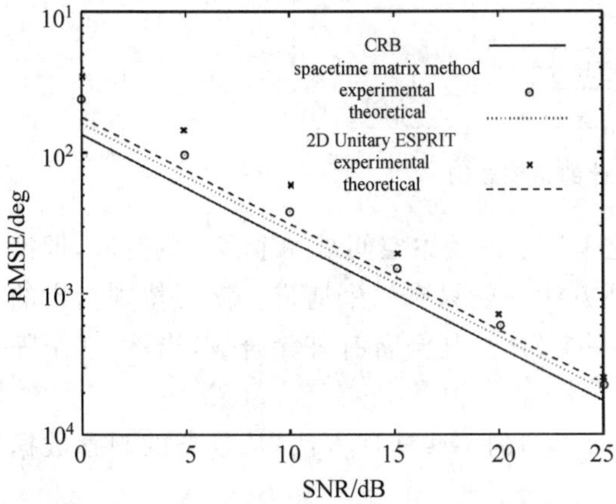

图 4.23　仿真实例中信号源 1 的仰角性能

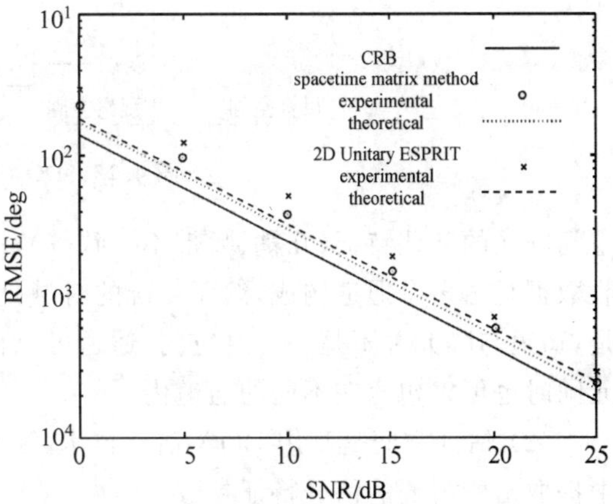

图 4.24　仿真实例中信号源 1 的方位角性能

4.5　基于压缩感知的 DOA 估计算法

压缩感知(Compressed Sensing，CS)理论的提出，打破了传统的奈奎斯特采样定理的限制。它能够以远低于奈奎斯特定理的采样率去提取信号中的重要信息，去除冗余信息，可以极大地降低信号处理的开销，便于信号的存储和传输。通过第 2 章中对压缩感知理论的介绍可知：压缩感知理论应用的基础和前提是对于给定的信号，能够找到合适的稀疏基矩阵或者稀疏表示方式对其进行稀疏表示。显然，信号源出现的角度位置相对于整个角度扫描空间是稀疏的，采用空间网格划分的方式可以对其进行稀疏表示，为从信号重构的角度实现 DOA 估计提供了依据。本节将压缩感知理论应用到 DOA 估计问题，给出了 DOA 估计的数学模型，然后通过对信号的两种不同的稀疏表示方式的分析和研究，给出了两种 DOA 估计算法。

4.5.1　数据模型

DOA 估计系统由 3 部分组成：空间信号入射、空间阵列接收及参数估计。其系统框图见图 4.25。

对于上述系统结构，做以下几点说明[42]：

(1) 目标空间是一个由信号源的参数与复杂环境参数张成的空间。对于 DOA 估计系统，就是利用一些特定的方法从这个复杂的目标空间中估计出信号源的波达方向。

(2) 观察空间是利用在空间按照一定的方式排列的阵元，来接收目标空间的信号。由于周围环境的复杂性和不确定性，导致接收数据中包含空间环境特征（噪声、杂波、干扰等）和信号特征（方位、距离等）。另外由于空间阵元之间的相互的影响，导致接收数据中也含有

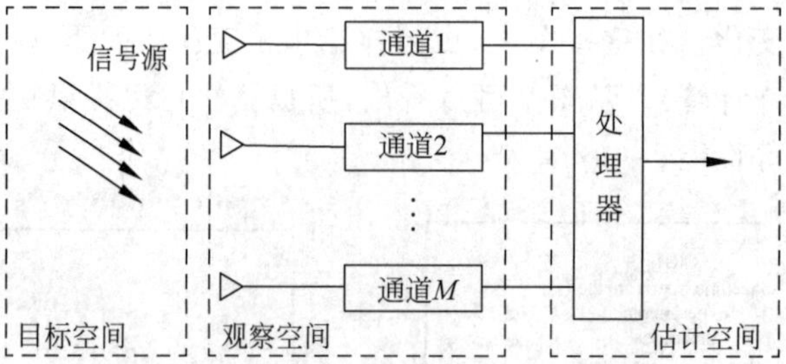

图 4.25　DOA 估计的系统结构

空间阵元的某些特征(互耦、频带不一致等)。这里所说的观察空间是一个多维的空间,即接收数据是由多个通道构成,然而传统的时域处理方法一般只有一个通道。需要特别指出的是,通道与阵元并不是一一对应的,通道可以由一个、几个甚至所有阵元合成,当然,一个阵元同时也可以包含在不同的通道内。

(3) 估计空间是利用 DOA 估计技术(如前面提到的一些估计方法)从复杂的观察数据中提取出所需要的信号特征参数。

从系统框图中能够看出,估计空间(处理器部分)可以看成是对目标空间的一个重建过程,这个重建的精度由许多因素决定,例如,通道不一致、频带不一致、空间阵元间的互耦、环境的复杂性等。

在推导 DOA 估计的数学模型之前,先对本节的工作做几点假设[43]:

(1) 噪声向量为零均值的高斯随机过程,且各阵元之间噪声相互独立,信号与噪声也相互独立;

(2) 信号源数目小于阵元数,以保证阵列流形矩阵的各列向量线性独立;

(3) 组成阵列的各个阵元是各向同性的阵元,且无通道不一致以及互耦的干扰。

(4) 信号源一般为远场的窄带信号,窄带信号是指信号的带宽 B 远远小于载波频率 f_c。在此模型下,入射信号在不同阵元间的微小延迟可以利用相位移动来代替,即不同的阵元上对信号的响应只相差一个相位。远场信号是指点辐射源与阵列之间的距离相对其波长至少为 10λ,辐射的信号电磁波可以近似看作平面波。

考虑 N 个远场窄带信号入射到空间的某阵列上,其中均匀直线阵列的阵元数为 M,如图 4.26 所示,假设阵元数等于通道数目,即各阵元接收到信号后经各自的传输通道送到处理器。

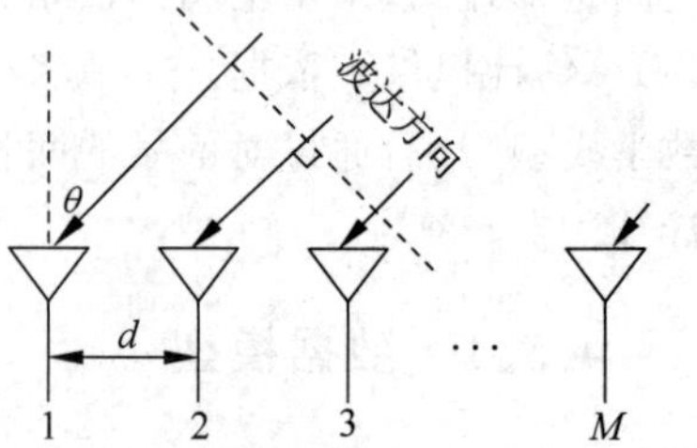

图 4.26　均匀直线阵列示意图

在满足信号源是窄带信号的情况下,信号可以用如下复数形式表示

$$\begin{cases} s_i(t)=u_i(t)\exp(\mathrm{j}(\omega_0 t+\varphi(t))) \\ s_i(t-\tau)=u_i(t-\tau)\exp(\mathrm{j}(\omega_0(t-\tau)+\varphi(t-\tau))) \end{cases} \tag{4.82}$$

式中,$u_i(t)$表示接收信号的幅度信息;$\varphi(t)$表示接收信号的相位信息;ω_0 代表接收信号的频率。在远场窄带信号源的假设下,有

$$\begin{cases} u_i(t-\tau) \approx u_i(t) \\ \varphi(t-\tau) \approx \varphi(t) \end{cases} \tag{4.83}$$

根据式(4.82)和式(4.83),有下式成立

$$s_i(t-\tau) \approx s_i(t)\exp(-\mathrm{j}\omega_0\tau) \quad i=1,2,\cdots,N \tag{4.84}$$

则能够得到第 m 个阵元的接收信号为

$$x_m(t)=\sum_{i=1}^{N} g_{mi}s_i(t-\tau_{mi})+n_m(t) \quad m=1,2,\cdots,M \tag{4.85}$$

式中,g_{mi} 为第 m 个阵元对第 i 个信号的增益;$n_m(t)$表示第 m 个阵元在 t 时刻的噪声;τ_{mi} 表示第 i 个信号在到达第 m 个阵元时相对于参考阵元的时间延迟。

将 M 个阵元在某个时刻的接收信号排列成列向量的形式,可得

$$\begin{bmatrix} x_1(t) \\ x_2(t) \\ \vdots \\ x_M(t) \end{bmatrix} = \begin{bmatrix} g_{11}\exp(-\mathrm{j}\omega_0\tau_{11}) & g_{12}\exp(-\mathrm{j}\omega_0\tau_{12}) & \cdots & g_{1N}\exp(-\mathrm{j}\omega_0\tau_{1N}) \\ g_{21}\exp(-\mathrm{j}\omega_0\tau_{21}) & g_{22}\exp(-\mathrm{j}\omega_0\tau_{22}) & \cdots & g_{2N}\exp(-\mathrm{j}\omega_0\tau_{2N}) \\ \vdots & \vdots & \ddots & \vdots \\ g_{M1}\exp(-\mathrm{j}\omega_0\tau_{M1}) & g_{M2}\exp(-\mathrm{j}\omega_0\tau_{M2}) & \cdots & g_{MN}\exp(-\mathrm{j}\omega_0\tau_{MN}) \end{bmatrix}$$

$$\begin{bmatrix} s_1(t) \\ s_2(t) \\ \vdots \\ s_N(t) \end{bmatrix} + \begin{bmatrix} n_1(t) \\ n_2(t) \\ \vdots \\ n_M(t) \end{bmatrix} \tag{4.86}$$

前面已假设阵列中的各阵元不存在互耦、通道不一致等因素的影响,而且是各向同性的,因此,式(4.86)中的增益可以归一化为1,在这样的假设下,式(4.86)可以表示为

$$\begin{bmatrix} x_1(t) \\ x_2(t) \\ \vdots \\ x_M(t) \end{bmatrix} = \begin{bmatrix} \exp(-\mathrm{j}\omega_0\tau_{11}) & \exp(-\mathrm{j}\omega_0\tau_{12}) & \cdots & \exp(-\mathrm{j}\omega_0\tau_{1N}) \\ \exp(-\mathrm{j}\omega_0\tau_{21}) & \exp(-\mathrm{j}\omega_0\tau_{22}) & \cdots & \exp(-\mathrm{j}\omega_0\tau_{2N}) \\ \vdots & \vdots & \ddots & \vdots \\ \exp(-\mathrm{j}\omega_0\tau_{M1}) & \exp(-\mathrm{j}\omega_0\tau_{M2}) & \cdots & \exp(-\mathrm{j}\omega_0\tau_{MN}) \end{bmatrix} \begin{bmatrix} s_1(t) \\ s_2(t) \\ \vdots \\ s_N(t) \end{bmatrix} + \begin{bmatrix} n_1(t) \\ n_2(t) \\ \vdots \\ n_M(t) \end{bmatrix} \tag{4.87}$$

将式(4.87)写成向量的形式如下:

$$\boldsymbol{x}(t)=\boldsymbol{A}\boldsymbol{s}(t)+\boldsymbol{n}(t) \tag{4.88}$$

式中,$\boldsymbol{x}(t)$为阵列的 $M\times1$ 维数据向量;$\boldsymbol{n}(t)$为阵列的 $M\times1$ 维噪声数据向量;$\boldsymbol{s}(t)$为空间信号的 $N\times1$ 维向量;$\boldsymbol{A}$ 为阵列的 $M\times N$ 维流形矩阵(导向向量阵),且

$$\boldsymbol{A}=[\boldsymbol{a}_1(\omega_0) \quad \boldsymbol{a}_2(\omega_0) \quad \cdots \quad \boldsymbol{a}_N(\omega_0)] \tag{4.89}$$

其中,导向向量

$$\boldsymbol{a}_i(\omega_0)=[\exp(-\mathrm{j}\omega_0\tau_{1i}) \quad \exp(-\mathrm{j}\omega_0\tau_{2i}) \quad \cdots \quad \exp(-\mathrm{j}\omega_0\tau_{Mi})] \quad i=1,2,\cdots,N \tag{4.90}$$

这里 $\omega_0=2\pi f=2\pi c/\lambda$;$c$ 为光速;λ 为波长。

在均匀线阵的情况下,一般选取第一个阵元为参考阵元,阵元间距为 d,信号的入射方位角定义为信号的入射方向与阵列的法线方向的夹角 $\theta\in[-\pi/2,\pi/2]$。因此,由阵列的几何结构可以知道,信号到达第 m 个阵元时相对于参考阵元的时延 τ_{mi} 与信号的波达方向 θ_i 之间的关系如下:

$$\tau_{mi}=\frac{(m-1)d\sin\theta_i}{c} \tag{4.91}$$

在均匀线阵中,为了保证阵元之间的独立性,阵元间距 $d\leqslant\lambda/2$,一般取 $d=\lambda/2$,则将式(4.91)代入式(4.90)可以得到

$$\boldsymbol{a}(\theta_i)=[1\quad \exp(-\mathrm{j}\pi\sin\theta_i)\quad \cdots\quad \exp(-\mathrm{j}\pi(M-1)\sin\theta_i)]\quad i=1,2,\cdots,N \tag{4.92}$$

所以均匀线阵的阵列流形矩阵为

$$\boldsymbol{A}=\begin{bmatrix}1 & 1 & \cdots & 1\\ \exp(-\mathrm{j}\pi\sin\theta_1) & \exp(-\mathrm{j}\pi\sin\theta_2) & \cdots & \exp(-\mathrm{j}\pi\sin\theta_N)\\ \vdots & \vdots & \ddots & \vdots\\ \exp(-\mathrm{j}\pi(M-1)\sin\theta_1) & \exp(-\mathrm{j}\pi(M-1)\sin\theta_2) & \cdots & \exp(-\mathrm{j}\pi(M-1)\sin\theta_N)\end{bmatrix} \tag{4.93}$$

由于阵列的阵元能够获取观测数据的多个快拍,因此,为了充分利用这些观测数据以提高检测性能和参数估计的精度,可以采用累积的办法,但用数据直接累积是不行的,因为 $\boldsymbol{s}(t)$随 t 变化,且其初相一般是均匀分布的,一阶统计量(均值)为零。但由于二阶统计量可消去信号 $\boldsymbol{s}(t)$的随机初相,因此可反映信号向量的特征。

阵列接收数据向量的二阶统计量用其外积的统计平均值表示,这里称为阵列协方差矩阵,定义为

$$\boldsymbol{R}=E\{\boldsymbol{x}(t)\boldsymbol{x}^{\mathrm{H}}(t)\} \tag{4.94}$$

将式(4.88)代入上式,考虑到 $\boldsymbol{s}(t)$与 $\boldsymbol{n}(t)$是统计独立的,于是可得

$$\boldsymbol{R}=\boldsymbol{A}E\{\boldsymbol{s}(t)\boldsymbol{s}^{\mathrm{H}}(t)\}\boldsymbol{A}^{\mathrm{H}}+E\{\boldsymbol{n}(t)\boldsymbol{n}^{\mathrm{H}}(t)\}=\boldsymbol{A}\boldsymbol{R}_s\boldsymbol{A}^{\mathrm{H}}+\boldsymbol{R}_n \tag{4.95}$$

式中,$\boldsymbol{R}_s=E\{\boldsymbol{s}(t)\boldsymbol{s}^{\mathrm{H}}(t)\}$是信号源的协方差矩阵;$\boldsymbol{R}_n=E\{\boldsymbol{n}(t)\boldsymbol{n}^{\mathrm{H}}(t)\}$是噪声的协方差矩阵;由于各个阵元的噪声之间是不相关的,且强度相等,故其协方差矩阵为 $\boldsymbol{R}_n=\sigma^2\boldsymbol{I}$。

在具体的实现中,数据协方差矩阵 $\boldsymbol{R}$ 是利用采样协方差矩阵 $\hat{\boldsymbol{R}}$ 代替的,即

$$\hat{\boldsymbol{R}}=E\left\{\frac{1}{L}\sum_{t=1}^{L}\boldsymbol{x}(t)\boldsymbol{x}^{\mathrm{H}}(t)\right\} \tag{4.96}$$

式中,L 表示数据的快拍数。对 $\hat{\boldsymbol{R}}$ 进行特征分解可以计算得到噪声子空间 $\hat{\boldsymbol{U}}_n$、信号子空间 $\hat{\boldsymbol{U}}_s$ 及由特征值组成的对角矩阵 $\hat{\boldsymbol{\Sigma}}$。

4.5.2 W-L$_1$-SRACV 算法

在基于压缩感知理论的 DOA 估计问题中,通常需要尽量得到稀疏向量的稀疏解,以达到精确的 DOA 估计;针对以往的基于压缩感知理论的 DOA 估计算法在稀疏向量恢复过程中不能得到较好稀疏解的问题,本节提出了 W-L$_1$-SRACV 算法,利用信号在空间域的稀疏性,给出了基于阵列协方差向量的稀疏表示(Sparse Representation of Array Covariance Vectors,SRACV)方法,进而将 DOA 估计问题转化成稀疏向量的恢复问题,然后通过信号子空间与噪声子空间的正交性构造加权矩阵,并对待恢复的稀疏向量进行加权约束,从而保证待恢复的稀疏向量具有较好的稀疏性,获得更精确的 DOA 估计。

4.5.2.1 稀疏表示

由于阵列流形矩阵的每一列 $\boldsymbol{a}(\theta_i)(i=1,2,\cdots,N)$对应着一个信号的方向,即阵列流

形矩阵 $\boldsymbol{A}$ 包含了目标的方向信息,并且 $\boldsymbol{A}$ 未知。为了将 DOA 估计问题转换为信号的稀疏表示问题,将要考虑的整个方向角度划分成$\{\theta_1,\theta_2,\cdots,\theta_Q\}$等分,并假设每一个可能的方向 $\theta_q(q=1,2,\cdots,Q)$都存在一个潜在的信号,则阵列流形的每一列$\{\boldsymbol{a}(\theta_q)\}_{q=1}^{Q}$ 就对应着一个潜在信号的方向信息且 $Q\gg\max(M,N)$。由压缩感知理论中的稀疏表示理论可知,协方差矩阵 $\boldsymbol{R}$ 的每个列向量能够由任意的 M 维复数向量空间的完备集线性表示。根据式(4.95)的形式和以上的分析,构造一个完备集 $\boldsymbol{\Phi}=[\boldsymbol{a}(\theta_1),\boldsymbol{a}(\theta_2),\cdots,\boldsymbol{a}(\theta_Q)]$和一个稀疏向量 $\boldsymbol{b}_m$,则可以将协方差矩阵 $\boldsymbol{R}$ 的第 m 列表示成如下形式[44]:

$$\boldsymbol{r}_m=E\{\boldsymbol{x}(t)x_m^*(t)\}=\boldsymbol{\Phi}\boldsymbol{b}_m+\sigma^2\boldsymbol{e}_m,\quad m=1,2,\cdots,M \tag{4.97}$$

式中,$(\cdot)^*$ 表示共轭;$\boldsymbol{b}_m$ 是根据完备集得到的 $Q\times1$ 的稀疏表示系数向量。理想情况下,系数向量 $\boldsymbol{b}_m$ 中只有实际存在信号的 N 个位置的元素值是非零的,其他 $Q-N$ 个位置的元素值均为零。误差项 $\boldsymbol{e}_m$ 是一个 $M\times1$ 的向量,它的第 m 个位置为 1,其他位置为 0。将式(4.97)写成矩阵的形式,可以得到

$$\boldsymbol{R}=\boldsymbol{\Phi}\boldsymbol{B}+\sigma^2\boldsymbol{I}_M \tag{4.98}$$

这里,$\boldsymbol{B}=[\boldsymbol{b}_1,\boldsymbol{b}_2,\cdots,\boldsymbol{b}_M]$。很显然,在理想情况下,所有的$\{\boldsymbol{b}_m\}_{m=1}^{M}$ 向量都应该具有相同的稀疏结构,即每一个向量 $\boldsymbol{b}_m$ 的非零元素都应该在矩阵 $\boldsymbol{B}$ 的同一行里面。下面,引入一个向量 $\hat{\boldsymbol{b}}=[\hat{b}_1,\hat{b}_2,\cdots,\hat{b}_Q]^{\mathrm{T}}$,它的第 q 个元素 $\hat{b}_q$ 等于矩阵 $\boldsymbol{B}$ 的第 q 行的所有元素的 L_2 范数,即 $\hat{b}_q=\|\boldsymbol{B}_{q.}\|_2=\sqrt{\sum_{m=1}^{M}b_{qm}^2}$。通过上面的分析可以知道$\{\boldsymbol{b}_m\}_{m=1}^{M}$ 的稀疏结构能够充分的由 $\hat{\boldsymbol{b}}$ 的稀疏结构来表示。

对于一个给定的空间稀疏化方式$\{\theta_1,\theta_2,\cdots,\theta_Q\}$(例如,$-90°\sim90°$,以 1°为间隔),矩阵 $\boldsymbol{\Phi}$ 是确定的。利用压缩感知理论来解决信号的 DOA 估计问题,就是在误差项 $\sigma^2\boldsymbol{I}_M$ 能够很好地被抑制的情况下,由已知的阵元接收数据的协方差矩阵 $\boldsymbol{R}$ 和确定的完备集 $\boldsymbol{\Phi}$ 来重构空间的稀疏向量 $\hat{\boldsymbol{b}}$,其中前 N 个最大的重构分量对应的角度位置就是空间实际存在信号的波达方向。根据$\{\theta_1,\theta_2,\cdots,\theta_Q\}$和 $\hat{\boldsymbol{b}}=[\hat{b}_1,\hat{b}_2,\cdots,\hat{b}_Q]^{\mathrm{T}}$ 的一一对应关系就能够得到信号源的 DOA 估计。

4.5.2.2 W-L_1-SRACV 算法原理

根据压缩感知理论中的信号恢复理论可知,基于式(4.98)的 DOA 估计问题能够转化成如下最优化约束问题

$$\min_{\boldsymbol{B}}\|\hat{\boldsymbol{b}}\|_1\quad \text{s.t.}\ \boldsymbol{R}=\boldsymbol{\Phi}\boldsymbol{B}+\sigma^2\boldsymbol{I}_M \tag{4.99}$$

在实际应用中,由于阵列的接收数据长度是有限的,所以一般采用数据协方差矩阵的最大似然估计代替理想的阵列协方差矩阵,其最大似然估计为

$$\hat{\boldsymbol{R}}=E\left\{\frac{1}{L}\sum_{i=1}^{L}\boldsymbol{x}(t)\boldsymbol{x}^{\mathrm{H}}(t)\right\}=\boldsymbol{R}+\Delta\boldsymbol{R} \tag{4.100}$$

式中,$\Delta\boldsymbol{R}=\hat{\boldsymbol{R}}-\boldsymbol{R}$ 是估计误差,它的向量化形式满足

$$\mathrm{vec}(\Delta\boldsymbol{R})\sim\mathrm{AsN}\left(0,\frac{1}{L}\boldsymbol{R}^{\mathrm{T}}\otimes\boldsymbol{R}\right) \tag{4.101}$$

其中,$\mathrm{vec}(\cdot)$表示将矩阵按列拉直;$\mathrm{AsN}(\mu,\sigma^2)$表示均值为 μ,方差为 σ^2 的渐进正态分布;

$\otimes$表示矩阵的 Kronecker 积。

如果直接用采样协方差矩阵 $\hat{\boldsymbol{R}}$ 代替理想的协方差矩阵 $\boldsymbol{R}$，这样会导致式(4.89)的等式约束条件不能够被满足。在这种情况下，可以利用 vec($\Delta\boldsymbol{R}$)的分布知识得到一种更加合理的 DOA 估计约束准则。

由式(4.101)可以推导出如下关系

$$\mathrm{vec}(\Delta\boldsymbol{R})=\mathrm{vec}(\hat{\boldsymbol{R}}-\boldsymbol{R})=\mathrm{vec}(\hat{\boldsymbol{R}}-\boldsymbol{\Phi}\boldsymbol{B}-\sigma^2\boldsymbol{I}_M)\sim \mathrm{AsN}\left(0,\frac{1}{L}\boldsymbol{R}^{\mathrm{T}}\otimes\boldsymbol{R}\right) \tag{4.102}$$

将上式变成标准正态分布，有

$$\boldsymbol{J}\,\mathrm{vec}(\hat{\boldsymbol{R}}-\boldsymbol{\Phi}\boldsymbol{B}-\sigma^2\boldsymbol{I}_M)\sim \mathrm{AsN}(0,\boldsymbol{I}_{M^2}) \tag{4.103}$$

式中，$\boldsymbol{J}=\sqrt{L}\,(\boldsymbol{R}^{\mathrm{T}})^{-\frac{1}{2}}\otimes\boldsymbol{R}^{-\frac{1}{2}}$。进一步地，可以得到如下关系式

$$\|\boldsymbol{J}\,\mathrm{vec}(\hat{\boldsymbol{R}}-\boldsymbol{\Phi}\boldsymbol{B}-\sigma^2\boldsymbol{I}_M)\|_2^2\sim \mathrm{As}\chi^2(M^2) \tag{4.104}$$

这里，$\mathrm{As}\chi^2(M^2)$表示自由度为 M^2 的卡方分布。下面引入一个参数 β，使得如下的不等式以很高的概率 P 成立，P 是一个很接近于 1 的数，一般情况下取 $P=0.999$。

$$\|\boldsymbol{J}\,\mathrm{vec}(\hat{\boldsymbol{R}}-\boldsymbol{\Phi}\boldsymbol{B}-\sigma^2\boldsymbol{I}_M)\|_2^2\leqslant\beta \tag{4.105}$$

通过上面的推导和分析，基于式(4.99)的 DOA 估计问题能够转化成如下的最优化约束问题[44]

$$\min_{\boldsymbol{B}}\|\hat{\boldsymbol{b}}\|_1\quad \mathrm{s.t.}\ \|\boldsymbol{z}-\boldsymbol{\Psi}\mathrm{vec}(\boldsymbol{B})\|_2^2\leqslant\beta \tag{4.106}$$

式中，$\boldsymbol{z}=\hat{\boldsymbol{J}}\mathrm{vec}(\hat{\boldsymbol{R}}-\hat{\sigma}^2\boldsymbol{I}_M)$，$\boldsymbol{\Psi}=\hat{\boldsymbol{J}}(\boldsymbol{I}_M\otimes\boldsymbol{\Phi})$，$\hat{\boldsymbol{J}}=\sqrt{L}\,(\hat{\boldsymbol{R}}^{\mathrm{T}})^{-\frac{1}{2}}\otimes\hat{\boldsymbol{R}}^{-\frac{1}{2}}$，$\hat{\sigma}$ 是 σ 的一个估计值。

由于 L_1-SRACV 算法是直接对待恢复的稀疏向量 $\hat{\boldsymbol{b}}$ 进行 L_1 范数约束，将导致在恢复 $\hat{\boldsymbol{b}}$ 的过程中并不能得到更稀疏的结果，在 DOA 估计中的表现形式就是会出现伪谱峰，即不能准确地估计出信号的 DOA。

在压缩感知理论中，准确描述信号稀疏性的模型是信号的 L_0 范数约束模型

$$\min_{\boldsymbol{\alpha}}\|\alpha\|_0\quad \mathrm{s.t.}\ \|\boldsymbol{y}-\boldsymbol{\Theta}\boldsymbol{\alpha}\|_2\leqslant\varepsilon \tag{4.107}$$

由于 L_0 范数求解的数值计算极不稳定而且是多项式复杂程度的 NP 难问题，因此 Donoho 和 Candès 指出：当观测量 $M\geqslant O(K\log(N/K))$且感知矩阵$\boldsymbol{\Theta}$ 满足一定的条件时，式(4.106)的 L_1 范数模型可以获得和式(4.107)的 L_0 范数模型同样的解。然而，在很多实际应用中，特别是观测数量较少且信噪比较低的情况下，采用 L_1 范数模型等价 L_0 范数模型仍然存在一定的误差。

就 L_0 范数约束而言，对于任何一个向量，其 L_0 范数(即解的形式)仅存在 0 和 1 之分，因此大系数和小系数对目标函数的贡献是同等的，式(4.107)可以找到非 0 个数下的最稀疏解。然而在 L_1 范数约束模型中，求解对象为模值最小情况下对应的解，此时向量$\boldsymbol{\alpha}$ 中大系数和小系数对目标函数的贡献是不一样的，即大系数模值大，相应的贡献比较大；反之亦然。因此，在求解过程中，目标函数会对大系数施加更多的约束以保证整个代价函数的收敛性。然而在实际应用中，大系数有可能对应于真实信号，上述优化过程很可能会削弱大系数(信号分量)的贡献；相反地，小系数(可能对应于噪声)由于没有施加过多的约束而在优化过程中并未受到严格约束。

针对这一问题,Candès[45]引入加权范数约束思想,通过对 L_1 范数约束模型进行加权,使得重构信号中的大系数和小系数尽量获得同等约束,即对大系数进行较小的权值惩罚,对小系数进行较大的权值惩罚。这种自适应调整机制使得加权 L_1 范数约束模型能够更好地去逼近 L_0 范数模型

$$\min_{\alpha} \| \boldsymbol{\Omega\alpha} \|_0 \quad \text{s.t.} \| \boldsymbol{y} - \boldsymbol{\Theta\alpha} \|_2 \leqslant \varepsilon \tag{4.108}$$

式中,$\boldsymbol{\Omega}$ 为一个对角矩阵,其对角线上的元素 $\omega_i = [|\alpha_i| + \eta]^{-1}$,$\eta$ 是一个微小量,以防止 ω_i 出现奇异值。当待重构的系数 $|\alpha_i|$ 较小时,所对应的权值 ω_i 较大,相应重构过程中对该分量进行了更深层次的约束(对于噪声分量,相当于施加了一定的噪声抑制作用);当 $|\alpha_i|$ 较大时,其所对应的权值较小(对于待重构信号,这一约束有效保证了信号重构的保真度),这样刚好可以拉近大、小系数在目标函数贡献性上的差距,因此加权过程相当于在优化过程中实现了对大、小系数的平衡"惩罚",在存在噪声的情况下,相比 L_1 范数模型,该模型更容易获得待优化对象的最优稀疏解。

在 DOA 估计问题中,可以利用噪声子空间与阵列流形矩阵张成的信号子空间的正交性,构造一个加权矩阵。具体方法如下:

对阵列接收数据的协方差矩阵进行特征分解,得到如下形式

$$\boldsymbol{R} = \boldsymbol{U\Sigma U}^{\mathrm{H}} = [\boldsymbol{U}_s \quad \boldsymbol{U}_n] \boldsymbol{\Sigma} [\boldsymbol{U}_s \quad \boldsymbol{U}_n]^{\mathrm{H}} \tag{4.109}$$

其中,$\boldsymbol{U}$ 是特征向量组成的矩阵;$\boldsymbol{\Sigma}$ 是由协方差矩阵的特征值组成的对角矩阵;$\boldsymbol{U}_s$ 是由大的特征值对应的特征向量组成的信号子空间;$\boldsymbol{U}_n$ 是由小的特征值对应的特征向量组成的噪声子空间。

已经证明,噪声子空间 $\boldsymbol{U}_n$ 和阵列流形矩阵 $\boldsymbol{A}$ 张成的信号子空间是正交的,所以有

$$\boldsymbol{A}^{\mathrm{H}}\boldsymbol{U}_n = \boldsymbol{0} \in \mathbf{R}^{N\times(M-N)} \tag{4.110}$$

考虑到完备集 $\boldsymbol{\Phi}$ 与阵列流形 $\boldsymbol{A}$ 之间的关系,可以将 $\boldsymbol{\Phi}$ 写成如下形式

$$\boldsymbol{\Phi} = [\boldsymbol{A} \quad \boldsymbol{C}] \tag{4.111}$$

式中,$\boldsymbol{C} \in \mathbf{C}^{M\times(Q-N)}$。

利用式(4.110)的性质,可以得到

$$\boldsymbol{\Phi}^{\mathrm{H}}\boldsymbol{U}_n = [\boldsymbol{U}_n^{\mathrm{H}}\boldsymbol{A} \quad \boldsymbol{U}_n^{\mathrm{H}}\boldsymbol{C}]^{\mathrm{H}} = [\boldsymbol{0}^{\mathrm{H}} \quad \boldsymbol{D}^{\mathrm{H}}]^{\mathrm{H}} \tag{4.112}$$

式中,$\boldsymbol{D}_i^{(l_2)} > 0$,$\boldsymbol{D}_i^{(l_2)}$ 表示 $\boldsymbol{D}^{(l_2)}$ 的第 i 个元素,$\boldsymbol{D}^{(l_2)}$ 是矩阵 $\boldsymbol{D}$ 的每一行的 L_2 范数组成的列向量。在实际应用中,一般用采样协方差矩阵 $\hat{\boldsymbol{R}}$ 代替理想的协方差矩阵 $\boldsymbol{R}$,这样,$\hat{\boldsymbol{U}}_n$ 就代替了 $\boldsymbol{U}_n$,则式(4.112)可以写成

$$\boldsymbol{\Phi}^{\mathrm{H}}\hat{\boldsymbol{U}}_n = [\hat{\boldsymbol{U}}_n^{\mathrm{H}}\boldsymbol{A} \quad \hat{\boldsymbol{U}}_n^{\mathrm{H}}\boldsymbol{C}]^{\mathrm{H}} = [\boldsymbol{W}_{\boldsymbol{A}}^{\mathrm{H}} \quad \boldsymbol{W}_{\boldsymbol{C}}^{\mathrm{H}}]^{\mathrm{H}} = W \tag{4.113}$$

加权向量定义如下:

$$\boldsymbol{w} = \boldsymbol{W}^{(l_2)} = [\boldsymbol{W}_{\boldsymbol{A}}^{(l_2)\mathrm{T}} \quad \boldsymbol{W}_{\boldsymbol{C}}^{(l_2)\mathrm{T}}]^{\mathrm{T}} \tag{4.114}$$

由前面的分析可知,当快拍数 $L\to\infty$ 时,$\boldsymbol{W}_{\boldsymbol{A}}^{(l_2)} \to \boldsymbol{0} \in \mathbf{R}^{N\times 1}$,$\boldsymbol{W}_{\boldsymbol{C}}^{(l_2)} \to \boldsymbol{D}^{(l_2)} \in \mathbf{R}^{(Q-N)\times 1}$,此时向量 $\boldsymbol{W}_{\boldsymbol{A}}^{(l_2)}$ 中的元素值都要比向量 $\boldsymbol{W}_{\boldsymbol{C}}^{(l_2)}$ 的元素值小。

通过以上分析,定义加权矩阵如下:

$$\boldsymbol{G} = \operatorname{diag}\{\boldsymbol{w}\} \tag{4.115}$$

式中,diag{·}表示由向量的所有元素构成的对角矩阵。

于是，DOA 估计最优化求解模型如下：

$$\min_{\boldsymbol{B}} \| \boldsymbol{G}\hat{\boldsymbol{b}} \|_1 \quad \text{s.t.} \ \| \boldsymbol{z} - \boldsymbol{\Psi}\text{vec}(\boldsymbol{B}) \|_2^2 \leqslant \beta \tag{4.116}$$

上述的最优化问题可以利用 CVX[46] 等二阶锥规划软件包进行求解。在得到稀疏向量 $\hat{\boldsymbol{b}}$ 之后，通过稀疏向量里面的谱峰值对应的角度位置，就可以得到真实信号的 DOA 估计。

W-L_1-SRACV 算法步骤总结如下：

算法 4.4 W-L_1-SRACV 算法。

1. 计算阵列的协方差矩阵 $\hat{\boldsymbol{R}}$，并构造完备集矩阵 $\boldsymbol{\Phi}$；
2. 对协方差矩阵 $\hat{\boldsymbol{R}}$ 进行特征值分解，并得到噪声子空间 $\hat{\boldsymbol{U}}_n$；
3. 根据文献[44]得到参数 β 的值；
4. 利用噪声子空间和信号子空间的正交性得到加权矩阵 $\boldsymbol{G}$；
5. 通过计算得到 $\boldsymbol{z}$ 和 $\boldsymbol{\Psi}$；
6. 利用 CVX 工具箱求解式(4.116)，得到信号的 DOA 估计。

4.5.2.3 仿真实验及性能分析

为了验证算法的有效性，下面基于均匀线性阵列模型进行仿真分析。在仿真中，为了更好地描述算法的估计性能，定义均方根误差为

$$\text{RMSE} = \sqrt{\frac{1}{PN}\sum_{p=1}^{P}\sum_{n=1}^{N}(\hat{\theta}_n(p) - \theta_n)^2} \tag{4.117}$$

式中，P 是独立实验的次数；N 是信号源数目；$\hat{\theta}_n(p)$是在第 p 次独立实验下对 θ_n 的估计值。

实验 1：MUSIC、L_1-SRACV 和 W-L_1-SRACV 算法对不相关信号的测向性能

假设有 4 个不相关的远场窄带信号从波达方向−40°、−10°、25°和 30°入射到由 8 个阵元组成的均匀直线阵列，阵元间距为半波长，快拍数为 128，信噪比为 5dB。3 种算法的测向性能如图 4.27 所示。从图 4.27 中可以看出，在给定的快拍数和信噪比条件下，当信号的波达方向间隔比较大时，3 种算法都能够很好地得到信号的 DOA；但是当信号的波达方向间隔较小(例如，25°与 30°之间间隔为 5°)时，在给定的仿真条件下，MUSIC 算法已经不能分辨出信号的 DOA，而 L_1-SRACV 算法虽然能够估计出 4 个信号的波达方向，但会出现严重的伪谱峰，且测向的精确度也不够高，主要的原因是：第一，在稀疏向量的恢复过程中，L_1-SRACV 算法是利用凸函数 L_1 范数代替计数的 L_0 范数导致的，这是本质的原因；第二，当存在噪声时，L_1-SRACV 算法所要求解的问题已经不是稀疏的了，只有当信噪比足够高时，才能近似地认为它是稀疏的；第三，在 DOA 估计问题中，完备集 Φ 的列与列之间的相关性非常高，此时未必满足压缩感知理论的 RIP 性质。仿真实验表明 W-L_1-SRACV 算法能够准确地估计波达方向，有效地抑制伪谱峰。

实验 2：MUSIC、L_1-SRACV 和 W-L_1-SRACV 算法对相干信号测向性能

假设有 4 个远场窄带信号从波达方向−40°、−20°、10°和 30°入射到由 8 个阵元组成的均匀直线阵列，阵元间距为半波长，快拍数为 128，信噪比为 0dB，其中第一个信号和第二个信号是一对相干信号；第三个信号和第四个信号是另一对相干信号。为了能够进行相干信

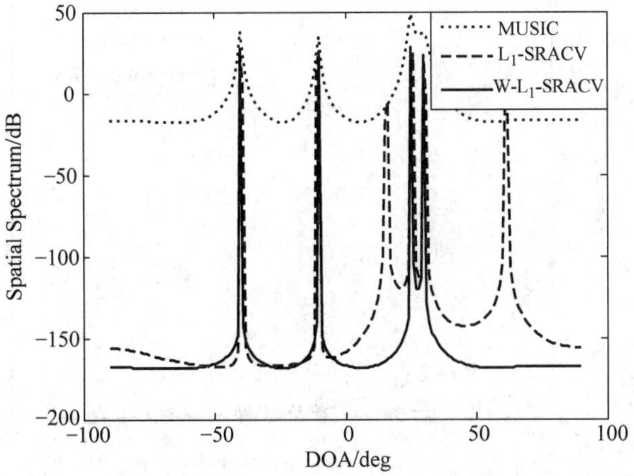

图 4.27　MUSIC、L_1-SRACV 和 W-L_1-SRACV 算法对不相关信号的空间谱

号的测向，需要利用空间平滑的思想对接收数据进行预处理，这样就能够得到噪声子空间去构造加权向量。对 MUSIC 算法利用前后向空间平滑技术进行测向，平滑子阵的阵元数为 6 个。图 4.28 给出了 MUSIC、L_1-SRACV 和 W-L_1-SRACV 算法对相干信号的测向性能。从图 4.28 中可以看出，W-L_1-SRACV 算法比 MUSIC 和 L_1-SRACV 算法有更高的测向精度和分辨率，同时和 L_1-SRACV 相比，也能够很好地抑制伪谱峰。

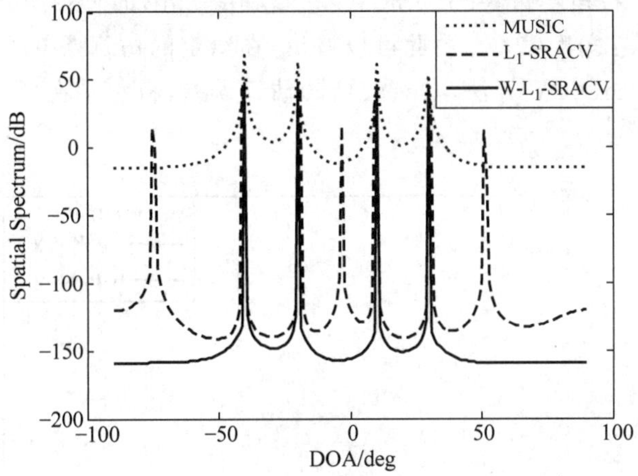

图 4.28　MUSIC、L_1-SRACV 和 W-L_1-SRACV 算法对不相关信号的空间谱

实验 3：不同角度间隔下的 MUSIC、L_1-SRACV 和 W-L_1-SRACV 算法的均方误差曲线

假设有两个不相关的远场窄带信号从波达方向 $-30°$ 和 $-30°+\Delta\theta$ 入射到由 8 个阵元组成的均匀直线阵列，阵元间距为半波长，快拍数为 256，信噪比为 5dB，其中 $\Delta\theta$ 为 $3°\sim10°$，以 1°为间隔进行变化，每个角度间隔点做 100 次蒙特卡洛实验。图 4.29 给出了 MUSIC、L_1-SRACV 和 W-L_1-SRACV 算法随角度间隔变化的均方误差曲线。从图 4.29 中可以看出，在给定的仿真条件下，W-L_1-SRACV 算法比 MUSIC、L_1-SRACV 算法具有更高的角度分辨率。

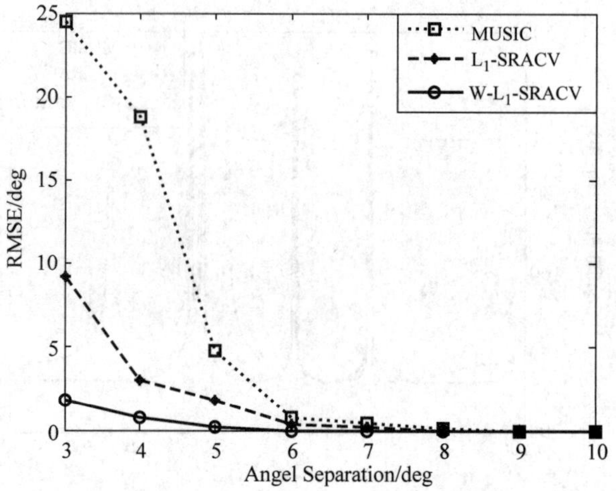

图 4.29 MUSIC、L_1-SRACV 和 W-L_1-SRACV 算法随角度间隔变化的均方误差曲线

实验 4：不同 SNR 下的 MUSIC、L_1-SRACV 和 W-L_1-SRACV 算法的均方误差曲线

假设有两个不相关的远场窄带信号从波达方向 10°和 30°入射到由 8 个阵元组成的均匀直线阵列，阵元间距为半波长，快拍数为 256，SNR 在 −14～0dB 以 2dB 为间隔进行变化，每个 SNR 点做 100 次蒙特卡洛实验。图 4.30 给出了 MUSIC、L_1-SRACV 和 W-L_1-SRACV 算法随 SNR 变化的均方误差曲线。从图 4.30 中可以看出，在给定的仿真条件下，MUSIC 算法在 0dB 时，不存在角度偏差；L_1-SRACV 算法在 −2dB 时，不存在角度偏差；而所提算法在 −6dB 时，不存在角度偏差。由此可以看出，在给定的仿真条件下，所提算法性能明显优于 MUSIC 和 L_1-SRACV 算法，具有较低的估计误差，特别是在低 SNR 条件下，这种优势更加明显。

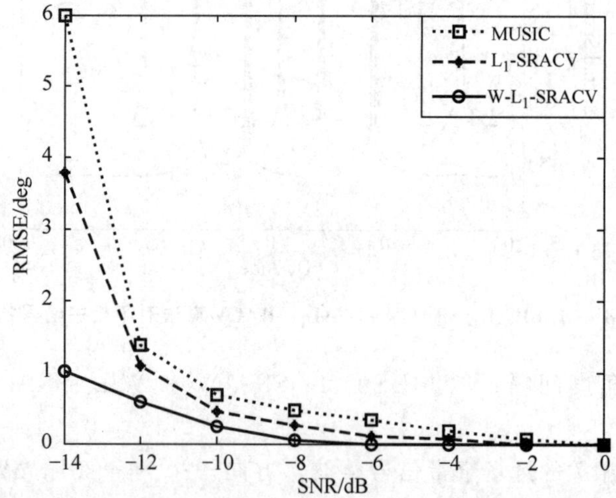

图 4.30 MUSIC、L_1-SRACV 和 W-L_1-SRACV 算法随信噪比变化的均方误差曲线

4.5.3 W-L_1-SVD 算法

由 4.5.2 节可知，W-L_1-SRACV 算法取得了较高的 DOA 估计精度和稳定的估计性

能，然而其稀疏表示方式是基于阵列的方差向量的，需要足够多的快拍数才能达到较好的DOA估计性能，另外 W-L_1-SRACV 算法的计算复杂度较高[47]。为了利用较少的快拍获得较好的 DOA 估计和降低算法的计算复杂度，本节提出了 W-L_1-SVD 算法，该算法利用信号在空间域的稀疏性，直接对阵列接收数据向量进行稀疏表示，能够避免计算阵列的协方差、矩阵求逆等运算过程，从而有效地降低计算复杂度，最后通过信号子空间和噪声子空间的正交性构造加权矩阵并对稀疏向量进行加权约束，得到更好的稀疏解，提高了信号的DOA 估计精度。

4.5.3.1 稀疏表示

由于阵列流形矩阵的每一列 $\boldsymbol{a}(\theta_i)(i=1,2,\cdots,N)$ 对应着一个信号的方向，即阵列流形矩阵 $\boldsymbol{A}$ 包含了目标的方向信息，并且 $\boldsymbol{A}$ 未知。为了将信号的 DOA 估计问题转换成信号的稀疏表示问题，将要考虑的整个方向角度划分成 Q 等份$\{\theta_1,\theta_2,\cdots,\theta_Q\}$，并假设每一个可能的方向 $\theta_q(q=1,2,\cdots,Q)$ 都存在一个潜在的信号，那么阵列流形的每一列就对应着一个潜在信号的方向信息。一般潜在信号源数目 Q 会远大于实际存在的信号源数目 N，也会大于阵元数 M，根据压缩感知的稀疏表示理论，可以构造一个完备集 $\boldsymbol{\Phi}=[\boldsymbol{a}(\theta_1),\boldsymbol{a}(\theta_2),\cdots,\boldsymbol{a}(\theta_Q)]$ 和一个稀疏的信号向量 $\boldsymbol{b}(t)=[b_1(t),b_2(t),\cdots,b_Q(t)]^{\mathrm{T}}$。于是就可以将式(4.88)重新表示成如下形式

$$\boldsymbol{x}(t)=\boldsymbol{\Phi}\boldsymbol{b}(t)+\boldsymbol{n}(t),\quad t=1,2,\cdots,L \tag{4.118}$$

式中，$\boldsymbol{x}(t)$ 为某时刻阵列的接收数据；$\boldsymbol{\Phi}$ 是信号稀疏化表示以后对应的阵列流形，即完备集；$\boldsymbol{b}(t)$ 为包含实际信号源的空间稀疏信号向量，理想情况下，稀疏信号向量 $\boldsymbol{b}(t)$ 中只有实际存在信号的 N 个位置的元素值是非零的，其他 $Q-N$ 个位置的元素值均为零；$\boldsymbol{n}(t)$ 表示阵列接收的加性高斯白噪声。

对于一个给定的空间稀疏化方式$\{\theta_1,\theta_2,\cdots,\theta_Q\}$(例如，$-90°\sim90°$，以 $1°$为间隔)，矩阵 $\boldsymbol{\Phi}$ 是确定的。利用压缩感知理论来解决信号的 DOA 估计问题，就是由已知的阵元接收数据 $\boldsymbol{x}(t)$ 和确定的完备集 $\boldsymbol{\Phi}$ 来重构空间的稀疏信号向量 $\boldsymbol{b}(t)$，其中前 N 个最大的重构分量对应的角度位置就是空间实际存在信号的波达方向。根据$\{\theta_1,\theta_2,\cdots,\theta_Q\}$ 和 $\boldsymbol{b}(t)=[b_1(t),b_2(t),\cdots,b_Q(t)]^{\mathrm{T}}$ 的一一对应关系就能够得到信号源的 DOA 估计。

4.5.3.2 W-L_1-SVD 算法原理

由式(4.118)可知，当快拍数为 L 时，可以写成如下形式

$$\boldsymbol{X}=\boldsymbol{\Phi}\boldsymbol{B}+\boldsymbol{N} \tag{4.119}$$

式中，$\boldsymbol{X}=[\boldsymbol{x}(1),\boldsymbol{x}(2),\cdots,\boldsymbol{x}(L)]$，$\boldsymbol{B}=[\boldsymbol{b}(1),\boldsymbol{b}(2),\cdots,\boldsymbol{b}(L)]$，$\boldsymbol{N}=[\boldsymbol{n}(1),\boldsymbol{n}(2),\cdots,\boldsymbol{n}(L)]$。根据压缩感知理论中的信号恢复理论，可以得到如下 L_1 范数最小化约束模型[48]

$$\min_{\boldsymbol{B}}\|\hat{\boldsymbol{b}}\|_1\quad \text{s.t.}\ \|\boldsymbol{X}-\boldsymbol{\Phi}\boldsymbol{B}\|_f^2\leqslant\beta^2 \tag{4.120}$$

式中，$\hat{\boldsymbol{b}}=[\hat{b}_1,\hat{b}_2,\cdots,\hat{b}_Q]^{\mathrm{T}}$，$\hat{b}_q(q=1,2,\cdots,Q)$是矩阵 $\boldsymbol{B}$ 的第 q 行所有元素的 L_2 范数，即

$$\hat{b}_q=\|\boldsymbol{B}_{q\cdot}\|_2=\sqrt{\sum_{l=1}^{L}b_{ql}^2} \tag{4.121}$$

β 是噪声水平的一个待估计参数。Frobenius 范数的定义如下：

$$\|\boldsymbol{X}-\boldsymbol{\Phi}\boldsymbol{B}\|_f^2=\|\mathrm{vec}(\boldsymbol{X}-\boldsymbol{\Phi}\boldsymbol{B})\|_2^2 \tag{4.122}$$

式中，vec(·)表示将矩阵按列拉直。

由于 $\hat{\boldsymbol{b}}$ 是 $\boldsymbol{B}$ 的函数，所以通过寻找最优的 $\boldsymbol{B}$ 可以实现式(4.120)的最优化解。一旦通过求解最优化问题得到了最优的 $\boldsymbol{B}$，就可以利用式(4.121)得到稀疏向量 $\hat{\boldsymbol{b}}$，通过寻找稀疏向量里面的峰值对应的位置，就可以得到真实信号的 DOA 估计。上面的方法是通过联合的多快拍模型提高待重构信号的稀疏性，从而达到提高 DOA 估计精度的目的。但是这种方法的缺点是最优化问题的计算量会随着快拍数 L 的增加而大大增加，当 L 增大到一定程度时，这种方法不再适用。而利用下面的方法可以同时降低计算复杂度和对噪声的敏感性。

对 $M\times L$ 维的数据矩阵 $\boldsymbol{X}$ 进行奇异值分解，主要思想是将数据矩阵分解为信号子空间和噪声子空间。取出信号子空间，采用上面所介绍的方法利用降维的矩阵进行信号的 DOA 估计。如果不考虑阵元接收的噪声，那么向量集 $\{\boldsymbol{x}(t)\}_{t=1}^{L}$ 所张成的空间与阵列流形矩阵 $\boldsymbol{A}$ 张成的 N 维信号子空间是同一个空间，其中 N 是信号源数目，所以只需要利用向量集 $\{\boldsymbol{x}(t)\}_{t=1}^{L}$ 的 N 个基向量构成的矩阵去估计信号的 DOA。由于在实际应用中，阵元的接收数据存在噪声，则数据矩阵 $\boldsymbol{X}$ 可以分解为信号子空间和噪声子空间，然后保留信号子空间的基向量。在数学上表示如下，对数据矩阵 $\boldsymbol{X}$ 进行奇异值分解

$$\boldsymbol{X}=\boldsymbol{U}\boldsymbol{\Lambda}\boldsymbol{V}^{\mathrm{H}} \tag{4.123}$$

其中，$\boldsymbol{U}$ 和 $\boldsymbol{V}$ 分别由 $\boldsymbol{X}$ 的左奇异向量和右奇异向量构成的矩阵；$\boldsymbol{\Lambda}$ 的对角线上的元素是 $\boldsymbol{X}$ 的奇异值，并且按降序排列。保留降维后的 $M\times N$ 的矩阵 $\boldsymbol{X}_{\mathrm{SV}}$，它已经包含了信号的大部分能量，且 $\boldsymbol{X}_{\mathrm{SV}}$ 可以由下式得到

$$\boldsymbol{X}_{\mathrm{SV}}=\boldsymbol{U}\boldsymbol{\Lambda}\boldsymbol{D}_N=\boldsymbol{X}\boldsymbol{V}\boldsymbol{D}_N \tag{4.124}$$

式中，$\boldsymbol{D}_N=[\boldsymbol{I}_N\quad \boldsymbol{0}]^{\mathrm{H}}$，$\boldsymbol{I}_N$ 表示 $N\times N$ 的单位矩阵，$\boldsymbol{0}$ 表示 $N\times(L-N)$维的零矩阵。同理，可以得到 $\boldsymbol{B}_{\mathrm{SV}}=\boldsymbol{B}\boldsymbol{V}\boldsymbol{D}_N$，$\boldsymbol{N}_{\mathrm{SV}}=\boldsymbol{N}\boldsymbol{V}\boldsymbol{D}_N$，则式(4.119)具有如下形式

$$\boldsymbol{X}_{\mathrm{SV}}=\boldsymbol{\Phi}\boldsymbol{B}_{\mathrm{SV}}+\boldsymbol{N}_{\mathrm{SV}} \tag{4.125}$$

对比式(4.119)与式(4.125)可知，阵列接收数据矩阵由 $M\times L$ 维降至 $M\times N$ 维。在实际应用中，信号源数目 N 是远小于快拍数 L 的，因此通过求解式(4.125)进行 DOA 估计比求解式(4.119)运算量显著降低。

根据压缩感知理论中的信号恢复理论，可以得到如下 L_1 范数最小化约束模型[48]

$$\min_{\boldsymbol{B}_{\mathrm{SV}}}\|\hat{\boldsymbol{b}}\|_1\quad \mathrm{s.t.}\ \|\boldsymbol{X}_{\mathrm{SV}}-\boldsymbol{\Phi}\boldsymbol{B}_{\mathrm{SV}}\|_f^2\leqslant\beta^2 \tag{4.126}$$

式中，$\hat{\boldsymbol{b}}=[\hat{b}_1,\hat{b}_2,\cdots,\hat{b}_Q]^{\mathrm{T}}$，$\hat{b}_q(q=1,2,\cdots,Q)$ 是矩阵 $\boldsymbol{B}_{\mathrm{SV}}$ 的第 q 行所有元素的 L_2 范数，即 $\hat{b}_q=\|(\boldsymbol{B}_{\mathrm{SV}})_{q.}\|_2=\sqrt{\sum_{n=1}^{N}(b_{\mathrm{SV}})_{qn}^2}$。

下面简单介绍参数 β 的选取规则，详细的选取方法参见文献[48]。

由式(4.126)可以很明确地知道：需要选择足够大的 β，使得 $\|\tilde{\boldsymbol{n}}\|_2^2\leqslant\beta^2$ 成立的可能性很大，即

$$P(\|\tilde{\boldsymbol{n}}\|_2^2\leqslant\beta^2)=p \tag{4.127}$$

式中，p 是一个接近 1 的数，一般取 0.999。$\tilde{\boldsymbol{n}}=\mathrm{vec}(\boldsymbol{N}\boldsymbol{V}\boldsymbol{D}_N)=\mathrm{vec}(\boldsymbol{X}_{\mathrm{SV}}-\boldsymbol{\Phi}\boldsymbol{B}_{\mathrm{SV}})$。一般假设噪声是服从均值为 0、方差为 σ^2 的高斯分布，所以 $\|\tilde{\boldsymbol{n}}\|_2^2/\sigma^2$ 就近似地服从自由度为 MN 的 χ^2 分布，可以由 χ^2 分布的知识得到 β 的值。

由于 L_1-SVD 算法是直接对待恢复信号 $\hat{\boldsymbol{b}}$ 进行 L_1 范数约束，这将导致在恢复 $\hat{\boldsymbol{b}}$ 的过程中并不能得到更稀疏的结果，在 DOA 估计中的表现形式就是会出现伪谱峰，即不能准确地估计出信号的 DOA。

在压缩感知理论中，准确描述信号稀疏性的模型是信号的 L_0 范数约束模型

$$\min_{\boldsymbol{\alpha}} \| \boldsymbol{\alpha} \|_0 \quad \text{s.t.} \ \| \boldsymbol{y} - \boldsymbol{\Theta}\boldsymbol{\alpha} \|_2 \leqslant \varepsilon \tag{4.128}$$

由于 L_0 范数求解的数值计算极不稳定而且是 NP-难问题，因此 Donoho 和 Candès 指出，当观测量 $M \geqslant O(K\log(N/K))$ 且感知矩阵 $\boldsymbol{\Theta}$ 满足一定的条件时，式(4.106)的 L_1 范数模型可以获得和式(4.128)的 L_0 范数模型同样的解。然而，在很多实际应用中，特别是观测数量较少且信噪比较低的情况下，采用 L_1 范数模型等价 L_0 范数模型仍然存在一定的误差。

就 L_0 范数约束而言，对于任何一个向量，其 L_0 范数(即解的形式)仅存在 0 和 1 之分，因此大系数和小系数对目标函数的贡献是同等的，式(4.128)可以找到非 0 个数下的最稀疏解。然而在 L_1 范数约束模型中，求解对象为模值最小情况下对应的解，此时向量 $\boldsymbol{\alpha}$ 中大系数和小系数对目标函数的贡献是不一样的，即大系数模值大，相应的贡献比较大；反之亦然。因此，在求解过程中，目标函数会对大系数施加更多的约束以保证整个代价函数的收敛性。然而在实际应用中，大系数有可能对应于真实信号，上述优化过程很可能会削弱大系数(信号分量)的贡献；相反地，小系数(可能对应于噪声)由于没有施加过多的约束而在优化过程中并未受到严格约束。

针对这一问题，Candès 在文献[45]中引入加权范数约束思想，通过对 L_1 范数约束模型进行加权，使得重构信号中的大系数和小系数尽量获得同等约束，即对大系数进行较小的权值惩罚，对小系数进行较大的权值惩罚。这种自适应调整机制使得加权 L_1 范数约束模型能够更好地去逼近 L_0 范数模型

$$\min_{\boldsymbol{\alpha}} \| \boldsymbol{\Omega}\boldsymbol{\alpha} \|_0 \quad \text{s.t.} \ \| y - \boldsymbol{\Theta}\boldsymbol{\alpha} \|_2 \leqslant \varepsilon \tag{4.129}$$

式中，$\boldsymbol{\Omega}$ 为一个对角矩阵，其对角线上的元素 $\omega_i = [|\alpha_i| + \eta]^{-1}$，$\eta$ 是一个微小量，以防止 ω_i 出现奇异值。当待重构的系数 $|\alpha_i|$ 较小时，所对应的权值 ω_i 较大，相应重构过程中对该分量进行了更深层次的约束(对于噪声分量，相当于施加了一定的噪声抑制作用)；当 $|\alpha_i|$ 较大时，其所对应的权值较小(对于待重构信号，这一约束有效保证了信号重构的保真度)，这样刚好可以拉近大、小系数在目标函数贡献性上的差距，因此加权过程相当于在优化过程中实现了对大、小系数的平衡“惩罚”，在存在噪声的情况下，相比 L_1 范数模型，该模型更容易获得待优化对象的最优稀疏解。

在 DOA 估计问题中，可以利用噪声子空间与阵列流形矩阵张成的信号子空间的正交性，构造一个加权矩阵。具体方法如下：

对阵列的接收数据矩阵 $\{\boldsymbol{x}(t)\}_{t=1}^{\infty}$ 进行奇异值分解，得到如下形式

$$\{\boldsymbol{x}(t)\}_{t=1}^{\infty} = \boldsymbol{U}\boldsymbol{\Lambda}\boldsymbol{V}^{\mathrm{H}} = [\boldsymbol{U}_s \quad \boldsymbol{U}_n]\boldsymbol{\Lambda}\boldsymbol{V}^{\mathrm{H}} \tag{4.130}$$

其中，$\boldsymbol{U}$ 和 $\boldsymbol{V}$ 分别由 $\{\boldsymbol{x}(t)\}_{t=1}^{\infty}$ 的左奇异向量和右奇异向量构成的矩阵；$\boldsymbol{\Lambda}$ 的对角线上的元素是 $\{\boldsymbol{x}(t)\}_{t=1}^{\infty}$ 的奇异值，并且按降序排列；$\boldsymbol{U}_s$ 是由 $\boldsymbol{U}$ 的前 N 列向量组成的信号子空间矩阵，$\boldsymbol{U}_n$ 是由 $\boldsymbol{U}$ 的后 $M-N$ 列向量组成的噪声子空间矩阵。

已经证明，噪声子空间 $\boldsymbol{U}_n$ 和阵列流形矩阵 $\boldsymbol{A}$ 张成的信号子空间是正交的，所以有

$$\boldsymbol{A}^{\mathrm{H}}\boldsymbol{U}_n=\boldsymbol{0}\in\mathbf{R}^{N\times(M-N)} \tag{4.131}$$

考虑到完备集$\boldsymbol{\Phi}$与阵列流形$\boldsymbol{A}$之间的关系，可以将$\boldsymbol{\Phi}$写成如下形式

$$\boldsymbol{\Phi}=[\boldsymbol{A}\quad \boldsymbol{C}] \tag{4.132}$$

式中，$\boldsymbol{C}\in\mathbf{C}^{M\times(Q-N)}$。

利用式(4.131)的性质，可以得到

$$\boldsymbol{\Phi}^{\mathrm{H}}\boldsymbol{U}_n=[\boldsymbol{U}_n^{\mathrm{H}}\boldsymbol{A}\quad \boldsymbol{U}_n^{\mathrm{H}}\boldsymbol{C}]^{\mathrm{H}}=[\boldsymbol{0}^{\mathrm{H}}\quad \boldsymbol{D}^{\mathrm{H}}]^{\mathrm{H}} \tag{4.133}$$

式中，$D_i^{(l_2)}>0$，$D_i^{(l_2)}$ 表示$\boldsymbol{D}^{(l_2)}$的第i个元素，$\boldsymbol{D}^{(l_2)}$是矩阵$\boldsymbol{D}$的每一行的所有元素的L_2范数组成的列向量。在实际应用中，用采样数据矩阵$\boldsymbol{X}$代替$\{\boldsymbol{x}(t)\}_{t=1}^{\infty}$，同样地，用$\hat{\boldsymbol{U}}_n$代替$\boldsymbol{U}_n$，则式(4.132)变成下式

$$\boldsymbol{\Phi}^{\mathrm{H}}\hat{\boldsymbol{U}}_n=[\hat{\boldsymbol{U}}_n^{\mathrm{H}}\boldsymbol{A}\quad \hat{\boldsymbol{U}}_n^{\mathrm{H}}\boldsymbol{C}]^{\mathrm{H}}=[\boldsymbol{W}_{\boldsymbol{A}}^{\mathrm{H}}\quad \boldsymbol{W}_{\boldsymbol{C}}^{\mathrm{H}}]^{\mathrm{H}}=\boldsymbol{W} \tag{4.134}$$

则加权向量定义如下：

$$\boldsymbol{w}=\boldsymbol{W}^{(l_2)}=[\boldsymbol{W}_{\boldsymbol{A}}^{(l_2)\mathrm{T}}\quad \boldsymbol{W}_{\boldsymbol{C}}^{(l_2)\mathrm{T}}]^{\mathrm{T}} \tag{4.135}$$

由前面的分析可知，当快拍数$L\to\infty$时，$\boldsymbol{W}_{\boldsymbol{A}}^{(l_2)}\to\boldsymbol{0}\in\mathbf{R}^{N\times1}$，$\boldsymbol{W}_{\boldsymbol{C}}^{(l_2)}\to\boldsymbol{D}^{(l_2)}\in\mathbf{R}^{(Q-N)\times1}$，此时向量$\boldsymbol{W}_{\boldsymbol{A}}^{(l_2)}$里面的元素值都要比向量$\boldsymbol{W}_{\boldsymbol{C}}^{(l_2)}$的元素值小。

通过以上的分析，定义加权矩阵如下：

$$\boldsymbol{G}=\mathrm{diag}\{\boldsymbol{w}\} \tag{4.136}$$

式中，diag{·}表示由向量的所有元素构成的对角矩阵。

于是，DOA估计最优化求解模型如下：

$$\min_{\boldsymbol{B}_{\mathrm{SV}}}\|\boldsymbol{G}\hat{\boldsymbol{b}}\|_1\quad \mathrm{s.t.}\ \|\boldsymbol{X}_{\mathrm{SV}}-\boldsymbol{\Phi}\boldsymbol{B}_{\mathrm{SV}}\|_f^2\leqslant\beta^2 \tag{4.137}$$

式(4.137)的最优化问题可以利用CVX[46]等二阶锥规划软件包进行求解。在得到稀疏向量$\hat{\boldsymbol{b}}$之后，通过稀疏向量里面的谱峰值对应的角度位置，就可以得到真实信号的DOA估计。

W-L_1-SVD算法步骤总结如下：

算法4.5 W-L_1-SVD算法。
1. 获得阵列的采样数据矩阵$\boldsymbol{X}$，并构造完备集矩阵$\boldsymbol{\Phi}$；
2. 对采样数据矩阵$\boldsymbol{X}$进行奇异值分解，并得到式(4.125)；
3. 根据文献[48]得到参数β的值；
4. 利用噪声子空间和信号子空间的正交性得到加权矩阵$\boldsymbol{G}$；
5. 利用CVX工具箱求解式(4.137)，得到信号的DOA估计。

4.5.3.3 仿真实验及性能分析

为了验证算法的有效性，下面基于均匀线性阵列模型进行仿真分析。在仿真中，为了更好地描述算法的估计性能，定义均方根误差为

$$\mathrm{RMSE}=\sqrt{\frac{1}{PN}\sum_{p=1}^{P}\sum_{n=1}^{N}(\hat{\theta}_n(p)-\theta_n)^2} \tag{4.138}$$

式中，P 是独立实验的次数；N 是信号源数目；$\hat{\theta}_n(p)$是在第 p 次独立实验下对 θ_n 的估计值。

实验 1：MUSIC、L_1-SVD 和 W-L_1-SVD 算法对不相关信号测向性能

假设有 4 个不相关的远场窄带信号从波达方向$-30°$、$-25°$、$30°$和 $87°$入射到由 8 阵元组成的均匀直线阵列，阵元间距为半波长，快拍数为 32，信噪比为 5dB。3 种算法的测向性能如图 4.31 所示。从图 4.31 中可以看出，在给定的快拍数和信噪比条件下，当信号的波达方向间隔比较大时，3 种算法都能准确地得到来自 30°方向的信号的 DOA；当信号的波达方向在$-90°$～$90°$的边缘时（例如为 87°），MUSIC 已经不能得到信号 DOA；当信号的波达方向间隔较小（例如，$-30°$～$-25°$，间隔为 5°）时，在给定的仿真条件下，MUSIC 算法也不能分辨出信号的 DOA，而 L_1-SVD 算法虽然能够估计出信号的波达方向，但是会出现严重的伪谱峰，且测向的精确度也不够高，主要原因是：第一，在稀疏向量的恢复过程中，L_1-SVD 算法是利用凸函数 L_1 范数代替计数的 L_0 范数导致的，这是本质的原因；第二，当存在噪声时，L_1-SVD 算法所要求解的问题已经不是稀疏的了，只有当信噪比足够高时，才能近似地认为它是稀疏的；第三，在 DOA 估计问题中，完备集 Φ 的列与列之间的相关性非常高，此时未必满足压缩感知理论的 RIP 性质。仿真实验表明，W-L_1-SVD 算法能够准确地估计波达方向，有效地抑制伪谱峰。

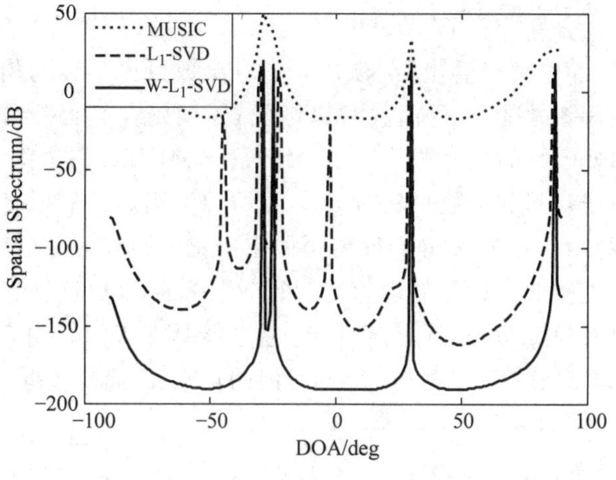

图 4.31 MUSIC、L_1-SVD 和 W-L_1-SVD 算法对不相关信号的空间谱

实验 2：MUSIC、L_1-SVD 和 W-L_1-SVD 算法对相干信号测向性能

假设有 4 个远场窄带信号从波达方向$-40°$、$-20°$、$10°$和 $40°$入射到由 8 个阵元组成的均匀直线阵列，阵元间距为半波长，快拍数为 32，信噪比为 0dB，其中第一个信号和第二个信号是一对相干信号；第三个信号和第四个信号是另一对相干信号。为了能够进行相干信号的测向，需要利用空间平滑的思想对接收数据进行预处理，这样就能够得到噪声子空间去构造加权向量。对 MUSIC 算法利用前后向空间平滑技术进行测向，平滑子阵的阵元数为 6。图 4.32 给出了 MUSIC、L_1-SVD 和 W-L_1-SVD 算法对相干信号的测向性能。从图 4.32 中可以看出，W-L_1-SVD 算法比 MUSIC 算法有更好的分辨力，同时和 L_1-SVD 相比，也能够很好地抑制伪谱峰。

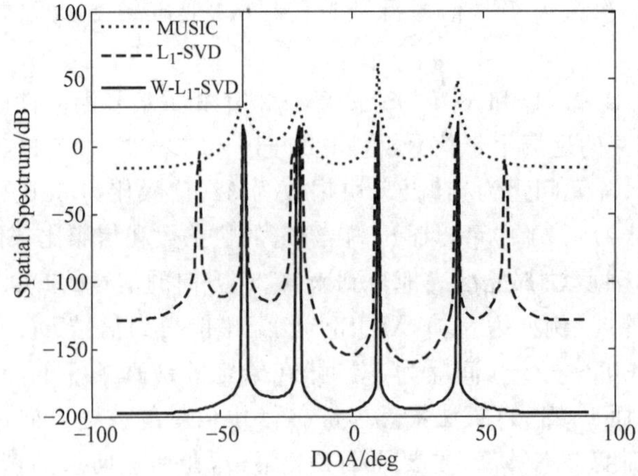

图 4.32 MUSIC、L_1-SVD 和 W-L_1-SVD 算法对相干信号的空间谱

实验 3：MUSIC 和 W-L_1-SVD 算法对预估信号源数目的敏感性

假设有 4 个不相关的远场窄带信号从波达方向－30°、－10°、20°和 40°入射到由 8 个阵元组成的均匀直线阵列，阵元间距为半波长，快拍数为 256，信噪比为 5dB。在仿真实验中，预估的信号源数目分别是 1 个、3 个、4 个和 7 个。

图 4.33 和图 4.34 分别给出了 MUSIC 算法和 W-L_1-SVD 算法对预估信号源数目的敏感性仿真图。从图 4.33 中可以看出，在预估的信号源数目比实际的信号源数目少的情况下，MUSIC 算法的空间谱性能会下降，并且谱峰位置不明显，不能得到精确的 DOA 估计；在预估的信号源数目比实际的信号源数目多的情况下，MUSIC 算法则会出现伪谱峰，这是因为减小了真实噪声子空间的维数。从图 4.34 中可以看出，对 W-L_1-SVD 算法而言，过多和过少的估计信号源数目，都能够得到很精确的空间谱。也就是说，W-L_1-SVD 算法对预估信号源数目的敏感性较低。这种低敏感性使得 W-L_1-SVD 算法在错误的估计信号源数目的情况下也能够具有较好的 DOA 估计性能。主要原因是 W-L_1-SVD 算法在得到信号的 DOA 估计的过程中并不依赖于信号子空间和空间的正交性，而是根据压缩感知的稀疏恢复

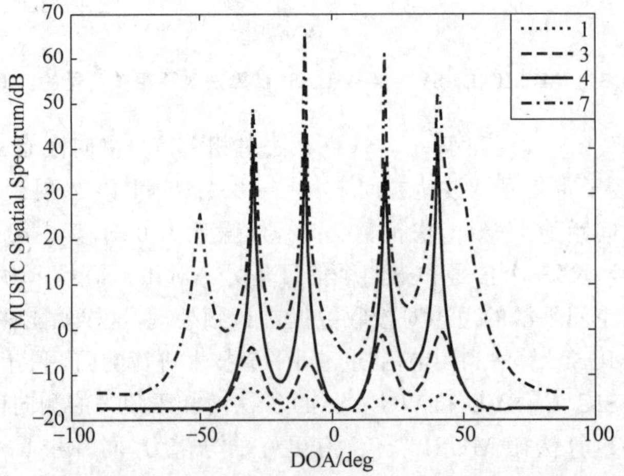

图 4.33 MUSIC 算法对预估信号源数目的敏感性，实际信号源数目为 4

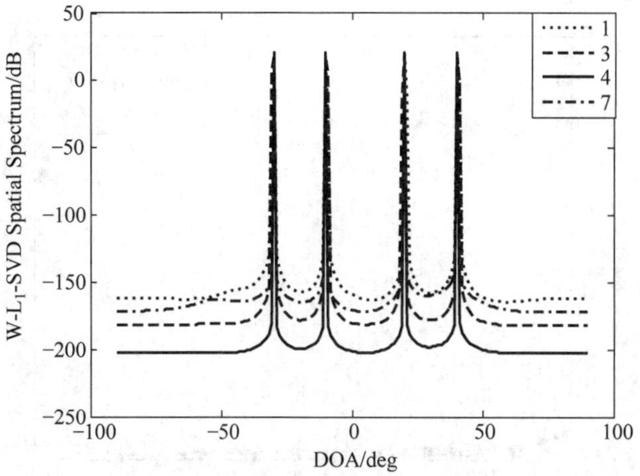

图 4.34 W-L_1-SVD 算法对预估信号源数目的敏感性，实际的信号源数目为 4

理论得到信号的 DOA 估计；虽然构造的加权矩阵是利用信号子空间和噪声子空间的正交性得到的，但是它仅仅是用来保证待恢复的稀疏向量能够具有更好的稀疏性，抑制伪谱峰，得到更精确的 DOA 估计。

实验 4：不同角度间隔下的 MUSIC、L_1-SVD 和 W-L_1-SVD 算法的均方误差曲线

假设有两个不相关的远场窄带信号从波达方向 $-30°$ 和 $-30°+\Delta\theta$ 入射到由 8 个阵元组成的均匀直线阵列，阵元间距为半波长，快拍数为 256，信噪比为 5dB，其中 $\Delta\theta$ 为 $2°\sim10°$，以 1°为间隔进行变化，每个角度间隔点做 100 次蒙特卡洛实验。图 4.35 给出了 MUSIC、L_1-SVD 和 W-L_1-SVD 算法随角度间隔变化的均方误差曲线。从图 4.35 中可以看出，在给定的仿真条件下，W-L_1-SVD 算法比 MUSIC、L_1-SVD 算法具有更高的角度分辨力。

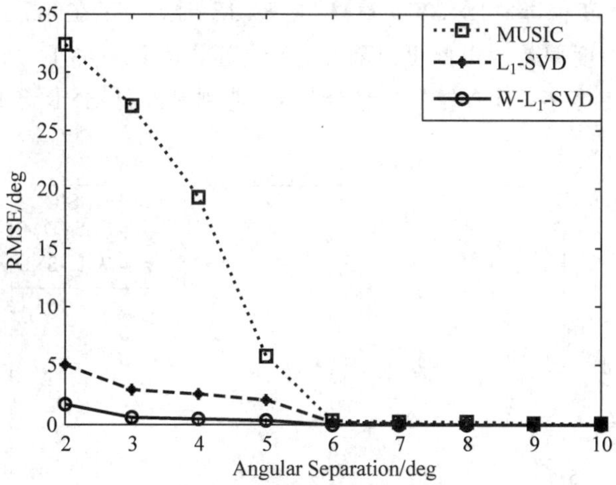

图 4.35 MUSIC、L_1-SVD 和 W-L_1-SVD 算法随角度间隔变化的均方误差曲线

实验 5：不同快拍数下的 MUSIC、L_1-SVD 和 W-L_1-SVD 算法的均方误差曲线

假设有两个不相关的远场窄带信号从波达方向 10°和 20°入射到由 8 个阵元组成的均匀直线阵列，阵元间距为半波长，SNR 为 0dB，快拍数为 10～510，以 50 个快拍为间隔进行变化，每个快拍数点做 100 次蒙特卡洛实验。图 4.36 给出了 MUSIC、L_1-SVD 和 W-L_1-SVD

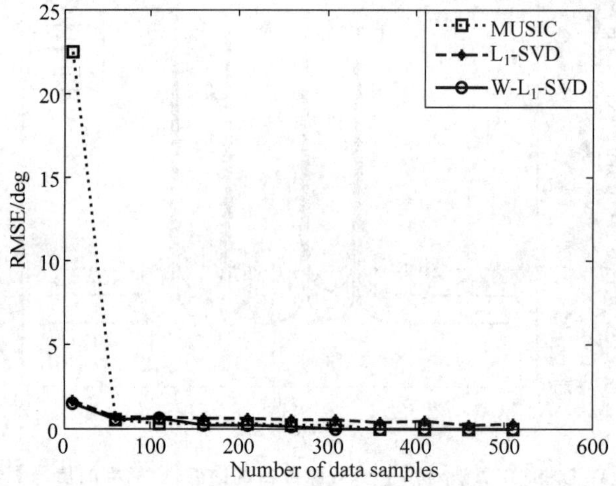

图 4.36 MUSIC、L_1-SVD 和 W-L_1-SVD 算法随快拍数变化的均方误差曲线

算法随快拍数变化的均方误差曲线。从图 4.36 中可以看出，在给定的仿真条件下，L_1-SVD 算法和所提的 W-L_1-SVD 算法在低快拍条件下的性能要优于 MUSIC 算法；在快拍数比较大的情况下，3 种算法性能相当，但是 W-L_1-SVD 算法也略优于 MUSIC 和 L_1-SVD 算法。

实验 6：不同 SNR 下的 MUSIC、L_1-SVD 和 W-L_1-SVD 算法的均方误差曲线

假设有两个不相关的远场窄带信号从波达方向 10°和 30°入射到由 8 个阵元组成的均匀直线阵列，阵元间距为半波长，快拍数为 128，SNR 为−14～0dB，以 2dB 为间隔进行变化，每个 SNR 点做 100 次蒙特卡洛实验。图 4.37 给出了 MUSIC、L_1-SVD 和 W-L_1-SVD 算法随 SNR 变化的均方误差曲线。从图 4.37 中可以看出，在给定的仿真条件下，MUSIC 算法在 0dB 时，还存在角度偏差；L_1-SVD 算法在−4dB 时，不存在角度偏差；而所提算法在−8dB 时，不存在角度偏差。由此可以看出，在给定的仿真条件下，所提算法性能明显优于 MUSIC 和 L_1-SVD 算法，具有较低的估计误差，特别是在低 SNR 条件下，这种优势更加明显。

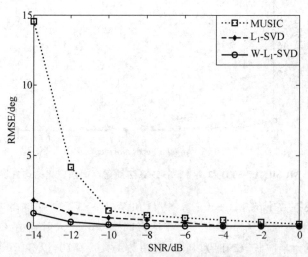

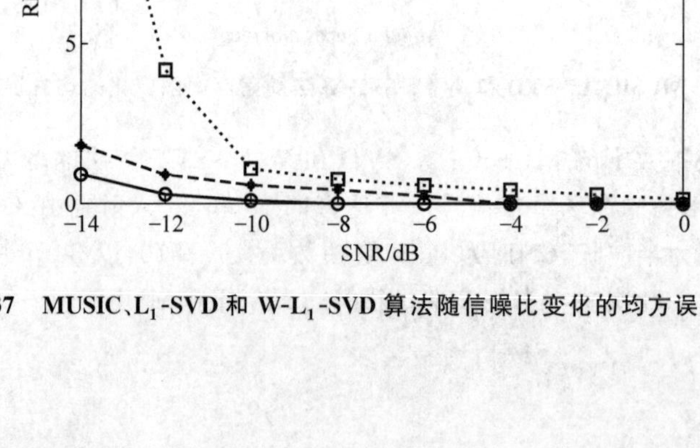

图 4.37 MUSIC、L_1-SVD 和 W-L_1-SVD 算法随信噪比变化的均方误差曲线

以下为基于压缩感知的DOA估计算法小结。

针对以往的基于压缩感知理论的DOA估计算法在稀疏向量恢复过程中不能得到最稀疏解的问题，提出了基于阵列协方差向量稀疏表示的W-L_1-SRACV算法，利用信号子空间与噪声子空间的正交性构造加权矩阵，并对稀疏向量进行加权约束，保证了待恢复的稀疏向量具有更好的稀疏性，从而能够有效地抑制伪谱峰，获得更精确的DOA估计。针对基于压缩感知理论的DOA估计算法计算复杂度高以及对预估信号源数目较为敏感问题，提出了基于阵列接收数据向量稀疏表示的W-L_1-SVD算法，该算法只需要更少的快拍数就能达到精确的DOA估计，具有计算复杂度较低和对预估信号源数目并不敏感等优点。仿真实验证明了上述两种算法的有效性。

4.6 LP-W-L_∞-SVD算法

大多数基于压缩感知理论的DOA估计方法都需要解决二阶锥规划(Second Order Cone Programming, SOCP)问题，因此具有较高的计算复杂度。为有效求解基于压缩感知理论的DOA估计问题，本节给出一种复矩阵L_∞范数的计算方法，利用该范数计算法可以把原有难以求解的二阶锥规划问题转化为易于求解的线性规划(Linear Programming, LP)问题。在所提算法中，除了第一步完成复矩阵的奇异值分解之外，其他过程可以通过基于实值的线性规划理论完成。所提方法不仅具有较低的计算复杂度，而且能够有效抑制DOA估计中的伪峰问题，具有较好的DOA估计性能。

4.6.1 数据模型

考虑有M个各向同性阵元的接收阵列。假设有$L(L<M)$个相同波长的远场窄带信号从不同的DOA$\{\theta_l, l=1,2,\cdots,L\}$入射到天线阵列。在$t$时刻$M\times 1$维阵列输出向量$\boldsymbol{y}(t)$可表示为

$$\boldsymbol{y}(t)=\boldsymbol{A}(\theta)\boldsymbol{u}(t)+\boldsymbol{n}(t) \tag{4.139}$$

其中，$\boldsymbol{y}(t)=[y_1(t),y_2(t),\cdots,y_M(t)]^{\mathrm{T}}$，$y_m(t)$表示第$m$个阵元的输出；上标$(\cdot)^{\mathrm{T}}$表示转置运算；$\boldsymbol{u}(t)=[u_1(t),u_2(t),\cdots,u_L(t)]^{\mathrm{T}}$为入射信号向量；噪声向量$\boldsymbol{n}(t)=[n_1(t), n_2(t),\cdots,n_M(t)]^{\mathrm{T}}$，$n_m(t)$表示第$m$个阵元的加性噪声，这里假设$n_m(t)$是一个具有零均值等功率$\sigma_n^2$的复高斯随机过程；阵列流形矩阵$\boldsymbol{A}(\theta)=[\boldsymbol{a}(\theta_1),\boldsymbol{a}(\theta_2),\cdots,\boldsymbol{a}(\theta_L)]$，$\boldsymbol{a}(\theta_l)=[1,\exp(-\mathrm{j}2\pi f d_{21}\sin\theta_l/c),\cdots,\exp(-\mathrm{j}2\pi f d_{M1}\sin\theta_l/c)]^{\mathrm{T}}(l=1,2,\cdots,L)$，$f$为信号的载频，$d_{m1}$是第$m$个阵元与第一个阵元之间的距离，$c$表示传播速度。

对于数据模型(4.139)，给出过完备基矩阵$\boldsymbol{\Phi}=[\boldsymbol{a}(\varphi_1),\boldsymbol{a}(\varphi_2),\cdots,\boldsymbol{a}(\varphi_K)]\in\mathbf{C}^{M\times K}$，其中$K(K\gg\max(L,M))$为角度(网格点)$\{\varphi_1,\varphi_2,\cdots,\varphi_K\}$表示的信源所有可能位置的DOA个数。假设$\{\theta_1,\theta_2,\cdots,\theta_L\}\subset\{\varphi_1,\varphi_2,\cdots,\varphi_K\}$，式(4.139)可以写为

$$\boldsymbol{y}(t)=\boldsymbol{\Phi}_s(t)+\boldsymbol{n}(t) \tag{4.140}$$

其中，$\boldsymbol{s}(t)\in\mathbf{C}^{K\times 1}$是阵元接收信号，如果$\varphi_i=\theta_j$，那么它的第$i$项等于入射信号向量$\boldsymbol{u}(t)$的第$j$项，否则为0。因此，将入射信号源的DOA估计问题被转化为$\boldsymbol{s}(t)$中非零项的位置估计问题。给定阵列输出的N个快拍，可以写成矩阵形式

$$Y = \boldsymbol{\Phi} S + N \tag{4.141}$$

式中,$\boldsymbol{Y}=[\boldsymbol{y}(1),\boldsymbol{y}(2),\cdots,\boldsymbol{y}(N)]$,$\boldsymbol{S}=[\boldsymbol{s}(1),\boldsymbol{s}(2),\cdots,\boldsymbol{s}(N)]$,$\boldsymbol{N}=[\boldsymbol{n}(1),\boldsymbol{n}(2),\cdots,\boldsymbol{n}(N)]$。定义 $m\times n$ 维矩阵 $\boldsymbol{X}=[\boldsymbol{x}_1,\boldsymbol{x}_2,\cdots,\boldsymbol{x}_n]$的支撑集 supp($\boldsymbol{X}$)是所有单个支撑集的并集

$$\mathrm{supp}(\boldsymbol{X}) = \bigcup_i \mathrm{supp}(\boldsymbol{x}_i)$$

如果$|\mathrm{supp}(\boldsymbol{X})|\leqslant k$,则矩阵 $\boldsymbol{X}$ 称为 k 联合稀疏矩阵。根据上式,易知矩阵 $\boldsymbol{S}$ 是 L 联合稀疏,即在 $\boldsymbol{S}$ 中最多有 L 行包含非零元素。为解决与式(4.141)相关的 DOA 估计问题,其目标是恢复 $M\times N$ 维度的联合稀疏矩阵 $\boldsymbol{S}$ 的支撑集,即解决以下优化问题:

$$\min_{\boldsymbol{s}} \|\tilde{\boldsymbol{s}}\|_1 \quad \text{s.t.}\ \|\boldsymbol{Y}-\boldsymbol{\Phi}\boldsymbol{S}\|_{\mathrm{F}} \leqslant \beta \tag{4.142}$$

其中,$\tilde{\boldsymbol{s}}=[\tilde{s}_1,\tilde{s}_2,\cdots,\tilde{s}_M]^{\mathrm{T}}$,$\tilde{s}_m=\|\boldsymbol{S}_m\|_2$,$\boldsymbol{S}_m$ 是 $\boldsymbol{S}$ 的第 $m(m=1,2,\cdots,M)$行向量。参数 β 可指定噪声大小。$\|\cdot\|_1$ 和 $\|\cdot\|_2$ 分别定义为向量的 L_1 和 L_2 范数。$\|\cdot\|_{\mathrm{F}}$ 代表矩阵的 Frobenius 范数。

4.6.2 算法描述

4.6.2.1 W-L_1-SVD

为了降低噪声的敏感性和抑制杂伪峰,在 4.5.3 节中提出了 W-L_1-SVD 算法。本节简单介绍 W-L_1-SVD 算法。首先通过数据矩阵 $\boldsymbol{Y}=\boldsymbol{U\Lambda V}^{\mathrm{H}}=[\boldsymbol{U}_S\quad \boldsymbol{U}_N]\boldsymbol{\Lambda V}^{\mathrm{H}}$ 的奇异值分解(SVD)来展开,其中 $\boldsymbol{U}$ 和 $\boldsymbol{V}$ 是正交矩阵,分别称为数据矩阵 $\boldsymbol{Y}$ 的左奇异向量和右奇异向量。上标$(\cdot)^{\mathrm{H}}$ 表示共轭转置。$\boldsymbol{\Lambda}=\mathrm{diag}\{\lambda_1,\lambda_2,\cdots,\lambda_M\}$,$\lambda_1\geqslant\lambda_2\geqslant\cdots\geqslant\lambda_M\geqslant 0$,$\lambda_m$ 是数据矩阵 $\boldsymbol{Y}$ 的第 m 个奇异值。信号子空间 $\boldsymbol{U}_S=[\boldsymbol{u}_1,\boldsymbol{u}_2,\cdots,\boldsymbol{u}_L]$由正交矩阵 $\boldsymbol{U}$ 的前 L 列构成。同样,噪声子空间 $\boldsymbol{U}_N$ 由正交矩阵 $\boldsymbol{U}$ 的最后 $M-L$ 列给出。

令 $\boldsymbol{W}=\boldsymbol{\Phi}^{\mathrm{H}}\boldsymbol{U}_N$,其中 $\boldsymbol{\Phi}$ 是超完备基矩阵。定义加权矩阵 $\boldsymbol{G}$ 如下

$$\boldsymbol{G} = \mathrm{diag}\{\tilde{\boldsymbol{w}}\} \tag{4.143}$$

这里 $\tilde{\boldsymbol{w}}=[\tilde{w}_1,\tilde{w}_2,\cdots,\tilde{w}_K]^{\mathrm{T}}$,$\tilde{w}_k$ 是 $\boldsymbol{W}$ 第 k 行的 L_2 范数。

通过加权矩阵 $\boldsymbol{G}$,式(4.142)可表示为 W-L_1-SVD 优化问题

$$\min_{\boldsymbol{S}_{\mathrm{SV}}} \|\boldsymbol{G}\tilde{\boldsymbol{s}}\|_1 \quad \text{s.t.}\ \|\boldsymbol{Y}_{\mathrm{SV}}-\boldsymbol{\Phi}\boldsymbol{S}_{\mathrm{SV}}\|_{\mathrm{F}} \leqslant \beta \tag{4.144}$$

其中 $\boldsymbol{Y}_{\mathrm{SV}}=\boldsymbol{YVD}_L$,$\boldsymbol{D}_L=[\boldsymbol{I}_L\quad \boldsymbol{0}]^{\mathrm{T}}$,这里 $\boldsymbol{I}_L$ 是 $L\times L$ 维单位矩阵,$\boldsymbol{0}$ 是 $L\times(N-L)$维零矩阵。$\boldsymbol{S}_{\mathrm{SV}}=\boldsymbol{SVD}_L$,这里 $\boldsymbol{S}_{\mathrm{SV}}$ 也是 L 联合稀疏的。上述优化问题(4.144)可用 SOCP 方法计算。

4.6.2.2 LP-W-L_∞-SVD 算法

为有效解决问题(4.144),下面提出 LP-W-L_∞-SVD 方法。首先,简要介绍复数 L_p 模的现有定义和复值向量的 L_p 范数,然后给出一种计算方法求解复矩阵的 L_∞ 范数,该方法可用于 LP-W-L_∞-SVD 算法。

1. L_p 模和 L_p 范数

对于一个复数 $z=z_R+\mathrm{j}z_I$,定义 L_p 模(用$|z|_{\mathrm{L}_p}$ 表示)为[49]

$$|z|_{\mathrm{L}_p} = (|z_R|^p + |z_I|^p)^{\frac{1}{p}} \tag{4.145}$$

其中 $p\geqslant 1$。同样地，L_∞ 模由文献[50]给出

$$|z|_{L_\infty}=\lim_{p\to\infty}|z|_{L_p}=\max(|z_R|,|z_I|) \tag{4.146}$$

对于一个复向量 $\boldsymbol{z}=[z_1,z_2,\cdots,z_M]^{\mathrm{T}}\in\mathbf{C}^M$，定义 L_p 范数为[49]

$$\|\boldsymbol{z}\|_{L_p}=\left(\sum_{i=1}^{M}|z_i|_{L_p}^{p}\right)^{\frac{1}{p}}=\left(\sum_{i=1}^{M}(|\mathrm{Re}(z_i)|^p+|\mathrm{Im}(z_i)|^p)\right)^{\frac{1}{p}} \tag{4.147}$$

其中 $|\cdot|_{L_p}$ 由式(4.145)给出。$\mathrm{Re}(\cdot)$和 $\mathrm{Im}(\cdot)$分别表示复数的实部和虚部。同样地，取极限得到 L_∞ 范数[49]

$$\begin{aligned}\|\boldsymbol{z}\|_{L_\infty}&=\lim_{p\to\infty}\|\boldsymbol{z}\|_{L_p}=\max_{1\leqslant i\leqslant M}|z_i|_{L_\infty}\\&=\max_{1\leqslant i\leqslant M}(\max(|\mathrm{Re}(z_i)|,|\mathrm{Im}(z_i)|))\end{aligned} \tag{4.148}$$

易知 M 维复向量 $\boldsymbol{z}=\boldsymbol{z}_R+\mathrm{j}\boldsymbol{z}_I$ 的 L_p 范数 $\|\boldsymbol{z}\|_{L_p}$ 可以被看作是 $2M$ 维实向量 $\tilde{\boldsymbol{z}}=[\boldsymbol{z}_R^{\mathrm{T}},\boldsymbol{z}_I^{\mathrm{T}}]^{\mathrm{T}}$ 的 L_p 范数，即

$$\|\boldsymbol{z}\|_{L_p}=\|\tilde{\boldsymbol{z}}\|_{L_p} \tag{4.149}$$

对于复矩阵 $\boldsymbol{Z}\in\mathbf{C}^{M\times N}$，本节采用一种 L_∞ 范数计算方法，该方法基于式(4.145)的 L_p 模值[50]，形式如下

$$\begin{aligned}\|\boldsymbol{z}\|_{L_\infty}&=\lim_{p\to\infty}\|\boldsymbol{z}\|_{L_p}=\max_{\substack{1\leqslant m\leqslant M\\1\leqslant n\leqslant N}}|z_{mn}|_{L_\infty}\\&=\max_{\substack{1\leqslant m\leqslant M\\1\leqslant n\leqslant N}}(\max(|\mathrm{Re}(z_{mn})|,|\mathrm{Im}(z_{mn})|))\end{aligned} \tag{4.150}$$

其中，z_{mn} 为矩阵 $\boldsymbol{Z}$ 中的第(m,n)位置的元素。矩阵 $\boldsymbol{Z}$ 的 L_p 范数为

$$\begin{aligned}\|\boldsymbol{z}\|_{L_p}&=\left(\sum_{m=1}^{M}\sum_{n=1}^{N}|z_{mn}|_{L_p}^{p}\right)^{\frac{1}{p}}\\&=\left(\sum_{m=1}^{M}\sum_{n=1}^{N}(|\mathrm{Re}(z_{mn})|^p+|\mathrm{Im}(z_{mn})|^p)\right)^{\frac{1}{p}}\end{aligned} \tag{4.151}$$

令 $\boldsymbol{Z}_R=\mathrm{Re}(\boldsymbol{Z}),\boldsymbol{Z}_I=\mathrm{Im}(\boldsymbol{Z})$，那么 $M\times N$ 维复矩阵 $\boldsymbol{Z}=\boldsymbol{Z}_R+\mathrm{j}\boldsymbol{Z}_I$ 可以看作是 $2M\times N$ 维实矩阵 $\widetilde{\boldsymbol{Z}}=[\boldsymbol{Z}_R^{\mathrm{T}},\boldsymbol{Z}_I^{\mathrm{T}}]^{\mathrm{T}}$ 的 L_∞ 范数，即

$$\|\boldsymbol{Z}\|_{L_\infty}=\|\widetilde{\boldsymbol{Z}}\|_{L_\infty} \tag{4.152}$$

2. 问题描述

优化问题(4.144)可通过 SOCP 等方法解决，但计算复杂度较高。因此，利用上述 L_∞ 范数计算方法，重新描述优化问题(4.144)，来研究一种有效的 DOA 估计方法。所提算法可以写为以下优化问题

$$\begin{aligned}&\min_{\boldsymbol{x}}\quad \boldsymbol{1}^{\mathrm{T}}\boldsymbol{x}\\&\text{s.t.}\quad \|\boldsymbol{Y}_{\mathrm{SV}}-\boldsymbol{\Phi}\boldsymbol{S}_{\mathrm{SV}}\|_{L_\infty}\leqslant\beta \qquad (\mathrm{C}_1)\\&\qquad\begin{cases}\boldsymbol{x}=\boldsymbol{G}\tilde{\boldsymbol{s}}\\\tilde{\boldsymbol{s}}=[\tilde{s}_1,\tilde{s}_2,\cdots,\tilde{s}_K]^{\mathrm{T}}\\\tilde{s}_k=\|\boldsymbol{s}_{\mathrm{SV}k}\|_{L_\infty}\quad(k\in[1,K])\end{cases}\qquad (\mathrm{C}_2)\end{aligned} \tag{4.153}$$

其中，$\boldsymbol{1}$ 是由 1 构成的 $K\times 1$ 维向量。$\boldsymbol{s}_{\mathrm{SV}k}$ 表示矩阵 $\boldsymbol{S}_{\mathrm{SV}}$ 的第 k 行向量。L_∞ 范数由式(4.150)

给出。权重矩阵 $\boldsymbol{G}$ 由式(4.143)给出，为 $K\times K$ 正定矩阵。数据矩阵 $\boldsymbol{Y}_{\mathrm{SV}}\in\mathbf{C}^{M\times L}$ 和 $\boldsymbol{S}_{\mathrm{SV}}\in\mathbf{C}^{K\times L}$ 由式(4.144)给出。

直接求解式(4.153)并不容易，因为这些约束(C_1 和 C_2)是非线性的。下面将式(4.153)重新表述为一个可有效解决的线性规划(LP)问题。

3. 基于 LP 的求解方法

利用式(4.148)和式(4.150)中给出的 L_∞ 范数计算方法，可以得到约束 C_1 的线性表示

$$\|\boldsymbol{Y}_{\mathrm{SV}}-\boldsymbol{\Phi}\boldsymbol{S}_{\mathrm{SV}}\|_{\mathrm{L}_\infty}=\|\mathrm{vec}(\boldsymbol{Y}_{\mathrm{SV}}-\boldsymbol{\Phi}\boldsymbol{S}_{\mathrm{SV}})\|_{\mathrm{L}_\infty} \tag{4.154}$$

其中，向量化操作 vec(·)通过叠加矩阵的列将一个 $m\times n$ 维矩阵映射为一个 $mn\times 1$ 维向量。vec(·)运算符的一个重要性质是 $\mathrm{vec}(\boldsymbol{A}_{m\times n}\boldsymbol{B}_{n\times l})=(\boldsymbol{I}_l\otimes\boldsymbol{A}_{m\times n})\mathrm{vec}(\boldsymbol{B}_{n\times l})$，$\boldsymbol{I}_l$ 表示 $l\times l$ 单位矩阵，$\otimes$表示 Kronecker 积。利用这个性质，可以得到

$$\|\boldsymbol{Y}_{\mathrm{SV}}-\boldsymbol{\Phi}\boldsymbol{S}_{\mathrm{SV}}\|_{\mathrm{L}_\infty}=\|\boldsymbol{y}-\boldsymbol{D}\boldsymbol{s}\|_{\mathrm{L}_\infty} \tag{4.155}$$

式中，$\boldsymbol{y}=\mathrm{vec}(\boldsymbol{Y}_{\mathrm{SV}})\in\mathbf{C}^{ML\times 1}$，$\boldsymbol{D}=\boldsymbol{I}_L\otimes\boldsymbol{\Phi}\in\mathbf{C}^{ML\times KL}$，$\boldsymbol{s}=\mathrm{vec}(\boldsymbol{S}_{\mathrm{SV}})\in\mathbf{C}^{KL\times 1}$。

如式(4.155)所示，它们通常是复值数据。不过为了方便起见，我们将使用实值数据。为此，采用如下预处理方式：令 $\boldsymbol{y}=\boldsymbol{y}_1+\mathrm{j}\boldsymbol{y}_2$，$\boldsymbol{D}=\boldsymbol{D}_1+\mathrm{j}\boldsymbol{D}_2$，$\boldsymbol{s}=\boldsymbol{s}_1+\mathrm{j}\boldsymbol{s}_2$，其中 $\boldsymbol{y}_1=\mathrm{Re}(\boldsymbol{y})$，$\boldsymbol{y}_2=\mathrm{Im}(\boldsymbol{y})$，$\boldsymbol{D}_1=\mathrm{Re}(\boldsymbol{D})$，$\boldsymbol{D}_2=\mathrm{Im}(\boldsymbol{D})$，$\boldsymbol{s}_1=\mathrm{Re}(\boldsymbol{s})$，$\boldsymbol{s}_2=\mathrm{Im}(\boldsymbol{s})$。另外，根据性质(4.149)，可以得到以下等式

$$\|\boldsymbol{y}-\boldsymbol{D}\boldsymbol{s}\|_{\mathrm{L}_\infty}=\left\|\begin{matrix}\mathrm{Re}(\boldsymbol{y}-\boldsymbol{D}\boldsymbol{s})\\\mathrm{Im}(\boldsymbol{y}-\boldsymbol{D}\boldsymbol{s})\end{matrix}\right\|_{\mathrm{L}_\infty}=\|\boldsymbol{y}_r-\boldsymbol{D}_r\boldsymbol{s}_r\|_{\mathrm{L}_\infty} \tag{4.156}$$

其中，$\boldsymbol{y}_r=[\boldsymbol{y}_1^{\mathrm{T}},\boldsymbol{y}_2^{\mathrm{T}}]^{\mathrm{T}}\in\mathbf{R}^{2ML\times 1}$，$\boldsymbol{D}_r=\begin{bmatrix}\boldsymbol{D}_1 & -\boldsymbol{D}_2\\\boldsymbol{D}_2 & \boldsymbol{D}_1\end{bmatrix}\in\mathbf{R}^{2ML\times 2KL}$，$\boldsymbol{s}_r=[\boldsymbol{s}_1^{\mathrm{T}},\boldsymbol{s}_2^{\mathrm{T}}]^{\mathrm{T}}\in\mathbf{R}^{2KL\times 1}$。

根据式(4.154)～式(4.156)，约束 C_1 可被重写为

$$\|\boldsymbol{Y}_{\mathrm{SV}}-\boldsymbol{\Phi}\boldsymbol{S}_{\mathrm{SV}}\|_{\mathrm{L}_\infty}=\|\boldsymbol{y}_r-\boldsymbol{D}_r\boldsymbol{s}_r\|_{\mathrm{L}_\infty}\leqslant\beta \tag{4.157}$$

它等价于下面的表达式

$$\|\boldsymbol{y}_r-\boldsymbol{D}_r\boldsymbol{s}_r\|_{\mathrm{L}_\infty}=\left\|[\boldsymbol{y}_r\ -\boldsymbol{D}_r]\begin{bmatrix}1\\\boldsymbol{s}_r\end{bmatrix}\right\|_{\mathrm{L}_\infty}\leqslant\beta \tag{4.158}$$

此外，还可以将其转换为以下形式

$$-\beta\mathbf{1}_{2ML\times 1}\leqslant[\boldsymbol{y}_r\ -\boldsymbol{D}_r]\begin{bmatrix}1\\\boldsymbol{s}_r\end{bmatrix}\leqslant\beta\mathbf{1}_{2ML\times 1} \tag{4.159}$$

即

$$\begin{bmatrix}\boldsymbol{y}_r-\beta\mathbf{1}_{2ML\times 1} & -\boldsymbol{D}_r\\-\boldsymbol{y}_r-\beta\mathbf{1}_{2ML\times 1} & \boldsymbol{D}_r\end{bmatrix}\begin{bmatrix}1\\\boldsymbol{s}_r\end{bmatrix}\leqslant\mathbf{0}_{2ML\times 1} \tag{4.160}$$

类似地，约束 C_2 可重写为

$$-\widetilde{\boldsymbol{G}}\boldsymbol{x}\leqslant\boldsymbol{s}_r\leqslant\widetilde{\boldsymbol{G}}\boldsymbol{x} \tag{4.161}$$

其中，$\widetilde{\boldsymbol{G}}=\begin{bmatrix}\boldsymbol{G}^{-1}\\\vdots\\\boldsymbol{G}^{-1}\end{bmatrix}\in\mathbf{R}^{2KL\times K}$，$\boldsymbol{G}$ 为式(4.143)给出的加权矩阵。此外，约束 C_2 可表示为

$$\begin{bmatrix} \boldsymbol{I}_{2KL\times 2KL} & -\widetilde{\boldsymbol{G}} \\ -\boldsymbol{I}_{2KL\times 2KL} & -\widetilde{\boldsymbol{G}} \end{bmatrix} \begin{bmatrix} \boldsymbol{s}_r \\ \boldsymbol{x} \end{bmatrix} \leqslant \boldsymbol{0}_{4KL\times 1} \tag{4.162}$$

因此，根据式(4.160)和式(4.162)，可将优化问题(4.153)转化为LP问题：

$$\min_{\boldsymbol{\eta}} \boldsymbol{\rho\eta} \quad \text{s.t.} \quad \boldsymbol{P\eta} \leqslant \boldsymbol{0}_{4L(M+K)\times 1} \tag{4.163}$$

其中，向量和矩阵有如下形式

$$\boldsymbol{\rho} = [\boldsymbol{0}_{1\times(2KL+1)}, \boldsymbol{1}_{1\times K}]$$

$$\boldsymbol{\eta} = [1, \boldsymbol{s}_r^{\mathrm{T}}, \boldsymbol{x}^{\mathrm{T}}]^{\mathrm{T}} \in \mathbf{R}^{(2KL+K+1)\times 1}$$

$$\boldsymbol{P} = \begin{bmatrix} \boldsymbol{y}_r - \beta \boldsymbol{1}_{2ML\times 1} & -\boldsymbol{D}_r & \boldsymbol{0}_{2ML\times K} \\ -\boldsymbol{y}_r - \beta \boldsymbol{1}_{2ML\times 1} & \boldsymbol{D}_r & \boldsymbol{0}_{2ML\times K} \\ \boldsymbol{0}_{2KL\times 1} & \boldsymbol{I}_{2KL} & -\widetilde{\boldsymbol{G}}_{2KL\times K} \\ \boldsymbol{0}_{2KL\times 1} & -\boldsymbol{I}_{2KL} & -\widetilde{\boldsymbol{G}}_{2KL\times K} \end{bmatrix}$$

备注：

(1) 显然对于任意的 $\boldsymbol{S}_{\mathrm{SV}}$ 都满足 $\|\boldsymbol{Y}_{\mathrm{SV}} - \boldsymbol{\Phi S}_{\mathrm{SV}}\|_{\mathrm{L}_\infty} \leqslant \|\boldsymbol{Y}_{\mathrm{SV}} - \boldsymbol{\Phi S}_{\mathrm{SV}}\|_{\mathrm{F}}$。这意味着 $\mathcal{A}_1 \subset \mathcal{A}_2$，其中 $\mathcal{A}_1$ 和 $\mathcal{A}_2$ 分别是优化问题(4.144)和(4.153)的可行解集。因此，提出的优化问题(4.153)比W-L_1-SVD优化问题(4.144)更有效。

(2) 优化问题(4.163)等同于优化问题(4.153)。优化问题(4.163)是LP问题，因此可以用完备的单纯形法或内点法有效求解。求解LP问题的计算复杂度远小于求解SOCP问题(4.144)的计算复杂度。

4.6.3 仿真实验及分析

本节通过仿真来评估所提方法的相关性能。在下面的仿真中，考虑一个均匀线性阵列，该阵列具有 $M=8$ 个阵元，阵元间距为半波长。

考虑有4个不相关的等功率信号，它们到达ULA的入射角度分别为[−35°，−18°，34°，40°]。入射方向范围[−90°，90°]被均匀地分成181个间隔为1°的采样点。快拍数设为64，信噪比(SNR)为0dB。用4种算法进行比较，包括提出的LP-W-L_∞-SVD算法和L_1-SVD[51]算法、W-L_1-SVD[52]算法、MUSIC[53]算法。

图4.38显示，当信号之间的距离较大时，任何方法都可以分解两个信号。但是，当信号间距较小时(例如，6°)，L_1-SVD算法会出现严重的伪峰，从而导致无效的DOA估计，MUSIC在真实方向下无法形成两个明显的谱峰，因此无法分离出两个入射信号。而LP-W-L_∞-SVD和W-L_1-SVD可以成功定位所有目标源，其中LP-W-L_∞-SVD的谱峰更加尖锐，因此可以提供更高的分辨率。

备注：

(1) 当SNR较低时，意味着 $\boldsymbol{Y}_{\mathrm{SV}} - \boldsymbol{\Phi S}_{\mathrm{SV}}$“较大”。根据 $\|\cdot\|_{\mathrm{F}}$ 和 $\|\cdot\|_{\mathrm{L}_\infty}$ 之间的关系，易知 $\|\boldsymbol{Y}_{\mathrm{SV}} - \boldsymbol{\Phi S}_{\mathrm{SV}}\|_{\mathrm{L}_\infty} \leqslant \|\boldsymbol{Y}_{\mathrm{SV}} - \boldsymbol{\Phi S}_{\mathrm{SV}}\|_{\mathrm{F}}$。可以得到 $P(\boldsymbol{S}_{\mathrm{SV}} \in \mathcal{A}_2) \geqslant P(\boldsymbol{S}_{\mathrm{SV}} \in \mathcal{A}_1)$，其中 $P(F)$ 表示事件 F 发生的概率。即所提方法可以找到比W-L_1-SVD方法更有效的解决方案。

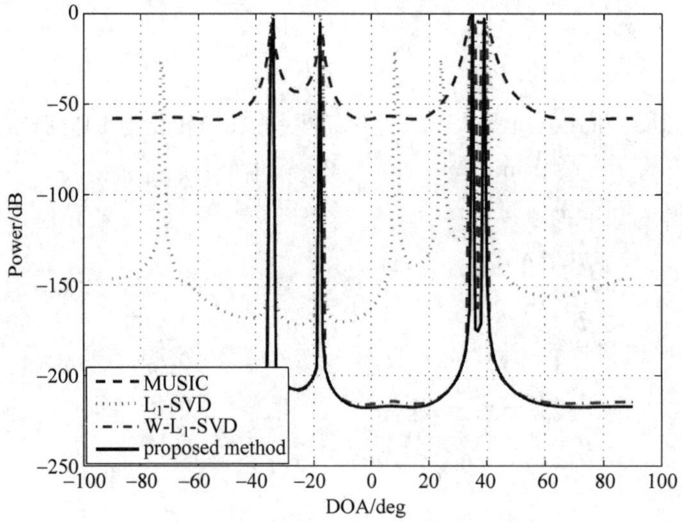

图 4.38 几种不相关信号估计算法的归一化空间谱

(2) 在该仿真中，将方向网格设置为在[−90°,90°]区间以 1°间隔采样 181 个点。所有真实的(未知的)DOA 都完全在所选网格上。也就是说，本节研究的是“在网”模型。如果真实的 DOA 不在选定的网格上(在超完备基矩阵中没有合适的导向向量)，则可以使用“离网”模型来估计 DOA[54](不在本书讨论范围之内)。

图 4.39 给出了上述 4 种算法在 4 个相干信号(两组)分别来自[−35°,−18°]和[30°,40°]时的仿真结果，其中应用空间平滑预处理并通过使用 6 阵元平滑子阵来对相干信号进行解相关。图 4.39 表明，该方法比其他 3 种算法具有更高的分辨率，与 L_1-SVD 相比，没有伪峰。

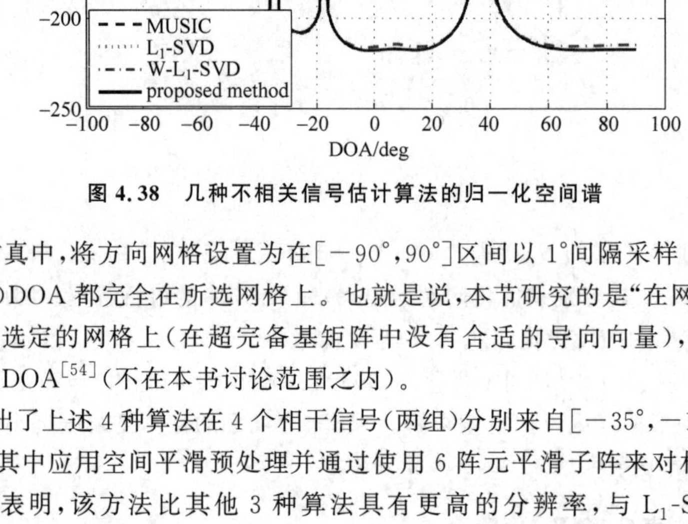

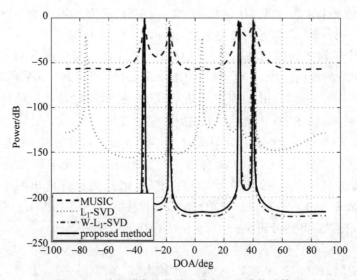

图 4.39 空间谱归一化的几种相干信号估计算法

图 4.40 和图 4.41 分别显示了 W-L_1-SVD 算法和所提出的 LP-W-L_∞-SVD 算法对输入信号源数目估计的敏感性。输入信号的实际数目为 $L=4$，4 个信号的入射角度分别为

[$-20°,40°,-50°,0°$],SNR 为 0dB,快拍数为 128。图 4.40 给出了由 W-L_1-SVD 算法在改变输入信号源数目时获得的归一化空间谱。显然,当估计的入射信号源数目大于实际入射信号源数目时(可简称为过估计),会导致多个伪峰的出现,当估计的入射信号源数目小于实际入射信号源数目时(可简称为欠估计),算法估计性能稍有敏感性。针对相同数目的信号,图 4.41 给出了 LP-W-L_∞-SVD 方法获得的归一化空间谱。从图 4.41 中可以看出,所提方法的估计性能对过估计不敏感,对欠估计稍有敏感性。与图 4.40 相比,易知所提算法对错误的信号源数目具有较低的敏感性。

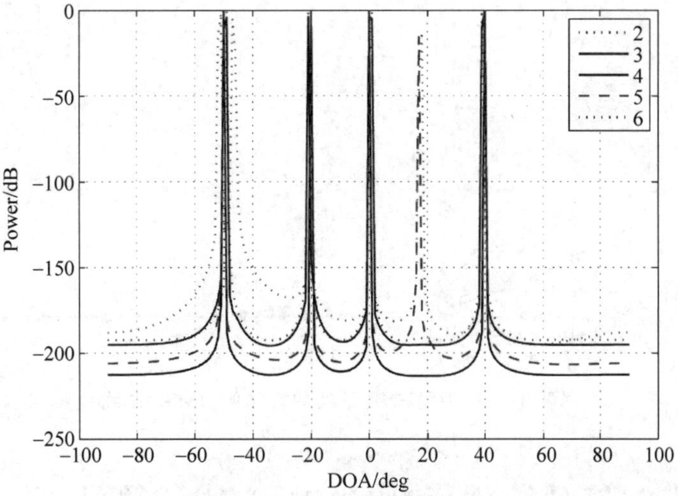

图 4.40 不同信号源数目估计时的 W-L_1-SVD 算法性能(实际入射信号源数目为 4)

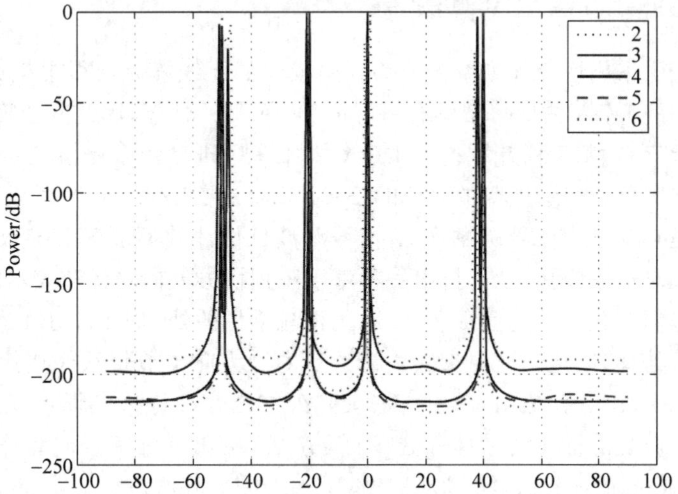

图 4.41 不同信号源数目估计时的 LP-W-L_∞-SVD 算法性能(实际入射信号源数目为 4)

图 4.42 比较了 SNR 在-16~0dB 范围内,上述 4 种方法的 DOA 估计的均方根误差。考虑 4 个入射角度分别为[$-45°,-20°,30°,50°$]的不相关信源。快拍数设为 128,不同信噪比下的所有结果做 200 次蒙特卡洛实验。DOA 估计的 RMSE 被定义为

$$\mathrm{RMSE}=\sqrt{\frac{1}{KL}\sum_{k=1}^{K}\sum_{l=1}^{L}(\hat{\theta}_l(k)-\theta_l)^2}$$

其中,$\hat{\theta}_l(k)$是角度θ_l的估计值,用于第k次蒙特卡洛实验。L是信号源数目。从图4.42可以看出,所提算法的DOA估计性能较优于MUSIC、L_1-SVD和W-L_1-SVD算法。

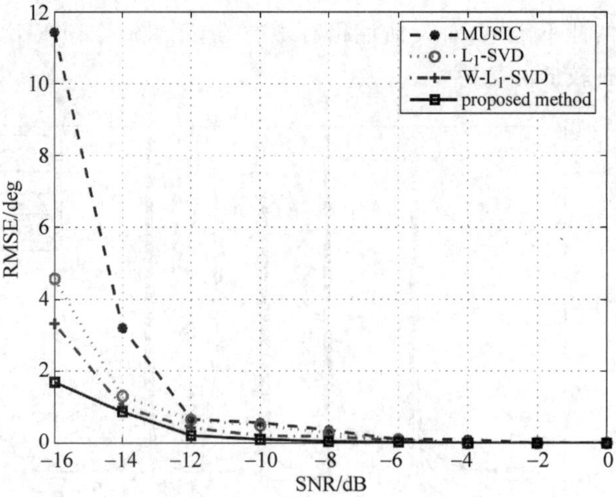

图4.42 不同SNR下相关算法的RMSE曲线

4.7 基于阵列结构优化的DOA估计算法

4.7.1 WSS-L_1-SRACV算法

相关研究表明采用嵌套阵列结构能够利用较少的天线阵元获得虚拟大孔径阵列结构,且基于嵌套阵列的DOA估计算法具有更好的DOA估计性能,因此嵌套阵列得到了研究者的广泛关注。近年来,基于稀疏重构的DOA估计算法研究大多停留在对阵列接收的信号源数目据进行空域稀疏表示展开的,例如,L_1-SVD算法、JLZA-DOA算法等。然而,这类稀疏算法的缺点是必须已知信号源数目,对信号源数目估计的不准确会导致这类算法估计出错误的结论。针对这一问题,学者提出一种基于阵列协方差向量稀疏表示的方法,该类算法不需要获取信号源先验条件的前提条件,利用稀疏重构的处理方法,对阵列输出采样信号的协方差矩阵进行处理,以达到信源参数估计的目的。为此本节将从经典的基于协方差向量稀疏表示的L_1-SRACV算法出发,引入嵌套阵列结构并进行深入研究,在此基础之上引入加权思想保证待恢复的稀疏向量具有更好的稀疏解,给出一种基于嵌套阵列协方差向量稀疏表示的加权DOA估计算法,简称为WSS-L_1-SRACV算法。

4.7.1.1 嵌套阵列

1. 阵元位置差分

考虑一个阵元数为N的阵列结构,第i个天线阵元位置为x_i。采用文献[55]给出的阵元位置差分集合D如下:

$$D=\{x_i-x_j\},\quad \forall i,j=1,2,\cdots,N \tag{4.164}$$

在差分集合 D 中，允许有重复元素出现，这些重复元素在计算过程中会引入大量的重复运算，因而增加了计算复杂度。同时定义集合 D_u 由差分集合 D 中的不同元素组成，它表示差分集合 D 中能够获得多少种不同的整数，因而形成的差分集合阵列阵元位置通过集合 D_u 给出。集合 D_u 的阵元数直接决定了天线阵列接收信号的协方差矩阵互相关项的数目。利用这些不同的互相关项，可以实质性地增加检测信号源数目。这实际上使用差分集合阵列的部分或全部阵元进行 DOA 估计，而不是使用原始阵列阵元。当然，最大阵列自由度的获得受限于阵列阵元数。因此研究差分的性质对于进一步优化算法有着重要意义，下面给出权函数的概念，用来评价相应的自由度(Degree Of Freedom，DOF)。

在式(4.164)中，易知差分集合 D 中的取值为任意正负整数，对一个任意包含在集合 D_u 中的整数 d 定义一个权函数 $\omega(d)$，$\omega(d)$ 表示差分集合 D 中 d 的出现次数，$d \in D_u$，则获得自由度的最大值是 $\mathrm{DOF}_{\max}=N(N-1)+1$。

由于差分具有扩展作用，集合 D_u 中包含的基数数量远大于初始数值 N。差分过程两个主要性质如下：

(1) 当权函数 $\omega(d)$ 中 $d=0$ 时，表示这 N 个数对应自己相减，因此有 $\omega(0)=N$。

(2) 所有非零差值的权函数通过差分集合 D 的排列组合运算，即当 x_i-x_j 时，x_i 有 N 种数值选择，而 x_j 只能选择与 x_i 数值不同，且剩下 $N-1$ 种数值选择，所以能够得到 $\sum\omega(d)=N(N-1)$，其中，$d \in D_u$ 且 $d \neq 0$。

由此可知，获得的非零差值不重复的数目最多为 $N(N-1)$。由 $\omega(0)=N$ 可知，差分值必然会出现重复的数值，而且重复数值次数是 N，则可推断出 $\mathrm{DOF}_{\max}=N(N-1)+1$，此式表示对于 N 个数值而言，差分集合 D 中最多能够出现多少种不重复的差分整数值，即差分能够获得的最大自由度。以上针对的是任意数值差分及自由度分析。可以推断，对于任意一个具有 N 阵元的几何阵列结构而言，如果使用二阶统计量，再利用差分技术形成差分集合阵列，就能实现仅仅使用 $O(N)$ 量级的实际物理阵元估计 $O(N^2)$ 量级的信号波达方向。

2. 两层嵌套阵列

两层嵌套阵列结构由两个均匀线性阵列组合而成[55]，即内层均匀线性阵列和外层均匀线性阵列。其中，内层均匀线性阵列有 N_1 个阵元，相邻阵元之间间距为 d_1，外层均匀线性阵列有 N_2 个阵元，相邻阵元之间间距为 d_2，d_1 与 d_2 之间关系为 $d_2=(N_1+1)d_1$。阵元位置可以通过集合 $S_{\text{inner}}=\{md_1, m=1,2,\cdots,N_1\}$ 和 $S_{\text{outer}}=\{n(N_1+1)d_1, n=1,2,\cdots,N_2\}$ 给出。图 4.43 中给出一个具有 6 个阵元的两层嵌套阵列结构和它的差分集合阵列(正数部分)，其中 $N_1=N_2=3$。

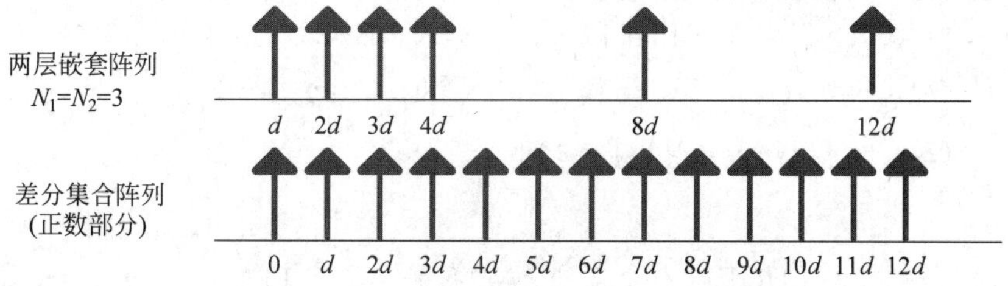

图 4.43 两层嵌套阵列及其差分集合阵列

从图 4.43 可以看出，两层嵌套阵列的差分集合阵列是一个更大的连续虚拟均匀线性阵列，阵元位置用集合 S_d 给出

$$S_d=\{nd_1, n=-M,-M+1,\cdots,M, M=N_2(N_1+1)-1\} \tag{4.165}$$

对于两层嵌套阵列而言，仅使用 N_1+N_2 个物理阵元就可获得 $2N_2(N_1+1)-1$ 个阵列自由度，这给出了一种通过差分操作扩展阵列自由度的方法。在约束 $N_2+N_1=N$ 条件下，通过优化天线分布寻找两层嵌套阵列中最优的 N_1 和 N_2 值，进而使总的阵列自由度达到最大化。表 4.5 给出了不同条件下能够获得的最大阵列自由度。

表 4.5 不同条件下自由度的比较

N	N_1, N_2	DOF
偶数	$N_1=N_2=N/2$	$(N^2-2)/2+N$
奇数	$N_1=(N-1)/2, N_2=(N+1)/2$	$(N^2-1)/2+N$

本节假设一个两层嵌套阵列阵元数 N 为偶数，从表 4.5 中可以看出，当两层嵌套阵列每一层的阵元数满足 $N_1=N_2=N/2$ 时，对阵元位置进行差分后形成的阵列自由度取得最大值为 $(N^2-2)/2+N$。

3. *K* 层嵌套阵列

在第 2 部分给出两层嵌套阵列结构基础之上，给出其推广形式，即 K 层嵌套阵列。

定义 4.2 假定 N 个天线阵元构成一个阵列 L，天线位置按照集合 $S_{K\text{-level}}$ 给定

$$S_{K\text{-level}}=\bigcup_{i=1}^{K} S_i \tag{4.166}$$

则称 L 为一个 K 层嵌套线阵。其中，$S_i=\left\{nd\prod_{j=1}^{i-1}(N_j+1), n=1,2,\cdots,N_i\right\}, i=2,3,\cdots,K$，$S_1=\{nd, n=1,2,\cdots,N_1\}$，参数 $N_1,N_2,\cdots,N_K\in\mathbf{N}^+$。

定义 4.2 给出的 K 层嵌套线阵的第 i 个嵌套层结构如图 4.44 所示。

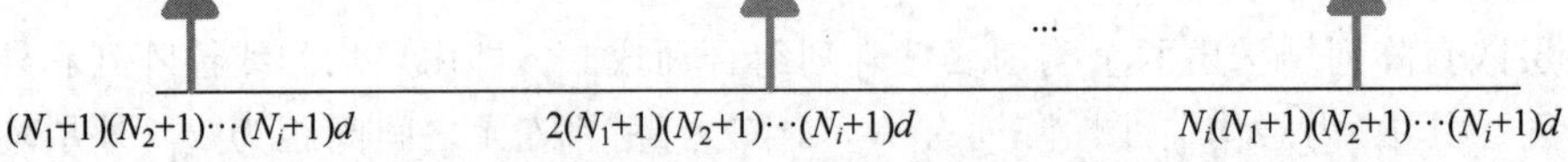

图 4.44 *K* 层嵌套阵列中的第 *i* 个嵌套层

K 层嵌套线阵由 K 个均匀线性阵列结合而成，其中第 i 个嵌套层阵元数为 N_i，且第 i 层的相邻阵元间距是第 $(i-1)$ 层的相邻阵元间距的 $(N_{i-1}+1)$ 倍。

因此可知，N 个阵元构成 K 层嵌套线阵的差分集合阵列自由度为

$$\begin{aligned}\mathrm{DOF}=2\{&[N_2(N_1+1)-1]+[(N_3-1)(N_1+N_2+1)+(N_1+1)]+\cdots+\\&[(N_K-1)(N_1+N_2+N_3+\cdots+N_{K-1}+1)+\\&(N_1+N_2+\cdots+N_{K-2}+1)]\}+1\end{aligned} \tag{4.167}$$

化简可得

$$\mathrm{DOF}=2\Big(\sum_{i=1}^{K}\sum_{j=i+1}^{K}N_iN_j+N_K-1\Big)+1 \tag{4.168}$$

注意，对于一个超过两层的嵌套线阵而言，通过对其阵元位置进行差分操作，最终形成

的差分集合阵列已经不是一个均匀线性阵列。下面继续研究一个 K 层嵌套阵列的最优配置。

考虑一个具有 N 阵元的 K 层嵌套阵列,若想最大化嵌套阵列的自由度,则需要知道嵌套层数和每个嵌套层阵元的数目,可以将其转化为下述优化问题[55]

$$\max_{K\in N^+}\ \max_{N_1,N_2,\cdots,N_K\in \mathbf{N}^+}\ \mathrm{DOF}_K \qquad \text{s.t.}\ \sum_{i=1}^{K} N_i = N \tag{4.169}$$

其中,变量 $N_1,N_2,\cdots,N_K$ 都是正整数,上述优化问题是一个组合优化问题。对于此问题可提供一个闭式解,进而推断最优的嵌套阵列结构。

定理 4.8 *假定利用 N 个阵元形成一个 K 层嵌套阵列,则最优嵌套层数 $K=N-1$ 且每层阵元数 $N_i=\begin{cases}1, & i=1,2,\cdots,K-1\\ 2, & i=K\end{cases}$。*

证明:根据上述分析可知,N 个阵元形成 K 层嵌套线阵的差分集合阵列自由度表达式为 $\mathrm{DOF}=2\left\{\frac{1}{2}\left[\left(\sum_{i=1}^{K}N_i\right)^2-\sum_{i=1}^{K}N_i^2\right]+N_K\right\}-1=N^2-\sum_{i=1}^{K}N_i^2+2N_K-1$。$N_j$ 表示第 j 个嵌套层阵元数,考虑以下两种情况:

(1) $1\leqslant j\leqslant K-1$,将 N_j 分成两个更小整数之和形式,即 $N_j=N_{j1}+N_{j2}$。这相当于把第 j 个嵌套层分成两层,因此嵌套层的数量变成 $K+1$,其中各个嵌套层阵元的数量是 $\{N_1,N_2,\cdots,N_{j-1},N_{j1},N_{j2},N_{j+1},\cdots,N_K\}$。根据 K 层自由度表达式(4.168),对于 $K+1$ 层嵌套阵列自由度 DOF_1 表示如下:

$$\mathrm{DOF}_1=N^2-\left(\sum_{i\neq j,i=1}^{K}N_i^2+N_{j1}^2+N_{j2}^2\right)+2N_K-1 \tag{4.170}$$

将式(4.170)与式(4.168)相减,则有增加的自由度为

$$\Delta\,\mathrm{DOF}=\mathrm{DOF}_1-\mathrm{DOF}=N_j^2-N_{j1}^2-N_{j2}^2=2N_{j1}N_{j2}>0 \tag{4.171}$$

因此根据式(4.171)可以推断:当第 j 个嵌套层分成两层后,对 $j=1,2,3,\cdots,K-1$,阵列自由度增加。重新分配内部嵌套层阵元数直到每个嵌套层只有一个阵元,此过程中最后一个嵌套层有 $\hat{N}_K$ 个阵元,而之前所有嵌套层都只有一个阵元,即 $N_i=1,i=1,2,\cdots,K-1$。

(2) $j=K$,与上述过程类似,将 N_K 分成 $N_K=N_{K1}+N_{K2}$,在 $K+1$ 层嵌套阵列中,每个嵌套层阵元数分别是 $N_1,N_2,\cdots,N_{K1},N_{K2}$。根据 K 层嵌套线阵自由度表达式(4.168)可知,这种情况下阵列自由度表达式如下:

$$\mathrm{DOF}_{K+1,K}=N^2-\left(\sum_{i=1}^{K-1}N_i^2+N_{K1}^2+N_{K2}^2\right)+2N_{K2}-1 \tag{4.172}$$

式(4.172)与式(4.168)相减,增加的自由度为

$$\begin{aligned}\Delta\,\mathrm{DOF}_{K+1,K}&=\mathrm{DOF}_{K+1,K}-\mathrm{DOF}\\&=N_K^2-N_{K1}^2-N_{K2}^2+2(N_{K2}-N_K)\\&=2N_{K1}N_{K2}-2N_{K1}\\&=2N_{K1}(N_{K2}-1)\geqslant 0\end{aligned} \tag{4.173}$$

根据以上分析可知，只有最后一层阵元数大于或等于 2，当最后一个嵌套层阵元数大于 2 时，可通过继续分离最后嵌套层直到有两个阵元，而在其他嵌套层只有一个阵元。由于 K 层嵌套阵列阵元总数是 N，无论是情况(1)还是情况(2)，总的最优嵌套层数都是 $N-2+1=N-1$。

4.7.1.2 WSS-L_1-SRACV 算法原理

4.7.1.1 节着重分析了嵌套阵列结构及对阵元位置进行差分后形成的差分集合阵列，在此基础之上，本节在前面所提两层嵌套阵列结构的阵列模型的基础上提出一种有效的 DOA 估计算法。

1. 信号模型

考虑接收阵列为一个两层嵌套阵列，其阵元数是 N，假设 K 个远场窄带信号从方向$\{\theta_k, k=1,2,\cdots,K\}$入射到此阵列，则接收数据的协方差矩阵

$$\boldsymbol{R}=E\{\boldsymbol{x}(t)\boldsymbol{x}^{\mathrm{H}}(t)\}=\boldsymbol{A}\boldsymbol{R}_s\boldsymbol{A}^{\mathrm{H}}+\boldsymbol{R}_n=\boldsymbol{A}\boldsymbol{R}_s\boldsymbol{A}^{\mathrm{H}}+\sigma^2\boldsymbol{I} \tag{4.174}$$

其中，$\boldsymbol{A}=[a(\theta_1),a(\theta_2),\cdots,a(\theta_K)]$为阵列流形矩阵或者称为导向矩阵，其第 k 个导向向量表示为 $a(\theta_k)=[1,\mathrm{e}^{\mathrm{j}2\pi/\lambda d_1\sin\theta_k},\cdots,\mathrm{e}^{\mathrm{j}2\pi/\lambda d_{N-1}\sin\theta_k}]^{\mathrm{T}}$。$\boldsymbol{R}_s=E\{\boldsymbol{S}(t)\boldsymbol{S}(t)^{\mathrm{H}}\}$表示信号部分的协方差矩阵，且 $\boldsymbol{R}_s=\mathrm{diag}\{\rho_1^2,\rho_2^2,\cdots,\rho_K^2\}$是一个对角矩阵，其中 ρ_k^2 是第 k 个信号的信号功率。$\boldsymbol{R}_n=E\{\boldsymbol{N}(t)\boldsymbol{N}(t)^{\mathrm{H}}\}$表示噪声协方差矩阵，$\boldsymbol{I}$ 是一个 $N\times N$ 维单位矩阵，$E\{\cdot\}$和$(\cdot)^{\mathrm{H}}$ 分别表示求期望和共轭转置。

假设矩阵 $\boldsymbol{A}=[\boldsymbol{a}_1,\boldsymbol{a}_2,\cdots,\boldsymbol{a}_k]\in\mathbf{C}^{m\times k}$ 和矩阵 $\boldsymbol{B}=[\boldsymbol{b}_1,\boldsymbol{b}_2,\cdots,\boldsymbol{b}_k]\in\mathbf{C}^{n\times k}$，它们的列数相同，其 Khatri-Rao(KR)积定义为[56]

$$\boldsymbol{A}\odot\boldsymbol{B}=[\boldsymbol{a}_1\otimes\boldsymbol{b}_1,\boldsymbol{a}_2\otimes\boldsymbol{b}_2,\cdots,\boldsymbol{a}_k\otimes\boldsymbol{b}_k]\in\mathbf{C}^{mn\times k} \tag{4.175}$$

其中，符号⊙表示矩阵的 KR 积运算，符号⊗表示矩阵的 Kronecker 积运算。任意向量 $\boldsymbol{a}=[a_1,a_2,\cdots,a_m]^{\mathrm{T}}\in\mathbf{C}^m$ 和 $\boldsymbol{b}=[b_1,b_2,\cdots,b_m]^{\mathrm{T}}\in\mathbf{C}^n$，则 Kronecker 积为

$$\boldsymbol{a}\otimes\boldsymbol{b}=[a_1\boldsymbol{b}^{\mathrm{T}},a_2\boldsymbol{b}^{\mathrm{T}},\cdots,a_m\boldsymbol{b}^{\mathrm{T}}]^{\mathrm{T}}=\mathrm{vec}(\boldsymbol{b}\boldsymbol{a}^{\mathrm{T}})\in\mathbf{C}^{mn} \tag{4.176}$$

定理 4.9[56] 假设矩阵 $\boldsymbol{A}\in\mathbf{C}^{m\times k}$，矩阵 $\boldsymbol{B}\in\mathbf{C}^{n\times k}$，而且 $\boldsymbol{C}=[\mathrm{C}_1,\mathrm{C}_2,\cdots,\mathrm{C}_k]^{\mathrm{T}}\in\mathbf{C}^k$，对角矩阵 $\boldsymbol{D}=\mathrm{diag}(\boldsymbol{C})$，则有

$$\mathrm{vec}(\boldsymbol{A}\boldsymbol{D}\boldsymbol{B}^{\mathrm{H}})=(\boldsymbol{B}^*\odot\boldsymbol{A})\boldsymbol{C} \tag{4.177}$$

其中，$\mathrm{vec}(\cdot)$表示向量化操作。

根据定理 4.9 所述的 KR 积性质对式(4.174)进行向量化操作，可得

$$\boldsymbol{y}=\mathrm{vec}(\boldsymbol{R})=(\boldsymbol{A}^*\odot\boldsymbol{A})\boldsymbol{\rho}+\sigma^2\,\mathrm{vec}(\boldsymbol{I}) \tag{4.178}$$

其中，$\boldsymbol{A}^*\odot\boldsymbol{A}=[\boldsymbol{a}_1^*\otimes\boldsymbol{a}_1,\boldsymbol{a}_2^*\otimes\boldsymbol{a}_2,\cdots,\boldsymbol{a}_K^*\otimes\boldsymbol{a}_K]$是一个 $N^2\times K$ 维阵列流形矩阵，$\boldsymbol{\rho}=[\rho_1^2,\rho_2^2,\cdots,\rho_K^2]^{\mathrm{T}}$ 表示信号功率向量。可以发现，式(4.178)中向量 $\boldsymbol{y}$ 也类似一个天线阵列接收信号模型，其阵列流形矩阵通过 $\boldsymbol{A}^*\odot\boldsymbol{A}$ 给出，等源信号向量表示为$\boldsymbol{\rho}$，它们类似于相干信号源，噪声变成了确定性向量，表示为 $\sigma^2\,\mathrm{vec}(\boldsymbol{I})$。阵列流形矩阵 $\boldsymbol{A}^*\odot\boldsymbol{A}$ 中的不同行与一个更大的天线阵列流形矩阵中的不同行类似，这个更大的天线阵列阵元位置通过集合$\{x_i-x_j, 1\leqslant i,j\leqslant N\}$中不同差分值给出，这里，$x_i$ 表示原始阵列结构中第 i 个阵元所在位置。

为了利用差分集合阵列的自由度，接下来使用空间平滑技术，这里所述的空间平滑技术不同于传统空间平滑技术用来去除相关源，而是用来增加观测矩阵的秩，因此不需要使用四阶累积量或者假设信号似稳。由于空间平滑技术仅适用于均匀线性阵列情形，本节所用的

两层嵌套阵列经过差分后形成的差分集合阵列正是一个均匀线性阵列。对于一个具有 N(N 是偶数)个阵元的两层嵌套阵列,且每层具有 $N/2$ 个阵元,考虑式(4.178)的信号模型,新阵列流形矩阵 $\boldsymbol{A}^* \odot \boldsymbol{A}$ 中不同的行数与差分集合阵列的自由度是相同的,即为$(N^2-2)/2+N$。流形矩阵 $\boldsymbol{A}^* \odot \boldsymbol{A}$ 是一个具有$(N^2-2)/2+N$ 个不同行的范德蒙矩阵,只要满足 $K \leqslant (N^2-2)/2+N$,矩阵 $\boldsymbol{A}^* \odot \boldsymbol{A}$ 的秩就是 K。而差分集合阵列的信号源向量 $\boldsymbol{\rho}$ 是由各个信号功率 ρ_k^2 组成的,类似于一个相干信号源。为了利用空间平滑方法,首先从阵列流形矩阵 $\boldsymbol{A}^* \odot \boldsymbol{A}$ 中建立一个维度是$((N^2-2)/2+N) \times K$ 的矩阵 $\boldsymbol{A}_1$,即从 $\boldsymbol{A}^* \odot \boldsymbol{A}$ 中移除重复的行,并进行排序以便第 i 行对应差分集合阵列的$(-N^2/4-N/2+i)d$ 个阵元位置。这相当于从观测向量 $\boldsymbol{y}$ 中移除对应的行并将其进行排序,得到新的向量 $\boldsymbol{y}_1$ 如下

$$\boldsymbol{y}_1 = \boldsymbol{A}_1 \boldsymbol{\rho} + \sigma^2 \boldsymbol{e}_1 \tag{4.179}$$

其中,$\boldsymbol{e}_1$ 是一个$((N^2-2)/2+N) \times 1$ 维向量,其第 $N^2/4+N/2$ 个位置元素是 1,剩余位置元素均为 0。

由式(4.165)可知,两层嵌套阵列经过差分后形成的差分集合阵列阵元位置范围是$(-N^2/4-N/2+1)d$ 到$(N^2/4+N/2-1)d$。将得到的差分集合阵列分割成 $N^2/4+N/2$ 个重复子阵,其中每个子阵中含有阵元数是 $N^2/4+N/2$ 个,则第 i 个子阵阵元位置表示如下

$$\{(-i+1+n)d, n=0,1,2,\cdots,N^2/4+N/2-1\} \tag{4.180}$$

第 i 个子阵对应新向量 $\boldsymbol{y}_1$ 的第$(N^2/4+N/2-i+1)$行到第$((N^2-2)/2+N-i+1)$行,表示形式如下

$$\boldsymbol{y}_{1i} = \boldsymbol{A}_{1i} \boldsymbol{\rho} + \sigma^2 \boldsymbol{e}_i \tag{4.181}$$

其中,流形矩阵 $\boldsymbol{A}_{1i}$ 是一个$(N^2/4+N/2) \times K$ 维矩阵,它由 $\boldsymbol{A}_1$ 的第$(N^2/4+N/2-i+1)$行到第$((N^2-2)/2+N-i+1)$行组成,$\boldsymbol{e}_i$ 表示一个向量,其第 i 个位置元素是 1,其余位置均为 0。另外,式(4.181)另一种形式为

$$\boldsymbol{y}_{1i} = \boldsymbol{A}_{11} \boldsymbol{\Phi}^{i-1} \boldsymbol{\rho} + \sigma^2 \boldsymbol{e}_i \tag{4.182}$$

其中,$\boldsymbol{\Phi} = \mathrm{diag}\{\mathrm{e}^{-\mathrm{j}(2\pi/\lambda) d \sin\theta_1}, \mathrm{e}^{-\mathrm{j}(2\pi/\lambda) d \sin\theta_2}, \cdots, \mathrm{e}^{-\mathrm{j}(2\pi/\lambda) d \sin\theta_K}\}$。

第 i 个子阵输出信号模型的自相关矩阵为

$$\boldsymbol{R}_i = \boldsymbol{y}_{1i} \boldsymbol{y}_{1i}^{\mathrm{H}} = \boldsymbol{A}_{11} \boldsymbol{\Phi}^{i-1} \boldsymbol{\rho}\boldsymbol{\rho}^{\mathrm{H}} (\boldsymbol{\Phi}^{i-1})^{\mathrm{H}} \boldsymbol{A}_{11}^{\mathrm{H}} + \sigma^4 \boldsymbol{e}_i \boldsymbol{e}_i^{\mathrm{H}} + \sigma^2 \boldsymbol{A}_{11} \boldsymbol{\Phi}^{i-1} \boldsymbol{\rho} \boldsymbol{e}_i^{\mathrm{H}} + \sigma^2 \boldsymbol{e}_i \boldsymbol{\rho}^{\mathrm{H}} (\boldsymbol{\Phi}^{i-1})^{\mathrm{H}} \boldsymbol{A}_{11}^{\mathrm{H}} \tag{4.183}$$

对所有 $N^2/4+N/2$ 个子阵输出信号模型的协方差矩阵进行求和,然后再求平均可获得

$$\bar{\boldsymbol{R}} = \frac{1}{(N^2/4+N/2)} \sum_{i=1}^{N^2/4+N/2} \boldsymbol{R}_i = \frac{1}{(N^2/4+N/2)} (\boldsymbol{A}_{11} \boldsymbol{R}_s \boldsymbol{A}_{11}^{\mathrm{H}} + \sigma^2 \boldsymbol{I})^2 \tag{4.184}$$

为便于理解,式(4.184)的推导过程如下所述。

首先将式(4.183)代入式(4.184)中,可得

$$\begin{aligned}
\bar{\boldsymbol{R}} &= \frac{1}{(N^2/4+N/2)} \sum_{i=1}^{N^2/4+N/2} \boldsymbol{R}_i \\
&= \frac{1}{(N^2/4+N/2)} \sum_{i=1}^{N^2/4+N/2} (\boldsymbol{A}_{11} \boldsymbol{\Phi}^{i-1} \boldsymbol{\rho} \boldsymbol{\rho}^{\mathrm{H}} (\boldsymbol{\Phi}^{i-1})^{\mathrm{H}} \boldsymbol{A}_{11}^{\mathrm{H}} +
\end{aligned}$$

$$\sigma^4 \boldsymbol{e}_i \boldsymbol{e}_i^{\mathrm{H}} + \sigma^2 \boldsymbol{A}_{11} \boldsymbol{\Phi}^{i-1} \boldsymbol{\rho} \boldsymbol{e}_i^{\mathrm{H}} + \sigma^2 \boldsymbol{e}_i \boldsymbol{\rho}^{\mathrm{H}} (\boldsymbol{\Phi}^{i-1})^{\mathrm{H}} \boldsymbol{A}_{11}^{\mathrm{H}})$$

$$= \frac{1}{(N^2/4+N/2)} \left(\sum_{i=1}^{N^2/4+N/2} \boldsymbol{A}_{11} \boldsymbol{\Phi}^{i-1} \boldsymbol{\rho}\boldsymbol{\rho}^{\mathrm{H}} (\boldsymbol{\Phi}^{i-1})^{\mathrm{H}} \boldsymbol{A}_{11}^{\mathrm{H}} + \sum_{i=1}^{N^2/4+N/2} \sigma^4 \boldsymbol{e}_i \boldsymbol{e}_i^{\mathrm{H}} + \sum_{i=1}^{N^2/4+N/2} \sigma^2 \boldsymbol{A}_{11} \boldsymbol{\Phi}^{i-1} \boldsymbol{\rho} \boldsymbol{e}_i^{\mathrm{H}} + \sum_{i=1}^{N^2/4+N/2} \sigma^2 \boldsymbol{e}_i \boldsymbol{\rho}^{\mathrm{H}} (\boldsymbol{\Phi}^{i-1})^{\mathrm{H}} \boldsymbol{A}_{11}^{\mathrm{H}} \right)$$

整理可得

$$\bar{\boldsymbol{R}} = \frac{1}{(N^2/4+N/2)} (\boldsymbol{M}_1 + \boldsymbol{M}_2 + \boldsymbol{M}_3 + \boldsymbol{M}_4)$$

将$\boldsymbol{\Phi}$和$\boldsymbol{\rho}$代入上式，其中矩阵$\boldsymbol{M}_1$、$\boldsymbol{M}_2$、$\boldsymbol{M}_3$、$\boldsymbol{M}_4$具有下述形式

$$\boldsymbol{M}_1 = \sum_{i=1}^{N^2/4+N/2} \boldsymbol{A}_{11} \boldsymbol{\Phi}^{i-1} \boldsymbol{\rho}\boldsymbol{\rho}^{\mathrm{H}} (\boldsymbol{\Phi}^{i-1})^{\mathrm{H}} \boldsymbol{A}_{11}^{\mathrm{H}} = \sum_{i=1}^{N^2/4+N/2} \boldsymbol{A}_{11} \boldsymbol{\Psi}\boldsymbol{\Psi}^{\mathrm{H}} \boldsymbol{A}_{11}^{\mathrm{H}} = \boldsymbol{A}_{11} \boldsymbol{R}_s \boldsymbol{A}_{11}^{\mathrm{H}} \boldsymbol{A}_{11} \boldsymbol{R}_s \boldsymbol{A}_{11}^{\mathrm{H}}$$

式中，$\boldsymbol{\Psi} = \boldsymbol{\Phi}^{i-1}\boldsymbol{\rho} = \begin{pmatrix} \rho_1^2 & & & \\ & \rho_2^2 & & \\ & & \ddots & \\ & & & \rho_K^2 \end{pmatrix} \begin{pmatrix} 1 & \nu_1 & \cdots & \nu_1^{i-1} \\ 1 & \nu_2 & \cdots & \nu_2^{i-1} \\ \vdots & \vdots & \ddots & \vdots \\ 1 & \nu_K & \cdots & \nu_K^{i-1} \end{pmatrix} = \boldsymbol{R}_s \boldsymbol{A}_{11}^{\mathrm{H}}$，$\nu = \mathrm{e}^{-\mathrm{j}2\pi/\lambda nd\sin(\theta_k)}$，$i = N^2/4+N/2$。

$$\boldsymbol{M}_2 = \sum_{i=1}^{N^2/4+N/2} \sigma^4 \boldsymbol{e}_i \boldsymbol{e}_i^{\mathrm{H}} = \sigma^4 \boldsymbol{I}_{N^2/4+N/2}$$

$$\boldsymbol{M}_3 = \sum_{i=1}^{N^2/4+N/2} \sigma^2 \boldsymbol{A}_{11} \boldsymbol{\Phi}^{i-1} \boldsymbol{\rho} \boldsymbol{e}_i^{\mathrm{H}} = \sum_{i=1}^{N^2/4+N/2} \sigma^2 \boldsymbol{A}_{11} \boldsymbol{R}_s \boldsymbol{A}_{11}^{\mathrm{H}} \boldsymbol{e}_i^{\mathrm{H}} = \sigma^2 \boldsymbol{A}_{11} \boldsymbol{R}_s \boldsymbol{A}_{11}^{\mathrm{H}}$$

$$\boldsymbol{M}_4 = \sum_{i=1}^{N^2/4+N/2} \sigma^2 \boldsymbol{e}_i \boldsymbol{\rho}^{\mathrm{H}} (\boldsymbol{\Phi}^{i-1})^{\mathrm{H}} \boldsymbol{A}_{11}^{\mathrm{H}} = \sum_{i=1}^{N^2/4+N/2} \sigma^2 \boldsymbol{e}_i \boldsymbol{A}_{11} \boldsymbol{R}_s \boldsymbol{A}_{11}^{\mathrm{H}} = \sigma^2 \boldsymbol{A}_{11} \boldsymbol{R}_s \boldsymbol{A}_{11}^{\mathrm{H}}$$

进一步整理，$\bar{\boldsymbol{R}}$有下述形式

$$\begin{aligned} \bar{\boldsymbol{R}} &= \frac{1}{(N^2/4+N/2)} \sum_{i=1}^{N^2/4+N/2} \boldsymbol{R}_i \\ &= \frac{1}{(N^2/4+N/2)} (\boldsymbol{A}_{11} \boldsymbol{R}_s \boldsymbol{A}_{11}^{\mathrm{H}} \boldsymbol{A}_{11} \boldsymbol{R}_s \boldsymbol{A}_{11}^{\mathrm{H}} + 2\sigma^2 \boldsymbol{A}_{11} \boldsymbol{R}_s \boldsymbol{A}_{11}^{\mathrm{H}} + \sigma^4 \boldsymbol{I}) \\ &= \frac{1}{(N^2/4+N/2)} (\boldsymbol{A}_{11} \boldsymbol{R}_s \boldsymbol{A}_{11}^{\mathrm{H}} + \sigma^2 \boldsymbol{I})^2 \end{aligned}$$

对上述矩阵$\bar{\boldsymbol{R}}$求平方根，则有

$$\tilde{\boldsymbol{R}} = \frac{1}{\sqrt{(N^2/4+N/2)}} (\boldsymbol{A}_{11} \boldsymbol{R}_s \boldsymbol{A}_{11}^{\mathrm{H}} + \sigma^2 \boldsymbol{I}) \tag{4.185}$$

将上式简写为

$$\hat{\boldsymbol{R}} = \boldsymbol{A}_{11} \boldsymbol{R}_s \boldsymbol{A}_{11}^{\mathrm{H}} + \sigma^2 \boldsymbol{I} \tag{4.186}$$

易知，式(4.186)表示的协方差矩阵与一个拥有$N^2/4+N/2$个天线阵元的阵列接收信号模型的协方差矩阵形式相同，因此可以实现使用N个实际的物理阵元进行$O(N^2)$个信

号的 DOA 估计。

2. 稀疏表示

根据空域具有稀疏性的性质，将整个空间角度区域等分成 $Q(Q\gg\max(N,K))$ 个子空间，即 $\{\theta_1,\theta_2,\cdots,\theta_Q\}$，而且划分不重叠，则整个空间的阵列流形矩阵变为 $\boldsymbol{A}_{11}(\boldsymbol{\Theta})=[a(\theta_1),a(\theta_2),\cdots,a(\theta_Q)]\in\mathbf{R}^{(N^2/4+N/2)\times Q}$，因为 $Q\gg\max(N,K)$，所以将阵列流形矩阵 $\boldsymbol{A}_{11}(\boldsymbol{\Theta})$ 称为过完备基或字典。经空间平滑后的协方差矩阵 $\widehat{\boldsymbol{R}}$ 的每个列向量能够由任意 $N^2/4+N/2$ 维复数向量空间的完备集线性表示，则可以将协方差矩阵 $\widehat{\boldsymbol{R}}$ 的第 n 列向量表示如下

$$\widehat{\boldsymbol{r}}_n=\boldsymbol{A}_{11}(\boldsymbol{\Theta})\boldsymbol{b}_n+\sigma^2\boldsymbol{e}_n\quad n=1,2,\cdots,N^2/4+N/2 \tag{4.187}$$

其中，$\boldsymbol{b}_n$ 是 $Q\times1$ 维向量。如果将协方差矩阵的每列都表示成式(4.187)的形式，则可以写成下述矩阵形式

$$\widehat{\boldsymbol{R}}=\boldsymbol{A}_{11}(\boldsymbol{\Theta})\boldsymbol{B}+\sigma^2\boldsymbol{I} \tag{4.188}$$

式中，$\boldsymbol{B}=[\boldsymbol{b}_1,\boldsymbol{b}_2,\cdots,\boldsymbol{b}_{N^2/4+N/2}]$，可以知道 $\boldsymbol{B}$ 中每个元素都具有相同的稀疏结构，有 K 个较大非零值与 K 个信号相对应，矩阵 $\boldsymbol{B}$ 中的非零元素将会集中在某些特定行向量上。下面引入一个向量 $\hat{\boldsymbol{b}}=[\hat{b}_1,\hat{b}_2,\cdots,\hat{b}_Q]^{\mathrm{T}}$，其中 $\hat{\boldsymbol{b}}$ 的第 q 个元素 $\hat{b}_q$ 等于矩阵 $\boldsymbol{B}$ 第 q 行的所有元素的 L_2 范数，即 $\hat{b}_q=\|\boldsymbol{B}_{q\cdot}\|_2=\sqrt{\sum\limits_{n=1}^{N^2/4+N/2}b_{qn}^2}$。根据上面分析可知，$\{\boldsymbol{b}_n\}_{n=1}^{N^2/4+N/2}$ 的稀疏结构能够充分地由 $\hat{\boldsymbol{b}}$ 的稀疏结构来表示。最后根据 $\{\theta_1,\theta_2,\cdots,\theta_Q\}$ 和 $\hat{\boldsymbol{b}}=[\hat{b}_1,\hat{b}_2,\cdots,\hat{b}_Q]^{\mathrm{T}}$ 的一一对应关系就能够得到窄带信号源 DOA 估计。

3. 稀疏重构算法

如果想要在所有解中获得最稀疏的，其唯一条件就是正则化，即对未知变量施加约束条件，而最佳的稀疏测度是 L_0 范数，因此，上述的 DOA 估计问题可以转化为如下的约束最优化问题

$$\min_{\boldsymbol{B}}\|\hat{\boldsymbol{b}}\|_0\quad \text{s.t.}\ \widehat{\boldsymbol{R}}=\boldsymbol{A}_{11}(\boldsymbol{\Theta})\boldsymbol{B}+\sigma^2\boldsymbol{I} \tag{4.189}$$

式(4.189)的求解是 NP 难问题。因此可将 L_0 范数转化为 BP 问题，即用 L_1 范数逼近 L_0 范数，两者在一定条件下是等价的，则式(4.189)对应的 L_1 正则化问题为

$$\min_{\boldsymbol{B}}\|\hat{\boldsymbol{b}}\|_1\quad \text{s.t.}\ \widehat{\boldsymbol{R}}=\boldsymbol{A}_{11}(\boldsymbol{\Theta})\boldsymbol{B}+\sigma^2\boldsymbol{I} \tag{4.190}$$

实际中，理想的协方差矩阵 $\boldsymbol{R}$ 是无法获得的，一般采用数据协方差矩阵的近似值 $\hat{\boldsymbol{R}}$ 来估计 $\boldsymbol{R}$，其估计值 $\hat{\boldsymbol{R}}$ 表示如下：

$$\hat{\boldsymbol{R}}=\frac{1}{L}\sum_{i=1}^{L}\boldsymbol{X}(t)\boldsymbol{X}^{\mathrm{H}}(t) \tag{4.191}$$

其平滑矩阵经过稀疏表示后，形式为

$$\boldsymbol{R}_{\text{smooth}}=\boldsymbol{A}_{11}(\boldsymbol{\Theta})\hat{\boldsymbol{R}}_s\boldsymbol{A}_{11}(\boldsymbol{\Theta})+\boldsymbol{E}=\widehat{\boldsymbol{R}}+\Delta\boldsymbol{R} \tag{4.192}$$

其中，$\hat{\boldsymbol{R}}_s$ 是一个由 $\frac{1}{L}\sum\limits_{i=1}^{L}\boldsymbol{S}\boldsymbol{S}^{\mathrm{H}}$ 组成的对角矩阵；$\boldsymbol{E}\approx\sigma^2\boldsymbol{I}$ 表示噪声；$\Delta\boldsymbol{R}=\boldsymbol{R}_{\text{smooth}}-\widehat{\boldsymbol{R}}$ 表示用样本协方差矩阵 $\hat{\boldsymbol{R}}$ 估计理想的协方差矩阵 $\boldsymbol{R}$ 经过空间平滑后所产生的误差。则式(4.190)

对应的 BPDN 问题为

$$\min_{\boldsymbol{B}} \| \hat{\boldsymbol{b}} \|_1 \quad \text{s.t.} \ \| \boldsymbol{R}_{\text{smooth}} - \boldsymbol{A}_{11}(\boldsymbol{\Theta})\boldsymbol{B} - \sigma^2 \boldsymbol{I} \|_{\text{F}}^2 \leqslant \beta^2 \tag{4.193}$$

式中，$\| \cdot \|_{\text{F}}$ 表示矩阵的 Frobenius 范数；β 是正则化参数，它是衡量误差的上界，最佳的误差上界取值将会使得稀疏系数的恢复更具准确性。

向量化误差 $\Delta \boldsymbol{R}$，则它服从渐进正态分布，即

$$\text{vec}(\Delta \boldsymbol{R}) = \text{vec}(\boldsymbol{R}_{\text{smooth}} - \widehat{\boldsymbol{R}}) \sim \text{AsN}\left(0, \frac{1}{L}\widehat{\boldsymbol{R}}^{\text{T}} \otimes \widehat{\boldsymbol{R}}\right) \tag{4.194}$$

这里，vec(·)表示将矩阵进行按列拉直；$\text{AsN}(\mu, \sigma^2)$表示均值为 μ，方差为 σ^2 的渐进正态分布。

将式(4.194)转换为标准的正态分布形式，则有

$$\boldsymbol{J}\text{vec}(\boldsymbol{R}_{\text{smooth}} - \boldsymbol{A}_{11}(\boldsymbol{\Theta})\boldsymbol{B} - \sigma^2 \boldsymbol{I}) \sim \text{AsN}(0, \boldsymbol{I}_{(N^2/4+N/2)^2}) \tag{4.195}$$

其中，$\boldsymbol{J} = \sqrt{L}(\widehat{\boldsymbol{R}}^{\text{T}})^{-\frac{1}{2}} \otimes \widehat{\boldsymbol{R}}^{-\frac{1}{2}}$，$\boldsymbol{J}\text{vec}(\boldsymbol{R}_{\text{smooth}} - \boldsymbol{\Phi}\boldsymbol{B} - \sigma^2 \boldsymbol{I})$相当于一个随机向量，其中每个随机变量都服从渐近正态分布，根据卡方定义可知，其平方和服从自由度是$(N^2/4+N/2)^2$的卡方(χ^2)分布，即

$$\| \boldsymbol{J}\text{vec}(\boldsymbol{R}_{\text{smooth}} - \boldsymbol{A}_{11}(\boldsymbol{\Theta})\boldsymbol{B} - \sigma^2 \boldsymbol{I}) \|_2^2 \sim \text{As}\chi^2((N^2/4 + N/2)^2) \tag{4.196}$$

式中，$\text{As}\chi^2((N^2/4+N/2)^2)$表示自由度是$(N^2/4+N/2)^2$ 的渐近卡方分布。则正则化参数 β 的选择应该满足

$$\| \boldsymbol{J}\text{vec}(\boldsymbol{R}_{\text{smooth}} - \boldsymbol{A}_{11}(\boldsymbol{\Theta})\boldsymbol{B} - \sigma^2 \boldsymbol{I}) \|_2^2 \leqslant \beta^2 \tag{4.197}$$

式(4.197)以较高的概率 p 成立，p 是一个较大的数，一般情况下取 $p=0.999$，则与式(4.193)等价的最优化问题为

$$\min_{\boldsymbol{B}} \| \hat{\boldsymbol{b}} \|_1 \quad \text{s.t.} \ \| \boldsymbol{z} - \boldsymbol{\Gamma}\text{vec}(\boldsymbol{B}) \|_2^2 \leqslant \beta^2 \tag{4.198}$$

或等价于

$$\min_{\boldsymbol{B}} \| \hat{\boldsymbol{b}} \|_1 \quad \text{s.t.} \ \| \boldsymbol{z} - \boldsymbol{\Gamma}\text{vec}(\boldsymbol{B}) \|_2 \leqslant \beta \tag{4.199}$$

在式(4.198)和式(4.199)中，$\boldsymbol{z} = \hat{\boldsymbol{J}}\text{vec}(\boldsymbol{R}_{\text{smooth}} - \hat{\sigma}^2 \boldsymbol{I})$，$\hat{\sigma}$ 是 σ 的一个估计值，$\boldsymbol{\Gamma} = \hat{\boldsymbol{J}}(\boldsymbol{I} \otimes \boldsymbol{A}_{11}(\boldsymbol{\Theta}))$，$\hat{\boldsymbol{J}} = \sqrt{L}(\boldsymbol{R}_{\text{smooth}}^{\text{T}})^{-\frac{1}{2}} \otimes (\boldsymbol{R}_{\text{smooth}})^{-\frac{1}{2}}$。

由于 SS-L_1-SRACV 算法是直接对待恢复的稀疏向量 $\hat{\boldsymbol{b}}$ 进行 L_1 范数约束，这将导致在恢复 $\hat{\boldsymbol{b}}$ 的过程中并不能得到更稀疏的结果，在 DOA 估计中会出现伪峰，即不能得到准确的 DOA 估计。针对此问题，可以利用噪声子空间与阵列流形矩阵张成的信号子空间的正交性，构造一个加权矩阵，对稀疏向量进行加权约束。

下面引入加权思想，具体方法如下：

首先对经过空间平滑操作后的阵列接收数据的协方差矩阵进行特征分解，可得

$$\widehat{\boldsymbol{R}} = \boldsymbol{U}\boldsymbol{\Sigma}\boldsymbol{U}^{\text{H}} = [\boldsymbol{U}_s \quad \boldsymbol{U}_n]\boldsymbol{\Sigma}[\boldsymbol{U}_s \quad \boldsymbol{U}_n]^{\text{H}} \tag{4.200}$$

其中，$\boldsymbol{U}$ 是特征向量组成的矩阵；$\boldsymbol{\Sigma}$ 是由协方差矩阵的特征值组成的对角矩阵；$\boldsymbol{U}_s$ 是由大的特征值对应的特征向量组成的信号子空间；$\boldsymbol{U}_n$ 是由小的特征值对应的特征向量组成的噪声子空间。

因为噪声子空间 $\boldsymbol{U}_n$ 和阵列流形矩阵 $\boldsymbol{A}_{11}$ 张成信号子空间是正交的，所以有

$$\boldsymbol{A}_{11}^{\mathrm{H}}\boldsymbol{U}_n=\mathbf{0}\in\mathbf{R}^{K\times(N^2/4+N/2-K)} \tag{4.201}$$

考虑到完备集 $\boldsymbol{A}_{11}(\boldsymbol{\Theta})$ 与阵列流形 $\boldsymbol{A}_{11}$ 之间的关系，可以将 $\boldsymbol{A}_{11}(\boldsymbol{\Theta})$ 写成如下形式

$$\boldsymbol{A}_{11}(\boldsymbol{\Theta})=[\boldsymbol{A}_{11}\quad \boldsymbol{C}] \tag{4.202}$$

其中，$\boldsymbol{C}\in\mathbf{C}^{(N^2/4+N/2)\times(Q-K)}$。

利用式(4.201)，可以得到

$$\boldsymbol{A}_{11}(\boldsymbol{\Theta})^{\mathrm{H}}\boldsymbol{U}_n=[\boldsymbol{U}_n^{\mathrm{H}}\boldsymbol{A}_{11}\quad \boldsymbol{U}_n^{\mathrm{H}}\boldsymbol{C}]^{\mathrm{H}}=[\mathbf{0}^{\mathrm{H}}\quad \boldsymbol{D}^{\mathrm{H}}]^{\mathrm{H}} \tag{4.203}$$

其中，$D_i^{(l_2)}>0$，$D_i^{(l_2)}$ 表示 $\boldsymbol{D}^{(l_2)}$ 的第 i 个元素，$\boldsymbol{D}^{(l_2)}$ 是矩阵 $\boldsymbol{D}$ 的每一行的 L_2 范数组成的列向量。在实际应用中，一般用采样协方差矩阵的空间平滑矩阵 $\boldsymbol{R}_{\mathrm{smooth}}$ 代替理想的协方差矩阵 $\hat{\boldsymbol{R}}$，这样，$\hat{\boldsymbol{U}}_n$ 就代替了 $\boldsymbol{U}_n$，式(4.203)则可以写成

$$\boldsymbol{A}_{11}(\boldsymbol{\Theta})^{\mathrm{H}}\hat{\boldsymbol{U}}_n=[\hat{\boldsymbol{U}}_n^{\mathrm{H}}\boldsymbol{A}_{11}\quad \hat{\boldsymbol{U}}_n^{\mathrm{H}}\boldsymbol{C}]^{\mathrm{H}}=[\boldsymbol{W}_{\boldsymbol{A}_{11}}^{\mathrm{H}}\quad \boldsymbol{W}_C^{\mathrm{H}}]^{\mathrm{H}}=\boldsymbol{W} \tag{4.204}$$

加权向量定义如下[57]：

$$\boldsymbol{w}=\boldsymbol{W}^{(l_2)}=[\boldsymbol{W}_{\boldsymbol{A}_{11}}^{(l_2)\mathrm{T}}\quad \boldsymbol{W}_{\boldsymbol{C}}^{(l_2)\mathrm{T}}]^{\mathrm{T}} \tag{4.205}$$

根据前面分析可知，当快拍数 $L\to\infty$ 时，$\boldsymbol{W}_{\boldsymbol{A}_{11}}^{(l_2)}\to\mathbf{0}\in\mathbf{R}^{K\times1}$，$\boldsymbol{W}_{\boldsymbol{C}}^{(l_2)}\to\boldsymbol{D}^{(l_2)}\in\mathbf{R}^{(Q-K)\times1}$，此时向量 $\boldsymbol{W}_{\boldsymbol{A}_{11}}^{(l_2)}$ 里的元素值都要比向量 $\boldsymbol{W}_{\boldsymbol{C}}^{(l_2)}$ 的元素值小。

根据以上分析，加权矩阵定义如下：

$$\boldsymbol{G}=\mathrm{diag}\{\boldsymbol{w}\} \tag{4.206}$$

其中，diag{ · }表示由向量的所有元素构成的对角矩阵。

于是，DOA 估计最优化求解模型如下：

$$\min_{\boldsymbol{B}}\|\boldsymbol{G}\hat{\boldsymbol{b}}\|_1\quad \text{s.t.}\ \|\boldsymbol{z}-\boldsymbol{\Gamma}\mathrm{vec}(\boldsymbol{B})\|_2\leqslant\beta \tag{4.207}$$

式(4.207)的最优化问题可以利用 CVX 或 Sedumi 等二阶锥规划软件包进行求解。在得到稀疏向量 $\hat{\boldsymbol{b}}$ 之后，通过稀疏向量里面谱峰值对应的角度位置，就可以得到真实信号的 DOA 估计。

通过以上分析，WSS-L_1-SRACV 算法步骤总结如下：

算法 4.6　WSS-L_1-SRACV 算法。

1. 利用阵列接收信号模型，获取协方差矩阵，并将其向量化；
2. 计算空间平滑阵列的协方差矩阵 $\boldsymbol{R}_{\mathrm{smooth}}$，并将其进行稀疏表示；
3. 构造字典矩阵 $\boldsymbol{A}_{11}(\boldsymbol{\Theta})$；
4. 对协方差矩阵 $\boldsymbol{R}_{\mathrm{smooth}}$ 进行特征值分解，并得噪声子空间 $\hat{\boldsymbol{U}}_n$；
5. 求参数 β 的值；
6. 利用式(4.206)得到加权矩阵 $\boldsymbol{G}$；
7. 计算得到 $\boldsymbol{z}$ 和 $\boldsymbol{\Gamma}$；
8. 利用 CVX 工具箱求解式(4.207)，得到信号的 DOA 估计。

4.7.1.3　仿真实验及性能分析

为了验证所提算法的有效性，本节通过仿真实验给出了 WSS-L_1-SRACV 算法与基于

SS-MUSIC 算法在不同条件下的 DOA 估计性能，并对仿真实验结果进行了分析。在仿真实验中，定义均方根误差如下

$$\mathrm{RMSE}=\sqrt{\frac{1}{PK}\sum_{p=1}^{P}\sum_{k=1}^{K}(\hat{\theta}_k(p)-\theta_k)^2} \tag{4.208}$$

其中，P 是独立实验的次数；K 是信号源数目；$\hat{\theta}_k(p)$是在第 p 次独立实验下θ_k 的估计值。

实验 1：信号源不相关情况下 SS-MUSIC、SS-L_1-SRACV 和 WSS-L_1-SRACV 算法的测向性能

仿真参数设置：假设有 7 个位于远场的窄带不相关信号源入射到一个由 6 个阵元组成的两层嵌套阵列结构中，单位阵元间距设定为半波长，即 $\lambda/2$。其中，内层嵌套阵元数是 $N_1=3$，相邻阵元之间的间距是 $d_1=\lambda/2$，外层嵌套阵元数是 $N_2=3$，相邻阵元间距为 $d_2=(N_1+1)d_1=2\lambda$，来波方向分别设定为$-45°$、$-35°$、$-20°$、$5°$、$15°$、$20°$和 $40°$。快拍数设定为 256，信噪比设定为 5dB。SS-MUSIC 算法、SS-L_1-SRACV 算法和 WSS-L_1-SRACV 算法对信号源不相关情况下的测向性能如图 4.45 所示。

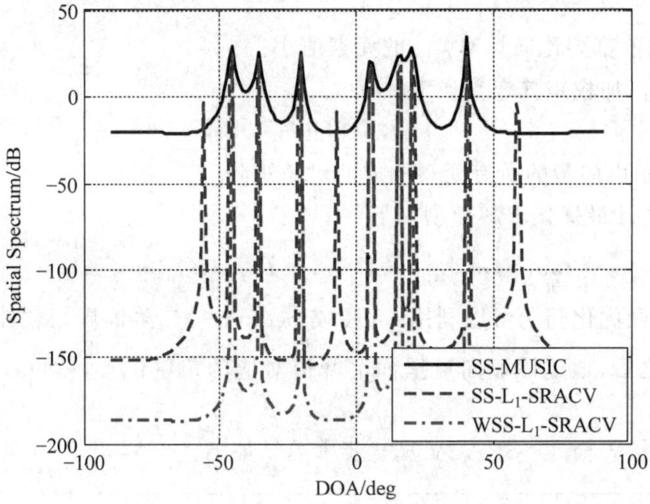

图 4.45 SS-MUSIC、SS-L_1-SRACV 和 WSS-L_1-SRACV 算法对不相关信号的空间谱

从图 4.45 中可以看出，在给定的快拍数和信噪比条件下，当信号的波达方向间隔比较大时，3 种算法都能够得到空间谱，从而获得信号的 DOA 估计。而 SS-L_1-SRACV 算法虽然能够有效估计出 7 个信号的波达方向，但是也会在其他方向出现严重的伪峰，且测向精确度不够准确，原因主要有 3 个：第一，SS-L_1-SRACV 算法在恢复稀疏向量过程中导致伪峰出现的本质原因是用凸函数 L_1 范数代替计数的 L_0 范数；第二，当噪声存在时，SS-L_1-SRACV 算法所要求解的问题已经不是稀疏的，只有当信噪比足够高时，才能近似认为它是稀疏的；第三，在 DOA 估计问题中，完备集 $\boldsymbol{A}_{11}(\boldsymbol{\Theta})$的列与列之间的相关性非常高，此时未必满足压缩感知理论中的 RIP 性质。而 WSS-L_1-SRACV 算法能够非常准确地估计出 7 个信号的波达方向，实现了信号的欠定 DOA 估计，而且能够更好地逼近 L_0 范数最小化约束，最终仿真实验证明了所提的 WSS-L_1-SRACV 算法不会出现伪峰。

实验 2：信号源相干情况下 SS-MUSIC、SS-L_1-SRACV 和 WSS-L_1-SRACV 算法测向性能

仿真参数设置：假设有 4 个位于远场的窄带相干信号源入射到由 6 个阵元组成的两层嵌套阵列结构中，单位阵元间距设定为半波长，即 $\lambda/2$。其中内层嵌套阵元数 $N_1=3$，相邻阵元之间间距为 $d_1=\lambda/2$。外层嵌套阵元数 $N_2=3$，相邻阵元之间间距为 $d_2=(N_1+1)d_1=2\lambda$，来波方向分别设定为$-30°$、$-15°$、$5°$和 $20°$。快拍数设定为 128，信噪比设定为 0dB，其中第一个信号和第二个信号是一对相干信号，第三个信号和第四个信号是另一对相干信号。3 种算法对信号源相干情况下的测向性能如图 4.46 所示。

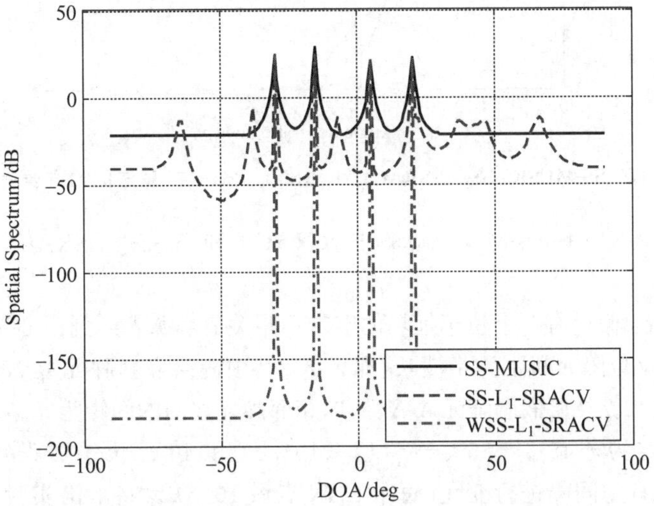

图 4.46 SS-MUSIC、SS-L_1-SRACV 和 WSS-L_1-SRACV 算法对相干信号的空间谱

从图 4.46 中可以看出，在给定的仿真参数条件下，3 种算法都能够估计出 4 个信号的波达方向。但 WSS-L_1-SRACV 算法比 SS-MUSIC 和 SS-L_1-SRACV 算法有更高的测向精度和分辨率，同时和 SS-L_1-SRACV 算法相比，也能够很好地抑制伪峰。

实验 3：不同角度间隔下 SS-MUSIC、SS-L_1-SRACV 和 WSS-L_1-SRACV 算法的均方误差曲线

仿真参数设置：假设有 2 个位于远场的窄带不相关信号源从波达方向$-30°$和$-30°+\Delta\theta$入射到由 6 个阵元组成的两层嵌套线性阵列结构中，单位阵元间距设定为半波长，即 $\lambda/2$。其中内层嵌套阵元数 $N_1=3$，相邻阵元之间的间距为 $d_1=\lambda/2$。外层阵元嵌套数目 $N_2=3$，相邻阵元之间的间距为 $d_2=(N_1+1)d_1=2\lambda$。快拍数设定为 256，信噪比设定为 0dB，其中 $\Delta\theta$ 为 $1°\sim10°$，以 $1°$为间隔进行变化，每个角度间隔点做 100 次蒙特卡洛实验。图 4.47 给出了 SS-MUSIC 算法、SS-L_1-SRACV 算法和 WSS-L_1-SRACV 算法随角度间隔变化的均方误差曲线。

从图 4.47 中可以看出，在给定的仿真条件下，当 $\Delta\theta=3°$时，WSS-L_1-SRACV 算法均方根误差趋近于零，而 SS-L_1-SRACV 算法则是在 $\Delta\theta=4°$时均方根误差趋近于零，SS-MUSIC 算法在 $\Delta\theta=5°$时均方根误差趋近于零。由此可见，WSS-L_1-SRACV 算法与 SS-L_1-SRACV 算法和 SS-MUSIC 算法相比，具有更高的角度分辨率，能够实现对两个更相近角度信号的 DOA 估计。

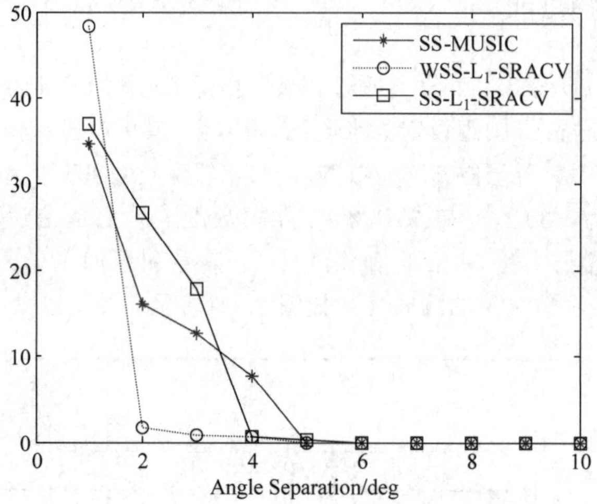

图 4.47 SS-MUSIC、SS-L_1-SRACV 和 WSS-L_1-SRACV 算法的均方误差曲线

实验 4：不同 SNR 下 SS-MUSIC、SS-L_1-SRACV 和 WSS-L_1-SRACV 算法的均方误差曲线

仿真参数设置：假设有 7 个位于远场的窄带不相关信号源入射到由 6 个阵元组成的两层嵌套阵列结构中，单位阵元间距为半波长，即 $\lambda/2$。其中内层嵌套阵元数 $N_1=3$，相邻阵元之间的间距为 $d_1=\lambda/2$。外层嵌套阵元数 $N_2=3$，相邻阵元之间的间距为 $d_2=(N_1+1)d_1=2\lambda$，来波方向分别设定为 $-45°$、$-35°$、$-20°$、$5°$、$15°$、$20°$ 和 $40°$。快拍数设定为 256，SNR 在 $-10\sim10$dB 以 2dB 为间隔进行变化，每个 SNR 点做 100 次蒙特卡洛实验。图 4.48 给出了 SS-MUSIC 算法、SS-L_1-SRACV 算法和 WSS-L_1-SRACV 算法随 SNR 变化的均方误差曲线。

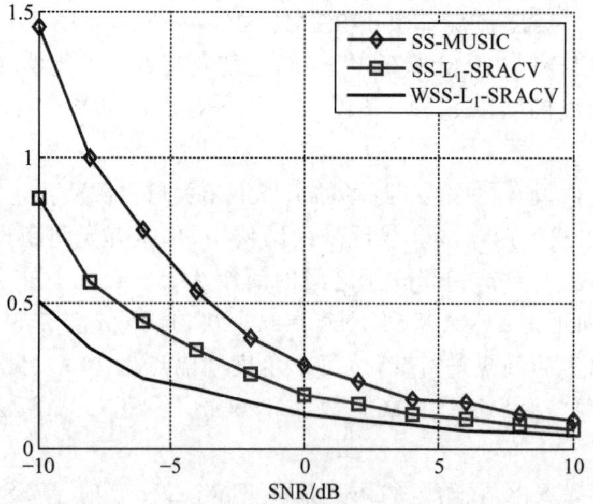

图 4.48 SS-MUSIC、SS-L_1-SRACV 和 WSS-L_1-SRACV 算法的均方误差曲线

从图 4.48 中可以看出，在给定的仿真条件下，3 种方法均方根误差随着信噪比的增加而减小，但是 SS-MUSIC 算法的误差相对于另外两种方法的均方根误差更大，而 SS-L_1-

SRACV 算法性能居中，而本文提出的 WSS-L_1-SRACV 算法性能明显优于 SS-MUSIC 算法和 SS-L_1-SRACV 算法，具有较低的估计误差，特别是在低 SNR 条件下，这种优势更加明显。

小结：针对现有算法不能获得较好的稀疏解和可处理信号源数目能力较低问题，本节提出了 WSS-L_1-SRACV 算法。首先，对嵌套阵列的结构进行分析，通过挖掘这个阵列的空间多样性，对嵌套阵列进行差分操作不仅扩展了阵列孔径，而且提高了阵列自由度。其次，利用空间平滑技术的优良特性，创新性的提出将基于嵌套阵列结果的信号空间平滑协方差矩阵与 L_1-SRACV 算法相结合进行信号 DOA 估计，为使待恢复的稀疏向量具有更好的稀疏性，对稀疏向量进行加权约束。最后，利用仿真实验验证了 WSS-L_1-SRACV 算法可以有效地抑制伪峰。另外，与基于 SS-MUSIC 算法和 SS-L_1-SRACV 算法的 DOA 估计相比，能够获得更高的估计精度。

4.7.2 SS-L_1-WACVSR 算法

4.7.1 节给出了基于嵌套阵列结构的阵列协方差向量稀疏表示的加权 DOA 估计算法，引入了嵌套阵列结构，此外通过利用加权思想能够获得较好稀疏解，实验结果表明所提算法不仅提高了可处理信号源数目能力，而且能够有效地抑制伪峰，获得精确的 DOA 估计。然而该算法只适用于窄带信号源测向问题，在宽带信号 DOA 估计中受限。随着通信技术的发展，扩频信号和跳频信号等宽带信号在通信系统中的应用越来越广泛，现有的基于传统阵列结构的宽带 DOA 估计易受空域混叠影响且嵌套阵列，也易受阵元互耦影响。为此，本节将针对宽带信号源测向问题，利用互质阵列结构提出一种能够抑制天线互耦影响及空域混叠影响的宽带 DOA 估计算法，即采用基于互质阵列协方差矩阵多字典联合稀疏表示的宽带 DOA 估计方法，简称为 SS-L_1-WACVSR 算法。

4.7.2.1 互质阵列

1. 互质稀疏采样

假设 t 是一个连续变量(时间或空间)，$x_c(t)$是信号函数，且为宽平稳随机过程。用时间间隔 T 对信号 $x_c(t)$进行采样然后计算其自相关函数，表达式如下：

$$R(k)=R_c(kT) \tag{4.209}$$

其中，$R_c(\tau)=E[x_c(t)x_c^*(t-\tau)]$。对于信号 $x_c(t)$，求取其自相关函数是以均匀间隔 T 对其采样，可得

$$x(n)=x_c(nT) \tag{4.210}$$

根据式(4.209)，有

$$R(k)=R_c(kT)=E[x_c(nT)x_c^*((n-k)T)] \tag{4.211}$$

其中，$R(k)=E[x(n)x^*(n-k)]$，可以通过样本均值估计得到。

由于假设信号是宽平稳过程，为了估计 $R_c(kT)$，无须用均匀间隔 T 对信号 $x_c(t)$采样。考虑两组采样信号序列[58]：

(1) $x(Mn_1)=x_c(MTn_1)$；

(2) $x(Nn_2)=x_c(NTn_2)$，其中 n_1 和 n_2 是任意整数。

则两组采样方式形成的信号序列间自相关函数如下：

$$R(k)=E[x(Mn_1)x^*(Nn_2)]=E[x(n)x^*(n-k)] \tag{4.212}$$

其中，k 可以按空间维度和时间维度取值。

若 k 取空间维度，令 $k=Mn_1-Nn_2$。可知如果 M 和 N 是互质整数，对于合适的整数 n_1 和 n_2，k 可为任意整数。根据此性质，再取合适快拍数，求 $x(Mn_1)x^*(Nn_2)$ 在这段时间内的平均值即可求得 $R(k)$ 的值。

若 k 取时间维度，令 $k=M(n_1+lN)-N(n_2+lM)$，其中 n_1 和 n_2 是定值，l 可以取到任意值，则 $R(k)$ 可以通过时间平均求得

$$R(k)\approx\frac{1}{L}\sum_{l=0}^{L-1}x(M(n_1+lN))x^*(N(n_2+lM)) \tag{4.213}$$

互质阵优势体现在需要信号序列自相关信息的各个应用领域，如有噪声的正弦信号估计、DOA 估计、空间谱估计和其他统计信号处理算法。如果 $x_c(t)$ 是一个时域信号，它的两组稀疏样本 $x_c(MTn_1)$ 和 $x_c(NTn_2)$ 可以用来估计信号频率，对应的采样率为 $2\pi/T$，可以检测到的最大频率是 π/T，如果用式(4.213)估计 $R(k)$，则可估计的频率数量级能达到 $O(MN)$。

2. 传统互质阵列

利用天线设计互质阵列结构，每个天线称为一个阵元。图 4.49 给出了一个传统互质阵列(Conventional co-Prime Array，CPA)结构[59]。

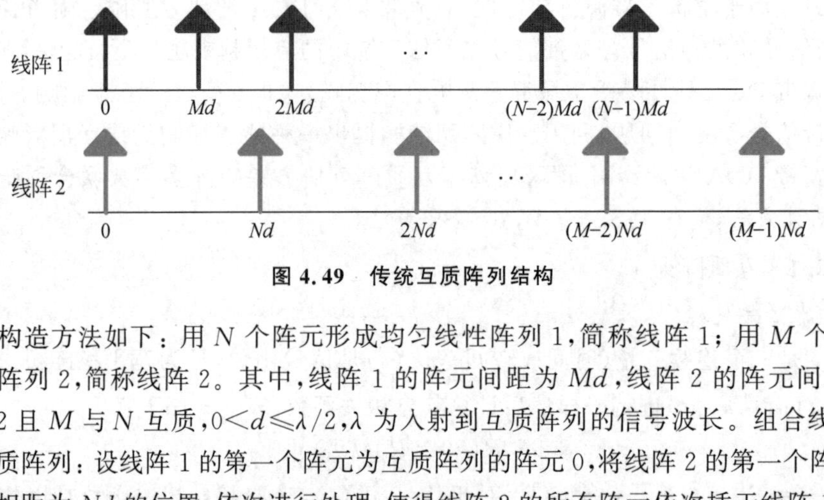

图 4.49 传统互质阵列结构

具体构造方法如下：用 N 个阵元形成均匀线性阵列 1，简称线阵 1；用 M 个阵元形成均匀线性阵列 2，简称线阵 2。其中，线阵 1 的阵元间距为 Md，线阵 2 的阵元间距为 Nd，$N>M>2$ 且 M 与 N 互质，$0<d\leqslant\lambda/2$，λ 为入射到互质阵列的信号波长。组合线阵 1 和线阵 2 为互质阵列：设线阵 1 的第一个阵元为互质阵列的阵元 0，将线阵 2 的第一个阵元放置于与阵元 0 相距为 Nd 的位置，依次进行处理，使得线阵 2 的所有阵元依次插于线阵 1 中；从互质阵列的阵元 0 开始，从头至尾依次命名各个阵元为阵元 0，阵元 1，……，阵元 $M+N-1$。由于线阵 1 和线阵 2 构成传统互质阵列的第一个阵元重叠，则总的阵元数为 $M+N-1$，阵元位置可用集合 S 表示

$$S=\{Mnd,0\leqslant n\leqslant N-1\}\cup\{Nmd,0\leqslant m\leqslant M-1\} \tag{4.214}$$

对传统互质阵列进行差分操作，由差分定义可知，一类是自差分，阵元位置用集合 S_s 表示为

$$S_s=\{\pm Mnd\}\cup\{\pm Nmd\} \tag{4.215}$$

另一类是互差分，阵元位置用集合 S_c 表示为

$$S_c=\{\pm(Mnd-Nmd)\} \tag{4.216}$$

引理 4.1[59] 假设 M 与 N 是两个互质整数，令 $k=Mn_1-Nn_2$，n_1 和 n_2 均是整数，则

有如下两个结论：

(1) 如果 n_1 和 n_2 是任意整数值，则有 $k=Mn_1-Nn_2$ 可以遍历所有整数，这种情形下，互质差分集合是所有整数集合。

(2) 如果 n_1 和 n_2 是整数，且 $0\leqslant n_1\leqslant N-1, 0\leqslant n_2\leqslant M-1$。则有 $k=Mn_1-Nn_2$ 对应 n_1 和 n_2 的 MN 种排列组合将产生 MN 个不同整数值，取值范围是 $-N(M-1)\leqslant l\leqslant M(N-1)$，注意到取值范围不是连续的，可能被划分成几个连续段和几个离散点集合。这种情况下，差分集合是 MN 个不同整数的集合。

为便于理解，采用文献[59]的证明，证明过程如下。

证明：给定一组互质数 M 和 N，k 可以为任意的一个整数，这种情况下总能够找到一个合适整数 n_1 和 n_2，使得 $k=Mn_1-Nn_2$ 成立，结论(1)得证。结论(2)表明 $0\leqslant n_1\leqslant N-1, 0\leqslant n_2\leqslant M-1$ 时，$k=Mn_1-Nn_2$ 不会出现重复。利用反证法证明此结论，假设 $0\leqslant n_1, n_1'\leqslant N-1$ 和 $0\leqslant n_2, n_2'\leqslant M-1$，有关系式 $Mn_1-Nn_2=Mn_1'-Nn_2'$ 成立，进而可以得到关系式 $M(n_1-n_1')=N(n_2-n_2')$。如果 $n_1\neq n_1'$，$n_2\neq n_2'$，可将其转换为分数形式则有 $M/N=n_2-n_2'/n_1-n_1'$。由于 $|n_1-n_1'|<N$，与 M 和 N 是互质的矛盾，因此可以推断出结论(2)成立。

通过引理 4.1 可知，利用传统互质阵列的稀疏性，仅仅使用 $M+N-1$ 个阵元可产生具有数量级为 $O(MN)$ 的虚拟阵列。例如，假设 $M=3, N=4$，其中，N 表示线阵 1 的阵元数，M 表示线阵 2 的阵元数，对传统互质阵列进行差分操作后，可以形成一个如图 4.50 所示的不连续虚拟阵列结构，从图中可以看到在位置 7 处没有阵元。为此这种阵列结构在实际应用中存在着许多局限性，例如，阵列利用率低等。

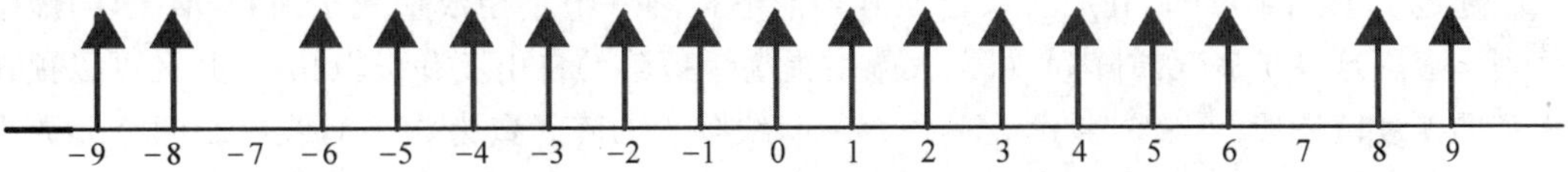

图 4.50　传统互质阵列结构的差分集合阵列

3. 扩展互质阵列

为克服传统互质阵列结构局限性，文献[59]给出了一种如图 4.51 所示的扩展互质阵列结构，该阵列结构由两个线阵构成，其中线阵 1 具有 N 个阵元，阵元位置为 $Mnd, 0\leqslant n\leqslant N-1$，线阵 2 具有 $2M$ 个阵元，阵元位置为 $Nmd, 0\leqslant m\leqslant 2M-1$。

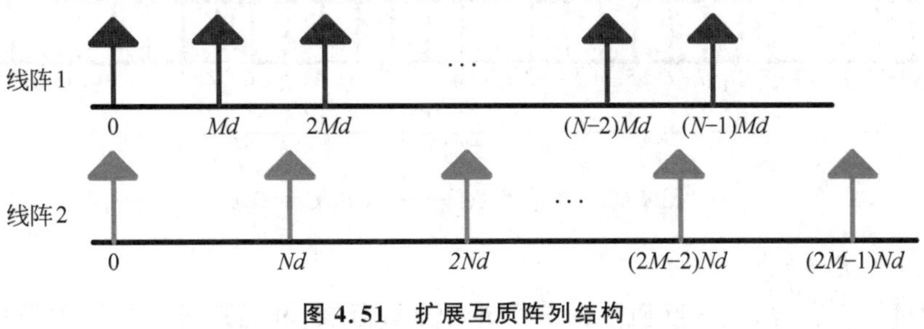

图 4.51　扩展互质阵列结构

扩展互质阵列阵元位置集合 S 为

$$S=\{Mnd, 0\leqslant n\leqslant N-1\}\cup\{Nmd, 0\leqslant m\leqslant 2M-1\} \tag{4.217}$$

通过对上述扩展互质阵列差分操作可以获得扩展互质阵列的差分集合阵列，其阵列阵元位置用集合表示形式与式(4.215)和式(4.216)相同，但 m 的取值范围为 $0\leqslant m\leqslant 2M-1$。

引理 4.2[59]　假设 M 与 N 是两个互质整数，令 $k=Mn_1-Nn_2$，n_1 和 n_2 均是整数，则有

(1) 如果 $0\leqslant n_1\leqslant 2N-1$，$0\leqslant n_2\leqslant M-1$，则 k 可取 $[0,MN-1]$ 范围内所有 MN 个整数，即形成的差分集合阵列在 $[0,MN-1]$ 范围内是连续的，在范围 $-N(M-1)\leqslant k\leqslant M(2N-1)$ 内也能取到一些额外的值。

(2) 如果 $0\leqslant n_1\leqslant N-1$，$-M+1\leqslant n_2\leqslant M-1$，则 k 可取 $[0,MN-1]$ 范围内所有 MN 个整数，在范围 $-N(M-1)\leqslant k\leqslant 2MN-M-N$ 内也可取到一些额外的值。

为便于理解，采用文献[59]的证明，证明过程如下。

证明：在范围 $[0,MN-1]$ 内任取一个数 k，若要证明引理 4.2 中的两条结论，只要能说明在给定范围内的 n_1 和 n_2，存在 $k=Mn_1-Nn_2$ 关系即可。

从引理 4.1 的结论(1)可知，存在整数 n_1' 和 n_2'，使得关系 $k=Mn_1'-Nn_2'$ 成立。重新将这个等式变形有：$k=M(n_1'-pN)-N(n_2'-pM)$，只要选取合适的整数 p，则有 $n_1=n_1'-pN$ $(0\leqslant n_1\leqslant N-1)$ 成立。定义 $n_2'-pM=n_2$，则等式 $k=M(n_1'-pN)-N(n_2'-pM)$ 变为 $k=Mn_1-Nn_2$，由于 $0\leqslant k\leqslant MN-1$，且 $0\leqslant n_1\leqslant N-1$，进而可以推断出 $-MN+1\leqslant Nn_2\leqslant MN-M$，因此关系 $-M+1\leqslant n_2\leqslant M-1$ 成立，结论(2)得证。

对于结论(1)，通过选择合适的整数 p 使 $n_2'-pM=n_2$ 成立，其中，$0\leqslant n_2\leqslant M-1$。定义 $n_1=n_1'-pN$，然后有 $k=Mn_1-Nn_2$，因为 $0\leqslant n_2\leqslant M-1$，$0\leqslant k\leqslant MN-1$，则有关系式 $0\leqslant Mn_1\leqslant 2MN-N-1$ 成立，所以 $0\leqslant n_1\leqslant 2N-1$，结论(1)得证。

通过引理 4.2 可知，利用扩展互质阵列能够得到一个半径数量级达到 $O(MN)$ 的虚拟阵列。应用这种扩展互质阵列，可以大幅度提高虚拟阵的自由度和虚拟孔径，并且可以预知一定的连续范围段。例如，假设 $M=3$，$N=4$，线阵 1 的阵元数为 $N=4$，线阵 2 的阵元数为 $2M=6$，由于线阵 1 和线阵 2 构成扩展互质阵列的第一个阵元重叠，则扩展互质阵列总的阵元数是 $2M+N-1$。对扩展互质阵列进行差分操作后，可以形成一个如图 4.52 所示的更长的连续虚拟阵列结构。为此，这种扩展互质阵列结构解决了引理 4.1 中所述的传统互质阵列结构有阵元空穴的问题，但此阵列结构增加了阵元数，造成了系统成本增加，不利于实用化。

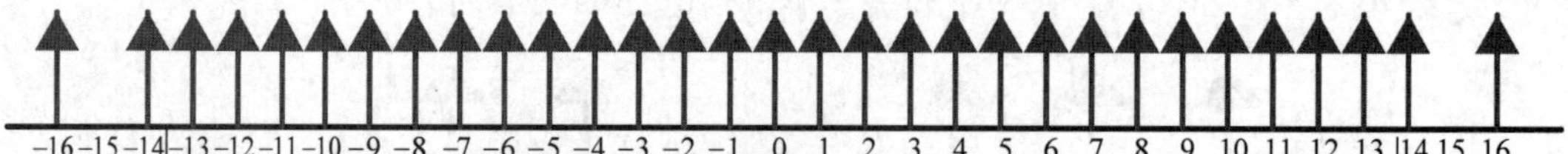

图 4.52　扩展互质阵列的差分集合阵列

4. 和差扩展阵列

通过对以上两种形式的互质阵列结构进行分析可知，利用传统互质阵列结构经差分后形成的虚拟线性阵列阵元连续范围小，在一些位置处无虚拟阵元存在，应用时具有一定的局限性。针对此问题，一种扩展互质阵列结构被提出，经差分操作后，可以得到一个半径数量级达到 $O(MN)$ 的连续虚拟阵列，大幅度提高了阵列孔径，但同时增加了阵列中实际阵元

数，增加了成本，也给系统造成了一定的负担。所以提到对传统互质阵列阵元位置进行和差操作，可以形成一个更大孔径的连续虚拟均匀线性阵列，与传统互质阵列和扩展互质阵列的差分集合阵列相比，大幅度提高了阵列的自由度，其中，使用的阵列结构和传统互质阵列结构完全相同，即由图 4.50 中 $M+N-1$ 个天线组成的传统互质阵列结构，N 表示线阵 1 的阵元数，M 表示线阵 2 的阵元数。

下面将考虑经过和操作后阵元位置在正数部分和负数部分的扩展阵列，对应的正数部分阵元位置集合 L_{C+} 为

$$L_{C+}=\{Mnd+Nmd\}\cup\{2Nmd\}\cup\{2Mnd\} \tag{4.218}$$

其中，$0\leqslant n\leqslant N-1$，$0\leqslant m\leqslant M-1$。

对应的负数部分阵元位置集合 L_{C-} 为

$$L_{C-}=\{-Mnd-Nmd\}\cup\{-2Mnd\}\cup\{-2Nmd\} \tag{4.219}$$

根据式(4.210)和式(4.211)可以得到传统互质阵列进行差分操作后形成的差分集合阵列阵元位置。图 4.53 给出一个传统互质阵列结构进行和差操作后形成的虚拟均匀线性阵列，其中，$M=3$，$N=4$，N 表示线阵 1 的阵元数，M 表示线阵 2 的阵元数。图 4.53 中只给出经过和差操作后形成虚拟阵列阵元位于正数部分，由此可以看出，传统互质阵列结构经过和差操作后形成了一个更大范围的连续虚拟均匀线性阵列，和扩展互质阵列相比，省去 M 根天线，且增加了阵列自由度，节约了系统成本。

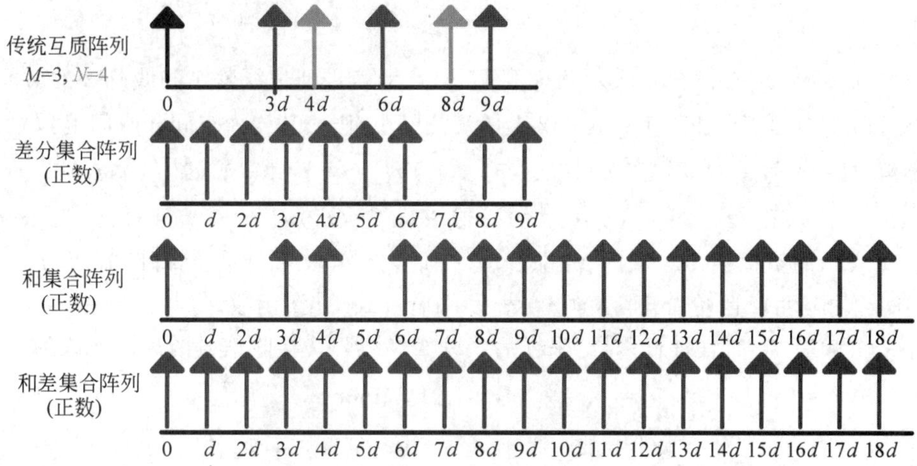

图 4.53 传统互质阵列的和差扩展阵列

假设 M 与 N 是两个互质整数，结合式(4.209)～式(4.211)、式(4.218)和式(4.219)，传统互质阵列阵元位置经过和差操作后形成的虚拟扩展阵列满足如下性质：

(1) 对一个传统互质阵列，$3\leqslant M<N$，且 M 与 N 是两个互质整数，N 表示线阵 1 的阵元数，M 表示线阵 2 的阵元数。阵元位置经过和差操作后，形成更大的虚拟阵列中阵元数大于或等于 $2MN+2M+2N-1$ 个。

(2) 传统互质阵列阵元位置经过和差操作后，在形成的和差扩展虚拟阵列结构中，能够获得连续的阵元数具有 $2MN+2M+2N-1$ 个，而连续的阵元范围是$[-MN-M-N+1, MN+M+N-1]$。

4.7.2.2 SS-L_1-WACVSR 算法原理

前面着重分析了互质阵列结构及对阵元位置进行差分以及和差操作后形成的虚拟扩展阵列，在此基础上，利用所提互质阵列结构的阵列模型提出一种有效的 DOA 估计算法。

1. 数据模型

对于宽带信号而言，由于频率的非单一性，导致了在数学建模过程中阵列流形发生变化，进而导致相应的信号子空间发生变化。因此基于宽带阵列处理信号的模型可从如下两方面入手：一是在时域上把宽带信号分解为各个频点上的窄带信号，对每个频点按照窄带信号方法进行建模，每一个频点的信号可以通过中心频率不同且通带较窄的滤波器或者信号的功率谱密度等先验信息获得；二是根据窄带信号建模。以上两种方法本质上是相同的，即将宽带信号分解成多个窄带分量，其中各个窄带分量按照窄带的方法进行建模。对于宽带信号其时延不能由相移代替，通常用离散傅里叶变换（Discrete Fourier Transform，DFT）在频域进行处理。

假设有 K 个远场宽带信号源 $\boldsymbol{s}_k(t),k=1,2,\cdots,K$ 入射到如图 4.50 所示的传统互质阵列结构，其来波方向为 $\boldsymbol{\theta}=[\theta_1,\theta_2,\cdots,\theta_K]^{\mathrm{T}}$，线阵 1 和线阵 2 接收信号表达式如下

$$
\begin{aligned}
\boldsymbol{x}_{1,n}(t)&=\sum_{k=1}^{K}\boldsymbol{s}_k[t-\tau_{1,n}(\theta_k)]+\bar{\boldsymbol{n}}_{1,n}(t)\\
\boldsymbol{x}_{2,m}(t)&=\sum_{k=1}^{K}\boldsymbol{s}_k[t-\tau_{2,m}(\theta_k)]+\bar{\boldsymbol{n}}_{2,m}(t)
\end{aligned}
\tag{4.220}
$$

其中，$\tau_{1,n}(\theta_k)$ 和 $\tau_{2,m}(\theta_k)$ 分别表示角度为 θ_k 的宽带信号到达线阵 1 和线阵 2 的时间延迟，$\bar{\boldsymbol{n}}_{1,n}(t)$ 和 $\bar{\boldsymbol{n}}_{2,m}(t)$ 表示线阵 1 和线阵 2 上的观测噪声，假设其均为空间和时间上独立的复高斯白噪声，且和信号 $\boldsymbol{s}_k(t)$ 不相关，则有 $E\{\bar{\boldsymbol{n}}_{1,n}(t_1)\bar{\boldsymbol{n}}_{1,n}^{\mathrm{T}}(t_2)\}=\boldsymbol{0}_N$ 或 $E\{\bar{\boldsymbol{n}}_{2,m}(t_1)\bar{\boldsymbol{n}}_{2,m}^{\mathrm{T}}(t_2)\}=\boldsymbol{0}_M$，$E\{\bar{\boldsymbol{n}}_{1,n}(t_1)\bar{\boldsymbol{n}}_{1,n}^{\mathrm{H}}(t_2)\}=\sigma_n^2\boldsymbol{I}_N\delta(t_1-t_2)$ 或 $E\{\bar{\boldsymbol{n}}_{2,m}(t_1)\bar{\boldsymbol{n}}_{2,m}^{\mathrm{H}}(t_2)\}=\sigma_n^2\boldsymbol{I}_M\delta(t_1-t_2)$，其中 $E\{\cdot\}$ 表示期望算子，$\boldsymbol{0}_N$ 和 $\boldsymbol{I}_N$ 分别表示 N 阶零矩阵和 N 阶单位矩阵，$\boldsymbol{0}_M$ 和 $\boldsymbol{I}_M$ 分别表示 M 阶零矩阵和 M 阶单位矩阵，$\delta(\cdot)$ 表示 Kronecker 冲激函数。

用一个频率 f_s 对其进行采样，采样后线阵 1 和线阵 2 接收信号的离散形式为

$$
\begin{aligned}
\boldsymbol{x}_1[i]&=[x_{1,0}[i],x_{1,1}[i],\cdots,x_{1,N-1}[i]]^{\mathrm{T}}\\
\boldsymbol{x}_2[i]&=[x_{2,1}[i],x_{2,2}[i],\cdots,x_{1,M-1}[i]]^{\mathrm{T}}
\end{aligned}
\tag{4.221}
$$

对每个天线接收信号的离散形式采用 L 点 DFT 变换，相邻的 DFT 没有重叠，线阵 1 和线阵 2 的第 l 个频带可以写成向量形式，即

$$
\begin{aligned}
\boldsymbol{x}_1[l]&=[x_{1,0}[l],x_{1,1}[l],\cdots,x_{1,N-1}[l]]^{\mathrm{T}}\\
\boldsymbol{x}_2[l]&=[x_{2,1}[l],x_{2,2}[l],\cdots,x_{1,M-1}[l]]^{\mathrm{T}}
\end{aligned}
\tag{4.222}
$$

其中，$\boldsymbol{x}_1[l]$ 表示线阵 1 上第 l 个频带的接收信号表示形式；$\boldsymbol{x}_2[l]$ 表示线阵 2 上第 l 个频带的接收信号表示形式。

经过 DFT 变换后，在频域的输出信号模型表示为

$$
\begin{aligned}
\boldsymbol{X}_1[l]&=\boldsymbol{A}_1(l,\theta)\boldsymbol{S}[l]+\boldsymbol{N}_1[l]\\
\boldsymbol{X}_2[l]&=\boldsymbol{A}_2(l,\theta)\boldsymbol{S}[l]+\boldsymbol{N}_2[l]
\end{aligned}
\tag{4.223}
$$

其中，互质阵列结构中线阵 1 和线阵 2 对应的第 l 个频带在频率 f_l 处的指向矩阵为

$\boldsymbol{A}_1(l,\theta)=[\boldsymbol{a}_1(l,\theta_1),\boldsymbol{a}_1(l,\theta_2),\cdots,\boldsymbol{a}_1(l,\theta_K)]$和$\boldsymbol{A}_2(l,\theta)=[\boldsymbol{a}_2(l,\theta_1),\boldsymbol{a}_2(l,\theta_2),\cdots,\boldsymbol{a}_2(l,\theta_K)]$，$\boldsymbol{a}_1(l,\theta_k)$和$\boldsymbol{a}_2(l,\theta_k)$分别表示线阵1和线阵2对应的第$l$个频带在频率$f_l$处的指向向量。$\boldsymbol{S}(l)=[S_1(l),S_2(l),\cdots,S_K(l)]^{\mathrm{T}}$表示宽带信号源向量，$\boldsymbol{N}_1(l)=[N_{1,0}(l),N_{1,1}(l),\cdots,N_{1,N-1}(l)]^{\mathrm{T}}$和$\boldsymbol{N}_2(l)=[N_{2,1}(l),N_{2,2}(l),\cdots,N_{2,M-1}(l)]^{\mathrm{T}}$分别表示线阵1和线阵2对应的噪声向量。将上述线阵1和线阵2在经过DFT变换后获得的频域输出信号模型进行合并，可以得到由线阵1和线阵2组合为一个互质阵列结构接收的宽带信号源数目据模型，定义合并的频域输出信号模型为$\boldsymbol{X}(l)=[\boldsymbol{X}_1^{\mathrm{T}}(l),\boldsymbol{X}_2^{\mathrm{T}}(l)]^{\mathrm{T}}$，流形矩阵是$\boldsymbol{A}(l,\theta)=[\boldsymbol{A}_1^{\mathrm{T}}(l,\theta),\boldsymbol{A}_2^{\mathrm{T}}(l,\theta)]^{\mathrm{T}}$，可简写成$\boldsymbol{A}_l$，噪声向量是$\boldsymbol{N}(l)=[\boldsymbol{N}_1^{\mathrm{T}}(l),\boldsymbol{N}_2^{\mathrm{T}}(l)]^{\mathrm{T}}$。

计算频域输出信号模型$\boldsymbol{X}(l)$的自相关矩阵$\boldsymbol{R}_{xx}(l)$，则有

$$\boldsymbol{R}_{1l}=E\{\boldsymbol{X}(l)\boldsymbol{X}^{\mathrm{H}}(l)\}=\boldsymbol{A}(l,\theta)\boldsymbol{R}_{ss}\boldsymbol{A}(l,\theta)^{\mathrm{H}}+\sigma_n^2(l)\boldsymbol{I} \tag{4.224}$$

其中，信号协方差矩阵$\boldsymbol{R}_{ss}=E\{\boldsymbol{S}(l)\boldsymbol{S}(l)^{\mathrm{H}}\}=\mathrm{diag}\{\rho_1^2(l),\rho_2^2(l),\cdots,\rho_K^2(l)\}$是一个$K\times K$维对角矩阵，$\rho_k^2(l)$表示第$l$个频带上第$k$个信号功率，矩阵$\boldsymbol{I}$表示一个$(M+N-1)\times(M+N-1)$维单位矩阵，$\sigma_n^2(l)$表示噪声功率，为简化计算，后面假设每个频带上的噪声相同，简写为σ_n^2。

利用向量化函数vec(·)向量化式(4.224)中的自相关矩阵$\boldsymbol{R}_{1l}$，则有

$$\boldsymbol{Z}_{1l}=\mathrm{vec}(\boldsymbol{R}_{1l})=\boldsymbol{B}_{1l}\boldsymbol{p}+\sigma_n^2\boldsymbol{I} \tag{4.225}$$

其中，$\boldsymbol{B}_{1l}=\boldsymbol{A}_l^*\odot\boldsymbol{A}_l=[\boldsymbol{a}^*(l,\theta_1)\otimes\boldsymbol{a}(l,\theta_1),\cdots,\boldsymbol{a}^*(l,\theta_K)\otimes\boldsymbol{a}(l,\theta_K)]$表示一个新阵列流形矩阵，指向向量$\boldsymbol{a}(l,\theta_k)=[\boldsymbol{a}_1^{\mathrm{T}}(l,\theta_k),\boldsymbol{a}_2^{\mathrm{T}}(l,\theta_k)]^{\mathrm{T}}$，符号$\odot$和$\otimes$分别表示矩阵的Khatri-Rao积运算和矩阵的Kronecker积运算，矩阵$\boldsymbol{A}_l^*\odot\boldsymbol{A}_l$的维度是$(M+N-1)^2\times K$，因此提高了阵列的自由度，为欠定DOA估计提供了可能。另外，等源信号功率向量$\boldsymbol{p}$表示形式如下

$$\boldsymbol{p}=[\rho_1^2[l],\rho_2^2[l],\cdots,\rho_K^2[l]]^{\mathrm{T}} \tag{4.226}$$

与互质阵列频域输出信号模型$\boldsymbol{X}[l]$相比，式(4.225)中的$\boldsymbol{Z}_{1l}$也类似一个天线阵列的信号模型，这里的天线阵列可以看成一个具有更多数目阵元的虚拟均匀线性阵列，虚拟阵列阵元位置可通过集合$\{x_i-x_j,0\leqslant i,j\leqslant M+N-1\}$给出，其中，$x_i$表示第$i$个阵元在阵列中的位置，虚拟阵列的流形矩阵通过$\boldsymbol{B}_{1l}$给出，等源信号向量表示为$\boldsymbol{p}$，噪声变成确定性向量$\sigma_n^2\boldsymbol{I}$。

为了获得传统互质阵列经过和操作后形成的虚拟扩展阵列数据模型，采用与上述类似求频域输出信号模型$\boldsymbol{X}[l]$的自相关操作。对于虚拟扩展阵列中阵元位置是正数部分的，则有

$$\boldsymbol{R}_{2l}=E\{\boldsymbol{X}[l]\boldsymbol{X}^{\mathrm{T}}[l]\}=\boldsymbol{A}_l\boldsymbol{S}[l]\boldsymbol{S}[l]^{\mathrm{T}}\boldsymbol{A}_l^{\mathrm{T}}+\boldsymbol{N}[l]\boldsymbol{N}[l]^{\mathrm{T}} \tag{4.227}$$

向量化$\boldsymbol{R}_{2l}$，可以得到

$$\boldsymbol{Z}_{2l}=\mathrm{vec}(\boldsymbol{R}_{2l})=\boldsymbol{B}_{2l}\boldsymbol{p}_2+\mathrm{vec}(\boldsymbol{N}[l]\boldsymbol{N}[l]^{\mathrm{T}}) \tag{4.228}$$

对于虚拟扩展阵列中阵元位置是负数部分的，则有

$$\boldsymbol{R}_{3l}=E\{\boldsymbol{X}^*[l]\boldsymbol{X}^{\mathrm{H}}[l]\}=\boldsymbol{A}_l^*\boldsymbol{S}[l]^*\boldsymbol{S}[l]^{\mathrm{H}}\boldsymbol{A}_l^{\mathrm{H}}+\boldsymbol{N}[l]^*\boldsymbol{N}[l]^{\mathrm{H}} \tag{4.229}$$

向量化$\boldsymbol{R}_{3l}$，则能够获得

$$\boldsymbol{Z}_{3l}=\mathrm{vec}(\boldsymbol{R}_{3l})=\boldsymbol{B}_{3l}\boldsymbol{p}_3+\mathrm{vec}(\boldsymbol{N}[l]^*\boldsymbol{N}[l]^{\mathrm{H}}) \tag{4.230}$$

由于信号源功率是实值，所以有如下关系

$$\boldsymbol{p}=\boldsymbol{p}_2=\boldsymbol{p}_3=[\rho_1^2[l],\rho_2^2[l],\cdots,\rho_K^2[l]]^{\mathrm{T}} \tag{4.231}$$

将上述 3 个新的接收信号模型 $\boldsymbol{Z}_{1l}$，$\boldsymbol{Z}_{2l}$ 和 $\boldsymbol{Z}_{3l}$ 进行合并，则可以获得

$$\boldsymbol{Z}_l=[\boldsymbol{Z}_{1l}^{\mathrm{T}},\boldsymbol{Z}_{2l}^{\mathrm{T}},\boldsymbol{Z}_{3l}^{\mathrm{T}}]^{\mathrm{T}} \tag{4.232}$$

对应的合并后和差扩展虚拟阵列流形矩阵为

$$\boldsymbol{B}_l=[\boldsymbol{B}_{1l}^{\mathrm{T}},\boldsymbol{B}_{2l}^{\mathrm{T}},\boldsymbol{B}_{3l}^{\mathrm{T}}]^{\mathrm{T}} \tag{4.233}$$

由以上分析可知，新建立的接收信号模型 $\boldsymbol{Z}_l$ 中元素会有很多冗余而且会出现乱序，为此就需要重新构造 $\boldsymbol{Z}_l$，去掉其中的冗余元素并进行排序。为了采用空间平滑技术，首先从新建立的流形矩阵 $\boldsymbol{B}_l$ 中抽取一个维度是$(2MN+2M+2N-1)\times K$ 的矩阵 $\bar{\boldsymbol{B}}_l$，这相当于从流形矩阵 $\boldsymbol{B}_l$ 中取出 $2MN+2M+2N-1$ 个不同的行并进行排序，这些不同的行正好对应传统互质阵列经过和差操作后形成连续虚拟线性阵列的自由度。因此，可将去除冗余并排序后的接收信号模型 $\bar{\boldsymbol{Z}}_l$ 表示为

$$\bar{\boldsymbol{Z}}_l=\bar{\boldsymbol{B}}_l\boldsymbol{p}+\sigma_n^2\bar{\boldsymbol{e}} \tag{4.234}$$

其中，$\bar{\boldsymbol{e}}$ 是一个$(2NM+2M+2N-1)\times 1$ 维列向量。

将传统互质阵列经过和差操作后形成虚拟扩展阵列中 $2MN+2M+2N-1$ 个连续的阵元分成 $MN+M+N$ 个子阵，其中，每个子阵阵元数为 $MN+M+N$，则第 $i(1\leqslant i\leqslant MN+M+N)$个子阵对应的阵列接收数据模型为

$$\bar{\boldsymbol{Z}}_{li}=\bar{\boldsymbol{B}}_{li}\boldsymbol{p}+\sigma_n^2\bar{\boldsymbol{e}}_i \tag{4.235}$$

由 4.7.1 节所述内容可知，计算其协方差矩阵并求平均值，可以得到

$$\tilde{\boldsymbol{R}}_l=\tilde{\boldsymbol{B}}_{l1}\boldsymbol{R}_{ss}\tilde{\boldsymbol{B}}_{l1}^{\mathrm{H}}+\sigma_n^2\boldsymbol{E} \tag{4.236}$$

其中，$\tilde{\boldsymbol{B}}_{l1}$ 是一个$(MN+M+N)\times K$ 维流形矩阵，$\boldsymbol{E}$ 是一个$(MN+M+N)\times(MN+M+N)$ 维矩阵，$\sigma_n^2\boldsymbol{E}$ 表示噪声。它与一个由 $MN+M+N$ 个天线组成的均匀线性阵列输出信号模型的协方差矩阵具有相同的表达形式。由此可知，仅用 $M+N$ 个天线组成的阵列结构可实现 $MN+M+N-1$ 个宽带信号的 DOA 估计。

2. 稀疏表示

根据式(4.236)的协方差矩阵及入射信号都具有空域稀疏的特性，利用空间网格划分方法，将观测到的空域$[-90°,90°]$区间按照一定的角度间隔(例如 1°)划分成 $Q(Q\gg K)$个角度值，即假设集合 $\Theta=\{\breve{\theta}_1,\breve{\theta}_2,\cdots,\breve{\theta}_Q\}$表示整个 DOA 空间域的搜索网格，于是整个空间内频率 f_l 处的流形矩阵可以表示为$\tilde{\boldsymbol{B}}_{l1}(\Theta)$。因为 $Q\gg K$，所以把 $\tilde{\boldsymbol{B}}_{l1}(\Theta)$称为过完备基或者字典。则宽带信号频域输出模型经过空间平滑后获得协方差矩阵 $\tilde{\boldsymbol{R}}_l$ 的第 p 列是

$$\tilde{\boldsymbol{R}}_{lp}=\tilde{\boldsymbol{B}}_{l1}(\Theta)\boldsymbol{b}_{lp}+\sigma_n^2\boldsymbol{e}_p,\quad 1\leqslant p\leqslant MN+M+N \tag{4.237}$$

其中，$\boldsymbol{b}_{lp}\in\mathbf{R}^{Q\times 1}$ 是字典 $\tilde{\boldsymbol{B}}_{l1}(\Theta)$的稀疏表示系数。如果稀疏表示系数 $\boldsymbol{b}_{lp}$ 的第 p 行是非零元素，则意味着对应 $\breve{\theta}_p=\theta_k(k=1,2,\cdots,K)$处存在一个信号源，若 θ_p 不在栅格点上，则 $\breve{\theta}_p\approx\theta_k$，$\boldsymbol{b}_{lp}$ 中非零元素的个数为 K。因为稀疏表示系数 $\boldsymbol{b}_{lp}$ 是单个列稀疏向量，所以称 $\tilde{\boldsymbol{R}}_{lp}$ 为单个快拍测量向量(Single Measurement Vector，SMV)稀疏表示模型。将 $MN+M+N$ 个 SMV 模型合并成一个矩阵形式，得到下述的稀疏表示问题

$$\tilde{\boldsymbol{R}}_l=\tilde{\boldsymbol{B}}_{l1}(\Theta)\boldsymbol{G}_l+\sigma_n^2\boldsymbol{E} \tag{4.238}$$

这里，$\boldsymbol{G}_l=[\boldsymbol{b}_{l1},\boldsymbol{b}_{l2},\cdots,\boldsymbol{b}_{l(NM+M+N)}]$，易知 $\boldsymbol{G}_l$ 中的每列稀疏向量都具有相同稀疏结构，因此 $\boldsymbol{G}_l$ 具有联合稀疏性，上式的合成矩阵 $\widetilde{\boldsymbol{R}}_l$ 称为多测量向量（Multiple Measurement Vectors，MMV）稀疏表示模型。如果可以求得唯一的稀疏表示系数 $\boldsymbol{G}_l$，那么通过 $\boldsymbol{G}_l$ 对应的非零行位置就可以准确估计出宽带信号 DOA。

3. 稀疏问题求解

通过对多字典稀疏表示系数的联合稀疏约束以求解稀疏反问题的形式实现宽带信号 DOA 估计，具体包括以下过程。

假设 $\mu(\boldsymbol{G}_l)$ 表示矩阵 $\boldsymbol{G}_l$ 中非零行对应的索引集合，$|\mu(\boldsymbol{G}_l)|=K$ 表示矩阵 $\boldsymbol{G}_l$ 中非零行个数（即为稀疏度），则对应的宽带信号 DOA 参数估计问题能够表述为如下约束最优化问题

$$\begin{aligned}&\min_{\hat{\boldsymbol{G}}_l}|\mu(\boldsymbol{G}_l)|\\&\text{s.t.}\quad \widetilde{\boldsymbol{R}}_l=\widetilde{\boldsymbol{B}}_{l1}(\Theta)\boldsymbol{G}_l+\sigma_n^2\boldsymbol{E},\quad l=1,2,\cdots,L\end{aligned}\tag{4.239}$$

其中，$\hat{\boldsymbol{G}}_l$ 是 $\boldsymbol{G}_l$ 的估计。上述的最优化问题式(4.239)是单个频率点 f_l 处的单字典稀疏优化模型，另外，式(4.239)的解不依赖于信号协方差矩阵 $\boldsymbol{R}_{ss}$ 的秩，也不依赖于信号源之间的相关性，因此对宽带信号源相干情况也适用。求解此宽带信号稀疏表示问题相当于求解 L 个单字典稀疏优化模型进行联合稀疏处理。

相关研究表明，当有多个字典存在时，如果任意两个不同字典 $\widetilde{\boldsymbol{B}}_{l1}(\Theta)$ 和 $\widetilde{\boldsymbol{B}}_{h1}(\Theta)$，且 $f_l\neq f_h$，通过联合稀疏约束处理，宽带信号 DOA 估计无混叠的充分条件是[60]

$$0<|f_l-f_h|<\frac{c}{2d}\tag{4.240}$$

因此只要满足上式，就不会产生空域混叠现象。利用上述稀疏约束优化模型构造一个多字典联合优化的问题，则有

$$\begin{aligned}&\min_{\hat{\boldsymbol{G}}_l}|\mu(\hat{\boldsymbol{G}}_l)|\\&\text{s.t.}\quad \widetilde{\boldsymbol{R}}_l=\widetilde{\boldsymbol{B}}_{l1}(\Theta)\boldsymbol{G}_l+\sigma_n^2\boldsymbol{E},\quad \mu(\hat{\boldsymbol{G}}_l)=\mu(\hat{\boldsymbol{G}}_h),\quad l\neq h\end{aligned}\tag{4.241}$$

其中，$\mu(\hat{\boldsymbol{G}}_l)=\mu(\hat{\boldsymbol{G}}_h)$ 是无混叠的约束条件。多字典联合优化问题相当于组合优化问题，其为 NP 难问题。可以将其转化为 L_1 范数凸优化 BP 问题求解。约束条件 $\mu(\hat{\boldsymbol{G}}_l)=\mu(\hat{\boldsymbol{G}}_h)$ 也相当于同一稀疏结构约束，为了对其进行联合稀疏约束，设待估计变量 $\hat{\boldsymbol{G}}=[\hat{\boldsymbol{G}}_1,\hat{\boldsymbol{G}}_2,\cdots,\hat{\boldsymbol{G}}_L]$，易知，$\hat{\boldsymbol{G}}$ 的行之间具有稀疏性，而列之间不具有稀疏性。设 $\boldsymbol{b}^\circ=[b_1^\circ,b_2^\circ,\cdots,b_Q^\circ]^{\mathrm{T}}$，$\boldsymbol{b}^\circ$ 中的每一个元素为矩阵 $\hat{\boldsymbol{G}}$ 对应该行向量的 2 范数，即 $b_q^\circ=\|\hat{\boldsymbol{G}}[q:]\|_2$，而 $\|\boldsymbol{b}^\circ\|_1$ 表示只对 $\hat{\boldsymbol{G}}$ 在空域 θ 上进行稀疏约束。因此，优化问题式(4.239)对应的 BP 优化模型为

$$\begin{aligned}&\min_{\hat{\boldsymbol{G}}}\|\boldsymbol{b}^\circ\|_1\\&\text{s.t.}\quad \widetilde{\boldsymbol{R}}_l=\widetilde{\boldsymbol{B}}_{l1}(\Theta)\boldsymbol{G}_l+\sigma_n^2\boldsymbol{E},\quad l=1,2,\cdots,L\end{aligned}\tag{4.242}$$

式中，$\|\boldsymbol{b}^\circ\|_1$ 表示对所有字典的稀疏表示系数 $\hat{\boldsymbol{G}}$ 的联合行稀疏约束。

另外，噪声功率可以用 $\widetilde{\boldsymbol{R}}_l$ 的最小特征值作为其估计，表示为 $\hat{\sigma}_n^2$，将所述的 BP 优化模型用对应的正则化模型表示为

$$\min_{\hat{G}} \sum_{l=1}^{L} \| \widetilde{\boldsymbol{R}}'_l - \widetilde{\boldsymbol{B}}_{l1}(\Theta)\hat{\boldsymbol{G}}_l - \hat{\sigma}_n^2 \boldsymbol{E} \|_{\mathrm{F}}^2 + \delta \| \boldsymbol{b}^{\circ} \|_1 \tag{4.243}$$

其中，$\widetilde{\boldsymbol{R}}'_l$ 是 $\widetilde{\boldsymbol{R}}_l$ 的估计，$\hat{\boldsymbol{G}}_l$ 是 $\boldsymbol{G}_l$ 的估计，δ 为正则化参数，$\| \cdot \|_{\mathrm{F}}^2$ 表示 Frobenius 范数；如果能求得 $\hat{\boldsymbol{G}}$ 或 $\boldsymbol{b}^{\circ}$，则通过其非零行对应的位置就可估计参数 θ。上面的正则化模型是凸优化问题，因此可以采用 SOCP 求解，为将其转化为标准 SOCP 形式，引入辅助变量 z 和 η 使目标函数是线性函数，则 SOCP 标准形式如下：

$$\begin{aligned} &\min_{\hat{G},\boldsymbol{\gamma},z,\eta} \ z + \delta\eta \\ &\text{s.t.} \quad \boldsymbol{I}_Q^{\mathrm{T}}\boldsymbol{\gamma} \leqslant \eta, \quad \| \hat{\boldsymbol{G}}[q:] \|_2^2 \leqslant \gamma_q, \quad q = 1,2,\cdots,Q \\ &\qquad \sum_{l=1}^{L} \| \widetilde{\boldsymbol{R}}'_l - \widetilde{\boldsymbol{B}}_{l1}(\Theta)\hat{\boldsymbol{G}}_l - \hat{\sigma}_n^2 \boldsymbol{E} \|_{\mathrm{F}}^2 \leqslant z \end{aligned} \tag{4.244}$$

式中，$\boldsymbol{I}_Q$ 是一个所有元素为 1 的 $Q\times 1$ 维列向量；z 和 η 为引入的辅助变量，$\boldsymbol{\gamma}$ 是一个 $1\times Q$ 的向量，其中第 q 个元素是 γ_q，式(4.244)中的目标函数为线性函数。所述的标准 SOCP 问题可用 sedumi 或 CVX 等数值软件包进行求解，通过求解稀疏向量 $\boldsymbol{b}^{\circ}$，进而可以获得宽带信号的 DOA 估计。

通过以上分析，SS-L_1-WACVSR 算法步骤总结如算法 4.7 所示。

算法 4.7 SS-L_1-WACVSR 算法。

1. 利用互质阵列接收信号模型式(4.220)，通过离散傅里叶变换获得频域数据模型式(4.223)，根据式(4.224)计算协方差矩阵，利用式(4.227)和式(4.229)计算类相关矩阵，并将其向量化；
2. 采用空间平滑技术获取互质阵列结构的空间平滑协方差矩阵式(4.236)；
3. 将式(4.236)的协方差矩阵进行稀疏表示，构造整个空间内频率 f_l 处的字典 $\widetilde{\boldsymbol{B}}_{l1}(\Theta)$，获取 MMV 稀疏表示模型式(4.238)，进而得到最优化问题模型式(4.239)；
4. 估计宽带信号每个频率点协方差矩阵 $\widetilde{\boldsymbol{R}}'_l$，并进行特征值分解，最小特征值 $\hat{\sigma}_n^2$ 作为对 σ_n^2 的估计；
5. 利用步骤 2 和步骤 3 所得到的每个频点协方差矩阵 $\widetilde{\boldsymbol{R}}'_l$、噪声功率 $\hat{\sigma}_n^2$ 和字典 $\widetilde{\boldsymbol{B}}_{l1}(\Theta)$ 代入凸优化问题式(4.244)中，利用数值软件包 sedumi 或 CVX 求解 $\boldsymbol{b}^{\circ}$；
6. 利用谱峰搜索实现宽带信号的 DOA 估计。

4.7.2.3 仿真实验及性能分析

为了验证所提算法的有效性，本节通过仿真实验给出了所提的 SS-L_1-WACVSR 算法与基于宽带信号的 SS-MUSIC 算法在不同条件下的 DOA 估计性能，并对仿真结果进行了分析。在仿真实验中，首先定义均方根误差如下所述：

$$\mathrm{RMSE} = \sqrt{\frac{1}{PK}\sum_{p=1}^{P}\sum_{k=1}^{K}(\hat{\theta}_k(p) - \theta_k)^2} \tag{4.245}$$

其中，P 表示独立实验次数；K 表示信号源数目；$\hat{\theta}_k(p)$表示第 p 次实验下对角度 θ_k 的估计值。

实验 1：宽带信号源不相关情况下 SS-MUSIC 算法和 SS-L_1-WACVSR 算法的测向性能

仿真参数设置为：假设一个传统互质阵列结构总的阵元数为 6 个，阵元间距设定为半波长，即 $\lambda/2$，其中 λ 是入射信号的波长。对于图 4.50 中给定的传统互质阵列结构，线阵 1 和线阵 2 的阵元数分别为 $N=4$ 和 $M=3$，不同线阵的阵元间距分别设定为 $3\lambda/2$ 和 2λ。对传统互质阵列进行和差操作后，形成的大孔径连续虚拟均匀线性阵列的阵元数为 $2MN+2M+2N-1=37$，而 SS-L_1-WACVSR 算法利用空间平滑技术使用的阵列自由度为 $MN+M+N=19$。假设实验中有 $K=14$ 个远场宽带信号源入射到此传统互质阵列结构，而且宽带信号源之间不具有相关性，波达方向设定为 $\theta=[-70°,-60°,-50°,-40°,-30°,-20°,-10°,0°,10°,20°,30°,40°,60°,70°]$。对宽带信号经过 DFT 变换后得到 $L=30$ 个窄带分量。快拍数设定为 512，信噪比设定为 5dB，信噪比定义如下：$\mathrm{SNR}=10\lg(\sigma_s^2/\sigma_n^2)$，其中 σ_s^2 和 σ_n^2 分别表示信号功率和噪声功率。Θ 在空域角度区域$[-90°,90°]$按照步长 1°间隔连续变化，本次实验方法选取宽带 SS-MUSIC 算法与 SS-L_1-WACVSR 算法进行比较，两种方法的测向实验结果如图 4.54 所示。

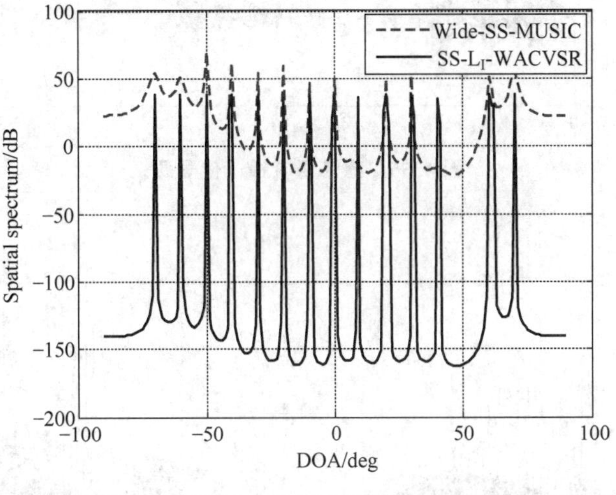

图 4.54　宽带 SS-MUSIC 和 SS-L_1-WACVSR 算法对宽带不相关信号的空间谱

从图 4.54 中可以看出，在给定的快拍数和信噪比条件下，采用宽带 SS-MUSIC 算法在某些位置不能很好地分辨出宽带信号的波达方向，而 SS-L_1-WACVSR 算法则可以准确估计出所有信号的 DOA，既无伪峰，又能表现出更高的谱分辨特性。因此，使用 SS-L_1-WACVSR 算法具有更强的信号处理能力，而且具有更高的分辨率。

实验 2：宽带信号源相干情况下 SS-L_1-WACVSR 和宽带 SS-MUSIC 算法测向性能

仿真参数设置为：假设一个传统互质阵列结构总的阵元数为 6 个，阵元间距设定为半波长，即 $\lambda/2$，其中 λ 是入射信号的波长。对于图 4.50 中给定的传统互质阵列结构，线阵 1 和线阵 2 的阵元数分别为 $N=4$ 和 $M=3$，不同线阵的阵元间距分别设定为 $3\lambda/2$ 和 2λ。对传统互质阵列经过和差操作后，形成大孔径连续虚拟均匀线性阵列的阵元数为 $2MN+2M+2N-1=37$，而本书提出的 SS-L_1-WACVSR 算法利用空间平滑技术使用的阵列自由度是

$MN+M+N=19$。假设实验中有 $K=3$ 个宽带语音信号源(其中有两个信号源相干),波达方向设定为 $\theta=[-10°,5°,15°]$。语音信号波形如图 4.55 所示,对语音信号进行短时傅里叶变换有 $\boldsymbol{S}(l)=[S_1(l),S_2(l),S_3(l)]^{\mathrm{T}}$,其中第二个宽带语音信号与第三个宽带语音信号是一对相干信号源,它们的相干系数设定为 0.99,信噪比设定为 SNR=5dB,快拍数设定为 512。语音信号源的频带范围设定为$[2\pi f_L,2\pi f_H]$,其中,$f_L=500\text{Hz}$,$f_H=3625\text{Hz}$。本次实验方法选取宽带 SS-MUSIC 算法与 SS-L_1-WACVSR 算法进行比较,两种方法测向实验结果如图 4.56 所示。

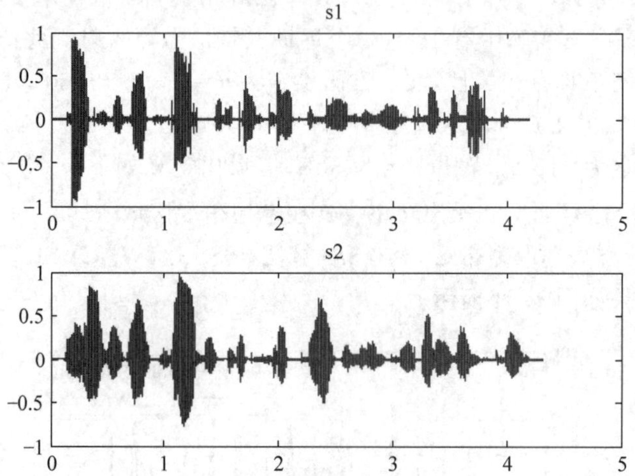

图 4.55 宽带语音相干信号源

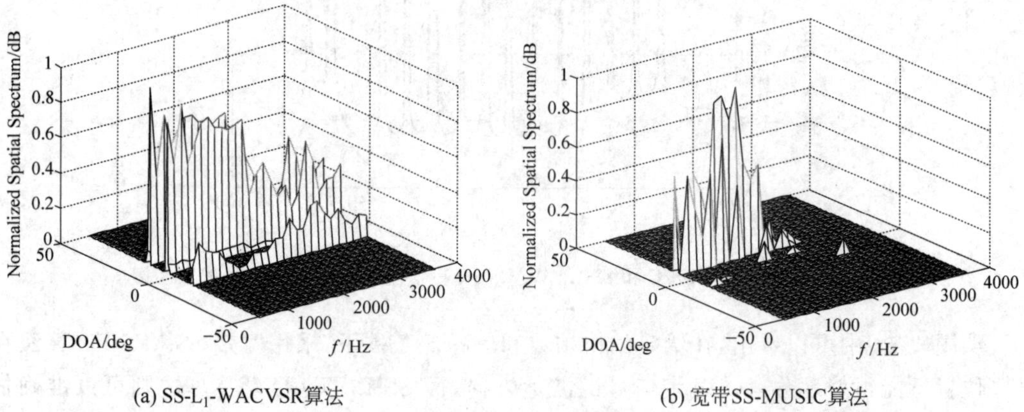

(a) SS-L_1-WACVSR算法 (b) 宽带SS-MUSIC算法

图 4.56 SS-L_1-WACVSR 和 SS-MUSIC 算法对宽带相干信号的空间谱

从图 4.56 中可以看出,使用 SS-L_1-WACVSR 算法可以准确地估计出宽带信号源相干情况下的真实 DOA 参数,没有出现伪峰。而使用宽带 SS-MUSIC 算法对相干信号进行测向时性能较差,因此可以证明所提算法相比宽带 SS-MUSIC 算法对相干情况下的宽带信号源具有很好的测向性能。

实验 3:不同信噪比条件下宽带 SS-MUSIC 算法和 SS-L_1-WACVSR 算法的均方误差曲线

仿真参数设置为:假设一个传统互质阵列结构总的阵元数为 6 个,阵元间距设定为半波长，即$\lambda/2$，其中λ是入射信号的波长。对于图4.50中给定的传统互质阵列结构，线阵1和线阵2的阵元数分别为$N=4$和$M=3$，不同线阵的阵元间距分别设定为$3\lambda/2$和2λ。对传统互质阵列经过和差操作后，形成的大孔径连续虚拟均匀线性阵列的阵元数为$2MN+2M+2N-1=37$，而SS-L_1-WACVSR算法利用空间平滑技术使用的阵列自由度是$MN+M+N=19$。实验中宽带信号源数目设定为$K=2$，对宽带信号采用DFT变换获得$L=10$个窄带分量，快拍数设定为512，SNR在$-14\sim6$dB以2dB为间隔进行变化，每个SNR点做100次蒙特卡洛实验。图4.57给出了SS-MUSIC算法和SS-L_1-WACVSR算法随SNR变化的均方误差曲线。

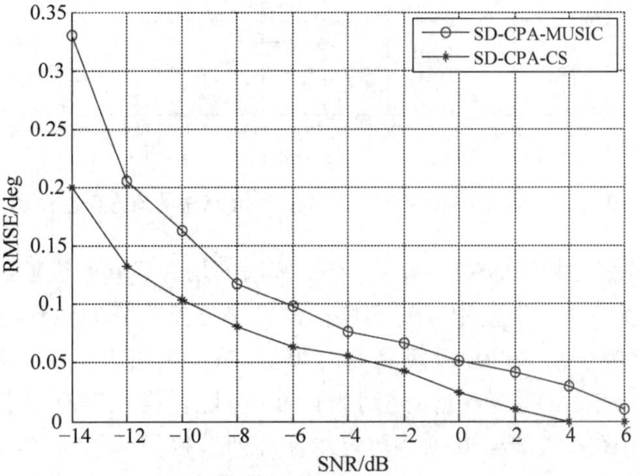

图4.57　SS-MUSIC和SS-L_1-WACVSR算法的均方误差曲线

从图4.57中可以看出，在给定的仿真条件下，宽带SS-MUSIC算法和SS-L_1-WACVSR算法都随着SNR的增加而均方根误差逐渐减小，但SS-L_1-WACVSR算法性能明显优于宽带SS-MUSIC算法，具有较低的估计误差，特别是在低SNR条件下，这种优势更加明显。

实验4：不同快拍数下宽带SS-MUSIC和SS-L_1-WACVSR算法的均方误差曲线

仿真参数设置为：假设一个传统互质阵列结构总的阵元数为6个，阵元间距设定为半波长，即$\lambda/2$，其中λ是入射信号的波长。对于图4.50中给定的传统互质阵列结构，线阵1和线阵2的阵元数分别为$N=4$和$M=3$，不同线阵的阵元间距分别设定为$3\lambda/2$和2λ。对传统互质阵列进行和差操作后，形成的大孔径连续虚拟均匀线性阵列的阵元数为$2MN+2M+2N-1=37$，而SS-L_1-WACVSR算法利用空间平滑技术使用的阵列自由度是$MN+M+N=19$。对宽带信号采用DFT变换获得$L=10$个窄带分量，信噪比设定为SNR=5dB，采样快拍数为50～500以50为间隔进行变化。图4.58中给出了基于宽带信号的SS-MUSIC算法和SS-L_1-WACVSR算法随采样快拍数变化的均方误差曲线。

从图4.58中可以看出，在给定仿真条件下，SS-L_1-WACVSR算法与宽带SS-MUSIC算法都随着快拍数增加而均方根误差逐渐减小，但SS-L_1-WACVSR算法性能明显优于宽带SS-MUSIC算法，具有较低的估计误差。

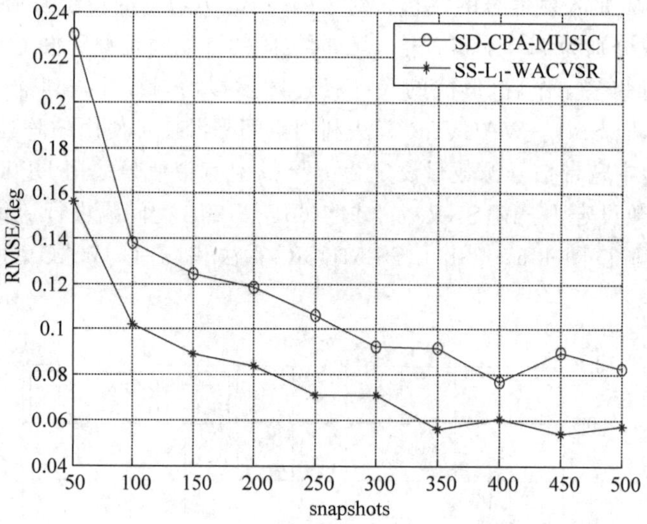

图 4.58 SS-MUSIC 和 SS-L_1-WACVSR 算法的均方误差曲线

实验 5：不同阵列结构下 SS-L_1-WACVSR 算法的均方误差曲线随 SNR 变化曲线

仿真参数设置为：实验中使用 512 次快拍进行协方差矩阵的估计，宽带信号源数目设定为 $K=2$，信噪比为 $-14\sim6$dB 以间隔 2dB 增加，对宽带信号采用离散傅里叶变换获得 $L=10$ 个窄带分量，使用的阵列结构分别为：第一，均匀线性阵列结构(Uniform Linear Array，ULA)，使用 12 根天线构成一个均匀线性阵列结构，阵列阵元间距是入射信号的半波长，其阵列自由度是 11；第二，扩展互质阵列结构(Extended Co-Prime Array，E-CPA)，使用 12 根天线构成一个扩展互质阵列结构，因为总数目是 $2M+N-1$，设定线阵 1 中阵元数 $N=5$，线阵 2 中阵元数 $2M=8$，两个线阵的阵元间距分别设定为 $5\lambda/2$ 和 2λ，扩展互质阵列的自由度为 $2MN+1=41$，而经过空间平滑技术使用的自由度为 $MN+1=21$；第三，对于压缩间距互质阵列(Compressed Inter-element Spacing，CACIS)，CACIS 通过压缩互质阵中的一个子阵阵元间距来增大连续虚拟阵元数，假设线阵 1 中阵元数 $N=7$，线阵 2 中阵元数 $M=6$，对线阵 2 进行压缩，整数压缩因子 $p=2$，有 $M=p\widetilde{M}$。对此互质阵列各个阵元位置进行差分操作后形成的连续均匀线性虚拟阵列中，自由度为 $2MN-2\widetilde{M}(N-1)-1=47$，经过空间平滑技术使用的自由度为 $MN-\widetilde{M}(N-1)=24$；第四，传统互质阵列结构阵元位置进行和差操作后形成的虚拟扩展阵列(Sum and Difference Co-Prime Array，SD-CPA)，用 12 根天线构成一个传统互质阵列结构，其天线总数目为 $M+N-1$，所以设定线阵 1 阵元数为 $N=7$，线阵 2 阵元数为 $M=6$，两个线阵阵元间距分别设定为 3λ 和 $7\lambda/2$，则连续的虚拟均匀线性阵列自由度为 $2MN+2M+2N-1=109$，经空间平滑技术使用的自由度为 $MN+M+N=55$。实验中比较采用基于以上几种阵列结构用于宽带 DOA 估计的均方根误差随 SNR 变化情况，实验结果如图 4.59 所示。

从图 4.59 中可以看出，在相同阵元数和相同快拍数的情况下，将传统互质阵列阵元位置进行和差操作，可以有效地扩展阵列孔径，获得一个拥有更大阵列自由度的连续虚拟均匀线性阵列。SS-L_1-WACVSR 算法采用此阵列结构进行宽带信号 DOA 估计时的性能明显

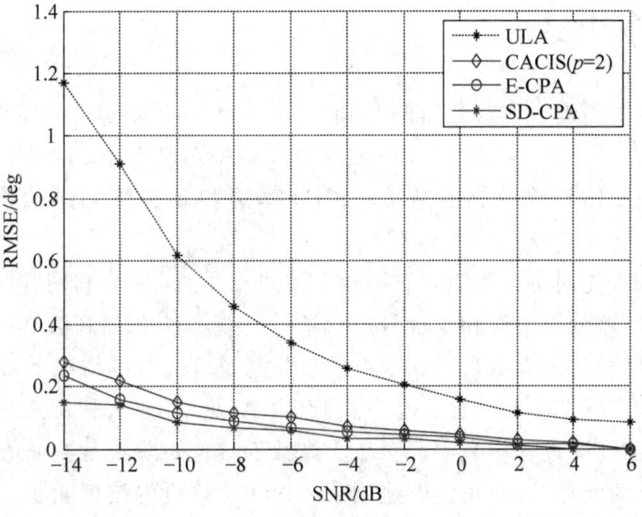

图 4.59 不同阵列结构随信噪比变化的均方误差曲线

好于其他几种阵列结构，随着 SNR 的增加，具有更低的均方误差，从而证明和差操作后阵列结构具有更好的阵列扩展性。

实验 6：不同阵列结构下 SS-L_1-WACVSR 算法的均方误差随快拍数变化曲线

仿真条件设置：实验中信噪比设定为 5dB，快拍数在 50～500 以间隔 50 变化，其他仿真条件与实验 5 中相同。比较 SS-L_1-WACVSR 算法在几种不同的阵列结构下进行宽带 DOA 估计时均方根误差随快拍数变化曲线，实验结果如图 4.60 所示。

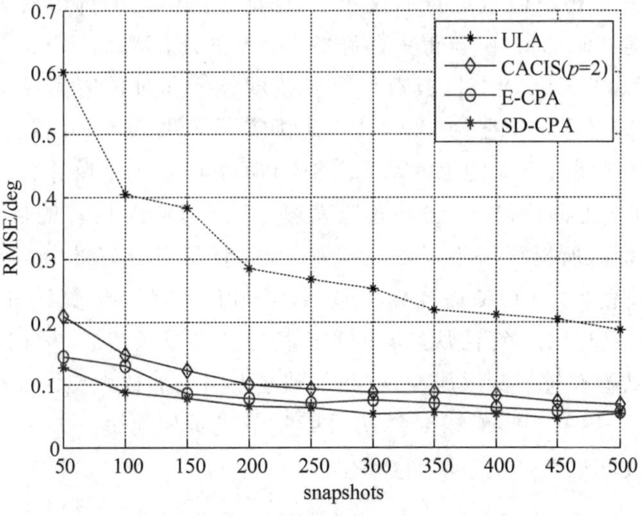

图 4.60 不同阵列结构随快拍数变化的均方误差曲线

从图 4.60 中可以看出，在相同阵元数和相同信噪比的情况下，将阵列结构经过和差操作后用于宽带 DOA 估计方法中，在相同快拍数的情况下，SS-L_1-WACVSR 算法采用此阵列结构进行宽带信号 DOA 估计时的性能明显好于其他几种阵列结构。

4.8 本章小结

在对阵列信号模型进行建模分析的基础上，本章重点介绍了阵列信号处理的 DOA 估计算法，包括空间差分方法、TPULA-DOA 方法、DOA 矩阵方法、时空 DOA 矩阵方法、基于压缩感知的 DOA 估计算法、LP-W-L_∞-SVD 算法和基于阵列结构优化的 DOA 估计算法。

空间差分方法首先用协方差矩阵对不相关源进行估计，然后利用空间差分技术消除不相关源。最后，利用差分矩阵对相干信号进行估计。该方法在提高波达方向估计精度的同时，也可增加检测信号的最大数目。在入射源总数超过阵元数的情况下，该方法仍具有较好的性能。也可以推广到非 ULA 的情况中。TPULA-DOA 方法利用双平行线的天线阵列结构，在求解参数估计的过程中只需要对较小维数的数据矩阵进行特征值分解，并且能够较好地解决参数配对的问题，同时也能够适用于入射角度接近的波束问题，只要描述波束入射方向的两个角度不同时接近于另外一个波束的两个入射角度，此算法就适用。DOA 矩阵方法利用特征值和相应的特征向量估计 2-D DOA，因此通过特征值和特征向量的对应关系可以自动实现参数配对，适用于多径相干信号源环境中，且计算复杂性更小。时空 DOA 矩阵方法利用时空矩阵的相同特征向量或利用时空矩阵的特征值和相应的特征向量来估计 2-D DOA，估计参数的成对估计自动确定，可以分辨非常近的方位角或非常近的仰角入射线，计算复杂度较低，有着较低的估计误差和更好的鲁棒性等性能。基于压缩感知的 DOA 估计算法包括基于阵列协方差向量稀疏表示的 W-L_1-SRACV 算法和基于阵列接收数据向量稀疏表示的 W-L_1-SVD 算法，其中 W-L_1-SRACV 算法，利用信号子空间与噪声子空间的正交性构造加权矩阵，并对稀疏向量进行加权约束，保证了待恢复的稀疏向量具有更好的稀疏性，从而能够有效地抑制伪谱峰，获得更精确的 DOA 估计；W-L_1-SVD 算法只需要更少的快拍数就能达到精确的 DOA 估计，具有计算复杂度较低和对预估信号源数目并不敏感等优点。大多数现有的基于 CS 的 DOA 估计方法都需要解决 SOCP 问题。为了有效解决基于压缩感知的 DOA 问题，所提的 LP-W-L_∞-SVD 算法针对复矩阵采用了 L_∞ 范数计算方法。此外，在 LP 问题方面，所提算法有效地表述了关于 DOA 估计的优化问题，且比基于 SOCP 的方法更便捷。所提算法不仅可以抑制伪峰，且具有更好的分辨率和 DOA 估计性能。基于阵列结构优化的 DOA 估计算法包括 WSS-L_1-SRACV 算法和 SS-L_1-WACVSR 算法，其中，WSS-L_1-SRACV 算法从经典的基于协方差向量稀疏表示的 L_1-SRACV 算法出发，引入嵌套阵列结构并进行深入研究，在此基础之上引入加权思想保证待恢复的稀疏向量具有更好的稀疏解；SS-L_1-WACVSR 算法采用基于互质阵列协方差矩阵多字典联合稀疏表示，能够抑制天线互耦影响及空域混叠影响。

参考文献

[1] Schmidt R O. Multiple emitter location and signal parameter estimation[J]. Proc RADC Spectral Estimation Workshop,1979,243-258.

[2] Richard R,Thomas K. ESPRIT-estimation of signal parameters via rotational invariance techniques

[J]. IEEE Transactions on Acoustics and Signal Processing,1989,37(7): 984-995.

[3] Evans J E,Johnson R R,Sun D F. High resolution angular spectrum estimation techniques for terrain scattering analysis and angle of arrival estimation[J]. Proc ASSP Workshop Spectral Estimation, 1981,134-139.

[4] Shan T J,Wax M,Kailath T. On spatial smoothing for direction-of-arrival estimation of coherent signals[J]. IEEE Trans. Acoust,Speech Signal Process,1985,33(4): 806-811.

[5] Pillai S U, Kwon B H. Forward/backward spatial smoothing techniques for coherent signal identification[J]. IEEE Trans. Acoust. Speech Signal Processing,1989,8-15.

[6] Sarkar T K,Pereira O. Using the matrix pencil method to estimate the parameters of a sum of complex exponentials[J]. IEEE Antennas Propag,Mag,1995,37(1): 48-55.

[7] Yilmazer N,Koh J,Sarkar T K. Utilization of a unitary transform for efficient computation in the matrix pencil method to find the direction of arrival [J]. IEEE Transactions on Antennas & Propagation,2006,54(1): 175-181.

[8] Xu X,Ye Z,Peng J. Method of direction-of-arrival estimation for uncorrelated,partially correlated and coherent sources[J]. IET Microwaves Antennas & Propagation,2007,1(4): 949-954.

[9] Ye Z,Zhang Y,Liu C. Direction-of-arrival estimation for uncorrelated and coherent signals with fewer sensors[J]. IET Microwaves Antennas & Propagation,2009,3(3): 473-482.

[10] Zhang Y,Ye Z. Efficient method of DOA estimation for uncorrelated and coherent signals[J]. IEEE Antennas & Wireless Propagation Letters,2009,7: 799-802.

[11] Xu X,Ye Z,Zhang Y,et al. A deflation approach to direction of arrival estimation for symmetric uniform linear array[J]. IEEE Antennas & Wireless Propagation Letters,2006,5(1): 486-489.

[12] Ye Z,Xu X. DOA estimation by exploiting the symmetric configuration of uniform linear array[J]. IEEE Transactions on Antennas & Propagation,2007,55(12): 3716-3720.

[13] Rajagopal R,Rao P R. Generalised algorithm for DOA estimation in a passive sonar[J]. Radar and Signal Processing,IEE Proceedings F,1993,140(1): 12-20.

[14] Thompson J S,Grant P M. Generalised algorithm for DOA estimation in a passive sonar[J]. IEE Proceedings. Part F,1993,140(5): 339-340.

[15] Ye Z F. Spatial smoothing differencing techniques[J]. J. China Inst. Commun. 1997,18(9): 1-7.

[16] Al-Ardi E M, Shubair R M, Al-Mualla M E. Computationally efficient high-resolution DOA estimation in multipath environment[J]. Electronics Letters,2004,40(14): 908-910.

[17] Gonen E,Mendel J M,Dogan M C. Applications of cumulants to array processing-Part IV: Direction finding in coherent signals case [J]. IEEE Transactions on Signal Processing, 1997, 45 (9): 2265-2276.

[18] Yuen N,Friedlander B. DOA estimation in multipath: an approach using fourth-order cumulants[J]. IEEE Transactions on Signal Processing,1997,45(5): 1253-1263.

[19] Wax M,Kailath T. Detection of signal by information theoretic criteria[J]. IEEE Trans. Acoustics, Speech,Signal Process,1985,33: 387-392 .

[20] Ng B C. See C M S. Sensor-array calibration using a maximum-likelihood approach[J]. IEEE Trans. Antennas Propagation,1996,44(6): 827-835.

[21] Weiss A J,Friedlander B. DOA and steering vector estimation using a partially calibrated array[J]. IEEE Trans. Aerosp. Electron. Syst,1996,32(3): 1047-1057.

[22] Hung E K L. Matrix-construction calibration method for antenna arrays[J]. IEEE Trans. Aerosp, Electron,Syst,2000,36(3): 819-828.

[23] Ng B P,Lie J P,Er M H,et al. A practical simple geometry and gain/phase calibration technique for antenna array processing[J]. IEEE Trans. Antennas Propagation,2009,57(7): 1963-1972.

[24] Adve R S, Sarkar T K, Pereira-Filho O M C, et al. Extrapolation of time-domain responses from three-dimensional conducting objects utilizing the matrix pencil technique[J]. IEEE Trans. Antennas Propagation, 1997, 45(1): 147-156.

[25] Yilmazer N, Ari S and Sarkar T K. Multiple snapshot direction data domain approach and ESPRIT method for direction of arrival estimation[J]. Digital Signal Processing, 2008, 18(4): 561-567.

[26] 董轶，吴云韬，廖桂生．一种二维到达方向估计的 ESPRIT 新方法[J]．西安电子科技大学学报(自然科学版)，2003，30(5)：569-573.

[27] Yin Q, Newcomb R, Zou L. Estimating 2-D angle of arrival via two parallel linear array[J]. IEEE International Conference on Acoustic, Speech and Signal Processing, 1989, 2803-2806.

[28] 刘福来，白占立，汪晋宽，等．一种快速二维到来方向估计算法[J]．东北大学学报(自然科学版)，2005(12)：21-24.

[29] Wax M, Kailath T. Detection of signals by information theoretic criteria[J]. IEEE Transactions on Acoustics, Speech, and Signal Processing, 1985, 33(2): 387-392.

[30] Godara L. Application of antenna arrays to mobile communications part II: beam-forming and direction of arrival considerations[J]. IEEE Proceedings, 1997, 85(8): 1195-1245.

[31] Chen Y H, Lian Y T. 2-D multitarget angle tracking algorithm using sensor array [J]. IEEE Processing F, 1995, 142(8): 158-160.

[32] Wu Y T, Liao G S, So H C. A fast algorithm for 2-D direction-of-arrival estimation [J]. Signal Processing, 2003, 83(8): 1827-1831.

[33] Wang H Y, Liu K J R. 2-D spatial smoothing for multipath coherent signal separation[J]. IEEE Transactions on Aerospace and Electronic Systems, 1998, 34(2): 391-405.

[34] Bhaskar D R, Hari K V S. Performance analysis of Root-MUSIC [J]. IEEE Transactions on Acoustics, Speech, and Signal Processing, 1989, 37(12): 1939-1949.

[35] Bhaskar D R, Hari K V S. Performance analysis of ESPRIT and TAM in determining the direction of arrival of plane waves in noise[J]. IEEE Transactions on Acoustics, Speech, and Signal Processing, 1989, 17(12): 1990-1995.

[36] Kuroda T, Kikuma N, Inagaki N. DOA estimation and pairing method in 2D-ESPRIT using triangular antenna array[J]. Electrons and Communications in Japan, 2003, 86(6): 1505-1513.

[37] Zoltowski M D, Stavrinides D. Sensor array signal processing via a procrustes rotations based eigenanalysis of the ESPRIT data pencil[J]. IEEE Transactions on Acoustics, Speech, and Signal Processing, 1989, 37(6): 832-861.

[38] 金梁，殷勤业．时空 DOA 矩阵方法[J]．电子学报，2000，28(6)：8-12.

[39] Jin L, Yin Q Y. Space-time DOA matrix method[J]. Acta Electron, Sinica, China, 2000, 28(6): 8-12.

[40] Haardt M, Zoltowski M D, Mathews C P, et al. 2D unitary ESPRIT for efficient 2D parameter estimation[J]. International Conference on Acoustics, Speech, and Signal Processing. IEEE, 1995: 2096-2099.

[41] Stoica P, Nehorai A. MUSIC maximum likelihood and Cramer-Rao bound: further results and comparisons[J]. IEEE Trans. Acoustics Speech Signal Process, 1990, 38(12): 2140-2150.

[42] 王永良，陈辉，彭应宁，等．空间谱估计理论与算法[M]．北京：清华大学出版社，2005.

[43] 张贤达，保铮．通信信号处理[M]．北京：国防工业出版社，2000.

[44] Yin J H, Chen T Q. Direction-of-arrival estimation using a sparse representation of array covariance vectors[J]. IEEE Trans. on Signal Process, 2011, 59(9): 4489-4493.

[45] Candès E J, Wakin M B, Boyd S P. Enhancing sparsity by reweighted L1 minimization[J]. Journal of Fourier Analysis and Applications, 2008, 14(5): 877-905.

[46] Grant M, Boyd S, Apr, 2010, CVX: MATLAB software for disciplined convex programming.

[Online],Available: http: //cvxr,com/cvx.

[47] Nesterov Y,Nemirovskii A. Interior-point polynomial algorithm in convex programming[J]. SIAM Studies in Applied Mathematics,Philadelphia,PA: SIMA,1994,13.

[48] Malioutov D M, Cetin M, Willsky A S. A sparse signal reconstruction perspective for source localization with sensor arrays[J]. IEEE Transactions on Signal Processing,2005,53(8): 3010-2022.

[49] Li X L,Zhang X D. A family of generalized constant modulus algorithms for blind equalization[J]. IEEE Transactions on Communications,2006,54(11): 1913-1917.

[50] Jiang X,Zeng W J,Yasotharan A, et al. Robust beamforming by linear programming[J]. IEEE Transactions on Signal Processing,2014,62(7): 1834-1849.

[51] Malioutov D,Cetin M,Willsky A S. A sparse signal reconstruction perspective for source localization with sensor arrays[J]. IEEE Trans. Signal Process,2005,53(8): 3010-3022.

[52] Liu F,Peng L,Wei M, et al. An improved L1-SVD algorithm based on noise subspace for DOA estimation[J]. Prog. Electromagn. Res. C,2012,29: 109-122.

[53] Schmidt R. Multiple emitter location and signal parameter estimation[J]. IEEE Transactions on Antennas & Propagation,1986,34(3): 276-280.

[54] Yang Z. Analysis, algorithms and applications of compressed sensing. M. S. thesis, Nanyang Technological University, Singapore, 2015. [Online]. Available: https: //www. researchgate. net/publication/270663821.

[55] Pal P,Vaidyanathan P P. A novel approach to array processing with enhanced degrees of freedom [J]. IEEE Transactions on Signal Processing,2010,58(8): 4167-4181.

[56] Bilik I. Spatial compressive sensing for direction-of-arrival estimation of multiple sources using dynamic sensor arrays[J]. IEEE Transactions on Aerospace and Electronic Systems,2011,47(3): 1754-1769.

[57] 彭泸. 基于压缩感知的 DOA 估计算法研究[D]. 沈阳: 东北大学,2012.

[58] Vaidyanathan P P,Pal P. Sparse sensing with co-prime arrays[C]. Conference Record of the Forty Fourth Asilomar Conference on Signals,Systems and Computers(ASILOMAR)USA,2010.

[59] Vaidyanathan P P,Pal P. Sparse sensing with co-prime samplers and arrays[J]. IEEE Transactions on Signal Processing,2011,59(2): 573-586.

[60] Tang Z, Blacquiere G, Leus G. Aliasing-free wideband beamforming using sparse signal representation[J]. IEEE Transactions on Signal Processing,2011,59(7): 3464-3469.

第5章

多参数联合估计算法

5.1 DOA 和时延估计的 JADE 算法

在第 4 章研究了无线网络中多径信号的 DOA 估计问题，并且提出了几种有效的估计算法。但是在许多应用中需要对 DOA 和时延同时作出估计，如空时二维阵列信号处理技术中的波束形成的问题可以转化为 DOA 和时延的联合估计问题。它也是移动通信中基站进行信号定位的核心问题，它涉及每个路径的(波达方向)角度和时延的联合估计。本节主要研究 DOA 和时延联合估计问题。

5.1.1 数据模型

在考虑角度和时延的估计时，通常对移动通信环境作如下假设[1]：

(1) 路径数目比较小，而且是离散的(即镜面多径)，每条路径用时延、角度和复幅值(衰落)参数化；

(2) 信号相对于阵列孔径是窄带的；

(3) 天线阵列响应具有已知的结构，信号源被窄带阵列(阵元之间距离为半波长或者小于半波长)接收；

(4) 可以利用信道的估计，对于通信应用，这意味着信号源是已知的数字序列，并且调制波形已知；

(5) 无线信道是时隙的。

考虑单个用户在镜面多径环境中发射数字信号的情况。此时，可以把信道视为衰落信道，但在一个短的时间间隔内，信道是平稳的。用符号 $\boldsymbol{h}^{(n)}(t)$ 表示第 n 个间隔内的信道冲激响应(向量)。典型地，这种间隔与 TDMA 系统中的单个时隙一致。在每个时隙，收集 N 个符号周期内的数据，共有 S 个时隙。在第 n 个时间间隔的时刻 t，被一个由 M 个阵元组成的天线阵列接收到的基带信号 $\boldsymbol{x}^{(n)}(t)=[x_1^{(n)}(t),x_2^{(n)}(t),\cdots,x_M^{(n)}(t)]^{\mathrm{T}}$ 能被表示成发送的数字序列 $\{s_l^{(n)}\}$ 和信道冲激响应 $\boldsymbol{h}^{(n)}(t)$ 的卷积

$$x^{(n)}(t)=\sum_{l}s_l^{(n)}\boldsymbol{h}^{(n)}(t-lT_s)+\boldsymbol{n}^{(n)}(t)$$

式中，T_s 为符号周期；$\boldsymbol{n}^{(n)}(t)$为加性噪声。假设镜面多径环境中的路径数目为 Q，每个路径用波达方向 ϑ_i、时延 τ_i(用符号周期 T_s 测量)和复路径衰减(即衰落)$\beta_i(n)$3 个参数描述，其中衰落 $\beta_i(n)$在时隙之间是变化的，但在一个符号周期内则保持不变。于是，信道可以用以下数学模型表示[2]

$$\boldsymbol{h}^{(n)}(t)=\sum_{i=1}^{Q}\boldsymbol{a}(\vartheta_i)\beta_i(n)g(t-\tau_i)$$

式中，$\boldsymbol{a}(\vartheta_i)$是阵列对来自方向 ϑ_i 的路径响应，而 $g(t)$是已知的调制脉冲波形。假设 $g(t)$具有有限的时间支撑，例如，$t\in[0,L_gT_s)$，记 $\tau_{\max}=\lceil \max\limits_{1\leqslant i\leqslant Q}\tau_i\rceil$，其中$\lceil\tau\rceil$表示不大于 τ 的最大整数。于是信道长度为 $\mathrm{LT}=L_gT_s+\tau_{\max}$，$\boldsymbol{h}^n(t)$在 $t\in[0,\mathrm{LT})$范围内取非零值。

假设信道冲激响应 $\boldsymbol{h}^{(n)}(t)$已估计出，并将它们重新安排为 $M\times LP$ 矩阵

$$\boldsymbol{H}^{(n)}=\left[\boldsymbol{h}^{(n)}(0),\boldsymbol{h}^{(n)}\left(\frac{T_s}{P}\right),\boldsymbol{h}^{(n)}\left(\frac{2\cdot T_s}{P}\right),\cdots,\boldsymbol{h}^{(n)}\left(\left(L-\frac{1}{P}\right)T_s\right)\right]$$

上式可以用矩阵符号写成下面的分解形式

$$\begin{aligned}\boldsymbol{H}^{(n)}&=[\boldsymbol{a}(\vartheta_1),\boldsymbol{a}(\vartheta_2),\cdots,\boldsymbol{a}(\vartheta_Q)]\begin{bmatrix}\beta_1(n)&0&\cdots&0\\0&\beta_2(n)&\cdots&0\\\vdots&\vdots&\ddots&\vdots\\0&0&\cdots&\beta_Q(n)\end{bmatrix}\begin{bmatrix}\boldsymbol{g}^{\mathrm{T}}(\tau_1)\\\boldsymbol{g}^{\mathrm{T}}(\tau_2)\\\vdots\\\boldsymbol{g}^{\mathrm{T}}(\tau_Q)\end{bmatrix}\\&=\boldsymbol{A}(\vartheta)\mathrm{diag}(\boldsymbol{\beta}(n))\boldsymbol{G}^{\mathrm{T}}(\boldsymbol{\tau})\end{aligned}\tag{5.1}$$

式中，$\boldsymbol{\vartheta}=[\vartheta_1,\vartheta_2,\cdots,\vartheta_Q]$，$\boldsymbol{\beta}(n)=[\beta_1(n),\beta_2(n),\cdots,\beta_Q(n)]$，$\boldsymbol{\tau}=[\tau_1,\tau_2,\cdots,\tau_Q]$，并且 $\boldsymbol{g}(\tau_i)=\left[g(-\tau_i),g\left(\frac{1}{P}T_s-\tau_i\right),\cdots,g\left(\frac{\mathrm{LP}-1}{P}T_s-\tau_i\right)\right]^{\mathrm{T}}$。

5.1.2 联合 DOA 和时延估计问题

若信道冲激响应 $\boldsymbol{h}^n(t)$，$t=0,\frac{T_s}{P},\frac{2\cdot T_s}{P},\cdots,\left(L-\frac{1}{P}\right)T_s$ 已估计出，如何利用它们确定多径参数中的波达方向和时延，这个问题称为联合角度(DOA)-时延估计(Joint Angle And Delay Estimation，JADE)。

我们定义阵列流形 $\boldsymbol{A}$ 是阵列方向向量 $\boldsymbol{a}(\vartheta)$的集合，即

$$\boldsymbol{A}=\{\boldsymbol{a}(\vartheta)\mid\vartheta\in[0,2\pi)\}$$

类似地，定义在关于波达时间(DTOA)的估计中，时间流形的定义为时延向量 $\boldsymbol{g}(\tau)$的集合，即

$$\kappa=\{\boldsymbol{g}(\tau)\mid\tau\in[0,T)\}$$

时间流形 $\kappa(\tau)$表示接收机对一个具有时延 τ 的外来脉冲的采样响应。

定义空时流形向量 $\boldsymbol{u}(\vartheta,\tau)$为

$$\boldsymbol{u}(\vartheta,\tau)=\boldsymbol{g}(\tau)\otimes\boldsymbol{a}(\vartheta)\tag{5.2}$$

具有 Q 条路径的空时流形矩阵定义为

$$\boldsymbol{U}(\boldsymbol{\vartheta},\boldsymbol{\tau})=[\boldsymbol{u}(\vartheta_1,\tau_1),\boldsymbol{u}(\vartheta_2,\tau_2),\cdots,\boldsymbol{u}(\vartheta_Q,\tau_Q)]=\boldsymbol{G}(\boldsymbol{\tau})\circ\boldsymbol{A}(\boldsymbol{\vartheta})$$

式中，$\boldsymbol{A}(\boldsymbol{\vartheta})=[\boldsymbol{a}(\vartheta_1),\boldsymbol{a}(\vartheta_2),\cdots,\boldsymbol{a}(\vartheta_Q)]$和$\boldsymbol{G}(\boldsymbol{\tau})=[\boldsymbol{g}(\tau_1),\boldsymbol{g}(\tau_2),\cdots,\boldsymbol{g}(\tau_Q)]$分别称为阵列流形矩阵和时延流形矩阵，而

$$\boldsymbol{G}(\boldsymbol{\tau})\circ\boldsymbol{A}(\boldsymbol{\vartheta})=[\boldsymbol{g}(\tau_1)\otimes\boldsymbol{a}(\vartheta_1),\boldsymbol{g}(\tau_2)\otimes\boldsymbol{a}(\vartheta_2),\cdots,\boldsymbol{g}(\tau_Q)\otimes\boldsymbol{a}(\vartheta_Q)]$$

称为矩阵$\boldsymbol{G}(\boldsymbol{\tau})$和$\boldsymbol{A}(\boldsymbol{\vartheta})$的 Khatri-Rao 积，它是列向量形式的 Kronecker 积。

由式(5.2)可以看到，空时流形向量是阵列流形$\boldsymbol{a}(\vartheta)$和时延流形$\boldsymbol{g}(\tau)$的合成，它表示阵列对一个具有波达方向度$\vartheta$和时延$\tau$的单一路径信道的响应，并包含了脉冲成形函数$\boldsymbol{g}(t)$的作用在内。由于$\vartheta$和$\tau$在波达方向-时延空间内是变化的，所以每条路径的$\boldsymbol{u}(\boldsymbol{\vartheta},\boldsymbol{\tau})$扫描了一个多维空时流形，故称之为空时流形向量。

由于阵列流形$\boldsymbol{a}(\boldsymbol{\vartheta})$和脉冲成形函数$\boldsymbol{g}(\boldsymbol{t})$二者的函数形式都假定已知，所以如果确定了空时流形$\boldsymbol{U}(\boldsymbol{\vartheta},\boldsymbol{\tau})$，就可以利用它来获得参数$\boldsymbol{\theta}$和$\boldsymbol{\tau}$的估计。假设空时矩阵$\boldsymbol{U}(\boldsymbol{\vartheta},\boldsymbol{\tau})$在观测间隔内是时不变的，这样对式(5.1)取向量化函数，可以得到

$$\mathrm{vec}[\boldsymbol{H}^{(n)}]=[\boldsymbol{G}(\boldsymbol{\tau})\circ\boldsymbol{A}(\boldsymbol{\vartheta})]\boldsymbol{\beta}(n)=\boldsymbol{U}(\boldsymbol{\vartheta},\boldsymbol{\tau})\boldsymbol{\beta}(n) \tag{5.3}$$

式中 vec[$\boldsymbol{A}$]为矩阵$\boldsymbol{A}$的向量化函数。

令$\boldsymbol{y}(n)=\mathrm{vec}[\hat{\boldsymbol{H}}^{(n)}]$，其中$\hat{\boldsymbol{H}}^{(n)}$是信道冲激响应矩阵$\boldsymbol{H}^{(n)}$的估计值。用$\boldsymbol{v}(n)$表示估计误差向量，则式(5.3)可以写作

$$\boldsymbol{y}(n)=\boldsymbol{U}(\boldsymbol{\vartheta},\boldsymbol{\tau})\boldsymbol{\beta}(n)+\boldsymbol{v}(n),\quad n=1,2,\cdots,S \tag{5.4}$$

把式(5.4)写成矩阵形式，则为

$$\boldsymbol{Y}=[\boldsymbol{y}(1),\boldsymbol{y}(2),\cdots,\boldsymbol{y}(S)]=\boldsymbol{U}(\boldsymbol{\vartheta},\boldsymbol{\tau})\boldsymbol{B}+\boldsymbol{V} \tag{5.5}$$

式中，$\boldsymbol{B}=[\boldsymbol{\beta}(1),\boldsymbol{\beta}(2),\cdots,\boldsymbol{\beta}(S)]$，$\boldsymbol{V}=[\boldsymbol{v}(1),\boldsymbol{v}(2),\cdots,\boldsymbol{v}(S)]$。

现在联合角度-时延估计问题可以叙述为：已知信道冲激响应估计$\boldsymbol{Y}$，利用模型(5.5)估计角度向量$\boldsymbol{\vartheta}$和时延向量$\boldsymbol{\tau}$。

利用模型(5.5)辨识参数向量$\boldsymbol{\vartheta}$和$\boldsymbol{\tau}$，需要下面两个可辨识性条件

(1) $\boldsymbol{U}(\boldsymbol{\vartheta},\boldsymbol{\tau})$必须是严格的"高矩阵"，并具有列满秩。也就是说，要求$Q<MLP$。注意，为了使$\boldsymbol{U}(\boldsymbol{\vartheta},\boldsymbol{\tau})$列满秩，$\boldsymbol{A}(\boldsymbol{\vartheta})$与/或$\boldsymbol{G}(\boldsymbol{\tau})$满秩既不是必要条件，也不是充分条件。事实上，即使有几个角度或时延接近，使得$\boldsymbol{A}(\boldsymbol{\vartheta})$或者$\boldsymbol{G}(\boldsymbol{\tau})$降秩的，矩阵$\boldsymbol{U}(\boldsymbol{\vartheta},\boldsymbol{\tau})$仍然可能满秩。

(2) $\boldsymbol{B}$必须是宽矩阵，并且是行满秩。这意味着$S\geqslant Q$，即至少需要收集和多径数目一样多的信道估计值。当信道估计在一个比信道相干时间大的时间间隔内取值时，满秩条件将满足。注意，并没有必要要求时隙与时隙之间的衰落不相关。不过，不相关的衰落会改善矩阵$\boldsymbol{B}$的条件数，即有利于$\boldsymbol{B}$满足行满秩的条件。

5.1.3 时空矩阵分解理论与算法

如果已经获得信道$\boldsymbol{H}^{(n)}$估计，记为$\hat{\boldsymbol{H}}^{(n)}$，对$\hat{\boldsymbol{H}}^{(n)}$的行进行傅里叶变换可以把时延流形矩阵$\boldsymbol{G}(\boldsymbol{\tau})$映射成一个具有范德蒙结构的矩阵，然后用 ESPRIT 算法可以得到时延估计。我们根据这一特点研究出了下面的空时矩阵方法[3,4]。

假设一个数字调制的窄带信号通过Q条路径进行传输，被具有M根天线阵元的等距直线阵(ULA)接收，无线信道是时隙的，则天线阵列在第n个时隙内接收数据(忽略噪声的

影响)为[5]

$$\boldsymbol{x}^{(n)}(t)=\sum_{k=1}^{Q}\boldsymbol{a}(\vartheta_k)\beta_k(n)\tilde{s}(t-\tau_k) \tag{5.6}$$

式中,$\boldsymbol{x}^{(n)}(t)$表示在第 n 个时隙内基站天线阵列接收的信号向量;$\boldsymbol{a}(\vartheta_k)$是天线阵列对DOA为$\vartheta_k$ 的信号的响应向量;$\beta_k(n)$表示第 k 条路径的信号振幅衰减系数;$\tilde{s}(\cdot)$表示发送的复基带信号;τ_k 为第k 条路径的信号的传播延迟。利用式(5.6)的观测向量,已过采样速率 P 进行采样,则在第 n 个时隙内接收信号写成矩阵形式为

$$\boldsymbol{X}^{(n)}=\underbrace{\boldsymbol{A}(\boldsymbol{\vartheta})}_{M\times Q}\underbrace{\boldsymbol{B}(n)}_{Q\times Q}\underbrace{\tilde{\boldsymbol{G}}(\boldsymbol{\tau})^{\mathrm{T}}}_{Q\times N_t} \tag{5.7}$$

其中,$\boldsymbol{A}(\boldsymbol{\vartheta})=[\boldsymbol{a}(\vartheta_1),\boldsymbol{a}(\vartheta_2),\cdots,\boldsymbol{a}(\vartheta_Q)]$是方向矩阵;$\boldsymbol{B}(n)=\mathrm{diag}\{\beta_1(n),\beta_2(n),\cdots,\beta_Q(n)\}$为振幅衰减系数矩阵;$\tilde{\boldsymbol{G}}(\tau)=[\tilde{\boldsymbol{g}}(\tau_1),\tilde{\boldsymbol{g}}(\tau_2),\cdots,\tilde{\boldsymbol{g}}(\tau_Q)]$,其中 $\tilde{\boldsymbol{g}}(\tau_i)=\boldsymbol{S}_t^{\mathrm{T}}\cdot g(\tau_i)$是发送的数字训练序列和调制成形函数 $g(t)$的卷积;N_t 为训练长度。

对式(5.7)的行进行离散的傅里叶变换(DFT)后记为 $\boldsymbol{X}_f^{(n)}$,有

$$\boldsymbol{X}_f^{(n)}=\boldsymbol{A}(\boldsymbol{\vartheta})\boldsymbol{B}(n)\boldsymbol{V}^{\mathrm{T}}(\boldsymbol{\tau})\cdot\mathrm{diag}\{\tilde{\boldsymbol{g}}\}$$

式中,矩阵 $\boldsymbol{V}(\boldsymbol{\tau})=[\boldsymbol{v}(\tau_1),\boldsymbol{v}(\tau_2),\cdots,\boldsymbol{v}(\tau_Q)]$,向量 $\boldsymbol{v}(\tau_k)=[1,\varphi_k,\varphi_k^2,\cdots,\varphi_k^{N_t-1}]^{\mathrm{T}}$,元素 $\varphi_k=\exp\left\{-\mathrm{j}\dfrac{2\pi\tau_k}{N_t}\right\}$;$\tilde{\boldsymbol{g}}=[g_0(0),g_0(1),\cdots,g_0(N_t-1)]^{\mathrm{T}}$,$g_0(k)$表示 $\boldsymbol{S}_t^{\mathrm{T}}\cdot g(0)$的第 $k+1$ 个元素的DFT。

由于 $\boldsymbol{g}(t)$和 $\boldsymbol{S}_t^{\mathrm{T}}$ 为已知的,因此下面的等式成立

$$\boldsymbol{H}^{(n)}=\boldsymbol{X}_f^{(n)}\cdot\mathrm{diag}\{\tilde{\boldsymbol{g}}\}^{-1}=\boldsymbol{A}(\vartheta)\boldsymbol{B}(n)\boldsymbol{V}^{\mathrm{T}}(\tau) \tag{5.8}$$

在不引起混淆的情况下,把式(5.8)简记为

$$\boldsymbol{H}^{(n)}=\boldsymbol{A}\boldsymbol{B}(n)\boldsymbol{V}^{\mathrm{T}} \tag{5.9}$$

其中,$\boldsymbol{A}$ 和 $\boldsymbol{V}$ 分别表示 $\boldsymbol{A}(\boldsymbol{\vartheta})$和 $\boldsymbol{V}(\boldsymbol{\tau})$。

在无线通信中通常假设各路径的复衰减振幅是不相关地服从零均值的复高斯分布[6],即衰减系数向量$\boldsymbol{\beta}(n)=[\beta_1(n),\beta_2(n),\cdots,\beta_Q(n)]^{\mathrm{T}}$ 的协方差矩阵是

$$E\{\boldsymbol{\beta}(n)(\boldsymbol{\beta}(n))^{\mathrm{H}}\}=\mathrm{diag}\{\sigma_1^2,\sigma_2^2,\cdots,\sigma_Q^2\}\triangleq\boldsymbol{P} \tag{5.10}$$

$$E\{\boldsymbol{\beta}(n)(\boldsymbol{\beta}(n))^{\mathrm{T}}\}=0 \tag{5.11}$$

其中,σ_i^2 是第 i 条路径的波束的平均信号功率。

5.1.3.1 空时矩阵方法

分别抽取式(5.9)的前 $M-1$ 行和后 $M-1$ 行,构造两个子矩阵 $\boldsymbol{X}(n)$和 $\boldsymbol{Y}(n)$

$$\boldsymbol{X}(n)=\boldsymbol{A}_1\boldsymbol{B}(n)\boldsymbol{V}^{\mathrm{T}}$$

$$\boldsymbol{Y}(n)=\boldsymbol{A}_2\boldsymbol{B}(n)\boldsymbol{V}^{\mathrm{T}}=\boldsymbol{A}_1\boldsymbol{\Theta}\boldsymbol{B}(n)\boldsymbol{V}^{\mathrm{T}}$$

其中,矩阵 $\boldsymbol{A}_1$ 和 $\boldsymbol{A}_2$ 分别是由矩阵 $\boldsymbol{A}$ 的前 $M-1$ 行和后 $M-1$ 行组成的矩阵;对角矩阵 $\boldsymbol{\Theta}=\mathrm{diag}\{\phi_1,\phi_2,\cdots,\phi_Q\}$,元素 $\phi_i=\exp\left\{-\mathrm{j}\dfrac{2\pi}{\lambda}d\sin\vartheta_i\right\}$,$\lambda$ 为电磁波的波长,d 为阵元间距。

计算 $\boldsymbol{X}(n)$和 $\boldsymbol{Y}(n)$的相关矩阵和互相关矩阵

$$\boldsymbol{R}_1=E\{\boldsymbol{X}^{\mathrm{T}}(n)\boldsymbol{X}^*(n)\}=\boldsymbol{VPV}^{\mathrm{H}} \tag{5.12}$$

$$\boldsymbol{R}_2=E\{\boldsymbol{Y}^{\mathrm{T}}(n)\boldsymbol{X}^*(n)\}=\boldsymbol{V\Theta PV}^{\mathrm{H}} \tag{5.13}$$

利用式(5.12)和式(5.13),定义一个包含DOA和时延信息的空时矩阵 $\boldsymbol{R}$

$$\boldsymbol{R}=\boldsymbol{R}_2\boldsymbol{R}_1^- \tag{5.14}$$

这里,$(\cdot)^-$表示对矩阵求广义逆。

定理5.1 假设对角矩阵 $\boldsymbol{\Theta}$ 无相同的对角元素,包含时延信息的矩阵 $\boldsymbol{V}$ 是列满秩的,则空时矩阵 $\boldsymbol{R}$ 的 Q 个非零特征值等于 $\boldsymbol{\Theta}$ 中 Q 个对角元素,而这些值对应的特征向量等于 $\boldsymbol{V}$ 中相应的列向量,即 $\boldsymbol{RV}=\boldsymbol{V\Theta}$。

证明:由矩阵 $\boldsymbol{V}$ 是列满秩的和在式(5.10)的假设之下容易推出 $\boldsymbol{R}_1$ 是满秩的,由满秩分解容易知道矩阵 $\boldsymbol{R}_1$ 的广义逆为

$$\boldsymbol{R}_1^-=\boldsymbol{VP}(\boldsymbol{PV}^{\mathrm{H}}\boldsymbol{VP})^{-1}(\boldsymbol{V}^{\mathrm{H}}\boldsymbol{V})^{-1}\boldsymbol{V}^{\mathrm{H}} \tag{5.15}$$

综合式(5.13)~式(5.15),有

$$\begin{aligned}\boldsymbol{RV}&=(\boldsymbol{V\Theta PV}^{\mathrm{H}})(\boldsymbol{VP}(\boldsymbol{PV}^{\mathrm{H}}\boldsymbol{VP})^{-1}(\boldsymbol{V}^{\mathrm{H}}\boldsymbol{V})^{-1}\boldsymbol{V}^{\mathrm{H}})\boldsymbol{V}\\&=(\boldsymbol{V\Theta})(\boldsymbol{PV}^{\mathrm{H}}\boldsymbol{VP})(\boldsymbol{PV}^{\mathrm{H}}\boldsymbol{VP})^{-1}(\boldsymbol{V}^{\mathrm{H}}\boldsymbol{V})^{-1}(\boldsymbol{V}^{\mathrm{H}}\boldsymbol{V})\\&=\boldsymbol{V\Theta}\end{aligned}$$

定理5.1得证。

当入射波束具有不同的DOA和时延时,从定理5.1可以看到,通过对空时矩阵 $\boldsymbol{R}$ 进行特征值分解,就可以得到包含DOA信息的矩阵 $\boldsymbol{\Theta}$ 和包含时延信息的矩阵 $\boldsymbol{V}$,进而求得DOA和时延,这种方法称为基于空时矩阵分解的联合角度-时延估计方法。

总结以上的讨论,该算法步骤概括如下:

算法5.1 空时矩阵方法。

1. 获得数据矩阵 $\boldsymbol{H}^{(n)}$,并构造两个子矩阵 $\boldsymbol{X}(n)$ 和 $\boldsymbol{Y}(n)$;
2. 用 $\boldsymbol{X}(n)$ 和 $\boldsymbol{Y}(n)$ 计算 $\boldsymbol{R}_1$ 和 $\boldsymbol{R}_2$;
3. 计算 $\boldsymbol{R}_1$ 的广义逆 $\boldsymbol{R}_1^-$;
4. 计算空时矩阵 $\boldsymbol{R}=\boldsymbol{R}_2\boldsymbol{R}_1^-$,对 $\boldsymbol{R}$ 进行特征值分解:$\boldsymbol{RE}=\boldsymbol{E\Lambda}$,其中,$\boldsymbol{\Lambda}=\mathrm{diag}\{\lambda_1,\lambda_2,\cdots,\lambda_Q\}$ 对角元素 λ_k 是 $\boldsymbol{R}$ 的非零特征值,$\boldsymbol{E}$ 的列向量是 $\boldsymbol{R}$ 的相应的特征向量;
5. 利用特征值 λ_k 估计波达方向 ϑ_k,利用 $\boldsymbol{E}$ 的第 k 个列向量估计时延 τ_k。

JADE-MUSIC类算法只利用了特征向量,必须通过谱峰搜索来估计DOA和时延;JADE-ESPRIT类算法只利用了特征值估计DOA和时延;而算法5.1既使用特征值又使用特征向量,充分利用了空时矩阵中包含的信息。与其他算法相比,该算法具有一些明显的优势。首先,可以直接求得包含时延信号空间的原始基底,即 $\boldsymbol{V}$ 矩阵,不需要谱峰搜索,大大减少了计算量;其次,因为分别使用特征值和特征向量估计DOA和时延,因此由特征值和特征向量的对应关系二维参数 $(\boldsymbol{\vartheta},\boldsymbol{\tau})$ 是自动配对的;再次,算法只需要对空时矩阵 $\boldsymbol{R}$ 进行一次特征值分解,避免了向量化函数、Khatri-Rao积等数学运算的出现,使得算法简单易懂;最后,算法不要求 $Q<M$,即天线阵列可以处理多于天线数目的波束。

5.1.3.2 修正的空时矩阵方法

由算法5.1可以看到,算法关键在于空时矩阵 $\boldsymbol{R}$ 的构造,但是算法要求 $\boldsymbol{\Theta}$ 无相同的对

角元素而且矩阵 $\boldsymbol{V}$ 列满秩，上述条件意味着不允许任何两条路径有相同的 DOA 或者时延，从而不能适用于具有 DOA 或者时延接近的入射波束问题。为了克服上述不足，提出了下面的基于空时矩阵分解的联合角度和时延估计算法[4]。

利用式(5.9)中的数据，构造两个矩阵 $\boldsymbol{Y}_1(n)$ 和 $\boldsymbol{Y}_2(n)$，其中 $\boldsymbol{Y}_1(n)$ 是从式(5.9)中抽取前 $M-1$ 行和前 N_t-1 列构成，$\boldsymbol{Y}_2(n)$ 是由式(5.9)的后 $M-1$ 行和后 N_t-1 列构成，可以分别表示如下：

$$\boldsymbol{Y}_1(n)=\boldsymbol{A}_1\boldsymbol{B}(n)\boldsymbol{V}_1^{\mathrm{T}} \tag{5.16}$$

$$\boldsymbol{Y}_2(n)=\boldsymbol{A}_2\boldsymbol{B}(n)\boldsymbol{V}_2^{\mathrm{T}}=\boldsymbol{A}_1\boldsymbol{\Theta}\boldsymbol{B}(n)\boldsymbol{\Phi}\boldsymbol{V}_1^{\mathrm{T}} \tag{5.17}$$

其中，矩阵 $\boldsymbol{A}_1$ 和 $\boldsymbol{A}_2$ 分别是由矩阵 $\boldsymbol{A}$ 的前 $M-1$ 行和后 $M-1$ 行组成的矩阵；矩阵 $\boldsymbol{V}_1^{\mathrm{T}}$ 和 $\boldsymbol{V}_2^{\mathrm{T}}$ 分别是由矩阵 $\boldsymbol{V}^{\mathrm{T}}$ 前 N_t-1 列和后 N_t-1 列构成的矩阵；对角矩阵 $\boldsymbol{\Theta}=\mathrm{diag}\{\phi_1,\phi_2,\cdots,\phi_Q\}$，元素 $\phi_i=\exp\left\{-\mathrm{j}\dfrac{2\pi}{\lambda}d\sin\vartheta_i\right\}$，$\lambda$ 为电磁波的波长，d 为阵元间距；对角矩阵 $\boldsymbol{\Phi}=\mathrm{diag}\{\varphi_1,\varphi_2,\cdots,\varphi_Q\}$ 对角元素 $\varphi_k=\exp\left\{-\mathrm{j}\dfrac{2\pi\tau_k}{N_t}\right\}$，$k=1,2,\cdots,Q$。

对式(5.16)和式(5.17)分别取向量化函数后，有

$$\boldsymbol{W}_1(n)=\mathrm{vec}[\boldsymbol{Y}_1(n)]=\boldsymbol{K}\boldsymbol{\beta}(n)$$

其中，vec[·]表示向量化函数；$\boldsymbol{K}=\boldsymbol{V}_1\circ\boldsymbol{A}_1$ 为矩阵 $\boldsymbol{V}_1$ 和 $\boldsymbol{A}_1$ 的 Khatri-Rao 积；$\boldsymbol{\Gamma}=\boldsymbol{\Theta}\cdot\boldsymbol{\Phi}=\mathrm{diag}\{\gamma_1,\gamma_2,\cdots,\gamma_Q\}$，对角元素 $\gamma_k=\exp\left\{-\mathrm{j}2\pi\left(\dfrac{d}{\lambda}\sin\vartheta_k+\dfrac{\tau_k}{N_t}\right)\right\}$；衰减系数向量 $\beta(n)=[\beta_1(n),\beta_2(n),\cdots,\beta_Q(n)]^{\mathrm{T}}$。

分别计算 $\boldsymbol{W}_1(n)$ 的自相关矩阵和 $\boldsymbol{W}_2(n)$ 的互相关矩阵，并记为 $\boldsymbol{R}_1$ 和 $\boldsymbol{R}_2$，通过计算有

$$\boldsymbol{R}_1=E\{\boldsymbol{W}_1(n)\boldsymbol{W}_1^{\mathrm{H}}(n)\}=\boldsymbol{K}\boldsymbol{P}\boldsymbol{K}^{\mathrm{H}} \tag{5.18}$$

$$\boldsymbol{R}_2=E\{\boldsymbol{W}_2(n)\boldsymbol{W}_1^{\mathrm{H}}(n)\}=\boldsymbol{K}\boldsymbol{\Gamma}\boldsymbol{P}\boldsymbol{K}^{\mathrm{H}} \tag{5.19}$$

利用式(5.18)和式(5.19)，定义空时矩阵 $\boldsymbol{R}$ 如下：

$$\boldsymbol{R}=\boldsymbol{R}_2\boldsymbol{R}_1^{-}$$

综合上述讨论，给出定理 5.2。

定理 5.2　假设对角矩阵 $\boldsymbol{\Gamma}$ 无相同的对角元素，则空时矩阵 $\boldsymbol{R}$ 的 Q 个非零特征值等于 $\boldsymbol{\Gamma}$ 中 Q 个对角元素，而这些值对应的特征向量等于 $\boldsymbol{K}$ 中相应的列向量，即 $\boldsymbol{RK}=\boldsymbol{K\Gamma}$。

定理 5.2 的证明过程可参见定理 5.1。

从定理 5.2 可以看到，对空时矩阵 $\boldsymbol{R}$ 进行特征值分解后可以得到矩阵 $\boldsymbol{K}$ 和 $\boldsymbol{\Gamma}$，利用矩阵 $\boldsymbol{R}$ 第 k 个特征向量(也就是矩阵 $\boldsymbol{K}$ 的第 k 个列向量)的第 2 个元素可以估计 DOA，利用第 k 个特征值(也就是对角矩阵 $\boldsymbol{\Gamma}$ 的第 k 个对角元素)可以估计时延。综上所述，得到基于空时矩阵分解的联合角度和时延估计算法 5.2，其算法步骤如下：

算法 5.2　修正的空时矩阵方法。

1. 获得数据矩阵 $\boldsymbol{H}^{(n)}$，构造两个子矩阵 $\boldsymbol{Y}_1(n)$ 和 $\boldsymbol{Y}_2(n)$，并对它们取向量化函数得到 $\boldsymbol{W}_1(n)$ 和 $\boldsymbol{W}_2(n)$；
2. 利用 $\boldsymbol{W}_1(n)$ 和 $\boldsymbol{W}_2(n)$ 计算自相关矩阵和互相关矩阵 $\boldsymbol{R}_1$ 和 $\boldsymbol{R}_2$；

3. 计算 $\boldsymbol{R}_1$ 的广义逆 $\boldsymbol{R}_1^-$；

4. 计算空时矩阵 $\boldsymbol{R}=\boldsymbol{R}_2\boldsymbol{R}_1^-$，计算矩阵 $\boldsymbol{R}$ 的特征分解：$\boldsymbol{RE}=\boldsymbol{E\Lambda}$，其中，$\boldsymbol{\Lambda}=\mathrm{diag}\{\lambda_1,\lambda_2,\cdots,\lambda_Q\}$对角元素 λ_k 是 $\boldsymbol{R}$ 的非零特征值，$\boldsymbol{E}$ 的列向量是 $\boldsymbol{R}$ 的相应的特征向量；

5. 利用 $\boldsymbol{E}$ 的第二行元素$[\phi_1,\phi_2,\cdots,\phi_Q]$，$\phi_i=\exp\left\{-\mathrm{j}\dfrac{2\pi}{\lambda}d\sin\vartheta_i\right\}$估计波达方向，利用 $\boldsymbol{R}$ 的相应特征值 $\gamma_k=\exp\left\{-\mathrm{j}2\pi\left(\dfrac{d}{\lambda}\sin\vartheta_k+\dfrac{\tau_k}{N_t}\right)\right\}$估计时延。

5.1.3.3 性能分析

由定理 5.2 可以看到，即使有 DOA 或者时延接近的波束，不妨设第 k 个波束和第 j 个波束具有相同的波达方向($\vartheta_k=\vartheta_j$)，但是时延不相同($\tau_k\neq\tau_j$)，那么$\boldsymbol{\Gamma}$ 的对角元素 $\gamma_k\neq\gamma_j$，所以定理 5.2 仍然成立，也就是算法 5.2 能够解决 DOA 或者时延接近的波束问题。

表 5.1 中总结了算法 5.1 和算法 5.2 的优缺点，其中 N_t 表示采样数目。

表 5.1 基于空时矩阵特征值分解的 JADE 算法的性能分析

算 法	优 点	缺 点
算法 5.1	1. 算法只需要一次特征值分解，就可以求解二维参数(ϑ,τ)； 2. 利用特征值估计 DOA，利用特征向量估计时延，充分利用了空时矩阵所包含的空时信息； 3. 根据特征值和特征向量的对应关系，可以使得二维参数自动配对； 4. 具有较小的计算复杂性，其复杂度为 $O(N_t^3)$； 5. 天线数目可以少于到达波束的数目，可估计的最大波束数目为 N_t-1	1. 只适用于等距线阵； 2. 没有考虑噪声的影响； 3. 不能解决具有角度兼并或者时延接近的入射波束问题
算法 5.2	1. 算法只需要一次特征值分解，就可以求解二维参数(ϑ,τ)； 2. 利用特征向量估计 DOA，利用特征值估计时延，充分利用了空时矩阵所包含的空时信息； 3. 根据特征值和特征向量的对应关系，可以使二维参数自动配对； 4. 可以解决具有相近 DOA 或者时延的入射波束问题； 5. 天线数目可以少于到达波束的数目，可估计的波束数目为 $(M-1)(N_t-1)-1$； 6. 算法较以前工作相比计算量有所减少，计算复杂性为 $O((M-1)^3(N_t-1)^3)$	1. 只适用于等距线阵； 2. 没有考虑噪声的影响； 3. 虽然计算复杂性与以前的工作相比有所降低，但是还需要对高维矩阵进行特征值分解

利用算法 5.1 和算法 5.2 建立一些仿真实验来进一步评价算法的性能。假设有一个数字调制的窄带信号通过 3 条路径到达具有 4 个阵元的等距线阵，阵元间距为半波长(波长归一化为 1)。每条路径所传输的信号所对应的 DOA 和时延分别为$[-20°,0°,2°]$和$[0.1,0.3,0.9]$，其中码元周期 T_s 归一化为 1。实验中各路径振幅假设为零均值的高斯分布，噪声为高斯白噪声，在 20 个时隙内采样，采样因子为 2。分别使用算法 5.1 和算法 5.2 以及 JADE-

ESPRIT 算法进行模拟仿真，得到了下面的仿真。其中图 5.1 是使用算法 5.1 在信噪比等于 0dB 的情况下进行了 200 次独立实验估计信号参数的分布情况，从仿真结果中可以清楚地看到，使用算法 5.1 可以有效地估计出第一条路径的 DOA 和时延(DOA 为−20°，时延为 0.1)，但是对第二条和第三条路径的估计是无效的，也就是说它不能适用于有 DOA 接近的波束的情况。图 5.2 和图 5.3 分别是使用算法 5.2 和 JADE-ESPRIT 算法的估计情况，同样对这两种算法也分别在信噪比等于 0dB 的环境下进行了独立的 200 次的实验，从仿真结果中可以看到，这两种算法都能有效的估计出 3 条路径的信号参数，并且它们的估计分布情况很类似，也就是说，算法 5.2 和 JADE-ESPRIT 算法具有类似的估计精度，能够解决入射波束的角度或者时延接近的问题。

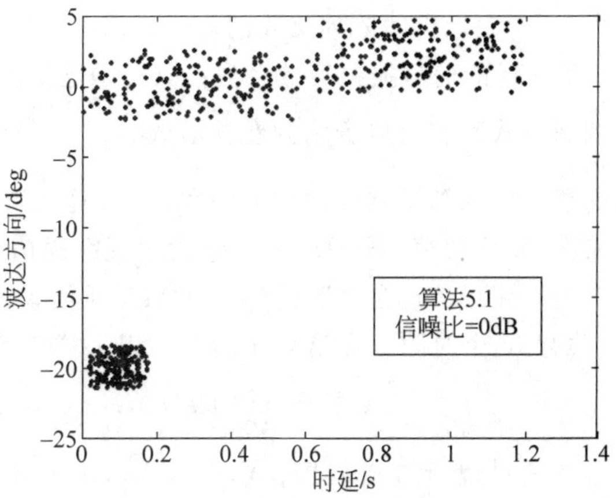

图 5.1　算法 5.1 估计情况

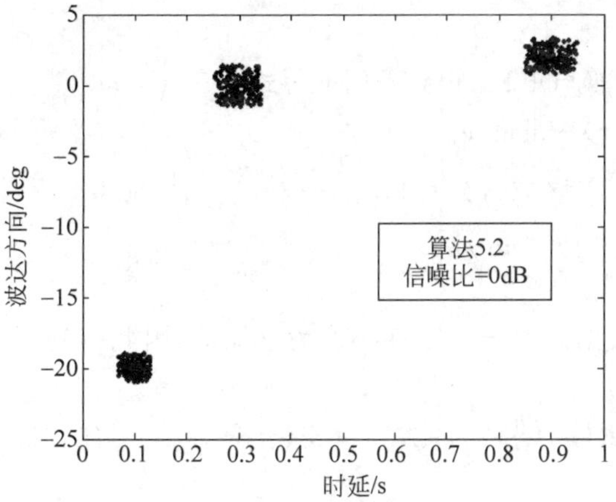

图 5.2　算法 5.2 估计情况

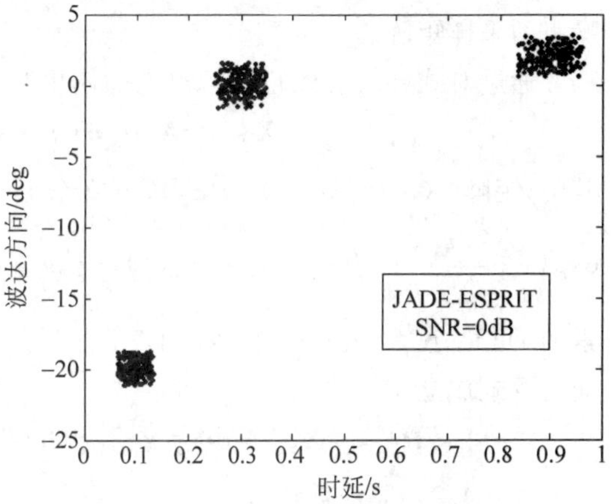

图 5.3　JADE-ESPRIT 算法估计情况

5.1.4　时空传播因子算法

前面提出的算法 5.1 和算法 5.2 在处理过程中仍然需要对高维矩阵进行特征分解，需要很大的计算量，影响算法的实时性。这里提出一个对最小维矩阵进行特征值分解求解 DOA 和时延的空时传播因子方法[7]，并对其估计性能进行详细的讨论。

5.1.4.1　数据模型

考虑单个用户在镜面多径环境中发射调制的数字信号的情况。利用 M 个阵元的等距线阵进行接收，M 个阵元上的接收信号排成 $M\times 1$ 维向量 $\boldsymbol{y}(t)$，则连续时间的接收信号可以写作[5]

$$\boldsymbol{x}(t)=\sum_{i=1}^{Q}\boldsymbol{a}(\vartheta_i)\beta_i(n)\tilde{s}(t-\tau_i)+\boldsymbol{n}(t)$$

式中，$\boldsymbol{x}(t)$表示天线阵列接收的信号；$\boldsymbol{a}(\vartheta_i)$是阵列对来自方向$\vartheta_i$的路径的响应；$\beta_i(t)$是第$i$条路径的信号振幅衰减系数；$\tilde{s}(t)$是已知的发射信号，在线性调制的情况下（如GMSK等调制方式），它可以表示为卷积形式$\tilde{s}(t)=\sum_l s_l g(t-lT)$，其中$\{s_k\}$和$g(t)$是已知的发送的数字序列和调制脉冲波形函数，$T$为码元间隔，$\tau_i$为第$i$条路径的时间延迟；$\boldsymbol{n}(t)$为加性噪声（如热噪声、测量噪声）；$Q$为出现在通信系统中的多径数目。

假设无线信道是时隙的（如TDMA通信系统），在每个时隙，收集N个符号周期内的数据，共有K个时隙。在第n个时隙内以采样速率P进行过采样得到下面的采样矩阵

$$\boldsymbol{X}^{(n)}=\underset{M\times Q}{\boldsymbol{A}(\vartheta)}\underset{Q\times Q}{\boldsymbol{B}(n)}\underset{Q\times N_t}{\widetilde{\boldsymbol{G}}(\tau)^{\mathrm{T}}}+\boldsymbol{N}^{(n)}\quad(n=1,2,\cdots,K)\tag{5.20}$$

式中，$(\cdot)^{\mathrm{T}}$表示矩阵转置；$\boldsymbol{A}(\vartheta)=[\boldsymbol{a}(\vartheta_1),\boldsymbol{a}(\vartheta_2),\cdots,\boldsymbol{a}(\vartheta_Q)]$为天线阵列的方向矩阵，$\boldsymbol{A}(\vartheta)\in\mathbf{C}^{M\times Q}$，其中$\boldsymbol{a}(\vartheta_i)=[1,\phi_i\cdots,\phi_i^{M-1}]^{\mathrm{T}}$，$\phi_i=\exp\left\{-\frac{\mathrm{j}\pi}{\lambda}d\sin\vartheta_i\right\}(i=1,2,\cdots,Q)$；$\lambda$是发送信号的波长；$d$为阵元间距；$\boldsymbol{B}(n)=\mathrm{diag}\{\beta_1(n),\beta_2(n),\cdots,\beta_Q(n)\}$为第$n$个时隙内的路径的振幅衰减系数矩阵；$\widetilde{\boldsymbol{G}}(\tau)=[\tilde{g}(\tau_1),\tilde{g}(\tau_2),\cdots,\tilde{g}(\tau_Q)]$，$\tilde{\boldsymbol{g}}(\tau_i)=\boldsymbol{S}_t^{\mathrm{T}}\cdot\boldsymbol{g}(\tau_i)$是发送的数字训练序列和调制成形函数$\boldsymbol{g}(\tau_i)$的卷积，$\widetilde{\boldsymbol{G}}(\tau)\in\mathbf{C}^{N_t\times Q}$；$N_t$是训练长度；$\boldsymbol{N}^{(n)}$是噪声的采样矩阵。

通过对式(5.20)的行进行离散的傅里叶变换(DFT)，得到下面的等式

$$\boldsymbol{X}_f^{(n)}=\boldsymbol{A}(\vartheta)\boldsymbol{B}(n)\boldsymbol{V}^{\mathrm{T}}(\tau)\cdot\mathrm{diag}\{\tilde{\boldsymbol{g}}\}+\boldsymbol{N}_f^{(n)}$$

其中，矩阵$\boldsymbol{V}(\tau)=[\boldsymbol{v}(\tau_1),\boldsymbol{v}(\tau_2),\cdots,\boldsymbol{v}(\tau_Q)]$，向量$\boldsymbol{v}(\tau_k)=[1,\varphi_k,\cdots,\varphi_k^{N_t-1}]^{\mathrm{T}}$，元素$\varphi_k=\exp\left\{-\mathrm{j}\frac{2\pi\tau_k}{N_t}\right\}$；$\tilde{\boldsymbol{g}}=[g_0(0),g_0(1),\cdots,g_0(N_t-1)]^{\mathrm{T}}$，$g_0(k)$表示$\boldsymbol{S}_t^{\mathrm{T}}\cdot\boldsymbol{g}(0)$的第$k$个元素的DFT；$\boldsymbol{N}_f^{(n)}$表示$\boldsymbol{N}^{(n)}$经过DFT之后的数据。由于$\boldsymbol{g}(t)$和$\boldsymbol{S}_t^{\mathrm{T}}$为已知的，因此得到下面的等式成立

$$\boldsymbol{H}^{(n)}=\boldsymbol{X}_f^{(n)}\cdot\mathrm{diag}\{\tilde{\boldsymbol{g}}\}^{-1}=\boldsymbol{A}(\vartheta)\boldsymbol{B}(n)\boldsymbol{V}^{\mathrm{T}}(\tau)+\boldsymbol{N}_f^{(n)}\cdot\mathrm{diag}\{\tilde{\boldsymbol{g}}\}^{-1}\tag{5.21}$$

5.1.4.2 算法描述

假设$2<Q<M$，天线阵列的阵元间距为半波长，这样天线阵列对来自方向ϑ_i的信号的响应向量为$\boldsymbol{a}(\vartheta_i)=[1,\phi_i,\cdots,\phi_i^{M-1}]^{\mathrm{T}}$，向量中元素$\phi_i=\exp\{-\mathrm{j}\pi\sin\vartheta_i\}$，$(i=1,2,\cdots,Q)$。

对式(5.21)取向量化函数记为$\boldsymbol{Y}(n)$，即

$$\boldsymbol{Y}(n)=\mathrm{vec}(\boldsymbol{H}^{(n)})=\boldsymbol{U}\boldsymbol{\beta}(n)+\boldsymbol{W}(n)\quad(n=1,2,\cdots,K)\tag{5.22}$$

式中，$\boldsymbol{U}=\boldsymbol{V}\circ\boldsymbol{A}=[\boldsymbol{A}^{\mathrm{T}},(\boldsymbol{A}\boldsymbol{\Psi})^{\mathrm{T}},\cdots,(\boldsymbol{A}\boldsymbol{\Psi}^{N_t-1})^{\mathrm{T}}]^{\mathrm{T}}$；其中符号$\circ$表示矩阵的Khatri-Rao积；为了简化，记号$\boldsymbol{A}$代替$\boldsymbol{A}(\vartheta)$；对角矩阵$\boldsymbol{\Psi}=\mathrm{diag}\{\varphi_1,\varphi_2,\cdots,\varphi_Q\}$，元素$\varphi_k=\exp\left\{-\mathrm{j}\frac{2\pi\tau_k}{N_t}\right\}$$(k=1,2,\cdots,Q)$；$\boldsymbol{\beta}(n)=[\beta_1(n),\beta_2(n),\cdots,\beta_Q(n)]^{\mathrm{T}}$为第$n$个时隙内多径信号的振幅衰减系数矩阵；$\boldsymbol{W}(n)=\mathrm{vec}(\boldsymbol{N}_f^{(n)}\cdot\mathrm{diag}\{\tilde{\boldsymbol{g}}\})$是对噪声数据取向量化函数后的结果。

定义一个变换矩阵$\boldsymbol{C}$为

$$\boldsymbol{C}\triangleq[\boldsymbol{C}_1^{\mathrm{T}}\quad\boldsymbol{C}_2^{\mathrm{T}}\quad\boldsymbol{C}_3^{\mathrm{T}}\quad\boldsymbol{C}_4^{\mathrm{T}}\quad\boldsymbol{C}_5^{\mathrm{T}}]^{\mathrm{T}}\tag{5.23}$$

式中的向量具有下面的形式

$$\boldsymbol{C}_1^{\mathrm{T}}=[\boldsymbol{e}_1^{\mathrm{T}} \quad \boldsymbol{e}_2^{\mathrm{T}} \quad \boldsymbol{e}_{M+1}^{\mathrm{T}} \quad \boldsymbol{e}_4^{\mathrm{T}} \quad \cdots \quad \boldsymbol{e}_5^{\mathrm{T}}]$$
$$\boldsymbol{C}_2^{\mathrm{T}}=[\boldsymbol{e}_3^{\mathrm{T}} \quad \boldsymbol{e}_{M+2}^{\mathrm{T}} \quad \boldsymbol{e}_{M+3}^{\mathrm{T}} \quad \cdots \quad \boldsymbol{e}_{2M}^{\mathrm{T}}]$$
$$\boldsymbol{C}_3^{\mathrm{T}}=[\boldsymbol{e}_{2M+1}^{\mathrm{T}} \quad \boldsymbol{e}_{2M+2}^{\mathrm{T}} \quad \boldsymbol{e}_{3M+1}^{\mathrm{T}} \quad \boldsymbol{e}_{2M+4}^{\mathrm{T}} \quad \cdots \quad \boldsymbol{e}_{3M}^{\mathrm{T}}]$$
$$\boldsymbol{C}_4^{\mathrm{T}}=[\boldsymbol{e}_{2M+3}^{\mathrm{T}} \quad \boldsymbol{e}_{3M+2}^{\mathrm{T}} \quad \boldsymbol{e}_{3M+3}^{\mathrm{T}} \quad \cdots \quad \boldsymbol{e}_{4M}^{\mathrm{T}}]$$
$$\boldsymbol{C}_5^{\mathrm{T}}=[\boldsymbol{e}_{4M+1}^{\mathrm{T}} \quad \boldsymbol{e}_{4M+2}^{\mathrm{T}} \quad \cdots \quad \boldsymbol{e}_{MN_t}^{\mathrm{T}}]$$

其中，$\boldsymbol{e}_i=[0 \quad \cdots \quad 0 \quad \underset{i}{1} \quad 0 \quad \cdots \quad 0]$，$(i=1,2,\cdots,MN_t)$是 MN_t 维单位向量。

用式(5.23)中定义的矩阵 $\boldsymbol{C}$ 左乘矩阵 $\boldsymbol{Y}(n)$，有下面的结果

$$\dot{\boldsymbol{Y}}(n)=\boldsymbol{C}\boldsymbol{Y}(n)=\dot{\boldsymbol{U}}\boldsymbol{\beta}(n)+\dot{\boldsymbol{W}}(n) \tag{5.24}$$

上式中各个矩阵为

$$\dot{\boldsymbol{U}}=[\boldsymbol{A}_1^{\mathrm{T}} \quad \boldsymbol{A}_2\boldsymbol{\Theta}\,(\boldsymbol{A}_1\boldsymbol{\Psi}^2)^{\mathrm{T}}(\boldsymbol{A}_2\boldsymbol{\Theta}\boldsymbol{\Psi}^2)\dot{\boldsymbol{U}}_2^{\mathrm{T}}]^{\mathrm{T}}$$

$$\boldsymbol{A}_1=\begin{bmatrix} 1 & 1 & \cdots & 1 \\ \phi_1 & \phi_2 & \cdots & \phi_Q \\ \varphi_1 & \varphi_2 & \cdots & \varphi_Q \\ \phi_1^3 & \phi_2^3 & \cdots & \phi_Q^3 \\ \vdots & \vdots & \ddots & \vdots \\ \phi_1^{M-1} & \phi_2^{M-1} & \cdots & \phi_Q^{M-1} \end{bmatrix}$$

$$\boldsymbol{A}_2=\begin{bmatrix} \phi_1 & \phi_1 & \cdots & \phi_Q \\ \varphi_1 & \varphi_1 & \cdots & \varphi_Q \\ \phi_1\times\varphi_1 & \phi_2\times\varphi_2 & \cdots & \phi_Q\times\varphi_Q \\ \vdots & \vdots & \ddots & \vdots \\ \phi_1^{M-2}\times\varphi_1 & \phi_2^{M-2}\times\varphi_2 & \cdots & \phi_Q^{M-2}\times\varphi_Q \end{bmatrix}$$

$$\boldsymbol{\Theta}=\mathrm{diag}\{\phi_1 \quad \phi_2 \quad \cdots \quad \phi_Q\}$$
$$\dot{\boldsymbol{U}}_2^{\mathrm{T}}=[(\boldsymbol{A}\boldsymbol{\Psi}^4)^{\mathrm{T}} \quad (\boldsymbol{A}\boldsymbol{\Psi}^5)^{\mathrm{T}} \quad \cdots \quad (\boldsymbol{A}\boldsymbol{\Psi}^{N_t-1})^{\mathrm{T}}]^{\mathrm{T}}$$
$$\dot{\boldsymbol{W}}(n)=\boldsymbol{C}\boldsymbol{W}(n)$$

如果入射的多径信号在 DOA 和时延上不同时接近(即 $\vartheta_k=\vartheta_j$ 和 $\tau_k=\tau_j$ 不同时成立)，那么从矩阵 $\boldsymbol{A}_1$ 的结构可以看出它是列满秩的(即 $\mathrm{rank}(\boldsymbol{A}_1)=Q$)，而且它的前 Q 行是线性无关的，其他行可以由前 Q 行线性表出。对矩阵 $\boldsymbol{A}_1$ 进行分块 $\boldsymbol{A}_1=[\boldsymbol{A}_{11}^{\mathrm{T}} \quad \boldsymbol{A}_{12}^{\mathrm{T}}]^{\mathrm{T}}$，$\boldsymbol{A}_{11}$ 由矩阵 $\boldsymbol{A}_1$ 的前 Q 行组成，$\boldsymbol{A}_{12}$ 由矩阵 $\boldsymbol{A}_1$ 第 $Q+1$ 行到第 M 行组成。类似地，把矩阵 $\dot{\boldsymbol{U}}$ 也分成两块 $\dot{\boldsymbol{U}}=[\boldsymbol{A}_{11}^{\mathrm{T}} \quad \dot{\boldsymbol{U}}_1^{\mathrm{T}}]^{\mathrm{T}}$，子矩阵 $\dot{\boldsymbol{U}}_1$ 是由矩阵 $\dot{\boldsymbol{U}}$ 的第 $Q+1$ 行到第 MN_t 行组成。

参考文献[8]，定义一个包含 DOA 和时延信息的空时传播因子 $\boldsymbol{P}$ 如下：

$$\boldsymbol{P}^{\mathrm{H}}\boldsymbol{A}_{11}=\dot{\boldsymbol{U}}_1 \tag{5.25}$$

易知它唯一。

把式(5.24)写成矩阵形式为

$$\dot{\boldsymbol{Y}}=[\dot{\boldsymbol{Y}}(1) \quad \dot{\boldsymbol{Y}}(2) \quad \cdots \quad \dot{\boldsymbol{Y}}(K)]=\dot{\boldsymbol{U}}\boldsymbol{\beta}+\dot{\boldsymbol{W}}$$

这里，$\boldsymbol{\beta}=[\beta(1)\quad \beta(2)\quad \cdots\quad \beta(K)]$为振幅衰减系数矩阵；$\dot{\boldsymbol{W}}=[\dot{\boldsymbol{W}}(1)\quad \dot{\boldsymbol{W}}(2)\quad \cdots\quad \dot{\boldsymbol{W}}(K)]$为噪声数据矩阵。对数据矩阵 $\dot{\boldsymbol{Y}}$ 进行分块 $\dot{\boldsymbol{Y}}=[\boldsymbol{Y}_1^{\mathrm{T}}\quad \boldsymbol{Y}_2^{\mathrm{T}}]^{\mathrm{T}}$，其中 $\boldsymbol{Y}_1$ 是由矩阵 $\dot{\boldsymbol{Y}}$ 的前 Q 行组成，$\boldsymbol{Y}_2$ 由后(MN_t-Q)行组成。数据矩阵 $\dot{\boldsymbol{Y}}$ 的协方差矩阵估计值为

$$\boldsymbol{R}=\frac{1}{KN_t}\sum_{k=1}^{K}\dot{\boldsymbol{Y}}(k)\dot{\boldsymbol{Y}}^{\mathrm{H}}(k)$$

对它进行分块为$\boldsymbol{R}=[\boldsymbol{R}_1\quad \boldsymbol{R}_2]$，其中 $\boldsymbol{R}_1$ 由矩阵 $\boldsymbol{R}$ 的前 Q 列组成，$\boldsymbol{R}_2$ 由后(MN_t-Q)列组成，则通过数据矩阵 $\dot{\boldsymbol{Y}}$ 或者协方差矩阵 $\boldsymbol{R}$ 估计空时传播因子的最小二乘(Least Square，LS)解为

$$\widehat{\boldsymbol{P}}_{\mathrm{DM}}=(\boldsymbol{Y}_1\boldsymbol{Y}_1^{\mathrm{H}})^{-1}\boldsymbol{Y}_1\boldsymbol{Y}_2^{\mathrm{H}} \tag{5.26a}$$

或者

$$\widehat{\boldsymbol{P}}_{\mathrm{SCM}}=(\boldsymbol{R}_1^{\mathrm{H}}\boldsymbol{R}_1)^{-1}\boldsymbol{R}_1^{\mathrm{H}}\boldsymbol{R}_2 \tag{5.26b}$$

从矩阵 $\boldsymbol{A}_1$ 和 $\dot{\boldsymbol{U}}$ 的分块可以看到，$\dot{\boldsymbol{U}}_1$ 可以表示为

$$\dot{\boldsymbol{U}}_1=[\boldsymbol{A}_{12}^{\mathrm{T}}(\boldsymbol{A}_2\boldsymbol{\Theta})^{\mathrm{T}}(\boldsymbol{A}_{11}\boldsymbol{\Psi}^2)^{\mathrm{T}}(\boldsymbol{A}_{12}\boldsymbol{\Psi}^2)^{\mathrm{T}}(\boldsymbol{A}_2\boldsymbol{\Theta}\boldsymbol{\Psi}^2)^{\mathrm{T}}\dot{\boldsymbol{U}}_2^{\mathrm{T}}]^{\mathrm{T}}$$

我们类似地把空时传播因子 $\widehat{\boldsymbol{P}}$ 进行如上的分块，即

$$\widehat{\boldsymbol{P}}^{\mathrm{H}}=[\widehat{\boldsymbol{P}}_1^{\mathrm{T}}\quad \widehat{\boldsymbol{P}}_2^{\mathrm{T}}\quad \widehat{\boldsymbol{P}}_3^{\mathrm{T}}\quad \widehat{\boldsymbol{P}}_4^{\mathrm{T}}\quad \widehat{\boldsymbol{P}}_5^{\mathrm{T}}\quad \widehat{\boldsymbol{P}}_6^{\mathrm{T}}]^{\mathrm{T}}$$

这里子矩阵 $\widehat{\boldsymbol{P}}_1,\widehat{\boldsymbol{P}}_2,\cdots,\widehat{\boldsymbol{P}}_6$ 的维数分别等于子矩阵 $\boldsymbol{A}_{12},\boldsymbol{A}_2\boldsymbol{\Theta},\boldsymbol{A}_{11}\boldsymbol{\Psi}^2,\boldsymbol{A}_{12}\boldsymbol{\Psi}^2,\boldsymbol{A}_2\boldsymbol{\Theta}\boldsymbol{\Psi}^2,\dot{\boldsymbol{U}}_2$ 的维数。

通过式(5.25)中空时传播因子的定义，有

$$\widehat{\boldsymbol{P}}_3\boldsymbol{A}_{11}=\boldsymbol{A}_{11}\boldsymbol{\Psi}^2 \tag{5.27}$$

式(5.27)意味着对角矩阵 $\boldsymbol{\Psi}^2$ 的对角元素(它包含着多径信号的时间延迟信息)是矩阵 $\widehat{\boldsymbol{P}}_3$ 的特征值，而矩阵 $\boldsymbol{A}_{11}$ 的列向量(它包含着多径信号的 DOA 信息)是矩阵 $\widehat{\boldsymbol{P}}_3$ 的特征向量。当入射多径信号的 DOA 和时间延迟不同时，矩阵 $\boldsymbol{A}_{11}$ 的列向量是 Q 维矩阵 $\widehat{\boldsymbol{P}}_3$ 的 Q 个线性无关的特征向量。对矩阵 $\widehat{\boldsymbol{P}}_3$ 进行特征分解得到它的特征值和特征向量，多径信号的 DOA 和时间延迟分别可以通过它的特征向量的第二个和第三个元素得到估计，或者利用相应的特征值估计时间延迟。显然这样估计出的 DOA 和时间延迟是自动配对的，这就轻松地解决了参数配对问题。

总结以上讨论，可以得到空时传播因子方法。

算法 5.3 空时传播因子方法。

1. 得到数据矩阵 $\dot{\boldsymbol{Y}}$ 或者数据协方差矩阵 $\boldsymbol{R}$；
2. 利用 $\dot{\boldsymbol{Y}}$ 或者 $\boldsymbol{R}$ 通过式(5.44)计算空时传播因子 $\widehat{\boldsymbol{P}}$；
3. 求解特征方程 $\widehat{\boldsymbol{P}}_3\boldsymbol{E}=\boldsymbol{E}\boldsymbol{\Lambda}$，这里 $\boldsymbol{\Lambda}=\mathrm{diag}\{\lambda_1,\lambda_2,\cdots,\lambda_Q\}$，元素 λ_i 是矩阵 $\widehat{\boldsymbol{P}}_3$ 的特征值，矩阵 $\boldsymbol{E}$ 的列向量是 $\widehat{\boldsymbol{P}}_3$ 的特征向量；
4. 利用矩阵 $\boldsymbol{E}$ 的第二行和第三行估计信号的 DOA 和时间延迟，或者利用特征值估计时间延迟。

5.1.4.3　性能分析

本节对空时传播因子方法进行性能分析，给出 DOA 的估计误差和时延的估计误差的理论表达式，然后详细分析空时传播因子方法的计算复杂性。

1. 误差分析

1) DOA 的估计误差

我们利用 $\boldsymbol{P}_3$ 的特征向量的估计偏差来讨论 DOA 估计的误差。对矩阵 $\boldsymbol{P}_3$ 进行特征分解：$\boldsymbol{P}_3=\boldsymbol{E}\boldsymbol{\Lambda}\boldsymbol{E}^{\mathrm{H}}$，其中 $\boldsymbol{E}=[\boldsymbol{S}_1,\boldsymbol{S}_2,\cdots,\boldsymbol{S}_Q]$，$\boldsymbol{S}_i$ 是矩阵 $\boldsymbol{P}_3$ 的特征向量且彼此之间正交；$\boldsymbol{\Lambda}=\mathrm{diag}\{\lambda_1,\lambda_2,\cdots,\lambda_Q\}$，$\lambda_i$ 是相应的特征值。在实际中得到的是矩阵 $\boldsymbol{P}_3$ 的估计值 $\hat{\boldsymbol{P}}_3$，对 $\hat{\boldsymbol{P}}_3$ 进行特征值分解：$\hat{\boldsymbol{P}}_3=\hat{\boldsymbol{E}}\hat{\boldsymbol{\Lambda}}\hat{\boldsymbol{E}}^{\mathrm{H}}$，其中 $\hat{\boldsymbol{E}}=[\hat{\boldsymbol{S}}_1,\hat{\boldsymbol{S}}_2,\cdots,\hat{\boldsymbol{S}}_Q]$，$\hat{\boldsymbol{\Lambda}}=\mathrm{diag}\{\hat{\lambda}_1,\hat{\lambda}_2,\cdots,\hat{\lambda}_Q\}$ 分别是 $\boldsymbol{E}$ 和 $\boldsymbol{\Lambda}$ 的估计。令 $\hat{\boldsymbol{S}}_k=\boldsymbol{S}_k+\Delta\boldsymbol{S}_k$，其中 $\Delta\boldsymbol{S}_k$ 表示特征向量的估计偏差，可以利用 $\Delta\boldsymbol{S}_k$ 的渐进特性来分析 DOA 的估计误差。参考文献[9,10]，有下面的关系式

$$E\{\Delta\boldsymbol{S}_k\Delta\boldsymbol{S}_j^{\mathrm{H}}\}=\frac{\lambda_k}{N_t}\sum_{l=1,l\neq k}^{Q}\frac{\lambda_l}{(\lambda_k-\lambda_l)^2}\boldsymbol{S}_l\boldsymbol{S}_l^{\mathrm{H}}\delta_{k,j}+O\left(\frac{1}{N_t}\right)$$

$$E\{\Delta\boldsymbol{S}_k\Delta\boldsymbol{S}_j^{\mathrm{H}}\}=-\frac{\lambda_k\lambda_j}{N_t(\lambda_k-\lambda_j)^2}\boldsymbol{S}_j\boldsymbol{S}_k^{\mathrm{T}}(1-\delta_{k,j})+O\left(\frac{1}{N_t}\right)$$

忽略 $O\left(\frac{1}{N_t}\right)$，则有

$$E\{\Delta\boldsymbol{S}_k\Delta\boldsymbol{S}_j^{\mathrm{H}}\}\approx\frac{\lambda_k}{N_t}\sum_{l=1,l\neq k}^{Q}\frac{\lambda_l}{(\lambda_k-\lambda_l)^2}\boldsymbol{S}_l\boldsymbol{S}_l^{\mathrm{H}}\delta_{k,j}\tag{5.28}$$

$$E\{\Delta\boldsymbol{S}_k\Delta\boldsymbol{S}_j^{\mathrm{T}}\}\approx-\frac{\lambda_k\lambda_j}{N_t(\lambda_k-\lambda_j)^2}\boldsymbol{S}_j\boldsymbol{S}_k^{\mathrm{T}}(1-\delta_{k,j})\tag{5.29}$$

包含 DOA 信息的 ϕ_k 的估计偏差 $\Delta\phi_k$，可以通过特征向量估计偏差 $\Delta\boldsymbol{S}_k$ 表示为

$$\Delta\phi_k=\boldsymbol{e}_2\Delta\boldsymbol{S}_k\tag{5.30}$$

综合式(5.28)～式(5.30)得到

$$E\{|\Delta\phi_k|^2\}=E\{(\boldsymbol{e}_2\Delta\boldsymbol{S}_k)(\boldsymbol{e}_2\Delta\boldsymbol{S}_k)^{\mathrm{H}}\}=\frac{\lambda_k}{N_t}\sum_{l=1,l\neq k}^{Q}\frac{\lambda_l}{(\lambda_k-\lambda_l)^2}\boldsymbol{e}_2\boldsymbol{S}_l\boldsymbol{S}_l^{\mathrm{H}}\boldsymbol{e}_2^{\mathrm{T}}$$

由 $\phi_i=\exp\left\{-\frac{\mathrm{j}\pi}{\lambda}d\sin\vartheta_i\right\}$，很容易得到 DOA 的估计误差表达式

$$\overline{|\Delta\vartheta_k|^2}=\left(\frac{\lambda}{2\pi d\cos\vartheta_k}\right)^2\frac{\overline{|\Delta\phi_k|^2}-\mathrm{Re}\{(\phi_k^*)^2\overline{|\Delta\phi_k|^2}\}}{2}$$

其中，$\overline{(\cdot)}$ 表示均值；$(\phi_k^*)^2\overline{|\Delta\phi_k|^2}=\frac{\lambda_k}{N_t}\sum_{l=1,l\neq k}^{Q}\frac{\lambda_l}{(\lambda_k-\lambda_l)^2}s_k$，$s_k=\boldsymbol{e}_2[(\boldsymbol{S}_k^*\boldsymbol{S}_k^{\mathrm{H}})\odot(\boldsymbol{S}_l\boldsymbol{S}_l^{\mathrm{H}})]\boldsymbol{e}_2^{\mathrm{T}}$。

2) 时延估计误差

类似于 DOA 估计误差的讨论，容易得到时延的估计误差表达式为

$$\overline{|\Delta\tau_k|^2}=\left(\frac{\lambda}{2\pi d\cos\tau_k}\right)^2\frac{\overline{|\Delta\varphi_k|^2}-\mathrm{Re}\{(\varphi_k^*)^2\overline{|\Delta\varphi_k|^2}\}}{2}$$

式中，$E\{|\Delta\varphi_k|^2\}=E\{(\boldsymbol{e}_3\Delta\boldsymbol{S}_k)(\boldsymbol{e}_3\Delta\boldsymbol{S}_k)^{\mathrm{H}}\}=\dfrac{\lambda_k}{N_t}\sum_{l=1,l\neq k}^{Q}\dfrac{\lambda_l}{(\lambda_k-\lambda_l)^2}\boldsymbol{e}_3\boldsymbol{S}_l\boldsymbol{S}_l^{\mathrm{H}}\boldsymbol{e}_3^{\mathrm{T}}$，$(\varphi_k^*)^2\overline{|\Delta\varphi_k|^2}=\dfrac{\lambda_k}{N_t}\sum_{l=1,l\neq k}^{Q}\dfrac{\lambda_l\boldsymbol{e}_3[(\boldsymbol{S}_k^*\boldsymbol{S}_k^{\mathrm{H}})\odot(\boldsymbol{S}_l\boldsymbol{S}_l^{\mathrm{H}})]\boldsymbol{e}_3^{\mathrm{T}}}{(\lambda_k-\lambda_l)^2}$。

2. 计算复杂性

对较小维数的数据矩阵进行一次特征值分解求解 DOA 和时间延迟是 5.1.4 节所提算法的一个优点，我们用 $O(M)^3$ 表示计算复杂性与 M^3 同阶。由参考文献[8]可知，算法 5.3 计算传播因子的计算复杂性为 $O(MN_tKQ)$，其中 M 是天线阵列的阵元数，N_t 表示训练长度，K 为时隙数目，Q 为多径数目。所提算法需要对 Q 维数据矩阵进行特征值分解，相应的计算复杂性为 $O(Q)^3$。

表 5.2 给出了先前一些算法的计算复杂性，其中 g_t 和 g_s 分别是沿着时间轴和波达方向轴的搜索数目。因为 $MKQ\ll N_t$，所以计算传播因子的复杂性 $O(MN_tKQ)\ll O((N_t)^3)$。在表 5.2 中可以看到所提算法和 JADE-MUSIC、JADE-ESPRIT、SI-ESPRIT、TST-MUSIC、TST-ESPRIT 等算法相比具有较低的计算复杂性。

表 5.2 一些算法的计算复杂性的比较

算法名称	计算复杂性
JADE-MUSIC	$O(M^3N_t^3)+O((MN_t)^2)g_tg_s$
JADE-ESPRIT	$O(M^3N_t^3)$
SI-ESPRIT	$O(M^3N_t^3)$
TST-MUSIC	$O(N_t^3)+O(N_t^2g_t)$
TST-ESPRIT	$O(N_t^3)+O(N_t^2)$
空时矩阵方法	$O(N_t^3)$
修正的空时矩阵方法	$O((M-1)^3(N_t-1)^3)$
空时传播因子方法	$O(MN_tKQ)+O(Q^3)$

5.1.4.4 仿真实验

这里使用 MATLAB 软件建立一些仿真实验来评价本节提出的空时传播因子方法的估计性能。

假设一个窄带信号通过 4 条路径到达具有 6 个阵元的等距线阵，阵元位于 x 轴，参考阵元位于坐标原点，阵元间距为半波长，实验中波长归一化为 1。信号的波达方向和时间延迟分别为[−25°，30°，−24°，33°]和[0.25，0.19，1.01，0.86]，实验中码元周期 T_s 归一化为 1。过采样因子 $P=2$，在 20 个时隙上进行采样。各路径的振幅假设是不相关的服从零均值的复高斯过程。污染接收信号的噪声为高斯白噪声。

使用均方根误差来作为评定算法优劣的标准，其中波达方向和时延的均方根误差定义为

$$\Delta_k=\sqrt{E\{(\hat{\vartheta}_k-\vartheta_k)\}^2}$$

$$\Lambda_k=\sqrt{E\{(\hat{\tau}_k-\tau_k)\}^2}$$

式中，$\hat{\vartheta}_k$ 和 $\hat{\tau}_k$ 分别表示波达方向 ϑ_k 和时延 τ_k 的估计值，$k=1,2,3,4$。

图 5.4 和图 5.5 分别给出了使用 JADE-MUSIC、JADE-ESPRIT 和空时传播因子方法估计 DOA 和时间延迟的均方根误差随信噪比（变化范围为 0～25dB）变化的曲线，并且与 CRB 作了比较。从仿真图中可以看到与先前的算法相比，所提算法（the proposed method）估计 DOA 和时间延迟具有较小的估计误差，误差曲线最接近于 CRB，特别地，当信噪比大于 15dB 时，误差曲线变得很平滑，变化趋势趋于稳定。

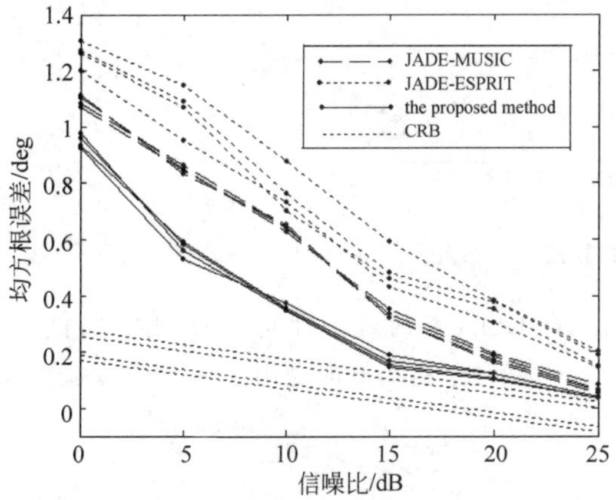

图 5.4　DOA 估计的 RMSE 的比较

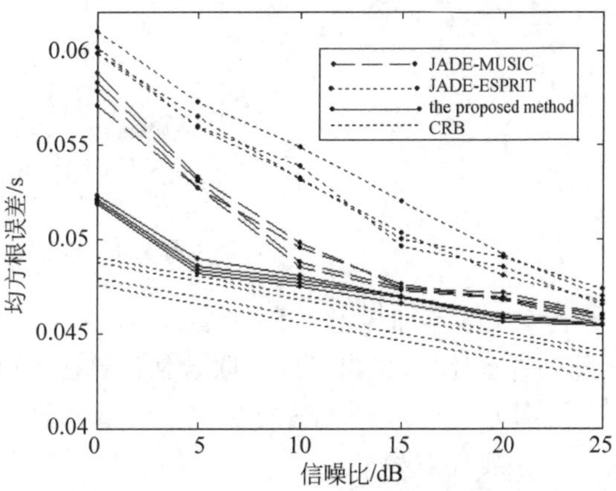

图 5.5　时延估计的 RMSE 的比较

图 5.6～图 5.8 分别给出了使用上述 3 种算法在信噪比等于 0dB 的环境下进行 200 次独立实验联合估计 DOA 和时间延迟的分布情况。从仿真图中可以看到 JADE-ESPRIT 算法此时已经不能正确估计出多径信号的 DOA 和时延，而所提算法具有更高的分辨率，这是因为在所提算法中反映 DOA 和时间延迟的矩阵 $\mathbf{A}_1$ 具有特殊的结构，即矩阵 $\mathbf{A}_1$ 的列是由包含 DOA 信息的 ϕ_k 和包含时间延迟信息的 φ_k 组成的，矩阵 $\mathbf{A}_1$ 的秩由 ϕ_k 和 φ_k 共同决定，只要入射波束的 DOA 和时间延迟不同时相等（即 $\vartheta_k=\vartheta_j$ 和 $\tau_k=\tau_j$ 不同时成立），则由矩阵 $\mathbf{A}_1$ 的结构可以看出它是满秩的，这样算法可以有效地解决角度兼并问题和时间延迟接近问题。

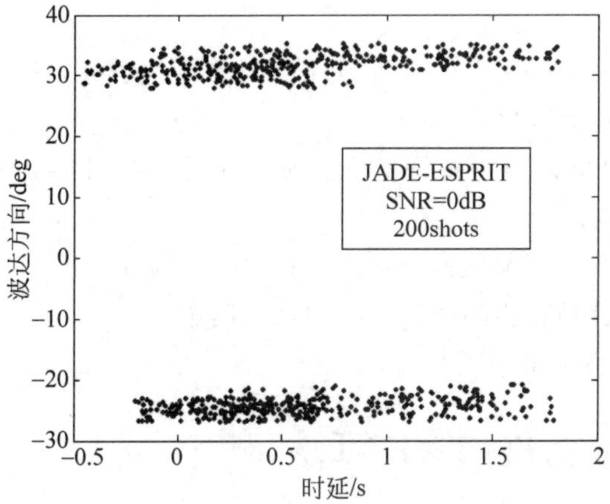

图 5.6　JADE-ESPRIT 算法估计情况

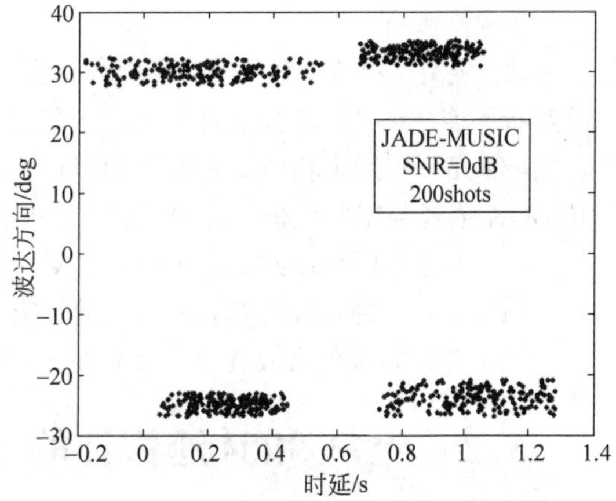

图 5.7　JADE-MUSIC 算法估计情况

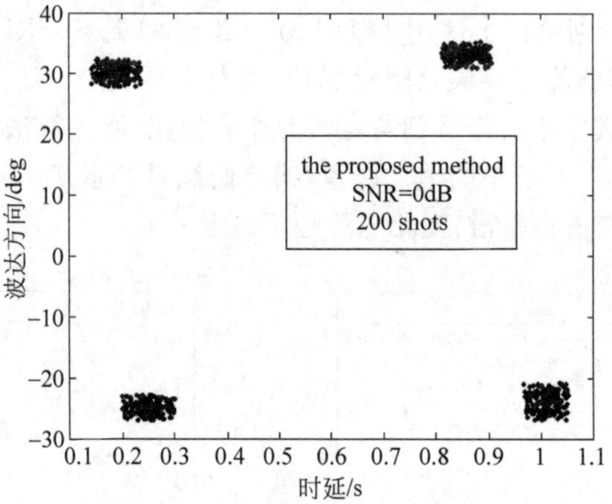

图 5.8 本节提出的算法估计情况

5.1.3 节和 5.1.4 节小结：针对多径信号的联合 DOA 和时延估计问题，利用均匀直线阵列进行处理，给出了 3 个联合估计算法。这 3 个算法均在不同方面做出了一定的贡献。

算法 5.1(空时矩阵方法)

主要优点如下：

(1) 定义了一个包含 DOA 和时延信息的空时矩阵，把联合 DOA 和时延估计问题转化为求解空时矩阵的特征值和特征向量的问题；

(2) 可以通过特征值和特征向量分别估计时延和 DOA 或者利用同一个特征向量估计二维参数；

(3) 可以利用特征值和特征向量的对应关系解决二维参数自动配对问题；

(4) 算法步骤简单易懂，避免了向量化函数等操作，算法具有较低的计算复杂性。

不足之处：不能解决具有角度兼并问题的波束或者具有相同时延的入射波束问题。

算法 5.2(修正的空时矩阵方法)

除了具有算法 5.1 的(1)～(3)优点之外，还可以解决具有角度兼并问题的波束或者具有相同时延的入射波束问题，更适用于复杂的多径环境。

算法 5.3(空时传播因子方法)

主要贡献有 4 点：

(1) 定义了一个包含 DOA 和时延信息的空时传播因子，利用这个空时传播因子可以把需要特征值分解的矩阵维数降到 Q 维(多径信号源数目)；

(2) 充分利用了特征值和特征向量的信息，可以通过特征值和特征向量分别估计时延和 DOA 或者利用同一个特征向量估计二维参数；

(3) 可以利用特征向量和特征值的对应关系实现参数的自动配对；

(4) 可以解决具有角度兼并问题的波束或者具有相同时延的入射波束问题。

以上各种算法的有效性分别从理论上和实验中得到了验证。

5.2 DOA 和时延估计的 ESPRIT-TDF 算法

本节介绍一种 DOA 和时延估计的高效算法，简称 ESPRIT-TDF 算法。在两个相同子阵构造两种特殊类型的协方差矩阵基础上，利用旋转不变性和高分辨率时延频率(Time-

Delay Frequency,TDF)技术可以同时估计出 DOA 和时延参数。该算法不仅易于实现,计算量小,而且适用于非最小相位信号的多源定位。

5.2.1 数据模型

考虑 D 个窄带远场非相干信号和具有 M 个阵元的阵列。假设加性噪声为零均值高斯随机过程。阵列在时间 t 上输出的向量由下式获得

$$\boldsymbol{x}(t)=\boldsymbol{A}(\Theta)\boldsymbol{s}(t)+\boldsymbol{n}(t) \tag{5.31}$$

其中,$\boldsymbol{A}(\Theta)$是 $M\times D$ 维阵列导向向量矩阵,且

$$\boldsymbol{A}(\Theta)=[\boldsymbol{a}(\theta_1),\boldsymbol{a}(\theta_2),\cdots,\boldsymbol{a}(\theta_D)] \tag{5.32}$$

这里,$\boldsymbol{a}(\theta_i)(i=1,2,\cdots,D)$是阵列朝向 θ_t 的导向向量。对于阵元间距为 Δ 和信号波长 λ 的均匀线性阵列(ULA),$\boldsymbol{a}(\theta_t)$可被写为

$$\boldsymbol{a}(\theta_t)=[1,\mathrm{e}^{-\mathrm{j}2\pi\Delta\sin\theta_i/\lambda},\cdots,\mathrm{e}^{-\mathrm{j}(M-1)2\pi\Delta\sin\theta_i/\lambda}]^{\mathrm{T}} \tag{5.33}$$

其中,$\boldsymbol{s}(t)$和 $\boldsymbol{n}(t)$分别表示 $D\times1$ 维信号向量和 $M\times1$ 维噪声向量。

5.2.2 ESPRIT-TDF 算法

5.2.2.1 ESPRIT 算法[11]

ESPRIT 算法需要两个相同的子阵。在 M 个元素和阵元间距 Δ 中的均匀线性阵列中,两个子阵通常可以构造如下:

令第 1~$(M-1)$个元素包含一个子阵。暂不考虑附加噪声,该子阵的输出由下式给出

$$\boldsymbol{x}_1(t)=\boldsymbol{A}_{-}(\Theta)\boldsymbol{s}(t) \tag{5.34}$$

类似地,另外一个子阵由第 2~M 个元素构成。它由下式给出

$$\boldsymbol{x}_2(t)=\boldsymbol{A}_{-}(\Theta)\boldsymbol{\Phi}\boldsymbol{s}(t) \tag{5.35}$$

其中

$$\boldsymbol{s}(t)=[s(t-\tau_1),s(t-\tau_2),\cdots,s(t-\tau_D)]^{\mathrm{T}} \tag{5.36}$$

$$\boldsymbol{\Phi}=\mathrm{diag}(\mathrm{e}^{\mathrm{j}\varphi_1},\mathrm{e}^{\mathrm{j}\varphi_2},\cdots,\mathrm{e}^{\mathrm{j}\varphi_D}) \tag{5.37}$$

$\boldsymbol{A}_{-}(\Theta)$是 $\boldsymbol{A}(\Theta)$的子矩阵。$\tau_i(i=1,2,\cdots,D)$代表不同信源的相应时延。φ_i 是空间频率,即

$$\varphi_i=\frac{2\pi\Delta\sin\theta_i}{\lambda},\quad i=1,2,\cdots,D \tag{5.38}$$

可以看到,信源的 DOA 可以从 $\boldsymbol{\Phi}$ 中得到。

5.2.2.2 ESPRIT-TDF 算法原理

传统 ESPRIT 算法的两个协方差矩阵通常被构造为

$$\begin{aligned}\boldsymbol{Y}_0&=E[\boldsymbol{x}_1(t)\boldsymbol{x}_1^{\mathrm{H}}(t)]=E[\boldsymbol{A}_{-}(\Theta)\boldsymbol{s}(t)\boldsymbol{s}^{\mathrm{H}}(t)\boldsymbol{A}_{-}^{\mathrm{H}}(\Theta)]\\ \boldsymbol{Y}_1&=E[\boldsymbol{x}_1(t)\boldsymbol{x}_2^{\mathrm{H}}(t)]=E[\boldsymbol{A}_{-}(\Theta)\boldsymbol{s}(t)\boldsymbol{s}^{\mathrm{H}}(t)\boldsymbol{\Phi}^{\mathrm{H}}\boldsymbol{A}_{-}^{\mathrm{H}}(\Theta)]\end{aligned} \tag{5.39}$$

其中,$(\cdot)^{\mathrm{H}}$ 表示共轭转置。事实上,协方差矩阵也可以通过其他方式产生

$$\begin{aligned}\boldsymbol{Z}_0&=E[\boldsymbol{x}_1^{\mathrm{H}}(t)\boldsymbol{x}_1(t)]=E[\boldsymbol{s}^{\mathrm{H}}(t)\boldsymbol{A}_{-}^{\mathrm{H}}(\Theta)\boldsymbol{A}_{-}(\Theta)\boldsymbol{s}(t)]\\ \boldsymbol{Z}_1&=E[\boldsymbol{x}_1^{\mathrm{H}}(t)\boldsymbol{x}_2(t)]=E[\boldsymbol{s}^{\mathrm{H}}(t)\boldsymbol{A}_{-}^{\mathrm{H}}(\Theta)\boldsymbol{\Phi}\boldsymbol{A}_{-}(\Theta)\boldsymbol{s}(t)]\end{aligned} \tag{5.40}$$

首先，对 $\boldsymbol{Z}_0$ 进行特征值分解

$$\boldsymbol{Z}_0=\boldsymbol{V}\boldsymbol{\Xi}_1\boldsymbol{V}^{\mathrm{H}} \tag{5.41}$$

$\boldsymbol{V}$ 的每一列表示对应的特征向量。$\boldsymbol{\Xi}_1=\mathrm{diag}\{\xi_1,\xi_2,\cdots,\xi_N\}$，$\xi_1\geqslant\xi_2\geqslant\cdots\geqslant\xi_N$ 是 $\boldsymbol{Z}_0$ 的特征值。

$\boldsymbol{Z}_0$ 的信号子空间投影矩阵 $\boldsymbol{Z}^{\#}$ 被构造如下：

$$\boldsymbol{Z}^{\#}=\sum_{i=1}^{D}\xi_l^{-1}\boldsymbol{V}_i\boldsymbol{V}_i^{\mathrm{H}} \tag{5.42}$$

$\boldsymbol{Z}_1\boldsymbol{Z}^{\#}$ 是 $\boldsymbol{Z}_1$ 在信号子空间 $\boldsymbol{Z}_0$ 上的投影，$\boldsymbol{Z}_1\boldsymbol{Z}^{\#}$ 特征分解为

$$\boldsymbol{Z}_1\boldsymbol{Z}^{\#}=\boldsymbol{U}\boldsymbol{\Xi}_2\boldsymbol{U}^{\mathrm{H}} \tag{5.43}$$

其中，$\boldsymbol{U}$ 的每一列(用 $\boldsymbol{U}_i$ 表示)表示对应的广义特征向量。$\boldsymbol{\Xi}_2=\mathrm{diag}\{\zeta_1,\zeta_2,\cdots,\zeta_N\}$，$|\zeta_1|\geqslant|\zeta_2|\geqslant\cdots\geqslant|\zeta_N|$ 是复广义特征值的绝对值。

因此，广义特征值包含式(5.43)中多个源的 DOA 信息，广义特征向量表示时延向量。因为广义特征值会自动与广义特征向量配对，因此可以同时估计 DOA 和时延。

空间频率 φ_i 可以从 ζ_i 的相位中估计，即

$$\varphi_i=\mathrm{ang}(\zeta_i),\quad i=1,2,\cdots,D \tag{5.44}$$

将时延信息包含在广义特征向量 $\boldsymbol{U}_i$ 中，利用高分辨率时延频率(TDF)算法对其进行估计。具体算法如下：

计算 $\boldsymbol{s}(t)$ 和 $\boldsymbol{U}_i$ 的傅里叶变换

$$\begin{aligned}&S(\omega)=\mathrm{FT}[\boldsymbol{s}(t)]\\&U_i(\omega)=\mathrm{FT}[\boldsymbol{U}_i]=S(\omega)\mathrm{e}^{-\mathrm{j}\omega\tau_i},\quad i=1,2,\cdots,D\end{aligned} \tag{5.45}$$

令

$$W_i(\omega)=\frac{U_i(\omega)}{S(\omega)}=\mathrm{e}^{-\mathrm{j}\omega\tau_i},\quad i=1,2,\cdots,D \tag{5.46}$$

$W_i(\omega)$ 是在频域中以采样间隔 $\Delta\omega$ 采样，即 $\omega=m\Delta\omega(m=0,1,2,\cdots)$。因此可以得到 $W(m\Delta\omega)$。时延频率被定义为 $\Omega_i=\tau_i\Delta\omega$。$\Omega_i(i=1,2,\cdots,D)$ 可以使用高分辨率估计算法(比如 MUSIC)来估计，其基于不需要考虑采样间隔 $\Delta\omega$ 的 $W(m)$。最后，时延由下式获得

$$\tau_i=\frac{\Omega_i}{\Delta\omega},\quad i=1,2,\cdots,D \tag{5.47}$$

5.2.3 仿真实验及分析

本节通过计算机仿真对 ESPRIT-TDF 算法性能进行研究。发射信号采用正弦波，包络为三角形，持续时间为 100ms。假设接收阵列为包含 14 个阵元的均匀线性阵列，且阵元间距 $\Delta=\lambda/2$，波束宽度约为 7.2°。有 3 个非相干信源。DOA 和时延的真实参数如表 5.3 所示。邻近信源之间的 DOA 间隔依次为波束宽度的 1/2 和 2/3，而时延间隔约为发射持续时间的 1/2 和 1/3。信噪比设定为 20dB，快拍数 $N=100$。采用 ESPRIT-TDF 算法进行参数估计的结果如表 5.4 所示。

可以看到 ESPRIT-TDF 算法在 DOA 和时延方面有着良好的精度和高分辨率。

表 5.3 真实参数

信源序列	DOA/(°)	时延/ms
1	−3.60	650
2	0.00	600
3	4.80	567

表 5.4 估计参数

信源序列	DOA/(°)	时延/ms
1	−3.605	655.4
2	−0.062	596.1
3	4.826	563.1

图 5.9 和图 5.10 分别显示了 DOA 和时延估计在不同信噪比下利用 ESPRIT-TDF 算法得到的均方根误差，统计结果由 200 次独立实验得到。

根据图 5.9 和图 5.10，如果信噪比大约为 5dB 时，DOA 估计的均方根误差低于 2°，时延估计的均方根误差低于 20ms。ESPRIT-TDF 算法有着良好的 DOA 和时延联合估计性能，能够满足精确信源定位的要求。

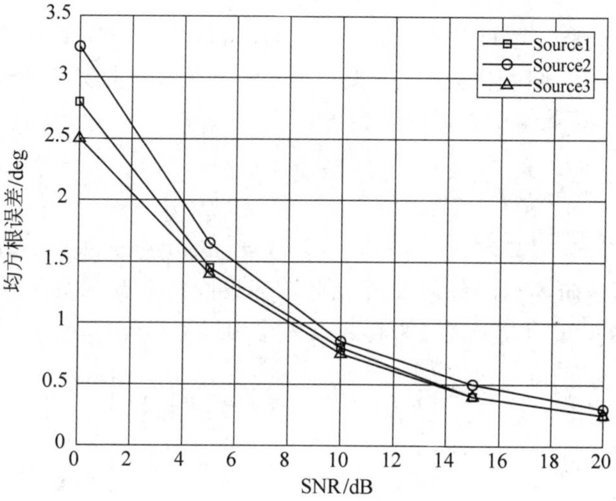

图 5.9 DOA 估计的均方根误差

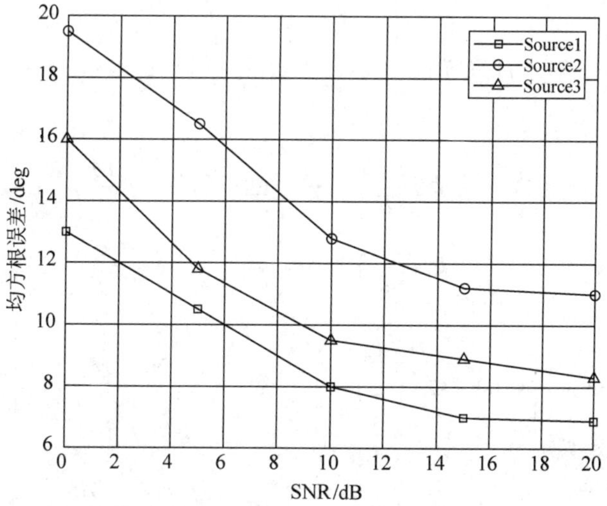

图 5.10 时延估计的均方根误差

5.3 DOA和频率估计的COMFAC算法

本节将DOA和频率估计问题与三线性模型联系起来，介绍一种DOA和频率盲估计算法。在系统输出过采样的基础上，建立一个三线性模型，通过三线性分解得到DOA和频率。该算法具有较好的性能，支持较小的样本容量。

5.3.1 数据模型

我们假设具有复基带表示为$s_k(t)$的K个信源，$k=1,2,\cdots,K$。解调到中频IF后，第k个信源产生的信号为$\mathrm{e}^{\mathrm{j}2\pi f_k t}s_k(t)$，具有$Q$个阵元的均匀线性阵列天线上接收的信号为$\boldsymbol{x}(t)=\sum_{k=1}^{K}\boldsymbol{a}(\theta_k)\mathrm{e}^{\mathrm{j}2\pi f_k t}s_k(t)$，其中，$\theta_k$为第$k$个信源的波达方向。$\boldsymbol{a}(\theta_k)$是波达方向$\theta_k$的阵列导向向量。假设窄带信号的带宽小于$1/T$，因此可以用一个周期对其进行采样来满足奈奎斯特速率要求。将T归一化为1。令要扫描的频带带宽是整数P倍，解调至中频IF后，以速率P进行采样，接收端的过采样数据为

$$\boldsymbol{x}\left(\frac{n}{P}\right)=\sum_{k=1}^{K}\boldsymbol{a}(\theta_k)\mathrm{e}^{\mathrm{j}2\pi f_k n/P}\boldsymbol{s}_k\left(\frac{n}{P}\right)=\boldsymbol{A\Phi}^n\boldsymbol{s}\left(\frac{n}{P}\right) \tag{5.48}$$

其中，$\boldsymbol{\Phi}=\mathrm{diag}\{\mathrm{e}^{\mathrm{j}2\pi f_1/P},\mathrm{e}^{\mathrm{j}2\pi f_2/P},\cdots,\mathrm{e}^{\mathrm{j}2\pi f_K/P}\}$；$\boldsymbol{A}=[\boldsymbol{a}(\theta_1),\boldsymbol{a}(\theta_2),\cdots,\boldsymbol{a}(\theta_K)]$是具有范德蒙特点的方向矩阵。向量$\boldsymbol{s}(t)$包含$K$个信号。假设以速率$P$采集了阵列输出的$N$个样本来得到$Q\times N$维数据矩阵。采集过采样数据并得到以下矩阵

$$\boldsymbol{X}=\begin{bmatrix}\boldsymbol{x}(0) & \boldsymbol{x}\left(\frac{1}{P}\right) & \cdots & \boldsymbol{x}\left(\frac{N-M}{N-M+1}\right)\\ \boldsymbol{x}\left(\frac{1}{P}\right) & \boldsymbol{x}\left(\frac{2}{P}\right) & \cdots & \boldsymbol{x}\left(\frac{N-M}{P}\right)\\ \vdots & \vdots & \ddots & \vdots\\ \boldsymbol{x}\left(\frac{M-1}{P}\right) & \boldsymbol{x}\left(\frac{M}{P}\right) & \cdots & \boldsymbol{x}\left(\frac{N-1}{P}\right)\end{bmatrix}\in\mathbf{C}^{QM\times(N-M+1)} \tag{5.49}$$

其中，M是平滑因子。对于过采样信号，$\boldsymbol{s}(t)\approx\boldsymbol{s}\left(t+\frac{1}{p}\right)\approx\cdots\approx\boldsymbol{s}\left(t+\frac{M-1}{p}\right)$。根据式(5.48)和式(5.49)，也可以表示为

$$\boldsymbol{X}\approx\begin{bmatrix}\boldsymbol{A}\left[\boldsymbol{s}(0) \quad \boldsymbol{\Phi s}\left(\frac{1}{P}\right) \quad \cdots \quad \boldsymbol{\Phi}^{N-M}\boldsymbol{s}\left(\frac{N-M}{P}\right)\right]\\ \boldsymbol{A\Phi}\left[\boldsymbol{s}(0) \quad \boldsymbol{\Phi s}\left(\frac{1}{P}\right) \quad \cdots \quad \boldsymbol{\Phi}^{N-M}\boldsymbol{s}\left(\frac{N-M}{P}\right)\right]\\ \vdots \qquad\qquad \vdots \qquad\qquad \ddots \qquad\qquad \vdots\\ \boldsymbol{A\Phi}^{M-1}\left[\boldsymbol{s}(0) \quad \boldsymbol{\Phi s}\left(\frac{1}{P}\right) \quad \cdots \quad \boldsymbol{\Phi}^{N-M}\boldsymbol{s}\left(\frac{N-M}{P}\right)\right]\end{bmatrix}=\begin{bmatrix}\boldsymbol{X}_0\\ \boldsymbol{X}_1\\ \vdots\\ \boldsymbol{X}_{M-1}\end{bmatrix}$$

$$=\begin{bmatrix}\boldsymbol{A}\\ \boldsymbol{A\Phi}\\ \vdots\\ \boldsymbol{A\Phi}^{M-1}\end{bmatrix}\left[\boldsymbol{s}(0) \quad \boldsymbol{\Phi s}\left(\frac{1}{P}\right) \quad \cdots \quad \boldsymbol{\Phi}^{N-M}\boldsymbol{s}\left(\frac{N-M}{P}\right)\right] \tag{5.50}$$

式(5.50)中的 $\boldsymbol{X}_m, m=0,1,\cdots,M-1$ 也可以表示为

$$\boldsymbol{X}_m = \boldsymbol{A}D_{m+1}(\boldsymbol{\Psi})\boldsymbol{B}^{\mathrm{T}}, \quad m=0,1,\cdots,M-1 \tag{5.51}$$

其中，$\boldsymbol{B}=\left[\boldsymbol{s}(0) \quad \boldsymbol{\Phi}\boldsymbol{s}\left(\frac{1}{P}\right) \quad \cdots \quad \boldsymbol{\Phi}^{N-M} \quad \boldsymbol{s}\left(\frac{N-M}{P}\right)\right]^{\mathrm{T}} \in \mathbf{C}^{(N-M+1)\times K}$。$D_m(\cdot)$是用来提取其矩阵的第 m 行，并用它构造一个对角矩阵。这里的 $\boldsymbol{\Psi}$ 表示为

$$\boldsymbol{\Psi}=\begin{bmatrix} 1 & 1 & \cdots & 1 \\ \mathrm{e}^{\mathrm{j}2\pi f_1/P} & \mathrm{e}^{\mathrm{j}2\pi f_2/P} & \cdots & \mathrm{e}^{\mathrm{j}2\pi f_K/P} \\ \vdots & \vdots & \ddots & \vdots \\ \mathrm{e}^{\mathrm{j}2\pi(M-1)f_1/P} & \mathrm{e}^{\mathrm{j}2\pi(M-1)f_2/P} & \cdots & \mathrm{e}^{\mathrm{j}2\pi(M-1)f_K/P} \end{bmatrix} \in \mathbf{C}^{M\times K} \tag{5.52}$$

矩阵 $\boldsymbol{\Psi}$ 可以用来估计频率，$\boldsymbol{\Psi}$ 也称为频率矩阵。由于噪声的存在，接收信号模型变为$\boldsymbol{X}_m=\boldsymbol{A}D_{m+1}(\boldsymbol{\Psi})\boldsymbol{B}^{\mathrm{T}}+\boldsymbol{W}_m, m=0,1,\cdots,M-1$，这里的 $\boldsymbol{W}_m$ 为接收噪声。式(5.51)中的信号也被表示为三线性模型[12]，该模型已用于信号处理领域[13-17]。

$$x_{q,l,m}=\sum_{k=1}^{K} a_{q,k} b_{l,k} \psi_{m,k}, q=1,\cdots,Q; l=1,\cdots,N-M+1; m=0,1,\cdots,M-1 \tag{5.53}$$

式中的 $a_{q,k}$ 表示矩阵 $\boldsymbol{A}$ 的第(q,k)元素，$b_{l,k}$ 和 $\psi_{m,k}$ 类同。

5.3.2　三线性分解与可辨识性

三线性交错最小二乘(Trilinear Alternating Least Square，TALS)算法是三线性模型[12]常用的数据检测方法。根据式(5.69)，最小二乘拟合为

$$\min_{\boldsymbol{A},\boldsymbol{B},\boldsymbol{\Psi}} \left\| \begin{bmatrix} \widetilde{\boldsymbol{X}}_0 \\ \widetilde{\boldsymbol{X}}_1 \\ \vdots \\ \widetilde{\boldsymbol{X}}_{M-1} \end{bmatrix} - \begin{bmatrix} \boldsymbol{A}D_1(\boldsymbol{\Psi}) \\ \boldsymbol{A}D_2(\boldsymbol{\Psi}) \\ \vdots \\ \boldsymbol{A}D_M(\boldsymbol{\Psi}) \end{bmatrix} \boldsymbol{B}^{\mathrm{T}} \right\|_{\mathrm{F}} \tag{5.54}$$

式中 $\widetilde{\boldsymbol{X}}_m$ 为噪声片段。利用最小二乘法对 $\boldsymbol{B}$ 进行更新

$$\hat{\boldsymbol{B}}^{\mathrm{T}}=\begin{bmatrix} \hat{\boldsymbol{A}}D_1(\hat{\boldsymbol{\Psi}}) \\ \hat{\boldsymbol{A}}D_2(\hat{\boldsymbol{\Psi}}) \\ \vdots \\ \hat{\boldsymbol{A}}D_M(\hat{\boldsymbol{\Psi}}) \end{bmatrix}^{+} \begin{bmatrix} \widetilde{\boldsymbol{X}}_0 \\ \widetilde{\boldsymbol{X}}_1 \\ \vdots \\ \widetilde{\boldsymbol{X}}_{M-1} \end{bmatrix} \tag{5.55}$$

其中，$\hat{\boldsymbol{A}}$ 和 $\hat{\boldsymbol{\Psi}}$ 分别表示 $\boldsymbol{A}$ 和 $\boldsymbol{\Psi}$ 的预估计。式(5.53)中的三线性模型的对称性允许两个矩阵重排，$\boldsymbol{Y}_q=\boldsymbol{B}D_q(\boldsymbol{A})\boldsymbol{\Psi}^{\mathrm{T}}, q=1,2,\cdots,Q$；$\boldsymbol{Z}_l=\boldsymbol{\Psi}D_l(\boldsymbol{B})\boldsymbol{A}^{\mathrm{T}}, l=1,2,\cdots,N-M+1$；$\boldsymbol{Y}_q$ 是空间方向上的第 q 个切片；$\boldsymbol{Z}_l$ 是时间方向上的第 l 个切片。用其他的切片方式，利用 LS 对 $\boldsymbol{\Psi}$ 和 $\boldsymbol{A}$ 进行更新

$$\hat{\boldsymbol{\Psi}}^{\mathrm{T}}=\begin{bmatrix}\hat{\boldsymbol{B}}D_1(\hat{\boldsymbol{A}})\\\hat{\boldsymbol{B}}D_2(\hat{\boldsymbol{A}})\\\vdots\\\hat{\boldsymbol{B}}D_Q(\hat{\boldsymbol{A}})\end{bmatrix}^{+}\begin{bmatrix}\tilde{\boldsymbol{Y}}_1\\\tilde{\boldsymbol{Y}}_2\\\vdots\\\tilde{\boldsymbol{Y}}_Q\end{bmatrix};\quad \hat{\boldsymbol{A}}^{\mathrm{T}}=\begin{bmatrix}\hat{\boldsymbol{\Psi}}D_1(\hat{\boldsymbol{B}})\\\hat{\boldsymbol{\Psi}}D_2(\hat{\boldsymbol{B}})\\\vdots\\\hat{\boldsymbol{\Psi}}D_{N-M+1}(\hat{\boldsymbol{B}})\end{bmatrix}^{+}\begin{bmatrix}\tilde{\boldsymbol{Z}}_1\\\tilde{\boldsymbol{Z}}_2\\\vdots\\\tilde{\boldsymbol{Z}}_{N-M+1}\end{bmatrix}\tag{5.56}$$

式中，$\tilde{\boldsymbol{Y}}_q$ 和 $\tilde{\boldsymbol{Z}}_l$ 分别是噪声片段。$\hat{\boldsymbol{B}}$、$\hat{\boldsymbol{\Psi}}$ 和 $\hat{\boldsymbol{A}}$ 分别表示 $\boldsymbol{B}$、$\boldsymbol{\Psi}$ 和 $\boldsymbol{A}$ 的预估计值。利用条件最小二乘法对矩阵 $\boldsymbol{B}$、$\boldsymbol{\Psi}$ 和 $\boldsymbol{A}$ 进行更新，直到收敛停止更新。虽然 TALS 算法在噪声为加性高斯[18]时是最优的，但它的收敛性较差。本节利用 COMFAC 算法[19]来进行三线性分解。COMFAC 算法本质上是 TALS 的快速实现，可以加快 LS 拟合速度。

三线性分解的可辨识性如下所示。

定理 5.3 $\boldsymbol{X}_m=\boldsymbol{A}D_{m+1}(\boldsymbol{\Psi})\boldsymbol{B}^{\mathrm{T}}$，$m=0,1,\cdots,M-1$，其中 $\boldsymbol{A}\in\mathbf{C}^{Q\times K}$，$\boldsymbol{B}\in\mathbf{C}^{(N-M+1)\times K}$，$\boldsymbol{\Psi}\in\mathbf{C}^{M\times K}$，考虑 $\boldsymbol{A}$ 和 $\boldsymbol{\Psi}$ 矩阵具有范德蒙特点，且 $\boldsymbol{B}$ 是 k 满秩[12]。如果 $Q+M+\min(N-M+1,K)\geqslant 2K+2$，那么 $\boldsymbol{B}$、$\boldsymbol{\Psi}$ 和 $\boldsymbol{A}$ 在列排列和缩放上是唯一的，也就是说，$\bar{\boldsymbol{A}}=\boldsymbol{A\Pi\Delta}_1$，$\bar{\boldsymbol{\Psi}}=\boldsymbol{\Psi\Pi\Delta}_2$，$\bar{\boldsymbol{B}}=\boldsymbol{B\Pi\Delta}_3$，使得构造 $\boldsymbol{X}_m$，$m=0,1,\cdots,M-1$ 的 $\bar{\boldsymbol{A}}$、$\bar{\boldsymbol{\Psi}}$ 与 $\bar{\boldsymbol{B}}$ 和 $\boldsymbol{B}$、$\boldsymbol{\Psi}$ 和 $\boldsymbol{A}$ 是相关的，其中 $\boldsymbol{\Pi}$ 是置换矩阵，$\boldsymbol{\Delta}_1$、$\boldsymbol{\Delta}_2$、$\boldsymbol{\Delta}_3$ 是对角缩放矩阵并满足 $\boldsymbol{\Delta}_1\boldsymbol{\Delta}_2\boldsymbol{\Delta}_3=\boldsymbol{I}$，这里的 $\boldsymbol{I}$ 是 $K\times K$ 的单位矩阵。

5.3.3 DOA 和频率联合估计算法

利用三线性分解得到方向矩阵 $\boldsymbol{A}$ 和频率矩阵 $\boldsymbol{\Psi}$，然后根据最小二乘原理和范德蒙特点来估计角度和频率。

将频率向量 $\boldsymbol{g}(f_i)$ 定义为 $\boldsymbol{g}(f_i)=[1,\mathrm{e}^{\mathrm{j}2\pi f_i/P},\cdots,\mathrm{e}^{\mathrm{j}2\pi(M-1)f_i/P}]^{\mathrm{T}}$，其中 $\boldsymbol{g}(f_i)$ 为频率矩阵 $\boldsymbol{\Psi}$ 的第 i 列。$\boldsymbol{h}=\mathrm{Im}(\ln(\boldsymbol{g}(f_i)))=[0,2\pi f_i/P,\cdots,2\pi(M-1)f_i/P]^{\mathrm{T}}$，$\ln(\cdot)$ 是自然对数，$\mathrm{Im}(\cdot)$ 是 $\boldsymbol{a}$ 的虚部复数。

估计的频率向量 $\hat{\boldsymbol{g}}(f_i)$（估计的频率矩阵 $\hat{\boldsymbol{\Psi}}$ 的第 i 列）经过归一化处理，解决了尺度模糊问题，然后根据上述处理过程对归一化序列进行处理来获得 $\hat{\boldsymbol{h}}$，最后利用最小二乘原理估计 f_i。最小二乘拟合为 $\boldsymbol{P}_1\boldsymbol{c}=\hat{\boldsymbol{h}}\boldsymbol{c}$，其中

$$\boldsymbol{P}_1=\begin{bmatrix}1 & 0\\1 & 2\pi/P\\\vdots & \vdots\\1 & 2\pi(M-1)/P\end{bmatrix},\quad \boldsymbol{c}=\begin{bmatrix}c_0\\f_i\end{bmatrix}$$

$\boldsymbol{c}$ 的最小二乘解为 $\hat{\boldsymbol{c}}=(\boldsymbol{P}_1^{\mathrm{T}}\boldsymbol{P}_1)^{-1}\boldsymbol{P}_1^{\mathrm{T}}\hat{\boldsymbol{h}}$。然后根据估计的频率矩阵 $\hat{\boldsymbol{\Psi}}$，得到 $\hat{f}_i$，$i=1,2,\cdots,K$。

方向矩阵 $\boldsymbol{A}$ 和频率矩阵 $\boldsymbol{\Psi}$ 都具有范德蒙特点，因此可以使用与频率估计相同的方法估计多个 DOA。

综上所述，基于三线性分解的盲联合角度和频率估计方法的具体步骤如下，该算法首先利用三线性分解得到方向矩阵和频率矩阵，然后利用最小二乘原理估计频率，最后根据估计的方向矩阵和频率来估计角度。

5.3.4　仿真实验及分析

令 $\boldsymbol{X}_m=\boldsymbol{A}\boldsymbol{D}_{m+1}(\boldsymbol{\Psi})\boldsymbol{B}^{\mathrm{T}}+\boldsymbol{W}_m, m=0,1,\cdots,M-1$，其中，$\boldsymbol{W}_m$ 是加性高斯白噪声矩阵，定义 SNR 为

$$\mathrm{SNR}=10\log_{10}\frac{\sum_{m=0}^{M-1}\|\boldsymbol{A}\boldsymbol{D}_{m+1}(\boldsymbol{\Psi})\boldsymbol{B}^{\mathrm{T}}\|_{\mathrm{F}}^{2}}{\sum_{m=0}^{M-1}\|\boldsymbol{W}_m\|_{\mathrm{F}}^{2}} \tag{5.57}$$

本节利用蒙特卡洛实验来评估 COMFAC 算法的角度和频率估计性能。蒙特卡洛实验的次数为 400 次，均匀线阵的阵元数为 8，阵元间距为 $\lambda_0/2$（λ_0 为 2MHz 载波频率的波长），K 是信号源数目，M 为平滑因子，L 为信源矩阵 $\boldsymbol{B}$ 的长度，快拍数 $N=M+L-1$。定义均方根误差 $\mathrm{RMSE}=\sqrt{\frac{1}{400}\sum_{m=1}^{400}[a_m-a_0]^2}$，其中 a_m 为第 m 次蒙特卡洛实验的估计角度/频率，a_0 为最佳角度/频率。

仿真 1　本次仿真研究了 COMFAC 算法的性能。设置 $K=3, L=25, M=4$。波达方向分别是 10°、20°和 30°，对应的载波频率分别为 1.2MHz、1.5MHz 和 1.8MHz。信源为窄带（25kHz）调幅信号，采样频率为 60MHz。图 5.11 显示了在信噪比为 40dB 时算法的性能。从图 5.11 可以看出，COMFAC 算法是有效的。

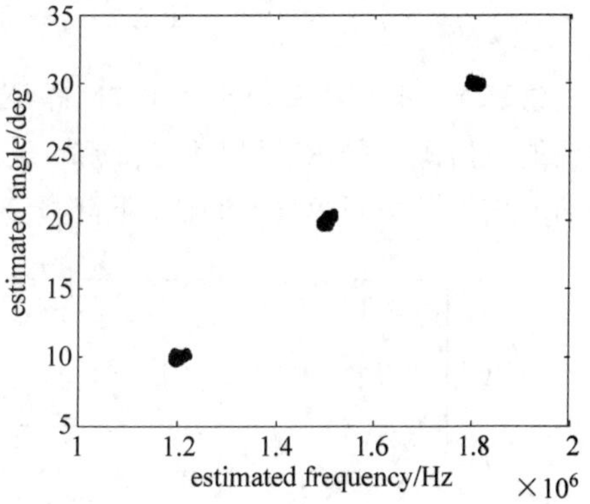

图 5.11　信噪比为 40dB 时的角度-频率散射情况

仿真 2　本次仿真对 COMFAC 算法和加权子空间拟合方法进行比较。ESPRIT 算法可用于初始化 WSF 和 COMFAC 算法。设置 $K=2$，$M=4$ 和 $L=15$。图 5.12 给出了频率和角度估计性能的比较。从图 5.12 可以看出，COMFAC 算法与 WSF 算法的性能非常接近。

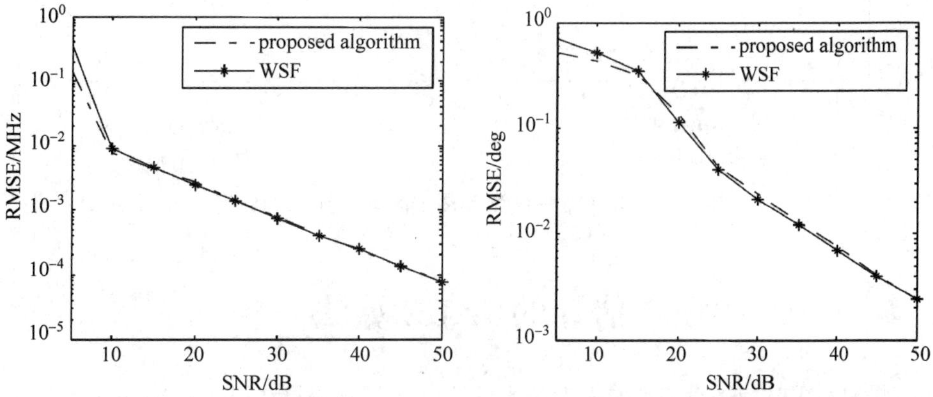

(a) 频率估计性能　　(b) 角度估计性能

图 5.12　角度和频率估计性能比较

仿真 3 本次仿真研究了 COMFAC 算法在 $M=4$、$K=3$ 和不同 L 值下的性能。L 设为 5,15,25。从图 5.13 可以看出,COMFAC 算法的频率和角度估计性能随着 L 的减小而下降。图 5.13 还给出了小样本($L=5$)的结果。很明显,COMFAC 算法即使在小样本容量的情况下也有较好的性能。

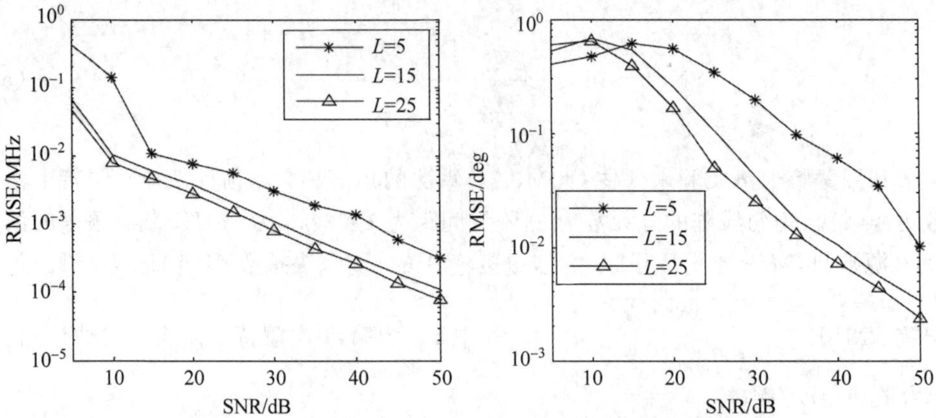

(a) 频率估计性能　　(b) 角度估计性能

图 5.13　不同 L 值下的角度和频率估计

仿真 4 本次仿真研究了 COMFAC 算法在 $L=15$ 和 $M=4$ 以及不同信号源数目 K 下的性能。信源编号 K 设置为 2、3 和 4。图 5.14 表明,COMFAC 算法的角度和频率估计性能随着信号源数目 K 的增加而下降。

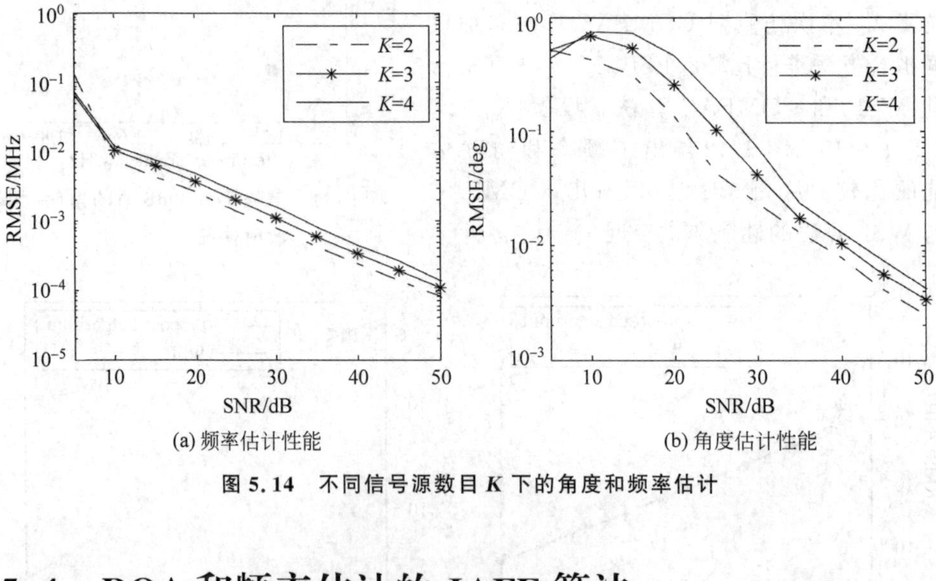

(a) 频率估计性能　　(b) 角度估计性能

图 5.14　不同信号源数目 K 下的角度和频率估计

5.4 DOA 和频率估计的 JAFE 算法

本节提出利用时域平滑和空域平滑技术的联合测频测向算法(Joint Angle and Frequency Estimation,JAFE)原理,并给出在复数域实现的基于时空平滑和前后向平均数据的联合测频测向算法,称为 C-JAFE 算法。

5.4.1 数学模型

考虑具有 M 个阵元的 ULA，阵元间距为 d，如图 5.15 所示。利用第一个阵元作为参考点，则 ULA 的阵列流形如下式所示：

$$\boldsymbol{a}_M(\mu)=[1,\mathrm{e}^{\mathrm{j}\mu},\cdots,\mathrm{e}^{\mathrm{j}(M-1)\mu}]^{\mathrm{T}} \tag{5.58}$$

其中 $\mu=\frac{2\pi f}{c}d\sin\vartheta$；$\vartheta$ 为信号的波达方向；c 为光速。

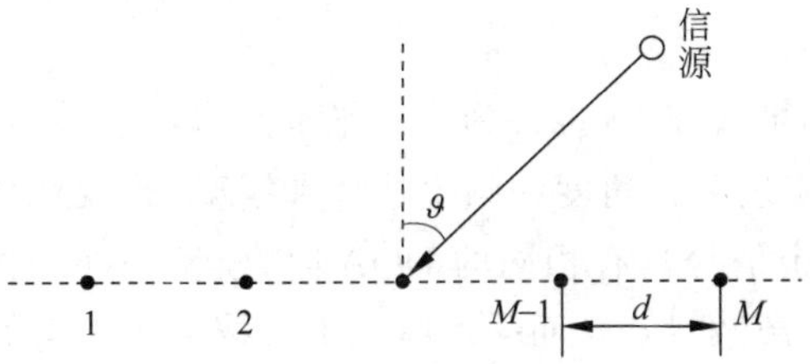

图 5.15　ULA 的示意图

假设有 Q 个窄带信号源，其中第 i 个信号在参考点的复包络为 $s_i(t)(i=1,2,\cdots,Q)$，载频为 $f_i(i=1,2,\cdots,Q)$，并以波达方向$(\vartheta_1,\vartheta_2,\cdots,\vartheta_Q)$入射到阵列，则 ULA 的第 k 个阵元接收数据可以表示为

$$x_k=\sum_{i=1}^{Q}a_k(\mu_i)\mathrm{e}^{\mathrm{j}2\pi f_i t}b_i(t)s_i(t)+w_k(t) \tag{5.59}$$

其中，x_k 表示第 k 个阵元的接收数据；$a_k(\mu_i)$表示第 k 个阵元对频率为 f_i 波达方向为 ϑ_i 的第 i 个信号的响应；b_i 为第 i 个信号的振幅；$w_k(t)$为第 k 个阵元的高斯白噪声。

令 P 为采样速率，则在 ULA 的采样数据为

$$\boldsymbol{x}\left(\frac{n}{P}\right)=\sum_{i=1}^{Q}\boldsymbol{a}(\mu_i)b_i\mathrm{e}^{\mathrm{j}\frac{2\pi}{P}f_i n}s_i\left(\frac{n}{P}\right)+\boldsymbol{w}\left(\frac{n}{P}\right) \tag{5.60}$$

其中，阵列接收向量 $\boldsymbol{x}\left(\frac{n}{P}\right)=\left[x_1\left(\frac{n}{P}\right),x_2\left(\frac{n}{P}\right),\cdots,x_M\left(\frac{n}{P}\right)\right]^{\mathrm{T}}$，$x_k\left(\frac{n}{P}\right)(k=1,2,\cdots,M)$表示第 k 个阵元的第 n 个采样数据；响应向量 $\boldsymbol{a}(\mu_i)=[a_1(\mu_i),a_2(\mu_i),\cdots,a_M(\mu_i)]^{\mathrm{T}}$，$a_k(\mu_i)$ $(k=1,2,\cdots,M)$ 表示第 k 个阵元对第 i 个信号的响应；噪声向量 $\boldsymbol{w}\left(\frac{n}{P}\right)=\left[w_1\left(\frac{n}{P}\right),w_2\left(\frac{n}{P}\right),\cdots,w_M\left(\frac{n}{P}\right)\right]^{\mathrm{T}}$，$w_k\left(\frac{n}{P}\right)(k=1,2,\cdots,M)$表示第 k 个阵元上噪声的第 n 个采样数据。

把式(5.60)写成矩阵形式，可以表示如下：

$$\boldsymbol{x}\left(\frac{n}{P}\right)=\boldsymbol{AB\Phi}^n\boldsymbol{s}\left(\frac{n}{P}\right)+\boldsymbol{w}\left(\frac{n}{P}\right) \tag{5.61}$$

其中，响应矩阵 $\boldsymbol{A}=[\boldsymbol{a}(\mu_1),\boldsymbol{a}(\mu_2),\cdots,\boldsymbol{a}(\mu_Q)]$；信号增益矩阵 $\boldsymbol{B}=\mathrm{diag}\{b_i\}_{i=1}^{Q}$；对角矩阵 $\boldsymbol{\Phi}=\mathrm{diag}\{\phi_i\}_{i=1}^{Q}$，$\phi_i=\exp\left(\mathrm{j}\frac{2\pi}{P}f_i\right)$；信号向量 $\boldsymbol{s}(t)=[s_1(t),s_2(t),\cdots,s_Q(t)]^{\mathrm{T}}$，向量中的每个信号振幅均为 1。在模型中的信号增益矩阵 $\boldsymbol{B}$ 可以写入信号向量 $\boldsymbol{s}(t)$中，即第 i 个信号的振幅为 b_i，所以在以后的讨论中不再提及信号增益矩阵 $\boldsymbol{B}$。假设以采样速率 P 共收集

了 ULA 的 N 次快拍数据，则可以得到以下数据矩阵

$$\boldsymbol{X}=\left[\boldsymbol{x}(0),\boldsymbol{x}\left(\frac{1}{P}\right),\cdots,\boldsymbol{x}\left(\frac{N-1}{P}\right)\right]=\boldsymbol{A}\left[\boldsymbol{s}(0),\boldsymbol{\Phi}\boldsymbol{s}\left(\frac{1}{P}\right),\cdots,\boldsymbol{\Phi}^{N-1}\boldsymbol{s}\left(\frac{N-1}{P}\right)\right]+\boldsymbol{W} \tag{5.62}$$

这里，$\boldsymbol{W}\in\mathbf{C}^{M\times N}$ 为阵列噪声向量的 N 次快拍。

5.4.2 JAFE 算法原理

5.4.2.1 时域平滑

本节考虑采样数据的堆栈技术（也称为时域平滑），采用此技术可以给我们带来两个方面的好处：第一，它可以实现联合角度和频率估计和模型(5.62)中的数据结构；第二，在模型(5.62)中，当两个或多个信号具有相同的 DOA 时，模型(5.62)往往是秩亏缺的（即数据矩阵(5.62)的秩小于信号源数目 Q），而采用时域平滑技术在一定条件下可以恢复数据矩阵(5.62)的秩。

1. 时域平滑原理

定义 5.1 原始采样数据矩阵(5.62)的 m 因子时域平滑数据矩阵为

$$\boldsymbol{X}_m=\begin{bmatrix}\boldsymbol{X}(1:N-m+1)\\ \boldsymbol{X}(2:N-m+2)\\ \vdots\\ \boldsymbol{X}(m-1:N-1)\end{bmatrix} \tag{5.63}$$

$\boldsymbol{X}(k:N-m+k)(k=1,2,\cdots,m)$ 表示原始数据矩阵(5.62)的第 k 列到第 $N-m+k$ 列组成的子矩阵。

根据定义 5.1，原始数据矩阵(5.62)的 m 因子时域平滑数据矩阵可以表示为

$$\boldsymbol{X}_m=\begin{bmatrix}\boldsymbol{A}\left[\boldsymbol{s}(0) & \boldsymbol{\Phi}\boldsymbol{s}\left(\frac{1}{P}\right) & \cdots & \boldsymbol{\Phi}^{N-m}\boldsymbol{s}\left(\frac{N-m}{P}\right)\right]\\ \boldsymbol{A}\boldsymbol{\Phi}\left[\boldsymbol{s}\left(\frac{1}{P}\right) & \boldsymbol{\Phi}\boldsymbol{s}\left(\frac{2}{P}\right) & \cdots & \boldsymbol{\Phi}^{N-m+1}\boldsymbol{s}\left(\frac{N-m+1}{P}\right)\right]\\ \vdots & \vdots & \ddots & \vdots\\ \boldsymbol{A}\boldsymbol{\Phi}^{m-1}\left[\boldsymbol{s}\left(\frac{m-1}{P}\right) & \boldsymbol{\Phi}\boldsymbol{s}\left(\frac{m}{P}\right) & \cdots & \boldsymbol{\Phi}^{N-1}\boldsymbol{s}\left(\frac{N-1}{P}\right)\right]\end{bmatrix}+\boldsymbol{W}_m \tag{5.64}$$

其中，$\boldsymbol{W}_m$ 代表噪声矩阵 $\boldsymbol{W}$ 的 m 因子时域平滑数据矩，其构造方式类似于 $\boldsymbol{X}_m$。

假设入射信号为窄带信号，因此有 $s(t)\approx s\left(t+\frac{1}{P}\right)\approx\cdots\approx s\left(t+\frac{m-1}{P}\right)$。为此，式(5.64)可以简化为如下形式

$$\begin{aligned}\boldsymbol{X}_m&\approx\begin{bmatrix}\boldsymbol{A}\\ \boldsymbol{A}\boldsymbol{\Phi}\\ \vdots\\ \boldsymbol{A}\boldsymbol{\Phi}^{m-1}\end{bmatrix}\left[\boldsymbol{s}(0)\quad \boldsymbol{\Phi}\boldsymbol{s}\left(\frac{1}{P}\right)\quad\cdots\quad\boldsymbol{\Phi}^{N-m}\boldsymbol{s}\left(\frac{N-m}{P}\right)\right]+\boldsymbol{W}_m\\ &\triangleq\boldsymbol{A}_m\boldsymbol{F}_s+\boldsymbol{W}_m\in\mathbf{C}^{mM\times(N-m+1)}\end{aligned} \tag{5.65}$$

其中，$\boldsymbol{A}_m=\begin{bmatrix}\boldsymbol{A}\\ \boldsymbol{A\Phi}\\ \vdots \\ \boldsymbol{A\Phi}^{m-1}\end{bmatrix}\in\mathbf{C}^{mM\times Q}$ 称为扩展的阵列响应矩阵；信号向量 $\boldsymbol{s}(t)$ 的前 $N-m+1$ 个采样 $\boldsymbol{F}_s=\left[\boldsymbol{s}(0)\quad \boldsymbol{\Phi s}\left(\frac{1}{P}\right)\quad \cdots\quad \boldsymbol{\Phi}^{N-m}\boldsymbol{s}\left(\frac{N-m}{P}\right)\right]\in\mathbf{C}^{Q\times(N-m+1)}$。

定理 5.4 假设有 Q 个位于远场的窄带信号源入射到具有 M 个阵元的阵列($Q<M$)，每个信号源具有不同的中心频率；假设这些信号源可以分为 r 组，每组中信号源都以相同的 DOA 入射到阵列；令 p_i 表示第 i 组中信号源数目。则 m 因子时域平滑数据矩阵(5.65)是满秩 Q 的充要条件为 $m\geqslant\max\limits_i p_i$。

证明过程参见文献[20]。

定理 5.4 表明利用 m 因子时域平滑技术，ESPRIT 算法可以处理 m 个信号具有相同 DOA 的情况，此外利用时域平滑技术也丰富了数据矩阵的结构，例如，扩展的阵列响应矩阵 $\boldsymbol{A}_m$ 具有旋转不变结构。

2. 基于时域平滑的 JAFE 算法

利用式(5.65)的模型，我们给出联合角度和频率估计的 ESPRIT 算法。

计算数据矩阵 $\boldsymbol{X}_m$ 的方差矩阵 $\boldsymbol{R}_m=\boldsymbol{X}_m\boldsymbol{X}_m^{\mathrm{H}}$ 的特征值分解

$$\boldsymbol{R}_m=\boldsymbol{U}_m\boldsymbol{\Sigma}_m\boldsymbol{U}_m^{\mathrm{H}}=\sum_{i=1}^{M}\lambda_i\boldsymbol{u}_i\boldsymbol{u}_i^{\mathrm{H}} \tag{5.66}$$

式中，$\boldsymbol{U}_m=[\boldsymbol{u}_1,\boldsymbol{u}_2,\cdots,\boldsymbol{u}_M]$为由特征向量组成的酉矩阵，$\boldsymbol{\Sigma}_m=\mathrm{diag}\{\lambda_1,\lambda_2,\cdots,\lambda_M\}$为特征值构成的对角矩阵，并且特征值按降序排列即 $\lambda_1\geqslant\lambda_2\geqslant\cdots\geqslant\lambda_Q>\lambda_{Q+1}=\cdots=\lambda_M$；为此我们可以把 $\boldsymbol{R}_m$ 的 M 个特征向量分成两部分，一部分是与 $\lambda_1,\lambda_2,\cdots,\lambda_Q$ 对应的特征向量，它们张成的空间称为信号子空间；另一部分是与小特征值 $\lambda_{Q+1},\lambda_{Q+2},\cdots,\lambda_M$ 对应的特征向量，它们张成的空间称为噪声子空间，即有

$$\boldsymbol{R}_m=\boldsymbol{U}_s\boldsymbol{\Sigma}_s\boldsymbol{U}_s^{\mathrm{H}}+\boldsymbol{U}_n\boldsymbol{\Sigma}_n\boldsymbol{U}_n^{\mathrm{H}}=\sum_{i=1}^{Q}\lambda_i\boldsymbol{u}_i\boldsymbol{u}_i^{\mathrm{H}}+\sum_{i=Q+1}^{M}\lambda_i\boldsymbol{u}_i\boldsymbol{u}_i^{\mathrm{H}} \tag{5.67}$$

由文献[11]易知，存在唯一可逆矩阵 $\boldsymbol{T}$，满足下式

$$\boldsymbol{U}_s=\boldsymbol{A}_m\boldsymbol{T}^{-1} \tag{5.68}$$

定义两类选择矩阵如下：

$$\begin{cases}\boldsymbol{J}_1(\phi)\triangleq[\boldsymbol{I}_{m-1}\quad \boldsymbol{0}_1]\otimes\boldsymbol{I}_M\\ \boldsymbol{J}_2(\phi)\triangleq[\boldsymbol{0}_1\quad \boldsymbol{I}_{m-1}]\otimes\boldsymbol{I}_M\end{cases} \tag{5.69}$$

$$\begin{cases}\boldsymbol{J}_1(\theta)\triangleq\boldsymbol{I}_M\otimes[\boldsymbol{I}_{m-1}\quad \boldsymbol{0}_1]\\ \boldsymbol{J}_2(\theta)\triangleq\boldsymbol{I}_M\otimes[\boldsymbol{0}_1\quad \boldsymbol{I}_{m-1}]\end{cases} \tag{5.70}$$

其中，⊗表示 Kronecker 积。

定义 5.2 通过时域平滑得到的包含信号源频率信息的对角矩阵 $\boldsymbol{\Phi}=\mathrm{diag}\{\phi_i\}_{i=1}^{Q}$，$\left(\phi_i=\exp\left(\mathrm{j}\frac{2\pi}{P}f_i\right),i=1,2,\cdots,Q\right)$ 称为时域旋转因子。

定义 5.3 把包含信号源 DOA 信息的对角矩阵$\boldsymbol{\Theta}=\mathrm{diag}\{\theta_k\}_{k=1}^{Q}\left(\theta_i=\exp(\mathrm{j}\mu_i),\mu_i=\frac{2\pi f_i}{c}d\sin\vartheta_i,i=1,2,\cdots,Q\right)$称为空域旋转因子。

为了估计对角矩阵$\boldsymbol{\Phi}=\mathrm{diag}\{\phi_i\}_{i=1}^{Q}$,分别抽取$\boldsymbol{U}_s$ 的前和后$M(m-1)$行,即

$$\boldsymbol{U}_{1,\phi}=\boldsymbol{J}_1(\phi)\boldsymbol{U}_s \tag{5.71}$$

$$\boldsymbol{U}_{2,\phi}=\boldsymbol{J}_2(\phi)\boldsymbol{U}_s \tag{5.72}$$

为了估计对角矩阵$\boldsymbol{\Theta}=\mathrm{diag}\{\mu_k\}_{k=1}^{Q}$,分别抽取$U_s$ 的m子块中的前$M-1$行和后$M-1$行,即

$$\boldsymbol{U}_{1,\theta}=\boldsymbol{J}_1(\theta)\boldsymbol{U}_s \tag{5.73}$$

$$\boldsymbol{U}_{2,\theta}=\boldsymbol{J}_2(\theta)\boldsymbol{U}_s \tag{5.74}$$

易知,式(5.71)~式(5.74)的数据具有下述结构

$$\begin{cases}\boldsymbol{U}_{1,\phi}=\boldsymbol{A}_1\boldsymbol{T}^{-1}\\ \boldsymbol{U}_{2,\phi}=\boldsymbol{A}_1\boldsymbol{\Phi}\boldsymbol{T}^{-1}\end{cases} \tag{5.75a}$$

$$\begin{cases}\boldsymbol{U}_{1,\theta}=\boldsymbol{A}_2\boldsymbol{T}^{-1}\\ \boldsymbol{U}_{2,\theta}=\boldsymbol{A}_2\boldsymbol{\Theta}\boldsymbol{T}^{-1}\end{cases} \tag{5.75b}$$

其中,$\boldsymbol{A}_1$ 和 $\boldsymbol{A}_2$ 是 $\boldsymbol{A}_m$ 的子矩阵。

令

$$\begin{cases}\boldsymbol{E}_\phi\triangleq\boldsymbol{U}_{1,\phi}^{\dagger}\boldsymbol{U}_{2,\phi}\\ \boldsymbol{E}_\theta\triangleq\boldsymbol{U}_{1,\theta}^{\dagger}\boldsymbol{U}_{2,\theta}\end{cases} \tag{5.76}$$

其中,$(\cdot)^{\dagger}$ 表示矩阵的广义逆。

通过数学推导,不难得到式(5.77),可以写为

$$\begin{cases}\boldsymbol{E}_\phi=\boldsymbol{T}\boldsymbol{\Phi}\boldsymbol{T}^{-1}\\ \boldsymbol{E}_\theta=\boldsymbol{T}\boldsymbol{\Theta}\boldsymbol{T}^{-1}\end{cases} \tag{5.77}$$

从式(5.77)可以看到,存在一个相同的可逆矩阵$\boldsymbol{T}$将$\boldsymbol{E}_\phi$ 和$\boldsymbol{E}_\theta$ 同时对角化,即联合对角化问题,一些联合对角化算法可参阅文献[21,22]。$\boldsymbol{E}_\phi$ 和$\boldsymbol{E}_\theta$ 同时对角化后我们可以利用对角矩阵的对角元素获得信号源的频率和 DOA 估计,即

$$\hat{f}_i=\arg(\phi_i)\times\frac{P}{2\pi} \tag{5.78}$$

$$\hat{\vartheta}_i=\arcsin(\arg(\theta_i)\times c/(2\pi\times d\times\hat{f}_i)) \tag{5.79}$$

其中,$i=1,2,\cdots,Q$; $\arg\{\cdot\}$表示取其相位角。

5.4.2.2 空域平滑

在 5.4.2.1 节中讨论的时域平滑技术可以处理多个信号源具有相同 DOA 的情况,在空域使用类似技术可以处理多个相干信号源的情况,下面对空域的平滑技术进行讨论。

1. 空域平滑原理

如图 5.16 所示，把具有 M 个阵元的 ULA 平均分为 L 个子阵，则每个子阵具有 $M_L=M-L+1$ 个阵元。

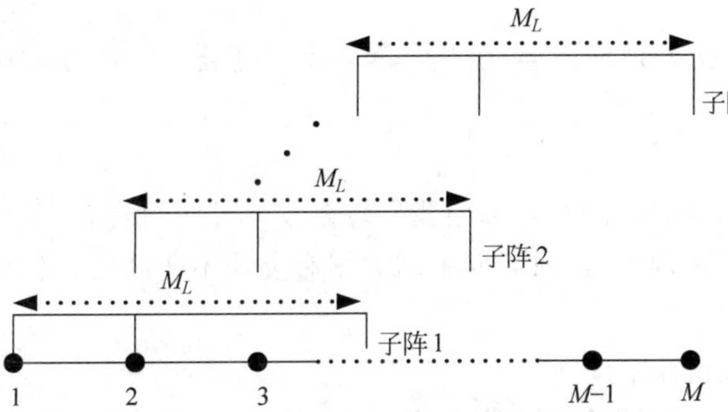

图 5.16 空域平滑中的子阵划分

定义 L 个选择矩阵 $\boldsymbol{J}_k$ 如下：

$$\boldsymbol{J}_k=[\boldsymbol{0}_{M_L\times(k-1)}\quad \boldsymbol{I}_{M_L}\quad \boldsymbol{0}_{M_L\times(M-M_L-k+1)}]\quad k=1,2,\cdots,L \tag{5.80}$$

其中，$\boldsymbol{0}_{k\times p}$ 表示 $k\times p$ 零矩阵；$\boldsymbol{I}_{M_L}$ 表示 $M_L\times M_L$ 单位矩阵。

图 5.16 中的第 k 个子阵所接收的数据可以通过式(5.81)所定义的选择矩阵得到，即 $\boldsymbol{X}_k=\boldsymbol{J}_k\boldsymbol{X}$，从而可以建立一个 $M_L\times LN$ 空域平滑数据矩阵 $\boldsymbol{X}_L$ 如下：

$$\boldsymbol{X}_L=[\boldsymbol{J}_1\boldsymbol{X}\quad \boldsymbol{J}_2\boldsymbol{X}\quad \cdots\quad \boldsymbol{J}_L\boldsymbol{X}]\in\mathbf{C}^{M_L\times LN} \tag{5.81}$$

结合式(5.62)中 $\boldsymbol{X}$ 的数据结构，可以把式(5.81)重写为如下形式

$$\boldsymbol{X}_L=[\boldsymbol{J}_1\boldsymbol{A}\quad \boldsymbol{J}_2\boldsymbol{A}\quad \cdots\quad \boldsymbol{J}_L\boldsymbol{A}]\begin{bmatrix}\boldsymbol{F}_s & & \\ & \ddots & \\ & & \boldsymbol{F}_s\end{bmatrix}+\boldsymbol{W}_L \tag{5.82}$$

其中，噪声数据项 $\boldsymbol{W}_L$ 得到方式与 $\boldsymbol{X}_L$ 相同。

令

$$\boldsymbol{A}_1=\boldsymbol{J}_1\boldsymbol{A}$$

则容易得到下述关系式

$$\boldsymbol{J}_k\boldsymbol{A}=\boldsymbol{A}_1\boldsymbol{\Theta}^{k-1}\quad k=1,2,\cdots,L \tag{5.83}$$

综合式(5.82)和式(5.83)，有

$$\begin{aligned}\boldsymbol{X}_L&=\boldsymbol{A}_1[\boldsymbol{F}_s\quad \boldsymbol{\Theta}\boldsymbol{F}_s\quad \cdots\quad \boldsymbol{\Theta}^{L-1}\boldsymbol{F}_s]+\boldsymbol{W}_L\\ &\triangleq\boldsymbol{A}_1\boldsymbol{F}_L+\boldsymbol{W}_L\in\mathbf{C}^{M_L\times LN}\end{aligned} \tag{5.84}$$

其中，$\boldsymbol{F}_L=[\boldsymbol{F}_s\quad \boldsymbol{\Theta}\boldsymbol{F}_s\quad \cdots\quad \boldsymbol{\Theta}^{L-1}\boldsymbol{F}_s]$。

定理 5.5 假设有 Q 个位于远场的窄带信号源入射到具有 M 个阵元的阵列，每个信号源具有不同的 DOA；假设这些信号源可以分为 r 组，每组中信号源的中频相同；令 q_i 表示第 i 组中信号源数目。则 L 因子空域平滑数据矩阵 $\boldsymbol{X}_L(M_L>Q)$ 是满秩 Q 的充要条件为 $L\geqslant\max\limits_i q_i$。

证明过程请参阅文献[20]。

2. 前后向平均

关于前后向平均的定义可参阅文献[23～25]。因此，数据矩阵 $\boldsymbol{X}$ 的前后向平均数据为

$$\boldsymbol{X}_{\mathrm{fb}}=[\boldsymbol{X}\quad(\boldsymbol{\Pi X})^{*}]\in\mathbf{C}^{M\times 2N}\tag{5.85}$$

其中，$\boldsymbol{\Pi}=\begin{bmatrix} & & 1\\ & \iddots & \\ 1 & & \end{bmatrix}$反对角线元素为 1 其余元素等于零，这样的矩阵称为反单位交换矩阵。

采用前后向平均数据式(5.85)可以给我们带来 3 个方面的好处[20]

(1) 当满足中心对称特性时，前后向平均数据有旋转不变结构，因此可以采用 ESPRIT 算法进行参数估计；

(2) 可以提高参数估计精度；

(3) 对数据矩阵秩亏缺进行秩补偿，因此可以解决相干信号源问题。

3. 基于时空平滑和前后向平均的数据模型

本节对前述的扩展数据模型进行综合，给出基于时空平滑和前后向平均的数据模型。

在式(5.64)所示的时域平滑数据 $\boldsymbol{X}_m$ 的基础上，应用空域平滑技术。令 M_L 表示每个子阵的阵元数，$\boldsymbol{J}_k(k=1,2,\cdots,L)$为式(5.80)所定义的选择矩阵，则$(m,L)$因子的时空平滑数据矩阵 $\boldsymbol{X}_{m,L}$，可按如下方式构造

$$\boldsymbol{X}_{m,L}=[\boldsymbol{J}_1\boldsymbol{X}_m\quad\boldsymbol{J}_2\boldsymbol{X}_m\quad\cdots\quad\boldsymbol{J}_L\boldsymbol{X}_m]\in\mathbf{C}^{mM_L\times L(N-m+1)}\tag{5.86}$$

结合 $\boldsymbol{X}_m$ 的数据结构式(5.85)，式(5.86)可以表示为

$$\boldsymbol{X}_{m,L}=[\boldsymbol{J}_1\boldsymbol{A}_m\quad\boldsymbol{J}_2\boldsymbol{A}_m\quad\cdots\quad\boldsymbol{J}_L\boldsymbol{A}_m]\begin{bmatrix}\boldsymbol{F}_s & & \\ & \ddots & \\ & & \boldsymbol{F}_s\end{bmatrix}+\boldsymbol{W}_{m,L}\tag{5.87}$$

令

$$\boldsymbol{A}_{1,m}=\boldsymbol{J}_1\boldsymbol{A}_m$$

则由 $\boldsymbol{A}_m$ 的旋转不变性，有下述关系式

$$\boldsymbol{J}_k\boldsymbol{A}_m=\boldsymbol{A}_{1,m}\boldsymbol{\Theta}^{k-1}\quad k=1,2,\cdots,L$$

因此，式(5.87)可以写为如下形式

$$\boldsymbol{X}_{m,L}=\boldsymbol{A}_{1,m}[\boldsymbol{F}_s\quad\boldsymbol{\Theta F}_s\quad\cdots\quad\boldsymbol{\Theta}^{L-1}\boldsymbol{F}_s]+\boldsymbol{W}_{m,L}\triangleq\boldsymbol{A}_{1,m}\boldsymbol{F}_L+\boldsymbol{W}_{m,L}\tag{5.88}$$

对式(5.88)所示的时空平滑数据应用前后向平均技术，得到如下基于时空平滑和前后向平均的数据矩阵

$$\boldsymbol{X}_{m,L,\mathrm{fb}}=[\boldsymbol{X}_{m,L}\quad(\boldsymbol{\Pi X}_{m,L})^{*}]\tag{5.89}$$

其中，$\boldsymbol{\Pi}$ 为反单位交换矩阵。

4. 可辨识性

通过上面的讨论，容易知道式(5.89)所示的数据模型包含以下 3 种技术：

(1) 时域平滑；

(2) 空域平滑；

(3) 前后向平均。

在该数据模型中仍然保持着与 ESPRIT 算法中类似的旋转不变结构，JAFE 算法正是

基于式(5.89)所示的数据模型而给出。

为了给出 JAFE 算法,首先给出模型式(5.89)中参数可辨识性条件。

通过式(5.89)容易知道 $\boldsymbol{X}_{m,L,\mathrm{fb}} \in \mathbf{C}^{mM_L \times 2L(N-m+1)}$,令 $\boldsymbol{U}_s$ 为 $\boldsymbol{R}_{m,L,\mathrm{fb}}=\boldsymbol{X}_{m,L,\mathrm{fb}}\boldsymbol{X}_{m,L,\mathrm{fb}}^{\mathrm{H}}$ 的信号子空间,则有下面的可辨识性条件。

条件 1[20] 为了正确估计信号子空间 $\boldsymbol{U}_s$,$\boldsymbol{X}_{m,L,\mathrm{fb}}$ 至少为 $Q\times Q$ 矩阵。

在估计信号子空间 $\boldsymbol{U}_s$ 之后,为了使用旋转不变技术估计参数需要定义两类选择矩阵如下:

$$\begin{cases}\boldsymbol{J}_1(\phi) \triangleq [\boldsymbol{I}_{m-1} \quad \boldsymbol{0}_1] \otimes \boldsymbol{I}_{M_L} \\ \boldsymbol{J}_2(\phi) \triangleq [\boldsymbol{0}_1 \quad \boldsymbol{I}_{m-1}] \otimes \boldsymbol{I}_{M_L}\end{cases} \tag{5.90}$$

$$\begin{cases}\boldsymbol{J}_1(\theta) \triangleq \boldsymbol{I}_m \otimes [\boldsymbol{I}_{M_L-1} \quad \boldsymbol{0}_1] \\ \boldsymbol{J}_2(\theta) \triangleq \boldsymbol{I}_m \otimes [\boldsymbol{0}_1 \quad \boldsymbol{I}_{M_L-1}]\end{cases} \tag{5.91}$$

利用上述选择矩阵构造子矩阵

$$\begin{cases}\boldsymbol{U}_{1,\phi} = \boldsymbol{J}_1(\phi)\boldsymbol{U}_s \\ \boldsymbol{U}_{2,\phi} = \boldsymbol{J}_2(\phi)\boldsymbol{U}_s\end{cases} \tag{5.92}$$

$$\begin{cases}\boldsymbol{U}_{1,\theta} = \boldsymbol{J}_1(\theta)\boldsymbol{U}_s \\ \boldsymbol{U}_{2,\theta} = \boldsymbol{J}_2(\theta)\boldsymbol{U}_s\end{cases} \tag{5.93}$$

条件 2[20] 为了正确估计信号频率和 DOA,选择矩阵 $\boldsymbol{J}_1(\phi)$,$\boldsymbol{J}_2(\phi)$,$\boldsymbol{J}_1(\theta)$和 $\boldsymbol{J}_2(\theta)$ 至少有 Q 行。

对 ULA,综合可辨识性条件,有下述可辨识性准则:

- $Q \leqslant m(M-L)$
- $Q \leqslant (m-1)\times(M-L+1)$
- $Q \leqslant 2L(N-m+1)$

其中 Q、m、M 和 L 分别表示信号源数目、时域平滑因子、阵元数和子阵数目。

对于给定阵元数 M 和快拍数 N,在满足可辨识性条件下能够处理最大信号源数目、最大时域平滑因子以及最大子阵数目为

当 $N \geqslant M+\dfrac{1}{\sqrt{2}}$时,

$$\begin{cases}Q_{\max} = M(N+1)(2-\sqrt{2})^2 \\ m_{\max} = (N+1)(2-\sqrt{2}) \\ L_{\max} = M(\sqrt{2}-1)\end{cases}$$

当 $N < M+\dfrac{1}{\sqrt{2}}$时,

$$\begin{cases}Q_{\max} = N(M+1)(2-\sqrt{2})^2 \\ m_{\max} = N(2-\sqrt{2})+1 \\ L_{\max} = (M+1)(\sqrt{2}-1)\end{cases}$$

除了上述条件外，式(5.71)～式(5.74)中的子矩阵也需为满秩 Q。从定理 5.4 和定理 5.5 可知下面的条件也需满足

$$\begin{cases} m \geqslant p \\ N \geqslant \dfrac{3}{2}p \end{cases}, \quad \begin{cases} L \geqslant \dfrac{1}{2}q \\ M \geqslant \dfrac{3}{2}q \end{cases}$$

其中 p,q 分别为具有相同 DOA 或者相同中频的信号源数目。

5.4.2.3 JAFE 算法

本节给出了在复数域实现的基于时空平滑和前后向平均数据的联合测频测向算法，称为 C-JAFE 算法，其处理过程如算法 5.4 所示。

仿真实验及分析将在 7.1.5 节与 Unitary-JAFE 算法一起给出并进行性能比较。

算法 5.4 C-JAFE 算法。

1. 通过阵列接收数据矩阵式(5.62)，分别按照式(5.63)、式(5.66)和式(5.69)计算其 m 因子时域平滑、L 因子空域平滑和前后向平均数据；
2. 通过对 $\boldsymbol{R}_{m,L,\text{fb}}=\boldsymbol{X}_{m,L,\text{fb}}\boldsymbol{X}_{m,L,\text{fb}}^{\text{H}}$ 进行特征值分解，估计信号子空间 $\boldsymbol{U}_s$；
3. 按照式(5.70)和式(5.71)构造选择矩阵并按照式(5.72)和式(5.73)形成子矩阵 $\boldsymbol{U}_{1,\phi}$、$\boldsymbol{U}_{2,\phi}$ 以及 $\boldsymbol{U}_{1,\theta}$、$\boldsymbol{U}_{2,\phi}$；
4. 利用第 3 步中获得子矩阵，计算下述矩阵
$$\begin{cases} \boldsymbol{E}_\phi = \boldsymbol{U}_{1,\phi}^{\dagger}\boldsymbol{U}_{2,\phi} \\ \boldsymbol{E}_\theta = \boldsymbol{U}_{1,\theta}^{\dagger}\boldsymbol{U}_{2,\theta} \end{cases}$$
5. 对矩阵 $\boldsymbol{E}_\phi$ 和 $\boldsymbol{E}_\theta$ 进行联合对角化，估计出时域旋转因子 $\boldsymbol{\Phi}$ 和空域旋转因子 $\boldsymbol{\Theta}$；
6. 利用时域旋转因子 $\boldsymbol{\Phi}$ 和空域旋转因子 $\boldsymbol{\Theta}$ 的对角元素，按照下式估计信号频率和 DOA。
$$\begin{cases} \hat{f}_i = \arg(\phi_i) \times \dfrac{P}{2\pi} \\ \hat{\vartheta}_i = \sin^{-1}(\arg(\theta_i) \times c/(2\pi \times d \times \hat{f}_i)) \end{cases}, \quad i=1,2,\cdots,Q$$

5.5 基于子空间的 DOA 和距离联合估计算法

本节介绍一种基于子空间的近场信源 DOA 和距离联合估计算法。该算法利用 N 个阵元来估计 $N-1$ 个信源的 DOA，利用四阶累积量，由构造矩阵的特征向量和特征值直接给出距离参数。该算法不需要搜索计算和参数配对的处理过程。与现有的类 ESPRIT 算法相比，该算法可实现二维参数的自动配对，减少阵列孔径的损失，性能得到改善。

5.5.1 数据模型

不妨设接收天线阵列为一个具有 N 个阵元的均匀线性阵列，其中阵元间距为 d。假定

有 P 个窄带近场信号源入射到该阵列，则第 m 个阵元的输出可以近似表示为

$$x_m(t)=\sum_{i=1}^{P}s_i(t)\mathrm{e}^{\mathrm{j}(w_i m+\phi_i m^2)}+n_m(t),\quad m=-1,0,1,\cdots,N-2 \tag{5.94}$$

参数 w_i 和 ϕ_i 是第 i 个信源的方位角 θ_i 和距离 r_i 的函数，它们表示为

$$w_i=\frac{-2\pi}{\lambda}d\sin(\theta_i)$$

$$\phi_i=\pi\frac{d^2}{\lambda r_i}\cos^2(\theta_i) \tag{5.95}$$

对于信源参数的唯一估计，做如下假设：

(1) 假设 P 个信源$[s_1(t),s_2(t),\cdots,s_P(t)]$为零均值，统计上相互独立，并且具有非零的四阶累积量，加性噪声 $n_m(t)$为零均值、高斯且与信源无关。

(2) 阵元间隔满足 $d\leqslant\lambda/4$，这里 λ 表示信源波前的波长。

阵元数仅需满足 $N>P$，是文献[26,27]中要求的阵元数的一半。与文献[27,28]不同的是，这里假设阵元 $m=0$ 为相位参考点。

其目的是根据阵列接收数据$[x_{-1}(t),x_0(t),\cdots,x_{N-2}(t)]$来估计 P 个信源的参数$[\theta_1,\theta_2,\cdots,\theta_p,r_1,r_2,\cdots,r_P]$。

根据式(5.94)，阵列输出可以表示为矩阵形式：

$$\boldsymbol{x}(t)=\boldsymbol{A}\boldsymbol{s}(t)+\boldsymbol{n}(t),\quad t=1,2,\cdots,M \tag{5.96}$$

其中

$$\boldsymbol{x}=[x_{-1},x_0,x_1,\cdots,x_{N-2}]^{\mathrm{T}}$$

$$\boldsymbol{s}=[s_1,s_2,\cdots,s_P]^{\mathrm{T}}$$

$$\boldsymbol{n}=[n_{-1},n_0,\cdots,n_{N-2}]^{\mathrm{T}}$$

$$\boldsymbol{A}=[\boldsymbol{a}_1,\boldsymbol{a}_2,\cdots,\boldsymbol{a}_P] \tag{5.97}$$

$$\boldsymbol{a}_i(\theta_i,r_i)=[\mathrm{e}^{\mathrm{j}(-1)w_i+\mathrm{j}(-1)^2\phi_i},1\mathrm{e}^{\mathrm{j}(w_i+\phi_i)},\cdots,\mathrm{e}^{\mathrm{j}(N-2)w_i+\mathrm{j}(N-2)^2\phi_i}]^{\mathrm{T}} \tag{5.98}$$

5.5.2 DOA 和距离联合估计

首先给出复测量值 $x_0(t)$、$x_0^*(t)$、$x_u(t)$和 $x_v^*(t)$的四阶累积量，它表示为 $\mathrm{cum}(x_0(t),x_0^*(t),x_u(t),x_v^*(t))$。从式(5.94)和累积量性质[28]可以得出

$$\mathrm{cum}(x_0(t),x_0^*(t),x_u(t),x_v^*(t))=\sum_{i=1}^{P}\gamma_{4,s_i}\mathrm{e}^{\mathrm{j}(u-v)w_i+\mathrm{j}(u^2-v^2)\phi_i} \tag{5.99}$$

其中，$\gamma_{4,s_i}(i=1,2,\cdots,P)$表示第 i 个信源的峰度，定义为

$$\gamma_{4,s_i}=\mathrm{cum}\{s_i^*(t),s_i(t),s_i^*(t),s_i(t)\}=E\{|s_i(t)|^4\}$$

然后构造两个累积量矩阵 $\boldsymbol{C}_1$ 和 $\boldsymbol{C}_2$

$$\boldsymbol{C}_1\triangleq\mathrm{cum}(x_0(t),x_0^*(t),\boldsymbol{x}(t),\boldsymbol{x}^{\mathrm{H}}(t))=\boldsymbol{A}\boldsymbol{C}_s\boldsymbol{A}^{\mathrm{H}} \tag{5.100}$$

$$\boldsymbol{C}_2\triangleq\mathrm{cum}(x_1(t),x_{-1}^*(t),\boldsymbol{x}(t),\boldsymbol{x}^{\mathrm{H}}(t))=\boldsymbol{A}\boldsymbol{\Psi}\boldsymbol{C}_s\boldsymbol{A}^{\mathrm{H}} \tag{5.101}$$

其中，* 表示复共轭；H 表示转置，并且

$$C_s = \mathrm{diag}\{\gamma_{4,s_1}, \gamma_{4,s_2}, \cdots, \gamma_{4,s_P}\}$$

$$\boldsymbol{\Psi} = \mathrm{diag}\{\mathrm{e}^{\mathrm{j}2w_1}, \mathrm{e}^{\mathrm{j}2w_2}, \cdots, \mathrm{e}^{\mathrm{j}2w_P}\} \tag{5.102}$$

$\boldsymbol{C}_1$ 和 $\boldsymbol{C}_2$ 的前两个元素起引导阵元的作用，即 x_{-1}, x_0, x_1 分别用于构造 $\boldsymbol{C}_1, \boldsymbol{C}_2$ 的导向阵元。在本节的方法中，将阵元 $m=0$ 设置为相位参考点，而相位参考点位于文献[26,27]中阵列的对称中心。可以有效地利用阵元对 $\{x_i, x_{-1}\}$ 的对称性来构建累积量矩阵 $\boldsymbol{C}_2$，从而得到仅以旋转矩阵 $\boldsymbol{\Psi}$ 为函数的 $\{w_i\}$。

$\boldsymbol{C}_1$ 和 $\boldsymbol{C}_2$ 都是秩为 P 的 $N \times N$ 矩阵，因此很容易证明这两个矩阵具有以下关系

$$\boldsymbol{C}_2^{\mathrm{H}} \boldsymbol{C}_1^{\#} \mathbf{A} = \mathbf{A}\boldsymbol{\psi} \tag{5.103}$$

其中，# 表示矩阵的伪逆，可以通过 $\boldsymbol{C}_1$ 的特征分解来得到，即

$$\boldsymbol{C}_1 = \sum_{i=1}^{N} \sigma_i \boldsymbol{v}_i \boldsymbol{v}_i^{\mathrm{H}} \tag{5.104}$$

其中，$\sigma_1 \geqslant \sigma_2 \geqslant \cdots \geqslant \sigma_P > \sigma_{P+1} > \sigma_{P+2} > \cdots > \sigma_N$，有

$$\boldsymbol{C}_1^{\#} = \sum_{i=1}^{P} \frac{1}{\sigma_i} \boldsymbol{v}_i \boldsymbol{v}_i^{\mathrm{H}} \tag{5.105}$$

令 $\boldsymbol{C} = \boldsymbol{C}_2^{\mathrm{H}} \boldsymbol{C}_1^{\#}$，它可以被分解为

$$\boldsymbol{C} = \sum_{i=1}^{N} \alpha_i \boldsymbol{u}_i \boldsymbol{u}_i^{\mathrm{H}} \tag{5.106}$$

由于 $\mathrm{rank}(\boldsymbol{C}) = P$，$\boldsymbol{\Psi}$ 可以由 $\boldsymbol{C}$ 的特征分解的 P 个非零特征值来估计，而波达方向角可以由矩阵 $\boldsymbol{\Psi}$ 的对角线元素来获得，即

$$\hat{\theta}_i = \arcsin\left(\frac{-\angle(\alpha_i)}{(4\pi d/\lambda)}\right), \quad i = 1, 2, \cdots, P \tag{5.107}$$

其中，α_i 是 $\boldsymbol{C}$ 的第 i 个非零特征值，而 $\angle(\alpha_i)$ 表示 α_i 的相位角。另外，式(5.103)和式(5.106)表示 $\mathbf{A}$ 具有与 $\boldsymbol{U} = [\boldsymbol{u}_1, \boldsymbol{u}_2, \cdots, \boldsymbol{u}_P]$ 相同的列空间，即 $\mathrm{span}[\boldsymbol{a}_1, \boldsymbol{a}_2, \cdots, \boldsymbol{a}_P] = \mathrm{span}[\boldsymbol{u}_1, \boldsymbol{u}_2, \cdots, \boldsymbol{u}_P]$。因此，$\boldsymbol{a}_i$ 由相关的特征向量 $\boldsymbol{u}_i$ 估计。参见文献[29]，可以由最小化最小二乘代价函数 $\sum\limits_{l=1}^{N-1} (\phi_i - \angle(\hat{\boldsymbol{u}}_i(k+1)/\hat{\boldsymbol{u}}_i(k)))^2$ 得到 ϕ_i，因此估计的 ϕ_i 表示为

$$\hat{\phi}_i = \frac{\sum\limits_{k=1}^{N-1} \angle(\hat{\boldsymbol{u}}_i(k+1)/\hat{\boldsymbol{u}}_i(k)) - (1/2)(N-1)\angle(\alpha_k)}{(N-1)(N-3)} \tag{5.108}$$

根据估计得到的 $\hat{\phi}_i$ 和 $\hat{\theta}_i$，有

$$\hat{r}_i = \frac{2\pi d^2 \cos^2(\hat{\theta}_i)}{\lambda \hat{\phi}_i} \tag{5.109}$$

由于特征值与对应的特征向量配对，因此每个信源的参数会自动配对。

最后，将本节算法与类 ESPRIT 算法进行比较[26]。两种方法都需要构造累积量矩阵，但是它们以不同的方法估计 DOA 和距离参数。除了特征值外本节算法还利用了特征向量。关于计算复杂度，我们忽略了两种相对较小且计算量相同的方法，主要考虑了涉及累加

矩阵计算和特征分解的乘法运算。本节算法的计算量需要 $18N^2M+\frac{4}{3}N^3$，然而类 ESPRIT 算法需要 $36N^2M+\frac{4}{3}(1.5N)^3$，其中 M 是快拍数，N 是阵元数。显然，本节算法的计算量更少，一般情况下，$M \gg N$，其计算量至少为类 ESPRIT 算法的一半[26]。

5.5.3 仿真实验及分析

我们通过计算机仿真来验证算法的性能，考虑一个均匀的线性阵列，该阵列由 $n=6$ 个天线阵元组成，阵元间隔为 $d=\lambda/4$。参考阵元是阵元 0。两个等功率的不相关信号源入射到该阵列上。实验采用均方根误差准则作为性能评价标准。距离参数的 RMSE 由信号波长 λ 进行归一化。所有结果做 500 次蒙特卡洛实验。第一个信源位于 $\theta_1=40°$ 处且距离为 $r_1=5\lambda$，另一个信源位于 $\theta_2=20°$ 处且距离为 $r_2=0.5\lambda$。

在第一个实验中，假设阵元噪声是加性高斯噪声，每个阵元的采样点数设置为 $T=2000$。两个信源的距离和 DOA 估计的结果如图 5.17 所示，并比较了类 ESPRIT 算法[26]（ESPRIT-like）的估计结果。从图中可以看出，在不同信噪比（SNR）下，本节给出的算法的估计精度高于类 ESPRIT 方法，信源 2 的结果相似，故不再赘述。

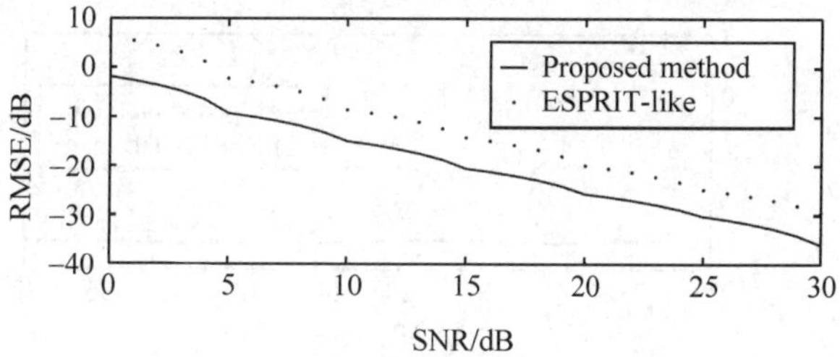

(a) 信源1的DOA估计

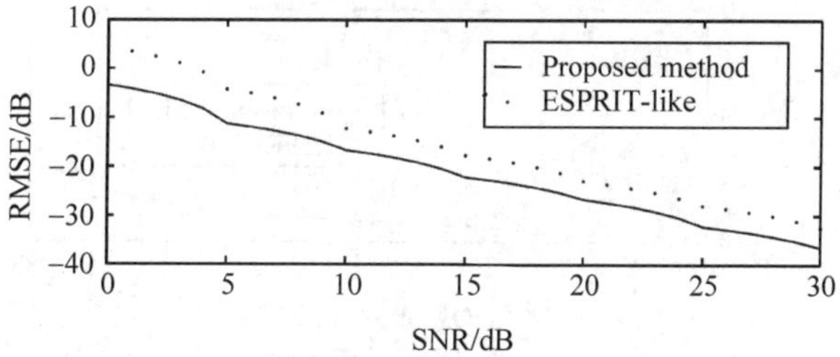

(b) 信源1的距离估计

图 5.17 不同输入信噪比下信源 1 的 DOA 估计和距离的均方根误差曲线

在第二个实验中，将两个信源的输入信噪比（SNR）设置为 20dB，采样数为 200～2000。两种算法的估计结果如图 5.18 所示。

在第三个实验中，两个等功率信源的输入信噪比（SNR）设置为 20dB，采样数设置为 2000。信源 1 的 DOA 设为 40°，而第二个信源的 DOA 为 20°～38°。从图 5.18 和图 5.19 可以看出，本节算法性能优于类 ESPRIT 算法，因为前一种方法的有效孔径要比类 ESPRIT 的大得多。

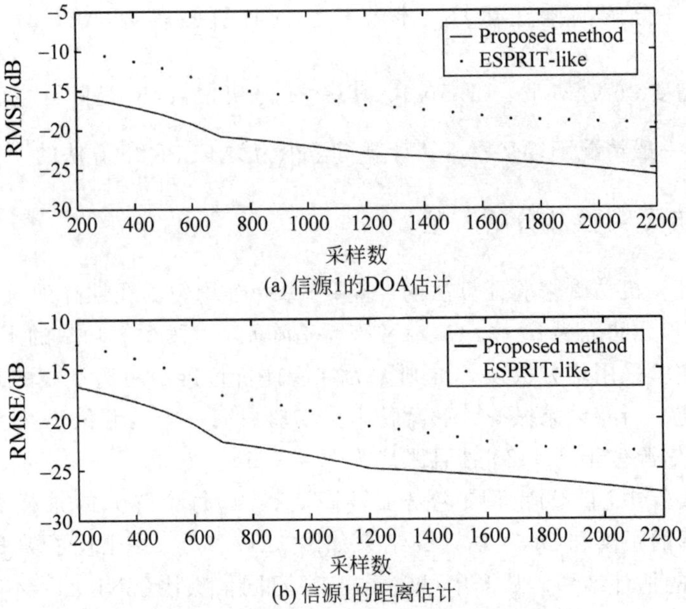

图 5.18 不同采样数下信源 1 的 DOA 估计和距离的均方根误差曲线

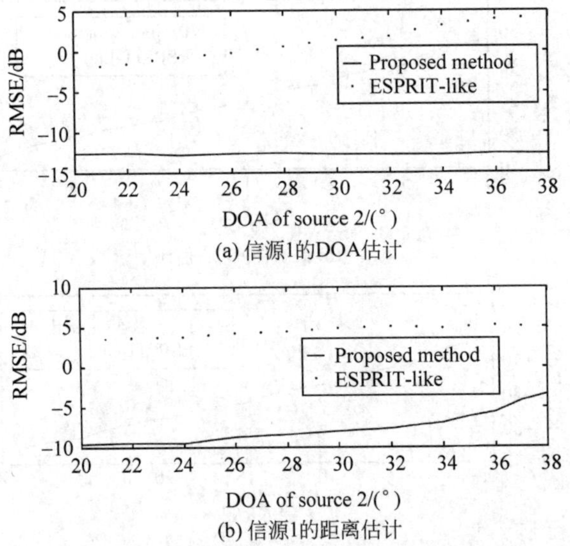

图 5.19 信源 2 的不同 DOA 下信源 1 的 DOA 估计和距离的均方根误差曲线

5.6 基于二阶统计量的距离、角度和频率的联合估计算法

近场(即菲涅耳区)信源参数估计问题中要同时考虑信源的波达方向(DOA)和距离参数,而大多数算法在近场源定位中都存在参数匹配、孔径损失大或计算复杂度高的问题。针对这些问题,本节介绍一种联合估计多个近场窄带源的距离、角度和频率算法,同时适用于远场信源。仿真结果表明,该算法能够较好地解决这些问题。

5.6.1 数据模型

假设 L 个近场、窄带、独立信源入射在图 5.20 所示的均匀线阵(ULA)上。不妨以第 0 个阵元为相位参考点,$\boldsymbol{s}_l(t)\mathrm{e}^{\mathrm{j}2\pi f_l t}$ 是中心频率为 f_l 的第 i 个窄带源[20,30]。经奈奎斯特速率 f_s 采样后,第 i 个阵元接收到的信号可以表示为[31]

$$\boldsymbol{x}_i(k)=\sum_l^L \boldsymbol{s}_l(k)\mathrm{e}^{\mathrm{j}\omega_l k}\mathrm{e}^{\mathrm{j}\tau_{il}}+\boldsymbol{n}_i(k),\quad -N+1\leqslant i\leqslant N,\quad k=0,1,\cdots,K-1 \tag{5.110}$$

式中,$\boldsymbol{s}_l(k)\mathrm{e}^{\mathrm{j}\omega_l k}$ 是归一化频率为 $\omega_l=\dfrac{2\pi f_l}{f_s}$ 的第 l 个窄带信号;K 是快拍数;$\lambda=\dfrac{c}{f_l}=\dfrac{2\pi c}{\omega_l f_s}$ 是第 i 个信号的波长;$\boldsymbol{n}_i(k)$ 是加性高斯白噪声(Additive White Gaussian Noise,AWGN)。

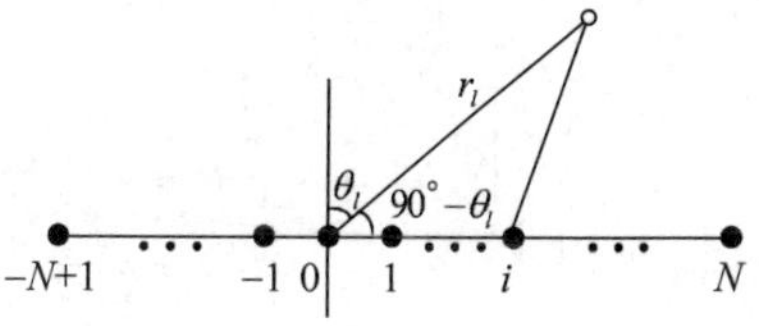

图 5.20 均匀线阵示意图

设 r_l 为第 l 个信源到相位参考点的距离。根据余弦定理,第 l 个信源与第 i 个阵元的距离可由文献[27,31,32]给出

$$\begin{aligned} r_{il}&=\sqrt{r_l^2+(id)^2-2r_l id\cos(90°-\theta_l)} \\ &=r_l\sqrt{1+\frac{(id)^2}{r_l^2}-\frac{2id\sin\theta_i}{r_l}},\quad -N+1\leqslant i\leqslant N \end{aligned} \tag{5.111}$$

因此,与相位参考点到第 i 个阵元的第 l 个信源传播时间相关的延迟 τ_{il} 可以在三维定位场景下给出[27,31,32]

$$\begin{aligned} \tau_{il}&=\frac{2\pi(r_{i,l}-r_l)}{\lambda_l}=\frac{2\pi r_l}{\lambda_l}\left(\sqrt{1+\frac{(id)^2}{r_l^2}-\frac{2id\sin\theta_i}{r_l}}-1\right) \\ &\approx\gamma_l i+\phi_l i^2+O\left(\frac{d^2}{r_l^2}\right),\quad -N+1\leqslant i\leqslant N \end{aligned} \tag{5.112}$$

其中,τ_{il} 类似于菲涅耳近似[27,31,32],它对应于二阶泰勒展开。$O(d^2/r_l^2)$表示阶数大于或等于 d^2/r_l^2 的项,在这里可以被忽略。另外,参数 γ_l 和 ϕ_l 是第 l 个信源的方位角 θ_l、距离 r_l 的函数,具体表示为

$$\gamma_l=-2\pi\frac{d}{\lambda_l}\sin(\theta_l) \tag{5.113}$$

$$\varphi_l=\pi\frac{d^2}{\lambda_l r_l}\cos^2(\theta_l) \tag{5.114}$$

利用式(5.112)中的近似值,第 i 个阵元接收到的信号可以近似表示为[31]

$$\boldsymbol{x}_i(k)=\sum_l^L \boldsymbol{s}_l(k)\mathrm{e}^{\mathrm{j}\omega_l k}\mathrm{e}^{\mathrm{j}(i\gamma_l+i^2\varphi_l)}+\boldsymbol{n}_i(k),\quad -N+1\leqslant i\leqslant N \tag{5.115}$$

式(5.115)的矩阵形式可表示为

$$\boldsymbol{x}(k)=\boldsymbol{A}\boldsymbol{s}(k)+\boldsymbol{n}(k),\quad k=0,1,\cdots,K-1 \tag{5.116}$$

其中

$$\boldsymbol{A}=[\boldsymbol{a}_1,\boldsymbol{a}_2,\cdots,\boldsymbol{a}_L]$$

$$=\begin{bmatrix} e^{j[(-N+1)\gamma_1+(-N+1)^2\varphi_1]} & e^{j[(-N+1)\gamma_2+(-N+1)^2\varphi_2]} & \cdots & e^{j[(-N+1)\gamma_L+(-N+1)^2\varphi_L]} \\ e^{j[(-N+2)\gamma_1+(-N+2)^2\varphi_1]} & e^{j[(-N+2)\gamma_2+(-N+2)^2\varphi_2]} & \cdots & e^{j[(-N+2)\gamma_L+(-N+2)^2\varphi_L]} \\ \vdots & \vdots & \ddots & \vdots \\ 1 & 1 & \cdots & 1 \\ e^{j[\gamma_1+\varphi_1]} & e^{j[\gamma_2+\varphi_2]} & \cdots & e^{j[\gamma_L+\varphi_L]} \\ e^{j[2\gamma_1+4\varphi_1]} & e^{j[2\gamma_2+4\varphi_2]} & \cdots & e^{j[2\gamma_L+4\varphi_L]} \\ \vdots & \vdots & \ddots & \vdots \\ e^{j[N\gamma_1+N^2\varphi_1]} & e^{j[N\gamma_2+N^2\varphi_2]} & \cdots & e^{j[N\gamma_L+N^2\varphi_L]} \end{bmatrix}$$

(5.117)

$$\boldsymbol{n}(k)=[n_{-N+1}(k),n_{-N+2}(k),\cdots,n_0(k),n_1(k),n_2(k),\cdots,n_L(k)]^{\mathrm{T}} \tag{5.118}$$

$$\boldsymbol{s}(k)=[s_1(k)e^{j\omega_1 k},s_2(k)e^{j\omega_2 k},\cdots,s_L(k)e^{j\omega_L k}]^{\mathrm{T}} \tag{5.119}$$

$$\boldsymbol{x}(k)=[x_{-N+1}(k),x_{-N+2}(k),\cdots,x_0(k),x_1(k),x_2(k),\cdots,x_L(k)]^{\mathrm{T}} \tag{5.120}$$

注意,菲涅耳区(即近场区)在辐射区 $\left[\frac{1}{2\pi}\lambda_l,\frac{1}{\lambda_l}2D^2\right]$ 中,其中 D 为阵列维数(详见文献[33]),在这种情况下,参数 ϕ_l 不能被忽略。但是在远场的情况下,远场源的范围更远,即在辐射区 $\left[0,\frac{1}{\lambda_l}2D^2\right]$ 之外,ϕ_l 可近似为零(参考式(5.114))。因此,远场可被视为近场的一种特殊情况,此时 $\phi_l=0$。实际上,式(5.112)的一阶泰勒展开得到了用于远场信源定位问题的参数模型。

为了方便起见,常见的远场信号模型[20,30]由下式给出

$$\boldsymbol{x}_i(k)=\sum_{l}^{L}\boldsymbol{s}_l(k)e^{j\omega_l k}e^{j(i\gamma_l)}+\boldsymbol{n}_i(k),\quad -N+1\leqslant i\leqslant N,\quad k=0,1,\cdots,K-1 \tag{5.121}$$

式中 $\varphi_l=0$。

本节的目的是在给定阵列数据 $\boldsymbol{x}(k)(k=0,1,\cdots,K-1)$的情况下,联合估计近场信源的三维参数$\{r_l,\theta_l,\omega_l\}$和远场源的二维参数$\{\theta_l,\omega_l\}$。

在本节的其余部分,假设以下条件成立:

(1) 信号源是统计上相互独立的、非零功率的窄带平稳过程;

(2) 传感器噪声为 AWGN,与信号源无关;

(3) 矩阵 $\boldsymbol{A}$ 具有满秩 L;

(4) 阵列是单元间距 $d\leqslant\min(\lambda_l/4)$的 ULA;

(5) 不同于文献[27,31,32]中要求信号源数目 $L\leqslant N$,这里假设信号源数目 $L\leqslant 2N$。

5.6.2 距离、角度和频率联合估计

$\boldsymbol{x}(k)$的自相关矩阵可以表示为

$$\boldsymbol{R}_1 = E[\boldsymbol{x}(k)\boldsymbol{x}^{\mathrm{H}}(k)] = \boldsymbol{A}\boldsymbol{R}_S\boldsymbol{A}^{\mathrm{H}} + \sigma_n^2\boldsymbol{I}_{2N} = \boldsymbol{R}_2 + \sigma_n^2\boldsymbol{I}_{2N} \tag{5.122}$$

其中

$$\boldsymbol{R}_2 = \boldsymbol{A}\boldsymbol{R}_S\boldsymbol{A}^{\mathrm{H}} \tag{5.123}$$

$$\begin{aligned}\boldsymbol{R}_S &= \mathrm{diag}\{r_{s1}, r_{s2}, \cdots, r_{sL}\} \\ &= \mathrm{diag}\{E(s_1(k)s_1^*(k)), E(s_2(k)s_2^*(k)), \cdots, E(s_L(k)s_L^*(k))\}\end{aligned} \tag{5.124}$$

令

$$\boldsymbol{\Phi}_1 = \mathrm{diag}\{\mathrm{e}^{\mathrm{j}\omega 1}, \mathrm{e}^{\mathrm{j}\omega 2}, \cdots, \mathrm{e}^{\mathrm{j}\omega L}\} \tag{5.125}$$

并且

$$\boldsymbol{s}(k+1) \approx \boldsymbol{\Phi}_1\boldsymbol{s}(k) \tag{5.126}$$

这与文献[20,30]中窄带假设的条件相同。

根据式(5.126)，针对不同的时滞，我们定义了另一个二阶统计量(SOS)矩阵

$$\boldsymbol{R}_3 = E[\boldsymbol{x}(k+1)\boldsymbol{x}^{\mathrm{H}}(k)] \approx \boldsymbol{A}\boldsymbol{\Phi}_1\boldsymbol{R}_S\boldsymbol{A}^{\mathrm{H}} \tag{5.127}$$

基于5.6.1节中的假设，$\boldsymbol{R}_3$ 是列满秩为 L 的 $2N\times 2N$ 维矩阵。在实际中，$\boldsymbol{R}_1$ 和 $\boldsymbol{R}_3$ 必须以快拍数 K 进行采样，即

$$\hat{\boldsymbol{R}}_1 = \frac{1}{K}\sum_{k=0}^{K-1}\boldsymbol{x}(k)\boldsymbol{x}^{\mathrm{H}}(k) \tag{5.128}$$

$$\hat{\boldsymbol{R}}_3 = \frac{1}{K-1}\sum_{k=0}^{K-2}\boldsymbol{x}(k+1)\boldsymbol{x}^{\mathrm{H}}(k) \tag{5.129}$$

$\hat{\boldsymbol{R}}_1$ 的特征值分解为

$$\hat{\boldsymbol{R}}_1 = \boldsymbol{U}\boldsymbol{V}\boldsymbol{U}^{\mathrm{H}} = [\boldsymbol{u}_1, \boldsymbol{u}_2, \cdots, \boldsymbol{u}_{2N}]\mathrm{diag}\{v_1, v_2, \cdots, v_{2N}\}[\boldsymbol{u}_1, \boldsymbol{u}_2, \cdots, \boldsymbol{u}_{2N}]^{\mathrm{H}} \tag{5.130}$$

其中，$\boldsymbol{V}$ 是特征值排列为 $v_1 \geqslant v_2 \geqslant \cdots \geqslant v_L > v_{L+1} \geqslant v_{2N} > 0$ 的对角矩阵，且 $\boldsymbol{U}^{\mathrm{H}}\boldsymbol{U} = \boldsymbol{I}_{2N}$。令 $\boldsymbol{U}_S = [\boldsymbol{U}_1, \boldsymbol{U}_2, \cdots, \boldsymbol{U}_L]$ 是 L 个最大特征值对应的特征向量，因此得到 $\boldsymbol{U}_S^{\mathrm{H}}\boldsymbol{U}_S = \boldsymbol{I}_L$。由于信号子空间 $\boldsymbol{U}_S$ 与 $\boldsymbol{A}$ 的值域空间重合，则必然存在唯一的可逆矩阵，使 $\boldsymbol{A} = \boldsymbol{U}_S\boldsymbol{T}$。

事实上，由于快拍数是有限的，因此须估计噪声功率 σ_n^2，噪声功率可通过$(2N-L)$个最小特征值取平均来确定

$$\hat{\sigma}_n^2 = \frac{1}{2N-L}\sum_{l=L+1}^{2N} v_l \tag{5.131}$$

另外，$\boldsymbol{R}_2$ 的估计由下式给出

$$\hat{\boldsymbol{R}}_2 = \sum_{l=1}^{L}(v_l - \hat{\sigma}_n^2)\boldsymbol{u}_l\boldsymbol{u}_l^{\mathrm{H}} = \sum_{l=1}^{L}\hat{v}_l - \hat{\sigma}_n^2\boldsymbol{u}_l\boldsymbol{u}_l^{\mathrm{H}} \tag{5.132}$$

其中，$\hat{v}_l = v_l - \hat{\sigma}_n^2$。

利用 $\hat{\boldsymbol{R}}_2$，定义其伪逆矩阵 $\hat{\boldsymbol{R}}_2^{\#}$ 如下：

$$\hat{\boldsymbol{R}}_2^{\#} = \sum_{l=1}^{L}\hat{v}_l^{-1}\boldsymbol{u}_l\boldsymbol{u}_l^{\mathrm{H}} = \boldsymbol{U}_S \cdot \boldsymbol{V}_S^{-1} \cdot \boldsymbol{U}_S^{\mathrm{H}} \tag{5.133}$$

其中，$\boldsymbol{V}_S = \mathrm{diag}\{\hat{v}_1, \hat{v}_2, \cdots, \hat{v}_L\}$。

$\hat{\boldsymbol{R}}_2^{\#}$ 满足以下方程

$$\hat{\boldsymbol{R}}_3\hat{\boldsymbol{R}}_2^{\#}\boldsymbol{A} \approx \boldsymbol{A}\boldsymbol{\Phi}_1 \tag{5.134}$$

证明：由于信号子空间 $\boldsymbol{U}_S$ 与 $\boldsymbol{A}$ 的值域空间重合，因此存在唯一的可逆矩阵，使得 $\boldsymbol{A}=\boldsymbol{U}_S\boldsymbol{T}$，利用 $\boldsymbol{A}=\boldsymbol{U}_S\boldsymbol{T}$，反过来可以得到

$$\boldsymbol{U}_S\boldsymbol{U}_S^{\mathrm{H}}\boldsymbol{A}=\boldsymbol{U}_S\boldsymbol{U}_S^{\mathrm{H}}(\boldsymbol{U}_S\boldsymbol{T})=\boldsymbol{U}_S(\boldsymbol{U}_S^{\mathrm{H}}\boldsymbol{U}_S)\boldsymbol{T}=\boldsymbol{U}_S\boldsymbol{T}=\boldsymbol{A}$$

$$\begin{aligned}\hat{\boldsymbol{R}}_3\hat{\boldsymbol{R}}_2^{\#}\boldsymbol{A} &\approx \boldsymbol{A}\boldsymbol{\Phi}_1\boldsymbol{R}_S\boldsymbol{A}^{\mathrm{H}}\boldsymbol{U}_S\boldsymbol{V}_S^{-1}\boldsymbol{U}_S\boldsymbol{A}\\
&=\boldsymbol{A}\boldsymbol{\Phi}_1(\boldsymbol{A}^{\mathrm{H}}\boldsymbol{A})^{-1}(\boldsymbol{A}^{\mathrm{H}}\boldsymbol{A})\boldsymbol{R}_S\boldsymbol{A}^{\mathrm{H}}\boldsymbol{U}_S\boldsymbol{V}_S^{-1}\boldsymbol{U}_S^{\mathrm{H}}\boldsymbol{A}\\
&=\boldsymbol{A}\boldsymbol{\Phi}_1(\boldsymbol{A}^{\mathrm{H}}\boldsymbol{A})^{-1}\boldsymbol{A}^{\mathrm{H}}(\boldsymbol{A}\boldsymbol{R}_S\boldsymbol{A}^{\mathrm{H}})\boldsymbol{U}_S\boldsymbol{V}_S^{-1}\boldsymbol{U}_S^{\mathrm{H}}\boldsymbol{A}\\
&=\boldsymbol{A}\boldsymbol{\Phi}_1(\boldsymbol{A}^{\mathrm{H}}\boldsymbol{A})^{-1}\boldsymbol{A}^{\mathrm{H}}\boldsymbol{R}_2\boldsymbol{U}_S\boldsymbol{V}_S^{-1}\boldsymbol{U}_S^{\mathrm{H}}\boldsymbol{A}\\
&=\boldsymbol{A}\boldsymbol{\Phi}_1(\boldsymbol{A}^{\mathrm{H}}\boldsymbol{A})^{-1}\boldsymbol{A}^{\mathrm{H}}(\boldsymbol{U}_S\boldsymbol{V}_S\boldsymbol{U}_S^{\mathrm{H}})\boldsymbol{U}_S\boldsymbol{V}_S^{-1}\boldsymbol{U}_S^{\mathrm{H}}\boldsymbol{A}\\
&=\boldsymbol{A}\boldsymbol{\Phi}_1(\boldsymbol{A}^{\mathrm{H}}\boldsymbol{A})^{-1}\boldsymbol{A}^{\mathrm{H}}\boldsymbol{U}_S\boldsymbol{U}_S^{\mathrm{H}}\boldsymbol{A}\\
&=\boldsymbol{A}\boldsymbol{\Phi}_1(\boldsymbol{A}^{\mathrm{H}}\boldsymbol{A})^{-1}\boldsymbol{A}^{\mathrm{H}}(\boldsymbol{U}_S\boldsymbol{U}_S^{\mathrm{H}}\boldsymbol{A})\\
&=\boldsymbol{A}\boldsymbol{\Phi}_1(\boldsymbol{A}^{\mathrm{H}}\boldsymbol{A})^{-1}\boldsymbol{A}^{\mathrm{H}}(\boldsymbol{U}_S\boldsymbol{U}_S^{\mathrm{H}}\boldsymbol{A})\\
&=\boldsymbol{A}\boldsymbol{\Phi}_1(\boldsymbol{A}^{\mathrm{H}}\boldsymbol{A})^{-1}\boldsymbol{A}^{\mathrm{H}}\boldsymbol{A}\\
&=\boldsymbol{A}\boldsymbol{\Phi}_1\end{aligned}$$

定理得证。

由式(5.134)可以看出，$\mathrm{e}^{\mathrm{j}\omega_l}$ 和 $\boldsymbol{a}_l$ 是 $\hat{\boldsymbol{R}}_3\hat{\boldsymbol{R}}_2^{\#}$ 的特征值和对应的特征向量。对 $\hat{\boldsymbol{R}}_3\hat{\boldsymbol{R}}_2^{\#}$ 进行 EVD 分解可得

$$\hat{\boldsymbol{R}}_3\hat{\boldsymbol{R}}_2^{\#}=\boldsymbol{B}_1\boldsymbol{C}_1\boldsymbol{B}_1^{-1}=[\boldsymbol{b}_1,\boldsymbol{b}_2,\cdots,\boldsymbol{b}_{2N}]\mathrm{diag}\{\boldsymbol{c}_1,\boldsymbol{c}_2,\cdots,\boldsymbol{c}_{2N}\}[\boldsymbol{b}_1,\boldsymbol{b}_2,\cdots,\boldsymbol{b}_{2N}]^{-1} \tag{5.135}$$

其中，$|\boldsymbol{c}_1|\geqslant|\boldsymbol{c}_2|\geqslant\cdots\geqslant|\boldsymbol{c}_L|>|\boldsymbol{c}_{L+1}|\geqslant|\boldsymbol{c}_{2N}|$。

根据式(5.117)、式(5.134)和式(5.135)，ω_l 和 $\boldsymbol{a}_l$ 的估计可以由下式给出

$$\hat{\omega}_l=\arg(c_l) \tag{5.136}$$

$$\hat{\boldsymbol{a}}_l=\frac{\boldsymbol{b}_l}{\boldsymbol{b}_l(N)} \tag{5.137}$$

根据 $\hat{\boldsymbol{a}}_l$，可以得到两个$(2N-1)$维列向量

$$\boldsymbol{d}_l=\begin{bmatrix}\hat{\boldsymbol{a}}_l(2)\hat{\boldsymbol{a}}_l^*(1)\hat{\boldsymbol{a}}_l^*(2)\hat{\boldsymbol{a}}_l(1)\\ \hat{\boldsymbol{a}}_l(3)\hat{\boldsymbol{a}}_l^*(2)\hat{\boldsymbol{a}}_l^*(2)\hat{\boldsymbol{a}}_l(1)\\ \vdots\\ \hat{\boldsymbol{a}}_l(2N-1)\hat{\boldsymbol{a}}_l^*(2N-2)\hat{\boldsymbol{a}}_l^*(2)\hat{\boldsymbol{a}}_l(1)\\ \hat{\boldsymbol{a}}_l(2N)\hat{\boldsymbol{a}}_l^*(2N-1)\hat{\boldsymbol{a}}_l^*(2)\hat{\boldsymbol{a}}_l(1)\end{bmatrix}=\begin{bmatrix}1\\ \mathrm{e}^{\mathrm{j}2\hat{\phi}_l}\\ \vdots\\ \mathrm{e}^{\mathrm{j}2(4N-6)\hat{\phi}_l}\\ \mathrm{e}^{\mathrm{j}2(4N-4)\hat{\phi}_l}\end{bmatrix} \tag{5.138}$$

$$\boldsymbol{e}_l=\begin{bmatrix}\hat{\boldsymbol{a}}_l(2)\hat{\boldsymbol{a}}_l^*(1)\hat{\boldsymbol{a}}_l^*(2N-2)\hat{\boldsymbol{a}}_l(2N-1)\\ \hat{\boldsymbol{a}}_l(3)\hat{\boldsymbol{a}}_l^*(2)\hat{\boldsymbol{a}}_l^*(2N-2)\hat{\boldsymbol{a}}_l(2N-1)\\ \vdots\\ \hat{\boldsymbol{a}}_l(2N-1)\hat{\boldsymbol{a}}_l^*(2N-2)\hat{\boldsymbol{a}}_l^*(2N-2)\hat{\boldsymbol{a}}_l(2N-1)\\ \hat{\boldsymbol{a}}_l(2N)\hat{\boldsymbol{a}}_l^*(2N-1)\hat{\boldsymbol{a}}_l^*(2N-2)\hat{\boldsymbol{a}}_l(2N-1)\end{bmatrix}=\begin{bmatrix}\mathrm{e}^{\mathrm{j}2\hat{\gamma}_l}\\ \mathrm{e}^{\mathrm{j}[2\hat{\phi}_l+2\hat{\gamma}_l]}\\ \vdots\\ \mathrm{e}^{\mathrm{j}[(4N-6)\hat{\phi}_l+2\hat{\gamma}_l]}\\ \mathrm{e}^{\mathrm{j}[(4N-4)\hat{\phi}_l+2\hat{\gamma}_l]}\end{bmatrix} \tag{5.139}$$

证明：由式(5.117)可知，$\hat{\boldsymbol{a}}_l$ 中的第 i 个元素可表示为

$$\hat{\boldsymbol{a}}(i)=\mathrm{e}^{\mathrm{j}[(-N+i)\hat{\gamma}_l+(-N+i)^2\hat{\phi}_l]}$$

$$\begin{aligned}\boldsymbol{d}_l(i)&=\hat{\boldsymbol{a}}_l(i+1)\hat{\boldsymbol{a}}_l^*(i)\hat{\boldsymbol{a}}_l^*(2)\hat{\boldsymbol{a}}_l(1)\\&=\mathrm{e}^{\mathrm{j}[(-N+i+1)\hat{\gamma}_l+(-N+i+1)^2\hat{\phi}_l]}\mathrm{e}^{-\mathrm{j}[(-N+i)\hat{\gamma}_l+(-N+i)^2\hat{\phi}_l]}\mathrm{e}^{-\mathrm{j}[(-N+2)\hat{\gamma}_l+(-N+2)^2\hat{\phi}_l]}\mathrm{e}^{\mathrm{j}[(-N+1)\hat{\gamma}_l+(-N+1)^2\hat{\phi}_l]}\\&=\mathrm{e}^{\mathrm{j}[(-N+i+1)-(-N+i)-(-N+2)+(-N+1)]\hat{\gamma}_l}\mathrm{e}^{-\mathrm{j}[(-N+i+1)^2-(-N+i)^2-(-N+2)^2+(-N+1)^2]\hat{\phi}_l}\\&=\mathrm{e}^{\mathrm{j}[2(i-1)\hat{\phi}_l]}\end{aligned}$$

$$\begin{aligned}\boldsymbol{e}_l(i)&=\hat{\boldsymbol{a}}_l(i+1)\hat{\boldsymbol{a}}_l^*(i)\hat{\boldsymbol{a}}_l^*(2N-2)\hat{\boldsymbol{a}}_l(2N-1)\\&=\mathrm{e}^{\mathrm{j}[(-N+i+1)\hat{\gamma}_l+(-N+i+1)^2\hat{\phi}_l]}\mathrm{e}^{-\mathrm{j}[(-N+i)\hat{\gamma}_l+(-N+i)^2\hat{\phi}_l]}\mathrm{e}^{-\mathrm{j}[(N-2)\hat{\gamma}_l+(N-2)^2\hat{\phi}_l]}\mathrm{e}^{\mathrm{j}[(N-1)\hat{\gamma}_l+(N-1)^2\hat{\phi}_l]}\\&=\mathrm{e}^{\mathrm{j}[(-N+i+1)-(-N+i)-(N-2)+(N-1)]\hat{\gamma}_l}\mathrm{e}^{\mathrm{j}[(-N+i+1)^2-(-N+i)^2-(N-2)^2+(N-1)^2]\hat{\phi}_l}\\&=\mathrm{e}^{\mathrm{j}[2(i-1)\hat{\phi}_l+2\hat{\gamma}_l]}\end{aligned}$$

定理得证。

根据 $\boldsymbol{d}_l$ 和 $\boldsymbol{e}_l$，对 $\{\gamma_l,\phi_l\}$ 的估计由下式给出

$$\hat{\gamma}_l=\frac{1}{4N-2}\sum_{i=1}^{2N-1}\arg\left(\frac{\boldsymbol{e}_l(i)}{\boldsymbol{d}_l(i)}\right)\tag{5.140}$$

$$\hat{\phi}_l=\frac{1}{8N-8}\sum_{i=1}^{2N-2}\arg\left[\frac{\boldsymbol{d}_l(i+1)}{\boldsymbol{d}_l(i)}+\sum_{i=1}^{2N-2}\arg\left(\frac{\boldsymbol{e}_l(i+1)}{\boldsymbol{e}_l(i)}\right)\right]\tag{5.141}$$

第 l 个信源的波长 $\hat{\lambda}_l$ 可以很容易地由 $\hat{\omega}_l$ 获得。根据式(5.113)、式(5.114)、式(5.140)、式(5.141)，第 l 个信源的方位角和距离估计可依次表示为

$$\hat{\theta}_l=\arcsin\left(-\frac{\hat{\gamma}_l\hat{\lambda}_l}{2\pi d}\right)\tag{5.142}$$

$$\hat{r}_l=\frac{\pi d^2}{\hat{\lambda}_l\hat{\phi}_l}\cos^2(\hat{\theta}_l)\tag{5.143}$$

事实上，如果第 l 个信源是远场源，则估计 $\hat{r}_l$ 将超过范围 $\left[0,\frac{1}{\lambda_l}2D^2\right]$（详见文献[33]）。因此，可以很容易地确定第 l 个信源是近场还是远场源。

本节给出的算法利用 $2N$ 个阵元构造了两个 $2N\times 2N$ 维 SOS 矩阵。基于子空间的理论[11,34]，至少留一个维度作为噪声子空间，因此该算法最多处理 $2N-1$ 个信源。另外，利用 $\hat{\boldsymbol{R}}_3\hat{\boldsymbol{R}}_2^{\#}$ 的相关特征向量和特征值可以同时估计三维信源参数，因此算法避免了参数配对。对于计算复杂度，只考虑在计算矩阵和矩阵的 EVD 时所涉及的乘法。该算法估计两个 $2N\times 2N$ 维 SOS 矩阵的复杂度为 $[2\times((2N)^2K)]$，分解两个 $2N\times 2N$ 维 SOS 矩阵的复杂度为 $\left[2\times\left(\frac{3}{4}(2N)^3\right)\right]$，这里 K 和 $2N$ 分别表示快拍数和阵元编号。

文献[31]中的算法构造了 3 个 $N\times N$ 维累积量矩阵（即 $\boldsymbol{C}_1$、$\boldsymbol{C}_2$ 和 $\boldsymbol{C}_3$，见文献[31]中式(10)、式(15)和式(16)，并使用 $2N$ 个阵元，因此最多可以定位 $(N-1)$ 个信源。文献[31]

中的算法形成了两个新的矩阵，即 $\boldsymbol{C}_2^{\mathrm{H}}\boldsymbol{C}_1^{\#}$ 和 $\boldsymbol{C}_3^{\mathrm{H}}\boldsymbol{C}_1^{\#}$（见文献[31]中的式(19)和式(20)），其形式与上述 $\hat{\boldsymbol{R}}_3\hat{\boldsymbol{R}}_2^{\#}$ 相似。最后，使用对 $\boldsymbol{C}_2^{\mathrm{H}}\boldsymbol{C}_1^{\#}$ 和 $\boldsymbol{C}_3^{\mathrm{H}}\boldsymbol{C}_1^{\#}$ 进行 EVD 分解得到的特征向量和特征值来联合估计近场窄带源的距离-波达方向-频率。虽然 $\boldsymbol{C}_2^{\mathrm{H}}\boldsymbol{C}_1^{\#}$ 和 $\boldsymbol{C}_3^{\mathrm{H}}\boldsymbol{C}_1^{\#}$ 具有 L 个相同的特征向量，对应于它们各自的 L 个非零特征值，但它们的 EVD 分解能产生两组任意顺序的特征向量。因此，文献[31]中的算法需要通过对比两组特征向量来匹配它们（详见文献[31]第 389 页）。显然，文献[31]中的算法需要配对参数。另外，文献[31]中的方法需要$(3\times(9N^2K))$复杂度来计算 3 个 $N\times N$ 维的累积量矩阵，并且分解 2 个 $N\times N$ 维累积量矩阵需要 $\left[2\times\left(\frac{3}{4}N^3\right)\right]$ 复杂度。

一般情况下，$K\gg 2N$，因此本节给出的算法比文献[31]的算法具有更高的计算效率。此外，本节给出的算法还避免了参数配对，更有效地利用了阵列孔径，比文献[31]的估计精度更高。

5.6.3 仿真实验及分析

本节将通过仿真实验对所给出的算法性能进行评估。考虑一个阵元间距 $d=\min(\lambda_l/4)$ 的 ULA，阵元数为 6，采样率为 20MHz。两个功率相等，统计上独立的窄带信号源（带宽为 25kHz）入射在阵列上，中心频率分别为 2.0MHz 和 3.0MHz$\left(\text{即}, \omega_1=\frac{2\pi\times 2.0\text{MHz}}{20\text{MHz}}=0.2\pi\ \text{rad/s}, \lambda_1=\frac{3\times10^8}{2.0\times10^6}=150, \omega_2=\frac{2\pi\times 3.0\text{MHz}}{20\text{MHz}}=0.3\pi\ \text{rad/s}, \lambda_2=\frac{3\times10^8}{3.0\times10^6}=100\right)$，加入噪声为 0 均值的 AWGN。我们同时比较了文献[31]中的算法，在下面的实验和图中称为 Chen，以及从 Fisher 信息矩阵的逆中获得估计信源参数的相关 Cramer-Rao 下界（CRLB）。DOA、频率和距离估计分别以 rad、rad/s 和波长为单位，所有结果做 500 次蒙特卡洛实验。第 l 个近场源的距离参数的 RMSE 为

$$\text{RMSE}=10\times\log_{10}\sqrt{\frac{1}{500}\sum_{i=1}^{500}\left(\frac{\hat{r}_{il}}{\hat{\lambda}_l}-\frac{r_l}{\lambda_l}\right)^2} \tag{5.144}$$

其中，r_l 为实数值。近场或远场源的 DOA 和频率估计的 RMSE，其形式与式(5.144)类似。

实际上，可以从上述算法中得到远场源的“距离估计”。在这种情况下，可以通过比较“范围估计”和阈值 $2D^2/\hat{\lambda}_l$ 来判断它是远场还是近场源（详见文献[33]）。由于远场源的“距离估计”通常远大于阈值 $2D^2/\hat{\lambda}_l$，因此无法给出实验结果。

在第一个实验中，我们将本节给出的算法用于处理纯近场情形，并研究信噪比对该算法性能的影响。两个近场源分别位于$\{\theta_1=10°, r_1=0.5\lambda_1\}$，$\{\theta_2=20°, r_2=1.0\lambda_2\}$处。快拍数设置为 400，并且 SNR 为 10～30dB。图 5.21、图 5.22 和图 5.23 分别显示了两个信源的 DOA、频率和距离估计的 RMSE。

在第二个实验中，用本节给出的算法处理纯近场情形，并研究了快拍数对算法性能的影响。两个近场源分别位于$\{\theta_1=10°, r_1=0.5\lambda_1\}$、$\{\theta_2=20°, r_2=1.0\lambda_2\}$。SNR 设置为 10dB，快拍数为 50～2000。图 5.24～图 5.26 分别显示了两个信源的 DOA、频率和距离估计的 RMSE。

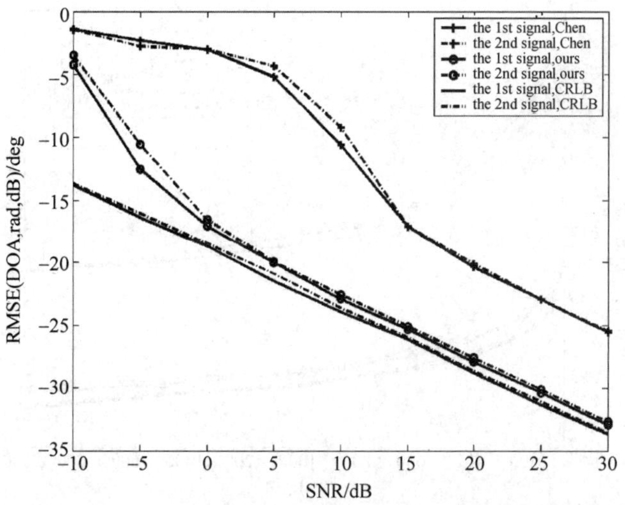

图 5.21 不同 SNR 下 DOA 估计的 RMSE(两个近场源)

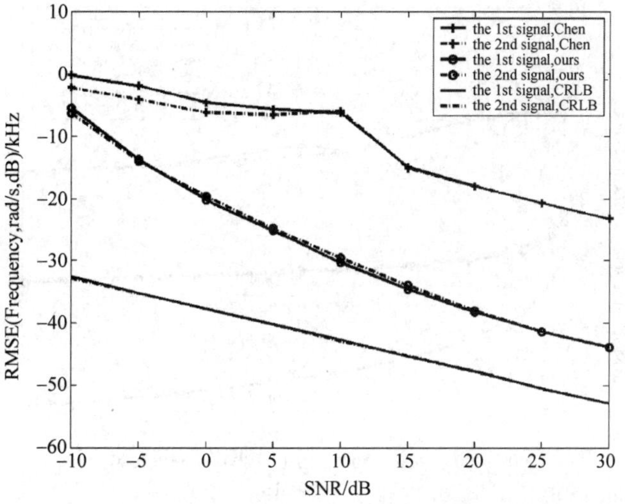

图 5.22 不同 SNR 下频率估计的 RMSE(两个近场源)

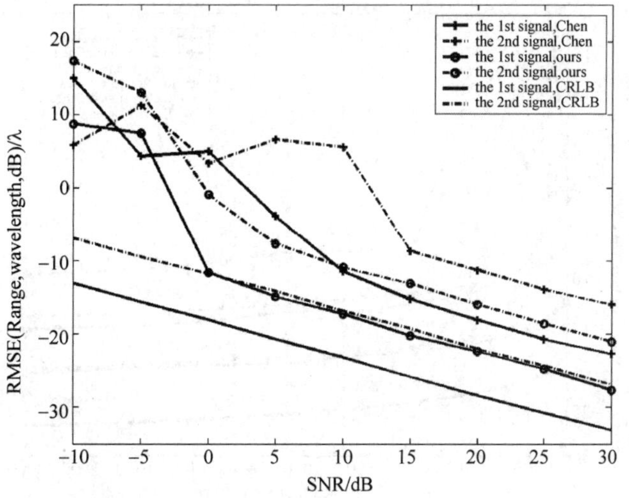

图 5.23 不同 SNR 下距离估计的 RMSE(两个近场源)

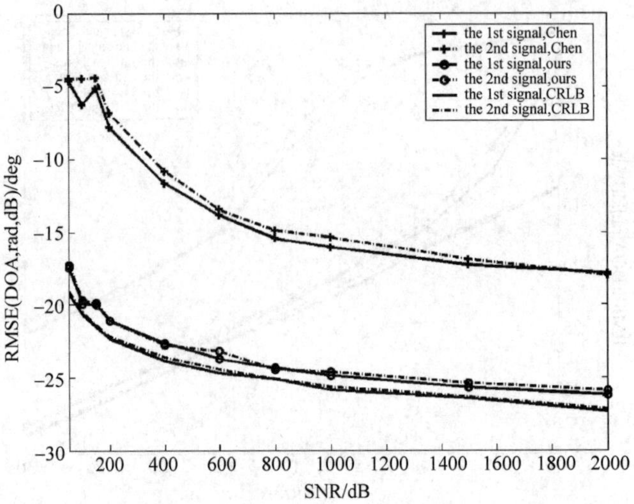

图 5.24 不同快拍数下 DOA 估计的 RMSE(两个近场源)

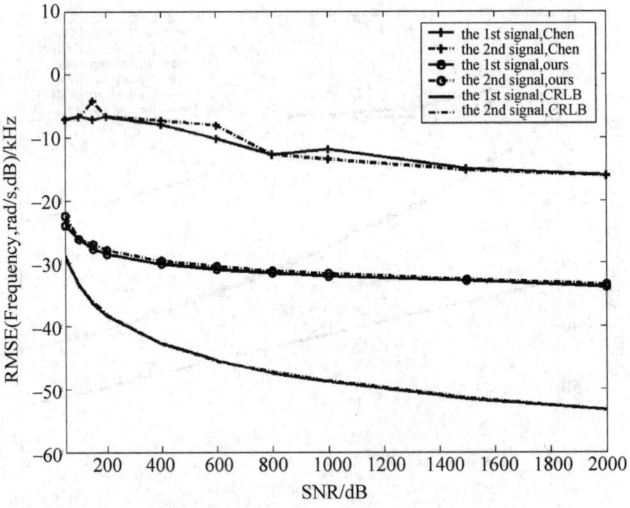

图 5.25 不同快拍数下频率估计的 RMSE(两个近场源)

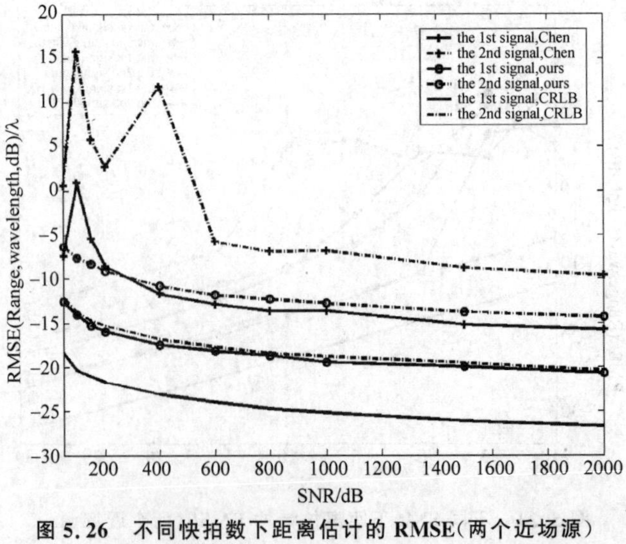

图 5.26 不同快拍数下距离估计的 RMSE(两个近场源)

从第一和第二个实验可以看出，本节给出的算法比文献[31]具有更高的估计精度。另外，第一个信源(靠近阵列)的距离估计的 RMSE 比第二个信源的低得多。

文献[31]中式(10)和式(11)定义的虚拟"转向矩阵"$\boldsymbol{A}_1$ 具有以下形式

$$\boldsymbol{A}_1=\begin{bmatrix}1 & 1 & \cdots & 1\\ \mathrm{e}^{\mathrm{j}2\phi_1} & \mathrm{e}^{\mathrm{j}2\phi_2} & \cdots & \mathrm{e}^{\mathrm{j}2\phi_L}\\ \vdots & \vdots & \ddots & \vdots\\ \mathrm{e}^{\mathrm{j}2(N-1)\phi_1} & \mathrm{e}^{\mathrm{j}2(N-1)\phi_2} & \cdots & \mathrm{e}^{\mathrm{j}2(N-1)\phi_L}\end{bmatrix} \tag{5.145}$$

如果第 l 个源是远场源，$\phi_1=0$，则该虚拟"导向矩阵"的第 l 列是单位列向量，即$[\underbrace{1\cdots1}_{N}]^{\mathrm{T}}$。

为了评价该算法处理混合远场和近场源的能力，考虑了以下两种情况：

(1) 在第三和第四个实验中，考虑了一个远场源和一个近场源。

在第三个实验中，我们将该算法用于处理一个近场源和一个远场源，并研究了信噪比对该算法性能的影响。近场源位于$\{\theta_1=10°, r_1=0.5\lambda_1\}$，远场源位于$\{\theta_2=20°\}$处。快拍数设为 400，信噪比在$-10$～30dB 变化。图 5.27～图 5.29 分别给出了两个信源的 DOA、频率和距离(仅考虑近场源)估计的 RMSE。

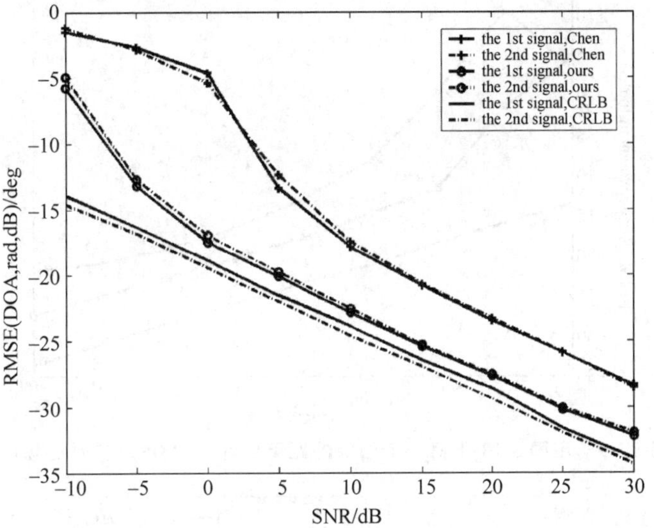

图 5.27 不同 SNR 下 DOA 估计的 RMSE(一个近场源和一个远场源)

在第四个实验中，用该算法处理一个近场源和一个远场源，并研究了快拍数对算法性能的影响。近场源位于$\{\theta_2=20°\}$处，远场源位于$\{\theta_1=10°, r_1=0.5\lambda_1\}$处，信噪比设为 10dB，快拍数为 50～2000。图 5.30～图 5.32 分别显示了两个信源的 DOA、频率和距离(仅考虑近场源)估计的 RMSE。

从第三和第四个实验可以看出，本节给出的算法仍然比文献[31]具有更高的估计精度。这两种算法适用于只有一个远场源的混合近场和远场源。在这种情况下，虚拟"导向矩阵"$\boldsymbol{A}_1$ 仍然满秩。因此，文献[31]中的算法也可以适用于这种情形。

(2) 然而，当存在多个远场源时，文献[31]中的虚拟"导向矩阵"$\boldsymbol{A}_1$ 具有至少两个单位列向量(见式(5.145))，因此不再满秩，文献[31]中的算法无效。为了评价所提算法处理这种情况的能力，本节给出了以下两个实验。

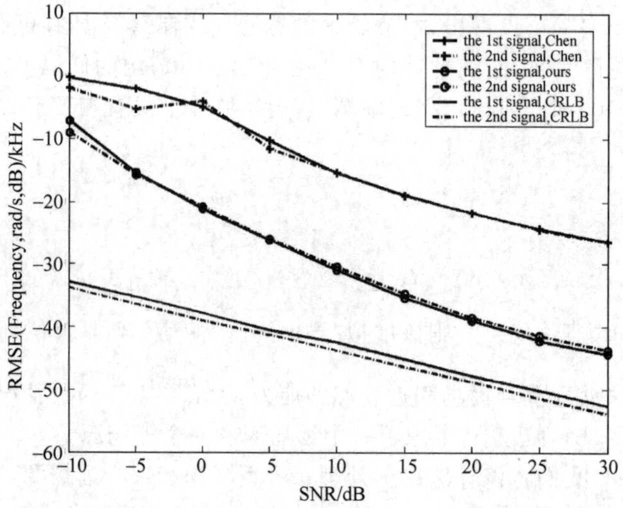

图 5.28　不同 SNR 下频率估计的 RMSE(一个近场源和一个远场源)

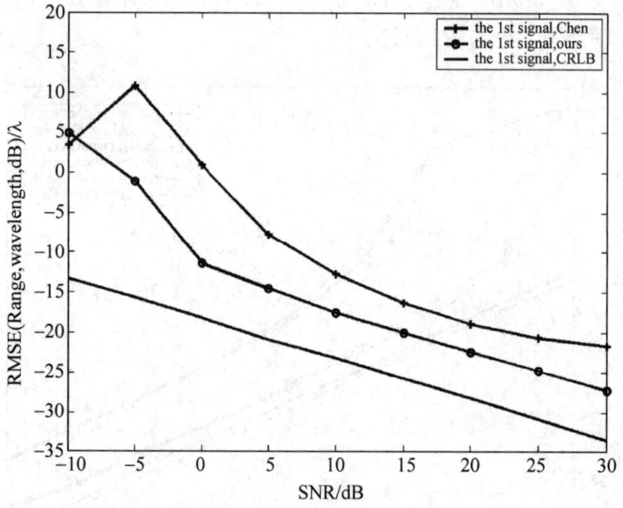

图 5.29　不同 SNR 下第一个信源的距离估计的 RMSE(仅是近场源)

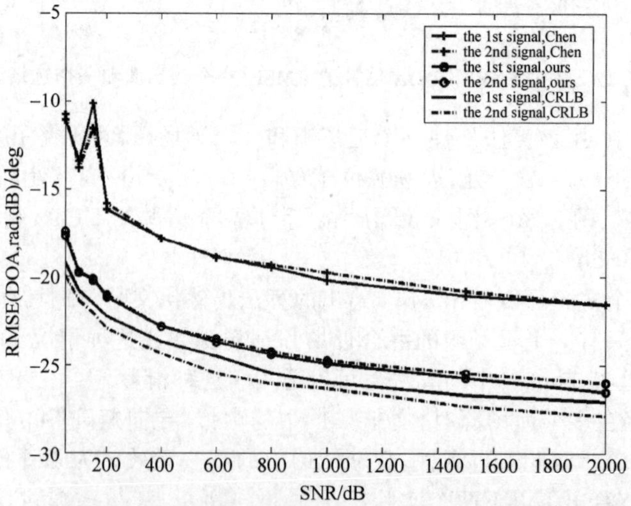

图 5.30　不同快拍数下 DOA 估计的 RMSE(一个近场源和一个远场源)

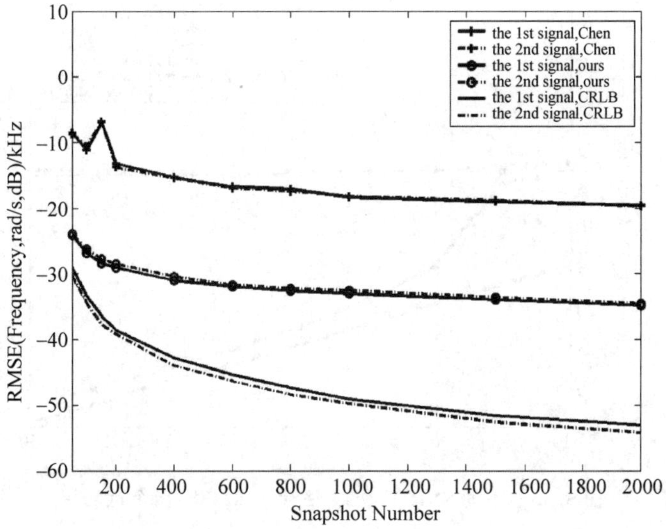

图 5.31 不同快拍数下频率估计的 RMSE(一个近场源和一个远场源)

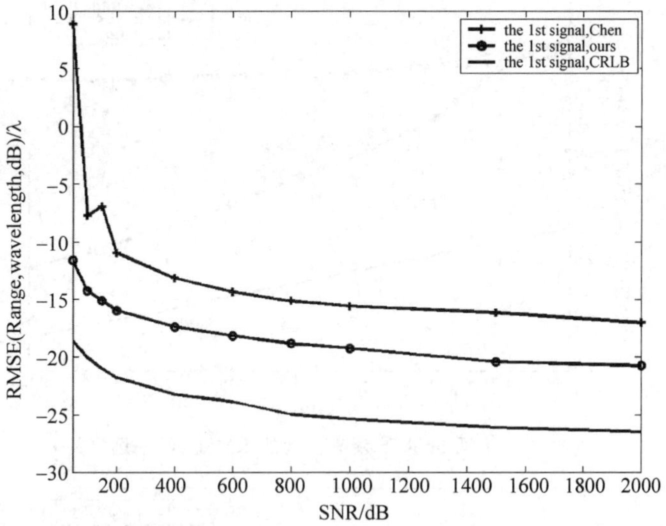

图 5.32 不同快拍数下第一个信源的距离估计的 RMSE(仅是近场源)

在第五个实验中，本节给出的算法被用来处理纯远场情形，并探讨信噪比对算法性能的影响。两个远场源分别位于$\{\theta_1=10°\}$和$\{\theta_2=20°\}$处。快拍数设置为 400，信噪比为－10～30dB 变化。图 5.33 和图 5.34 分别给出了两个远场源的 DOA 和频率估计的 RMSE。

在第六个实验中，本节给出的算法被用来处理纯远场情形，并研究了快拍数目对算法性能的影响。两个远场源分别位于$\{\theta_1=10°\}$和$\{\theta_2=20°\}$处。SNR 设置为 10dB，快拍数为 50～2000。图 5.35 和图 5.36 分别显示了两个远场源的 DOA 和频率估计的 RMSE。

从第五和第六个实验可以看出，本节给出的算法仍然具有较高的估计精度。然而，当存在多个远场源时，定义在文献[31]中的式(10)和式(11)的矩阵 $\boldsymbol{A}_1$ 不再满秩(因为 $\boldsymbol{A}_1$ 中至少有两列是单位列向量，所以 $\boldsymbol{A}_1$ 不再列满秩)。因此，文献[31]中的算法在这种情况下变得无效。

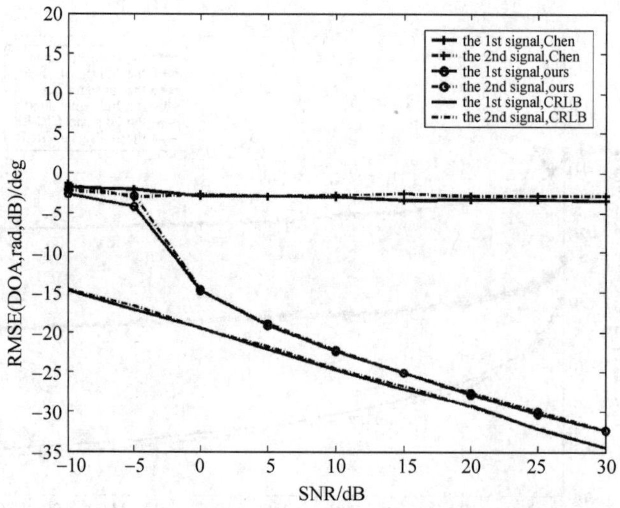

图 5.33　不同 SNR 下 DOA 估计的 RMSE(两个远场源)

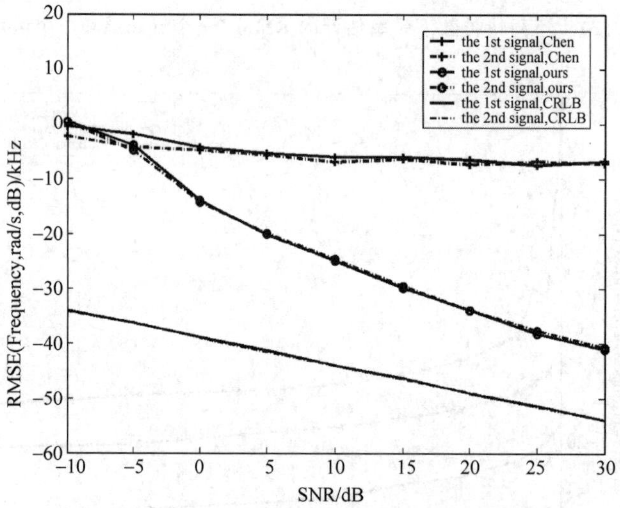

图 5.34　不同 SNR 下频率估计的 RMSE(两个远场源)

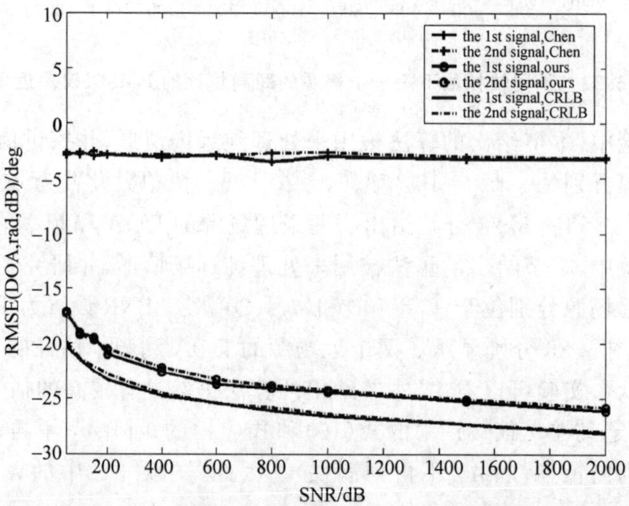

图 5.35　不同快拍数下 DOA 估计的 RMSE(两个远场源)

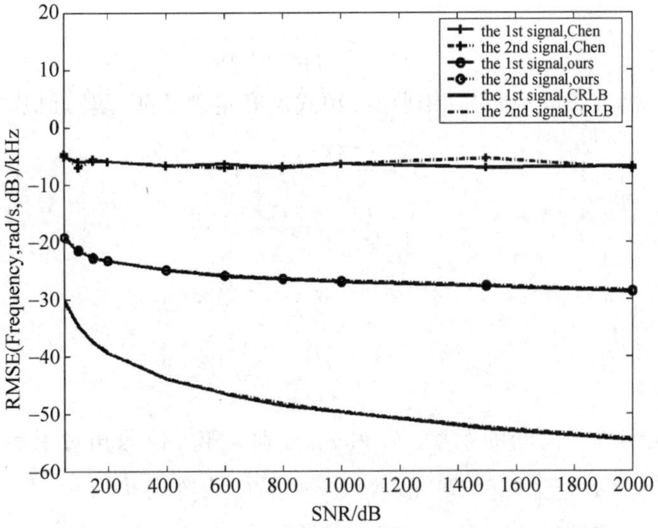

图 5.36　不同快拍数下频率估计的 RMSE(两个远场源)

上述实验结果表明，本节给出的算法比文献[31]具有更高的估计精度，关键在于：在相同的阵元数下，本节给出的算法构造了比文献[31]($N\times N$ 维)更高维的矩阵($2N\times 2N$ 维)。文献[31]中的算法存在较大的孔径损耗，这说明本节给出的算法在某种程度上比文献[31]中使用的阵元数更多。此外，当存在多个远场源时，文献[31]中的式(10)和式(11)的虚拟"导向矩阵"$\mathbf{A}_1$ 不再列满秩。因此，文献[31]中的算法变得无效。而本节给出的算法仍然可以保证相关的导向矩阵 $\mathbf{A}$ 满秩(见式(5.117))，因此它同样适用远场源。

5.7　基于四阶累积量的距离、角度和频率的联合估计算法

本节提出一种基于四阶累积量的距离、角度和频率的联合(Joint Range-DOA-Frequency)估计算法，简称为 JRDF 算法。本节首先给出 JRDF 算法的数据模型，然后详细阐述算法原理，接着对算法性能进行分析，最后进行仿真实验，并对仿真结果进行详细分析，验证算法的有效性。

5.7.1　数据模型

下面给出载频未知的近场和远场混合信源定位的模型，二者只是信号源的表示方法不同。以阵列的对称中心作为参考阵元，假设相互独立的 L 个近场或远场混合窄带信源入射到 ULA，并且这些复基带信号表示为 $s_l(t)(l=1,2,\cdots,L)$。经过下变频解至中频后，假设第 l 个信源的载频为 f_l，则阵元 i 接收的第 l 个观测信号可表示为[35]

$$x_i(t)=\sum_{l=1}^{L}s_l(t)\mathrm{e}^{\mathrm{j}2\pi f_l t}\mathrm{e}^{\mathrm{j}\tau_{il}}+n_i(t),\quad -N\leqslant i\leqslant N \tag{5.146}$$

其中，$x_i(t)$为阵元 i 接收的观测信号；$n_i(t)$为阵元 i 上的加性噪声。

τ_{il} 为第 l 个信源在阵元i 与参考阵元之间的传播时延，那么有

$$\tau_{il}=2\pi\frac{r_{il}-r_l}{\lambda_l} \tag{5.147}$$

由余弦定理可得

$$r_{il}=\sqrt{r_l^2+(id)^2-2r_l id\cos(90°-\theta_l)} \tag{5.148}$$

将式(5.148)代入式(5.147),并利用二项式展开定理及菲涅耳近似[36]可得

$$\tau_{il}=2\pi\frac{r_{il}-r_l}{\lambda_l}\approx i\gamma_l+i^2\phi_l$$

并且

$$\gamma_l=-2\pi\frac{d}{\lambda_l}\sin\theta_l \tag{5.149}$$

$$\phi_l=\pi\frac{d^2}{\lambda_l r_l}\cos^2\theta_l \tag{5.150}$$

其中,d 为两个相邻阵元之间的距离;θ_l 和 r_l 分别为第 l 信源相对于参考点的 DOA 和距离,$\theta_l\in[-\pi/2,\pi/2]$,$r_l\in[0.62(D^2/\lambda)^{1/2},+\infty)$,$D$ 为阵列孔径。

对于近场信源,信源位于阵列的菲涅耳区域之内($r_l\in[0.62(D^2/\lambda)^{1/2},2D^2/\lambda]$)时,阵列接收到的信号具有球面波前,所以信号波前的固有弯曲将不可忽略,即 $\tau_{il}\approx i\gamma_l+i^2\phi_l$,需用信源入射角度 θ_l 和距离参考点的距离 r_l 对信源进行描述(信源频率已知的情况下)。对于远场信源,信号源位于阵列的菲涅耳区域之外($r_l\in(2D^2/\lambda,+\infty)$)时,阵列接收到的信号具有平面波前,所以信号波前的固有弯曲可以忽略,即 $\tau_{il}\approx i\gamma_l$,此时仅需要利用信源入射角度 θ_l 对信源进行描述(信源频率已知的情况下),所以远场信源可以看作是近场信源的一种特殊情况,即近场信源和远场信源具有统一的数学模型。

根据奈奎斯特定理以一个合适的速率 f_s 进行采样后,接收端的数据样本 $x_i(k)$ 可以表示为

$$x_i(k)\approx\sum_{l=1}^{L}s_l(k)\mathrm{e}^{\mathrm{j}\omega_l k}\mathrm{e}^{\mathrm{j}(i\gamma_l+i^2\phi_l)}+n_i(k),\quad k=1,2,\cdots,K \tag{5.151}$$

式(5.151)为载频未知的二维近场或远场混合信号源定位的几何模型,其向量形式为

$$\boldsymbol{X}(k)=\boldsymbol{AS}(k)+\boldsymbol{N}(k),\quad k=1,2,\cdots,K \tag{5.152}$$

其中,

$$\boldsymbol{X}(k)=[x_{-N}(k),x_{-N+1}(k),\cdots,x_0(k),\cdots,x_{N-1}(k),x_N(k)]^{\mathrm{T}} \tag{5.153}$$

$$\boldsymbol{S}(k)=[s_1(k)\mathrm{e}^{\mathrm{j}\omega_1 k},s_2(k)\mathrm{e}^{\mathrm{j}\omega_2 k},\cdots,s_L(k)\mathrm{e}^{\mathrm{j}\omega_L k}]^{\mathrm{T}} \tag{5.154}$$

$$\boldsymbol{N}(k)=[n_{-N}(k),n_{-N+1}(k),\cdots,n_0(k),\cdots,n_{N-1}(k),n_N(k)]^{\mathrm{T}} \tag{5.155}$$

$$\boldsymbol{A}=[\boldsymbol{a}(\theta_1,r_1),\boldsymbol{a}(\theta_2,r_2),\cdots,\boldsymbol{a}(\theta_L,r_L)] \tag{5.156}$$

$$\boldsymbol{a}(\theta_l,r_l)=[\mathrm{e}^{\mathrm{j}[(-N)\gamma_l+(-N)^2\phi_l]},\cdots,1,\cdots,\mathrm{e}^{\mathrm{j}[N\gamma_l+N^2\phi_l]}]^{\mathrm{T}}\quad l=1,2,\cdots,L \tag{5.157}$$

这里,归一化角频率 $\omega_l=2\pi f_l/f_s$,$\lambda_l=c/f_l=2\pi c/(\omega_l f_s)$,$K$ 为快拍数,矩阵 $\boldsymbol{A}$ 为空间阵列的 $(2N+1)\times L$ 维阵列流形,$\boldsymbol{a}(\theta_l,r_l)$ 为 $\boldsymbol{A}$ 的导向向量。

针对上述数据模型,假设条件如下:

A1,信源 $s_1(k),s_2(k),\cdots,s_L(k)$ 为零均值、非高斯、统计独立的窄带平稳过程且具有非零峰度。信号源数目已知。

A2，阵元噪声 $n_{-N}(k),\cdots,n_0(k),\cdots,n_N(k)$ 为零均值、白色高斯过程，并与信源统计独立。

A3，阵元间距 $d\leqslant\lambda/4$，$L<2N+1$。

A4，信源的频率参数 ω_i 和 ω_j 满足 $\omega_i\neq\omega_j$ 且 $i\neq j$。

5.7.2 JRDF 算法原理

5.7.2.1 信息矩阵构造

为了估计近场或远场混合信源的距离、DOA 和频率参数，首先定义一个四阶累积量矩阵 $\boldsymbol{C}_1$，其第 m 行第 n 列个元素可以表示为

$$\boldsymbol{C}_1(m,n)=\operatorname{cum}\{\boldsymbol{x}_0(k),\boldsymbol{x}_0^*(k),\boldsymbol{x}_{m-N-1}(k),\boldsymbol{x}_{n-N-1}^*(k)\}\quad m,n\in[1,2N+1] \tag{5.158}$$

其中，上标 $(\cdot)^*$ 为复共轭。

把式(5.151)代入式(5.158)中，并在假设 A1 和 A2 的情况下，可得

$$\begin{aligned}\boldsymbol{C}_1(m,n)&=\operatorname{cum}\{\boldsymbol{x}_0(k),\boldsymbol{x}_0^*(k),\boldsymbol{x}_{m-N-1}(k),\boldsymbol{x}_{n-N-1}^*(k)\}\\&=\operatorname{cum}\Bigg\{\sum_{l=1}^{L}s_l(k)\mathrm{e}^{\mathrm{j}\omega_l k}+n_0(k),\sum_{l=1}^{L}s_l^*(k)\mathrm{e}^{-\mathrm{j}\omega_l k}+n_0^*(k),\\&\qquad\sum_{l=1}^{L}s_l(k)\mathrm{e}^{\mathrm{j}\omega_l k}\mathrm{e}^{\mathrm{j}[(m-N-1)\gamma_l+(m-N-1)^2\phi_l]}+n_{m-N-1}(k),\\&\qquad\sum_{l=1}^{L}s_l^*(k)\mathrm{e}^{-\mathrm{j}\omega_l k}\mathrm{e}^{-\mathrm{j}[(n-N-1)\gamma_l+(n-N-1)^2\phi_l]}+n_{n-N-1}^*(k)\Bigg\}\\&=\sum_{l=1}^{L}\mathrm{e}^{\mathrm{j}[(m-N-1)\gamma_l+(m-N-1)^2\phi_l]}\mathrm{e}^{-\mathrm{j}[(n-N-1)\gamma_l+(n-N-1)^2\phi_l]}\operatorname{cum}\{s_l(k),s_l^*(k),s_l(k),s_l^*(k)\}\\&=\sum_{l=1}^{L}c_{4,s_l}\mathrm{e}^{\mathrm{j}[(m-N-1)\gamma_l+(m-N-1)^2\phi_l]}\mathrm{e}^{-\mathrm{j}[(n-N-1)\gamma_l+(n-N-1)^2\phi_l]}\end{aligned}$$

其中，$c_{4,s_l}=\operatorname{cum}\{s_l(k),s_l^*(k),s_l(k),s_l^*(k)\}$ 为 $s_l(k)$ 的峰度。令 $\boldsymbol{C}_{4s}=\operatorname{diag}\{c_{4,s_1},c_{4,s_2},\cdots,c_{4,s_L}\}$ 为由信源峰值组成的对角阵，则可将 $\boldsymbol{C}_1$ 表示为

$$\boldsymbol{C}_1=\boldsymbol{B}\boldsymbol{C}_{4s}\boldsymbol{B}^{\mathrm{H}} \tag{5.159}$$

并且

$$\boldsymbol{B}=[\boldsymbol{b}(\gamma_1),\boldsymbol{b}(\gamma_2),\cdots,\boldsymbol{b}(\gamma_L)] \tag{5.160}$$

$$\boldsymbol{b}(\gamma_l)=[\mathrm{e}^{\mathrm{j}[(-N)\gamma_l+(-N)^2\phi_l]},\cdots,1,\cdots,\mathrm{e}^{\mathrm{j}[(N)\gamma_l+(N)^2\phi_l]}]^{\mathrm{T}}\quad l=1,2,\cdots,L \tag{5.161}$$

其中，上标 $(\cdot)^{\mathrm{H}}$ 为共轭转置。

进一步，针对阵元的时间滞后，定义另外一个四阶累积量矩阵 $\boldsymbol{C}_2$，其第 m 行第 n 列个元素可以表示为

$$\boldsymbol{C}_2(m,n)=\operatorname{cum}\{\boldsymbol{x}_0(k+1),\boldsymbol{x}_0^*(k),\boldsymbol{x}_{m-N-1}(k),\boldsymbol{x}_{n-N-1}^*(k)\}\quad m,n\in[1,2N+1] \tag{5.162}$$

与式(5.158)的求解过程相似，将式(5.151)代入式(5.162)中，并且在假设 A1 和 A2 的情况下，可得

$$
\begin{aligned}
\boldsymbol{C}_2(m,n) &= \operatorname{cum}\{\boldsymbol{x}_0(k+1),\boldsymbol{x}_0^*(k),\boldsymbol{x}_{m-N-1}(k),\boldsymbol{x}_{n-N-1}^*(k)\} \\
&= \operatorname{cum}\left\{\sum_{l=1}^{L} s_l(k+1)\mathrm{e}^{\mathrm{j}\omega_l(k+1)} + n_0(k+1), \sum_{l=1}^{L} s_l^*(k)\mathrm{e}^{-\mathrm{j}\omega_l k} + n_0^*(k),\right. \\
&\quad \sum_{l=1}^{L} s_l(k)\mathrm{e}^{\mathrm{j}\omega_l k}\mathrm{e}^{\mathrm{j}[(m-N-1)\gamma_l+(m-N-1)^2\phi_l]} + n_{m-N-1}(k), \\
&\quad \left.\sum_{l=1}^{L} s_l^*(k)\mathrm{e}^{-\mathrm{j}\omega_l k}\mathrm{e}^{-\mathrm{j}[(n-N-1)\gamma_l+(n-N-1)^2\phi_l]} + n_{n-N-1}^*(k)\right\} \\
&= \sum_{l=1}^{L} \mathrm{e}^{\mathrm{j}\omega_l}\mathrm{e}^{\mathrm{j}[(m-N-1)\gamma_l+(m-N-1)^2\phi_l]}\mathrm{e}^{-\mathrm{j}[(n-N-1)\gamma_l+(n-N-1)^2\phi_l]} \\
&\quad \operatorname{cum}\{s_l(k),s_l^*(k),s_l(k),s_l^*(k)\} \\
&= \sum_{l=1}^{L} c_{4,s_l}\mathrm{e}^{\mathrm{j}[(m-N-1)\gamma_l+(m-N-1)^2\phi_l]}\mathrm{e}^{-\mathrm{j}[(n-N-1)\gamma_l+(n-N-1)^2\phi_l]}\mathrm{e}^{\mathrm{j}\omega_l}
\end{aligned}
$$

其中，$c_{4,s_l}=\operatorname{cum}\{s_l(t),s_l^*(t),s_l(t),s_l^*(t)\}$为信源 $s_l(t)$的峰度，式(5.162)推导时应用了窄带信号的假设，即 $s_l(t)\approx s_l(t+1)$。令 $\boldsymbol{C}_{4s}=\operatorname{diag}\{c_{4,s_1},c_{4,s_2},\cdots,c_{4,s_L}\}$为信源峰值组成的对角阵，则可将 $\boldsymbol{C}_2$ 表示为

$$\boldsymbol{C}_2=\boldsymbol{B\Omega C}_{4s}\boldsymbol{B}^{\mathrm{H}} \tag{5.163}$$

$$\boldsymbol{\Omega}=\operatorname{diag}\{\mathrm{e}^{\mathrm{j}\omega_1},\mathrm{e}^{\mathrm{j}\omega_2},\cdots,\mathrm{e}^{\mathrm{j}\omega_L}\} \tag{5.164}$$

需要说明的是，在具体实现中，$\boldsymbol{C}_1$ 和 $\boldsymbol{C}_2$ 需从有限的快拍次数 K 中估计得到，它们的估计值分别记为 $\hat{\boldsymbol{C}}_1$ 和 $\hat{\boldsymbol{C}}_2$，其表示形式如下：

$$
\begin{aligned}
\hat{\boldsymbol{C}}_1(m,n) &= \frac{1}{K}\sum_{k=1}^{K} x_0(k)x_0^*(k)x_{m-N-1}(k)x_{n-N-1}^*(k) - \\
&\quad \frac{1}{K}\sum_{k=1}^{K} x_0(k)x_0^*(k)\,\frac{1}{K}\sum_{k=1}^{K} x_{m-N-1}(k)x_{n-N-1}^*(k) - \\
&\quad \frac{1}{K}\sum_{k=1}^{K} x_0(k)x_{m-N-1}(k)\,\frac{1}{K}\sum_{k=1}^{K} x_0^*(k)x_{n-N-1}^*(k) - \\
&\quad \frac{1}{K}\sum_{k=1}^{K} x_0(k)x_{n-N-1}^*(k)\,\frac{1}{K}\sum_{k=1}^{K} x_0^*(k)x_{m-N-1}(k) \quad m,n\in[1,2N+1]
\end{aligned} \tag{5.165}
$$

并且

$$
\begin{aligned}
\hat{\boldsymbol{C}}_2(m,n) &= \frac{1}{K-1}\sum_{k=1}^{K-1} x_0(k+1)x_0^*(k)x_{m-N-1}(k)x_{n-N-1}^*(k) - \\
&\quad \frac{1}{K-1}\sum_{k=1}^{K-1} x_0(k+1)x_0^*(k)\,\frac{1}{K-1}\sum_{k=1}^{K-1} x_{m-N-1}(k)x_{n-N-1}^*(k) - \\
&\quad \frac{1}{K-1}\sum_{k=1}^{K-1} x_0(k+1)x_{m-N-1}(k)\,\frac{1}{K-1}\sum_{k=1}^{K-1} x_0^*(k)x_{n-N-1}^*(k) - \\
&\quad \frac{1}{K-1}\sum_{k=1}^{K-1} x_0(k+1)x_{n-N-1}^*(k)\,\frac{1}{K-1}\sum_{k=1}^{K-1} x_0^*(k)x_{m-N-1}(k) \\
&\quad m,n\in[1,2N+1]
\end{aligned} \tag{5.166}
$$

由假设 A1 可知，$\boldsymbol{C}_{4s}$ 的对角线元素均不相同，所以 $\boldsymbol{C}_{4s}$ 为一个可逆的对角阵。此外，由于 $\boldsymbol{B}$ 列满秩，所以 $\boldsymbol{C}_1$ 和 $\boldsymbol{C}_2$ 均是秩为 L 的 $(2N+1)\times(2N+1)$ 维矩阵。

令 $\boldsymbol{P}=\mathrm{diag}\{\rho_1,\rho_2,\cdots,\rho_l,\cdots,\rho_L\}$ 和 $\boldsymbol{V}=[v_1,v_2,\cdots,v_l,\cdots,v_L]$ 分别表示矩阵 $\boldsymbol{C}_1$ 的特征值和相应的特征向量，能够得到

$$\boldsymbol{C}_1=\sum_{l=1}^{2N+1}\rho_l\boldsymbol{v}_l\boldsymbol{v}_l^{\mathrm{H}}=\boldsymbol{VPV}^{\mathrm{H}}=\boldsymbol{V}_s\boldsymbol{P}_s\boldsymbol{V}_s^{\mathrm{H}}+\boldsymbol{V}_n\boldsymbol{P}_n\boldsymbol{V}_n^{\mathrm{H}} \tag{5.167}$$

其中，$\boldsymbol{P}=\mathrm{diag}\{\rho_1,\rho_2,\cdots,\rho_{2N+1}\}$ 并且 $\rho_1\geqslant\rho_2\geqslant\cdots\geqslant\rho_L>\rho_{L+1}=\rho_{L+2}=\cdots=\rho_{2N+1}=0$。$\boldsymbol{V}=[\boldsymbol{V}_s,\boldsymbol{V}_n]$，$\boldsymbol{V}_s=[\boldsymbol{v}_1,\boldsymbol{v}_2,\cdots,\boldsymbol{v}_L]$，$\boldsymbol{P}_s=\mathrm{diag}\{\rho_1,\rho_2,\cdots,\rho_L\}$，$\boldsymbol{V}_n=[\boldsymbol{v}_{L+1},\boldsymbol{v}_{L+2},\cdots,\boldsymbol{v}_{2N+1}]$ 并且 $\boldsymbol{P}_n=\mathrm{diag}\{\rho_{L+1},\rho_{L+2},\cdots,\rho_{2N+1}\}$。

定义 $\boldsymbol{C}_3$ 如下：

$$\boldsymbol{C}_3=\sum_{l=1}^{L}\frac{1}{\rho_l}\boldsymbol{v}_l\boldsymbol{v}_l^{\mathrm{H}}=\boldsymbol{V}_s\boldsymbol{P}_s^{-1}\boldsymbol{V}_s^{\mathrm{H}} \tag{5.168}$$

由式(5.159)和式(5.167)可知，$\boldsymbol{C}_1$ 特征值分解中大特征向量张成的信号子空间 $\boldsymbol{V}_s$ 与其阵列流形张成的信号子空间 $\boldsymbol{B}$ 是相等的，即 $\mathrm{span}\{\boldsymbol{V}_s\}=\mathrm{span}\{\boldsymbol{B}\}$。此时，存在一个唯一的非奇异矩阵 $\boldsymbol{T}$，使得 $\boldsymbol{B}=\boldsymbol{V}_s\boldsymbol{T}$。因此，可以得到

$$\boldsymbol{V}_s\boldsymbol{V}_s^{\mathrm{H}}\boldsymbol{B}=\boldsymbol{V}_s\boldsymbol{V}_s^{\mathrm{H}}\boldsymbol{V}_s\boldsymbol{T}=\boldsymbol{V}_s\boldsymbol{T}=\boldsymbol{B} \tag{5.169}$$

利用 $\boldsymbol{C}_2$ 和 $\boldsymbol{C}_3$，定义一个含有 DOA、距离和频率信息的“信息矩阵”$\boldsymbol{C}$

$$\boldsymbol{C}=\boldsymbol{C}_2\boldsymbol{C}_3 \tag{5.170}$$

那么，就会得到如下的定理。

定理 5.6 假设有 L 个(近场或远场)窄带信源 $s_l(t)(l=1,2,\cdots,L)$，第 l 个信源的 DOA 为 θ_l，距离为 r_l，频率为 f_l。如果对角矩阵 $\boldsymbol{\Omega}$ 无相同的对角元素，则 $\boldsymbol{C}$ 中的 L 个非零特征值等于 $\boldsymbol{\Omega}$ 中对应的 L 个对角元素，而与其对应的特征向量等于 $\boldsymbol{B}$ 中相对应的列向量，即 $\boldsymbol{CB}=\boldsymbol{B\Omega}$。

证明：在以上假设易知 $\boldsymbol{B}$ 是一个列满秩的矩阵，此外，还能够得出一个结论：$\mathrm{rank}(\boldsymbol{B})=\mathrm{rank}(\boldsymbol{C})=L$。结合式(5.159)、式(5.163)和式(5.167)～式(5.170)，可以得到如下等式

$$\begin{aligned}\boldsymbol{CB}&=\boldsymbol{C}_2\boldsymbol{C}_3\boldsymbol{B}\\&=\boldsymbol{B\Omega C}_{4s}\boldsymbol{B}^{\mathrm{H}}\boldsymbol{V}_s\boldsymbol{P}_s^{-1}\boldsymbol{V}_s^{\mathrm{H}}\boldsymbol{B}\\&=\boldsymbol{B\Omega}(\boldsymbol{B}^{\mathrm{H}}\boldsymbol{B})^{-1}\boldsymbol{B}^{\mathrm{H}}(\boldsymbol{BC}_{4s}\boldsymbol{B}^{\mathrm{H}})\boldsymbol{V}_s\boldsymbol{P}_s^{-1}\boldsymbol{V}_s^{\mathrm{H}}\boldsymbol{B}\\&=\boldsymbol{B\Omega}(\boldsymbol{B}^{\mathrm{H}}\boldsymbol{B})^{-1}\boldsymbol{B}^{\mathrm{H}}\boldsymbol{C}_1\boldsymbol{V}_s\boldsymbol{P}_s^{-1}\boldsymbol{V}_s^{\mathrm{H}}\boldsymbol{B}\\&=\boldsymbol{B\Omega}(\boldsymbol{B}^{\mathrm{H}}\boldsymbol{B})^{-1}\boldsymbol{B}^{\mathrm{H}}(\boldsymbol{V}_s\boldsymbol{P}_s\boldsymbol{V}_s^{\mathrm{H}})\boldsymbol{V}_s\boldsymbol{P}_s^{-1}\boldsymbol{V}_s^{\mathrm{H}}\boldsymbol{B}\\&=\boldsymbol{B\Omega}(\boldsymbol{B}^{\mathrm{H}}\boldsymbol{B})^{-1}\boldsymbol{B}^{\mathrm{H}}\boldsymbol{V}_s\boldsymbol{V}_s^{\mathrm{H}}\boldsymbol{B}\\&=\boldsymbol{B\Omega}(\boldsymbol{B}^{\mathrm{H}}\boldsymbol{B})^{-1}\boldsymbol{B}^{\mathrm{H}}\boldsymbol{B}\\&=\boldsymbol{B\Omega}\end{aligned} \tag{5.171}$$

其中，$(\cdot)^{-1}$ 为矩阵的逆。

定理 5.6 得证。

由定理 5.6 可知：

(1) 通过计算矩阵 $\boldsymbol{C}$ 的特征向量和特征值即可得到导向向量阵 $\boldsymbol{B}$ 和对角阵 $\boldsymbol{\Omega}$。那么，利用矩阵 $\boldsymbol{C}$ 的第 l 个特征对可以估计入射信号的角度 θ_l、距离 r_l 和频率 f_l，并且可以对三维参数实现自动匹配。

(2) 如果入射信源在角度 θ 或距离 r 上互相接近，但是，对角矩阵 $\boldsymbol{\Omega}$ 无相同的对角元素，那么，定理 5.6 仍然成立，即在上文提到的条件下，定理 5.6 可以解决入射信源角度 θ 或者距离 r 很接近的情况。

对 $\boldsymbol{C}$ 进行特征分解如下：

$$\boldsymbol{C}=\sum_{l=1}^{2N+1}\alpha_l\boldsymbol{u}_l\boldsymbol{u}_l^{\mathrm{H}}=\boldsymbol{U}\boldsymbol{\Lambda}\boldsymbol{U}^{\mathrm{H}}=\boldsymbol{U}_s\boldsymbol{\Lambda}_s\boldsymbol{U}_s^{\mathrm{H}}+\boldsymbol{U}_n\boldsymbol{\Lambda}_n\boldsymbol{U}_n^{\mathrm{H}} \tag{5.172}$$

其中，$\boldsymbol{\Lambda}=\mathrm{diag}\{\alpha_1,\alpha_2,\cdots,\alpha_{2N+1}\}$ 并且 $\alpha_1\geqslant\alpha_2\geqslant\cdots\geqslant\alpha_L>\alpha_{L+1}=\alpha_{L+2}=\cdots=\alpha_{2N+1}=0$。$\boldsymbol{U}=[\boldsymbol{U}_s,\boldsymbol{U}_n]$，$\boldsymbol{U}_s=[\boldsymbol{u}_1,\boldsymbol{u}_2,\cdots,\boldsymbol{u}_L]$，$\boldsymbol{\Lambda}_s=\mathrm{diag}\{\alpha_1,\alpha_2,\cdots,\alpha_L\}$，$\boldsymbol{U}_n=[\boldsymbol{u}_{L+1},\boldsymbol{u}_{L+2},\cdots,\boldsymbol{u}_{2N+1}]$ 并且 $\boldsymbol{\Lambda}_n=\mathrm{diag}\{\alpha_{L+1},\alpha_{L+2},\cdots,\alpha_{2N+1}\}$。

5.7.2.2 参数估计及近远场分类

结合定理 5.6、式(5.172)和假设 A4 可知，对角矩阵 $\boldsymbol{\Omega}$ 和方向矩阵 $\boldsymbol{B}$ 可以通过计算矩阵 $\boldsymbol{C}$ 的特征值 $\boldsymbol{\Lambda}_s$ 和相对应的特征向量 $\boldsymbol{U}_s$ 得到，即 $\boldsymbol{b}_l$ 可以由相对应的特征向量 $\boldsymbol{u}_l$ 得到，f_l 可以由相对应的特征值 α_l 得到。

根据式(5.177)和式(5.178)，可以给出 f_l 和 $\boldsymbol{b}_l$ 的表达式

$$f_l=\frac{\mathrm{angle}(\alpha_l)f_s}{2\pi} \tag{5.173}$$

$$\boldsymbol{b}(\gamma_l)=\frac{\boldsymbol{u}(\gamma_l)}{\boldsymbol{u}(\gamma_l)[N+1]} \tag{5.174}$$

其中，angle(·)表示取相角运算。

为了简化表达形式，用 $\boldsymbol{b}_l$ 代替 $\boldsymbol{b}(\gamma_l)$，并且 $\boldsymbol{b}_l$ 的第 i 个元素可以表示为 $\boldsymbol{b}_l(i)$，因此，由式(5.161)，$\boldsymbol{b}_l(i)$ 有如下形式

$$\boldsymbol{b}_l(i)=\mathrm{e}^{\mathrm{j}[(-N-1+i)\gamma_l+(-N-1+i)^2\phi_l]} \tag{5.175}$$

利用式(5.175)，可以构造 $\boldsymbol{d}_l(i)$ 和 $\boldsymbol{e}_l(i)$

$$\begin{aligned}\boldsymbol{d}_l(i)&=\boldsymbol{b}_l(i+1)\boldsymbol{b}_l^*(i)\boldsymbol{b}_l^*(3)\boldsymbol{b}_l(2)\\&=\mathrm{e}^{\mathrm{j}[(-N+i)\gamma_l+(-N+i)^2\phi_l]}\mathrm{e}^{-\mathrm{j}[(-N+i-1)\gamma_l+(-N+i-1)^2\phi_l]}\\&\quad\mathrm{e}^{-\mathrm{j}[(-N+2)\gamma_l+(-N+2)^2\phi_l]}\mathrm{e}^{\mathrm{j}[(-N+1)\gamma_l+(-N+1)^2\phi_l]}\\&=\mathrm{e}^{\mathrm{j}[2(i-2)\phi_l]}\end{aligned} \tag{5.176}$$

$$\begin{aligned}\boldsymbol{e}_l(i)&=\boldsymbol{b}_l(i+1)\boldsymbol{b}_l^*(i)\boldsymbol{b}_l^*(2N-1)\boldsymbol{b}_l(2N)\\&=\mathrm{e}^{\mathrm{j}[(-N+i)\gamma_l+(-N+i)^2\phi_l]}\mathrm{e}^{-\mathrm{j}[(-N+i-1)\gamma_l+(-N+i-1)^2\phi_l]}\\&\quad\mathrm{e}^{-\mathrm{j}[(N-2)\gamma_l+(N-2)^2\phi_l]}\mathrm{e}^{\mathrm{j}[(N-1)\gamma_l+(N-1)^2\phi_l]}\\&=\mathrm{e}^{\mathrm{j}[2(i-2)\phi_l+2\gamma_l]}\end{aligned} \tag{5.177}$$

利用 $\boldsymbol{b}_l$ 可以构造如下的 $2N$ 维的列向量

$$\boldsymbol{d}_l=\begin{bmatrix}\boldsymbol{b}_l(2)\boldsymbol{b}_l^*(1)\boldsymbol{b}_l^*(3)\boldsymbol{b}(2)\\\boldsymbol{b}_l(3)\boldsymbol{b}_l^*(2)\boldsymbol{b}_l^*(3)\boldsymbol{b}(2)\\\vdots\\\boldsymbol{b}_l(2N-1)\boldsymbol{b}_l^*(2N-2)\boldsymbol{b}_l^*(3)\boldsymbol{b}(2)\\\boldsymbol{b}_l(2N)\boldsymbol{b}_l^*(2N-1)\boldsymbol{b}_l^*(3)\boldsymbol{b}(2)\\\boldsymbol{b}_l(2N+1)\boldsymbol{b}_l^*(2N)\boldsymbol{b}_l^*(3)\boldsymbol{b}(2)\end{bmatrix}=\begin{bmatrix}\mathrm{e}^{\mathrm{j}(-2)\phi_l}\\1\\\vdots\\\mathrm{e}^{\mathrm{j}(4N-8)\phi_l}\\\mathrm{e}^{\mathrm{j}(4N-6)\phi_l}\\\mathrm{e}^{\mathrm{j}(4N-4)\phi_l}\end{bmatrix} \tag{5.178}$$

$$
\boldsymbol{e}_l=\begin{bmatrix}\boldsymbol{b}_l(2)\boldsymbol{b}_l^*(1)\boldsymbol{b}_l^*(2N-1)\boldsymbol{b}(2N)\\ \boldsymbol{b}_l(3)\boldsymbol{b}_l^*(2)\boldsymbol{b}_l^*(2N-1)\boldsymbol{b}(2N)\\ \vdots\\ \boldsymbol{b}_l(2N-1)\boldsymbol{b}_l^*(2N-2)\boldsymbol{b}_l^*(2N-1)\boldsymbol{b}(2N)\\ \boldsymbol{b}_l(2N)\boldsymbol{b}_l^*(2N-1)\boldsymbol{b}_l^*(2N-1)\boldsymbol{b}(2N)\\ \boldsymbol{b}_l(2N+1)\boldsymbol{b}_l^*(2N)\boldsymbol{b}_l^*(2N-1)\boldsymbol{b}(2N)\end{bmatrix}=\begin{bmatrix}\mathrm{e}^{\mathrm{j}[(-2)\phi_l+2\gamma_l]}\\ \mathrm{e}^{\mathrm{j}[2\gamma_l]}\\ \vdots\\ \mathrm{e}^{\mathrm{j}[(4N-8)\phi_l+2\gamma_l]}\\ \mathrm{e}^{\mathrm{j}[(4N-6)\phi_l+2\gamma_l]}\\ \mathrm{e}^{\mathrm{j}[(4N-4)\phi_l+2\gamma_l]}\end{bmatrix} \tag{5.179}
$$

由式(5.178)和式(5.179)可以得到 γ_l 和 ϕ_l

$$
\gamma_l=\frac{1}{4N}\sum_{i=1}^{2N}\frac{\boldsymbol{e}_l(i)}{\boldsymbol{d}_l(i)} \tag{5.180}
$$

$$
\phi_l=\frac{1}{8N-4}\left[\sum_{i=1}^{2N-1}\arg\left(\frac{\boldsymbol{d}_l(i+1)}{\boldsymbol{d}_l(i)}\right)+\sum_{i=1}^{2N-1}\arg\left(\frac{\boldsymbol{e}_l(i+1)}{\boldsymbol{e}_l(i)}\right)\right] \tag{5.181}
$$

第 l 个信源的波长 λ_l 可由相对应的 f_l 获得，根据式(5.149)、式(5.150)、式(5.180)和式(5.181)，则可得到对应的波达方向 θ_l 和距离 r_l 的值，分别为

$$
\theta_l=\arcsin\left(-\frac{\gamma_l\lambda_l}{2\pi d}\right) \tag{5.182}
$$

$$
r_l=\frac{\pi d^2}{\lambda_l\phi_l}\cos^2(\theta_l) \tag{5.183}
$$

根据式(5.183)就可以判断第 l 个信源是近场信源还是远场信源。当 $r_l\in[0.62(D^2/\lambda)^{1/2},2D^2/\lambda]$，即信号源位于阵列的菲涅耳区域之内时，则第 l 个信源为近场信源；当 $r_l\in(2D^2/\lambda,+\infty)$，即信号源位于阵列的菲涅耳区域之外时，则第 l 个信源为远场信源。

通过上述分析，JRFD 算法的步骤可以总结如下：

算法 5.5 JRFD 算法。

1. 收集阵列输出的第 k 次快拍数据矩阵 $\boldsymbol{X}(k)$，并利用其特定序号的输出构造两个四阶累积量矩阵 $\boldsymbol{C}_1$ 和 $\boldsymbol{C}_2$，它们估计值分别为 $\hat{\boldsymbol{C}}_1$ 和 $\hat{\boldsymbol{C}}_2$；
2. 对四阶累积量矩阵 $\hat{\boldsymbol{C}}_1$ 进行特征值分解，根据 AIC[37]，利用 $\hat{\boldsymbol{C}}_1$ 的 L 个较大的非零特征值 $\hat{\boldsymbol{P}}_s$ 和与其相对应特征向量 $\hat{\boldsymbol{V}}_s$ 定义矩阵 $\hat{\boldsymbol{C}}_3$；
3. 利用 $\hat{\boldsymbol{C}}_2$ 和 $\hat{\boldsymbol{C}}_3$ 定义“信息矩阵”$\hat{\boldsymbol{C}}$，然后对 $\hat{\boldsymbol{C}}$ 进行特征值分解；
4. 根据式(5.173)和式(5.174)，利用 $\hat{\boldsymbol{C}}$ 的 L 个较大的非零特征值 $\hat{\boldsymbol{\Lambda}}_s$ 和与其相对应的特征向量 $\hat{\boldsymbol{U}}_s$ 分别估计第 l 个信源的频率 $\hat{f}_l$ 和 $\hat{\boldsymbol{b}}_l$；
5. 根据式(5.178)和式(5.179)，利用 $\hat{\boldsymbol{b}}_l$ 估计 $\hat{\boldsymbol{d}}_l$ 和 $\hat{\boldsymbol{e}}_l$；
6. 根据式(5.180)和式(5.181)，利用 $\hat{\boldsymbol{d}}_l$ 和 $\hat{\boldsymbol{e}}_l$ 分别估计 $\hat{\gamma}_l$ 和 $\hat{\phi}_l$；
7. 根据式(5.182)和式(5.183)，计算出第 l 个信源的 DOA $\hat{\theta}_l$ 和距离参考阵元的距离 $\hat{r}_l$；
8. 利用已估计出的第 l 个信源距离阵列对称中心的距离 $\hat{r}_l$ 来判断该信源位于近场还是远场。

5.7.3 性能分析

5.7.3.1 克拉美-罗下界

CRB是对未知参数进行无偏估计时误差方差的下界[38]，在这里我们给出估计参数的CRB作为评价算法估计性能的一个标准。

利用式(5.151)能够得到

$$n_i(k)=x_i(k)-\sum_{l=1}^{L}s_l(k)\mathrm{e}^{\mathrm{j}\omega_l k}\mathrm{e}^{\mathrm{j}(i\gamma_l+i^2\phi_l)} \tag{5.184}$$

由式(5.184)，定义概率密度函数 $p(\boldsymbol{x}|\psi)$

$$p(\boldsymbol{x}\mid\psi)=\prod_{k=1}^{K}\prod_{i=-N}^{N}\frac{1}{\sqrt{2\pi\sigma^2}}\mathrm{e}^{-\frac{1}{2\sigma^2}\left(x_i(k)-\sum\limits_{l=1}^{L}s_l(k)\mathrm{e}^{\mathrm{j}\omega_l k}\mathrm{e}^{\mathrm{j}(i\gamma_l+i^2\phi_l)}\right)^{\mathrm{H}}\left(x_i(k)-\sum\limits_{l=1}^{L}s_l(k)\mathrm{e}^{\mathrm{j}\omega_l k}\mathrm{e}^{\mathrm{j}(i\gamma_l+i^2\phi_l)}\right)} \tag{5.185}$$

其中，$\boldsymbol{x}=[\boldsymbol{x}(1),\boldsymbol{x}(2),\cdots,\boldsymbol{x}(K)]^{\mathrm{T}}$，$\psi=[\psi_1,\psi_2,\cdots,\psi_L]^{\mathrm{T}}$，并且

$$\psi_l=[\omega_l\quad\theta_l\quad r_l] \tag{5.186}$$

对 $p(\boldsymbol{x}|\psi)$ 取对数，则

$$\begin{aligned}\ln p(\boldsymbol{x}\mid\psi)=&-\frac{1}{2}(2N+1)K\ln(2\pi\sigma^2)-\\&\frac{1}{2\sigma^2}\sum_{k=1}^{K}\sum_{i=-N}^{N}\left(x_i(k)-\sum_{l=1}^{L}s_l(k)\mathrm{e}^{\mathrm{j}\omega_l k}\mathrm{e}^{\mathrm{j}(i\gamma_l+i^2\phi_l)}\right)^{\mathrm{H}}\\&\left(x_i(k)-\sum_{l=1}^{L}s_l(k)\mathrm{e}^{\mathrm{j}\omega_l k}\mathrm{e}^{\mathrm{j}(i\gamma_l+i^2\phi_l)}\right)\end{aligned} \tag{5.187}$$

由式(5.185)～式(5.187)可得，在近场或远场的混合信源中，ψ_l 中3个元素的偏导具有如下表达形式

$$\frac{\partial\ln(p(\boldsymbol{x}\mid\psi))}{\partial\omega_l}=\frac{1}{\sigma^2}\sum_{k=1}^{K}\sum_{i=-N}^{K}\{\mathrm{Re}(\mathrm{j}ks_l(k)\mathrm{e}^{\mathrm{j}\omega_l k}\mathrm{e}^{\mathrm{j}(i\gamma_l+i^2\phi_l)}n_i^*(k))\} \tag{5.188}$$

$$\begin{aligned}&\frac{\partial\ln(p(\boldsymbol{x}\mid\psi))}{\partial\theta_l}\\&=\frac{1}{\sigma^2}\sum_{k=1}^{K}\sum_{i=-N}^{K}\left\{\mathrm{Re}\left[\mathrm{j}ks_l(k)\mathrm{e}^{\mathrm{j}\omega_l k}\mathrm{e}^{\mathrm{j}(i\gamma_l+i^2\phi_l)}\left(-\frac{2\pi di\cos\theta_l}{\lambda_l}-\frac{\pi d^2i^2\sin(2\theta_l)}{\lambda_l r_l}\right)n_i^*(k)\right]\right\}\end{aligned} \tag{5.189}$$

$$\begin{aligned}&\frac{\partial\ln(p(\boldsymbol{x}\mid\psi))}{\partial r_l}\\&=\frac{1}{\sigma^2}\sum_{k=1}^{K}\sum_{i=-N}^{N}\left\{\mathrm{Re}\left[\mathrm{j}ks_l(k)\mathrm{e}^{\mathrm{j}\omega_l k}\mathrm{e}^{\mathrm{j}(i\gamma_l+i^2\phi_l)}\left(-\frac{\pi d^2i^2\cos(2\theta_l)}{r_l^2}\right)n_i^*(k)\right]\right\}\end{aligned} \tag{5.190}$$

其中，Re(·)为复数的实部。

所以，在近场或远场的混合信源中 ψ_l 的偏导可以表达为如下形式

$$\frac{\partial\ln(p(\boldsymbol{x}\mid\psi))}{\partial\psi_l}=\left[\frac{\partial\ln(p(\boldsymbol{x}\mid\psi))}{\partial\omega_l},\frac{\partial\ln(p(\boldsymbol{x}\mid\psi))}{\partial\theta_l},\frac{\partial\ln(p(\boldsymbol{x}\mid\psi))}{\partial r_l}\right] \tag{5.191}$$

由式(5.206)～式(5.209)，可得所有 L 个信源的 $\frac{\partial \ln(p(\boldsymbol{x}|\psi))}{\partial \psi_l}$，然后利用 $\frac{\partial \ln(p(\boldsymbol{x}|\psi))}{\partial \psi_l}$ 可以得到列向量 $\frac{\partial \ln(p(\boldsymbol{x}|\psi))}{\partial \psi}$，如下：

$$\frac{\partial \ln(p(\boldsymbol{x} \mid \psi))}{\partial \psi} = \left[\frac{\partial \ln(p(\boldsymbol{x} \mid \psi))}{\partial \psi_1}, \frac{\partial \ln(p(\boldsymbol{x} \mid \psi))}{\partial \psi_2}, \cdots, \frac{\partial \ln(p(\boldsymbol{x} \mid \psi))}{\partial \psi_L}\right]^{\mathrm{T}} \tag{5.192}$$

由式(5.192)可以得到 Fisher 信息矩阵 $\boldsymbol{F}$

$$\boldsymbol{F} = E\left[\frac{\partial \ln(p(\boldsymbol{x} \mid \psi))}{\partial \psi}\left(\frac{\partial \ln(p(\boldsymbol{x} \mid \psi))}{\partial \psi}\right)^{\mathrm{T}}\right] \tag{5.193}$$

所以估计的 CRB 参数能够通过 $\boldsymbol{F}^{-1}$ 的相关对角线元素获得。在本节中，通过在 400 次蒙特卡洛独立重复实验中计算 $\frac{\partial \ln(p(\boldsymbol{x}|\psi))}{\partial \psi}\left(\frac{\partial \ln(p(\boldsymbol{x}|\psi))}{\partial \psi}\right)^{\mathrm{T}}$ 的平均值即可估计出 Fisher 信息矩阵 $\boldsymbol{F}$。

5.7.3.2 计算复杂性

所提算法的计算复杂性主要包括以下两个部分：

(1) 构造两个 $(2N+1)\times(2N+1)$ 维的四阶累积量矩阵 $\boldsymbol{C}_1$ 和 $\boldsymbol{C}_2$，其计算复杂性均为 $O(9(2N+1)^2)$；

(2) 对两个 $(2N+1)\times(2N+1)$ 维的矩阵 $\boldsymbol{C}_1$ 和 $\boldsymbol{C}$ 进行 EVD，其计算复杂性均为 $O(4/3(2N+1)^3)$。

表 5.5 给出了 JRDF 算法与一种相关算法[39]的比较。为了便于比较，把文献[39]中的算法命名为 TSMUSIC 算法。其中，在 JRDF 算法中信号源数目为 $2N+1$，在 TSMUSIC 算法中信号源数目为 $2N+1$，构造的四阶累积量矩阵的维数为 $4N+1$。

表 5.5 JRFD 和 TSMUSIC 计算复杂性的比较

算　法	矩阵构造	EVD	谱峰搜索
JRDF	2 次 $O(9(2N+1)^2)$	2 次 $O(4/3(2N+1)^3)$	不需要
TSMUSIC	1 次 $O(9(2N+1)^2)$	1 次 $O(4/3(2N+1)^3)$	1 次
	1 次 $O(9(4N+1)^2)$	1 次 $O(4/3(4N+1)^3)$	

5.7.4 仿真实验及分析

为了验证所提 JRDF 算法的有效性，将 JRDF 算法、TSMUSIC 算法和 CRB 通过两组实验进行对比分析。信噪比(SNR)为 $10\log10(\sigma_s^2/\sigma_n^2)$，其中，$\sigma_s^2$ 为信源功率并且 σ_n^2 为噪声功率。假设有两个等功率统计独立且载频分别为 $f_1=2\text{MHz}$ 和 $f_2=3\text{MHz}$ 的窄带信源入射到具有 5 个阵元的等距线阵，阵元间距为 $d=\min(\lambda_l/4)$，每个信源的 DOA 分别为(10°，20°)，对应的信源距离阵列参考点的距离为 $(\lambda_1, 45\lambda_2)$，其中采样频率为 20MHz。频率、DOA 和距离的单位分别为 MHz、度(°)和波长(λ)。

在仿真中为了更好地描述算法的估计性能，利用均方根误差作为评价算法的一个量度，对频率、DOA 和距离分别定义均方根误差为

$$\begin{cases}\mathrm{RMSE}_f=\sqrt{\dfrac{1}{PL}\sum\limits_{p=1}^{P}\sum\limits_{l=1}^{L}(\hat{f}_l(p)-f_l)^2}\\ \mathrm{RMSE}_\theta=\sqrt{\dfrac{1}{PL}\sum\limits_{t=1}^{P}\sum\limits_{l=1}^{L}(\hat{\theta}_l(p)-\theta_l)^2}\\ \mathrm{RMSE}_r=\sqrt{\dfrac{1}{PL}\sum\limits_{t=1}^{P}\sum\limits_{l=1}^{L}(\hat{r}_l(p)-r_l)^2}\end{cases}\tag{5.194}$$

其中，P 为独立实验的次数；L 为信源的个数；$\hat{f}_l(p)$是在第 p 次独立实验下对 f_l 的估计值；$\hat{\theta}_l(p)$是在第 p 次独立实验下对θ_l 的估计值；$\hat{r}_l(p)$是在第 p 次独立实验下对r_l 的估计值。

实验 1：不同 SNR 下 JRDF 和 TSMUSIC 算法的均方根误差曲线及 CRB 曲线。

仿真条件设置为：SNR 在－15～15dB 以 5dB 为间距进行变化，快拍数为 100，每个 SNR 点进行 400 次蒙特卡洛实验。

图 5.37 给出了 JRDF 算法估计信号频率的均方根误差随 SNR 变化的曲线，并与 CRB 进行比较(由于 TSMUSIC 中假设载频已知，所以在本次仿真中不予比较)。从仿真结果可以看到，随着 SNR 的增大，频率估计的均方根误差不断减小。

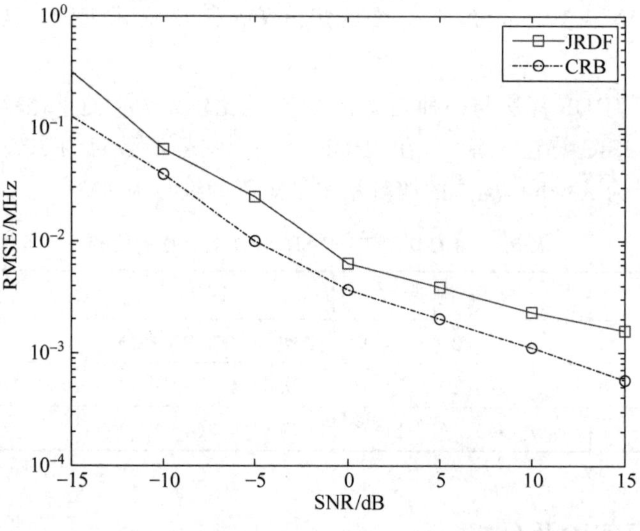

图 5.37　频率估计随信噪比变化的均方根误差曲线

图 5.38 和图 5.39 分别给出了 TSMUSIC 与 JRDF 算法估计信号 DOA 和距离的均方根误差随 SNR 变化的曲线，并与 CRB 进行比较。从仿真结果可以看到，随着 SNR 的增大，DOA 估计和距离估计的均方根误差不断减小。并且与 TSMUSIC 算法相比，JRDF 算法具有较小的估计误差，误差曲线更接近 CRB。

实验 2：不同快拍数下 JRDF 和 TSMUSIC 算法的均方根误差曲线及 CRB 曲线。

仿真条件设置为：快拍数在 50～500 以 50 个快拍为间距进行变化，SNR 为 20dB，每个快拍点进行 400 次蒙特卡洛实验。

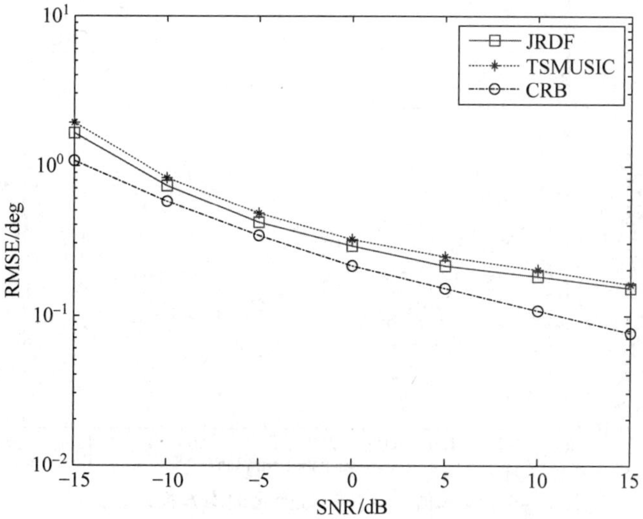

图 5.38　DOA 估计随信噪比变化的均方根误差曲线

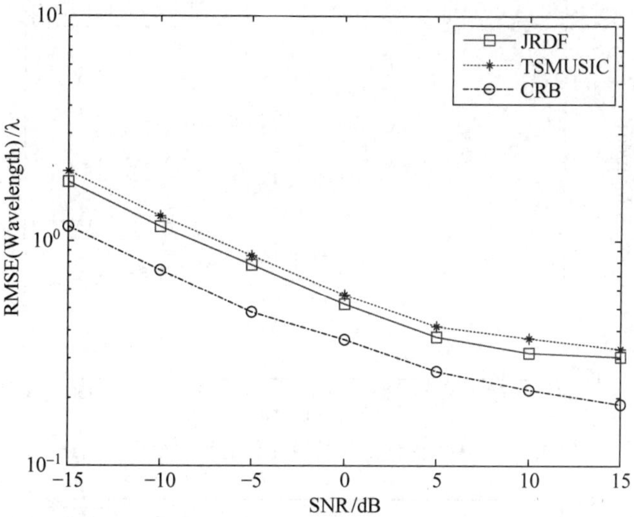

图 5.39　距离估计随信噪比变化的均方根误差曲线

图 5.40 给出了 JRDF 算法估计信号频率的均方根误差随快拍数变化的曲线，并与 CRB 进行比较(由于 TSMUSIC 中假设载频已知，所以在本次仿真中不予比较)。从仿真结果可以看到，随着快拍数的增多，频率估计的均方根误差不断减小。

图 5.41 和图 5.42 分别给出了 TSMUSIC 和 JRDF 算法估计信号 DOA 和距离的均方根误差随快拍数变化的曲线，并与 CRB 进行比较。从仿真结果可以看到，随着快拍数的增多，DOA 估计和距离估计的均方根误差不断减小，并且与 TSMDA 算法相比，JRDF 算法具有较小的估计误差，误差曲线更接近 CRB。

小结：针对各信源频率不同情况下 DOA 估计算法受限的问题，提出了基于四阶累积量的 JRDF 算法，利用特定序号阵元上的输出构造四阶累积量矩阵，并利用这两个矩阵定义一个含有距离、DOA 和频率的“信息矩阵”，根据其特征对进行三维参数估计。这样，估计的参

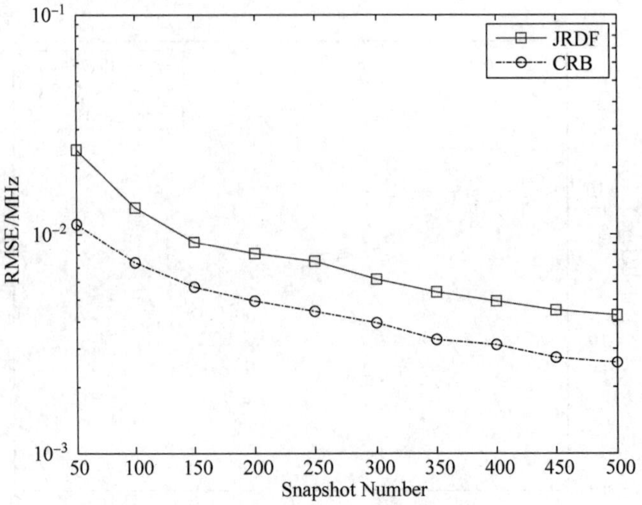

图 5.40　频率估计随快拍数变化的均方根误差曲线

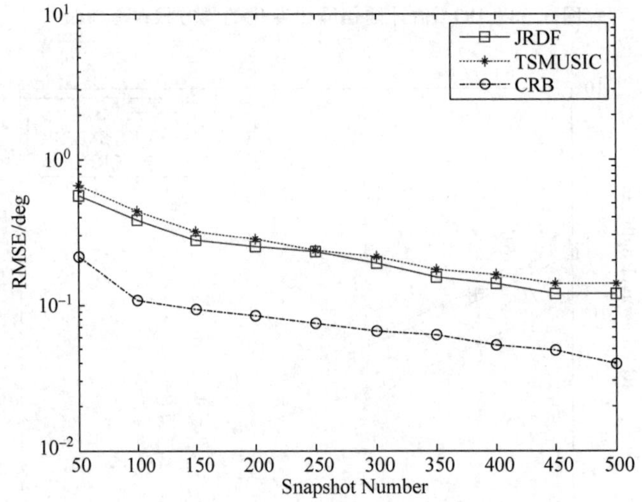

图 5.41　DOA 估计随快拍数变化的均方根误差曲线

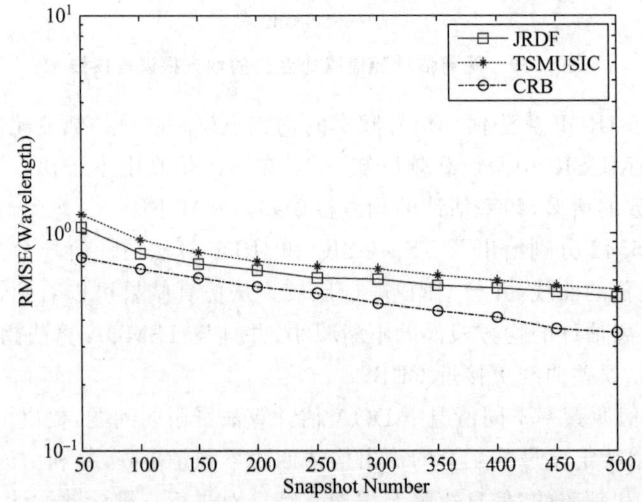

图 5.42　距离估计随快拍数变化的均方根误差曲线

数不仅能够实现自动配对，而且能够避免谱峰搜索和阵列孔径损失，具有更好地适用于低信噪比环境的优点。

5.8　本章小结

在许多应用中，需要对DOA和时延或者频率以及距离等参数同时估计，这种联合估计问题也是移动通信中基站进行信号定位的核心问题，它涉及多个参数下的联合估计。

本章给出了DOA和时延联合估计的JADE算法，该算法可对每个路径的(波达方向)角度和时延进行联合估计，具有较低的计算复杂性并且可以解决具有角度兼并问题的波束或者具有相同时延的入射波束问题。DOA和时延联合估计的ESPRIT-TDF算法利用旋转不变性技术和高分辨时延频率技术对多个信源进行定位，广义特征值和特征向量自动配对并同时估计DOA和时延参数，具有计算量较小和较好的联合参数估计性能。DOA和频率估计的COMFAC算法将角度和频率估计问题与三线性模型相结合，对三线性模型进行三线性分解，得到角度和频率，该算法不需要进行特征值分解和奇异值分解，具有较好的估计性能。DOA和频率联合估计的JAFE算法利用时域平滑和空域平滑技术联合估计角度和频率，参数估计精度较高。基于子空间的多近场源DOA和距离联合估计算法利用阵列孔径和N个阵列来估计$N-1$个信源的DOA，由构造矩阵的特征向量和特征值直接给出距离参数，该算法不需要搜索计算和参数配对的处理过程，具有良好的参数估计性能。由于在各信源频率不同的信号环境中需要对距离、角度和频率等参数进行联合估计，本章给出了基于二阶统计量和四阶累积量的距离、角度和频率的联合估计算法，其中基于二阶统计量的距离、角度和频率的联合估计算法通过特征向量和特征值来联合估计三维参数，可避免参数配对，充分利用阵列孔径并且估计精度较高，也适用于混合近场和远场源。基于四阶累积量的JRDF算法可对距离、角度和频率进行三维参数估计，不仅能够实现自动配对，而且能够避免谱峰搜索和阵列孔径损失，具有更好地适用于低信噪比环境的优点。

参考文献

[1] 张贤达，保铮. 通信信号处理[M]. 北京：国防工业出版社，2000.

[2] Vanderveen M C, Van der veen A J, Paulraj A. Estimation of multipath parameters in wireless communications[J]. IEEE Transactions on signal processing, 1998, 46(3): 682-691.

[3] Liu F L, Wang J K, Du R Y, et al. Joint DOA-Delay estimation based on space-time matrix method in wireless channel[J]. International Symposium on Communications & Information Technologies, IEEE, 2005.

[4] 刘福来，汪晋宽，顾德英，等. 一种联合角度时延估计新方法[J]. 辽宁工程技术大学学报，2005，24(6)：867-869.

[5] Raleigh G, Diggavi S N, Naguib A F, et al. Characterization of fast fading vector channels for multi-antenna communication systems[C]. Proceedings of the 28th Asilomar Conference on Signals, Systems & Computers, 1994, Pacific Grove, CA, USA: 853-857.

[6] Wang Y Y, Chen J T, Fang W H. TST-MUSIC for joint DOA-Delay estimation[J]. IEEE Transaction on Signal Processing, 2001, 49(4): 721-729.

[7] Liu F L, Wang J K, Yu G. A fast algorithm for joint DOA-Delay estimation[C]. Joint International

Computer Conference, 2004, 209-213.

[8] Marcos S, Marsal A, Benidir M. The propagator method for source bearing estimation[J]. Signal Processing, 1995, 42(2): 121-138.

[9] Bhaskar D R, Hari K V S. Performance analysis of Root-MUSIC[J]. IEEE Transactions on Acoustics, Speech, and Signal Processing, 1989, 37(12): 1939-1949.

[10] Bhaskar D R, Hari K V S. Performance analysis of ESPRIT and TAM in determining the direction of arrival of plane waves in noise[J]. IEEE Transactions on Acoustics, Speech, and Signal Processing, 1989, 17(12): 1990-1995.

[11] Roy R, Kailath T. ESPRIT-Estimation of signal parameters via rotational invariance techniques[J]. IEEE Trans. on Acoustics, Speech, and Signal Processing, 1989, 37(7): 984-995.

[12] Kruskal J B. Three-way arrays: rank and uniqueness of trilinear decompositions, with application to arithmetic complexity and statistics[J]. Linear Algebra & Its Applications, 1977, 18(2): 95-138.

[13] Zhang X, Shi Y, Xu D. Novel blind joint direction of arrival and polarization estimation for polarization-sensitive uniform circular array. 2008, 86: 19-37.

[14] Zhang X, Xu D. Deterministic blind beamforming for electromagnetic vector sensor array. 2008, 84: 363-377.

[15] Zhang X, Feng B, Xu D. Blind joint symbol detection and doa estimation for OFDM system with antenna array[J]. Wireless Personal Communications, 2008, 46(3): 371-383.

[16] Zhang X, Xu D. Blind PARAFAC signal detection for polarization sensitive array[M]. Hindawi Publishing Corp, 2007, 7.

[17] Xu D, Zhang X. Blind source separation for two-dimension spread spectrum system based on trilinear decomposition[J]. Journal of Circuits, Systems and Computers, 2008, 17(2), 297-308.

[18] Vorobyov S A, Rong Y, Sidiropoulos N. D., Gershman, A. B. Robust iterative fitting of multilinear models[J]. IEEE Transactions on Signal Processing, 2005, 53(8): 2678-2689.

[19] Bro R, Sidiropoulos ND, Giannakis G B. A fast least squares algorithm for separating trilinear mixtures[J]. Proc Ica'99 Aussois, 2015, 289-294.

[20] Lemma A N, A.-J. V D V, Deprettere F. Analysis of joint angle-frequency estimation using ESPRIT [J]. IEEE Trans. Signal Processing, 2003, 51(5): 1264-1283.

[21] van der Veen A J, Paulraj A. An analytical constant modulus algorithm[J]. IEEE Transactions on Signal Processing, 1996, 44: 1136-1155.

[22] 刘福来，汪晋宽，于戈. 一种快速二维波达方向估计算法[J]. 东北大学学报，2005，12(26)：1141-1144.

[23] Bachl R. The forward-backward averaging technique applied to TLS-ESPRIT processing[J]. IEEE Transactions on Signal Processing, 1993, 41: 788-803.

[24] Yi H Y, Zhou X, Liu J B. Forward-backward spatio-temporal smoothing for joint angle-frequency estimation in multipath environment[J]. Electronics Letters, 2003, 39(6): 574-575.

[25] Pillai S U, Kwon B H. Forward/backward spatial smoothing techniques for coherent signal identification[J]. IEEE Trans. Acoust. Speech Signal Processing, 1989, 37(1): 8-15.

[26] Challa R N, Shamsunder S. High-order subspace-based algorithms for passive localization of near-field sources[C]. Conference on Signals, Systems & Computers. IEEE, 1995. 777-781.

[27] Grosicki E, Abed-Meraim K, Hua Y. A weighted linear prediction method for near-field source localization[J]. IEEE Transactions on Signal Processing, 2005, 53(10): 3651-3660.

[28] Mendel J M. Tutorial on higher-order statistics (spectra) in signal processing and system theory: theoretical results and some applications[J]. Proceedings of the IEEE, 1991, 79(3): 278-305.

[29] Liao G, So H C, Ching P C. Joint time delay and frequency estimation of multiple sinusoids[J].

Proceedings of the IEEE International Conference on Acoustics, Speech, Signal Processing, IEEE Press,2001,3121-3124.

[30] Lin J D,Fang W H,Wang Y Y,et al. FSF MUSIC for joint DOA and frequency estimation and its performance analysis[J]. IEEE Transactions on Signal Processing,2006,54: 4529-4542.

[31] Chen J F,Zhu X L,Zhang X D. A new algorithm for joint range-DOA-frequency estimation of near-field sources[J]. Eurasip Journal on Advances in Signal Processing,2004,2004(3): 1-7.

[32] Yuen N,Friedlander B. Performance analysis of higher order ESPRIT for localization of near-field sources[J]. IEEE Transactions on Signal Processing,1998,46(3): 709-719.

[33] Johnson R C. Antenna engineering handbook[M]. third ed. McGraw-Hill,9-12.

[34] Schmidt R. Multiple emitter location and signal parameter estimation[J]. IEEE Transactions on Antennas & Propagation,1986,34(3): 276-280.

[35] Chen J F,Zhang X D,Wu Y T. An algorithm for joint estimating range,DOA and frequency of near-field sources[J]. Chinese Journal of Electronics,2004,13(1): 19-23.

[36] Swindlelhurst A,Kailath T. Passive direction of arrival and range estimation for near-field[J]. The 4th Annual ASSP Workshop on Spectrum Estimation and Modeling,1988: 123-128.

[37] Wax M,Kailath T. Detection of signals by information theoretic criteria[J]. IEEE Transactions on Acoustic,Speech and Signal Processing,1985,33(2): 387-392.

[38] Liang J L,Zeng X J,Ji B J,et al. A computationally efficient algorithm for joint range-DOA-frequency estimation of near-field sources[J]. Digital Signal Processing,2009,19(4): 596-611.

[39] Liang J L,Liu D. Passive localization of mixed near-field and far-field sources using two-stage MUSIC algorithm[J]. IEEE Transactions on Signal Processing,2010,58(1): 108-120.

第6章

MUSIC算法优化与并行设计

第 5 章主要讨论了多个参数联合估计问题，本章主要研究空间谱估计中的 MUSIC 算法测向的快速实现问题。利用空间谱估计技术实现阵列测向在近年来一直是人们的研究热点。而空间谱估计中的 MUSIC 由 Schmidt[1] 在 1979 年提出，于 1986 年重新发表，该算法所代表的超分辨算法提供了超过以往任何一种测向体制的测向分辨力。MUSIC 具有对入射波波达方向估计的渐进无偏特性和超分辨特性，即其估计精度接近 Cramer-Rao 方差下限，能够分辨同信道内，同时到达的处于天线固有波束宽度内的多个信号，因此可以用于现代战争中高密度环境下的无线电信号测向。

以 MUSIC 为代表的空间谱估计技术因其具有良好的超分辨性能而被广泛应用于电子对抗、信号识别等领域，它们均涉及阵列协方差矩阵的估计、特征值分解以及谱峰搜索等处理过程。阵列协方差矩阵只有在采样快拍数足够大的情况下才能够得到其有效的估计，在小样本支撑时阵列协方差矩阵的估计误差很大，或者说，不能有效地构造出样本协方差矩阵。其次，阵列协方差矩阵的特征值分解的运算量是阵元数 M 的三阶函数 $O(M^3)$，在实际应用中为了获得有效的空间分集，人们往往需要用一个大阵列来接收或发射信号进行通信。在这种情况下，常规的子空间方法所需要的运算量很大，难以满足实际应用中实时处理的要求。另外涉及谱峰搜索的空间谱估计不管是一维搜索还是二维搜索都会影响谱估计实时性实现。为此，空间谱估计技术在具体应用中面临的最主要问题是其所需要的大计算量难以实时实现。而阵列测向在移动通信、电子对抗、信号识别等领域内的应用都有较高的实时性要求，处理速度难以满足实际应用的需要而成为制约 MUSIC 算法应用的一个主要瓶颈。在国内外的文献报道中大多数是一些对实时性要求不太严格的应用。因此，研究 MUSIC 等空间谱估计技术的实时实现对于促进更广泛的应用具有十分重要的意义。

本章研究 MUSIC 算法高速实现的问题，研究内容如下：

首先，对复数域的 MUSIC 算法进行优化，提出快速实现的具有更高估计精度和分辨率，以及多信号处理能力的实数域 MUSIC 算法(Unitary-MUSIC)。

其次，对上述两种算法的计算量进行详细分析。

最后，讨论了 Unitary-MUSIC 和 C-MUSIC 算法的并行化分析与设计。

6.1 C-MUSIC 算法的优化理论

6.1.1 优化方法

MUSIC 算法是基于特征结构分析的空间谱估计方法，是空间谱估计技术的典型代表。其测向原理是根据矩阵特征分解的理论，对阵列输出协方差矩阵进行特征分解，将信号空间分为信号子空间 $\boldsymbol{U}_s$ 和噪声子空间 $\boldsymbol{U}_n$，利用噪声子空间 $\boldsymbol{U}_n$ 与阵列的方向矩阵 $\boldsymbol{A}$ 的列向量正交的性质，构造空间谱函数 $P(\theta)$ 并进行谱峰搜索，从而估计出信源方向。

6.1.1.1 数据模型

设空间有 Q 个互不相关的信号以方向 $\theta_1,\theta_2,\cdots,\theta_Q$（当考虑二维测向时 $\theta_i=(\vartheta_i,\phi_i)$，$i=1,2,\cdots,Q$，其中 ϑ_i 和 ϕ_i 分别为第 i 个信源的方位角和俯仰角；当考虑一维测向时 $\theta_i=\vartheta_i$，$i=1,2,\cdots,Q$ 其中 ϑ_i 代表第 i 个信源的波达方向）入射到测向阵列，入射信号的数目 Q 小于阵列的阵元数 M，则阵列输出向量为

$$\boldsymbol{x}(t)=\boldsymbol{A}\boldsymbol{s}(t)+\boldsymbol{n}(t) \tag{6.1}$$

其中，$\boldsymbol{x}(t)=[x_1(t),x_2(t),\cdots,x_M(t)]^{\mathrm{T}}$ 为阵列接收向量，$x_k(t)(k=1,2,\cdots,M)$ 表示第 k 个阵元的接收数据；$\boldsymbol{s}(t)=[s_1(t),s_2(t),\cdots,s_Q(t)]^{\mathrm{T}}$ 为入射信号向量，$s_i(t)(i=1,2,\cdots,Q)$ 表示第 i 个信号源；$\boldsymbol{A}(\theta)=[\boldsymbol{a}(\theta_1),\boldsymbol{a}(\theta_2),\cdots,\boldsymbol{a}(\theta_Q)]\in\mathbf{C}^{M\times Q}$ 为阵列的方向矩阵，$\boldsymbol{a}(\theta_i)$ 为阵列对第 i 个信源的响应向量，与测向阵列的结构有关；$\boldsymbol{n}(t)=[n_1(t),n_2(t),\cdots,n_M(t)]^{\mathrm{T}}$ 为阵列的噪声向量，$n_k(t)(k=1,2,\cdots,M)$ 表示第 k 个阵元上的加性高斯白噪声。

6.1.1.2 C-MUSIC 算法

基于复数域处理的 MUSIC 算法，我们不妨把它称为 C-MUSIC 算法，下面给出其算法原理。

利用阵列接收数据(6.1)计算阵列输出向量 $\boldsymbol{x}(t)$ 的协方差矩阵

$$\boldsymbol{R}=E\{\boldsymbol{x}(t)\boldsymbol{x}^{\mathrm{H}}(t)\}=\boldsymbol{A}\boldsymbol{R}_s\boldsymbol{A}^{\mathrm{H}}+\sigma^2\boldsymbol{I} \tag{6.2}$$

其中，$\boldsymbol{R}_s=E\{\boldsymbol{s}(t)\boldsymbol{s}^{\mathrm{H}}(t)\}$ 为信源协方差矩阵，$\sigma^2\boldsymbol{I}=E\{\boldsymbol{n}(t)\boldsymbol{n}^{\mathrm{H}}(t)\}$。

因为方向矩阵 $\boldsymbol{A}$ 各列相互独立，且在入射信号互不相关的情况下 $\boldsymbol{R}_s$ 为非奇异阵，所以有

$$\operatorname{rank}(\boldsymbol{A}\boldsymbol{R}_s\boldsymbol{A}^{\mathrm{H}})=Q \tag{6.3}$$

由于 $\boldsymbol{R}_s$ 是正定阵，所以矩阵 $\boldsymbol{A}\boldsymbol{R}_s\boldsymbol{A}^{\mathrm{H}}$ 是非负定的，共有 Q 个正的特征值，和 $M-Q$ 个零特征值。又因为 $\sigma^2>0$，$\boldsymbol{A}\boldsymbol{R}_s\boldsymbol{A}^{\mathrm{H}}$ 非负定，$\boldsymbol{R}$ 为满秩阵，所以 $\boldsymbol{R}$ 有 M 个实正的特征值。将这 M 个特征值按降序排列，记为 $\lambda_1\geqslant\lambda_2\geqslant\cdots\geqslant\lambda_Q>\lambda_{Q+1}=\lambda_{Q+2}=\cdots=\lambda_M$，分别对应 M 个特征向量为 $\boldsymbol{u}_1,\boldsymbol{u}_2,\cdots,\boldsymbol{u}_M$。

进一步分析，容易知道 $\boldsymbol{R}$ 的特征值有下面的特性

$$\begin{cases}\lambda_k>\sigma^2, & k=1,2,\cdots,Q\\ \lambda_k=\sigma^2, & k=Q+1,Q+2,\cdots,M\end{cases} \tag{6.4}$$

因此，可将 $\boldsymbol{R}$ 的 M 个特征向量分成两部分：一部分是与 $\lambda_1,\lambda_2,\cdots,\lambda_P$ 对应的特征向

量，它们张成的空间称为信号子空间；另一部分是与小特征值 σ^2 对应的特征向量，它们张成的空间称为噪声子空间，即有

$$\boldsymbol{R}=\boldsymbol{A}\boldsymbol{R}_s\boldsymbol{A}^{\mathrm{H}}+\sigma^2\boldsymbol{I}=\boldsymbol{U}_s\boldsymbol{\Sigma}_s\boldsymbol{U}_s^{\mathrm{H}}+\boldsymbol{U}_n\boldsymbol{\Sigma}_n\boldsymbol{U}_n^{\mathrm{H}}=\sum_{i=1}^{Q}\lambda_i\boldsymbol{u}_i\boldsymbol{u}_i^{\mathrm{H}}+\sigma^2\sum_{i=Q+1}^{M}\boldsymbol{u}_i\boldsymbol{u}_i^{\mathrm{H}} \tag{6.5}$$

这里假定 $\boldsymbol{A}\boldsymbol{R}_s\boldsymbol{A}^{\mathrm{H}}$ 满秩，对角矩阵 $\boldsymbol{\Sigma}_s$ 含有 Q 个大的特征值，而对角矩阵 $\boldsymbol{\Sigma}_n$ 含有 $M-Q$ 个小的特征值。一方面，由于 σ^2 和 $\boldsymbol{U}_n$ 是协方差矩阵 $\boldsymbol{R}$ 的特征值和对应的特征向量，故有特征方程

$$\boldsymbol{R}\boldsymbol{U}_n=\sigma^2\boldsymbol{U}_n \tag{6.6}$$

用 $\boldsymbol{U}_n$ 右乘式(6.5)，有

$$\boldsymbol{R}\boldsymbol{U}_n=\boldsymbol{A}\boldsymbol{R}_s\boldsymbol{A}^{\mathrm{H}}\boldsymbol{U}_n+\sigma^2\boldsymbol{U}_n \tag{6.7}$$

综合式(6.6)和式(6.7)，有

$$\boldsymbol{A}\boldsymbol{R}_s\boldsymbol{A}^{\mathrm{H}}\boldsymbol{U}_n=\boldsymbol{0} \tag{6.8}$$

由于 $\boldsymbol{R}_s$ 是正定阵，从而上式等价为

$$\boldsymbol{A}^{\mathrm{H}}\boldsymbol{U}_n=\boldsymbol{0} \tag{6.9}$$

式(6.9)说明方向矩阵 $\boldsymbol{A}$ 的各个列向量与噪声空间正交，故有

$$\boldsymbol{U}_n^{\mathrm{H}}\boldsymbol{a}(\theta)=\boldsymbol{0},\quad \theta\in\{\theta_1,\theta_2,\cdots,\theta_Q\} \tag{6.10}$$

C-MUSIC 算法步骤如算法 6.1 所示。

算法 6.1 C-MUSIC 算法。

1. 收集阵列输出的 N 次快拍估计阵列输出协方差矩阵 $\hat{\boldsymbol{R}}=\dfrac{1}{N}\sum_{k=1}^{N}\boldsymbol{x}(k)\boldsymbol{x}^{\mathrm{H}}(k)$，$\boldsymbol{x}(k)$ 表示阵列输出的第 k 次快拍数据；
2. 对阵列输出协方差矩阵 $\hat{\boldsymbol{R}}$ 进行特征值分解 $\hat{\boldsymbol{R}}=\boldsymbol{U}\boldsymbol{\Sigma}\boldsymbol{U}^{\mathrm{H}}=\sum_{i=1}^{M}\lambda_i\boldsymbol{u}_i\boldsymbol{u}_i^{\mathrm{H}}$，利用 GDE 等准则估计信号源数目 Q，从而估计出噪声子空间 $\boldsymbol{U}_n$；
3. 计算空间谱 $P(\theta)=\dfrac{1}{\boldsymbol{a}^{\mathrm{H}}(\theta)\boldsymbol{U}_n\boldsymbol{U}_n^{\mathrm{H}}\boldsymbol{a}(\theta)}$，找出其 Q 个峰值并给出方向估计。

由于 $\boldsymbol{U}=[\boldsymbol{U}_s\quad \boldsymbol{U}_n]$为酉矩阵，故由 $\boldsymbol{U}_s^{\mathrm{H}}\boldsymbol{U}_n=\boldsymbol{0}$ 与式(6.9)相比较得知：若 $\boldsymbol{R}_s$ 非奇异，则阵列方向矩阵 $\boldsymbol{A}$ 与阵列输出向量的协方差矩阵的信号特征向量组成的子矩阵 $\boldsymbol{U}_s$ 所张成的子空间相同。为了保证方向估计的一致性，通常假定阵列无模糊：对应于 Q 个不同方向 $\theta_k,k=1,2,\cdots,Q$ 的 Q 个方向向量构成一线性独立集合$\{\boldsymbol{a}(\theta_1),\boldsymbol{a}(\theta_2),\cdots,\boldsymbol{a}(\theta_Q)\}$。如果方向向量 $\boldsymbol{a}(\cdot)$满足这一条件，并且 $\boldsymbol{R}_s$ 满秩，则 $\boldsymbol{A}\boldsymbol{R}_s\boldsymbol{A}^{\mathrm{H}}$ 也满秩，从而 $\theta_1,\theta_2,\cdots,\theta_Q$ 是满足式(6.10)所示关系的唯一可能解，可用来对信源入射方向的准确定位。于是构造空间谱函数 $P(\theta)$如下：

$$P(\theta)=\frac{1}{\|\boldsymbol{U}_n\boldsymbol{a}(\theta)\|^2}=\frac{1}{\boldsymbol{a}^{\mathrm{H}}(\theta)\boldsymbol{U}_n\boldsymbol{U}_n^{\mathrm{H}}\boldsymbol{a}(\theta)} \tag{6.11}$$

对式(6.11)所定义的谱函数进行谱峰搜索，$P(\theta)$的 Q 个极值点所对应的 Q 个 θ 值就

是待求的信号源方向。

6.1.2 计算量分析

本节对 C-MUSIC 和 Unitary-MUSIC 算法中涉及的协方差矩阵、特征值分解以及谱计算等所需计算量进行详细分析。

1. 协方差矩阵

令

$$\boldsymbol{A}=\begin{bmatrix} a_{11} & a_{12} & \cdots & a_{1m} \\ a_{21} & a_{22} & \cdots & a_{2m} \\ \vdots & \vdots & \ddots & \vdots \\ a_{n1} & a_{n2} & \cdots & a_{nm} \end{bmatrix} \in \mathbf{C}^{n\times m} \tag{6.12}$$

$$\boldsymbol{B}=\begin{bmatrix} b_{11} & b_{12} & \cdots & b_{1k} \\ b_{21} & b_{22} & \cdots & b_{2k} \\ \vdots & \vdots & \ddots & \vdots \\ b_{m1} & b_{m2} & \cdots & b_{mk} \end{bmatrix} \in \mathbf{C}^{m\times k} \tag{6.13}$$

则计算矩阵 $\boldsymbol{A}$ 与 $\boldsymbol{B}$ 的乘积矩阵

$$\boldsymbol{C}=\boldsymbol{A}\times\boldsymbol{B}=\begin{bmatrix} c_{11} & c_{12} & \cdots & c_{1k} \\ c_{21} & c_{22} & \cdots & c_{2k} \\ \vdots & \vdots & \ddots & \vdots \\ c_{n1} & c_{n2} & \cdots & c_{nk} \end{bmatrix} \tag{6.14}$$

易知,计算 $c_{ij}=\sum_{l=1}^{m} a_{il}b_{lj}(i=1,2,\cdots,n;\ j=1,2,\cdots,k)$ 需 $4m$ 次实数乘法运算和 $(3m-1)$ 次实数加法运算,所以计算矩阵 $\boldsymbol{C}$ 共需 $4mnk$ 次实数乘法,$(3m-1)nk$ 次实数加法。

当矩阵 $\boldsymbol{A}$ 与 $\boldsymbol{B}$ 都为实矩阵时,计算 $c_{ij}=\sum_{l=1}^{m} a_{il}b_{lj}(i=1,2,\cdots,n;j=1,2,\cdots,k)$ 需 m 次实数乘法运算和 $m-1$ 次实数加法运算,所以计算矩阵 $\boldsymbol{C}$ 共需要 mnk 次实数乘法,$(m-1)nk$ 次实数加法。

综上所述,同阶实矩阵乘法比同阶复矩阵乘法的计算量少 $3mnk$ 次实数乘法和 $2mnk$ 次实数加法。

2. 特征值分解

在 C-MUSIC 算法中数据的协方差矩阵为厄尔米特矩阵,因而需要转化为实对称问题。

假设协方差矩阵 $\boldsymbol{R}=\boldsymbol{A}+\mathrm{j}\boldsymbol{B}\in\mathbf{C}^{M\times M}(\boldsymbol{A},\boldsymbol{B}\in\mathbf{R}^{M\times M})$ 为厄尔米特矩阵,令 $\lambda\in\mathbf{R}$ 和 $\boldsymbol{u}+\mathrm{j}\boldsymbol{v}(\boldsymbol{u},\boldsymbol{v}\in\mathbf{R}^{M\times 1})$ 分别为 $\boldsymbol{R}$ 的特征值和相应的特征向量,即

$$\boldsymbol{R}(\boldsymbol{u}+\mathrm{j}\boldsymbol{v})=(\boldsymbol{A}+\mathrm{j}\boldsymbol{B})(\boldsymbol{u}+\mathrm{j}\boldsymbol{v})=\lambda(\boldsymbol{u}+\mathrm{j}\boldsymbol{v}) \tag{6.15}$$

则式(6.15)与式(6.16)所示的实对称矩阵问题等价

$$\begin{bmatrix} \boldsymbol{A} & -\boldsymbol{B} \\ \boldsymbol{B} & \boldsymbol{A} \end{bmatrix}\times\begin{bmatrix} \boldsymbol{u} \\ \boldsymbol{v} \end{bmatrix}=\lambda\begin{bmatrix} \boldsymbol{u} \\ \boldsymbol{v} \end{bmatrix} \tag{6.16}$$

因为矩阵 $\boldsymbol{R}$ 为厄尔米特矩阵，所以 $\boldsymbol{A}^{\mathrm{T}}=\boldsymbol{A}, \boldsymbol{B}^{\mathrm{T}}=-\boldsymbol{B}$。易知，矩阵 $\boldsymbol{C}=\begin{bmatrix}\boldsymbol{A} & -\boldsymbol{B}\\ \boldsymbol{B} & \boldsymbol{A}\end{bmatrix}$ 为一个 $2M\times 2M$（M 为阵元数）实对称矩阵。

综上所述，在 C-MUSIC 算法中特征值分解问题需要对 $2M\times 2M$ 实对称矩阵进行特征值分解；在 Unitary-MUSIC 算法中只需要对 $M\times M$ 实对称矩阵（参见算法 6.2 的第 3 步）进行特征值分解。

通常对实对称矩阵的特征值求解问题采用雅可比(Jacobi)方法。雅可比方法是一种迭代法，当 $k\to\infty$ 时，$\boldsymbol{A}_k\to\boldsymbol{D}=\mathrm{diag}\{\lambda_1,\lambda_2,\cdots,\lambda_M\}$。因为不能预知需要的迭代次数，所以不能具体分析特征值分解所需的计算量。

3. 谱计算

这里对 C-MUSIC 和 Unitary-MUSIC 算法中的谱计算所需的计算量进行估算。为了便于比较，不妨在上述两种算法中均采用具有偶数 M 阵元的均匀圆阵(Uniform Circular Array，UCA)。

在 C-MUSIC 算法中需要计算的谱为式(6.11)，即

$$P(\theta)=\frac{1}{\boldsymbol{a}^{\mathrm{H}}(\theta)\boldsymbol{U}_n\boldsymbol{U}_n^{\mathrm{H}}\boldsymbol{a}(\theta)} \tag{6.17}$$

其中，$\boldsymbol{a}(\theta)=[\mathrm{e}^{\mathrm{j}\zeta\cos(\vartheta)},\mathrm{e}^{\mathrm{j}\zeta\cos(\vartheta-2\pi/M)},\cdots,\mathrm{e}^{\mathrm{j}\zeta\cos(\vartheta-(M-2)\pi/M)},\mathrm{e}^{-\mathrm{j}\zeta\cos(\vartheta)},\cdots,\mathrm{e}^{-\mathrm{j}\zeta\cos(\vartheta-(M-2)\pi/M)}]^{\mathrm{T}}$；噪声子空间 $\boldsymbol{U}_n\in\mathbf{C}^{M\times(M-Q)}$；$Q$ 为信号源数目；$\zeta=\frac{2\pi}{\lambda}r\sin(\phi)$，$r$ 为 UCA 的半径。

计算 $\boldsymbol{Z}=\boldsymbol{U}_n\boldsymbol{U}_n^{\mathrm{H}}$ 需要 $4(M-Q)M^2$ 次实数乘法和 $(3(M-Q)-1)M^2$ 次实数加法（这里未考虑 $(\cdot)^{\mathrm{H}}$），因为 $\boldsymbol{Z}=\boldsymbol{U}_n\boldsymbol{U}_n^{\mathrm{H}}$ 在谱计算中不变，所以只需要计算一次 $\boldsymbol{U}_n\boldsymbol{H}_n^{\mathrm{H}}$ 即可。

在计算谱值式(6.17)时，三角函数按泰勒级数的前 4 项计算，即

$$\cos x=1-\frac{1}{2}x^2+\frac{1}{24}x^4-\frac{1}{720}x^6 \tag{6.18}$$

$$\sin x=x-\frac{1}{6}x^3+\frac{1}{120}x^5-\frac{1}{5040}x^7 \tag{6.19}$$

可知，计算 $\cos x$ 需要 15 次实数乘法 3 次加法；计算 $\sin x$ 需要 18 次实数乘法和 3 次实数加法。

综合以上分析可知计算一次 $\boldsymbol{a}(\theta)$ 需要 $112M$ 次实数乘法和 $20M$ 次实数加法；计算 $\boldsymbol{a}^{\mathrm{H}}(\theta)\boldsymbol{Z}\boldsymbol{a}(\theta)$ 需要 $4M^2+4M$ 次实数乘法和 $(3M-1)(M+1)$ 次实数加法。所以在 C-MUSIC 算法中完成一次谱计算需要 $4M^3+4(1-Q)M^2+116M+1$ 实数乘法和 $3M^3+M^2(2-3Q)+22M-1$ 次实数加法；类似于上述分析，可知完成一次谱计算需要 $M^3+(1-Q)M^2+57M+1$ 次实数乘法和 $M^3+(1-Q)M^2+10M-1$ 次实数加法。

利用上述矩阵乘法分析结果，对 Unitary-MUSIC 算法的计算量和 C-MUSIC 算法的计算量进行分析，见表 6.1。这里假设阵元数等于 8，信号源数目为 3，快拍数为 512，其中特征值分解过程因为是一个迭代过程，所以不能详细分析其计算量，只能给出其计算复杂性；方位和俯仰搜索步长均为 1°。由表 6.1 可知，虽然在 Unitary-MUSIC 算法中的预处理过程增加一些计算量但是对后面的处理会给我们带来很大的效益，例如，谱计算就可以节约 5301 万次乘法和 2608 万次加法，所以 Unitary-MUSIC 的计算量大大小于 C-MUSIC，可以有效地提高测向的实现速度。

表 6.1 算法部分计算量分析

算法步骤	Unitary-MUSIC	C-MUSIC
计算协方差矩阵	327 680 次实数乘法 225 280 次实数加法	131 072 次实数乘法 98 240 次实数加法
特征值分解	$O(M^3)$	$O(8M^3)$
谱计算	27 551 160 次实数乘法 15 167 880 次实数加法	80 753 400 次实数乘法 41 375 880 次实数加法
小计	27 878 840 次实数乘法 15 393 160 次实数乘法	80 884 472 次实数乘法 41 474 120 次实数加法

6.2 Unitary-MUSIC 算法的优化理论

本节对 C-MUSIC 进行优化，给出基于实数运算为主的 Unitary-MUSIC 算法。

6.2.1 优化方法

由前面的分析可知，阵列方向矩阵 $\boldsymbol{A}$ 为一个复矩阵，因此测向阵列输出 $\boldsymbol{x}(t)$ 也是一个复向量。因此在应用 MUSIC 算法时，各种计算都是基于复数运算所实现。由于一次复数乘法相当于 4 次实数乘法和 2 次实数加法，为此基于复数运算为主的阵列处理算法必然需要较大的计算量。减少算法计算量可以有效地降低算法的时间复杂性。而减少算法计算量一个有效的方法就是将复数运算的处理过程转化为实数域处理。近年来，许多学者对基于实数运算的信号处理技术进行了大量的研究，例如，Unitary-MUSIC[2]、基于模式变换的 UCA-RB-MUSIC[3]、Unitary-ESPRIT[4~10]、UCA-ESPRIT[3]等算法都可以基于实数运算完成测向等任务，研究成果表明，这些基于实数域处理的处理算法不但提高了实施性，而且增强了其参数识别的分辨率和估计精度。本节给出基于实数域处理的 MUSIC 测向算法，即 Unitary-MUSIC。

在空间谱估计中阵列结构形式大多采用均匀圆阵 UCA、均匀线阵 ULA 以及均匀矩形阵(Uniform Rectangular Array，URA)等形式。下面在参考文献[11，12]的基础上，对采用上述阵列结构的空间谱估计技术的实数域实现所需要的预处理过程进行研究。

1. 预处理

1) UCA

如图 6.1 所示，UCA 的阵元为偶数 $N=2M$，其复数域到实数域的转换方法如下。

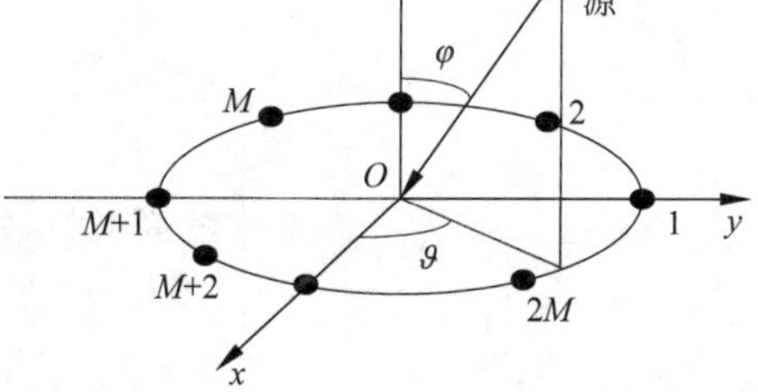

图 6.1 UCA 阵列结构

设信号源从 $\theta=(\vartheta,\phi)$（ϕ 和 ϑ 分别为信源俯仰角和方位角）入射到阵列，则阵列流形向量为

$$\begin{aligned}\boldsymbol{a}(\theta)&=[\mathrm{e}^{\mathrm{j}\zeta\cos(\vartheta)},\mathrm{e}^{\mathrm{j}\zeta\cos(\vartheta-\pi/M)},\cdots,\mathrm{e}^{\mathrm{j}\zeta\cos(\vartheta-(M-1)\pi/M)},\mathrm{e}^{\mathrm{j}\zeta\cos(\vartheta-\pi)},\cdots,\mathrm{e}^{\mathrm{j}\zeta\cos(\vartheta-\pi(2M-1)/M)}]^{\mathrm{T}}\\&=[\mathrm{e}^{\mathrm{j}\zeta\cos(\vartheta)},\mathrm{e}^{\mathrm{j}\zeta\cos(\vartheta-\pi/M)},\cdots,\mathrm{e}^{\mathrm{j}\zeta\cos(\vartheta-(M-1)\pi/M)},\mathrm{e}^{-\mathrm{j}\zeta\cos(\vartheta)},\cdots,\mathrm{e}^{-\mathrm{j}\zeta\cos(\vartheta-(M-1)\pi/M)}]^{\mathrm{T}}\end{aligned}\tag{6.20}$$

其中，$\zeta=\dfrac{2\pi}{\lambda}r\sin(\phi)$，$r$ 为 UCA 的半径。

定义酉矩阵如下：

$$\boldsymbol{Q}_{2M}=\frac{1}{\sqrt{2}}\begin{bmatrix}\boldsymbol{I}_M & \mathrm{j}\boldsymbol{I}_M\\ \boldsymbol{I}_M & -\mathrm{j}\boldsymbol{I}_M\end{bmatrix}\tag{6.21}$$

应用式(6.21)左乘式(6.20)，则把阵列流形复向量转化为实向量，即

$$\begin{aligned}\boldsymbol{b}(\theta)=\boldsymbol{Q}_{2M}^{\mathrm{H}}\boldsymbol{a}=\sqrt{2}\times[&\cos(\zeta\cos(\vartheta)),\cos(\zeta\cos(\theta-\pi/M)),\cdots,\cos(\zeta\cos(\vartheta-(M-1)\pi/M)),\\&\sin(\zeta\cos(\vartheta)),\sin(\zeta\cos(\theta-\pi/M)),\cdots,\sin(\zeta\cos(\vartheta-(M-1)\pi/M))]^{\mathrm{T}}\end{aligned}\tag{6.22}$$

2) ULA

如图 6.2 所示当阵元为数目为奇数时，即 $N=2M+1$，复数域到实数域的转换方法如下。

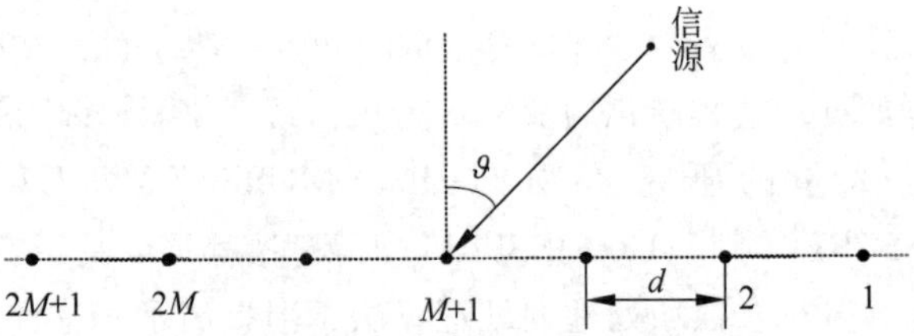

图 6.2 ULA 的阵列结构

当阵元数为奇数时，即 $N=2M+1$，以中间阵元（第 $M+1$ 个阵元）为参考点，则奇数阵元 ULA 的流形向量为

$$\begin{aligned}\boldsymbol{a}_N(\mu)=\Big[&\exp\Big\{-\mathrm{j}\Big(\frac{N-1}{2}\Big)\mu\Big\},\exp\Big\{-\mathrm{j}\Big(\frac{N-2}{2}\Big)\mu\Big\},\cdots,\exp\{-\mathrm{j}\mu\},1,\\&\exp\{\mathrm{j}\mu\},\cdots,\exp\Big\{\mathrm{j}\Big(\frac{N-2}{2}\Big)\mu\Big\},\exp\Big\{\mathrm{j}\Big(\frac{N-1}{2}\Big)\mu\Big\}\Big]^{\mathrm{T}}\end{aligned}\tag{6.23}$$

其中，$\mu=\dfrac{2\pi}{\lambda}d\sin\vartheta$，$d$ 表示阵元间距，ϑ 为信源的波达方向。

令

$$\boldsymbol{\Pi}_N=\begin{bmatrix} & & & 1\\ & & \iddots & \\ & 1 & & \\ 1 & & & \end{bmatrix}\in\mathbf{R}^{N\times N}\tag{6.24}$$

定义奇数阶和偶数阶酉矩阵如下：

$$\boldsymbol{Q}_{2M+1}=\frac{1}{\sqrt{2}}\begin{bmatrix}\boldsymbol{I}_M & \boldsymbol{0} & \mathrm{j}\boldsymbol{I}_M \\ \boldsymbol{0}^{\mathrm{T}} & \sqrt{2} & \boldsymbol{0}^{\mathrm{T}} \\ \boldsymbol{\Pi}_M & \boldsymbol{0} & -\mathrm{j}\boldsymbol{\Pi}_M\end{bmatrix} \tag{6.25}$$

$$\boldsymbol{Q}_{2M}=\frac{1}{\sqrt{2}}\begin{bmatrix}\boldsymbol{I}_M & \mathrm{j}\boldsymbol{I}_M \\ \boldsymbol{\Pi}_M & -\mathrm{j}\boldsymbol{\Pi}_M\end{bmatrix} \tag{6.26}$$

应用式(6.25)左乘式(6.23)，可把ULA的流形复向量转化为实向量，即

$$\boldsymbol{d}_N(\mu)=\boldsymbol{Q}_N^{\mathrm{H}}\boldsymbol{a}_N(\mu)=\sqrt{2}\times\left[\cos\left(\frac{N-1}{2}\mu\right),\cos\left(\frac{N-2}{2}\mu\right),\cdots,\cos\mu,1/\sqrt{2},\right.$$
$$\left.-\sin\left(\frac{N-1}{2}\mu\right),-\sin\left(\frac{N-2}{2}\mu\right),\cdots,-\sin\mu\right]^{\mathrm{T}} \tag{6.27}$$

当阵元数为偶数时，可以以ULA的中心为参考点采用式(6.27)左乘阵列流形向量即可完成复数域向量到实数域向量的转化。

3) URA

考虑如图6.3所示的均匀矩形阵URA，x 轴上两个阵元的间隔定义为 Δ_x 共有 N 个阵元，y 轴上两个阵元的间隔定义为 Δ_y 共有 M 个阵元。假定 N 和 M 都为奇数，以整个阵列的中心阵元为参考相位，则 x 轴和 y 轴的阵列响应向量表达式可写成

$$\boldsymbol{a}_N(\mu)=\left[\exp\left\{-\mathrm{j}\left(\frac{N-1}{2}\right)\mu\right\},\exp\left\{-\mathrm{j}\left(\frac{N-2}{2}\right)\mu\right\},\cdots,\exp\{-\mathrm{j}\mu\},1,\exp\{\mathrm{j}\mu\},\right.$$
$$\left.\exp\{\mathrm{j}\cdot 2\mu\},\cdots,\exp\left\{\mathrm{j}\left(\frac{N-1}{2}\right)\mu\right\}\right]^{\mathrm{T}} \tag{6.28}$$

$$\boldsymbol{a}_M(\nu)=\left[\exp\left\{-\mathrm{j}\left(\frac{M-1}{2}\right)\nu\right\},\exp\left\{-\mathrm{j}\left(\frac{M-2}{2}\right)\nu\right\},\cdots,\exp\{-\mathrm{j}\nu\},1,\exp\{\mathrm{j}\nu\},\right.$$
$$\left.\exp\{\mathrm{j}\cdot 2\nu\},\cdots,\exp\left\{\mathrm{j}\left(\frac{M-1}{2}\right)\nu\right\}\right]^{\mathrm{T}} \tag{6.29}$$

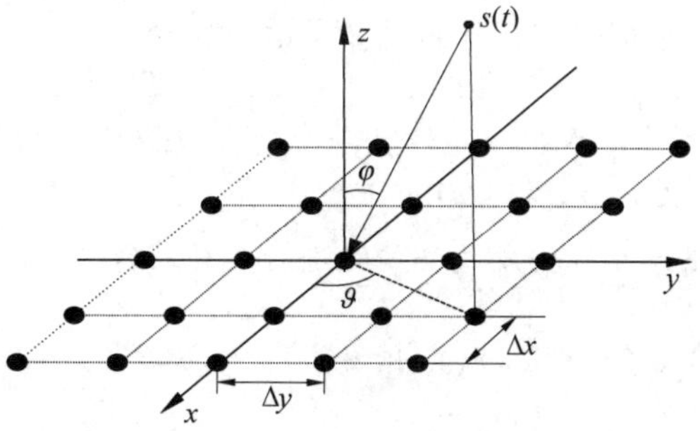

图6.3 URA的阵列结构

其中，$\mu=\frac{2\pi}{\lambda}\Delta x\sin\varphi\cdot\cos\vartheta$，$\nu=\frac{2\pi}{\lambda}\Delta y\cos\varphi\cdot\sin\vartheta$，$\lambda$ 为信号波长，φ 和 ϑ 分别为信号的俯仰角和方位角。

因此整个 $N\times M$ 矩形阵的响应表达式可以写成

$$\boldsymbol{a}(\mu,\nu)=\boldsymbol{a}_N(\mu)\boldsymbol{a}_M^{\mathrm{T}}(\nu) \tag{6.30}$$

利用式(6.25)所定义的酉矩阵分别作用于 $\boldsymbol{a}(\mu,\nu)$，即 $\boldsymbol{a}(\mu,\nu)$ 左乘 $\boldsymbol{Q}_N^{\mathrm{H}}$，并且右乘 $\boldsymbol{Q}_M^*$，得到一个 $N\times M$ 的实矩阵

$$\boldsymbol{D}(\mu,\nu)=\boldsymbol{Q}_N^{\mathrm{H}}\boldsymbol{a}(\mu,\nu)\boldsymbol{Q}_M^*=\boldsymbol{Q}_N^{\mathrm{H}}\boldsymbol{a}_N(\mu)\boldsymbol{a}_M^{\mathrm{T}}(\nu)\boldsymbol{Q}_M^*=\boldsymbol{d}_N(\mu)\boldsymbol{d}_M^{\mathrm{T}}(\nu) \tag{6.31}$$

其中，$\boldsymbol{d}_N(\mu)$ 为

$$\boldsymbol{d}_N(\mu)=\boldsymbol{Q}_N^{\mathrm{H}}\boldsymbol{a}_N(\mu)=\sqrt{2}\times\left[\cos\left(\frac{N-1}{2}\mu\right),\cos\left(\frac{N-2}{2}\mu\right),\cdots,\cos\mu,1/\sqrt{2},\right.$$
$$\left.-\sin\left(\frac{N-1}{2}\mu\right),-\sin\left(\frac{N-2}{2}\mu\right),\cdots,-\sin\mu\right]^{\mathrm{T}} \tag{6.32}$$

$\boldsymbol{d}_M(\nu)$ 的结构与 $\boldsymbol{d}_N(\mu)$ 类似。

当 x 轴和 y 轴的阵元数均为偶数时，仍然可以以 URA 的中心为参考点采用式(6.26)所定义的酉矩阵完成复数域响应矩阵到实数域响应矩阵的转化。

2. 算法实现

假设 Q 个不相关信号源入射到阵列，阵列采用如图 6.1 或图 6.2 所示的 UCA 或 ULA，则阵列接收向量如式(6.33)所示，即

$$\boldsymbol{x}(t)=\boldsymbol{A}\boldsymbol{s}(t)+\boldsymbol{n}(t) \tag{6.33}$$

利用式(6.25)或者式(6.26)左乘式(6.33)，有

$$\boldsymbol{y}(t)=\boldsymbol{Q}_N^{\mathrm{H}}\boldsymbol{x}(t)=\boldsymbol{B}\boldsymbol{s}(t)+\boldsymbol{Q}_N^{\mathrm{H}}\boldsymbol{n}(t) \tag{6.34}$$

其中，$\boldsymbol{B}=\boldsymbol{Q}_N^{\mathrm{H}}\boldsymbol{A}\in\mathbf{R}^{N\times Q}$ 其结构参照式(6.22)或式(6.27)。

对实值矩阵 $\boldsymbol{R}=E\{\boldsymbol{z}(t)\boldsymbol{z}^{\mathrm{H}}(t)\}$（其中，$\boldsymbol{z}(t)=[\mathrm{Re}\{\boldsymbol{y}(t)\}\quad \mathrm{Im}\{\boldsymbol{y}(t)\}]$）进行特征值分解估计噪声子空间 $\boldsymbol{E}_n$，计算 Unitary-MUSIC 谱

$$P(\theta)=\frac{1}{\boldsymbol{r}^{\mathrm{T}}(\theta)\boldsymbol{E}_n\boldsymbol{E}_n^{\mathrm{T}}\boldsymbol{r}(\theta)} \tag{6.35}$$

其中，$\boldsymbol{r}(\theta)$ 为实向量且具有式(6.22)或式(6.27)所示的向量结构。

对式(6.35)所定义的谱函数进行谱峰搜索，$P(\theta)$ 的 Q 个极值点所对应的 Q 个 θ 值就是待求的信号源方向。

Unitary-MUSIC 算法求解过程如算法 6.2 所示。

算法 6.2 Unitary-MUSIC 算法。

1. 收集阵列输出的第 k 次快拍数据矩阵 $\boldsymbol{x}(k)$；
2. 对数据矩阵 $\boldsymbol{x}(k)$ 按照式(6.25)或式(6.26)进行预处理得到 $\boldsymbol{y}(k)=\boldsymbol{Q}_N^{\mathrm{H}}\boldsymbol{x}(k)$；
3. 对实值矩阵 $\boldsymbol{R}=\frac{1}{2N}\sum_{k=1}^{2N}\boldsymbol{z}(k)\boldsymbol{z}^{\mathrm{T}}(k)$（其中，$\boldsymbol{z}(k)=[\mathrm{Re}\{\boldsymbol{y}(k)\},\mathrm{Im}\{\boldsymbol{y}(k)\}]$）进行特征值分解估计信号源数目以及噪声子空间 $\boldsymbol{E}_n$；
4. 计算空间谱 $P(\theta)=\frac{1}{\boldsymbol{r}^{\mathrm{T}}(\theta)\boldsymbol{E}_n\boldsymbol{E}_n^{\mathrm{T}}\boldsymbol{r}(\theta)}$，找出其 Q 个峰值并给出方向估计。

6.2.2 仿真实验及分析

为了评估 6.1 节中的 C-MUSIC 算法和 6.2 节中的 Unitary-MUSIC 算法性能，本节对

上述两种算法的估计性能进行仿真。

仿真条件：假设 UCA 阵元数为 8，半径为 1.25 倍波长，信噪比 10dB，512 次快拍采样；Pentium 4 PC，CPU 2.8GHz，512MB 的内存，应用 MATLAB 7.0 软件进行仿真。

1. 一维仿真情况

假设一信源从方位角 200°入射，分别应用 C-MUSIC 和 Unitary-MUSIC 算法进行测向，进行 50 次独立实验，平均仿真结果表明从数据输入到结果输出总用时分别为 81.2ms 和 67.2ms，使用 Unitary-MUSIC 可以节约 14ms，加速比为 1.2083（这里将 C-MUSIC 与 Unitary-MUSIC 处理时间之比称为加速比）。其中图 6.4 是 C-MUSIC 和 Unitary-MUSIC 仿真结果，可以看到对单个信源两者具有相似的谱估计结果。

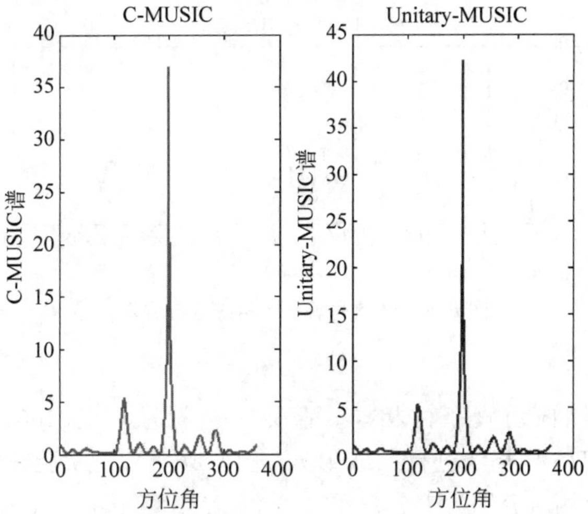

图 6.4 单信源 MUSIC 仿真

图 6.5 是 3 个不相关的具有相同波长的信号源分别从 50°、60°和 250°入射仿真情况，从仿真结果可以看到，C-MUSIC 算法不能分辨前两个信号源；Unitary-MUSIC 算法仍然具有 3 个较大的尖锐谱峰，比 C-MUSIC 算法具有更高的分辨率。

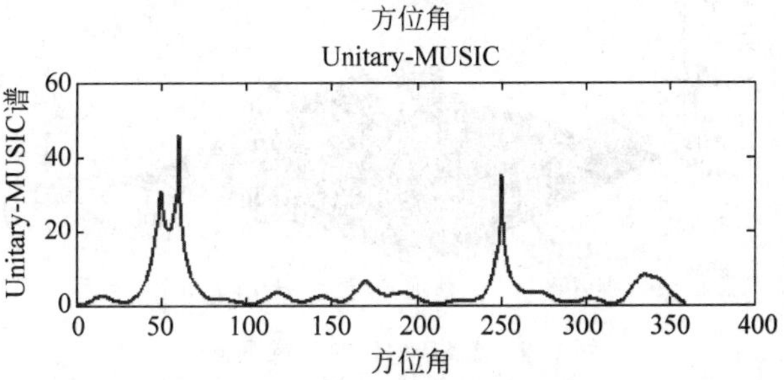

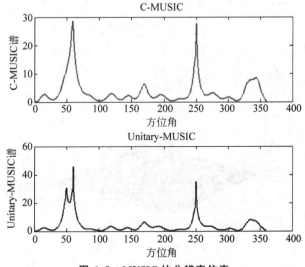

图 6.5 MUSIC 的分辨率仿真

图 6.6 是具有相同波长的 5 个不相关信号源分别从 50°、100°、150°、200°、250°入射到阵列的情况，其中信噪比为 0dB，从仿真结果可以看到，Unitary-MUSIC 算法与 C-MUSIC 算法相比在具有较多信号入射时 Unitary-MUSIC 具有更好的处理能力。

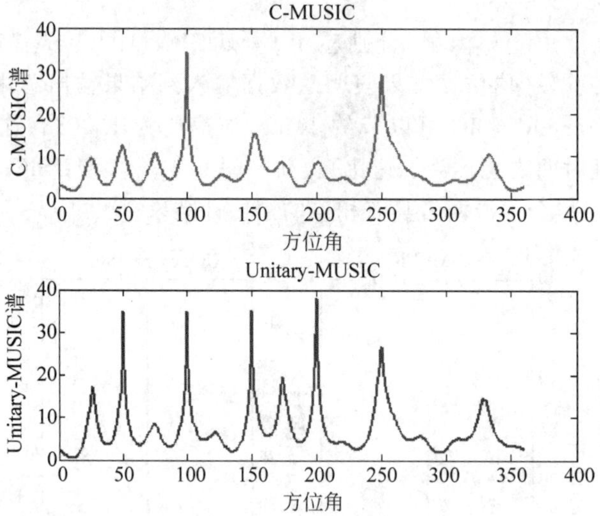

图 6.6 多信号源 MUSIC 测向仿真

2. 二维仿真情况

仿真条件与一维测向仿真条件相同。假设一信源从(30°，150°)入射，分别应用 C-MUSIC 和 Unitary-MUSIC 算法进行二维测向，进行 50 次独立实验，平均仿真结果表明，从数据输入到结果输出总用时分别为 1.765s 和 1.219s，使用 Unitary-MUSIC 可以节约 0.5460s，加速比为 1.4479。其中图 6.7 和图 6.8 是 C-MUSIC 和 Unitary-MUSIC 仿真结果，可以看到，对单个信源 Unitary-MUSIC 的谱峰比 C-MUSIC 谱峰更加尖锐。图 6.9 和图 6.10 是四个不相关的具有相同波长的信号源分别从(10°，50°)、(30°，100°)、(50°，200°)和(60°，320°)入射到阵列的仿真情况，从仿真结果可以看到，当入射信号源数目较多时 Unitary-MUSIC 算法与 C-MUSIC 算法相比具有更好的估计精度。

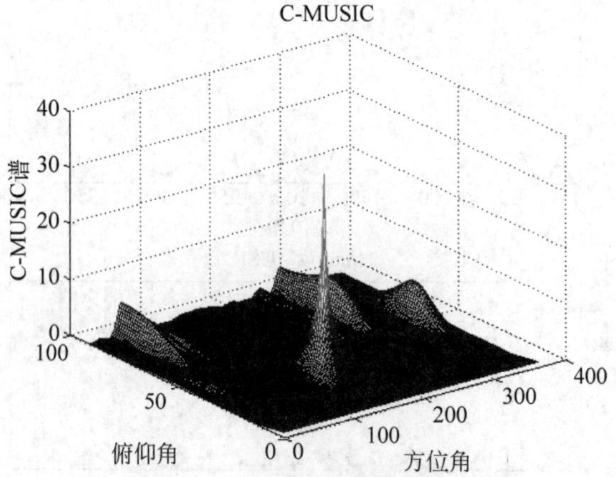

图 6.7 C-MUSIC 的二维测向

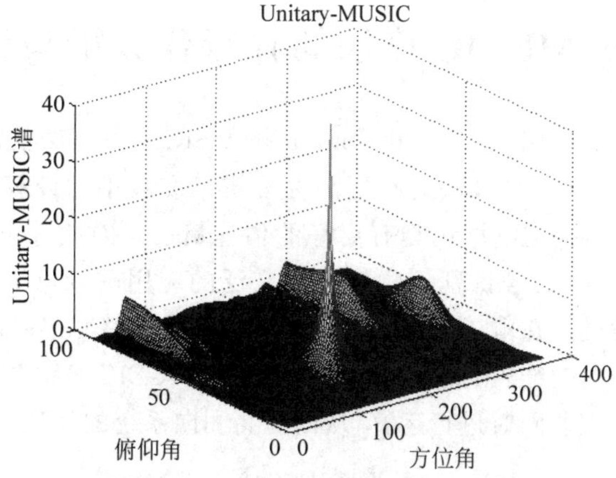

图 6.8 Unitary-MUSIC 的二维测向

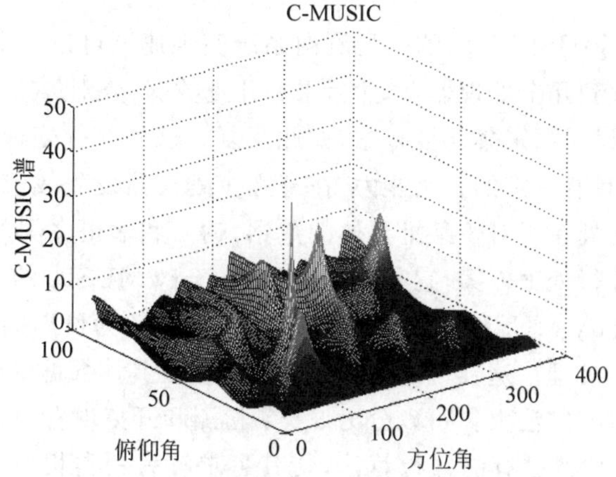

图 6.9 多信源 C-MUSIC 的二维测向

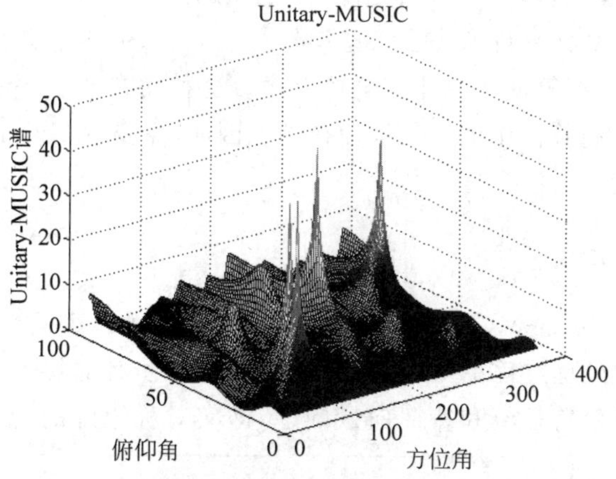

图 6.10 多信源 Unitary-MUSIC 的二维测向

以上仿真表明采用基于实数运算为主的 Unitary-MUSIC 算法可以提高处理速度、分辨率和估计精度，而且在多信号源入射的情况下比 C-MUSIC 具有更好的估计精度。

6.3 Unitary-MUSIC 算法的并行化分析与设计

在 6.1 节和 6.2 节中对 C-MUSIC 和 Unitary-MUSIC 两种算法估计性能和计算量的仿真和分析表明，Unitary-MUSIC 算法具有更高的分辨率和较小的计算量，而且当有较多信号源入射到阵列时比 C-MUSIC 算法具有更好的估计精度。因此 Unitary-MUSIC 在移动通信、电子对抗、参数估计、信号识别等领域有着广泛的应用前景，Unitary-MUSIC 的提出对阵列测向具有重要意义。在电子侦察和对抗等应用环境中，信号环境日益复杂和密集，要求测向系统具有实时测向功能，因此在本节对 Unitary-MUSIC 算法进行并行设计，采用并行处理方法利用多个处理器同时进行运算，从而提高测向系统的处理速度，使系统达到实时处理的目的。

6.3.1 Unitary-MUSIC 算法快速处理可行性分析

提高基于 Unitary-MUSIC 算法的阵列测向系统实现速度可以有两种思路。一是将相应的串行计算程序装载到几个处理器上，然后采集几批数据，分别传给几个处理器来单独处理。在获得了处理结果后，再采集几批数据，如此反复。这种并行处理方法简单，能够有效地提高数据处理速度，且有一定的容错能力，在有几个处理器发生故障的情况下，整个系统仍能工作。它的不足之处在于对于某批具体的数据，输入和输出之间的时间间隔并没有缩短。这里研究另一种并行处理方案，它是建立在对 Unitary-MUSIC 的串行和并行分析的基础上，其关键是将 Unitary-MUSIC 中的各个步骤并行化分解为可以同时处理的不同部分，让多个处理器同时进行处理。这样可以使得系统处理某批具体数据的时间缩短。

设计并行算法的基本方法大体可以分为 3 类：检测和开拓现有串行算法中的固有并行性而直接将其并行化；修改已有的并行算法，使其可求解另一类相似问题；从问题本身的描述出发，从头开始设计一个全新的并行算法。在 Unitary-MUSIC 算法中具有内在的有序性，必须按照特定的步骤进行，才能够最终得到有用的结果。如果某些顺序错了，则会得到错误的结果。虽然并行算法允许顺序上某些操作可以并行，但由于数据结果的产生有其本身顺序上的要求，使得并行算法在总体上仍然有序。这种内在的有序性决定了并行算法的设计需要通过对开发串行算法中的并行性而得到。因此，需要对 Unitary-MUSIC 算法中的处理步骤进行并行性分析。

6.3.2 算法分析

由算法 6.2 可知，Unitary-MUSIC 算法步骤如图 6.11 所示。初步分析 Unitary-MUSIC 算法，可以看出，第一步预处理过程主要是复矩阵乘法；第二步计算协方差矩阵主要涉及实矩阵乘法；第三步涉及求解特征值和特征向量问题，即实对称矩阵的特征分解问题；第四步

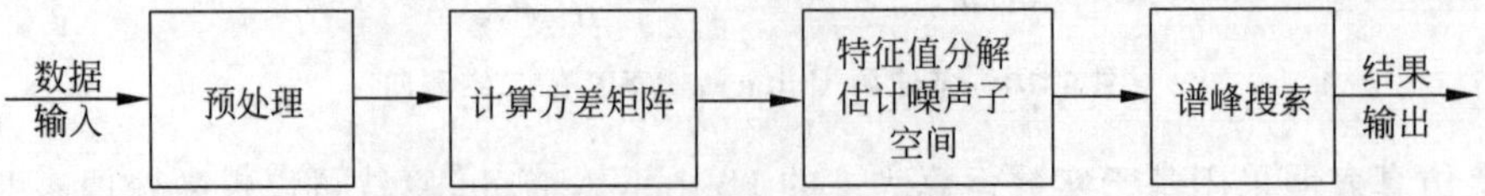

图 6.11 Unitary-MUSIC 算法估计流程

主要涉及谱计算和极值搜索问题。此外，以上各步骤中还涉及实矩阵的转置、三角函数运算，经过更加仔细的分析之后，发现在求解该数据模型的过程中，包含以下主要运算。

实矩阵转置：出现在计算协方差矩阵和 Unitary-MUSIC 谱的过程中；

复矩阵乘法：出现在预处理过程中；

实矩阵乘法：出现在计算协方差矩阵、特征值分解估计噪声子空间以及谱计算中；

实对称矩阵的特征值分解：出现在特征值分解估计噪声子空间过程中；

正弦函数和余弦函数运算：出现在计算 Unitary-MUSIC 谱的过程中；

二维搜索：出现在谱峰搜索过程中。

因此，我们需要对矩阵乘法、特征值分解以及二维谱峰搜索等运算进行并行化分解。

6.3.3 矩阵乘法并行算法设计

1. 矩阵乘法

假设 $\boldsymbol{A}=(a_{ij})$ 是 $m\times n$ 阶矩阵，$\boldsymbol{B}=(b_{ij})$ 是 $n\times p$ 阶矩阵，则其乘积 $\boldsymbol{C}=(c_{ij})$ 为 $m\times p$ 阶矩阵，即

$$c_{ij}=\sum_{k=1}^{n}a_{ik}b_{kj},\quad i=1,2,\cdots,m;\ j=1,2,\cdots,p \tag{6.36}$$

2. 矩阵乘法并行算法

常用的矩阵乘法的并行算法有两种：内积算法和外积算法。

内积算法是指将式(6.36)写成两个 n 维向量的内积形式，即

$$c_{ij}=(a_{i1},a_{i2},\cdots,a_{in})\cdot(b_{1j},b_{2j},\cdots,b_{nj})^{\mathrm{T}} \tag{6.37}$$

按上式进行并行计算的矩阵乘法叫作内积算法，一般是用 n 个处理器，用一次乘法计算出对于 $k=1,2,\cdots,n$ 的所有 $a_{ik}\cdot b_{kj}$，再做 $\lceil \log_2 n\rceil$（$\lceil\cdot\rceil$ 表示向上取整）次加法就可以求出 c_{ij}。

外积算法则有两种，一种是 $\boldsymbol{C}$ 矩阵的列向量表示法：

$$\boldsymbol{C}_{*j}=(c_{1j},c_{2j},\cdots,c_{mj})^{\mathrm{T}}=\sum_{k=1}^{n}(a_{1k},a_{2k},\cdots,a_{mk})^{\mathrm{T}}b_{kj},\quad j=1,2,\cdots,p \tag{6.38}$$

其中 $\boldsymbol{C}_{*j}$ 指 $\boldsymbol{C}$ 矩阵的第 j 列。它用于处理器数目为 p 时，用第 j 个处理器算出 $\boldsymbol{C}$ 的第 j 个列向量。另一种是 $\boldsymbol{C}$ 矩阵的行向量表示法：

$$\boldsymbol{C}_{i*}=(c_{i1},c_{i2},\cdots,c_{ip})=\sum_{k=1}^{n}a_{ik}(b_{k1},b_{k2},\cdots,b_{kp}),\quad i=1,2,\cdots,m \tag{6.39}$$

其中，$\boldsymbol{C}_{i*}$ 指 $\boldsymbol{C}$ 矩阵的第 i 行。它用于处理器数目为 m 时，用第 i 个处理器算出 $\boldsymbol{C}$ 的第 i 个行向量。

矩阵乘法的外积算法在一次计算过程中每个处理器至少计算矩阵 $\boldsymbol{C}$ 的一行或者一列元素。而内积算法用 n 个处理器运行一次计算出矩阵 $\boldsymbol{C}$ 的一个元素。显然内积算法的一次运算中的计算量与通信量之比较小，外积算法的较大。从 Log$P$ 模型来看，一次运算中的计算量与通信量之比小意味着在一个并行步中，只进行了少量的计算就要进行大量的通信，这就要求并行处理系统的通信时延要非常短而且通信能力强，或者说要求系统的通信延迟 L 和系统通信软件开销 O 相当小，才能保证并行系统的处理速度和效率，否则不宜采用此种算法，而应该采用一次计算中计算量与通信量之比较大的算法。相比于内积并行算法，外

积算法的任务量较大,并行计算中的计算量与通信量之比较大,因而适合于松散耦合的分布式系统。

复数矩阵的乘法计算与实矩阵的乘法计算类似,只是计算量增加。

由上述的分析可知,内积算法的计算量与通信量之比较小,外积算法的较大。在松散耦合的分布式系统上,根据 Log$P$ 模型的特点知道,通信延迟 L 和系统通信软件开销 O 都比较大,所以这里采用矩阵乘法的外积算法。

6.3.4 实对称矩阵特征值分解的并行设计

特征值分解的任务是提取协方差矩阵的特征值和相应的特征向量,构造出信号子空间和噪声子空间。如前所述经过预处理后,协方差矩阵 $\boldsymbol{R}$ 是一个实对称矩阵,因此可以用实对称矩阵的特征分解方法[13,14],如常用的 QR 算法、雅可比方法、Householder 变换、Givens 变换等。考虑到在 Unitary-JAFE 算法的应用中,主要是需要协方差矩阵的特征向量,因此雅可比方法更为适用。

1. 雅可比方法[15]

雅可比方法的基本思想是:通过实对称阵 $\boldsymbol{R}\in\mathbf{R}^{m\times m}$ 进行一系列平面旋转变换来产生一系列对称方阵 $\boldsymbol{A}_k$。每次旋转变换,使 $\boldsymbol{A}_k$ 中两个元素 a_{ij}^k 和 a_{ji}^k 变为零。当多次迭代后,$\boldsymbol{A}_k$ 趋于一个对角矩阵 $\boldsymbol{D}$,$\boldsymbol{D}$ 的各主对角元素就是 $\boldsymbol{R}$ 特征值。

从 $\boldsymbol{A}_k$ 到 $\boldsymbol{A}_{k+1}$ 的旋转变换式为

$$\begin{cases}\boldsymbol{A}_0=\boldsymbol{R} \\ \boldsymbol{A}_{k+1}=\boldsymbol{T}_k\boldsymbol{A}_k\boldsymbol{T}_k^{\mathrm{T}}\end{cases}\quad k=0,1,2,\cdots \tag{6.40}$$

其中,$\boldsymbol{T}_k$ 是 $m\times m$ 的平面旋转方阵。$\boldsymbol{T}_k$ 的目的就是使得 $\boldsymbol{A}_k$ 中的两元素 a_{pq}^k 和 a_{qp}^k 变为零,每次迭代逐次减少非对角元素的平方和,致使 $\boldsymbol{A}_k$ 渐趋于对角阵,矩阵 $\boldsymbol{T}_1^{\mathrm{T}}\boldsymbol{T}_2^{\mathrm{T}}\cdots\boldsymbol{T}_k^{\mathrm{T}}$ 的各列就是相应的特征向量。

$\boldsymbol{T}_k$ 的选择为

$$t_{pp}^k=t_{qq}^k=c;\quad t_{qp}^k=-t_{pq}^k=s;\quad t_{ii}^k=1,i\neq p,q;\quad t_{ij}^k=0$$

$$\boldsymbol{T}_k=\begin{bmatrix}1 & 0 & \cdots & & & & & & \cdots & 0 \\ 0 & \ddots & & & & & & & & \vdots \\ \vdots & & 1 & & & & & & & \\ & & & c & \cdots & \cdots & \cdots & -s & & \\ & & & \vdots & 1 & & & \vdots & & \\ & & & \vdots & & \ddots & & \vdots & & \\ & & & \vdots & & & 1 & \vdots & & \\ & & & s & \cdots & \cdots & \cdots & c & & \\ & & & & & & & & 1 & \\ \vdots & & & & & & & & \ddots & \vdots \\ 0 & \cdots & & & & & & \cdots & 0 & 1\end{bmatrix}\begin{matrix} \\ \\ \\ p \\ \\ \\ \\ q \\ \\ \\ \\ \end{matrix} \tag{6.41}$$

（列标：p 列、q 列）

其中,c 和 s 的确定方法为

如果 $a_{pq}^{k}=a_{qp}^{k}=0$，则无须旋转，即 $c=1,s=0$，否则令

$$\begin{cases}\alpha_k=(a_{qq}^{k-1}-a_{pp}^{k-1})/2a_{pq}^{k-1}\\ \beta_k=\text{sign}(\alpha_k)/(|\alpha_k|+(1+\alpha_k^2)^{1/2})\end{cases}\tag{6.42}$$

其中，sign(·)为符号函数，则

$$\begin{cases}c=1/(1+\beta_k^2)^{1/2}\\ s=\beta_k c\end{cases}\tag{6.43}$$

这样把求出的 c 和 s 代入式(6.41)即可求得旋转变换矩阵 $\boldsymbol{T}_k$。

在按照迭代式(6.40)进行一次旋转变换后，矩阵 $\boldsymbol{A}_k$ 相对于矩阵 $\boldsymbol{A}_{k-1}$ 变化了的元素是

$$\begin{cases}a_{pp}^{k}=c^2a_{pp}^{k-1}+s^2a_{qq}^{k-1}-2sca_{pq}^{k-1}\\ a_{qq}^{k}=s^2a_{pp}^{k-1}+c^2a_{qq}^{k-1}+2sca_{pq}^{k-1}\\ a_{pq}^{k}=a_{qp}^{k}=sc(a_{pp}^{k-1}-a_{qq}^{k-1})+(c^2-s^2)a_{pq}^{k-1}\\ a_{pj}^{k}=ca_{pj}^{k-1}-sa_{pj}^{k}, & j\neq p,q\\ a_{qj}^{k}=-sa_{pj}^{k-1}+ca_{qj}^{k}, & j\neq p,q\\ a_{ip}^{k}=a_{ip}^{k-1}c+a_{ip}^{k-1}s, & i\neq p,q\\ a_{iq}^{k}=-a_{iq}^{k-1}s+a_{ip}^{k-1}c, & i\neq p,q\end{cases}\tag{6.44}$$

将式(6.42)和式(6.43)代入式(6.44)，则有 $a_{pq}^{k}=a_{qp}^{k}=0,p\neq q$。所以在经过旋转变换后，矩阵 $\boldsymbol{A}_k$ 的对角线以外有两个元素变为零，并使主对角线元素平方和增加，非对角线元素平方和减少。其中主对角线元素平方和增加 $2a_{pq}^{k}$，而非对角线元素平方和减少 $2a_{pq}^{k}$。当每次选取对角线外绝对值最大元素进行消除时，矩阵 $\boldsymbol{A}_k$ 将收敛到一个对角矩阵，当非对角线元素的平方和小于容许误差时，迭代过程终止，对角线元素就是协方差矩阵 $\boldsymbol{R}$ 的近似特征值。同时当迭代终止后，所有矩阵 $\boldsymbol{T}_1^{\mathrm{T}}\boldsymbol{T}_2^{\mathrm{T}}\cdots\boldsymbol{T}_k^{\mathrm{T}}$ 的各列就是相应的特征向量。

2. 雅可比方法的并行化设计[15]

容易看到，上述雅可比方法进行旋转变换时，每次只能消去两个非对角线元素 a_{pq}^{k}，$a_{qp}^{k}(p\neq q)$，这不利于并行算法的实现。然而由式(6.44)可以看到，每次旋转变换后，发生了变化的元素是实对称矩阵的第 p 行、q 列、q 行、p 列的各元素，而其他行、列的元素与变换前相应的元素相同，并不发生变化。因此，针对雅可比方法的这种特点，有文献[16～19]考虑到每两个旋转变换非对角线上的非零元素可以互不重叠，因而可用 $\left\lceil\frac{N}{2}\right\rceil$（$N$ 为矩阵维数）个旋转变换相乘构成的正交变换作为一次变换同时消去 n 个非对角元素。针对雅可比方法的这种特点，对于一个 $N\times N$ 的实对称矩阵的特征值分解可以采用下面的并行化方案。

(1) 每次在除对角线元素外的元素中选择 n 个大于门限值 $\xi>0$ 的元素 $a_{p_1q_1},a_{p_2q_2},\cdots,a_{p_nq_n}$，其中 $p_1\neq p_2\neq\cdots\neq p_n\neq q_1\neq\cdots\neq q_n$，并使得

$$n=\begin{cases}\dfrac{N}{2}, & N\text{ 为偶数}\\ \dfrac{N-1}{2}, & N\text{ 为奇数}\end{cases}$$

(2) 用 n 个处理器分别利用 $a_{p_iq_i}(i=1,2,\cdots,n)$ 通过式(6.41)～式(6.43)来求出各个 c_i 和 s_i，构造旋转变换矩阵 $\boldsymbol{T}_k$；

(3) 通过式(6.44)计算旋转变换后矩阵 $\boldsymbol{A}_k$ 中变化了的元素；

(4) 重复上述步骤，直到矩阵中所有的非对角元素都小于门限值 ξ。

6.3.5 谱计算与谱峰搜索的并行设计

为了方便，本节只考虑偶数阵元 $N=2M$ 的均匀圆阵的情况，其他的阵列结构处理方法类似。在文献[15]的基础之上，进行下述讨论。

1. 可并行化分析

根据式(6.22)，对阵列流形复向量对应的实向量 $\boldsymbol{b}(\theta)$ 有以下几点考虑：

第一，$\boldsymbol{b}(\theta)$ 和 $\boldsymbol{b}(\theta+\pi)$ 有一定的关系，能否用 $\boldsymbol{b}(\theta)$ 代替 $\boldsymbol{b}(\theta+\pi)$，从而降低搜索范围，降低运算量；

第二，$\left[1°,\frac{180°}{M}\right]$，$\left[\frac{180°}{M}+1°,\frac{2}{M}\times180°\right]$，…，$\left[\frac{M-1}{M}\times180°+1°,180°\right]$ 各搜索范围之间的对应的方向向量值之间有什么关系，能否通过计算一次方向向量 $\boldsymbol{b}(\theta)$，供 M 个搜索范围同时使用？如果可以，则当计算出 $\vartheta_0\in\left(1°,\frac{180°}{M}\right)$ 的方向向量 $\boldsymbol{b}(\vartheta_0)$ 时就可以同时得到 $\left[\frac{180°}{M}+1°,\frac{2}{M}\times180°\right]$，$\left[\frac{2}{M}\times180°+1,\frac{3}{M}\times180°\right]$，…，$\left[\frac{M-1}{M}\times180°+1°,180°\right]$ 区域上的方向向量 $\boldsymbol{b}\left(\frac{180°}{M}+\vartheta_0\right)$，$\boldsymbol{b}\left(\frac{2}{M}\times180°+\vartheta_0\right)$，…，$\boldsymbol{b}\left(\frac{M-1}{M}\times180°+\vartheta_0\right)$，这样就可以大大减少计算谱的计算量。

下面对上述问题进行讨论。

(1) $\boldsymbol{b}(\theta)$ 和 $\boldsymbol{b}(\theta+\pi)$ 的关系。

由式(6.22)，有

$$\boldsymbol{b}(\theta)=[\boldsymbol{b}_1(\theta),\boldsymbol{b}_2(\theta)]^{\mathrm{T}} \tag{6.45}$$

其中，

$$\begin{cases}\boldsymbol{b}_1(\theta)=[\cos(\zeta\cos(\vartheta)),\cos(\zeta\cos(\theta-\pi/M)),\cdots,\cos(\zeta\cos(\vartheta-(M-1)\pi/M))]\\ \boldsymbol{b}_2(\theta)=[\sin(\zeta\cos(\vartheta)),\sin(\zeta\cos(\theta-\pi/M)),\cdots,\sin(\zeta\cos(\vartheta-(M-1)\pi/M))]\end{cases} \tag{6.46}$$

这里不计系数 $\sqrt{2}$。

通过式(6.46)，容易知道

$$\boldsymbol{b}(\theta+\pi)=[\boldsymbol{b}_1(\theta),-\boldsymbol{b}_2(\theta)]^{\mathrm{T}} \tag{6.47}$$

由式(6.45)和式(6.46)，可得

$$\boldsymbol{E}_n^{\mathrm{T}}\times\boldsymbol{b}(\theta)=[\boldsymbol{E}_1^{\mathrm{T}}\quad\boldsymbol{E}_2^{\mathrm{T}}]\begin{bmatrix}\boldsymbol{b}_1^{\mathrm{T}}(\theta)\\ \boldsymbol{b}_2^{\mathrm{T}}(\theta)\end{bmatrix}=\boldsymbol{E}_1^{\mathrm{T}}\boldsymbol{b}_1^{\mathrm{T}}(\theta)+\boldsymbol{E}_2^{\mathrm{T}}\boldsymbol{b}_2^{\mathrm{T}}(\theta) \tag{6.48}$$

$$\boldsymbol{E}_n^{\mathrm{T}}\times\boldsymbol{b}(\theta+\pi)=[\boldsymbol{E}_1^{\mathrm{T}}\quad\boldsymbol{E}_2^{\mathrm{T}}]\begin{bmatrix}\boldsymbol{b}_1^{\mathrm{T}}(\theta)\\ -\boldsymbol{b}_2^{\mathrm{T}}(\theta)\end{bmatrix}=\boldsymbol{E}_1^{\mathrm{T}}\boldsymbol{b}_1^{\mathrm{T}}(\theta)-\boldsymbol{E}_2^{\mathrm{T}}\boldsymbol{b}_2^{\mathrm{T}}(\theta) \tag{6.49}$$

其中，$\boldsymbol{E}_n$ 为 Unitary-MUSIC 算法中的噪声子空间；$\boldsymbol{E}_1^{\mathrm{T}}$ 和 $\boldsymbol{E}_2^{\mathrm{T}}$ 分别是 $\boldsymbol{E}_n^{\mathrm{T}}$ 的前 M 列向量和后 M 列向量构成的矩阵。

根据式(6.48)和式(6.49)可知，方向向量 $\boldsymbol{b}(\theta)$ 只需要计算出[1°,180°]搜索范围内的方向向量的值。当计算出 $\vartheta_0\in[1°,180°]$ 的方向向量 $\boldsymbol{b}(\vartheta_0)$ 时，将 $\boldsymbol{b}(\vartheta_0)$ 的 $2M$ 个元素分为两组 $\boldsymbol{b}_1(\vartheta_0)$，$\boldsymbol{b}_2(\vartheta_0)$，同时并行与 $\boldsymbol{E}_n^{\mathrm{T}}$ 相乘，得到的结果送到一个加减单元中，做向量相加运算和相减运算，输出两路向量，然后送到求模单元中并行作求模运算，输出的值即为 $\|\boldsymbol{E}_n^{\mathrm{T}}\boldsymbol{b}_1(\vartheta_0)\|_2^2$ 和 $\|\boldsymbol{E}_n^{\mathrm{T}}\boldsymbol{b}_1(\vartheta_0+\pi)\|_2^2$。

(2) M 个搜索范围方向向量之间的取值关系。

由式(6.22)可知，

$$\boldsymbol{b}(\theta)=[\cos(\zeta\cos(\vartheta)),\cos(\zeta\cos(\theta-\pi/M)),\cdots,\cos(\zeta\cos(\vartheta-(M-1)\pi/M)) \tag{6.50}$$

$$\sin(\zeta\cos(\vartheta)),\sin(\zeta\cos(\theta-\pi/M)),\cdots,\sin(\zeta\cos(\vartheta-(M-1)\pi/M))]^{\mathrm{T}} \tag{6.51}$$

当 ϑ 属于不同搜索范围时，$\vartheta,\vartheta-\frac{1}{M}\pi,\cdots,\vartheta-\frac{(M-1)}{M}\pi$ 的取值范围如表 6.2 所示。

由表 6.2 可以看出，一个方向向量 $\boldsymbol{b}(\vartheta)=[b_1,b_2,\cdots,b_M,b_{M+1},\cdots,b_{2M}]^{\mathrm{T}}$ $\left(\vartheta\in\left[1°,\frac{180°}{M}\right]\right)$ 对各元素作如下处理即可同时为其他搜索范围所用。

① 对前 M 个元素，表 6.2 和图 6.12 表明[1°,180°]内的方向向量 $\boldsymbol{b}(\theta)$ 前 M 个元素的取值完全可由搜索范围 $\left[1°,\frac{180°}{M}\right]$ 上的方向向量 $\boldsymbol{b}(\theta)$ 前 M 个元素的取值确定。假设方向向量 $\boldsymbol{b}(\theta)$ 前 M 个元素的取值为 $b_1,b_2,b_3,b_4,\cdots,b_M$ $\forall\vartheta\in\left[1°,\frac{180°}{M}\right]$，则与在搜索范围 $\frac{180°}{M}+\vartheta\in\left[\frac{180°}{M}+1°,\frac{2}{M}\times180°\right]$，$\left[\frac{2}{M}\times180°+1°,\frac{3}{M}\times180°\right]$，$\cdots$，$\frac{M-1}{M}\times180°+\vartheta\in\left[\frac{M-1}{M}\times180°+1°,180°\right]$ 上方向向量 $\boldsymbol{b}(\theta)$ 前 M 个元素的取值构成一个 M 阶循环矩阵 $\boldsymbol{B}$：

$$\boldsymbol{B}=\begin{bmatrix} b_1 & b_2 & b_3 & b_4 & \cdots & b_{M-1} & b_M \\ b_M & b_1 & b_2 & b_3 & \cdots & b_{M-2} & b_{M-1} \\ b_{M-1} & b_M & b_1 & b_2 & \cdots & b_{M-3} & b_{M-2} \\ b_{M-2} & b_{M-1} & b_M & b_1 & \cdots & b_{M-4} & b_{M-3} \\ \vdots & \vdots & \vdots & \vdots & \ddots & \vdots & \vdots \\ b_3 & b_4 & b_5 & b_6 & \cdots & b_1 & b_2 \\ b_2 & b_3 & b_4 & b_5 & \cdots & b_M & b_1 \end{bmatrix}\begin{matrix} \longrightarrow \vartheta\in\left[1°,\frac{180°}{M}\right] \\ \longrightarrow \frac{180°}{M}+\vartheta\in\left[\frac{180°}{M}+1°,\frac{2\times180°}{M}\right] \\ \\ \\ \vdots \\ \\ \longrightarrow \frac{(M-1)180°}{M}+\vartheta\in\left[\frac{(M-1)180°}{M}+1°,180°\right] \end{matrix} \tag{6.52}$$

表 6.2 各搜索的取值范围

搜索范围	ϑ	$\vartheta-\frac{1}{M}\times 180^\circ$	$\vartheta-\frac{2}{M}\times 180^\circ$	…	$\vartheta-\frac{M-1}{M}\times 180^\circ$
$\left[1^\circ,\frac{180^\circ}{M}\right]$	$\left[1^\circ,\frac{180^\circ}{M}\right]$	$\left[1^\circ-\frac{180^\circ}{M},0^\circ\right]$	$\left[1^\circ-\frac{2\times 180^\circ}{M},-\frac{180^\circ}{M}\right]$	…	$\left[1^\circ-\frac{(M-1)\times 180^\circ}{M},-\frac{(M-2)\times 180^\circ}{M}\right]$
$\left[\frac{180^\circ}{M}+1^\circ,\frac{2\times 180^\circ}{M}\right]$	$\left[\frac{180^\circ}{M}+1^\circ,\frac{2\times 180^\circ}{M}\right]$	$\left[1^\circ,\frac{180^\circ}{M}\right]$	$\left[1^\circ-\frac{180^\circ}{M},0^\circ\right]$	…	$\left[1^\circ-\frac{(M-2)\times 180^\circ}{M},-\frac{(M-3)\times 180^\circ}{M}\right]$
⋮	⋮	⋮	⋮	⋱	⋮
$\left[\frac{(M-2)\times 180^\circ}{M}+1^\circ,\frac{(M-1)\times 180^\circ}{M}\right]$	$\left[\frac{(M-2)\times 180^\circ}{M}+1^\circ,\frac{(M-1)\times 180^\circ}{M}\right]$	$\left[\frac{(M-3)\times 180^\circ}{M}+1^\circ,\frac{(M-2)\times 180^\circ}{M}\right]$	$\left[\frac{(M-4)\times 180^\circ}{M}+1^\circ,\frac{(M-3)\times 180^\circ}{M}\right]$	…	$\left[1^\circ-\frac{180^\circ}{M},0^\circ\right]$
$\left[\frac{(M-1)\times 180^\circ}{M}+1^\circ,180^\circ\right]$	$\left[\frac{(M-1)\times 180^\circ}{M}+1^\circ,180^\circ\right]$	$\left[\frac{(M-2)\times 180^\circ}{M}+1^\circ,\frac{(M-1)\times 180^\circ}{M}\right]$	$\left[\frac{(M-3)\times 180^\circ}{M}+1^\circ,\frac{(M-2)\times 180^\circ}{M}\right]$	…	$\left[1^\circ,\frac{180^\circ}{M}\right]$

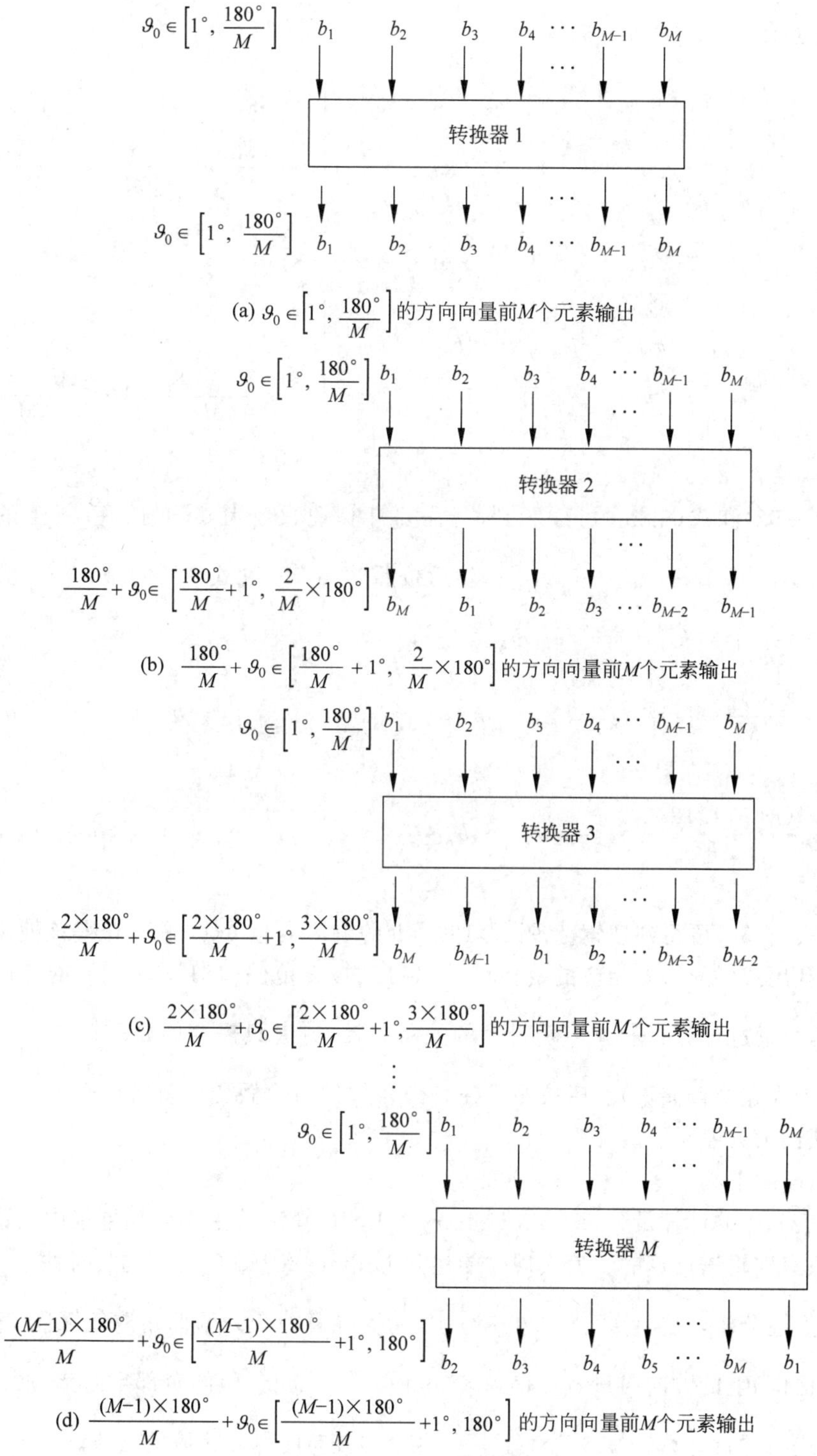

(a) $\vartheta_0 \in \left[1^\circ, \frac{180^\circ}{M}\right]$ 的方向向量前M个元素输出

(b) $\frac{180^\circ}{M} + \vartheta_0 \in \left[\frac{180^\circ}{M} + 1^\circ, \frac{2}{M} \times 180^\circ\right]$ 的方向向量前M个元素输出

(c) $\frac{2\times 180^\circ}{M} + \vartheta_0 \in \left[\frac{2\times 180^\circ}{M} + 1^\circ, \frac{3\times 180^\circ}{M}\right]$ 的方向向量前M个元素输出

(d) $\frac{(M-1)\times 180^\circ}{M} + \vartheta_0 \in \left[\frac{(M-1)\times 180^\circ}{M} + 1^\circ, 180^\circ\right]$ 的方向向量前M个元素输出

图 6.12 不同角度范围的方向向量前 M 个元素输出

② 对后 M 个元素，假设方向向量 $\boldsymbol{b}(\theta)$ 后 M 个元素的取值为 $b_{M+1}, b_{M+2}, \cdots, b_{2M}$ $\forall \vartheta \in \left[1^\circ, \frac{180^\circ}{M}\right]$。因为 sin 函数为奇函数，所以后 M 个元素的符号与前 M 个元素的符号不

同，类似地也有式(6.53)所示的关系。

$$\boldsymbol{B}=\begin{bmatrix} b_{M+1} & b_{M+2} & b_{M+3} & b_{M+4} & \cdots & b_{2M-1} & b_{2M} \\ -b_{2M} & b_{M+1} & b_{M+2} & b_{M+3} & \cdots & b_{2M-2} & b_{2M-1} \\ -b_{2M-1} & -b_{2M} & b_{M+1} & b_{M+2} & \cdots & b_{2M-3} & b_{2M-2} \\ -b_{2M-2} & -b_{2M-1} & -b_{2M} & b_{M+1} & \cdots & b_{2M-4} & b_{2M-3} \\ \vdots & \vdots & \vdots & \vdots & \ddots & \vdots & \vdots \\ -b_{M+3} & -b_{M+4} & -b_{M+5} & -b_{M+6} & \cdots & b_{M+1} & b_{M+2} \\ -b_{M+2} & -b_{M+3} & -b_{M+4} & -b_{M+5} & \cdots & -b_{M} & b_{M+1} \end{bmatrix}\begin{matrix} \longrightarrow \vartheta\in\left[1^\circ,\dfrac{180^\circ}{M}\right] \\ \longrightarrow \dfrac{180^\circ}{M}+\vartheta\in\left[\dfrac{180^\circ}{M}+1^\circ,\dfrac{2\times180^\circ}{M}\right] \\ \\ \\ \vdots \\ \\ \longrightarrow \dfrac{(M-1)180^\circ}{M}+\vartheta\in\left[\dfrac{(M-1)180^\circ}{M}+1^\circ,180^\circ\right] \end{matrix} \tag{6.53}$$

由式(6.52)和式(6.53)可以看到，只需要计算搜索范围 $\vartheta\in\left[1^\circ,\dfrac{180^\circ}{M}\right]$ 上的方向向量 $\boldsymbol{b}(\theta)=[b_1,b_2,\cdots b_M,b_{M+1},\cdots,b_{2M}]^{\mathrm{T}}$，然后按照式(6.52)和式(6.53)做 $M-1$ 次变换

$$\begin{cases} \boldsymbol{b}\left(\theta+\dfrac{180^\circ}{M}\right)=[b_M,b_1,b_2,\cdots,b_{M-1},-b_{2M},b_{M+1},\cdots,b_{2M-1}]^{\mathrm{T}} \\ \boldsymbol{b}\left(\theta+\dfrac{2\times180^\circ}{M}\right)=[b_{M-1},b_M,b_1,b_2,\cdots,b_{M-2},-b_{2M-1},-b_{2M},b_{M+1},\cdots,b_{2M-2}]^{\mathrm{T}} \\ \qquad\vdots \\ \boldsymbol{b}\left(\theta+\dfrac{(M-1)180^\circ}{M}\right)=[b_2,b_3,\cdots,b_M,b_1,-b_{M+2},-b_{M+3},\cdots,-b_{2M},b_{M+1}]^{\mathrm{T}} \end{cases} \tag{6.54}$$

通过式(6.54)可得到搜索范围[1°,180°]上的响应向量 $\boldsymbol{b}(\theta)$ 进而获得该搜索范围上的谱值。再利用式(6.45)做相应的变换就可以得到搜索范围[181°,360°]上的方向向量和谱值。因此，只通过计算 $\vartheta\in\left[1^\circ,\dfrac{180^\circ}{M}\right]$ 上的方向向量(或者只需存储 $\vartheta\in\left[1^\circ,\dfrac{180^\circ}{M}\right]$ 上的三角函数从而大大缩减存储量)然后按照式(6.54)和式(6.45)做变换就得到全方位的方向向量和谱值，从而大大缩减了谱计算量。

2. 并行设计

通过表6.1的计算量分析可知，Unitary-MUSIC 算法的主要计算量集中在谱计算的过程，因此只有实现谱计算的快速实现才能达到 Unitary-MUSIC 算法的实时性。

通过上述分析，只需计算 $[0^\circ,90^\circ]\times\left[1^\circ,\dfrac{180^\circ}{M}\right]$(第一个为俯仰角取值区间，第二个为方位角取值区间)上的方向向量就可得到 $[0^\circ,90^\circ]\times[1^\circ,360^\circ]$ 上的全部空间谱，所以可采用 p 个处理器进行并行计算 $[0^\circ,90^\circ]\times\left[1^\circ,\dfrac{180^\circ}{M}\right]$ 上的方向向量和相应的谱值。

第一个处理器计算 $\left[0^\circ,\dfrac{90^\circ}{p}\right]\times\left[1^\circ,\dfrac{180^\circ}{M}\right]$ 上的方向向量，然后按照式(6.52)做相应变换得到 $\left[0^\circ,\dfrac{90^\circ}{p}\right]\times\left[\dfrac{180^\circ}{M}+1^\circ,\dfrac{2}{M}\times180^\circ\right]$，$\left[0^\circ,\dfrac{90^\circ}{p}\right]\times\left[\dfrac{2}{M}\times180^\circ+1^\circ,\dfrac{3}{M}\times180^\circ\right]$，$\cdots$，$\left[0^\circ,\dfrac{90^\circ}{p}\right]\times$

$\left[\frac{M-1}{M}\times 180°+1°,180°\right]$的相应响应向量之后再按照式(6.53)和式(6.54)计算空间谱，就得到了$\left[0°,\frac{90°}{p}\right]\times[1°,360°]$上的谱值；

第二个处理器计算$\left[\frac{90°}{p},\frac{2}{p}\times 90°\right]\times\left[1°,\frac{180°}{M}\right]$上的方向向量，然后按照式(6.52)做相应变换得到$\left[\frac{90°}{p},\frac{2}{p}\times 90°\right]\times\left[\frac{180°}{M}+1°,\frac{2}{M}\times 180°\right]$，$\left[\frac{90°}{p},\frac{2}{p}\times 90°\right]\times\left[\frac{2}{M}\times 180°+1°,\frac{3}{M}\times 180°\right]$，…，$\left[\frac{90°}{p},\frac{2}{p}\times 90°\right]\times\left[\frac{M-1}{M}180°+1°,180°\right]$的相应响应向量之后再按照式(6.45)和式(6.46)计算空间谱，就得到了$\left[\frac{1}{p}\times 90°,\frac{2}{p}\times 90°\right]\times[1°,360°]$上的谱值；

以此类推，第p个处理器计算$\left[\frac{p-1}{p}\times 90°,90°\right]\times\left[1°,\frac{180°}{M}\right]$上的方向向量然后按照式(6.52)做相应变换得到$\left[\frac{p-1}{p}\times 90°,90°\right]\times\left[\frac{180°}{M}+1°,\frac{2}{M}\times 180°\right]$，$\left[\frac{p-1}{p}\times 90°,90°\right]\times\left[\frac{2}{M}\times 180°+1°,\frac{3}{M}\times 180°\right]$，…，$\left[\frac{p-1}{p}\times 90°,90°\right]\times\left[\frac{M-1}{M}180°+1°,180°\right]$的相应响应向量之后再按照式(6.45)和式(6.46)计算空间谱，这样就得到了$\left[\frac{p-1}{p}\times 90°,90°\right]\times[1°,360°]$上的谱值。

这样可以达到p个处理器同时并行计算和搜索，使得Unitary-MUSIC的实时实现成为可能，对于促进该算法的更广泛的应用具有十分重要的意义。

6.3.6　基于Lyrtech模型机的实现

6.3.6.1　Lyrtech模型机简介

考虑到开发周期问题，课题组选择购买了恒润公司代理的Lyrtech模型机[20]，该模型机由4片DSP和两片FPGA按照树状网络拓扑结构连接，板卡结构如图6.13所示。板卡由两组处理器组构成，每组包含2片TMS320C6713DSP和1片Virtex-Ⅱ FPGA。每组处理器可以提供最大2.7GFLOPS的浮点运算能力和8百万门级FPGA。

1. 主要特点

(1) cPCI结构，6U高度；

(2) 4片TI公司的C6713 DSP，主频225MHz；

(3) 2片Xilinx公司的Virtex-Ⅱ系列FPGA，XC2V8000；

(4) 多I/O接口；2个LYRIO&LVDS端口，PCI总线扩展连接器以及JTAG仿真器接口；

(5) 硬件驱动程序集成在Simulink/Xilinx system Generator Blocksets中，以用于快速实现Simulink模型；

(6) 支持TI的CCS以及Xilinx公司推出的面向低级开发的工具软件ISE Foundation；

(7) 板载JTAG仿真接口实现在主PC上进行DSP仿真；

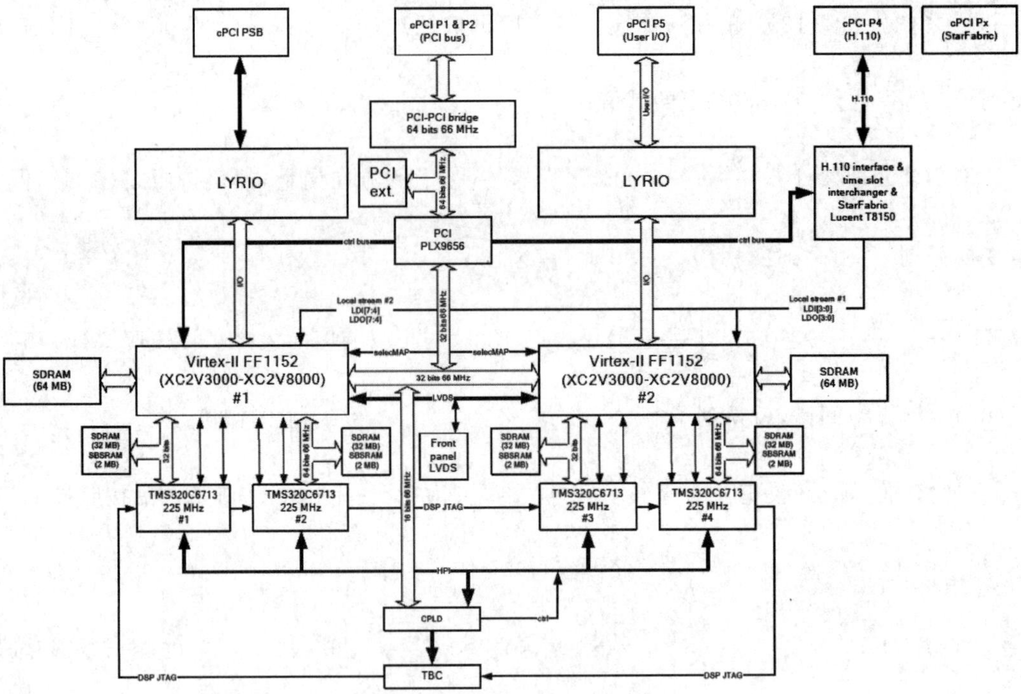

图 6.13　Lyrtech 模型机板卡结构

(8) 支持 LYRIO 标准以及 PCI 总线，支持用户自定制 A/D 和 D/A 模块；

(9) 使用 Simulink 和 Xilinx System Generator，快速实现从系统设计到 DSP/FPGA 可执行代码的转换；

(10) Simulink/Xilinx system Generator 模型的 DSP&FPGA 硬件在回路协同仿真；

(11) 利用前端通信接口，可以从 Simulink 示波器和通过远程操作实时检测数据。

2. 主要技术指标

(1) 4 片 TI 公司的 TMS320C6713 DSP 芯片。

- 225MHz 时钟频率(峰值性能 225MIPS，1350MFLOPS)；
- 16～64MB SDRAM；
- 1～2MB SBSRAM；
- 板载 JTAG 控制器以及 JTAG 连接器。

(2) 2 片 Xilinx 的 Virtex-Ⅱ系列 FPGA。

- XC2V8000；
- 配置方式：JTAG、PCI 总线。

(3) 最大 128MB 的 SDRAM 配置选项。

- 一个 32b 存储单元；
- 两个独立的 16b 存储单元。

(4) 4 个单向 LVDS 8b 总线。

- 2 个总线用于读写别的 FPGA；
- 2 个总线用于读写前端控制面板连接器；

- 来自 H.110 或 StarFabric 的四路局部 CT 总线流。

(5) Switch 背板。

- PICMG 2.16；
- LYRIO 夹层的信号通路。

(6) I/O 接口。

- 2 个 LYRIO 槽(200 针，用户可定义)；
- PCI 总线扩展连接器；
- 2 个 LVDS 端口。

3. 软件开发工具特点及其工具套件

Lyrtech 模型机基于 MATLAB 语言的设计，可以通过 Xilinx 公司提供的 System Generator for DSP 工具以及 Simulink 和 RTW，实现从 M 语言到 VHDL 的自动代码转换，这样可以显著地提高学习效率，降低开发成本，减小完成某些设计的开发风险。相关工具套件有：

(1) 高级数学工具套件。

- Cholesky 分解法；
- Cholesky 求逆；
- 三角形矩阵求逆；
- 特定排列旋转；
- 多项式求值；
- 奇异值分解(SVD)；
- QRD-RLS 空间滤波器。

(2) 通信工具套件。

- 直接数字合成器；
- BCH 编码器；
- BCH 解码器；
- 回旋交错器；
- 回旋解交错器；
- 卷积编码器；
- Reed-Solomon 编码器；
- Reed-Solomon 解码器；
- Viterbi 解码器；
- 开方升余弦滤波器；
- 加扰器；
- 解扰器；
- ADC 取样-保持电路/正弦比较滤波器。

(3) 信号处理工具套件。

- FIR 滤波器；
- CIC 抽取滤波器；
- CIC 内插滤波器；
- 多相抽取滤波器；

• 半带 FIR 滤波器；
• FFT；
• IFFT。

6.3.6.2 基于 Lyrtech 模型机的软件开发

1. 任意矩阵 QR 分解的 Simulink 模型设计

根据任意矩阵(实矩阵和复矩阵以及“高”矩阵)的 QR 分解可知任意矩阵 QR 分解通过循环迭代得到正交矩阵 $\boldsymbol{Q}$ 和上三角矩阵 $\boldsymbol{R}$。首先通过确定输入矩阵的维数来确定循环迭代次数，逐次使用 Householder 变换把矩阵化为上三角矩阵 $\boldsymbol{R}$，把每次 Householder 变换矩阵相乘得到正交矩阵 $\boldsymbol{Q}$。

在 Lyrtech 模型机上的 Simulink 模型设计中，上述的循环迭代过程使用 Simulink 模型库中 Ports&Subsystems 下面的 For Iterator Subsystem 模块来实现，其输入参数为循环次数和输入矩阵。在 For Iterator Subsystem 模块中，分别使用两个 Switch 模块来实现正交矩阵和上三角矩阵的初始化以及每次的迭代更新，即当循环次数为 1 时进行初始化，当循环次数大于或等于 2 时就选择每次的迭代结果。

在每次迭代中，求 eb 的过程实际上就是对原输入矩阵经过循环迭代得到的变换矩阵对应于循环次数的列的运算，因此通过先取出每次得到的新矩阵的下三角矩阵，然后从其中取出对应于循环次数的列，再对取出的列求其平方和。

在每次迭代中，首先把 $\boldsymbol{u}$ 初始化为零向量，然后根据变换得到的新矩阵的对角线元素求得其对应于循环次数的元素，最后把变换得到的新矩阵的对应元素赋给 $\boldsymbol{u}$ 的其他元素。在 Simulink 模型设计中，通过使用对角矩阵实现对 $\boldsymbol{u}$ 的零初始化，并使用 For Iterator Subsystem 模块通过变换循环变量的方式实现对 $\boldsymbol{u}$ 其他元素的赋值。

任意矩阵 QR 分解的 Simulink 模型设计如图 6.14 和图 6.15 所示。

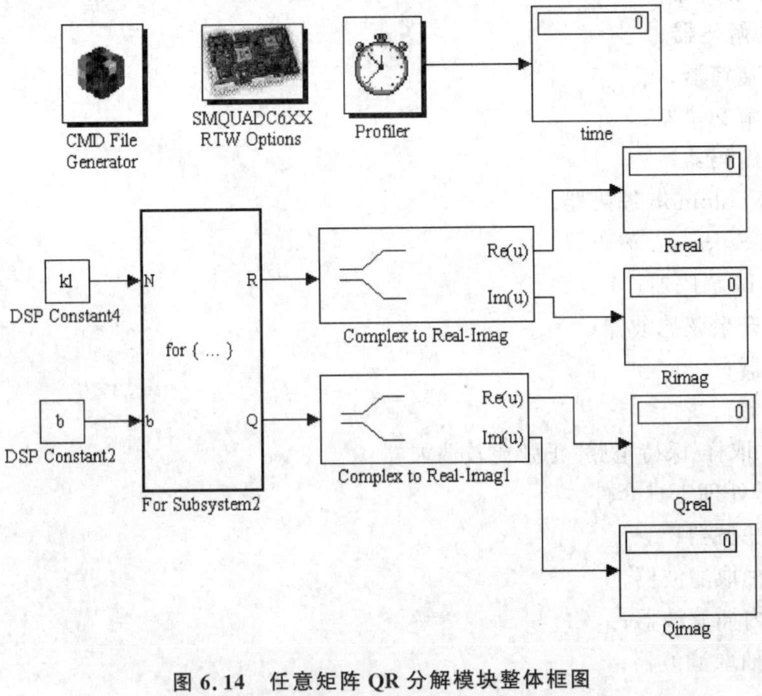

图 6.14 任意矩阵 QR 分解模块整体框图

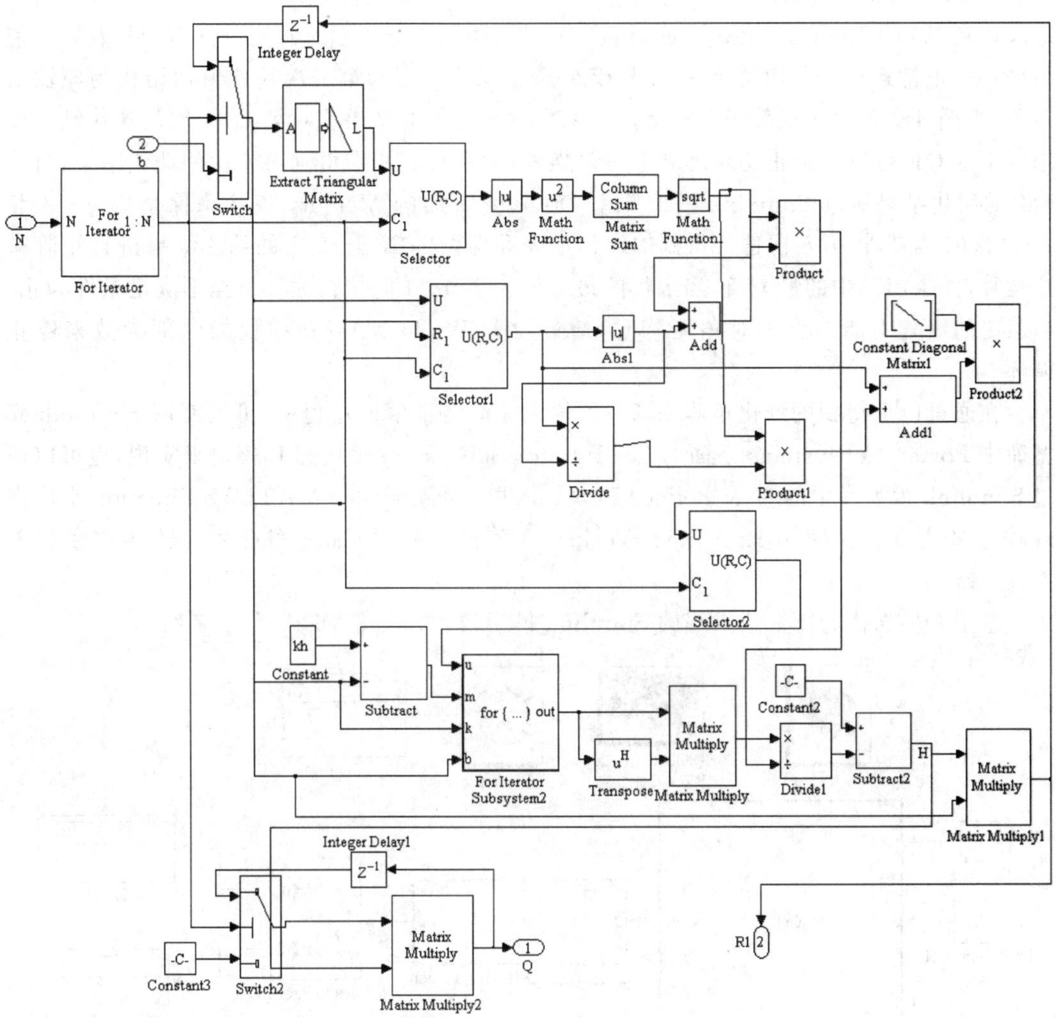

图 6.15　任意矩阵 QR 分解内部循环体模块框图

2. 基于 QR 迭代的特征值求解的 Simulink 模型设计

在 Simulink 现有的模型库中尚未提供求任意矩阵特征值的模块，也无法由现有的基本模块来实现，所以需要开发针对任意矩阵的特征值求解程序，在 Lyrtech 模型机上进行 QR 迭代法(QR 迭代法等相关内容可以参阅 7.2.3 节的 Simulink 模型设计。

任意矩阵特征值的求解需要多次使用 QR 分解。由作者所编写的 m 程序可以看到，求特征值的过程也是一个循环迭代的过程。在将原输入矩阵进行约化的过程中，首先将第一次和第二次的迭代值初始化为原输入矩阵，然后循环迭代，对第 $k-1$ 次的迭代结果进行 QR 分解，利用得到的正交矩阵和上三角矩阵求得新的迭代矩阵，并且比较第 $k-2$ 次和第 k 次的结果，当各元素之差最大值小于某门限值时或者循环次数超过某值时就停止迭代，并将第 k 次的迭代结果作为最后的约化矩阵，最后根据所得到的约化矩阵求得原输入矩阵的特征值。

在 Simulink 模型设计中，上述的循环迭代过程使用 Simulink 模型库中的 Ports&Subsystems

下面的 While Iterator Subsystem 模块来实现，其输入参数为内嵌 QR 分解的循环次数和输入矩阵。在 While Iterator Subsystem 模块中，将 While Iterator 的初始条件 IC 设置为 1，使得循环体正常运行。使用两个 Switch 模块来实现第一次和第二次迭代值初始化为原输入矩阵，当循环次数大于或等于 2 时就选择每次循环迭代的结果。对第 $k-1$ 次的迭代结果使用以上的 QR 分解得到正交矩阵和上三角矩阵，然后将其相乘得到第 k 次的迭代结果，将第 k 次的约化结果通过 Simulink 模型库中 Discrete 下面的 Memory 模块来保留第 $k-1$ 和 $k-2$ 次的结果，将第 k 次迭代得到的约化矩阵和保留的第 $k-2$ 次的约化结果进行矩阵减法运算，并求出其中的最大值，当求得的最大值大于 0.01 时执行循环直至不满足条件为止。当最终的矩阵不能约化为对角矩阵时，通过设置 While Iterator 模块的内部参数来停止循环。

在通过以上得到的约化矩阵来求得原输入矩阵特征值的过程中，可以使用 Simulink 模型库中 Ports&Subsystems 下面的 For Iterator Subsystem 模块和 If 模块来实现，也可以通过 Simulink 模型库中的 User-defined Function 里的 Embedded MATLAB Function 来内嵌 m 程序来实现。在使用 Real-time Workshop 转换代码时，都能实现并且转换效率相差不大。

基于 QR 迭代的特征值求解的 Simulink 模型设计如图 6.16 和图 6.17 所示。

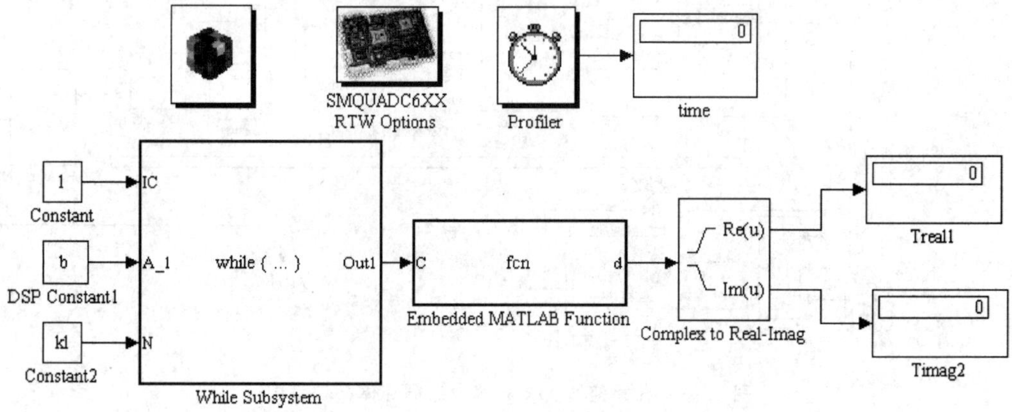

图 6.16　基于 QR 迭代的特征值求解整体模块框图

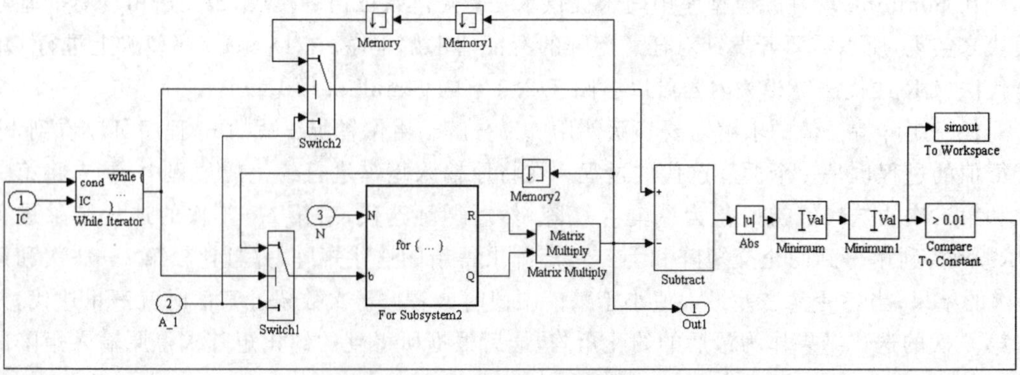

图 6.17　while 循环体内模块框图

3. 基于 QR 分解的矩阵求逆的 Simulink 模型设计

QR 求逆原理请参阅求解复矩阵特征值算法及并行设计章节的相关介绍，在基于 QR 分解的求逆求解过程中，首先对输入矩阵进行 QR 分解，然后对得到的上三角矩阵进行变换，利用得到的矩阵经过循环迭代得到变换矩阵，最后对正交矩阵进行变换得到最后的逆矩阵。

在 Simulink 模型设计中，利用以上搭建的 QR 分解模块对输入矩阵进行 QR 分解，通过提取上三角矩阵的对角线元素求得对角矩阵 ***B***，进而利用 ***B*** 对上三角矩阵进行变换。

在求解变换矩阵 ***T*** 的过程中，使用 Simulink 模型库中 Ports&Subsystems 下面的 For Iterator Subsystem 模块来实现。在 For Iterator Subsystem 模块中，首先利用 Switch 模块来将 ***T*** 初始化为 ***B***，然后通过改变循环变量来进行循环迭代得到变换最后的矩阵 ***T***，最后利用 ***T*** 和正交矩阵 ***Q*** 的共轭转置相乘得到原输入矩阵的逆矩阵。

基于 QR 分解求逆的 Simulink 模型设计如图 6.18 和图 6.19 所示。

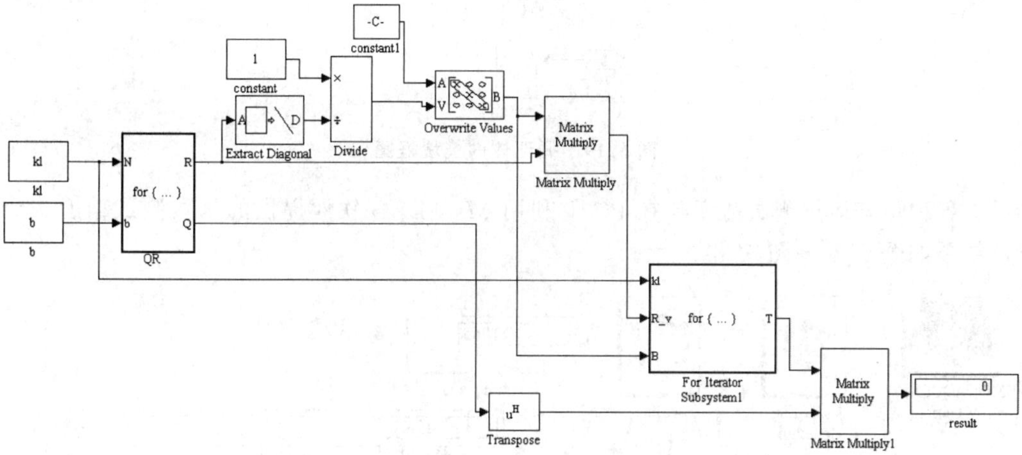

图 6.18 基于 QR 分解的求逆整体模块框图

4. 模型的封装与载入

为将搭建的模型载入 Simulink 的模型库中，以便使其像 Simulink 模块库中的其他模块一样应用到模型设计中，需要对搭建的模型进行封装和载入。具体步骤如下[21]：

(1) 将所搭建的模型块封装成子系统；

(2) 新建一个库文件，将封装的子系统添加到新建的库文件中并保存；

(3) 编辑一个名为 slblocks.m 的文件，以确定自定义的库在 Simulink 的模型库中的位置和名称等；

(4) 将保存的库文件和编辑后的 slblocks.m 文件放在同一个文件夹下；

(5) 在 MATLAB 界面中单击 File 菜单下的 Set Path，将以上文件夹添加到 MATLAB 的搜索路径下即可；

(6) 重新打开 Simulink 的模块库，即可看到自定义的模块。

5. 测试分析

在基于 Lyrtech 的模型机上对搭建的任意矩阵 QR 分解、基于 QR 分解的特征值求解及基于 QR 分解的求逆的 Simulink 模型设计进行了测试实验，实验结果表明，在 Lyrtech 模

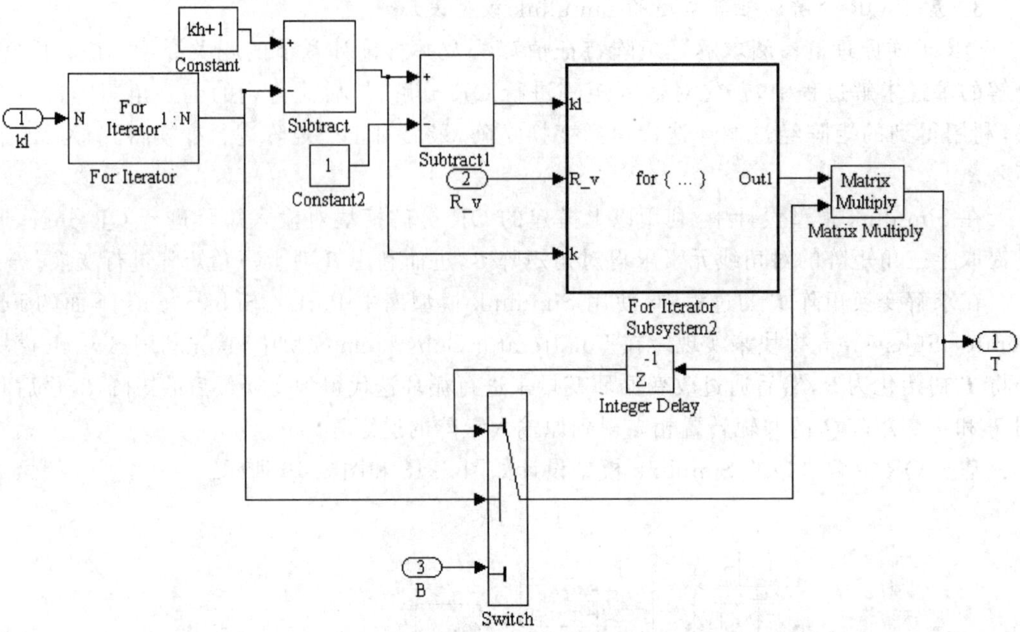

图 6.19　循环体内模块框图

型机上各种矩阵运算测试精度与在 PC 上利用 MATLAB 软件提供的函数测试精度一致，测试结果如图 6.20～图 6.22 所示。

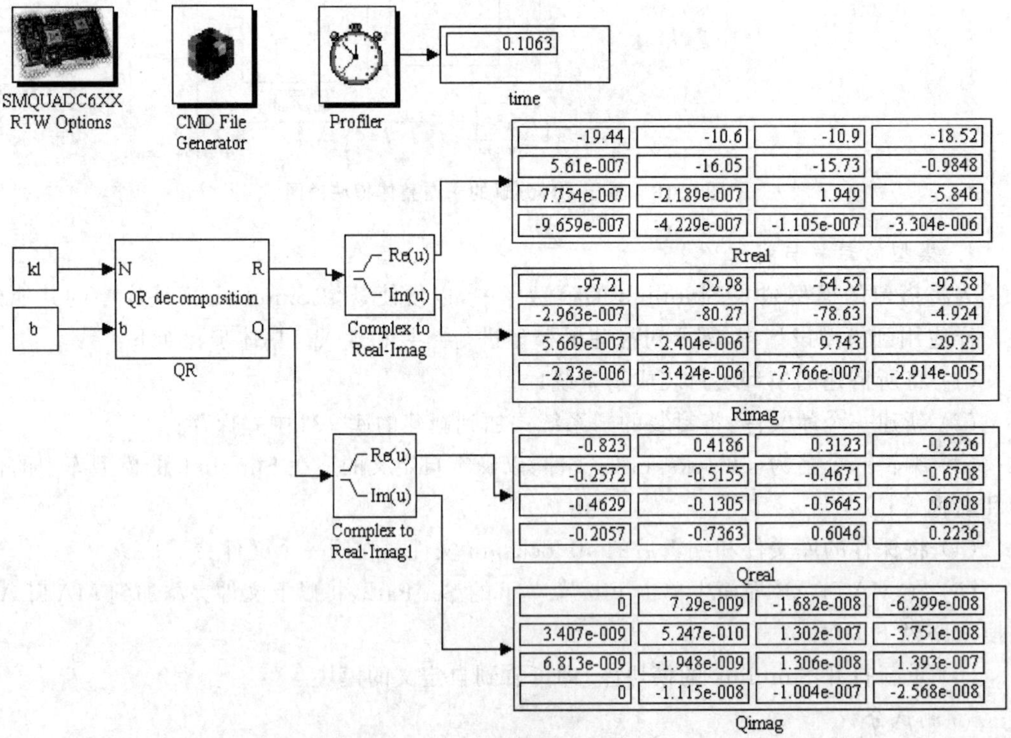

图 6.20　任意矩阵 QR 分解在硬件平台上的测试框图

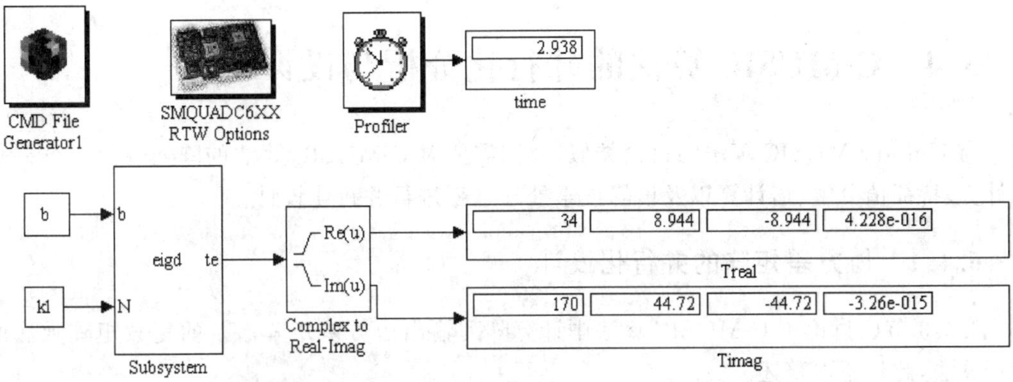

图 6.21 任意矩阵特征值求解在硬件平台上的测试框图

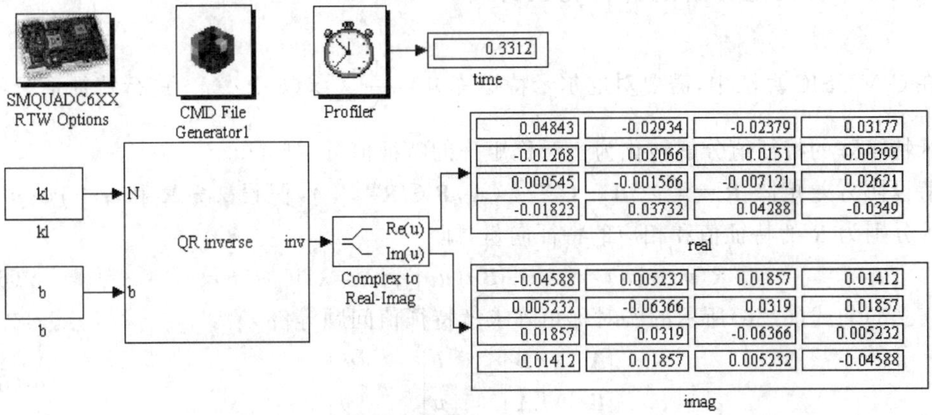

图 6.22 QR 求逆在硬件平台上的测试框图

利用以上的封装模块对不同维数的矩阵在 Lyrtech 模型机上进行了测试，测试结果记录如表 6.3～表 6.5 所示。

表 6.3 任意矩阵的 QR 分解用时

矩 阵 维 数	实矩阵/ms	复矩阵/ms
3×3	0.0335	0.054
6×6	0.226	0.3471

表 6.4 任意矩阵的 QR 迭代法求解特征值用时

矩 阵 维 数	实矩阵/ms	复矩阵/ms
3×3	0.7726	0.9198
6×6	2.483	3.872

表 6.5 QR 求逆用时

矩 阵 维 数	实矩阵/ms	复矩阵/ms
3×3	0.0462	0.0787
6×6	0.2934	0.4724

6.4 C-MUSIC 算法的并行化分析与设计

与 Unitary-MUSIC 算法的讨论类似，我们需要对 C-MUSIC 算法的阵列输出协方差矩阵计算、特征值分解、谱计算以及谱峰搜索处理过程进行并行化设计。

6.4.1 协方差矩阵的并行化设计

6.3.3 节已讨论了 C-MUSIC 算法中计算阵列输出协方差矩阵涉及的复数矩阵乘法的并行算法，此处不再赘述。

6.4.2 特征值分解的并行化设计

在 C-MUSIC 算法中，需要对厄尔米特矩阵 $\boldsymbol{R}=\frac{1}{N}\sum_{k=1}^{N}\boldsymbol{x}(k)\boldsymbol{x}^{\mathrm{H}}(k)$ 进行特征值分解，将厄尔米特矩阵的特征值分解转化为实对称矩阵的特征值分解问题。

假设协方差矩阵 $\boldsymbol{R}=\boldsymbol{A}+\mathrm{j}\boldsymbol{B}\in\mathbf{C}^{M\times M}$ $(\boldsymbol{A},\boldsymbol{B}\in\mathbf{R}^{M\times M})$，假设 $\lambda\in\mathbf{R}$ 和 $\boldsymbol{u}+\mathrm{j}\boldsymbol{v}(\boldsymbol{u},\boldsymbol{v}\in\mathbf{R}^{M\times 1})$ 分别为 $\boldsymbol{R}$ 的特征值和相应的特征向量，即

$$\boldsymbol{R}(\boldsymbol{u}+\mathrm{j}\boldsymbol{v})=(\boldsymbol{A}+\mathrm{j}\boldsymbol{B})(\boldsymbol{u}+\mathrm{j}\boldsymbol{v})=\lambda(\boldsymbol{u}+\mathrm{j}\boldsymbol{v}) \tag{6.55}$$

则式(6.55)与式(6.56)所示的实对称矩阵求解特征值问题等价

$$\begin{bmatrix}\boldsymbol{A} & -\boldsymbol{B}\\ \boldsymbol{B} & \boldsymbol{A}\end{bmatrix}\times\begin{bmatrix}\boldsymbol{u}\\ \boldsymbol{v}\end{bmatrix}=\lambda\begin{bmatrix}\boldsymbol{u}\\ \boldsymbol{v}\end{bmatrix} \tag{6.56}$$

因为矩阵 $\boldsymbol{R}$ 为厄尔米特矩阵，所以 $\boldsymbol{A}^{\mathrm{T}}=\boldsymbol{A}$，$\boldsymbol{B}^{\mathrm{T}}=-\boldsymbol{B}$。易知，矩阵 $\boldsymbol{C}=\begin{bmatrix}\boldsymbol{A} & -\boldsymbol{B}\\ \boldsymbol{B} & \boldsymbol{A}\end{bmatrix}$ 为一个 $2M\times 2M$（M 为阵元数）实对称矩阵。

对于一个给定的特征值 λ，向量 $\begin{bmatrix}-\boldsymbol{v}\\ \boldsymbol{u}\end{bmatrix}$ 也是一个特征向量，它可以通过将式(6.56)中蕴含的矩阵方程展开来验证这一点。因而，如果 $\lambda_1,\lambda_2,\cdots,\lambda_M$ 是矩阵 $\boldsymbol{R}$ 的特征值，则扩展问题式(6.56)的 $2M$ 个特征值是 $\lambda_1,\lambda_1,\lambda_2,\lambda_2,\cdots,\lambda_M,\lambda_M$；也就是说，每个 $\boldsymbol{R}$ 的特征值重复两次。特征向量是 $\boldsymbol{u}+\mathrm{j}\boldsymbol{v}$ 和 $\mathrm{j}(\boldsymbol{u}+\mathrm{j}\boldsymbol{v})$ 的成对形式，即它们只相差一个非实质性的相位。因而通过求解扩展问题式(6.56)的特征值和特征向量就可以得到原来矩阵 $\boldsymbol{R}$ 的特征值和特征向量。

综上所述，一个 $M\times M$ 的厄尔米特矩阵的特征值分解可以通过一个 $2M\times 2M$ 的实对称矩阵的特征值分解实现。对实对称矩阵的特征值分解在 6.3.4 节已有讨论。

6.4.3 谱计算与谱峰搜索的并行设计

为了方便，本节只考虑偶数阵元 $N=2M$ 的均匀圆阵的情况，其他的阵列结构处理方法类似。

设信号源从 $\theta=(\vartheta,\phi)$（ϕ 和 ϑ 分别为信源俯仰角和方位角）入射到具有偶数 $N=2M$ 个阵元的 UCA，则由式(6.20)阵列流形向量为

$$\boldsymbol{a}(\phi,\vartheta)=[\mathrm{e}^{\mathrm{j}\zeta\cos(\vartheta)},\mathrm{e}^{\mathrm{j}\zeta\cos(\vartheta-\pi/M)},\mathrm{e}^{-\mathrm{j}\zeta\cos(\vartheta-2\pi/M)},\cdots,\mathrm{e}^{\mathrm{j}\zeta\cos(\vartheta-(M-1)\pi/M)},\\ \mathrm{e}^{-\mathrm{j}\zeta\cos(\vartheta)},\cdots,\mathrm{e}^{-\mathrm{j}\zeta\cos(\vartheta-(M-1)\pi/M)}]^{\mathrm{T}} \tag{6.57}$$

其中，$\zeta=\frac{2\pi}{\lambda}r\sin(\phi)$，$r$ 为 UCA 的半径。

1. 可并行化分析

根据式(6.57)，对阵列流形复向量 $\boldsymbol{a}(\phi,\vartheta)$ 有以下几点考虑：

第一，$\boldsymbol{a}(\phi,\vartheta)$ 和 $\boldsymbol{a}(\phi,\vartheta+\pi)$ 有一定的关系，能否用 $\boldsymbol{a}(\phi,\vartheta)$ 代替 $\boldsymbol{a}(\phi,\vartheta+\pi)$，从而减少谱计算量；

第二，$\left[0°,\frac{180°}{M}\right]$，$\left[\frac{180°}{M},\frac{2}{M}\times180°\right]$，$\left[\frac{2}{M}\times180°,\frac{3}{M}\times180°\right]$，…，$\left[\frac{M-1}{M}180°,180°\right]$ 各搜索范围之间的对应的方向向量值之间有什么关系，能否通过计算一次方向向量 $\boldsymbol{a}(\phi,\vartheta)$，供 M 个搜索范围同时使用？如果可以，则当计算出 $\vartheta=\left[0°,\frac{180°}{M}\right]$ 的方向向量 $\boldsymbol{a}(\phi,\vartheta)$ 时就可以同时得到 $\left[\frac{180°}{M},\frac{2}{M}\times180°\right]$，$\left[\frac{2}{M}\times180°,\frac{3}{M}\times180°\right]$，…，$\left[\frac{M-1}{M}180°,180°\right]$ 区域上的方向向量 $\boldsymbol{a}\left(\phi,\frac{180°}{M}+\vartheta\right)$，$\boldsymbol{a}\left(\phi,\frac{2}{M}\times180°+\vartheta\right)$，…，$\boldsymbol{a}\left(\phi,\frac{M-1}{M}180°+\vartheta\right)$，可大大减少谱的计算量。

下面对上述问题进行讨论。

(1) $\boldsymbol{a}(\phi,\vartheta)$ 和 $\boldsymbol{a}(\phi,\vartheta+\pi)$ 的关系。

由式(6.57)，有

$$\boldsymbol{a}(\phi,\vartheta)=[\boldsymbol{a}_1(\phi,\vartheta),\boldsymbol{a}_2(\phi,\vartheta)]^{\mathrm{T}} \tag{6.58}$$

其中，

$$\begin{cases}\boldsymbol{a}_1(\phi,\vartheta)=[\exp(\mathrm{j}\zeta\cos(\vartheta)),\exp(\mathrm{j}\zeta\cos(\theta-\pi/M)),\cdots,\exp(\mathrm{j}\zeta\cos(\vartheta-(M-1)\pi/M))]\\ \boldsymbol{a}_2(\phi,\vartheta)=[\exp(-\mathrm{j}\zeta\cos(\vartheta)),\exp(-\mathrm{j}\zeta\cos(\theta-\pi/M)),\cdots,\exp(-\mathrm{j}\zeta\cos(\vartheta-(M-1)\pi/M))]\end{cases} \tag{6.59}$$

显然 $\boldsymbol{a}_2(\phi,\vartheta)=\boldsymbol{a}_1^*(\phi,\vartheta)$，即

$$\boldsymbol{a}(\phi,\vartheta)=[\boldsymbol{a}_1(\phi,\vartheta),\boldsymbol{a}_1^*(\phi,\vartheta)]^{\mathrm{T}} \tag{6.60}$$

容易知道

$$\boldsymbol{a}(\phi,\vartheta+\pi)=[\boldsymbol{a}_2(\phi,\vartheta),\boldsymbol{a}_1(\phi,\vartheta)]^{\mathrm{T}}=[\boldsymbol{a}_1^*(\phi,\vartheta),\boldsymbol{a}_1(\phi,\vartheta)]^{\mathrm{T}} \tag{6.61}$$

通过式(6.60)和式(6.61)，有以下两个结论：

第一，$\vartheta=[0°,180°]$ 内的阵列流形向量 $\boldsymbol{a}(\phi,\vartheta)$ 与 $\vartheta+\pi\in[180°,360°]$ 内的阵列流形向量 $\boldsymbol{a}(\phi,\vartheta+\pi)$ 互为共轭；

第二，只需计算阵列响应向量 $\boldsymbol{a}(\phi,\vartheta)$ 的前 M 个阵元的响应 $\boldsymbol{a}_1(\phi,\vartheta)$ $\vartheta=[0°,180°]$ 按照式(6.60)和式(6.61)进行变换就得到 $\vartheta\in[0°,360°]$ 内的响应向量 $\boldsymbol{a}(\phi,\vartheta)$。

(2) 向量 $\boldsymbol{a}_1(\phi,\vartheta)$ 在 M 个搜索范围之间的取值关系。

由式(6.59)，可知

$$\boldsymbol{a}_1(\phi,\vartheta)=[\exp(\mathrm{j}\zeta\cos(\vartheta)),\exp(\mathrm{j}\zeta\cos(\theta-\pi/M)),\cdots,\exp(\mathrm{j}\zeta\cos(\vartheta-(M-1)\pi/M))] \tag{6.62}$$

令 $a_k=\exp\{\mathrm{j}\zeta\cos(\vartheta-(k-1)/M)\}\quad k=1,2,\cdots,M$，则有 $\boldsymbol{a}_1(\phi,\vartheta)=[a_1,a_2,\cdots,a_M]$。

当 ϑ 属于不同搜索范围时，$\vartheta,\vartheta-\frac{1}{M}\pi,\vartheta-\frac{2}{M}\times\pi,\cdots,\vartheta-\frac{(M-1)}{M}\pi$ 的取值范围如表 6.6 所示。由表 6.6 可以看出，一个向量 $\boldsymbol{a}_1(\phi,\vartheta)=[a_1,a_2,\cdots,a_M]\left(\vartheta\in\left[0°,\frac{180°}{M}\right]\right)$ 对各元素作如下处理即可同时为其他搜索范围所用。

下面给出 $\boldsymbol{a}_1(\phi,\vartheta)=[a_1,a_2,\cdots,a_M]\left(\vartheta\in\left[0°,\frac{180°}{M}\right]\right)$ 的取值与其他搜索范围的取值关系，如图 6.23 所示。

表 6.2 和图 6.23 表明，[0°,180°] 内的向量 $\boldsymbol{a}_1(\phi,\vartheta)$ 的取值完全可由搜索范围 $\left[0°,\frac{180°}{M}\right]$ 上的 $\boldsymbol{a}_1(\phi,\vartheta)$ 的取值确定。假设向量 $\boldsymbol{a}_1(\phi,\vartheta)$ 的取值为 $a_1,a_2,\cdots,a_M$，$\forall\vartheta\in\left[0°,\frac{180°}{M}\right]$，则与在搜索范围 $\frac{180°}{M}+\vartheta\in\left[\frac{180°}{M},\frac{2}{M}\times180°\right]$，$\frac{2}{M}\times180°+\vartheta\in\left[\frac{2}{M}\times180°,\frac{3}{M}\times180°\right]$，$\cdots$，$\frac{M-1}{M}180°+\vartheta\in\left[\frac{M-1}{M}180°,180°\right]$ 上向量 $\boldsymbol{a}_1(\phi,\vartheta)$ 的取值构成如下的输出矩阵 $\boldsymbol{A}_M$

$$\boldsymbol{A}_M=\begin{bmatrix} a_1 & a_2 & a_3 & \cdots & a_{M-1} & a_M \\ a_M^* & a_1 & a_2 & \cdots & a_{M-2} & a_{M-1} \\ a_{M-1}^* & a_M^* & a_1 & \cdots & a_{M-3} & a_{M-2} \\ \vdots & \vdots & \vdots & \ddots & \vdots & \vdots \\ a_3^* & a_4^* & a_5^* & \cdots & a_1 & a_2 \\ a_2^* & a_3^* & a_4^* & \cdots & a_M^* & a_1 \end{bmatrix}\begin{matrix} \longrightarrow\vartheta\in\left[0°,\frac{180°}{M}\right] \\ \longrightarrow\frac{180°}{M}+\vartheta\in\left[\frac{180°}{M},\frac{2}{M}\times180°\right] \\ \\ \vdots \\ \\ \longrightarrow\frac{M-1}{M}\times180°+\vartheta\in\left[\frac{M-1}{M}\times180°,180°\right] \end{matrix} \tag{6.63}$$

由式(6.63)可以看到，只需要计算搜索范围 $\vartheta\in\left[0,\frac{180°}{M}\right]$ 上的向量 $\boldsymbol{a}_1(\phi,\vartheta)=[a_1,a_2,\cdots,a_M]$ 的取值，然后按照式(6.63)所示的矩阵作变换就可以得到[0°,180°]上的 $\boldsymbol{a}_1(\phi,\vartheta)$ 的取值；然后再按照式(6.60) $\boldsymbol{a}(\phi,\vartheta)=[\boldsymbol{a}_1(\phi,\vartheta),\boldsymbol{a}_1^*(\phi,\vartheta)]^{\mathrm{T}}$ 作变换就可以得到搜索范围[0°,180°]上的阵列响应向量 $\boldsymbol{a}(\phi,\vartheta)$ 的取值；最后对 $\boldsymbol{a}(\phi,\vartheta)$ 按照式(6.61) $\boldsymbol{a}(\phi,\vartheta+\pi)=[\boldsymbol{a}_1^*(\phi,\vartheta),\boldsymbol{a}_1(\phi,\vartheta)]^{\mathrm{T}}$ 作变换就可以得到[180°,360°]上的阵列响应向量的取值。

假设已经计算出 $\forall\vartheta\in\left[0°,\frac{180°}{M}\right]$ 阵列响应方向向量 $\boldsymbol{a}(\phi,\vartheta)$ 的前 M 个元素 $a_1,a_2,\cdots,a_M$ 的取值，则按照下式进行变换，就可得到全方位搜索范围[0°,360°]上的阵列响应方向向量的取值，其中变换式为

表 6.6 各搜索范围的取值

搜索范围	ϑ	$\vartheta-\frac{1}{M}\times180^\circ$	$\vartheta-\frac{2}{M}\times180^\circ$	…	$\vartheta-\frac{M-1}{M}\times180^\circ$
$\left[0^\circ,\frac{180^\circ}{M}\right]$	$\left[0^\circ,\frac{180^\circ}{M}\right]$	$\left[-\frac{180^\circ}{M},0^\circ\right]$	$\left[-\frac{2\times180^\circ}{M},-\frac{180^\circ}{M}\right]$	…	$\left[-\frac{(M-1)\times180^\circ}{M},-\frac{(M-2)\times180^\circ}{M}\right]$
$\left[\frac{180^\circ}{M},\frac{2\times180^\circ}{M}\right]$	$\left[\frac{180^\circ}{M},\frac{2\times180^\circ}{M}\right]$	$\left[0^\circ,\frac{180^\circ}{M}\right]$	$\left[-\frac{180^\circ}{M},0^\circ\right]$	…	$\left[-\frac{(M-2)\times180^\circ}{M},-\frac{(M-3)\times180^\circ}{M}\right]$
⋮	⋮	⋮	⋮	⋱	⋮
$\left[\frac{(M-2)\times180^\circ}{M},\frac{(M-1)\times180^\circ}{M}\right]$	$\left[\frac{(M-2)\times180^\circ}{M},\frac{(M-1)\times180^\circ}{M}\right]$	$\left[\frac{(M-3)\times180^\circ}{M},\frac{(M-2)\times180^\circ}{M}\right]$	$\left[\frac{(M-4)\times180^\circ}{M},\frac{(M-3)\times180^\circ}{M}\right]$	…	$\left[-\frac{180^\circ}{M},0^\circ\right]$
$\left[\frac{(M-1)\times180^\circ}{M},180^\circ\right]$	$\left[\frac{(M-2)\times180^\circ}{M},\frac{(M-1)\times180^\circ}{M}\right]$	$\left[\frac{(M-2)\times180^\circ}{M},\frac{(M-1)\times180^\circ}{M}\right]$	$\left[\frac{(M-3)\times180^\circ}{M},\frac{(M-2)\times180^\circ}{M}\right]$	…	$\left[0^\circ,\frac{180^\circ}{M}\right]$

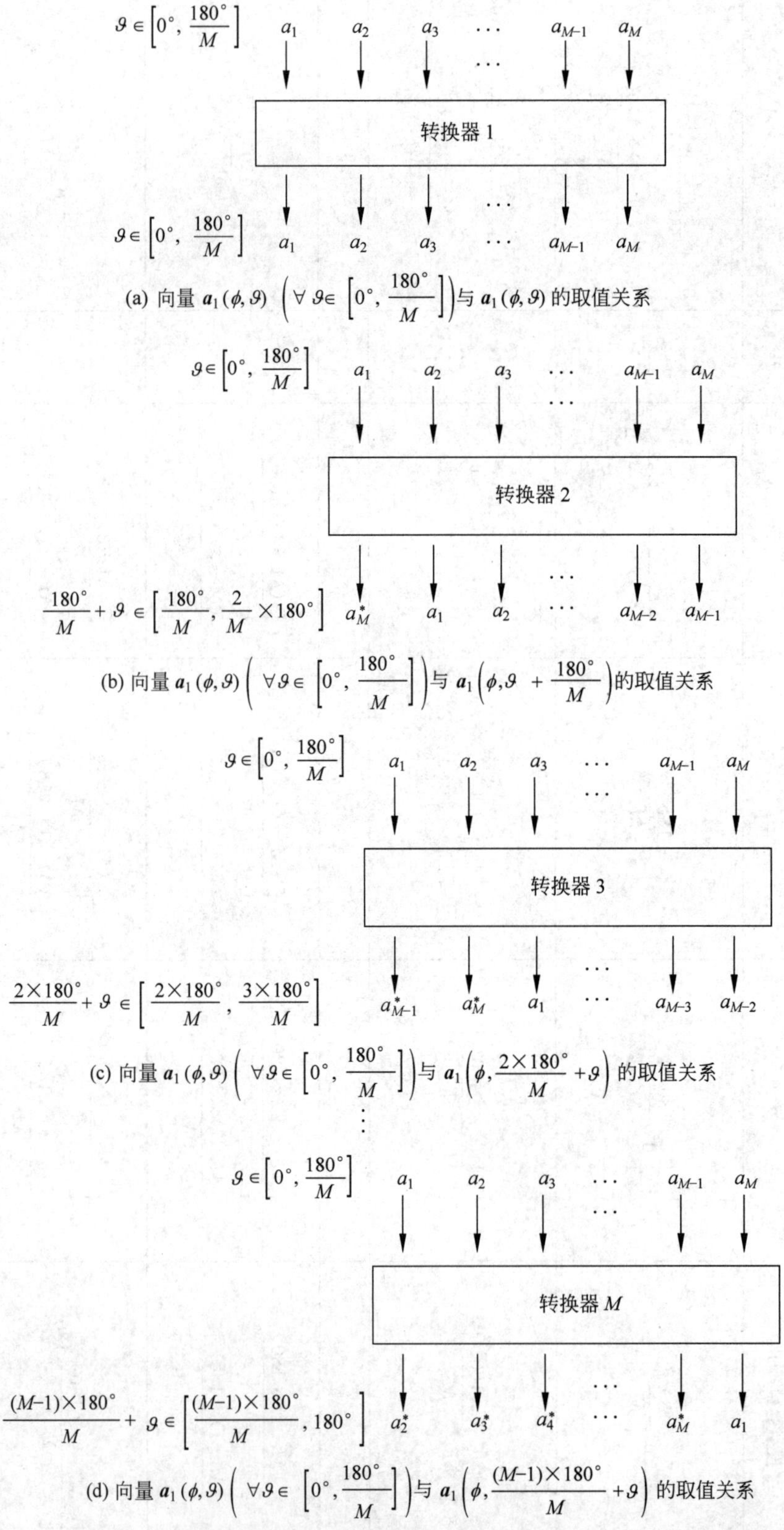

(a) 向量 $\boldsymbol{a}_1(\phi,\vartheta)$ $\left(\forall\vartheta\in\left[0^\circ,\frac{180^\circ}{M}\right]\right)$与 $\boldsymbol{a}_1(\phi,\vartheta)$ 的取值关系

(b) 向量 $\boldsymbol{a}_1(\phi,\vartheta)$ $\left(\forall\vartheta\in\left[0^\circ,\frac{180^\circ}{M}\right]\right)$与 $\boldsymbol{a}_1\left(\phi,\vartheta+\frac{180^\circ}{M}\right)$的取值关系

(c) 向量 $\boldsymbol{a}_1(\phi,\vartheta)$ $\left(\forall\vartheta\in\left[0^\circ,\frac{180^\circ}{M}\right]\right)$与 $\boldsymbol{a}_1\left(\phi,\frac{2\times180^\circ}{M}+\vartheta\right)$ 的取值关系

⋮

(d) 向量 $\boldsymbol{a}_1(\phi,\vartheta)$ $\left(\forall\vartheta\in\left[0^\circ,\frac{180^\circ}{M}\right]\right)$与 $\boldsymbol{a}_1\left(\phi,\frac{(M-1)\times180^\circ}{M}+\vartheta\right)$ 的取值关系

图 6.23　向量 $\boldsymbol{a}_1(\boldsymbol{\phi},\boldsymbol{\vartheta})$的取值关系

$$\boldsymbol{a}_1(\phi,\vartheta)=[a_1,a_2,\cdots,a_M]\xrightarrow{\text{按式(6.61)}}\begin{cases}[a_M^*,a_1,a_2,\cdots,a_{M-1}]\rightarrow\boldsymbol{a}_1\left(\phi,\vartheta+\dfrac{180^\circ}{M}\right)\\ [a_{M-1}^*,a_M^*,a_1,\cdots,a_{M-2}]\rightarrow\boldsymbol{a}_1\left(\phi,\vartheta+\dfrac{2\times180^\circ}{M}\right)\\ \vdots\\ [a_2^*,a_3^*,\cdots,a_M^*,a_1]\rightarrow\boldsymbol{a}_1\left(\phi,\vartheta+\dfrac{M-1}{M}\times180^\circ\right)\end{cases}$$

$$\xrightarrow{\text{按式(6.59)}}\begin{cases}[\underbrace{a_1,a_2,\cdots,a_M}_{\text{前}M\text{个元素}},\underbrace{a_1^*,a_2^*,\cdots,a_M^*}_{\text{后}M\text{个元素}}]^{\mathrm{T}}\rightarrow\boldsymbol{a}(\phi,\vartheta)\\ [\underbrace{a_M^*,a_1,\cdots,a_{M-1}}_{\text{前}M\text{个元素}},\underbrace{a_M,a_1^*,\cdots,a_{M-1}^*}_{\text{后}M\text{个元素}}]^{\mathrm{T}}\rightarrow\boldsymbol{a}\left(\phi,\vartheta+\dfrac{180^\circ}{M}\right)\\ [\underbrace{a_{M-1}^*,a_M^*,a_1,\cdots,a_{M-2}}_{\text{前}M\text{个元素}},\underbrace{a_{M-1},a_M,a_1^*,\cdots,a_{M-2}^*}_{\text{后}M\text{个元素}}]^{\mathrm{T}}\rightarrow\boldsymbol{a}\left(\phi,\vartheta+\dfrac{2\times180^\circ}{M}\right)\\ \vdots\\ [\underbrace{a_2^*,a_3^*,\cdots,a_M^*,a_1}_{\text{前}M\text{个元素}},\underbrace{a_2,a_3,\cdots,a_M,a_1^*}_{\text{后}M\text{个元素}}]^{\mathrm{T}}\rightarrow\boldsymbol{a}\left(\phi,\vartheta+\dfrac{M-1}{M}\times180^\circ\right)\end{cases}$$

$$\xrightarrow{\text{按式(6.60)}}\begin{cases}\boldsymbol{a}^*(\phi,\vartheta)\rightarrow\boldsymbol{a}(\phi,\vartheta+180^\circ)\\ \boldsymbol{a}^*\left(\phi,\vartheta+\dfrac{180^\circ}{M}\right)\rightarrow\boldsymbol{a}\left(\phi,\vartheta+\dfrac{180^\circ}{M}+180^\circ\right)\\ \boldsymbol{a}^*\left(\phi,\vartheta+\dfrac{2\times180^\circ}{M}\right)\rightarrow\boldsymbol{a}\left(\phi,\vartheta+\dfrac{2\times180^\circ}{M}+180^\circ\right)\\ \vdots\\ \boldsymbol{a}^*\left(\phi,\vartheta+\dfrac{M-1}{M}\times180^\circ\right)\rightarrow\boldsymbol{a}\left(\phi,\vartheta+\dfrac{M-1}{M}\times180^\circ+180^\circ\right)\end{cases}\tag{6.64}$$

式(6.64)表明，只需计算搜索范围 $\vartheta\in\left[0^\circ,\dfrac{180^\circ}{M}\right]$ 上阵列的前 M 个阵元的响应 a_1，$a_2,\cdots,a_M$ $\left(\text{或者只需存储 }\vartheta\in\left[0^\circ,\dfrac{180^\circ}{M}\right]\text{ 上的三角函数，从而大大缩减存储量}\right)$，然后按照式(6.64)作变换就得到了全方位搜索范围[0°,360°]上的阵列响应方向向量的取值，从而减少了谱计算量。

2. 并行化设计

通过上述分析，只需计算$[0^\circ,90^\circ]\times\left[0^\circ,\dfrac{180^\circ}{M}\right]$(第一个为俯仰角取值区间，第二个为方位角取值区间)上的方向向量就可得到[0°,90°]×[0°,360°]上的全部空间谱，所以可以采用 p 个处理器并行计算$[0^\circ,90^\circ]\times\left[0^\circ,\dfrac{180^\circ}{M}\right]$上的方向向量和相应的谱值，即

第一个处理器计算 $\left[0^\circ,\dfrac{90^\circ}{p}\right]\times\left[0^\circ,\dfrac{180^\circ}{M}\right]$ 上的方向向量，按照式(6.64)做相应变换得到 $\left[0^\circ,\dfrac{90^\circ}{p}\right]\times[0^\circ,360^\circ]$上的阵列响应向量，然后计算相应的谱值；

第二个处理器计算 $\left[\frac{90^\circ}{p},\frac{2}{p}\times 90^\circ\right]\times\left[0^\circ,\frac{180^\circ}{M}\right]$ 上的方向向量，按照式(6.64)做相应变换得到 $\left[\frac{1}{p}\times 90^\circ,\frac{2}{p}\times 90^\circ\right]\times[0^\circ,360^\circ]$ 上的阵列响应向量，然后计算相应的谱值；

⋮

第 p 个处理器计算 $\left[\frac{p-1}{p}\times 90^\circ,90^\circ\right]\times\left[0^\circ,\frac{180^\circ}{M}\right]$ 上的方向向量，按照式(6.64)做相应变换得到 $\left[\frac{p-1}{p}\times 90^\circ,90^\circ\right]\times[0^\circ,360^\circ]$ 上的阵列响应向量，然后计算相应的谱值。

这样可以实现 p 个处理器同时并行计算和搜索，使得 C-MUSIC 的实时处理成为可能。对于促进该算法更广泛的应用具有十分重要的意义。

6.4.4 基于 Lyrtech 模型机的实现

本节主要针对 MUSIC 在 Lyrtech 模型机上并行处理问题进行讨论。

根据前面介绍的 MUSIC 算法的优化设计等相关理论，利用 Lyrtech 模型机实现 MUSIC 算法在 4 片 DSP 上的并行设计。把 MUSIC 算法流程在 4 片 DSP 上并行实现，其中 DSP 之间的通信通过在 FPGA 中搭建通信模型来实现。通过在后台调用 CCS，利用 RTW 将 DSP 中的 Simulink 模型设计转换成目标代码并下载到 DSP 中运行；通过在后台调用 ISE，利用 System Generator 将 FPGA 中的 Simulink 设计转换成比特流并下载到 FPGA 中，在 DSP 之间建立通信链路。MUSIC 算法在 Lyrtech 模型机上的并行开发流程如图 6.24 所示。其中，图中的 1 号线代表数据流向；2 号线代表通信链路；3 号线分别代表 DSP1 和 DSP3 控制 FPGA1 和 FPGA2 中的比特流下载；4 号线代表主 DSP1 的控制线。下面对图 6.24 的详细开发流程进行介绍。

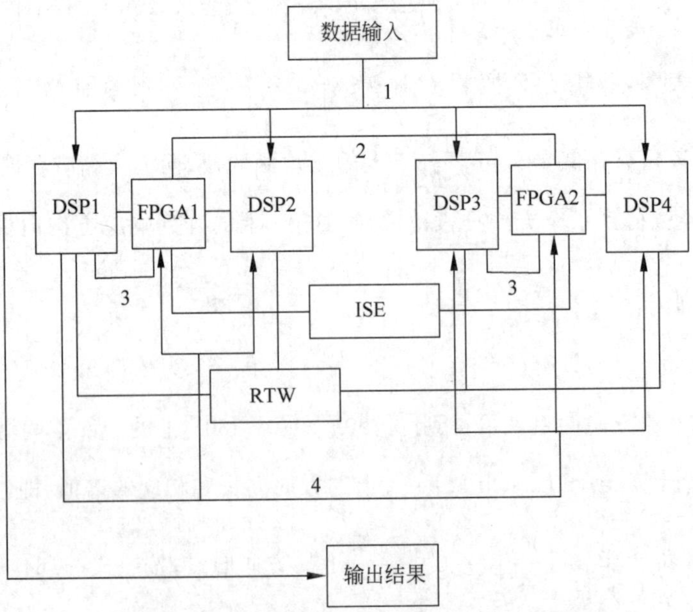

图 6.24 MUSIC 在 Lyrtech 模型机上的开发流程

MUSIC 在 Lyrtech 模型机上开发流程如下：

步骤 1，分别在 DSP1～DSP4 中进行整个算法流程的 Simulink 模型设计，在 FPGA1 和 FPGA2 中进行 4 片 DSP 之间的通信模块设计；

步骤 2，在 FPGA 中利用 System Generator 把 Simulink 模型转换成 VHDL 语言，再通过后台调用 ISE 将 FPGA1 和 FPGA2 转换成比特流；

步骤 3，在 DSP 中利用 RTW 把 Simulink 模型转换成 C 语言再通过后台调用 CCS 转换成 DSP1～DSP4 的.out 可执行文件；

步骤 4，通过 DSP1 将 FPGA1 中的比特流下载到 FPGA1 中，通过 DSP3 将 FPGA2 中的比特流下载到 FPGA2 中，然后再下载 DSP1、DSP2、DSP3 和 DSP4 的可执行代码；

步骤 5，先运行 DSP4 使其处于接收等待状态，然后运行 DSP3 使其处于接收等待状态下，再运行 DSP2 使其处于接收等待状态，最后运行 DSP1 触发整个流程的运行。

步骤 6，在 DSP1 中观察运行结果。

下面详细介绍 DSP1～DSP4 以及 FPGA1 和 FPGA2 中的模型设计情况。

1. DSP1 中的模型设计

在 DSP1 中，通过从 MATLAB 的工作空间中读入阵列接收数据，然后计算协方差矩阵、进行特征值分解并从特征向量中取出信号子空间，最后以帧的形式通过 FastBus 传送给 DSP2、DSP3 和 DSP4。同时，在 DSP1 中将在 DSP2、DSP3 和 DSP4 中搜索出的局部极值点进行综合比较，得到最终的测向结果。DSP1 中的设计模型如图 6.25～图 6.27 所示。

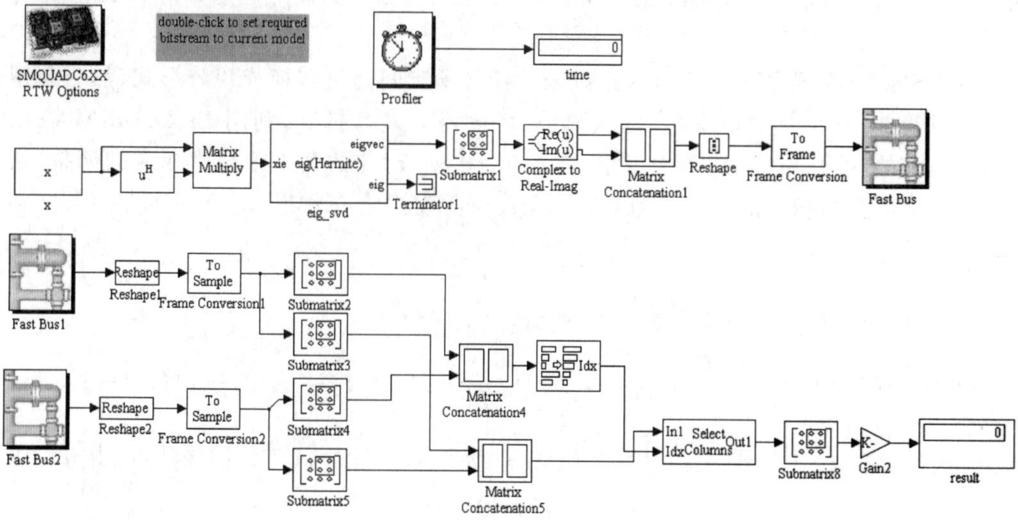

图 6.25　DSP1 中的整体模型设计

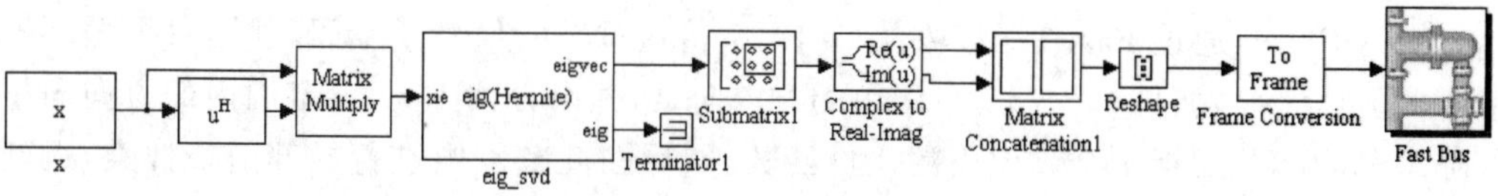

图 6.26　计算协方差、特征值分解、信号子空间传输模型设计

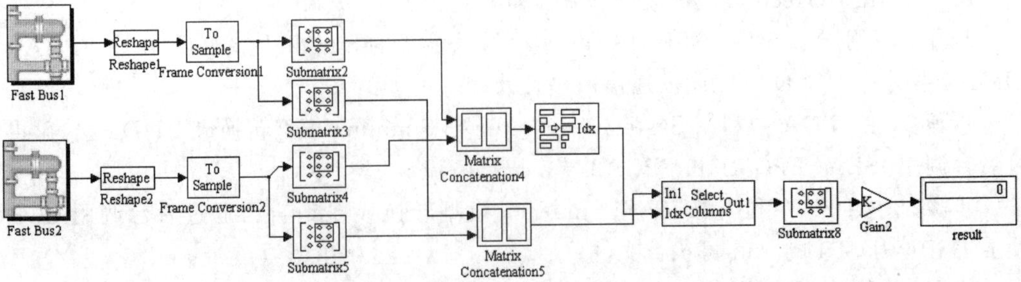

图 6.27 对局部极值点进行综合比较模型设计

通过读取工作空间中的阵列接收数据，计算其协方差，并利用已开发的求解厄尔米特矩阵或对称矩阵的特征值分解的模块进行特征值分解，从中取出信号子空间并转换成列向量以帧的形式传送出去。

其功能是接收来自 DSP2 和 DSP4 中搜索的极值点，对极大值点进行降序排列，对应的角度值也作相应的调整，从中取出与信号源数目相等的角度值并显示。

2. DSP2 中的模型设计

在 DSP2 中，通过 FastBus 接收从 DSP1 中传送过来的信号子空间，利用双重循环模块计算方位 1°～45°、俯仰 0°～21°范围内的方向向量，并由方位 1°～45°范围内的方向向量扩展到 1°～360°，从而得到全方位内的代价函数，然后在此范围内进行局部谱峰搜索，得到俯仰 1°～20°、方位 1°～360°范围内的局部极值点，最后将搜索出的极值点及对应的方位、俯仰角度值以帧的形式通过 FastBus 回传给 DSP1。在 DSP2 中的设计模型如图 6.28～图 6.30 所示。

在 DSP2 中，首先将从 DSP1 传送过来的信号子空间向量转换成矩阵形式，然后利用循环模块计算 22×360 范围内的代价函数，对代价函数进行扩展，利用 Embeded MATLAB 模块实现谱峰搜索，对搜索出的极大值进行降序排列，对应的角度值也作相应的调整，从中取出与信号源数目相等的极大值与对应的角度值并发送给 DSP1。

在外层循环中，计算出 $\cos\left(\theta-\frac{2\pi(i-1)}{M}\right)\left(i=1,2,\cdots,M;\ \theta=1°,2°,\cdots,\frac{180°}{M}\right)$，得到一个 $M\times1$ 的列向量，其输出作为内部循环体的输入。

在内层循环中，计算出 $\sin(\varphi)\cos\left(\theta-\frac{2\pi(i-1)}{M}\right)$，其中 $i=1,2,\cdots,M$；$\theta=1°,2°,\cdots,\frac{180°}{M}$，得到一个 $M\times1$ 的列向量，然后扩展成 N 维列向量，根据圆阵的结构特点，由方位 1°～$\frac{180°}{M}$范围内的方向向量得到全方位方向向量，从而输出全方位范围内的代价函数值。

3. DSP3 中的模型设计

在 DSP3 中，通过 FastBus 接收从 DSP1 中传送过来的信号子空间，利用双重循环模块计算方位 1°～45°、俯仰 20°～41°范围内的方向向量，并由方位 1°～45°范围内的方向向量扩展到 1°～360°，从而得到全方位内的代价函数，然后在此范围内进行局部谱峰搜索，得到俯仰 21°～40°、方位 1°～360°范围内的局部极值点，最后将搜索出的极值点及对应的方位、俯仰角度值以帧的形式通过 FastBus 传送给 DSP4。

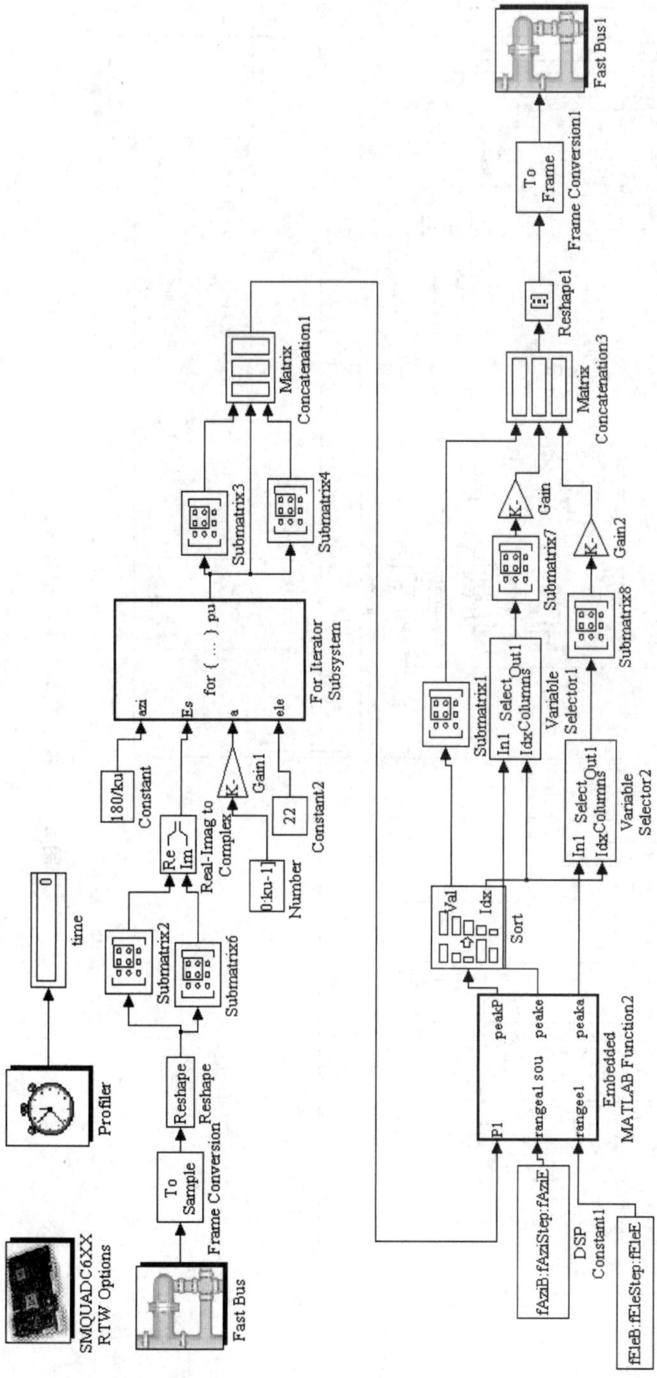

图 6.28 DSP2 中的整体模型设计

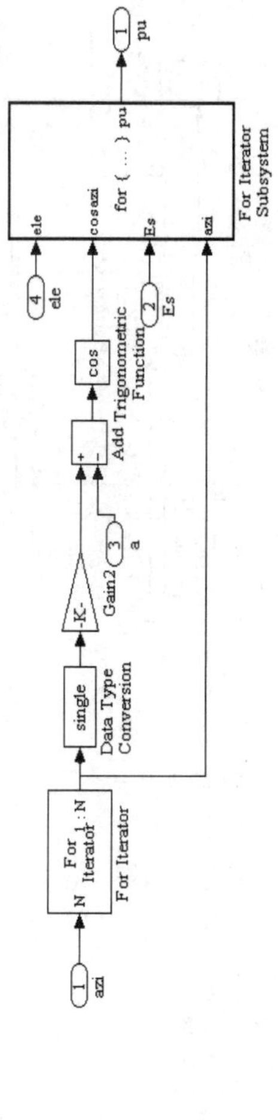

图 6.29 外层循环体中的模型设计

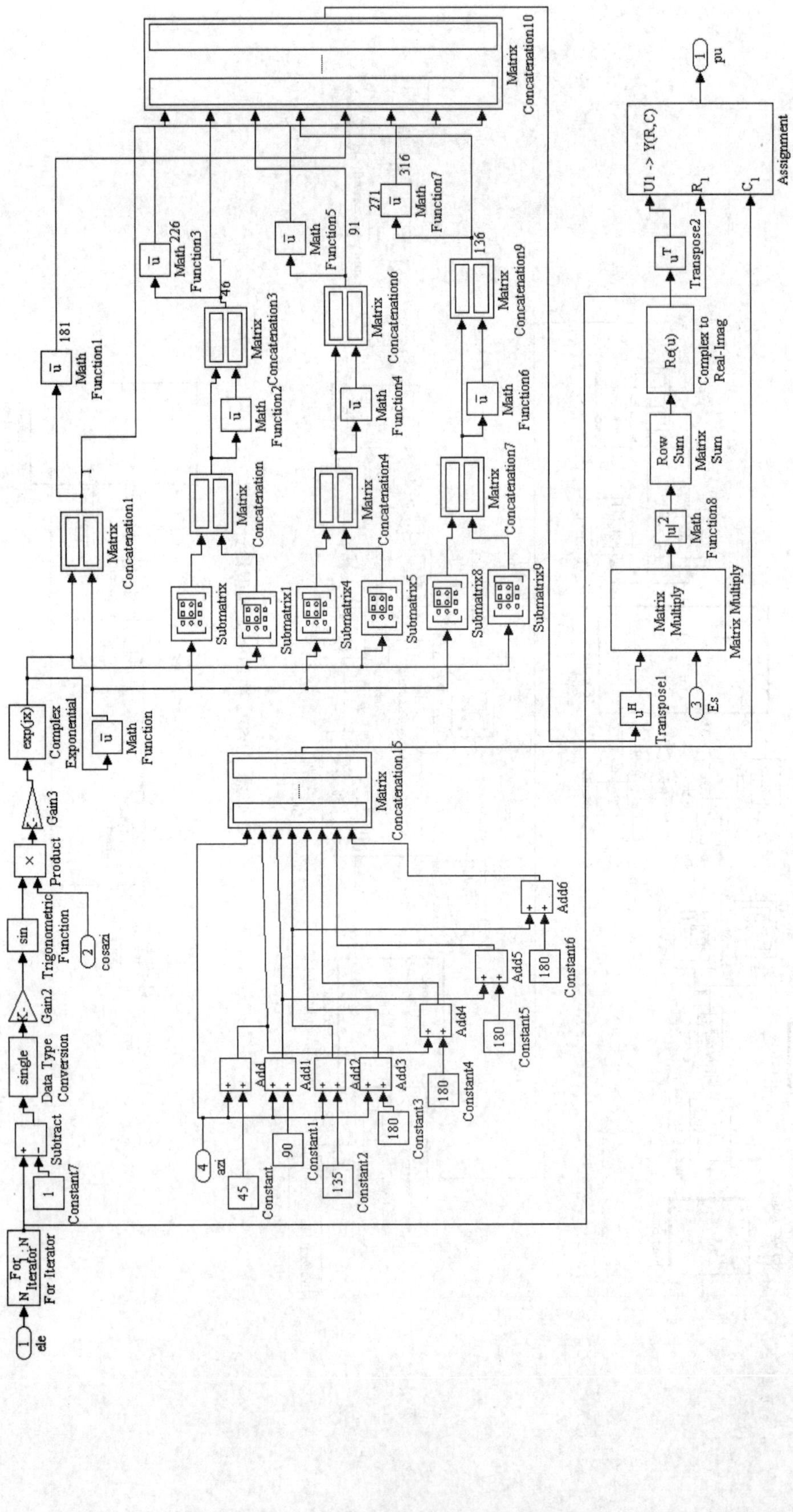

图 6.30 内层循环体中的模型设计

在 DSP3 中设计模型和在 DSP2 中设计模型类似，唯一不同之处在于内层循环模块。在 DSP3 的内层循环模型设计中，与 DSP2 中的唯一不同之处在于将内层的循环变量值都加 19，由于输入的俯仰循环变量范围为 1～22，因此得到 20～41 范围内的俯仰值。

4. DSP4 中的模型设计

在 DSP4 中，通过 FastBus 接收从 DSP1 中传送过来的信号子空间，利用双重循环模块计算方位 1°～45°、俯仰 40°～61°范围内的方向向量，并由方位 1°～45°范围内的方向向量扩展到 1°～360°，从而得到全方位内的代价函数，然后在此范围内进行局部谱峰搜索，得到俯仰 41°～60°、方位 1°～360°范围内的局部极值点，同时接收 DSP3 传送过来的搜索极值点，最后将 DSP3 和 DSP4 中搜索出的极值点及对应的方位、俯仰角度值一并以帧的形式通过 FastBus 回传给 DSP1。在 DSP4 中的整体设计模型如图 6.31 所示，内外层循环中的模型设计和 DSP2 中的类似。

在 DSP4 中，首先将从 DSP1 传送过来的信号子空间向量转换成矩阵形式，然后利用循环模块计算 22×360 范围内的代价函数，对代价函数进行扩展，利用 Embeded MATLAB 模块实现谱峰搜索，对搜索出的极大值进行降序排列，对应的角度值也作相应的调整，从中取出与信号源数目相等的极大值与对应的角度值，同时接收来自 DSP3 传送来的极值点，一并发送给 DSP1。

在 DSP4 的内层循环模型设计中，与 DSP2 中的唯一不同之处在于将内层的循环变量值都加 39，由于输入的俯仰循环变量范围为 1～22，因此得到 40～61 范围内的俯仰值。

5. FPGA 中的模型设计

通过在 FPGA 中搭建模型建立 DSP 之间的通信，其中 DSP1 和 DSP2 之间通信要经过 FPGA1，DSP2 和 DSP3 之间通信需要先经过 FPGA1 再经过 FPGA2，DSP3 和 DSP4 之间通信要通过 FPGA2，FPGA1 和 FPGA2 之间通过 LVDS 连接。在 FPGA 中的整体模型设计、FPGA1 中的模型设计、FPGA2 中的模型设计分别如图 6.32～图 6.34 所示。

在 Lyrtech 硬件平台上，4 片 DSP 之间没有直接的通信链路，其数据线、地址线、控制信号等都连接到两片 FPGA 上，所以要实现各个 DSP 之间的数据传输，首先必须在硬件上建立起它们之间的通信链路，利用 Lyrtech 提供的接口库 FPGALink 中相应的模块在它们之间搭建起通信链路，通过在后台调用 ISE 利用 System Generator 将模型设计转换成比特流文件下载到 FPGA 中，从而在硬件上真正把各个 DSP 连接起来。

在 FPGA1 中，作为发送端首先利用 Fast Bus 接收来自 DSP1 中的 Fast Bus 发送过来的信号子空间，然后一方面利用发送 Fast Bus 发送给 DSP2 中的接收 Fast Bus，另一方面利用发送 LVDS 将信号子空间发送给 FPGA2 中的接收 LVDS；作为接收端利用接收 Fast Bus 接收来自 DSP2 中发送 Fast Bus 传送过来的局部搜索结果，同时利用接收 LVDS 接收来自 FPGA2 中 LVDS 发送过来的 DSP3 和 DSP4 中的局部搜索结果。

在 FPGA2 中，作为接收端首先利用接收 LVDS 接收来自 DSP1 中的发送 Fast Bus 发送过来的信号子空间，然后利用发送 Fast Bus 分别发送给 DSP3 中的接收 Fast Bus 和 DSP4 中的接收 Fast Bus，另外利用接收 Fast Bus 接收来自 DSP3 中发送 Fast Bus 发送过来的局部搜索结果；作为发送端利用接收 Fast Bus 接收来自 DSP4 中发送 Fast Bus 传送过来的 DSP3 和 DSP4 中总的局部搜索结果，然后利用发送 LVDS 将 DSP3 和 DSP4 中的局部搜索结果发送给 FPGA1 中的接收 LVDS。

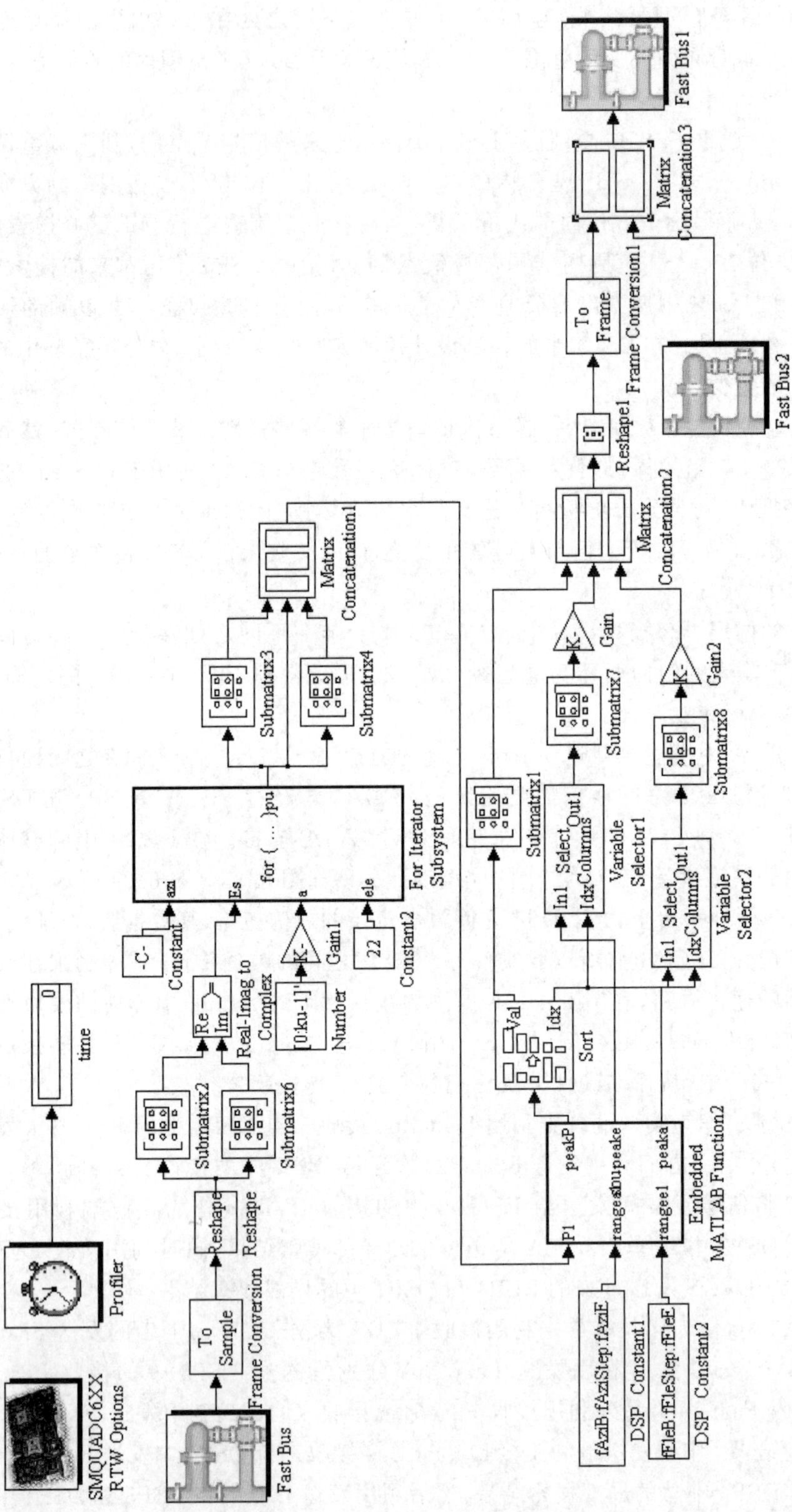

图 6.31 DSP4 中的整体模型设计

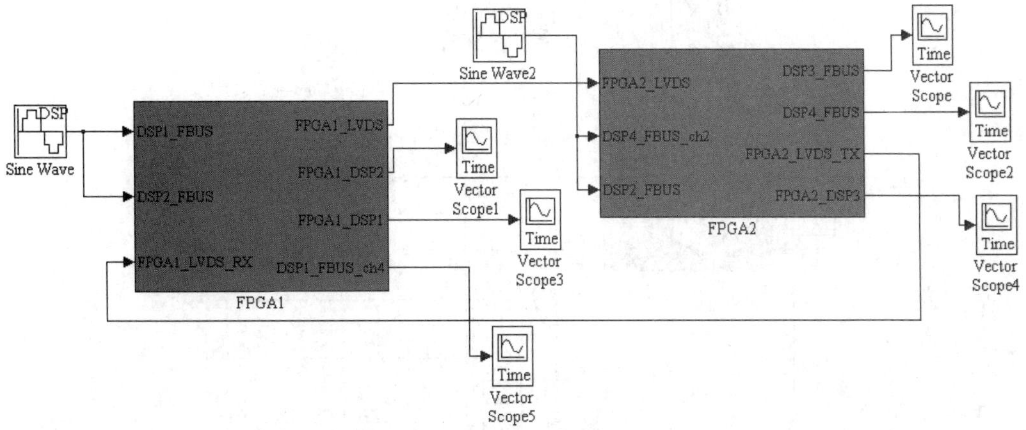

图 6.32 FPGA 中的整体模型设计

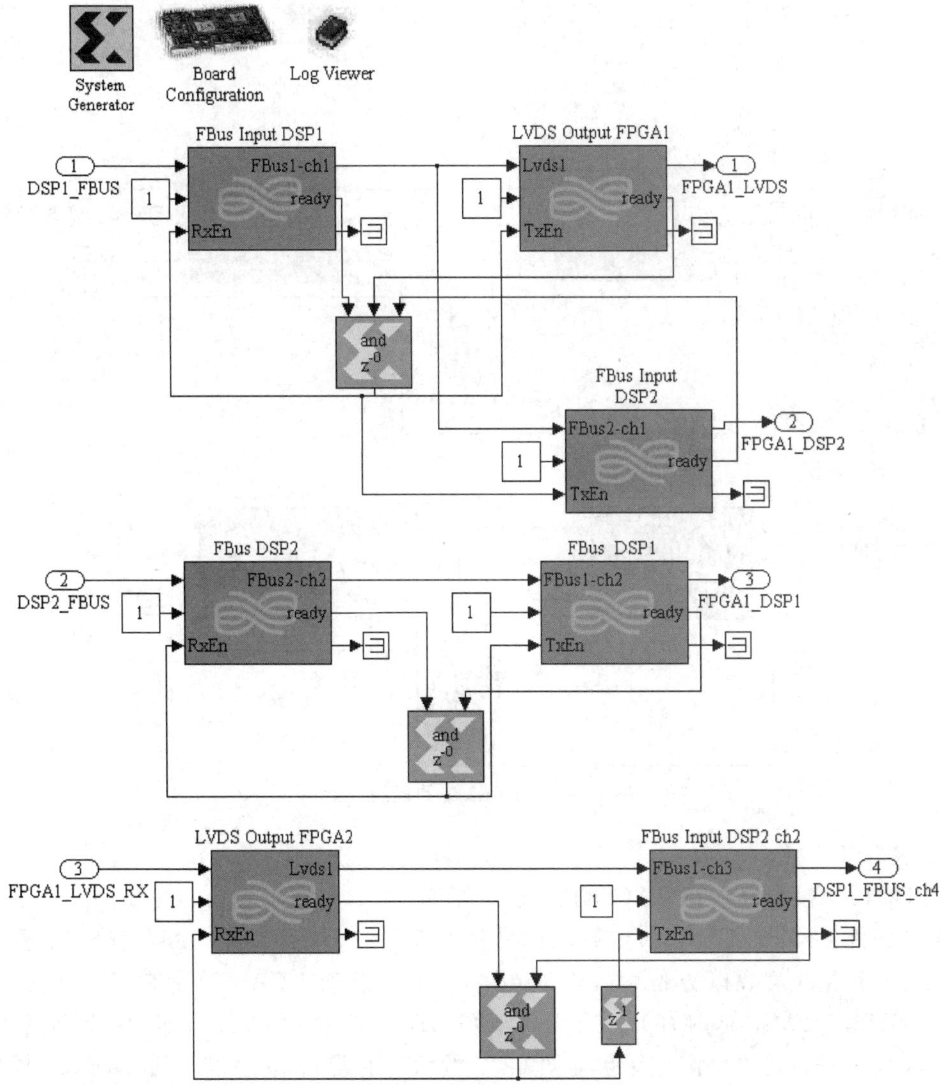

图 6.33 FPGA1 中的模型设计

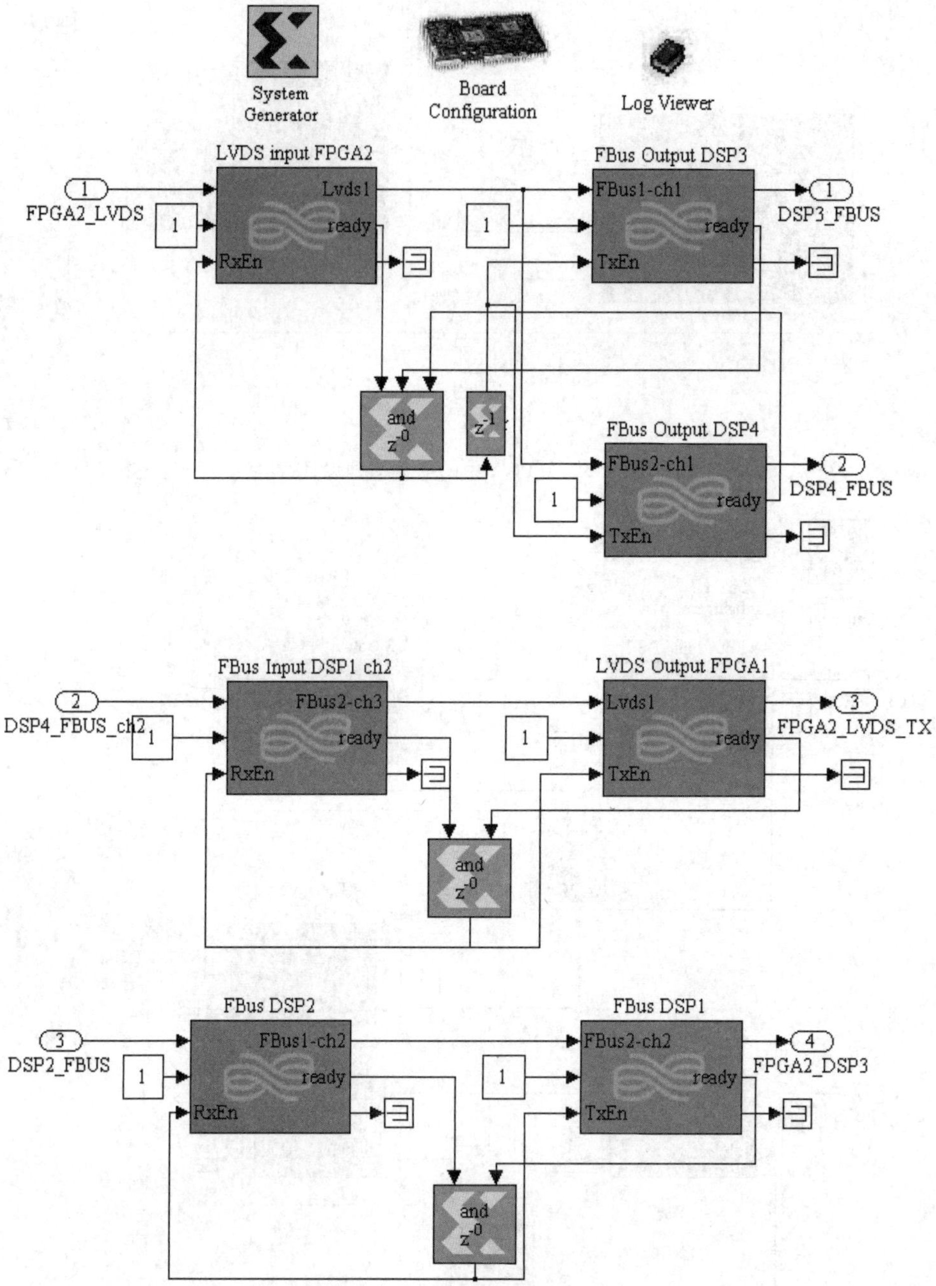

图 6.34 FPGA2 中的模型设计

6. 实验及分析

1) Lyrtech 模型机对 MUSIC 测向精度的影响

测试条件：8 阵元 UCA，快拍数 256，孔径 2.5 倍波长，信噪比 15dB，谱峰搜索步长为 1°。假设一个窄带信源以方位角 30°和俯仰角 60°入射到 UCA。分别在 PC(Pentium 4 CPU2.8GHz，512MB 的内存)上应用 MATLAB 7.0 软件和 Lyrtech 模型机上应用 Simulink 模型进行仿真。测试结果如图 6.35 所示。由图 6.35 可以看到，Lyrtech 模型机上应用 Simulink 模型与在 PC 上应用 MATLAB 软件仿真结果一致。

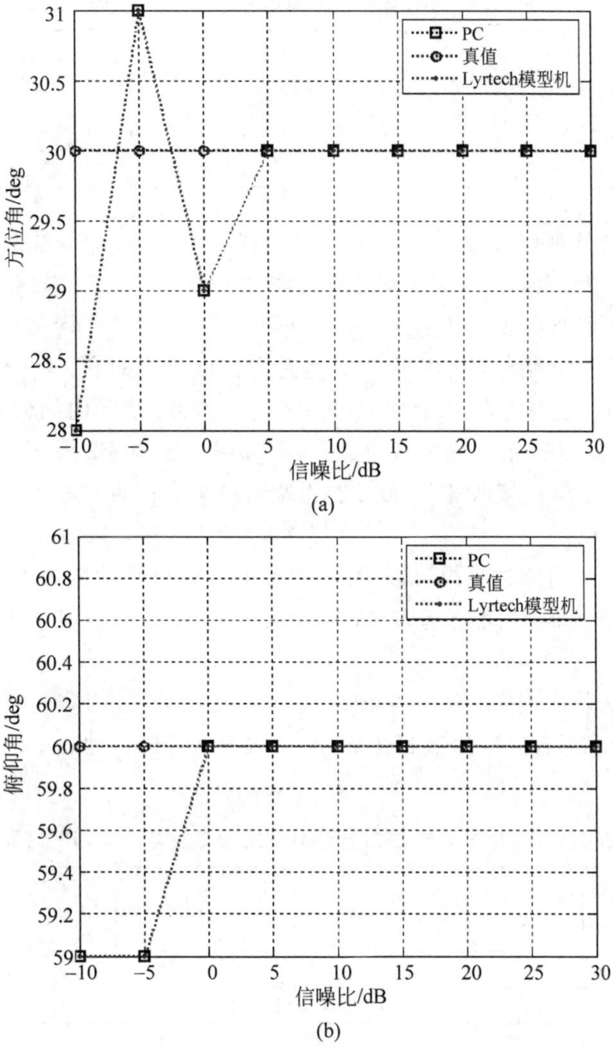

图 6.35 基于 Lyrtech 模型机与 PC 仿真比较

2) Lyrtech 模型机上 MUSIC 运算速度

下面分别对 MUSIC 算法,包括 C-MUSIC 和 U-MUSIC(Unitary-MUSIC 简称为 U-MUSIC)在 Lyrtech 模型机上进行实验。

实验 1: 测试条件——阵元数 8,采样点数 256,孔径为 2.5 倍波长,信噪比 15dB,角度范围[0°,60°]×[0°,360°]。采用 Simulink 开发方式,测试结果如表 6.7 和表 6.8 所示。

表 6.7 U-MUSIC 算法在不同信号源数目下的测试记录

信号源数目	DSP1 用时/ms	DSP2 用时/ms	DSP3 用时/ms	DSP4 用时/ms	总用时/ms
1	3.03	17.6	20.6	21.1	24.1
2	3.03	20.1	22.5	23.2	26.2
3	3.03	22.1	24.7	25.6	28.6

表 6.8　C-MUSIC 算法在不同信号源数目下的测试记录

信号源数目	DSP1 用时/ms	DSP2 用时/ms	DSP3 用时/ms	DSP4 用时/ms	总用时/ms
1	2.15	18.8	21.9	22.9	25.1
2	2.15	21.3	24.2	25.8	27.9
3	2.15	24.0	26.9	28.3	30.4

在 DSP1 中是对阵列信号进行实域变换、协方差计算、特征值分解及对局部搜索结果的综合，信号源数目对其影响不大，因此其运算时间几乎不变；表 6.7 和表 6.8 中虽然分别列出了各个 DSP 的运行时间，实际上在 DSP2～DSP4 中进行的代价函数计算及局部极值点搜索过程都是同时进行的，因此运行时间并不是它们运行时间的和；DSP2～DSP4 的运算时间之所以不完全相同，是因为在 DSP2 中计算的是 21×360 范围内的代价函数，而 DSP3 和 DSP4 中计算的是 22×360 范围内的代价函数，所以用时比 DSP2 要多；DSP4 用时比 DSP3 用时多，是因为 DSP4 需要接收来自 DSP3 的搜索结果。因此，整个算法流程为 DSP4 和 DSP1 的运算时间之和。

实验 1 结果分析：由测试结果可以看出，随着信号源数目的增加 Unitary-MUSIC 算法比 C-MUSIC 算法节约的时间也越多，在实验 1 的条件下当 3 个信源入射时可以节约 1.8ms。

实验 2：测试条件——阵元数 8，采样点数 128，孔径为 2.5 倍波长，信噪比 15dB，角度范围[0°，18°]×[0°，360°]，信号源数目 1～3。采用 Simulink 开发方式，测试结果如表 6.9 和表 6.10 所示。

表 6.9　单片与 4 片 DSP 上 C-MUSIC 处理速度比较测试记录

信号源数目	DSP1 用时/ms	DSP2 用时/ms	DSP3 用时/ms	DSP4 用时/ms	总用时/ms	串行/ms	加速比	效率
1	2.96	6.7	6.8	7.2	10.16	19.3	1.9094	0.4774
2	3	7.7	7.76	8.4	11.4	21.8	1.9123	0.5070
3	3	8.7	8.9	9.4	12.4	23.9	1.9274	0.5139

表 6.10　单片与 4 片 DSP 上 U-MUSIC 处理速度比较测试记录

信号源数目	DSP1 用时/ms	DSP2 用时/ms	DSP3 用时/ms	DSP4 用时/ms	总用时/ms	串行/ms	加速比	效率
1	2.3	6.47	6.58	6.9	9.2	18.4	2	0.5
2	2.3	7.25	7.35	7.68	9.98	20.9	2.0942	0.5235
3	2.3	7.9	8	8.6	10.9	22.7	2.0826	0.5206

表 6.9 和表 6.10 中加速比 S 定义为串行算法时间与并行算法运行时间之比；效率定义为 $E=S/p$，其中，p 为处理器的个数。以下提到的加速比和效率同表 6.9 的定义相同。

实验 2 测试结果分析：由测试结果可以看出，在实验 2 条件下 C-MUSIC 和 U-MUSIC 在 4 片 DSP 上加速比约为 2，效率约为 0.5。U-MUSIC 算法比 C-MUSIC 算法在实验 2 的条件下当 3 个信号入射时可以节约 1.5ms，与实验 1 相比节约的时间有所减少，这是因为谱计算范围[0°，60°]×[0°，360°]缩减到[0°，18°]×[0°，360°]的原因，由此可以看出 U-MUSIC

算法在测向范围越大时节约的时间就越明显，这与表 6.1 对计算量的分析一致。

实验 3：测试条件——8 阵元 UCA，采样数 128，孔径为 2.5 倍波长，信噪比 15dB，测向范围[0°,90°]×[0°,360°]，信号源数目 1～3。采用 C 语言开发方式，测试结果如表 6.11 所示。

表 6.11 单片与 4 片 DSP 上 C-MUSIC 处理速度比较测试记录

信号源数目	真　值	实　测	并行用时/ms	串行用时/ms	加速比	效　率
1	(65°,250°)	(65°,250°)	14.9	38.4	2.5772	0.6443
2	(30°,150°) (50°,100°)	(30°,150°) (50°,100°)	19.3	51.5	2.6684	0.6671
3	(50°,300°) (10°,100°) (50°,71°)	(50°,300°) (10°,100°) (50°,71°)	23.3	62.4	2.6781	0.6695

实验 3 测试结果分析：由测试结果可以看出，采用 C 语言开发方式 C-MUSIC 在 Lyrtech 模型机上的加速比约为 2.6，效率约为 0.65，与 Simulink 开发方式相比在加速比和效率方面都有显著的提高，这是因为在 Lyrtech 模型机上 C 语言直接转化为 DSP 可执行文件而 Simulink 需要转化为 C 语言再转化为 DSP 可执行文件。

3）实验结论

通过上述实验及分析，可以得到如下结论：

- 采用 C 语言开发方式 MUSIC 算法的加速比可以达到 2.6，效率约为 0.65，处理速度优于 Simulink 开发方式的处理速度；
- 在入射信号源数目较多和测向范围较大时 U-MUSIC 算法实现时间可以大大地减少；
- Lyrtech 模型上算法的测向精度与 PC 上采用 MATLAB 的精度一致。

6.5 本章小结

本章主要研究了空间谱估计中 MUSIC 算法的快速实现问题。本章的主要贡献如下：

(1) 给出了基于 UCA、ULA 以及 URA 测向阵列的实数域 MUSIC 算法实现方法；

(2) 给出了基于实数运算为主的 Unitary-MUSIC 算法，仿真验证了其估计精度和分辨力以及多信号处理性能，对其计算量进行了分析；

(3) 分别对 C-MUSIC 和 Unitary-MUSIC 算法进行了并行化设计；

(4) 给出了厄尔米特矩阵的特征值分解以及谱计算和谱峰搜索的并行处理方案设计，并提供了谱计算和搜索的并行实现设计。

以上研究成果均在 Lyrtech 模型机上得到了实现，为今后的空间谱估计、时空二维谱估计的谱计算和谱峰搜索的实现奠定了理论和实践基础。

参考文献

[1] Schmidt R O. Multiple emitter location and signal parameter estimation[J]. IEEE Transactions on Antennas Propagation, 1986, 34(3): 276-280.

[2] 张贤达,保铮.通信信号处理[M].北京：国防工业出版社,2000.

[3] Mathews C P, Zoltowski M D. Eigenstructure techniques for 2-D angle estimation with uniform circular arrays[J]. IEEE Transactions on Signal Processing, 1994, 42(9): 2395-2402.

[4] Haardt M, Nossek J A. Unitary ESPRIT: how to obtain increased estimation accuracy with a reduced computational burden[J]. IEEE Transaction on Signal Processing, 1995, 43(5): 1232-1242.

[5] Gershman A B, Haart M. Improving the performance of Unitary ESPRIT via pseudo-noise resampling [J]. IEEE Transactions on Signal Processing, 1999, 47(8): 2305-2308.

[6] Almidfa K, etc. Performance analysis of ESPRIT, TLS-ESPRIT and Unitary-ESPRIT algorithms for DOA estimation in a W-CDMA mobile system[C]. First International Conference on 3G mobile Communication Technologies, 2000, Bristol University, 200-203.

[7] Haardt M, Gershman A B. A new Unitary ESPRIT-based technique for direction finding[C]. IEEE International Conference on Acoustics, speech, and Signal Processing. 1999, Germany, (5): 2837-2840.

[8] Vasylyshyn V I. Closed-form DOA estimation with multiscale unitary ESPRIT algorithm[C]. First Europe Radar conference. 2004, 317-320.

[9] Tschudin M, etc. Comparison between unitary ESPRIT and SAGE for 3-D channel sounding[C]. IEEE the 49th Vehicular Technology Conference. 1999, 1324-1329.

[10] Zoltowski M D, Haardt M, Mathews C P. Closed-form 2-D angle estimation with rectangular arrays in element space or beamspace via unitary ESPRIT[J]. IEEE Transactions on Signal Processing, 1996, 44(2): 316-328.

[11] Liu F L, Wang J K, Yu G. OT-ESPRIT algorithm [C]. International Conference on Complex Systems, Control and Optimizations, 2004, 15.

[12] Liu F L, Wang J K, Yu G, Xue Y B. An OT-ESPRIT algorithm for delay estimation in wireless communications[J]. International Journal of information and systems sciences.

[13] 徐树方.矩阵计算的理论与方法[M].北京：北京大学出版社,1995,28(5)：817-822.

[14] 张贤达.矩阵分析与应用[M].北京：清华大学出版社,2004.

[15] 郑洪.MUSIC算法在高速处理器上的快速实现[D].四川：电子科技大学,2004.

[16] 李晓梅.同步并行算法[M].北京：国防科技大学出版社,1986.

[17] Sameh A. On Jacobi and Jacobi-like algorithms for a parallel computer[J]. Math, Comp, 1971, 25: 579-590.

[18] Sohie G. Implementation of a parallel Jacobi algorithm on multiple DSP96002 digital signal processors[C]. International Conference on Acoustics, Speech, and Signal Processing, 1990, General Electric Co, 957-960.

[19] 陈景良.并行算法的设计与分析[M].北京：高等教育出版社,1994.

[20] Lyrtech Signal Processing 产品手册.恒润科技,2005.

[21] 陈杰.MATLAB宝典[M].北京：电子工业出版社,2007.

第7章

JAFE算法优化与并行设计

7.1 Unitary-JAFE 算法

5.2 节详细介绍了基于复数域运算的 C-JAFE 算法原理，在算法的实现中不难发现该算法需要使用联合对角化，也就是说，算法实现中存在着参数匹配问题。本节首先给出基于实数运算为主的 JAFE 算法，该算法通过一个酉变换实现复数域运算到实数域运算的转化（称为 Unitary-JAFE 算法）；其次，该算法通过特征值的实部和虚部实现信源频率和 DOA 的估计，因此避免参数匹配问题。最后，对该算法的性能进行仿真并与 C-JAFE 算法进行比较和分析。

7.1.1 阵列流形

假设阵元数 $M=2l+1$ 为奇数，以中间阵元为参考点，则 ULA 的流形向量具有如下形式

$$\boldsymbol{a}_M(\mu)=[\mathrm{e}^{-\mathrm{j}\frac{M-1}{2}\mu},\mathrm{e}^{-\mathrm{j}\frac{M-2}{2}\mu},\cdots,\mathrm{e}^{-\mathrm{j}\mu},1,\mathrm{e}^{\mathrm{j}\mu},\cdots,\mathrm{e}^{\mathrm{j}\frac{M-2}{2}\mu},\mathrm{e}^{\mathrm{j}\frac{M-1}{2}\mu}]^{\mathrm{T}}$$

其中，$\mu=\dfrac{2\pi f}{c}d\sin\vartheta$，$\vartheta$ 为信号的波达方向；d 为阵元间距；c 为光速。

当阵元为偶数时可以把 ULA 中心为参考点，则阵列流形具有上述的类似形式。

7.1.2 时域平滑

收集阵列 N 次快拍数据；考虑其 $m=2n+1(n=1,2,\cdots)$ 因子的时域平滑数据，这样可以得到一个 $mM\times(N-m+1)$ 维数据矩阵

$$\boldsymbol{X}_m=\begin{bmatrix}\boldsymbol{A}\left[\boldsymbol{s}(0) \quad \boldsymbol{\Phi}\boldsymbol{s}\left(\frac{1}{P}\right) \quad \cdots \quad \boldsymbol{\Phi}^{N-m}\boldsymbol{s}\left(\frac{N-m}{P}\right)\right]\\ \boldsymbol{A}\boldsymbol{\Phi}\left[\boldsymbol{s}\left(\frac{1}{P}\right) \quad \boldsymbol{\Phi}\boldsymbol{s}\left(\frac{2}{P}\right) \quad \cdots \quad \boldsymbol{\Phi}^{N-m+1}\boldsymbol{s}\left(\frac{N-m+1}{P}\right)\right]\\ \vdots \qquad \vdots \qquad \ddots \qquad \vdots\\ \boldsymbol{A}\boldsymbol{\Phi}^{m-1}\left[\boldsymbol{s}\left(\frac{m-1}{P}\right) \quad \boldsymbol{\Phi}\boldsymbol{s}\left(\frac{m}{P}\right) \quad \cdots \quad \boldsymbol{\Phi}^{N-1}\boldsymbol{s}\left(\frac{N-1}{P}\right)\right]\end{bmatrix}+\boldsymbol{W}_m \tag{7.1}$$

其中，$\boldsymbol{W}_m$ 代表噪声矩阵 $\boldsymbol{W}$ 的 m 因子时域平滑数据矩阵，其构造方式类似于 $\boldsymbol{X}_m$。

假设入射信号为窄带信号，有下述关系式

$$s(t) \approx s\left(t+\frac{1}{P}\right) \approx s\left(t+\frac{2}{P}\right) \approx \cdots \approx s\left(t+\frac{m-1}{P}\right)$$

因此，式(7.1)可以表示为如下形式

$$\boldsymbol{X}_m \approx \begin{bmatrix} \boldsymbol{A}\boldsymbol{\Phi}^{-n} \\ \boldsymbol{A}\boldsymbol{\Phi}^{-n-1} \\ \vdots \\ \boldsymbol{A}\boldsymbol{\Phi}^{-1} \\ \boldsymbol{A} \\ \boldsymbol{A}\boldsymbol{\Phi} \\ \vdots \\ \boldsymbol{A}\boldsymbol{\Phi}^{n} \end{bmatrix} \left[\boldsymbol{\Phi}^{n}\boldsymbol{s}\left(\frac{n}{P}\right) \quad \boldsymbol{\Phi}^{n-1}\boldsymbol{s}\left(\frac{n-1}{P}\right) \quad \cdots \quad \boldsymbol{\Phi}^{N-n-1}\boldsymbol{s}\left(\frac{N-n-1}{P}\right)\right] + \boldsymbol{W}_m$$

$$\triangleq \boldsymbol{A}_m \boldsymbol{F}_s + \boldsymbol{W}_m \tag{7.2}$$

式(7.2)中的矩阵 $\boldsymbol{A}_m$ 和 $\boldsymbol{F}_s$ 具有下述形式

$$\boldsymbol{A}_m = \begin{bmatrix} \boldsymbol{A}\boldsymbol{\Phi}^{-n} \\ \vdots \\ \boldsymbol{A}\boldsymbol{\Phi}^{-1} \\ \boldsymbol{A} \\ \boldsymbol{A}\boldsymbol{\Phi} \\ \vdots \\ \boldsymbol{A}\boldsymbol{\Phi}^{n} \end{bmatrix} \in \mathbf{C}^{mM \times Q}$$

$$\boldsymbol{F}_s = \left[\boldsymbol{\Phi}^{n}\boldsymbol{s}\left(\frac{n}{P}\right) \quad \boldsymbol{\Phi}^{n-1}\boldsymbol{s}\left(\frac{n-1}{P}\right) \quad \cdots \quad \boldsymbol{\Phi}^{N-n-1}\boldsymbol{s}\left(\frac{N-n-1}{P}\right)\right] \in \mathbf{C}^{Q \times N-m+1}$$

7.1.3 空域平滑

把具有 M 个阵元的 ULA 划分为 $L=2k+1$ 个子阵，每个子阵具有 $M_L=M-L+1$ 个阵元(M_L 为奇数)；利用 $\boldsymbol{k}_i=[\mathbf{0}_{M_L\times(i-1)}\ \boldsymbol{I}_{M_L}\quad \mathbf{0}_{M_L\times(M-M_L-i+1)}]$定义相应的空域选择矩阵 $\boldsymbol{J}_i=\boldsymbol{I}_m\otimes\boldsymbol{k}_i\in\mathbf{R}^{mM_L\times mM}$ $(i=1,2,\cdots,L)$作用于时域平滑矩阵 $\boldsymbol{X}_m$，则得到(m,L)因子的时空平滑数据矩阵 $\boldsymbol{X}_{m,L}$ 如下：

$$\boldsymbol{X}_{m,L} = [\boldsymbol{J}_1\boldsymbol{X}_m \quad \boldsymbol{J}_2\boldsymbol{X}_m \quad \cdots \quad \boldsymbol{J}_L\boldsymbol{X}_m] \in \mathbf{C}^{mM_L\times L(N-m+1)} \tag{7.3}$$

结合 $\boldsymbol{X}_m$ 的数据结构式(7.2)，式(7.3)可以表示为

$$\boldsymbol{X}_{m,L} = [\boldsymbol{J}_1\boldsymbol{A}_m \quad \boldsymbol{J}_2\boldsymbol{A}_m \quad \cdots \quad \boldsymbol{J}_k\boldsymbol{A}_m \quad \boldsymbol{J}_{k+1}\boldsymbol{A}_m \quad \boldsymbol{J}_{k+2}\boldsymbol{A}_m \quad \cdots \quad \boldsymbol{J}_L\boldsymbol{A}_m] \begin{bmatrix} \boldsymbol{F}_s & & \\ & \ddots & \\ & & \boldsymbol{F}_s \end{bmatrix} + \boldsymbol{W}_{m,L} \tag{7.4}$$

令

$$\boldsymbol{A}_{k,m}=\boldsymbol{J}_k\boldsymbol{A}_m=\begin{bmatrix}\boldsymbol{A}_k\boldsymbol{\Phi}^{-n}\\ \vdots \\ \boldsymbol{A}_k\boldsymbol{\Phi}^{-1}\\ \boldsymbol{A}_k\\ \boldsymbol{A}_k\boldsymbol{\Phi}\\ \vdots\\ \boldsymbol{A}_k\boldsymbol{\Phi}^{n}\end{bmatrix}$$

其中，$\boldsymbol{A}_k=[\boldsymbol{a}_{M_L}(\mu_1),\boldsymbol{a}_{M_L}(\mu_2),\cdots,\boldsymbol{a}_{M_L}(\mu_Q)]$，$\boldsymbol{a}_{M_L}(\mu)=[\mathrm{e}^{-\mathrm{j}\frac{M_L-1}{2}\mu},\mathrm{e}^{-\mathrm{j}\frac{M_L-2}{2}\mu},\cdots,\mathrm{e}^{-\mathrm{j}\mu},1,\mathrm{e}^{\mathrm{j}\mu},\cdots,\mathrm{e}^{\mathrm{j}\frac{M_L-1}{2}\mu}]^{\mathrm{T}}$。

由 $\boldsymbol{A}_m$ 的旋转不变性，有下述关系式

$$\boldsymbol{J}_i\boldsymbol{A}_m=\boldsymbol{A}_{k,m}\boldsymbol{\Theta}^{i-k}\quad i=1,2,\cdots,k,k+1,\cdots,2k+1$$

因此，式(7.4)可以写为如下形式

$$\boldsymbol{X}_{m,L}=\boldsymbol{A}_{k,m}[\boldsymbol{\Theta}^{1-k}\boldsymbol{F}_s,\boldsymbol{\Theta}^{2-k}\boldsymbol{F}_s,\cdots,\boldsymbol{\Theta}^{-1}\boldsymbol{F}_s,\boldsymbol{F}_s,\boldsymbol{\Theta}\boldsymbol{F}_s,\cdots,\boldsymbol{\Theta}^{k-1}\boldsymbol{F}_s]+\boldsymbol{W}_{m,L}\triangleq\boldsymbol{A}_{k,m}\boldsymbol{F}_L+\boldsymbol{W}_{m,L} \tag{7.5}$$

其中，$\boldsymbol{F}_L=[\boldsymbol{\Theta}^{1-k}\boldsymbol{F}_s,\boldsymbol{\Theta}^{2-k}\boldsymbol{F}_s,\cdots,\boldsymbol{\Theta}^{-1}\boldsymbol{F}_s,\boldsymbol{F}_s,\boldsymbol{\Theta}\boldsymbol{F}_s,\cdots,\boldsymbol{\Theta}^{k-1}\boldsymbol{F}_s]$，$\boldsymbol{W}_{m,L}=[\boldsymbol{J}_1\boldsymbol{W}_m,\boldsymbol{J}_2\boldsymbol{W}_m,\cdots,\boldsymbol{J}_L\boldsymbol{W}_m]$。

定义 mM_L 维列向量 $\boldsymbol{a}_{mM_L}(\mu,\nu)$ 如下：

$$\boldsymbol{a}_{mM_L}(\mu,\nu)=\begin{bmatrix}\boldsymbol{a}_{M_L}(\mu)\mathrm{e}^{-\mathrm{j}n\nu}\\ \vdots\\ \boldsymbol{a}_{M_L}(\mu)\mathrm{e}^{-\mathrm{j}\nu}\\ \boldsymbol{a}_{M_L}(\mu)\\ \boldsymbol{a}_{M_L}(\mu)\mathrm{e}^{\mathrm{j}\nu}\\ \vdots\\ \boldsymbol{a}_{M_L}(\mu)\mathrm{e}^{\mathrm{j}n\nu}\end{bmatrix} \tag{7.6}$$

其中，$\nu=\dfrac{2\pi f}{P}$，P 为采样速率。

利用上式，$\boldsymbol{A}_{k,m}$ 可以用式(7.6)表示，即

$$\boldsymbol{A}_{k,m}=[\boldsymbol{a}_{mM_L}(\mu_1,\nu_1),\boldsymbol{a}_{mM_L}(\mu_2,\nu_2),\cdots,\boldsymbol{a}_{mM_L}(\mu_Q,\nu_Q)] \tag{7.7}$$

7.1.4 算法原理

定义偶数阶和奇数阶酉矩阵如下：

$$\boldsymbol{Q}_{2n}=\frac{1}{\sqrt{2}}\begin{bmatrix}\boldsymbol{I}_n & \mathrm{j}\boldsymbol{I}_n\\ \mathbf{II}_n & -\mathrm{j}\mathbf{II}_n\end{bmatrix} \tag{7.8}$$

$$Q_{2n+1}=\frac{1}{\sqrt{2}}\begin{bmatrix}\boldsymbol{I}_n & \boldsymbol{0} & \mathrm{j}\boldsymbol{I}_n\\ \boldsymbol{0}^{\mathrm{T}} & \sqrt{2} & \boldsymbol{0}^{\mathrm{T}}\\ \boldsymbol{\Pi}_n & \boldsymbol{0} & -\mathrm{j}\boldsymbol{\Pi}_n\end{bmatrix} \tag{7.9}$$

其中,$\boldsymbol{I}_n$ 和 $\boldsymbol{\Pi}_n$ 分别为 n 阶单位矩阵和反单位交换矩阵。

利用式(7.8)所定义的酉矩阵作用于阵列响应向量 $\boldsymbol{a}_{mM_L}(\mu,\nu)$,得到实数域阵列向量 $\boldsymbol{d}_{mM_L}(\mu,\nu)$,即

$$\begin{aligned}\boldsymbol{d}_{mM_L}(\mu,\nu)&=\boldsymbol{Q}^{\mathrm{H}}_{mM_L}\boldsymbol{a}_{mM_L}(\mu,\nu)\\&=\sqrt{2}\times[\cos(lu+nv),\cdots,\cos(nv),\cos((l-1)u-nv),\cdots,\\&\quad\cos(lu-nv),\cdots,\cos(u+v),\cos(v),\cdots,\cos u,1,-\sin(lu+nv),\cdots,\\&\quad-\sin(nv),-\sin((l-1)u-nv),\cdots,-\sin(lu-nv),\cdots,\\&\quad-\sin(u+v),-\sin(v),\cdots,-\sin u]^{\mathrm{T}}\end{aligned} \tag{7.10}$$

其中,$l=\dfrac{M_L-1}{2}$。

定义 4 个选择矩阵 $\mathbf{KJ}_1,\mathbf{KJ}_2,\mathbf{KJ}_3,\mathbf{KJ}_4$ 如下:

$$\begin{cases}\mathbf{KJ}_1=[\boldsymbol{I}_{m-1}\quad \boldsymbol{0}_1]\otimes \boldsymbol{I}_{M_L}\\ \mathbf{KJ}_2=[\boldsymbol{0}_1\quad \boldsymbol{I}_{m-1}]\otimes \boldsymbol{I}_{M_L}\end{cases} \tag{7.11}$$

$$\begin{cases}\mathbf{KJ}_3=\boldsymbol{I}_m\otimes[\boldsymbol{I}_{M_L-1}\quad \boldsymbol{0}_1]\\ \mathbf{KJ}_4=\boldsymbol{I}_m\otimes[\boldsymbol{0}_1\quad \boldsymbol{I}_{M_L-1}]\end{cases} \tag{7.12}$$

易知,$\mathbf{KJ}_1,\mathbf{KJ}_2,\mathbf{KJ}_3,\mathbf{KJ}_4$ 满足下述关系

$$\mathbf{KJ}_2=\boldsymbol{\Pi}_{(m-1)M_L}\mathbf{KJ}_1\boldsymbol{\Pi}_{mM_L} \tag{7.13}$$

$$\mathbf{KJ}_4=\boldsymbol{\Pi}_{m(M_L-1)}\mathbf{KJ}_3\boldsymbol{\Pi}_{mM_L} \tag{7.14}$$

综合式(7.10)~式(7.14),有下述关系式

$$\begin{cases}\mathrm{e}^{\mathrm{j}v}\mathbf{KJ}_1\boldsymbol{a}_{mM_L}(u,v)=\mathbf{KJ}_2\boldsymbol{a}_{mM_L}(u,v)\\ \mathrm{e}^{\mathrm{j}u}\mathbf{KJ}_3\boldsymbol{a}_{mM_L}(u,v)=\mathbf{KJ}_4\boldsymbol{a}_{mM_L}(u,v)\end{cases} \tag{7.15}$$

利用式(7.8)定义的酉矩阵有关系式:$\mathrm{e}^{\mathrm{j}v}\mathbf{KJ}_1\boldsymbol{Q}_{mM_L}\boldsymbol{Q}^{\mathrm{H}}_{mM_L}\boldsymbol{a}_{mM_L}(u,v)=\mathbf{KJ}_2\boldsymbol{Q}_{mM_L}\boldsymbol{Q}^{\mathrm{H}}_{mM_L}\boldsymbol{a}_{mM_L}(u,v)$,再利用式(7.11),得到下述等式

$$\mathrm{e}^{\mathrm{j}v}\mathbf{KJ}_1\boldsymbol{Q}_{mM_L}\boldsymbol{d}_{mM_L}(u,v)=\mathbf{KJ}_2\boldsymbol{Q}_{mM_L}\boldsymbol{d}_{mM_L}(u,v) \tag{7.16}$$

对等式(7.16)的左面左乘相应的酉矩阵,有

$$\mathrm{e}^{\mathrm{j}v}\boldsymbol{Q}^{\mathrm{H}}_{(m-1)M_L}\mathbf{KJ}_1\boldsymbol{Q}_{mM_L}\boldsymbol{d}_{mM_L}(u,v)=\boldsymbol{Q}^{\mathrm{H}}_{(m-1)M_L}\mathbf{KJ}_2\boldsymbol{Q}_{mM_L}\boldsymbol{d}_{mM_L}(u,v)$$

利用选择矩阵的关系式(7.13),有

$$\begin{aligned}\boldsymbol{Q}^{\mathrm{H}}_{(m-1)M_L}\mathbf{KJ}_2\boldsymbol{Q}_{mM_L}&=\boldsymbol{Q}^{\mathrm{H}}_{(m-1)M_L}\boldsymbol{\Pi}_{(m-1)M_L}\boldsymbol{\Pi}_{(m-1)M_L}\mathbf{KJ}_2\boldsymbol{\Pi}_{mM_L}\boldsymbol{\Pi}_{mM_L}\boldsymbol{Q}_{mM_L}\\&=\boldsymbol{Q}^{\mathrm{T}}_{(m-1)M_L}\mathbf{KJ}_1\boldsymbol{Q}^{*}_{mM_L}=\{\boldsymbol{Q}^{\mathrm{H}}_{(m-1)M_L}\mathbf{KJ}_1\boldsymbol{Q}_{mM_L}\}^{*}\end{aligned} \tag{7.17}$$

令

$$\begin{cases}\boldsymbol{K}_1=\mathrm{Re}\{\boldsymbol{Q}^{\mathrm{H}}_{(m-1)M_L}\mathbf{KJ}_2\boldsymbol{Q}_{mM_L}\}\\ \boldsymbol{K}_2=\mathrm{Im}\{\boldsymbol{Q}^{\mathrm{H}}_{(m-1)M_L}\mathbf{KJ}_2\boldsymbol{Q}_{mM_L}\}\end{cases} \tag{7.18}$$

综合式(7.16)~式(7.18),有

$$e^{j\frac{v}{2}}(\boldsymbol{K}_1-j\boldsymbol{K}_2)\boldsymbol{d}_{mM_L}(u,v)=e^{-j\frac{v}{2}}(\boldsymbol{K}_1+j\boldsymbol{K}_2)\boldsymbol{d}_{mM_L}(u,v) \tag{7.19}$$

对式(7.19)进行整理,有下述结果

$$(e^{j\frac{v}{2}}-e^{-j\frac{v}{2}})\boldsymbol{K}_1\boldsymbol{d}_{mM_L}(u,v)=j(e^{j\frac{v}{2}}+e^{-j\frac{v}{2}})\boldsymbol{K}_2\boldsymbol{d}_{mM_L}(u,v)$$

即

$$\tan\left\{\frac{v}{2}\right\}\boldsymbol{K}_1\boldsymbol{d}_{mM_L}(u,v)=\boldsymbol{K}_2\boldsymbol{d}_{mM_L}(u,v) \tag{7.20}$$

对于 Q 个信号源,定义 $mM_L\times Q$ 实值矩阵 $\boldsymbol{D}=[\boldsymbol{d}_{mM_L}(u_1,v_1),\boldsymbol{d}_{mM_L}(u_2,v_2),\cdots,\boldsymbol{d}_{mM_L}(u_Q,v_Q)]$,则利用式(7.20)有下述关系式

$$\boldsymbol{K}_1\boldsymbol{D}\boldsymbol{\Omega}_v=\boldsymbol{K}_2\boldsymbol{D} \tag{7.21}$$

其中,$\boldsymbol{\Omega}_v=\text{diag}\left\{\tan\left(\frac{v_1}{2}\right),\tan\left(\frac{v_2}{2}\right),\cdots,\tan\left(\frac{v_Q}{2}\right)\right\}$。

类似于上述讨论,有下述关系式

$$\boldsymbol{K}_3\boldsymbol{D}\boldsymbol{\Omega}_u=\boldsymbol{K}_4\boldsymbol{D} \tag{7.22}$$

其中,$\boldsymbol{\Omega}_u=\text{diag}\left\{\tan\left(\frac{u_1}{2}\right),\tan\left(\frac{u_2}{2}\right),\cdots,\tan\left(\frac{u_Q}{2}\right)\right\}$;$\boldsymbol{K}_3$ 和 $\boldsymbol{K}_4$ 如式(7.23)所示。

$$\begin{cases}\boldsymbol{K}_3=\text{Re}\{\boldsymbol{Q}^{\text{H}}_{m(M_L-1)}\mathbf{KJ}_4\boldsymbol{Q}_{mM_L}\}\\ \boldsymbol{K}_4=\text{Im}\{\boldsymbol{Q}^{\text{H}}_{m(M_L-1)}\mathbf{KJ}_4\boldsymbol{Q}_{mM_L}\}\end{cases} \tag{7.23}$$

对如式(7.5)所示的时空平滑数据应用前后向平均技术,得到如下基于时空平滑和前后向平均的数据矩阵

$$\boldsymbol{X}_{m,L,\text{fb}}=[\boldsymbol{X}_{m,L}(\mathbf{II}\boldsymbol{X}_{m,L})^*] \tag{7.24}$$

其中,$\mathbf{II}$ 为反单位交换矩阵。

计算协方差数据矩阵 $\boldsymbol{R}=\boldsymbol{Y}\boldsymbol{Y}^{\text{H}}$(其中,$\boldsymbol{Y}=[\text{Re}\{\boldsymbol{X}\},\text{Im}\{\boldsymbol{X}\}]$,$\boldsymbol{X}=\boldsymbol{Q}^{\text{H}}_{mM_L}\boldsymbol{X}_{m,L,\text{fb}}$)的特征值分解,估计信号子空间 $\boldsymbol{E}_s$,由文献[1]易知,$\Re\{\boldsymbol{E}_s\}=\Re\{\boldsymbol{D}\}$并且存在唯一可逆矩阵 $\boldsymbol{T}$ 使得等式 $\boldsymbol{D}=\boldsymbol{E}_s\boldsymbol{T}^{-1}$ 成立,结合式(7.21)和式(7.22),有下述关系式

$$\begin{cases}\boldsymbol{K}_1\boldsymbol{E}_s\boldsymbol{\Psi}_v=\boldsymbol{K}_2\boldsymbol{E}_s\\ \boldsymbol{K}_3\boldsymbol{E}_s\boldsymbol{\Psi}_u=\boldsymbol{K}_4\boldsymbol{E}_s\end{cases} \tag{7.25}$$

其中,$\boldsymbol{\Psi}_v=\boldsymbol{T}^{-1}\boldsymbol{\Omega}_v\boldsymbol{T}$,$\boldsymbol{\Psi}_u=\boldsymbol{T}^{-1}\boldsymbol{\Omega}_u\boldsymbol{T}$。

通过式(7.25),得到下式

$$\begin{cases}\boldsymbol{\Psi}_v=(\boldsymbol{K}_1\boldsymbol{E}_s)^{\dagger}\boldsymbol{K}_2\boldsymbol{E}_s\\ \boldsymbol{\Psi}_u=(\boldsymbol{K}_3\boldsymbol{E}_s)^{\dagger}\boldsymbol{K}_4\boldsymbol{E}_s\end{cases} \tag{7.26}$$

利用实值矩阵 $\boldsymbol{\Psi}_v$,$\boldsymbol{\Psi}_u$ 构造一个复矩阵

$$\boldsymbol{\Psi}_v+j\boldsymbol{\Psi}_u=\boldsymbol{T}^{-1}(\boldsymbol{\Omega}_v+j\boldsymbol{\Omega}_u)\boldsymbol{T} \tag{7.27}$$

式(7.27)表明复矩阵 $\boldsymbol{\Psi}_v+j\boldsymbol{\Psi}_u$ 的特征值的实部和虚部分别对应着信号的频率和DOA,在这里不存在着参数匹配或者联合对角化问题,从而在一定程度上缩减了算法的复杂性。

整理上述处理过程，可以得到 Unitary-JAFE 算法实现步骤，如下所示。

算法 7.1 Unitary-JAFE 算法。

1. 通过阵列接收数据矩阵式(5.62)，分别按照式(7.1)、式(7.3)和式(7.24)计算其 m 因子时域平滑、L 因子空域平滑和前后向平均数据；
2. 通过对 $\boldsymbol{R}=\boldsymbol{Y}\boldsymbol{Y}^{\mathrm{T}}(\boldsymbol{Y}=[\mathrm{Re}\{\boldsymbol{X}\},\mathrm{Im}\{\boldsymbol{X}\}],\boldsymbol{X}=\boldsymbol{Q}_{mM_L}^{\mathrm{H}}\boldsymbol{X}_{m,L,\mathrm{fb}})$ 进行特征值分解，估计信号子空间 $\boldsymbol{E}_s$；
3. 估计 $\boldsymbol{\Psi}_v$ 和 $\boldsymbol{\Psi}_u$，$\begin{cases}\boldsymbol{\Psi}_v=(\boldsymbol{K}_1\boldsymbol{E}_s)^{\dagger}\boldsymbol{K}_2\boldsymbol{E}_s\\ \boldsymbol{\Psi}_u=(\boldsymbol{K}_3\boldsymbol{E}_s)^{\dagger}\boldsymbol{K}_4\boldsymbol{E}_s\end{cases}$，其中 $\boldsymbol{K}_1$、$\boldsymbol{K}_2$ 和 $\boldsymbol{K}_3$、$\boldsymbol{K}_4$ 按照式(7.19)和式(7.23)所定义形成的矩阵；
4. 计算复矩阵 $\boldsymbol{\Psi}_v+\mathrm{j}\boldsymbol{\Psi}_u$ 的特征值 λ_i，$i=1,2,\cdots,Q$；
5. 利用第 4 步得到的特征值的实部和虚部估计频率和 DOA

$$\begin{cases}f_i=2\times\arctan(\mathrm{Re}\{\lambda_i\})\times P/2\pi\\ \vartheta_i=\arcsin(2\arctan(\mathrm{Im}\{\lambda_i\})\times c/(2\pi d f_i))\times 180/\pi\end{cases},\quad i=1,2,\cdots,Q$$

7.1.5 仿真实验及分析

5.4 节和 7.1 节分别介绍了 C-JAFE 算法和 Unitary-JAFE 算法原理，本节对这两种算法的估计性能进行仿真。

仿真平台——Pentium 4 PC，CPU 2.8GHz，512MB 的内存，应用 MATLAB 7.0 软件进行仿真。

假设一载频为 500MHz，带宽为 45MHz 的 BPSK 调制信号以波达方向 15°入射到具有 7 个阵元的且阵元间距为 0.3m 的 ULA；在 C-JAFE 算法和 Unitary-JAFE 算法中，分别采用 3 因子时域平滑技术和 3 因子空域平滑技术(本节仿真结果都是基于 3 因子时域平滑技术和 3 因子空域平滑技术进行的，下面不再赘述)，进行了 100 次独立实验，对两种算法的频率估计和 DOA 估计的情况进行仿真。图 7.1 和图 7.2 分别给出的是 C-JAFE 算法和 Unitary-JAFE 算法的频率估计和 DOA 估计的均方根误差随信噪比变化的曲线；其中实曲线表示的 Unitary-JAFE 算法的估计情况，而虚曲线表示的是 C-JAFE 算法的估计情况。由图 7.1 和图 7.2 所示的仿真结果可以看出，Unitary-JAFE 算法与 C-JAFE 算法相比具有更高的频率和 DOA 估计精度，特别是当信噪比大于或等于 −5dB 时，Unitary-JAFE 算法的均方根误差曲线变化平缓，趋于稳定。

考虑一个载频为 50MHz，带宽为 4MHz 的 BPSK 调制信号 $s(t)$，接收天线采用具有 7 个阵元且阵元间距为半波长的 ULA，信噪比为 10dB。为了得到 C-JAFE 算法和 Unitary-JAFE 算法的有效测向范围，假设信号 $s(t)$ 分别以 −85°，−75°，−65°，−55°，…，55°，65°，75°，85°入射到 ULA。图 7.3 给出的是 C-JAFE 算法和 Unitary-JAFE 算法的测向有效范围的仿真情况(其中每个方向的估计值为 100 次独立实验的平均结果)，其中虚线代表 Unitary-JAFE 算法的仿真结果，点画线代表 JAFE 算法的仿真结果，实线代表真值。从仿

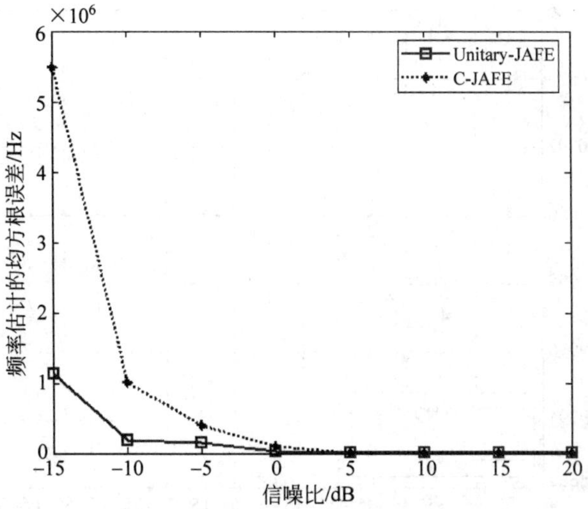

图 7.1 频率估计的均方根误差

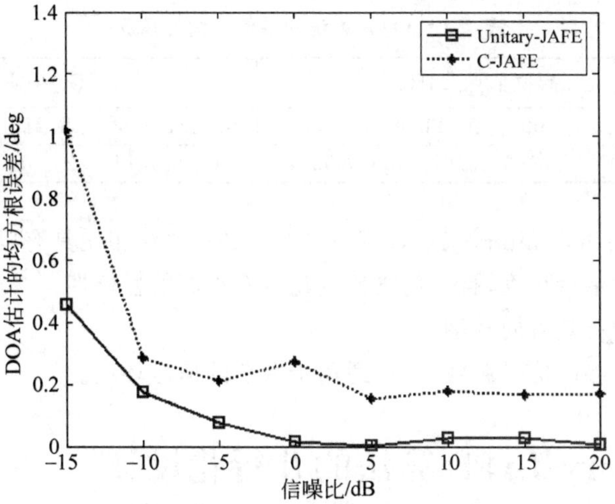

图 7.2 DOA 估计的均方根误差

真结果可以看到，Unitary-JAFE 算法与 C-JAFE 算法相比具有更大的有效测向范围，因而比 C-JAFE 算法更具有实用性。

考虑 5 个不同信号源，其中前 3 个信号为 BPSK 调制信号的载频均为 50MHz，带宽分别为 2MHz、1MHz 和 4MHz，信号入射方向分别为 0°、15°和 −25°；后两个信号为单频正弦信号，频率分别为 40MHz 和 49MHz，入射方向分别为 −10°和 −25°。接收天线采用具有 9 阵元的 ULA，其中阵元间距为 3m。表 7.1 给出了 C-JAFE 算法和 Unitary-JAFE 算法的仿真情况，其中测频和测向数据都是基于 50 次独立实验的平均结果，从表 7.1 可以看到 Unitary-JAFE 算法对 3 个同频信号不同 DOA 以及两个具有相同 DOA 不同频的复杂多信号环境下仍具有准确的参数估计，因此在具有较多的入射信号源数目时 Unitary-JAFE 算法比 C-JAFE 算法更为有效。

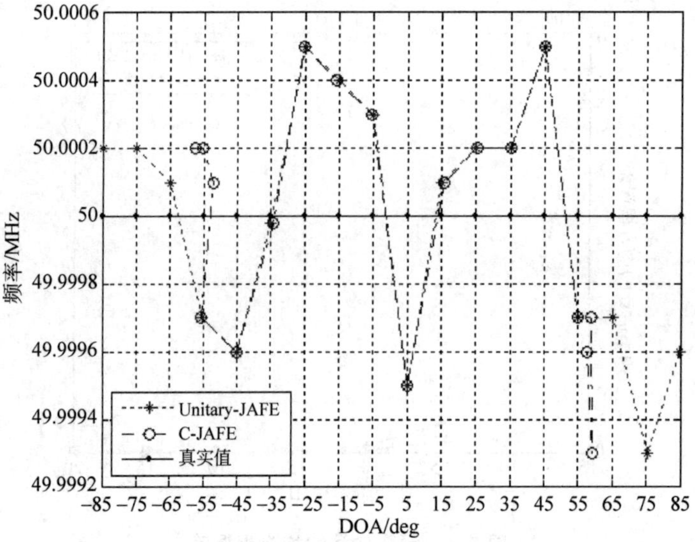

图 7.3 JAFE 算法的测向范围

表 7.1 JAFE 算法的多信号估计情况

算法名称	频率估计/MHz	DOA 估计/(°)
C-JAFE	[50.005,50.0045,50,39.997,49.001]	[0.052,18.5,−24.217,−7.9884,−28.6136]
Unitary-JAFE	[49.9998,49.9998,49.9998,39.9992,49]	[0,15.1074,−25.27,−9.987,−24.9642]

以上仿真结果表明,Unitary-JAFE 算法与 C-JAFE 算法相比具有以下优点:

(1) 具有更高的估计精度,且对信噪比变化具有更高的鲁棒性;

(2) 具有更大的有效测向范围;

(3) 能够处理更多的信号源数目,更适用于复杂的信号环境。

7.2 Unitary-JAFE 算法的并行化设计

从 Unitary-JAFE 的算法可以看到,在参数联合估计算法在处理过程中主要是针对矩阵进行计算,而且算法中每一步的计算都依赖于上一步的计算结果,因而算法本身呈现了串行性,但算法每一步都涉及关于矩阵的运算,目前许多文献[2~9]对复矩阵运算和矩阵运算的并行算法进行了讨论和研究,因而我们可以针对矩阵运算在现有的基础之上进行并行算法设计,并开发矩阵并行运算软件,为阵列信号处理技术提供共用的矩阵运算快速软件。这样整个算法的并行化程度取决于每一步的并行程度,故首先需要对串行算法的每一步进行并行分析与设计,再把所有步骤串起来,以实现对参数联合估计串行算法的并行化。

Unitary-JAFE 算法中各步主要涉及复矩阵的乘法、实对称矩阵的特征值分解、实矩阵求逆以及非对称复矩阵的特征值等计算,本节首先对这些矩阵运算进行分析,再结合该算法的自身特点最终实现联合估计算法的并行设计。

7.2.1 矩阵乘法的并行算法设计

7.2.1.1 矩阵乘法

假设 $\boldsymbol{A}=(a_{ij})$是 $m\times n$ 阶矩阵,$\boldsymbol{B}=(b_{ij})$是 $n\times p$ 阶矩阵,则其乘积 $\boldsymbol{C}=(c_{ij})$为 $m\times p$ 阶矩阵

$$c_{ij}=\sum_{k=1}^{n}a_{ik}b_{kj}\quad i=1,2,\cdots,m;\ j=1,2,\cdots,p \tag{7.28}$$

7.2.1.2 矩阵乘法并行算法

常用的矩阵乘法的并行算法有两种:内积算法和外积算法。

内积算法是指将式(7.28)写成两个 n 维向量的内积形式,即

$$c_{ij}=(a_{i1},a_{i2},\cdots,a_{in})\cdot(b_{1j},b_{2j},\cdots,b_{nj})^{\mathrm{T}} \tag{7.29}$$

按上式进行并行计算的矩阵乘法叫作内积算法,一般是用 n 个处理器,用一次乘法计算出对于 $k=1,2,\cdots,n$ 的所有 $a_{ik}\cdot b_{kj}$,再做$\lceil\log_2 n\rceil$($\lceil\cdot\rceil$表示向上取整)次加法就可以求出 c_{ij}。

外积算法则有两种。一种是 $\boldsymbol{C}$ 矩阵的列向量表示法

$$\boldsymbol{C}_{*j}=(c_{1j},c_{2j},\cdots,c_{mj})^{\mathrm{T}}=\sum_{k=1}^{n}(a_{1k},a_{2k},\cdots,a_{mk})^{\mathrm{T}}b_{kj}\quad j=1,2,\cdots,p$$

其中,$\boldsymbol{C}_{*j}$ 指 $\boldsymbol{C}$ 矩阵的第 j 列。它用于处理器数目为 p 时,用第 j 个处理器分别算出 $\boldsymbol{C}$ 的第 j 个列向量。另一种是 $\boldsymbol{C}$ 矩阵的行向量表示法

$$\boldsymbol{C}_{i*}=(c_{i1},c_{i2},\cdots,c_{ip})=\sum_{k=1}^{n}a_{ik}(b_{k1},b_{k2},\cdots,b_{kp})\quad i=1,2,\cdots,m$$

这里 $\boldsymbol{C}_{i*}$ 指 $\boldsymbol{C}$ 矩阵的第 i 行。它用于处理器数目为 m 时,用第 i 个处理器分别算出 $\boldsymbol{C}$ 的第 i 个行向量。

矩阵乘法的外积算法在一次计算过程中每个处理器至少计算矩阵 $\boldsymbol{C}$ 的一行或者一列元素。而内积算法用 n 个处理器运行一次计算出矩阵 $\boldsymbol{C}$ 的一个元素。显然内积算法的一次运算中的计算量与通信量之比较小,外积算法的则较大。从 Log$P$ 模型来看,一次运算中的计算量与通信量之比小意味着在一个并行步中,只进行少量的计算就要进行大量的通信,这就要求并行处理系统的通信时延要非常短而且通信能力强,或者说要求系统的通信延迟 L 和系统通信软件开销 O 相当小,才能保证并行系统的处理速度和效率,否则不宜采用此种算法,而应该采用一次计算中计算量与通信量之比较大的算法。相比于内积并行算法,外积算法的任务粒度较大,并行计算中的计算与通信之比较大,因而适合于松散耦合的分布式系统。

复数矩阵的乘法计算与实矩阵的乘法计算类似,只是计算量增加。

由上述分析可知,内积算法的计算量与通信量之比较小,外积算法的较大。在松散耦合的分布式系统上,根据 Log$P$ 模型的特点知道,通信延迟 L 和系统通信软件开销 O 都比较大,所以这里采用矩阵乘法的外积算法。

7.2.2 求逆算法及并行设计

7.2.2.1 求逆算法

矩阵求逆有许多种方法,例如,将矩阵 $\boldsymbol{A}$ 分解为 $\boldsymbol{A}=\boldsymbol{LU}$,其中 $\boldsymbol{L}$ 和 $\boldsymbol{U}$ 均为三角矩阵,可

以用简便快速的方法求逆，从而得到 $\boldsymbol{A}$ 的逆矩阵；另外还可以令 $\boldsymbol{B}=(\boldsymbol{A},\boldsymbol{I})$，对 $\boldsymbol{B}$ 进行初等变换将 $\boldsymbol{A}$ 变为单位矩阵 $\boldsymbol{I}$ 的同时，右边的单位矩阵 $\boldsymbol{I}$ 就变成了 $\boldsymbol{A}$ 的逆矩阵；另外，从逆矩阵的定义式 $\boldsymbol{A}\cdot\boldsymbol{A}^{-1}=\boldsymbol{I}$ 中，可以将矩阵 $\boldsymbol{A}^{-1}$ 的第 i 个列向量 $\boldsymbol{x}_i$ 看作是线性方程组 $\boldsymbol{A}\boldsymbol{x}_i=\boldsymbol{e}_i$ 的解向量，其中，$\boldsymbol{e}_i$ 是单位矩阵 $\boldsymbol{I}$ 中的第 i 个列向量，从而可以用解线性方程组的方法求出 $\boldsymbol{A}^{-1}$；此外还有利用求特征多项式的 Csank 算法来求矩阵的逆以及用迭代法等多种求逆矩阵的方法。

以上算法中，LU 分解法、解方程组法一般都要用到各种消元法，初等变换法实际上也是消元法，消元法涉及选取主元(列主元、行主元及全主元)问题，选取的方法对结果及其精度有较大影响，而且不能处理矩阵不可逆的情况；Csank 算法过于复杂，迭代法的初值选取和循环控制问题不好解决，而且循环意味着计算量较大。因此，在本节采用另外一种方法来求矩阵的逆，它是从 Givens 旋转变换中得到。

已知用满足一定条件的某正交矩阵 $\boldsymbol{Q}$ 去左乘矩阵 $\boldsymbol{A}$ 可以得到一个上三角矩阵 $\boldsymbol{R}$，即有 $\boldsymbol{QA}=\boldsymbol{R}$，若 $\boldsymbol{A}$ 为可逆矩阵，则 $\boldsymbol{R}$ 的对角线元素均不为零；若 $\operatorname{rank}(\boldsymbol{A})=r$，$r<N$，$N$ 为矩阵 $\boldsymbol{A}$ 的阶，则 $\boldsymbol{R}$ 的前 r 个对角线元素不为零。于是当 $\boldsymbol{A}$ 可逆时可以得到 $\boldsymbol{A}^{-1}=\boldsymbol{R}^{-1}\boldsymbol{Q}$，从而由 $\boldsymbol{Q}$ 和 $\boldsymbol{R}$ 就可以求出 $\boldsymbol{A}^{-1}$；当 $\boldsymbol{A}$ 不可逆时，只要 $\boldsymbol{R}^{-1}$ 是 $\boldsymbol{R}$ 的一个广义逆，可以证明，得到的 $\boldsymbol{A}^{-1}$ 也是 $\boldsymbol{A}$ 的一个广义逆。本节的矩阵的求逆并行算法就是将上述算法并行化而得到的，称为 QR 法。

7.2.2.2 QR 求逆并行算法设计

用 QR 法求逆矩阵，可以分为 3 步来考虑其并行算法，下面对它们进行讨论。

步骤 1，计算 $\boldsymbol{QA}=\boldsymbol{R}$。

实际上是对矩阵 $\boldsymbol{A}$ 进行 Givens 变换而将其划成一个上三角矩阵的过程。对 Givens 变换过程我们采用 Gentleman 提出的并行处理方法。记集合 S 为 $S=\{(i,j):1\leqslant j<i\leqslant n\}$，$S$ 中的数对 (i,j) 对应着作用于第 $i-1$，i 两行而消去 $\boldsymbol{A}$ 矩阵的第 i 行 j 列的元素的变换 $\boldsymbol{T}_{ij}$，于是将 S 按次序分为 $S=\bigcup\limits_{r=1}^{2n-3}S_r$，其中

$$S_r=\{(i,j):1\leqslant j<i\leqslant n,n+2j=i+r+1\}$$

则子集 S_r 中的各数对所对应的变换彼此作用于不同的行，故可以并行执行，而 r 从 $1\sim 2n-3$ 的顺序也保证了所有变换中对顺序的要求。容易验证 $S_r(r=1,2,\cdots,2n-3)$ 的元素个数依次为 $1,1,2,2,\cdots,n/2-1,n/2-1,n/2,n/2-1,n/2-1,\cdots,2,2,1,1$。还有一种对 S 的划分方法，对应另一种并行方法，基本思想是在每一步消去矩阵 $\boldsymbol{A}$ 的一列中的尽可能多的元素，即贪婪算法，其所需的总并行步数较少于 Gentleman 的方法，但其程序设计比较难以实现，故采用 Gentleman 提出的标准算法。

步骤 2，求 $\boldsymbol{R}^{-1}$。

用初等变换法直接计算。当 $\boldsymbol{A}$ 可逆时，$\boldsymbol{R}$ 的对角线元素均不为零，故首先将 $\boldsymbol{R}$ 的各行都除以对角线上的元素，再用第 i 行的元素消去第 $1\sim i-1$ 行的元素，从而将 $\boldsymbol{R}$ 化为单位矩阵；而同样的变换则将单位矩阵化为 $\boldsymbol{R}$ 的逆矩阵。其并行性有细粒度和粗粒度两种，细粒度并行性在于每消去某一行的元素时，同一行的元素可以并行执行；但我们这里仍然只考虑粗粒度上的并行性，在用第 i 行的元素消去第 $1\sim i-1$ 行的元素时，这 $i-1$ 行的元素之

间互不相关，可以并行执行。

步骤 3，计算 $\boldsymbol{R}^{-1}\boldsymbol{Q}$。

这里的 $\boldsymbol{Q}$ 与步骤 1 中的 $\boldsymbol{Q}$ 相同，仍然由一系列 $\boldsymbol{T}_{ij}$ 的乘积组成，同样可以知道，用 $\boldsymbol{T}_{ij}$ 右乘 $\boldsymbol{R}^{-1}$ 只改变它的第 i、j 列而不影响其他列。此时各个 $\boldsymbol{T}_{ij}$ 都已经在步骤 1 中计算出来了，在这里也可以采用与步骤 1 相同的并行方法，只是需要逆序进行，还可以采用另一种并行度更高的方法。按照步骤 1 中计算出来的 $\boldsymbol{T}_{ij}$ 逆序，找出前面 $n/2$ 个不相交的 $\boldsymbol{T}_{ij}$（不相交是指用它们右乘矩阵 $\boldsymbol{R}^{-1}$ 时，只影响其不同的列），并行执行这部分计算；然后找后面 $n/2$ 个不相交的 $\boldsymbol{T}_{ij}$ 进行下一步并行计算，直至计算完毕。其平均并行度显然要比第一部分的并行方法的平均并行度高得多。

7.2.2.3　算法分析

1. 计算复杂性

从并行算法的设计中可以知道，整个计算包括以下几个部分：计算 $\boldsymbol{QA}$ 和 $\boldsymbol{R}^{-1}\boldsymbol{Q}$ 部分；求 $\boldsymbol{R}^{-1}$ 部分；求矩阵 $\boldsymbol{Q}$ 的部分。

第一部分，计算 $\boldsymbol{QA}$ 和 $\boldsymbol{R}^{-1}\boldsymbol{Q}$ 时，其计算过程类似，故放在一起考虑。矩阵 $\boldsymbol{Q}$ 由 $N(N-1)/2$ 个（矩阵 $\boldsymbol{A}$ 的下三角元素的个数）Givens 变换矩阵乘积而得，每个 Givens 矩阵与 $\boldsymbol{A}$ 或者 $\boldsymbol{R}^{-1}$ 相乘时，都需要 $4N$ 次乘法和 $2N$ 次加法总共 $6N$ 次运算，所以这时的总算术运算量为 $\frac{N(N-1)}{2}\cdot 6N+\frac{N(N-1)}{2}\cdot 6N=6N^3-6N^2$。

第二部分，求 $\boldsymbol{R}^{-1}$ 时，用初等变换法，它是依次用第 i 行（$i=2,3,\cdots,N$）的元素消去第 $i-1$ 行的第 $i\sim N$ 个元素。首先各行要除以对应对角线上的元素，共 $N(N-1)/2$ 个除法；在用第 i 行的元素消去第 $1\sim i-1$ 行的元素时，每消去一行，需要 $N-i+1$ 次乘法和 $N-i+1$ 次加法共 $2(N-i+1)$次运算，故消去时的算术运算总量为

$$\sum_{i=2}^{N}\sum_{j=i}^{i-1}2(N-i+1)=\sum_{i=1}^{N-1}(2Ni-2i^2)=N^2(N-1)-\frac{N(N-1)(2N-1)}{3}$$

所以这一部分的总算术运算量为

$$\frac{N(N-1)}{2}+N^2(N-1)-\frac{N(N-1)(2N-1)}{3}=\frac{1}{3}N^3+0.5N^2-\frac{5}{6}N$$

第三部分，计算矩阵 $\boldsymbol{Q}$ 时，$\boldsymbol{Q}$ 由 $N(N-1)/2$ 个 Givens 变换组成，每一个 Givens 变换的获得需要 5 次算法运算和一次平方根运算，因此总共有 $\frac{5}{2}N^2-\frac{5}{2}N$ 次算术运算和 $\frac{1}{2}N^2-\frac{1}{2}N$ 次平方根运算。

综上所述，把 3 部分的计算量相加得到总计算量为 $\frac{19}{3}N^3-3N^2-\frac{10}{3}N$ 次算术运算和 $\frac{1}{2}N^2-\frac{1}{2}N$ 次平方根运算。

2. 并行度

并行度的计算也要分为 3 个部分，即 $\boldsymbol{Q}$ 乘以 $\boldsymbol{A}$、求 $\boldsymbol{R}^{-1}$ 以及 $\boldsymbol{R}^{-1}\boldsymbol{Q}$。在 $\boldsymbol{Q}$ 乘以 $\boldsymbol{A}$ 处，这一步用 $2N-3$ 个并行步完成，从算法设计过程中易知每一步的并行度为 $1,1,2,2,\cdots,n/2-1,n/2-1,n/2,n/2-1,n/2-1,\cdots,2,2,1,1$；在求 $\boldsymbol{R}^{-1}$ 时，需要 $N-1$ 个并行步完

成，由其算法的设计易知并行度依次为 $1,2,\cdots,N-1$；在 $\boldsymbol{R}^{-1}\boldsymbol{Q}$ 处，其算法设计的原理与 $\boldsymbol{Q}$ 乘以 $\boldsymbol{A}$ 时类似，也用 $2N-3$ 个并行步完成，每步的并行度也分别为 $1,1,2,2,\cdots,n/2-1,n/2-1,n/2,n/2-1,n/2-1,\cdots,2,2,1,1$。于是容易算得平均并行度为 $(3N^2-3N)/(10N-14)$。

3. 通信复杂度

假设有充分多的处理机，在此条件下分析其通信复杂度。同样分为 3 个部分来分析：第一部分，计算 $\boldsymbol{QA}$ 时，共在 $2N-3$ 个并行步内完成，设第 i 个并行步内的并行度为 D_i，则在每个并行步中有 $D_i \cdot 2 \cdot 8N$ 个字节的数据需要通信，故这一步中的通信复杂度为 $\sum_{i=1}^{2N-3}(D_i T_{\mathrm{SR}} + T_{\mathrm{W}} \cdot D_i \cdot 2 \cdot 8N \cdot d)$，其中 T_{SR} 为发送处理机的发送开销和接收处理机的接收开销之和，T_W 为网络带宽的倒数，即每字节传输时间，d 为处理机间的平均通信距离；第三部分计算 $\boldsymbol{R}^{-1}\boldsymbol{Q}$ 时采用同第一部分相同的并行策略，通信复杂度也相同；第二部分计算 $\boldsymbol{R}^{-1}$ 时，共在 $N-1$ 个并行步内完成，第 i 步的并行度为 i，每个并行步中共有 i 行 $i \cdot 8N$ 个字节的数据需要通信，故在这一步中的通信复杂度为 $\sum_{i=1}^{N-1}(i \cdot T_{\mathrm{SR}} + T_W \cdot i \cdot 8N \cdot d)$。综上所述可得总通信复杂度为

$$T = 2\sum_{i=1}^{2N-3}(D_i T_{\mathrm{SR}} + T_{\mathrm{W}} \cdot D_i \cdot 2 \cdot 8N \cdot d) + \sum_{i=1}^{N-1}(i \cdot T_{\mathrm{SR}} + T_{\mathrm{W}} \cdot i \cdot 8N \cdot d)$$

4. 效率及加速比

设以上算出的矩阵的求逆运算的总计算复杂度为 W_2，总通信复杂度为 T_2，则其算法的效率可通过 $E_2=\dfrac{W_2}{W_2+T_2}$ 计算；而加速比则为 $a_2=P \cdot E_2$，其中 P 为处理器的个数。

7.2.3 非对称复矩阵的特征值求解方法与算法设计

在很多关于多参数联合估计方法大多均涉及非对称复矩阵特征值求解的问题。为此，在此给出可逆非对称复矩阵的特征值的计算方法。

7.2.3.1 求解特征值的方法

1. QR 迭代法

对非对称矩阵的求解特征值问题最为常用的是 QR 迭代法，下面给出 QR 迭代法求解特征值的原理。

对于给定的矩阵 $\boldsymbol{A} \in \mathbf{C}^{n \times n}$，令 $\boldsymbol{A}_1=\boldsymbol{A}$，构造迭代

$$\begin{cases} \boldsymbol{A}_k = \boldsymbol{Q}_k \boldsymbol{R}_k \\ \boldsymbol{A}_{k+1} = \boldsymbol{R}_k \boldsymbol{Q}_k \end{cases}, \quad k=1,2,\cdots \tag{7.30}$$

其中，$\boldsymbol{Q}_k$ 是酉矩阵；$\boldsymbol{R}_k$ 是上三角矩阵。此种迭代法称为 QR 迭代，它是计算 Schur 分解最有效的方法。

定理 7.1[10]　(Schur 分解)若 $\boldsymbol{A} \in \mathbf{C}^{n \times n}$，则存在一个酉矩阵 $\boldsymbol{U} \in \mathbf{C}^{n \times n}$ 使得

$$\boldsymbol{U}^{\mathrm{H}}\boldsymbol{AU} = \boldsymbol{T} = \boldsymbol{D} + \boldsymbol{N}$$

其中，$\boldsymbol{D}=\mathrm{diag}\{\lambda_1,\lambda_2,\cdots\lambda_n\}$；$\boldsymbol{N}$ 是严格的上三角矩阵，即 $n_{ij}=0,\forall i \geqslant j$。$\boldsymbol{T}=\boldsymbol{D}+\boldsymbol{N}$ 称为矩阵 $\boldsymbol{A}$ 的复 Schur 标准形。

由于 $\boldsymbol{A}_k=\boldsymbol{R}_k\boldsymbol{Q}_k=\boldsymbol{Q}_k^{\mathrm{H}}(\boldsymbol{Q}_k\boldsymbol{R}_k)\boldsymbol{Q}_k=\boldsymbol{Q}_k^{\mathrm{H}}\boldsymbol{A}_{k-1}\boldsymbol{Q}_k$，所以由归纳法，有

$$\boldsymbol{A}_k=(\boldsymbol{Q}_0\boldsymbol{Q}_1\cdots\boldsymbol{Q}_k)^{\mathrm{H}}\boldsymbol{A}(\boldsymbol{Q}_0\boldsymbol{Q}_1\cdots\boldsymbol{Q}_k)$$

因此，每一个 $\boldsymbol{A}_k$ 与 $\boldsymbol{A}$ 酉相似。若矩阵 $\boldsymbol{A}$ 的特征值是单构的，当 $k\to\infty$ 时 $\boldsymbol{A}_k\to\boldsymbol{T}$，即迭代序列(7.30)收敛到矩阵 $\boldsymbol{A}$ 的复标准形，就可以很容易地求得它的全部特征值。

然而我们不能在任何情况下期望迭代式(7.30)产生的 $\boldsymbol{A}_k$ 逼近于一个上三角矩阵；那么 $\boldsymbol{A}_k$ 将趋近于什么呢？下面讨论QR迭代法的收敛性问题。

定理7.2 (QR迭代法收敛性)设可逆矩阵 $\boldsymbol{A}\in\mathbf{C}^{n\times n}$，利用式(7.30)构成的QR迭代收敛到具有下面形式的块上三角矩阵

$$\boldsymbol{D}=\begin{bmatrix}\boldsymbol{D}_{11} & \boldsymbol{D}_{12} & \cdots & \boldsymbol{D}_{1m}\\ \boldsymbol{0} & \boldsymbol{D}_{22} & \cdots & \boldsymbol{D}_{2m}\\ \vdots & \vdots & \ddots & \vdots\\ \boldsymbol{0} & \boldsymbol{0} & \cdots & \boldsymbol{D}_{mm}\end{bmatrix}$$

其中，子矩阵 D_{kk} 或者是一个单元素或者是一个 p_k 阶子矩阵其特征值具有等模特性(即 $|\lambda_{k1}|=|\lambda_{k2}|=\cdots=|\lambda_{kp_k}|$)。

为了充分理解定理7.2，在这里给出几个简单矩阵的实例。

例7.1 考虑复矩阵 $\boldsymbol{A}=\begin{bmatrix}8 & 1 & 6\\ 3 & 5 & 7\\ 4 & 9 & 2\end{bmatrix}\mathrm{j}$ 的QR迭代法的收敛性问题。

易知，矩阵 $\boldsymbol{A}$ 的特征值为 $\lambda_1=15\mathrm{j}$，$\lambda_2=4.899\mathrm{j}$，$\lambda_3=-4.899\mathrm{j}$，且 $|\lambda_2|=|\lambda_3|$，则使用式(6.43)所示的QR迭代法，有以下两种情况：

当迭代次数为 $k_1\geqslant 12$ 的偶数时，

$$\boldsymbol{A}_{k_1}=\begin{bmatrix}15 & 0 & 0\\ 0 & 4.5 & 0.866\\ 0 & 4.3301 & -4.5\end{bmatrix}\mathrm{j}$$

当迭代次数为 $k_2\geqslant 12$ 的奇数时，

$$\boldsymbol{A}_{k_2}=\begin{bmatrix}15 & 0 & 0\\ 0 & 2.7692 & 6.1288\\ 0 & 2.6647 & -2.7692\end{bmatrix}\mathrm{j}$$

易知，$\boldsymbol{A}_{k_1}$ 的子矩阵 $\begin{bmatrix}4.5 & 0.866\\ 4.3301 & -4.5\end{bmatrix}\mathrm{j}$ 和 $\boldsymbol{A}_{k_2}$ 的子矩阵 $\begin{bmatrix}2.7692 & 6.1288\\ 2.6647 & -2.7692\end{bmatrix}\mathrm{j}$ 的特征值均为 $4.899\mathrm{j}$，$-4.899\mathrm{j}$，且它们的模相等。因为 $\{\boldsymbol{A}_m\}$ 的偶数子序列 $\{\boldsymbol{A}_{2k}\}$ 的子块矩阵序列 $\{\boldsymbol{A}_{2k}(2:3,2:3)\}$ 收敛到矩阵 $\begin{bmatrix}4.5 & 0.866\\ 4.3301 & -4.5\end{bmatrix}\mathrm{j}$ 而奇数子序列 $\{\boldsymbol{A}_{2k+1}\}$ 的子块矩阵序列 $\{\boldsymbol{A}_{2k}(2:3,2:3)\}$ 收敛到矩阵 $\begin{bmatrix}2.7692 & 6.1288\\ 2.6647 & -2.7692\end{bmatrix}\mathrm{j}$，从而可以断定序列 $\{\boldsymbol{A}_m\}$ 的子块序列 $\{\boldsymbol{A}_m(2:3,2:3)\}$ 不收敛，但它们有相同的特征值。因此QR迭代序列 $\{\boldsymbol{A}_k\}$ 不会收敛到矩阵 $\boldsymbol{A}$ 的复Schur标准形，而是收敛到式(6.44)所给出的矩阵形式。

例 7.2 考虑矩阵 $\boldsymbol{B}=\begin{bmatrix}8&1&6\\3&5&7\\4&9&2\end{bmatrix}+10\times\begin{bmatrix}\mathrm{j}&0&0\\0&\mathrm{j}&0\\0&0&\mathrm{j}\end{bmatrix}$ 的 QR 迭代的收敛性问题。

易知，矩阵 $\boldsymbol{B}$ 的特征值为 $15+10\mathrm{j}, 4.899+10\mathrm{j}, -4.8990+10\mathrm{j}$。用 QR 迭代法进行迭代 26 次时，

$$\boldsymbol{B}_{26}=\begin{bmatrix}15+10\mathrm{j}&0&0\\0&3.5341+8.8072\mathrm{j}&3.8029+2.4793\mathrm{j}\\0&3.4&-3.5341+11.1928\mathrm{j}\end{bmatrix}$$

迭代 30 次时，

$$\boldsymbol{B}_{30}=\begin{bmatrix}15+10\mathrm{j}&0&0\\0&3.0076+10.8277\mathrm{j}&5.404-1.7203\mathrm{j}\\0&2.894&-3.0076+9.1723\mathrm{j}\end{bmatrix}$$

易知，$\boldsymbol{B}_{26}$ 和 $\boldsymbol{B}_{30}$ 的右下角的二阶子矩阵的特征值均为具有等模的 $4.899+10\mathrm{j}, -4.8990+10\mathrm{j}$。不难发现，迭代次数不同时矩阵 $\boldsymbol{B}_k$ 的右下角的二阶方阵具有不同的形式，但它们的特征值都相同。

结合定理 7.2 和例 7.1 和例 7.2 可以看到一个复矩阵如果几个特征值具有相同的模，则 QR 迭代法中的 $\boldsymbol{A}_k$ 仅仅变为块三角，每个“极限”对角子矩阵对应于同一模的特征值。如果 p 表示同一模的特征值的个数，那么，在矩阵 $\boldsymbol{A}_k$ 中就出现一个 p 阶对角子矩阵，它的元素不一定收敛，但它的特征值收敛于这个模的特征值。例如，矩阵 $\boldsymbol{A}$ 有特征值 $\lambda_i, 1\leqslant i\leqslant 7$ 其中 $|\lambda_1|=|\lambda_2|>|\lambda_3|>|\lambda_4|=|\lambda_5|=|\lambda_6|=|\lambda_7|$，那么 $\boldsymbol{A}_k$ 的“极限”形式如图 7.4 所示。

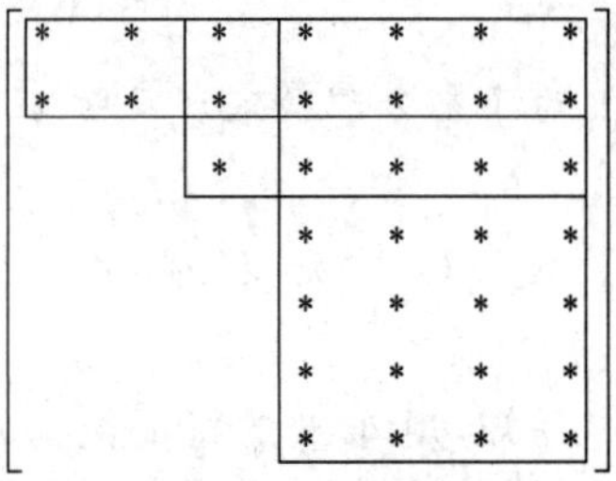

图 7.4 矩阵序列 $\boldsymbol{A}_k$ 的“极限”形式

定义 7.1 假设信源 $s(t)$ 和 $g(t)$ 的频率和 DOA 分别为 (f_1,ϑ_1) 和 (f_2,ϑ_2)，如果等式 $\sqrt{\tan^2\left(\frac{\pi d f_1}{c}\sin\vartheta_1\right)+\tan^2\left(\frac{\pi f_1}{P}\right)}=\sqrt{\tan^2\left(\frac{\pi d f_2}{c}\sin\vartheta_2\right)+\tan^2\left(\frac{\pi f_2}{P}\right)}$（其中，$d$ 为阵元间距，c 为光速，P 为采样速率）成立，则信源 $s(t)$ 与 $g(t)$ 称为等模信号。

利用定理 7.2 结合 Unitary-JAFE 算法可得到下面的定理。

定理 7.3 考虑 Q 个窄带信号源 $s_i(t)(i=1,2,\cdots,Q)$ 载频分别为 $f_i(i=1,2,\cdots,Q)$ 并以波达方向 $(\vartheta_1,\vartheta_2,\cdots,\vartheta_Q)$ 入射到 ULA。若下面两个条件成立，

A1：信源同频不同向、同向不同频；

A2：如果信源等模则信源具有相同频率或者 DOA；

则在 Unitary-JAFE 算法中非对称复矩阵 $\mathbf{A}=\boldsymbol{\Psi}_v+\mathrm{j}\boldsymbol{\Psi}_u$（其中，$\boldsymbol{\Psi}_v$ 和 $\boldsymbol{\Psi}_u$ 的定义如式(7.26)所示）的 QR 迭代收敛到具有以下形式的块上三角矩阵

$$\boldsymbol{D}=\begin{bmatrix}\boldsymbol{D}_{11}&\boldsymbol{D}_{12}&\cdots&\boldsymbol{D}_{1m}\\\mathbf{0}&\boldsymbol{D}_{22}&\cdots&\boldsymbol{D}_{2m}\\\vdots&\vdots&\ddots&\vdots\\\mathbf{0}&\mathbf{0}&\cdots&\boldsymbol{D}_{mm}\end{bmatrix}$$

其中,子矩阵 $\boldsymbol{D}_{kk}$ 或者是一个复数或者是一个以 $\begin{cases} a+b\mathrm{j} \\ a-b\mathrm{j} \end{cases}$ ($a>0$,b 为实数)为特征值的二阶方阵。

证明:由定理 7.2 易知,子矩阵 D_{kk} 或者是一个单元素或者是一个具有等模特征值的 p_k($p_k\geqslant 2$)阶子矩阵。利用矩阵的相似性,容易知道,矩阵 $\boldsymbol{A}_k$、$\boldsymbol{A}$ 和 $\boldsymbol{D}$ 的特征值相同,另外由矩阵 $\boldsymbol{A}=\boldsymbol{\Psi}_v+\mathrm{j}\boldsymbol{\Psi}_u$ 的第 k 个特征值的实部和虚部分别代表着第 k 个信源的频率与 DOA,则断定 p_k 最大等于 2,下面证明 $p_k\leqslant 2$。

采用反证法,否则如果 $p_k\geqslant 3$,即存在一个 p_k 阶子矩阵 D_{kk} 具有 p_k 个等模特征值 $|\lambda_{k1}|=|\lambda_{k2}|=\cdots=|\lambda_{kp_k}|$;则特征值 $\lambda_{k1},\lambda_{k2},\cdots,\lambda_{kp_k}$ 有以下几种情况:

(1) 特征值 $\lambda_{k1},\lambda_{k2},\cdots,\lambda_{kp_k}$ 中有某 m($m\geqslant 2$)个特征值相等,这意味着有 m 个信源具有相同频率和相同的 DOA 与假设条件 A1 信源同频不同向、同向不同频的条件相矛盾,所以此种情况不成立。

(2) 特征值 $\lambda_{k1}\neq\lambda_{k2}\neq\cdots\neq\lambda_{kp_k}$,即特征值不相等但模相等。由假设条件 A2 知道 $\mathrm{Re}\{\lambda_{k1}\}=\mathrm{Re}\{\lambda_{k2}\}=\cdots=\mathrm{Re}\{\lambda_{kp_k}\}$ 或 $\mathrm{Im}\{\lambda_{k1}\}=\mathrm{Im}\{\lambda_{k2}\}=\cdots=\mathrm{Im}\{\lambda_{kp_k}\}$。如果 $p_k\geqslant 3$,则 $\lambda_{k1},\lambda_{k2},\cdots,\lambda_{kp_k}$ 中至少有两个特征值相等,这意味着至少有两个信源具有相同的载频和相同的 DOA 与假设条件 A1 矛盾。

综上所述,可知 $p_k\leqslant 2$,而二阶子矩阵的等模特征值具有下述形式:

(1) $\begin{cases} \lambda_1=a+b\mathrm{j} \\ \lambda_2=-a+b\mathrm{j} \end{cases}$

(2) $\begin{cases} \lambda_1=a+b\mathrm{j} \\ \lambda_2=a-b\mathrm{j} \end{cases}$

(3) $\lambda_1=\lambda_2$

利用特征值的实部所代表的含义,可知(1)不成立,(3)与假设条件 A1 矛盾,因此等模特征值只能是(2)所示的形式,即具有共轭的特征值对,此时意味着信源以相同载频而以互为相反的方向入射到阵列。

定理得证。

综上所述,我们利用 QR 迭代式(7.30)和定理 7.3 就可以解决 Unitary-JAFE 算法中的非对称复矩阵的特征值求解问题。

2. Frame-Newton 法

因为非对称复矩阵的特征值的复杂性,所以对非对称复矩阵的特征值计算问题历来是一个难点。通过相关研究,我们针对非对称复矩阵的特征值和特征向量的求解问题提出了一种适用范围更广泛的方法,此方法由 Frame 算法计算特征多项式、牛顿下山法计算特征值以及综合 Frame 算法和特征值计算特征向量 3 个部分构成,这种方法简称为 Frame-Newton 法。此方法可以适用于特征值不相等但其中可以有模相等的特征值的复矩阵的情况。

首先,给出最小多项式的概念以及几个重要的定理。

定义 7.2[11] 次数最低的首项系数为1的以 $\boldsymbol{A}$ 为根的多项式称 $m(\lambda)$ 为矩阵 $\boldsymbol{A}$ 的最小多项式。

定义 7.3[11] 设 $\boldsymbol{A}$ 是数域 P 上一个 n 阶矩阵，λ 是特征值。矩阵 $\lambda\boldsymbol{I}-\boldsymbol{A}$ 的行列式 $f(\lambda)=|\lambda\boldsymbol{I}-\boldsymbol{A}|$ 称为矩阵 $\boldsymbol{A}$ 的特征多项式。

下面通过定理的形式，给出在Unitary-JAFE算法中复矩阵 $\boldsymbol{A}=\boldsymbol{\Psi}_v+\mathrm{j}\boldsymbol{\Psi}_u$ 的最小多项式 $m(\lambda)$ 与特征多项式 $f(\lambda)$ 的关系。

定理 7.4 考虑 Q 个窄带信号源 $s_i(t)(i=1,2,\cdots,Q)$ 载频分别为 $f_i(i=1,2,\cdots,Q)$ 并以波达方向 $(\vartheta_1,\vartheta_2,\cdots,\vartheta_Q)$ 入射到ULA。若信源同频不同向、同向不同频，则在Unitary-JAFE算法中的复矩阵 $\boldsymbol{A}=\boldsymbol{\Psi}_v+\mathrm{j}\boldsymbol{\Psi}_u$ 的最小多项式 $m(\lambda)$ 与特征多项式 $f(\lambda)$ 相等。

证明：假设矩阵 $\boldsymbol{A}$ 的特征值为 $\lambda_1,\lambda_2,\cdots,\lambda_n$，可以断言特征值 $\lambda_1,\lambda_2,\cdots,\lambda_n$ 中没有相等的特征值否则与信源同频不同向、同向不同频的假设矛盾。故复矩阵 $\boldsymbol{A}$ 没有重根，即 $f(\lambda)=\prod\limits_{k=1}^{n}(\lambda-\lambda_k)$。

分为两步证明定理。

首先证明 $f(\lambda)|m(\lambda)$。

设矩阵 $\boldsymbol{A}$ 的特征值 λ_k 所对应的特征向量为 $\boldsymbol{x}_k$，则有

$$\boldsymbol{A}\boldsymbol{x}_k=\lambda_k\boldsymbol{x}_k\Rightarrow m(\boldsymbol{A})\boldsymbol{x}_k=m(\lambda_k)\boldsymbol{x}_k$$

$$m(\boldsymbol{A})=\boldsymbol{0}\Rightarrow m(\lambda_k)\boldsymbol{x}_k=\boldsymbol{0}\Rightarrow m(\lambda_k)=0 \tag{7.31}$$

假设 $m(\lambda)=f(\lambda)q(\lambda)+r(\lambda)$，其中 $\partial(r(\lambda))<\partial(f(\lambda))=n$（$\partial(g(x))$ 表示多项式 $g(x)$ 的次数）。由式(7.31)可知 $m(\lambda_k)=0(k=1,2,\cdots,n)$，又由 $f(\lambda_k)=0$ 可知 $r(\lambda)=0$，有 n 个单根 $\lambda_1,\lambda_2,\cdots,\lambda_n$ 所以 $r(\lambda)\equiv 0$，即 $f(\lambda)|m(\lambda)$。

其次证明 $m(\lambda)|f(\lambda)$。

采用反证法，如果 $m(\lambda)|f(\lambda)$ 不成立，则有 $r(\lambda)\neq 0$ 且 $\partial(r(\lambda))<\partial(m(\lambda))$，使得

$$f(\lambda)=m(\lambda)q(\lambda)+r(\lambda)\Rightarrow r(\boldsymbol{A})=\boldsymbol{0}$$

即 $m(\lambda)$ 不是最小多项式，与前提矛盾，所以 $m(\lambda)|f(\lambda)$ 成立。

由 $f(\lambda)|m(\lambda)$ 和 $m(\lambda)|f(\lambda)$ 且它们首项系数为1，可以推出 $m(\lambda)=f(\lambda)$。

定理得证。

给出复矩阵 $\boldsymbol{A}=\boldsymbol{\Psi}_v+\mathrm{j}\boldsymbol{\Psi}_u$ 的最小多项式 $m(\lambda)$ 与特征多项式 $f(\lambda)$ 的关系之后，讨论复矩阵 $\boldsymbol{A}$ 的特征多项式的计算方法。

Frame方法原理[12]可以概括为：设 n 阶复矩阵 $\boldsymbol{A}$ 的特征多项式为

$$f(\lambda)=\lambda^n+a_1\lambda^{n-1}+\cdots+a_{n-1}\lambda+a_n \tag{7.32}$$

记 $\boldsymbol{A}$ 的 n 个特征值为 $\lambda_1,\lambda_2,\cdots,\lambda_n$（重特征值重复编号）。令

$$s_k=\lambda_1^k+\lambda_2^k+\cdots+\lambda_n^k=\mathrm{tr}(\boldsymbol{A}^k)\quad(k=1,2,\cdots,n)$$

则有Newton式

$$\left.\begin{aligned}-a_1&=s_1\\-ka_k&=s_k+a_1s_{k-1}+\cdots+a_{k-1}s_1\end{aligned}\right\} \tag{7.33}$$

根据式(7.33)建立Frame算法如下：

$$\left.\begin{array}{lll} \boldsymbol{A}_1=\boldsymbol{A}, & p_1=\operatorname{tr}(\boldsymbol{A}_1), & \boldsymbol{B}_1=\boldsymbol{A}_1-p_1\boldsymbol{I} \\ \boldsymbol{A}_2=\boldsymbol{A}\boldsymbol{B}_1, & p_2=\dfrac{1}{2}\operatorname{tr}(\boldsymbol{A}_2), & \boldsymbol{B}_2=\boldsymbol{A}_2-p_2\boldsymbol{I} \\ \vdots & \vdots & \vdots \\ \boldsymbol{A}_n=\boldsymbol{A}\boldsymbol{B}_{n-1}, & p_n=\dfrac{1}{n}\operatorname{tr}(\boldsymbol{A}_n), & \boldsymbol{B}_n=\boldsymbol{A}_n-p_n\boldsymbol{I} \end{array}\right\} \tag{7.34}$$

其中，$\operatorname{tr}(\boldsymbol{A})$为矩阵 $\boldsymbol{A}$ 的迹，它定义为矩阵 $\boldsymbol{A}$ 的对角元素之和。

定理 7.5　由 Frame 算法(7.34)可得到以下结论

(1) 特征多项式 $f(\lambda)$中的系数 $a_k=-p_k(k=1,2,\cdots,n)$；

(2) $\boldsymbol{B}_n=\boldsymbol{0}$；

(3) 当 $\boldsymbol{A}$ 可逆时，$\boldsymbol{A}^{-1}=\dfrac{1}{p_n}\boldsymbol{B}_{n-1}$。

定理 7.6　如果 Frame 算法(7.34)中的矩阵 $\boldsymbol{B}_1,\boldsymbol{B}_2,\cdots,\boldsymbol{B}_{n-1}$ 使得

$$\boldsymbol{Q}_k=\lambda_k^{n-1}\boldsymbol{I}+\lambda_k^{n-2}\boldsymbol{B}_1+\cdots+\lambda_k\boldsymbol{B}_{n-2}+\boldsymbol{B}_{n-1}\neq\boldsymbol{0} \tag{7.35}$$

则 $\boldsymbol{Q}$ 的非零列向量是 $\boldsymbol{A}$ 的对应于特征值λ_k 的特征向量。

定理 7.7　如果 $\boldsymbol{A}$ 的最小多项式 $m(\lambda)=f(\lambda)$，则式(7.35)成立。

定理 7.5～定理 7.7 的证明参见文献[12]。

综合定理 7.4～定理 7.7 和 Frame 算法(7.34)，有定理 7.8。

定理 7.8　考虑 Q 个窄带信号源 $s_i(t)(i=1,2,\cdots,Q)$载频分别为 $f_i(i=1,2,\cdots,Q)$并以波达方向$(\vartheta_1,\vartheta_2,\cdots,\vartheta_Q)$入射到 ULA。若信源同频不同向、同向不同频，则在 Unitary-JAFE 算法中的复矩阵 $\boldsymbol{A}=\boldsymbol{\Psi}_v+\mathrm{j}\boldsymbol{\Psi}_u$(其中 $\boldsymbol{\Psi}_v,\boldsymbol{\Psi}_u$ 的定义如式(7.27)所示)的特征多项式 $f(\lambda)=\lambda^n+a_1\lambda^{n-1}+\cdots+a_{n-1}\lambda+a_n$ 的系数 $a_k=-p_k(k=1,2,\cdots,n)$，p_k 由 Frame 算法(7.34)确定，且矩阵 $\boldsymbol{A}$ 的特征值λ_k 对应的特征向量由定理 7.6 中式(7.35)的非零列向量确定。

定理 7.8 指出，对于特征值互异的非对称复矩阵 $\boldsymbol{A}$ 的特征值和特征向量的计算可以采用 Frame 算法，在获得特征多项式之后，可以采用求复系数代数方程全部根的牛顿下山法，其算法原理和实现程序可参阅文献[13,14]。

因此，利用定理 7.8，可得到计算特征值互异(特征值不相等但其中可以有模相等的特征值)的复矩阵的特征值和特征向量算法 7.2，如下所示。

算法 7.2　Frame-Newton 算法。

1. 利用 Frame 算法式(7.34)计算矩阵 $\boldsymbol{A}$ 特征值多项式 $f(\lambda)$的系数 $a_1,a_2,\cdots,a_n$；
2. 利用牛顿下山法求解复系数代数方程 $f(\lambda)=\lambda^n+a_1\lambda^{n-1}+\cdots+a_{n-1}\lambda+a_n=0$ 的全部根，即得到矩阵 $\boldsymbol{A}$ 的特征值；
3. 利用式(7.35)计算特征值 λ_k 的特征值向量 η_k，$k=1,2,\cdots,n$。

7.2.3.2　QR 迭代法的并行算法设计

由上面介绍可以看到，求解特征值的主要处理过程和运算量都集中在 QR 迭代过程中，即 QR 分解和矩阵乘法两种运算过程。因此，可以把求解特征值的算法分为两步考虑，即第

一步求 $\boldsymbol{A}_k=\boldsymbol{Q}_k\boldsymbol{R}_k$，第二步求 $\boldsymbol{A}_{k+1}=\boldsymbol{R}_k\boldsymbol{Q}_k$；在每一步中通过把 QR 分解和矩阵乘法的处理过程并行化处理进而提高特征值的计算速度。其中 QR 分解并行设计请参看 7.2.3 节中的相关内容，关于矩阵乘法的并行设计可参看 7.2.1 节的相关内容。

7.2.3.3 算法分析

1. 计算复杂性

由并行算法的设计可以知道，整个计算包括：计算 QR 分解，即计算矩阵 $\boldsymbol{Q}$ 和 $\boldsymbol{R}$；计算矩阵 $\boldsymbol{RQ}$。

第一部分，计算上三角矩阵 $\boldsymbol{R}=\boldsymbol{Q}^{\mathrm{H}}\boldsymbol{A}$ 和 $\boldsymbol{RQ}$，其计算过程类似，故放在一起考虑。矩阵 $\boldsymbol{Q}$ 由 $N(N-1)/2$ 个（矩阵 $\boldsymbol{A}$ 的下三角元素的个数）Givens 变换矩阵乘积而得，每个 Givens 矩阵与 $\boldsymbol{A}$ 或者 $\boldsymbol{R}$ 相乘时，都需要 $4N$ 次乘法和 $2N$ 次加法总共 $6N$ 次运算，所以得这时的总算术运算量为 $\frac{N(N-1)}{2}\cdot 6N+\frac{N(N-1)}{2}\cdot 6N=6N^3-6N^2$。

第二部分，计算矩阵 $\boldsymbol{Q}$ 时，$\boldsymbol{Q}$ 由 $N(N-1)/2$ 个 Givens 变换组成，每一个 Givens 变换的获得需要 5 次算术运算和 1 次平方根运算，因此总共有 $\frac{5}{2}N^2-\frac{5}{2}N$ 次算术运算和 $\frac{1}{2}N^2-\frac{1}{2}N$ 次平方根运算。

综上所述，把两部分的计算量相加得到总计算量为 $6N^3-\frac{7}{2}N^2-\frac{5}{2}N$ 次算术运算和 $\frac{1}{2}N^2-\frac{1}{2}N$ 次平方根运算。假设 QR 迭代 n 次终止，则 QR 迭代过程总的计算量为 $\left(6N^3-\frac{7}{2}N^2-\frac{5}{2}N\right)n$ 次算术运算和 $\left(\frac{1}{2}N^2-\frac{1}{2}N\right)n$ 次平方根运算。

2. 并行度

并行度的计算也要分为两个部分，即 $\boldsymbol{R}=\boldsymbol{Q}^{\mathrm{H}}\boldsymbol{A}$ 和 $\boldsymbol{RQ}$ 两个部分。在 $\boldsymbol{Q}^{\mathrm{H}}$ 乘以 $\boldsymbol{A}$ 处，这一步用 $2N-3$ 个并行步完成，从算法设计过程中易知每一步的并行度为 1,1,2,2,…,$N/2-1$,$N/2-1$,$N/2$,$N/2-1$,$N/2-1$,…,2,2,1,1；在 $\boldsymbol{RQ}$ 处，其算法设计的原理与 $\boldsymbol{Q}^{\mathrm{H}}$ 乘以 $\boldsymbol{A}$ 时类似，也用 $2N-3$ 个并行步完成，每步的并行度也分别为 1,1,2,2,…,$N/2-1$,$N/2-1$,$N/2$,$N/2-1$,$N/2-1$,…,2,2,1,1。于是容易算得平均并行度为 $(N^2-N)/(4N-6)$。

3. 通信复杂度

假设有充分多的处理机，在此条件下分析其通信复杂度。同样分为两个部分来分析：第一部分，计算 $\boldsymbol{Q}^{\mathrm{H}}\boldsymbol{A}$ 时，共在 $2N-3$ 个并行步内完成，设第 i 个并行步内的并行度为 D_i，则在每个并行步中有 $D_i\cdot 2\cdot 8N$ 个字节的数据需要通信，故这一步中的通信复杂度为 $\sum_{i=1}^{2N-3}(D_iT_{\mathrm{SR}}+T_W\cdot D_i\cdot 2\cdot 8N\cdot d)$，其中，$T_{\mathrm{SR}}$ 为发送处理机的发送开销和接收处理机的接收开销之和，T_W 为网络带宽的倒数，即每字节传输时间，d 为处理机间的平均通信距离；第二部分计算 $\boldsymbol{RQ}$ 时采用同第一部分相同的并行策略，通信复杂度也相同；综上所述可得总通信复杂度为

$$T=2\sum_{i=1}^{2N-3}(D_iT_{\mathrm{SR}}+T_W\cdot D_i\cdot 2\cdot 8N\cdot d)$$

4. 效率及加速比

设以上算出的矩阵的求逆运算的总计算复杂度为 W_2，总通信复杂度为 T_2，则其算法的效率可通过 $E_2=\frac{W_2}{W_2+T_2}$ 计算；而加速比则为 $a_2=P\cdot E_2$，其中 P 为处理机的台数。

7.3　基于 Lyrtech 模型机的实现

本节主要讨论 Unitary-JAFE 算法在 Lyrtech 模型机上的实现问题，其中 Unitary-JAFE 算法原理可以参阅 7.1 节的 Unitary-JAFE 算法。本节主要利用在 Lyrtech 模型机上已经封装好的矩阵运算模块实现 Unitary-JAFE 算法在 DSP 和 FPGA 上的设计。本设计将整个算法流程在 4 片 DSP 上实现，DSP 之间的通信通过在 FPGA 中搭建通信模型来实现。通过在后台调用 CCS，利用 RTW 将 DSP 中的 Simulink 设计转换成目标代码并下载到 DSP 中运行；通过在后台调用 ISE，利用 System Generator 将 FPGA 中的 Simulink 设计转换成比特流并下载到 FPGA 中建立 DSP 之间的通信。其开发流程类似于 MUSIC 在 Lyrtech 模型机上的开发流程，如图 7.5 所示。

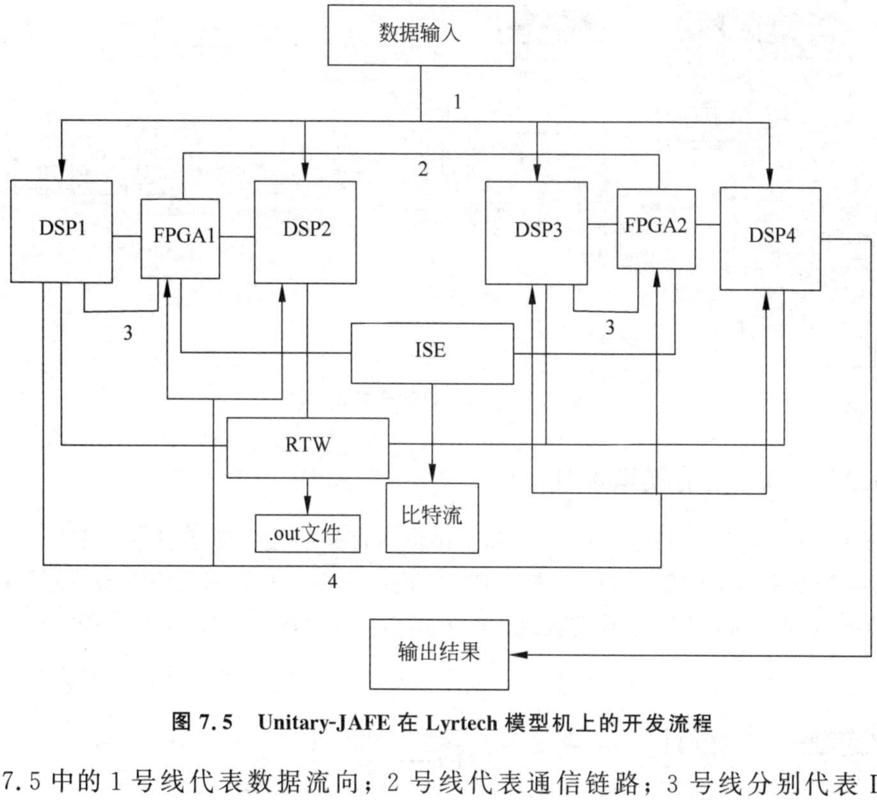

图 7.5　Unitary-JAFE 在 Lyrtech 模型机上的开发流程

图 7.5 中的 1 号线代表数据流向；2 号线代表通信链路；3 号线分别代表 DSP1 和 DSP3 控制 FPGA1 和 FPGA2 中的比特流下载；4 号线代表主 DSP1 的控制线。下面对图 7.5 的详细开发流程进行介绍。

Unitary-JAFE 在 Lyrtech 模型机上开发流程如下：

步骤 1，分别在 DSP1～DSP4 中进行整个算法流程的 Simulink 模型设计，在 FPGA1 和

FPGA2 中进行 4 片 DSP 之间的通信模块设计；

步骤 2，利用 System Generator，通过在后台调用 ISE 将 FPGA1 和 FPGA2 中的模型设计转换成比特流；

步骤 3，利用 RTW，通过在后台调用 CCS 将 DSP1～DSP4 中的算法设计模型转换成 DSP 的可执行代码；

步骤 4，通过 DSP1 将 FPGA1 中的比特流下载到 FPGA1 中，通过 DSP3 将 FPGA2 中的比特流下载到 FPGA2 中，然后再将 DSP2 和 DSP4 的可执行代码下载；

步骤 5，先运行 DSP4 使其处于接收等待状态，然后运行 DSP3 使其处于接收等待状态，再运行 DSP2 使其处于接收等待状态，最后运行 DSP1 触发整个流程的运行；

步骤 6，在 DSP4 中观察运行结果。

7.3.1 DSP1 中的模型设计

在 DSP1 中，通过从 MATLAB 的工作空间中读入阵列接收数据，然后按着算法原理，对接收数据进行时域和空域平滑处理，并将处理后的复矩阵的实部和虚部一并以帧的形式通过 FastBus 传送给 DSP2。在 DSP1 中的设计模型如图 7.6 所示。

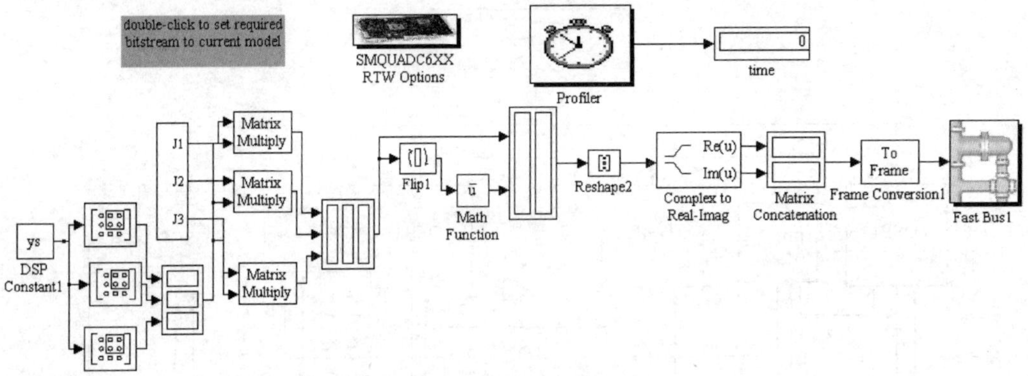

图 7.6 DSP1 中的模型设计

7.3.2 DSP2 中的模型设计

在 DSP2 中，通过 FastBus 接收从 DSP1 中传送过来的数据转换成基于采样的信号，然后转换成原复矩阵，利用酉变换矩阵将复矩阵转换成实矩阵并计算其协方差，最后并将协方差矩阵转换成列向量，以帧的形式通过 FastBus 传送给 DSP3。在 DSP2 中的设计模型如图 7.7 所示。

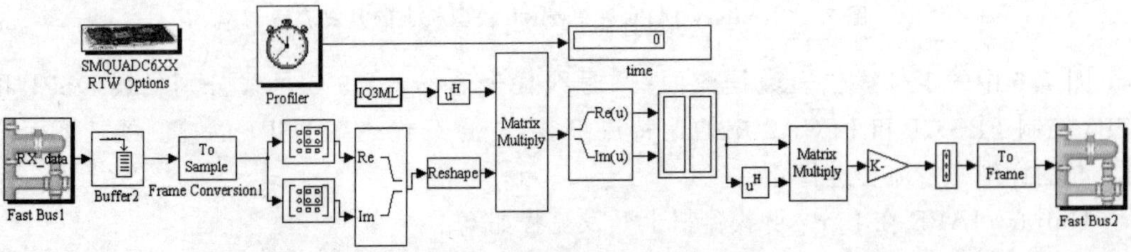

图 7.7 DSP2 中的模型设计

7.3.3 DSP3 中的模型设计

在 DSP3 中，通过 FastBus 接收从 DSP2 中传送过来的协方差数据并转换成基于采样的信号，然后对其进行特征值分解求得信号子空间，利用变换矩阵和信号子空间矩阵构造复矩阵，最后将复矩阵的实部和虚部转换成列向量，以帧的形式通过 FastBus 传送给 DSP4。在 DSP3 中的设计模型如图 7.8 所示。

7.3.4 DSP4 中的模型设计

在 DSP4 中，通过 FastBus 接收从 DSP3 中传送过来的复矩阵的实部和虚部重新构造原复矩阵，然后利用自行封装的任意矩阵特征值求解模块求得复矩阵的特征值，最后利用特征值的实部和虚部求得信号频率和方位，并将最后的处理结果返回 PC 显示出来。在 DSP4 中的设计模型如图 7.9 所示。

7.3.5 FPGA 中的模型设计

通过在 FPGA 中搭建模型建立 DSP 之间的通信，其中 DSP1 和 DSP2 之间通信要经过 FPGA1，DSP2 和 DSP3 之间通信需要先经过 FPGA1 再经过 FPGA2，DSP3 和 DSP4 之间通信要通过 FPGA2，FPGA1 和 FPGA2 之间通过 LVDS 连接。在 FPGA 中的整体模型设计、FPGA1 中的模型设计、FPGA2 中的模型设计分别如图 7.10～图 7.12 所示。

7.3.6 实验及分析

1. Lyrtech 模型机对 Unitary-JAFE 精度的影响

测试条件：5 阵元 ULA，快拍数 256，阵元间距为 0.3m，分别采用 3 因子时域平滑技术和 3 因子空域平滑技术，进行 50 次独立实验。假设一载频为 50MHz，带宽为 4MHz 的 BPSK 调制信号以波达方向(DOA)20°入射到 ULA。分别在 PC(Pentium 4 CPU 2.8GHz，512MB 的内存)上应用 MATLAB 7.0 软件和 Lyrtech 模型机上应用 Simulink 模型进行仿真。测试结果如图 7.13 所示。从图 7.13 可以看到，Lyrtech 模型机上应用 Simulink 模型与在 PC 上应用 MATLAB 软件仿真结果一致。

2. Lyrtech 模型机上多片处理器并行运算速度和单片运算速度比较

测试条件：4 阵元 ULA，快拍数 40～60，阵元间距为半波长，采用 3 因子时域平滑技术和 2 因子空域平滑技术。假设两个窄带信号载频为 50MHz、48MHz，带宽为 4MHz、2MHz 的 BPSK 调制信号以波达方向(DOA)20°和－40°入射到 ULA。测试结果见表 7.2。

表 7.2 单片与多片 DSP 上处理速度测试

快拍数	DSP1 用时/ms	DSP2 用时/ms	DSP3 用时/ms	DSP4 用时/ms	总用时/ms	串行/ms	加速比	效率
40	0.42	0.02	2.02	0.25	2.86	3.6	1.2587	0.3147
50	0.53	0.02	2.03	0.25	3.03	4.2	1.3861	0.3465
60	0.64	0.02	2	0.25	3.25	4.8	1.4769	0.3692

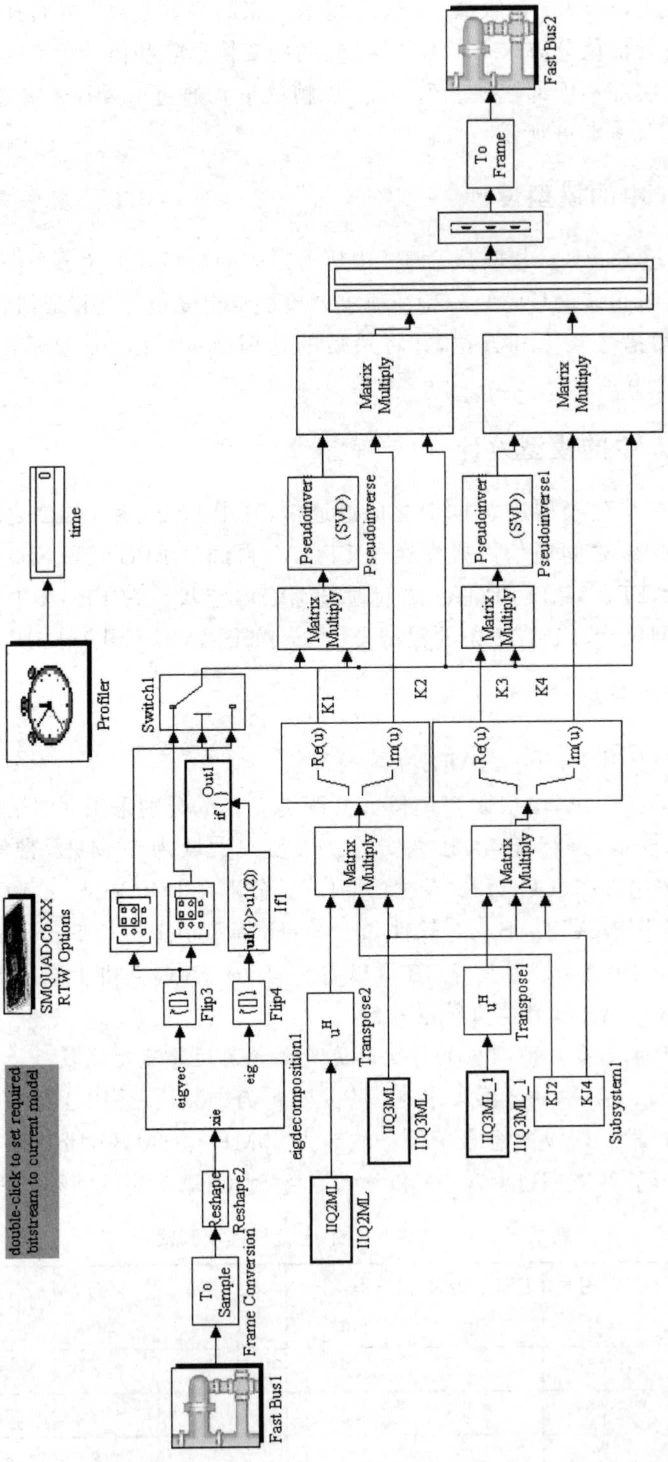

图 7.8 DSP3 中的模型设计

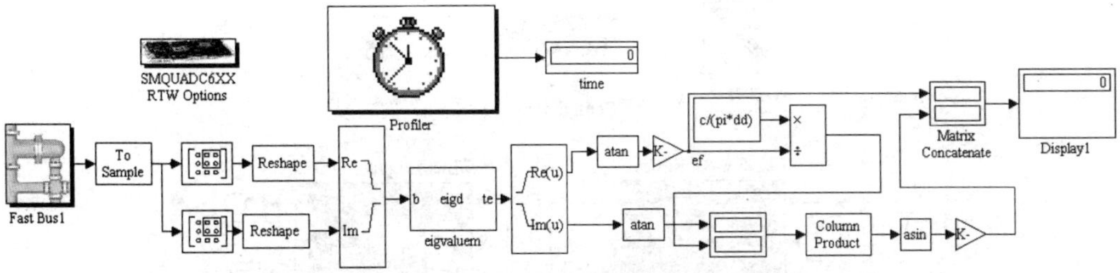

图 7.9　DSP4 中的模型设计

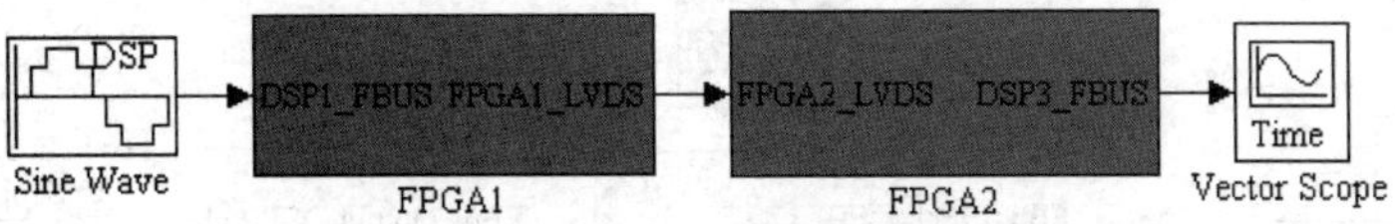

图 7.10　FPGA 中的整体模型设计

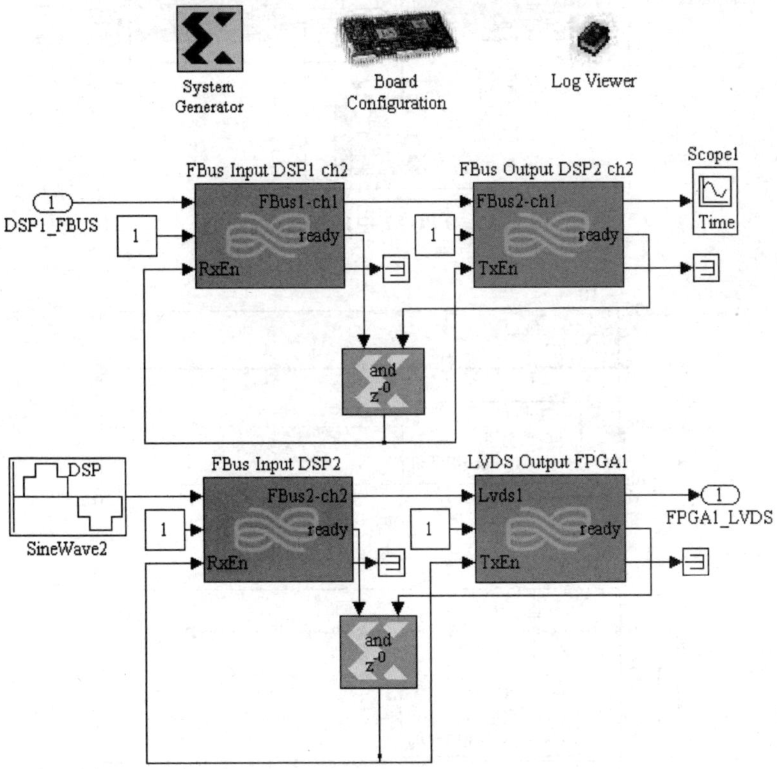

图 7.11　FPGA1 中的模型设计

实验结果分析：由如表 7.2 所示的实验结果可以看到，随着快拍数的增加 Unitary-JAFE 算法的加速比和效率也随着提高。

3. 实验结论

通过上述实验及分析，可以得到如下结论：

- 随着快拍数的增加，Unitary-JAFE 算法的加速比和效率也随着提高，在快拍数较大时，处理速度优势明显；
- Lyrtech 模型上算法的测频、测向精度与 PC 上采用 MATLAB 的精度一致。

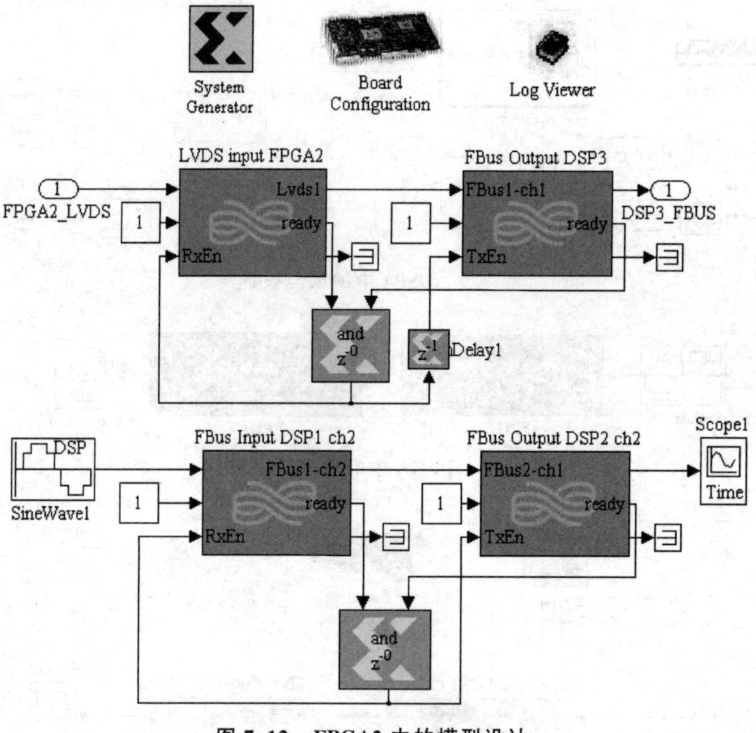

图 7.12 FPGA2 中的模型设计

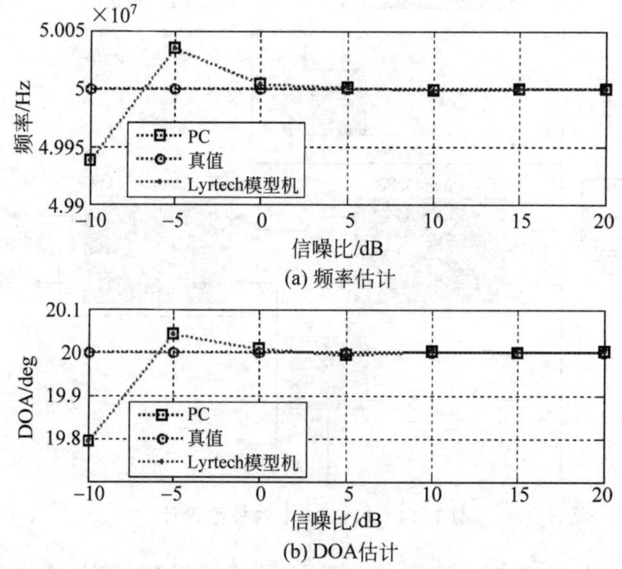

图 7.13 基于 Lyrtech 模型机与 PC 仿真比较

7.4 Lyrtech 模型机性能评价

Lyrtech 模型机由 4 片 TI 公司的 TMS320C6713DSP 芯片和 2 片 Xilinx 的 Virtex-Ⅱ系列 FPGA 以及相应软件和工具套件构成的有机整体。本节对 Lyrtech 模型机中 DSP 处理性能、网络结构、软件设计等进行评价。

7.4.1 DSP 的特点

Lyrtech 模型机上 4 片 DSP 均采用的是 TI 公司生产的 TMS320C6713，通过表 7.3 对 TMS320C6713DSP 性能进行了总结。

表 7.3 TMS320C6713 性能

性能 / 型号	TMS320C6713
主频	225MHz
峰值性能	225MIPS，1350MFLOPS
对外部存储器速度要求	5ns
片内存储器	1Mb
指令字	8×32b
数据格式	IEEE 32/40b 浮点；IEEE 64b 浮点；32b 定点
累加器	40b
循环寻址缓冲	8 个
DMA	4 通道
片外总线	32b
链路口	无
并行多处理器结构	无
指令	高复杂
串口	2 个
功耗	7W
封装	352BGA
1024 点复数 FFT	120μs

由表 7.3 可以看出，TMS320C6713 进一步提高主频的余地较小，它具有较小的片内存储(1Mb)；它采用较长的超指令字，每条指令长 8×32b，分别控制 8 个运算单元(其中 6 个是浮点型)的运算操作。TMS320C6713 依靠较高的主频取得了较高的峰值运算速度，其综合性能不高主要表现在 I/O 带宽低和缺乏多处理连接支持，它的运算能力因其严重的 I/O 瓶颈而大大降低，而且用汇编语言编写 8 个运算单元的并行操作十分困难(高级语言编写的程序经编译后效率低)，当用于多片并行处理时，TMS320C6713 的处理能力会大打折扣。从数据格式来看它作双精度 64b 处理较为合适。另外，它需要超高速的静态随机存储器(SRAM)，同步/并发 SRAM 等作为其外部存储器。

7.4.2 网络结构

Lyrtech 模型机中 4 片 DSP 的网络结构如图 7.14 所示，从图中可以看到 4 片 DSP 和 2 片 FPGA 分成两簇，每簇按照树状布局，其中 DSP1 和 DSP2 之间需通过 FPGA1 和 1 号线建立通信链路，DSP3 和 DSP4 之间需通过 FPGA2 和 2 号线建立通信链路，DSP1、DSP2 与 DSP3、DSP4 之间需要通过 FPGA1、FPGA2 和 1 号线、3 号线、2 号线建立通信链路。

通常利用网络直径和等分宽度等对网络互连结构进行评价。其中网络直径和等分宽度

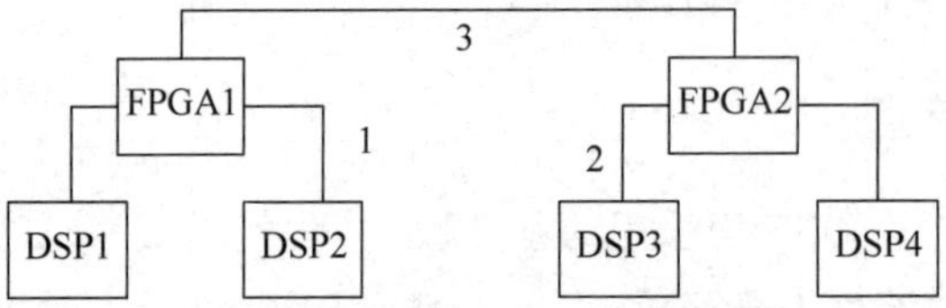

图 7.14 Lyrtech 模型机网络结构

的含义如下：

网络直径——一个网络的直径是两个处理器节点之间的最大距离，即处理器间通信所需要跨越的网络边的条数的最大值。它是固定连接网络的一个重要性能参数，衡量了网络中最远距离节点间传递消息的时间延迟。

等分宽度——一个网络的等分宽度是指将网络分成两个相等部分(节点数相等或至多相差 1)所需去掉的网络边的条数。它也是算法时间下界的一个决定性因素。因为在算法设计中，很可能存在大量的信息要求从网络的左半部分送到右半部分或从右半部分送到左半部分，而这些消息又只能由这些去掉的边来传送，算法运行时间将会受到限制。

由网络直径和等分宽度的定义可知：

(1) 网络直径越小越好，这是因为直径决定了需要在随机节点对之间进行通信的并行算法复杂度的下界；

(2) 等分宽度越大越好，这是因为在需要大量数据移动的算法中并行算法复杂度的下界为数据集的大小除以等分宽度。

通过分析可知 Lyrtech 模型机的网络直径为 3，等分宽度为 1。从而在网络结构设计上还有待改进。

7.4.3 软件开发环境

由于 Lyrtech 模型机具有较强的软件开发环境，结合软件工具，我们可以进行快速和方便地进行设计以及在 FPGA/DSP 混合硬件结构上实现时空信号处理的应用。表 7.4 给出了 Lyrtech 模型机中各种软件设计的实现方法及其特点。

表 7.4 不同的软件设计方法

软件设计方法	仿真	编程、调试	开发周期	难度	代码效率	代码长度
汇编	汇编	汇编	最长	最大	最高	最小
C+汇编	C	汇编	长	大	高	小
C	C	C	短	小	低	大
Simulink	Simulink	Simulink	最短	最小	最低	最大

由表 7.4 可以看到，Lyrtech 模型机支持多种软件开发，通过 Xilinx 公司提供的 System Generator for DSP 工具，以及 Simulink 和 RTW，可以使得我们在确定有效的代码优化方法和确定最终硬件之前进行快速开发应用程序的功能原型。这种软件开发环境可以帮助我们提高学习效率，降低开发成本，减小完成这些设计的开发风险。不过，在高级数学工具套件方面还需完善时空信号处理中经常涉及数值运算套件。

小结：本节首先简单介绍了基于 4 片 DSP 和 2 片 FPGA 的 Lyrtech 模型机的硬件和软

件特点，然后在该模型机上对一些相关矩阵运算以模块的方式进行了封装，在此基础之上分别对 C-MUSIC、Unitary-MUSIC、Unitary-JAFE 在 Lyrtech 模型机上进行了优化设计，并对单片 DSP 与 4 片 DSP 上各种算法的运行时间进行了测试，其中加速比和效率最大可分别达到 2.6 和 0.6，最后对 Lyrtech 模型机的性能进行了评价和分析。这些相关工作的研究可以为我们在多片 DSP 上开发并行程序提供一定的工程经验。

7.5 本章小结

本章给出了基于实数运算为主的 Unitary-JAFE 算法，并和 C-JAFE 算法在估计性能方面进行了仿真比较和分析。对 Unitary-JAFE 算法涉及的矩阵运算进行了分析，并结合该算法的自身特点最终实现了联合估计算法的并行设计。主要讨论了 Unitary-JAFE 算法在 Lyrtech 模型机上的并行实现问题，发现 Lyrtech 模型机上应用 Simulink 模型与在 PC 上应用 MATLAB 软件仿真结果一致，其中算法的测频、测向精度与 PC 上采用 MATLAB 的精度一致。对 Lyrtech 模型机中 DSP 处理性能、网络结构、软件设计等进行了评价，可以帮助我们提高学习效率，降低开发成本，减小完成这些设计的开发风险。

参考文献

[1] Roy R, Kailath T. ESPRIT-estimation of signal parameters via rotational invariance techniques[J]. IEEE Transactions on Acoustics Speech & Signal Processing, 1989, 37(7): 984-995.

[2] 孙世新，卢光辉. 并行算法及其应用[M]. 北京：机械工业出版社，2005.

[3] 张昭，张知难. 关于子空间迭代的几点注记[J]. 新疆大学学报，2000，17(1)：1-4.

[4] Chung K L, Yan W M. The complex householder transform [J]. IEEE Transactions on Signal Processing, 1997, 45(9): 2374-2376.

[5] Liu Z S. On-line parameter identification algorithms based on householder transformation[J]. IEEE Transactions on Signal Processing, 1993, 41(9): 2863-2872.

[6] Djouadi A, Jamali M M, Kwatra S C. A parallel QR algorithm for symmetrical tridiagonal eigenvalue problem[C]. Conference Record of The Twenty-Sixth Asilomar Conference on Signals, Systems and Computers, 1992, (1): 591-595.

[7] Beaumont O, et al. Matrix multiplication on heterogeneous platform[J]. IEEE transactions on parallel and distributed systems, 2001, 12(10): 1033-1051.

[8] Yu K B. Recursive updating the eigenvalue decomposition of a covariance matrix [J]. IEEE transactions on signal processing, 1991, 39(5): 1136-1145.

[9] Hasan M A, Hasan A A. Parallelizable eigenvalue decomposition techniques via the matrix sector function[C]. IEEE International Conference on Acoustics, Speech, and Signal Processing, 2001, (2): 1073-1076.

[10] Ciarlet P G. 矩阵数值分析与最优化[M]. 胡建伟，译. 北京：高等教育出版社，1985.

[11] 北京大学数学系几何与代数教研室代数小组. 高等代数[M]. 北京：高等教育出版社，1987.

[12] 张凯院，徐仲. 数值代数[M]. 北京：科学出版社，2006.

[13] 席少霖，赵凤治. 最优化计算方法[M]. 上海：上海科学技术出版社，1983.

[14] 徐士良. C 常用算法程序[M]. 北京：清华大学出版社，1996.

图书资源支持

感谢您一直以来对清华大学出版社图书的支持和爱护。为了配合本书的使用，本书提供配套的资源，有需求的读者请扫描下方的“书圈”微信公众号二维码，在图书专区下载，也可以拨打电话或发送电子邮件咨询。

如果您在使用本书的过程中遇到了什么问题，或者有相关图书出版计划，也请您发邮件告诉我们，以便我们更好地为您服务。